U0927495

精益工程视频讲堂（CAD/CAM/CAE）

SolidWorks 2010 三维设计及制图

腾龙科技

香港中文大学精密工程研究所

姚健娣　谢龙汉　杜如虚　编著

清华大学出版社

北　京

内 容 简 介

本书基于 SolidWorks 2010 中文版写作，在 12 讲的篇幅中依次介绍了 SolidWorks 的草图绘制、零件的基础及复杂特征的建模、曲面、钣金、装配体及工程图，最后以装配体为例介绍从零件生成到装配并生成工程图的基本过程。本书除第 1 讲和第 12 讲外，各讲都以“实例・模仿→功能讲解→实例・操作→实例・练习”为表述方式，通过适量的典型实例操作和重点知识相结合的方法，对 SolidWorks 软件相关功能进行讲解。在讲解中力求紧扣操作，语言简洁，避免冗长的解释说明，使读者能够快速了解 SolidWorks 的使用方法和操作步骤。另一方面，在零件建模的过程中，重点介绍 SolidWorks 建模的方法和特点，使读者在练习的过程中不仅能够掌握 SolidWorks 2010 的基本应用，而且能够提高建模能力与建模效率。本书力求语言简洁、功能使用全面和层次递进，全书配有全程操作动画，包括详细的功能操作讲解和实例操作过程讲解，读者可以通过观看动画来学习。

本书可作为 SolidWorks 初学者入门和提高的学习宝典，或者作为各大中专院校教育、培训机构的专业三维建模教材，也可作为从事产品设计、工程制图及 CAD/CAM/CAE 等领域专业人员的实用参考书。

图书在版编目（CIP）数据

SolidWorks 2010 三维设计及制图/腾龙科技编著. —北京：清华大学出版社，2011.2（2022.1重印）
（精益工程视频讲堂　CAD/CAM/CAE）

ISBN 978-7-302-24611-4

I. ①S…　II. ①腾…　III. ①计算机辅助设计-应用软件，SolidWorks 2010　IV. ①TP391.72

中国版本图书馆 CIP 数据核字（2010）第 245800 号

责任编辑：许存权　李晓辉
封面设计：刘　超
版式设计：牛瑞瑞
责任校对：柴　燕
责任印制：朱雨萌

出版发行：清华大学出版社
网　址：http://www.tup.com.cn，http://www.wqbook.com
地　址：北京清华大学学研大厦 A 座　　邮　编：100084
社 总 机：010-62770175　　邮　购：010-62786544
投稿与读者服务：010-62776969，c-service@tup.tsinghua.edu.cn
质量反馈：010-62772015，zhiliang@tup.tsinghua.edu.cn
印 装 者：三河市君旺印务有限公司
经　销：全国新华书店
开　本：185mm×260mm　　印　张：19　　字　数：436 千字
（附 DVD 光盘 1 张）
版　次：2011 年 2 月第 1 版　　印　次：2022 年 1 月第 12 次印刷
定　价：59.00 元

产品编号：039024-02

腾龙科技 Tenlong Tech

腾龙科技

主编：谢龙汉

编委：林　伟　魏艳光　林木议　郑　晓　吴　苗
林树财　林伟洁　王悦阳　辛　栋　刘艳龙
伍凤仪　张　磊　刘平安　鲁　力　张桂东
邓　奕　马双宝　王　杰　刘江涛　陈仁越
彭国之　光　耀　姜玲莲　姚健娣　赵新宇
莫　衍　朱小远　彭　勇　潘晓烨　耿　煜
刘新东　尚　涛　张炯明　李　翔　朱红钧
李宏磊　唐培培　刘文超　刘新让　林元华

前　言

SolidWorks 是由美国 SolidWorks 公司推出的功能强大的三维机械设计软件，自 1995 年问世以来，以其优异的性能、易用性和创新性，极大地提高了机械工程师的设计效率。SolidWorks 在与同类软件的激烈竞争中已经确立了其市场地位，成为三维机械设计软件的标准，其应用范围涉及机械、航空航天、汽车、造船、通用机械、医疗器械和电子等诸多领域。功能强大、技术创新和易学易用是 SolidWorks 的三大主要特点，这也使得 SolidWorks 成为先进的主流三维 CAD 设计软件。SolidWorks 可以提供多种不同的设计方案，减少设计过程中的错误以及提高产品的质量。

本书内容由浅入深、循序渐进，结合大量难度适中、具有代表性和实用性的实例，培养读者的实际设计能力。通过典型实例和习题对每章所学内容进行概括和总结，使读者学以致用、融会贯通并熟练掌握。同时通过全程视频讲解等方式全方位进行教学，形象直观。

本书的特色

本书除第 1 讲和第 12 讲外，各讲都以“实例・模仿→功能讲解→实例・操作→实例・练习”为表达方式，通过适量的典型实例操作和重点知识讲解相结合的方式，对 SolidWorks 2010 基础、常用的功能进行讲解。在讲解中力求紧扣操作、语言简洁、形象直观，避免冗长的解释说明，省略了对不常用功能的讲解，使读者能够快速了解 SolidWorks 的使用方法和操作步骤。

本书重在讲解三维制图的绘制思想。

全书录制视频，将实例讲解、功能讲解、练习等全部内容，按照上课教学的形式录制成多媒体视频，让读者如临教室，学习效果更好。读者可以按照书中列出的视频路径，从光盘中打开相应的视频进行观看学习。读者甚至可以抛开书本，直接观看视频，学习起来比较轻松。视频包含了语音讲解，读者可以用 Windows Media Player 等常用播放器进行观看。提示：如果播放不了，可安装光盘中的 tscc.exe 插件。

本书内容

本书共 12 讲，讲解中有大量图片，形象直观，便于读者模仿操作和学习。另附有光盘，包含本书的教学视频及实例讲解文件以方便读者自学。

第 1 讲为 SolidWorks 2010 软件特点及功能的简要介绍，对 SolidWorks 2010 版本的新功能进行说明，并介绍了该软件启动及基本的操作界面，然后又对该软件的建模特点如基于特征、基于约束、基于尺寸驱动、基于单一数据库等思想进行了简要介绍，最后对软件的基本设置进行说明。通过本讲的学习，读者能够对 SolidWorks 形成初步的认识。

第 2 讲为草图绘制，SolidWorks 大部分设计工作是从草图绘制开始的，本讲主要针对二维草图，详细地介绍了点、线、圆、多边形、样条曲线等草图实体的绘制以及剪裁、延伸、镜像等草图编辑功能。通过本讲的学习，读者可以掌握草图的绘制方法。

第 3、4、5 讲对 SolidWorks 2010 零件建模功能进行讲解，详细地介绍了基础特征如拉伸、旋转等，复杂特征如放样、扫描等，以及细节特征如圆角、筋、圆顶等。通过对这 3 讲的学习，读者可以具备绘制无论简单还是复杂特征零件的能力。

第 6 讲为曲面，主要介绍了曲面工具的绘图环境、曲线的生成方法、曲面生成工具以及基本的曲面编辑工具。通过本讲的学习，读者可以掌握曲面建模的基本方法。

第 7 讲为钣金，主要介绍了钣金绘图环境、钣金参数的说明、基体法兰的生成以及对法兰的编辑操作。通过本讲的学习，读者可以进行钣金零件的建模。

第 8、9 讲为装配体，是在零件设计完成后，根据产品功能要求把零件组装成装配体模型，该过程是设计过程中的一个重要环节。这两讲着重介绍了装配体设计基本绘图环境，向装配体中插入零部件的方法，在零部件之间添加配合的方法以及配合关系的编辑，装配体中的零部件操作，装配体干涉检查，爆炸视图，自上而下装配体设计方法，动画等内容。通过这两讲的学习，读者可以熟练地进行装配体的生成与编辑。

第 10、11 讲为工程图，SolidWorks 2010 可以将零件或装配体文件直接转换为二维工程图。零件、装配体和工程图是互相链接的文件，对零件或装配体所作的任何更改都会导致工程图文件的相应变更。这两讲首先介绍了工程图的编辑环境及基本设置，然后着重讲解了在 SolidWorks 中创建工程图的基本过程，包括基本视图如标准三视图、剖视图、辅助视图、局部视图等的创建，工程图详图如尺寸标注、注解及材料明细表等内容的添加。通过这两讲的学习，读者可以掌握工程图的创建与绘制，并提高绘制图纸的能力。

第 12 讲为综合实例，以液压系统中常见元件——阀为例，介绍了从零件生成到装配再到生成零件及装配体工程图的整个过程。通过本讲的学习，读者将对 SolidWorks 2010 有更加全面系统的认识。

本书读者对象

本书具有操作性强、指导性强、语言简洁的特点，可作为 SolidWorks 初学者入门和提高的学习教程，或者作为各大中专院校教育、培训机构的 SolidWorks 教材，也可作为从事产品设计、工程制图等领域专业人员的实用参考书。

学习建议

建议读者按照图书编排的前后次序学习 SolidWorks 软件。从第 2 讲开始，首先请读者浏览一下“实例·模仿”整个案例，然后打开该案例的光盘视频仔细观看一遍视频，然后根据实例的操作步骤一步步地在 SolidWorks 中进行操作。如果遇到操作困难的地方，可以再次观看视频。功能讲解部分，读者可以先观看每一节的视频，然后动手进行操作。“实例·操作”部分，建议读者首先直接根据书中的操作步骤动手进行操作，完成后再观看视频以加深印象，并纠正自己动手操作中所遇到的问题。“实例·练习”部分，建议读者根据案例的要求自行练习，遇到不懂之处再查看书中操作步骤并观看操作动画。

感谢您选用本书进行学习，恳请您将对本书的意见和建议告诉我们，电子邮件：yaojd101@sina. com 或者 xielonghan@yahoo.com.cn。祝您学习愉快。

编　者
2011 年 1 月

目　录

第 1 讲　SolidWorks 基本操作 1

1.1　SolidWorks 软件的特点及功能简介 1

1.2　SolidWorks 2010 版本简介 2

1.3　SolidWorks 建模基础 2

1.3.1　基于特征 2

1.3.2　基于约束 3

1.3.3　基于尺寸驱动 3

1.3.4　基于单一数据库 3

1.4　SolidWorks 启动 3

1.5　SolidWorks 工作界面 4

1.6　SolidWorks 说明 4

1.6.1　基体 4

1.6.2　构造几何线 5

1.6.3　鼠标、键盘的操作 5

1.7　设置 6

1.7.1　常用工具栏 6

1.7.2　管理器 7

1.7.3　绘图环境设置 8

1.8　使用帮助 10

第 2 讲　草图绘制 11

2.1　实例・模仿——齿轮架 11

2.2　草图绘制环境 15

2.3　草图工具栏 16

2.3.1　草图绘制流程 17

2.3.2　草图设置 18

2.4　基本草图绘制 20

2.4.1　绘制直线 20

2.4.2　绘制中心线 22

2.4.3　绘制圆 22

2.4.4　绘制圆弧 23

2.4.5　绘制四边形 24

2.4.6　插入样条曲线 24

2.4.7　套合样条曲线 25

2.4.8　插入文字 26

2.5　草图编辑 27

2.5.1　基本编辑操作 27

2.5.2　剪裁 27

2.5.3　草图延伸 28

2.5.4　绘制圆角 29

2.5.5　绘制倒角 29

2.5.6　镜像实体 29

2.5.7　移动、复制、旋转、缩放、伸展实体 30

2.5.8　等距实体 32

2.5.9　转换实体引用 32

2.5.10　交叉曲线 33

2.5.11　修复草图 33

2.5.12　阵列实体 34

2.5.13　块 36

2.6　几何关系与尺寸约束 37

2.6.1　几何约束 37

2.6.2　添加几何关系 37

2.6.3　标注尺寸 38

2.6.4　标注设置 40

2.6.5　约束状态 40

2.7　实例・操作——操作草图 41

2.8　实例・练习——旋转件 42

第 3 讲　基本特征建模 44

3.1　实例・模仿——轴座 44

3.2　零件建模环境 48

3.2.1　零件建模工具栏 49

3.2.2　零件建模的几个基本概念 49

3.2.3　视图显示 50

3.2.4　建模方法 51

3.2.5　零件建模过程 51

3.3　拉伸凸台/基体 52

3.4　拉伸切除 53

3.5 旋转拉伸......54
3.6 旋转切除......55
3.7 圆角......55
3.7.1 等半径圆角......56
3.7.2 变半径圆角......57
3.7.3 面圆角......57
3.8 倒角......58
3.9 孔......59
3.9.1 简单直孔......59
3.9.2 异型孔......60
3.10 实例·操作——套筒......60
3.11 实例·练习——方向盘......63

第4讲 复杂特征建模......67
4.1 实例·模仿——方向盘......67
4.2 参考几何体......72
4.2.1 建立基准面......72
4.2.2 活动剖切面......73
4.2.3 基准轴......74
4.2.4 点......74
4.2.5 坐标系......74
4.3 扫描......75
4.3.1 简单扫描......75
4.3.2 扫描切除......77
4.3.3 含引导线的扫描......77
4.4 放样......80
4.4.1 简单放样......80
4.4.2 引导线放样......81
4.4.3 中心线放样......82
4.4.4 空间轮廓放样......82
4.5 实例·操作——茶壶......82
4.6 实例·练习——灯炮......85

第5讲 零件建模细节特征......89
5.1 实例·模仿——上箱体......89
5.2 筋......93
5.3 抽壳......95
5.4 拔模......96
5.4.1 中性面拔模......97
5.4.2 分型线拔模......98
5.4.3 阶梯拔模......98
5.4.4 DraftXpert 拔模......99
5.5 包覆......100
5.6 圆顶......101
5.7 阵列......102
5.7.1 线性阵列......102
5.7.2 圆周阵列......103
5.7.3 曲线驱动的阵列......104
5.7.4 草图驱动的阵列......105
5.8 实例·操作——减速箱下箱体......105
5.9 实例·练习——轴承座......111

第6讲 曲面造型......116
6.1 实例·模仿——勺子......116
6.2 曲面工具栏......120
6.3 曲线......121
6.3.1 投影曲线......121
6.3.2 分割线......122
6.3.3 通过 XYZ 点的曲线......123
6.3.4 组合曲线......124
6.3.5 螺旋线/涡状线......125
6.4 曲面生成......126
6.4.1 拉伸曲面......126
6.4.2 旋转曲面......126
6.4.3 扫描曲面......127
6.4.4 放样曲面......128
6.4.5 填充曲面......129
6.4.6 平面区域......130
6.5 曲面编辑......130
6.5.1 等距曲面......130
6.5.2 延伸曲面......131
6.5.3 剪裁曲面......132
6.5.4 缝合曲面......132
6.5.5 删除面......133
6.6 实例·操作——鼠标......133
6.7 实例·练习——水龙头......138

第7讲 钣金设计......145
7.1 实例·模仿——钣金一......145
7.2 钣金设计环境......149

7.2.1 钣金工具栏介绍 149
7.2.2 钣金绘制流程 150
7.2.3 钣金中的参数说明 150
7.3 基体法兰 151
7.4 放样的折弯 152
7.5 斜接法兰 153
7.6 边线法兰 154
7.7 褶边 155
7.8 绘制的折弯 156
7.9 闭合角 157
7.10 转折 157
7.11 展开、折叠 158
7.12 成形工具 159
7.13 实例・操作——钣金二 160
7.14 实例・练习——钣金三 163
第8讲 基础装配 168
8.1 实例・模仿——块 168
8.2 装配体环境 171
8.2.1 进入装配体环境 172
8.2.2 装配体工具栏 172
8.2.3 装配方法 173
8.2.4 装配体设置 174
8.2.5 装配体设计步骤 174
8.3 插入零件 175
8.3.1 插入第一个零部件 175
8.3.2 插入零部件 176
8.4 配合 176
8.4.1 配合约束介绍 177
8.4.2 标准配合 178
8.4.3 高级配合及机械配合 181
8.4.4 智能配合 184
8.5 编辑零部件 185
8.6 零件复制、删除、镜像、阵列 186
8.6.1 零件复制 187
8.6.2 零件删除 187
8.6.3 零件镜像 187
8.6.4 零件阵列 188
8.7 零件调整 189
8.7.1 移动、旋转零件 189
8.7.2 替换零部件 190
8.8 智能扣件 191
8.8.1 Toolbox 定制 192
8.8.2 使用智能扣件 192
8.9 实例・操作——夹具 194
8.10 实例・练习——万向节 197
第9讲 高级装配 200
9.1 实例・模仿——仪表板 200
9.2 自上而下的设计方法 203
9.2.1 关联设计 204
9.2.2 布局草图驱动的装配体 206
9.3 干涉与碰撞检查 206
9.3.1 干涉检查 207
9.3.2 碰撞检查 208
9.4 爆炸视图 209
9.4.1 生成爆炸视图 209
9.4.2 爆炸直线草图 210
9.5 子装配体 211
9.5.1 生成子装配体 211
9.5.2 解散子装配体 212
9.6 装配体信息 212
9.6.1 零部件状态及设定 212
9.6.2 大型装配体模式 213
9.6.3 装配体统计 213
9.7 动画 213
9.7.1 旋转动画 214
9.7.2 马达 214
9.8 实例・操作——内燃机 215
9.9 实例・练习——泵 217
第10讲 工程图视图 219
10.1 实例・模仿——轴 219
10.2 工程图绘制环境 223
10.2.1 进入工程图 223
10.2.2 工具栏 224
10.2.3 工程图设置 225
10.2.4 工程图设计步骤 228
10.3 标准三视图 228

10.3.1 生成标准三视图......228
10.3.2 修改图纸格式及比例......229
10.3.3 修改视图属性......229
10.3.4 调整视图位置......231
10.3.5 图层设置......232
10.3.6 视图锁焦......232
10.3.7 模型视图......232
10.3.8 添加图纸......233
10.4 派生视图......233
10.4.1 投影视图......233
10.4.2 辅助视图......234
10.4.3 剖面视图......234
10.4.4 断开的剖视图......237
10.4.5 局部视图......237
10.4.6 剪裁视图......238
10.4.7 断裂视图......238
10.5 实例·操作——轴承座......239
10.6 实例·练习——支架......242
第11讲 工程详图......244
11.1 实例·模仿——套筒......244
11.2 工程图模板......248
11.2.1 设定绘图标准......248
11.2.2 编辑图纸格式......250
11.3 注解工具栏......252
11.4 模型项目......253
11.5 标注尺寸......253
11.5.1 尺寸标注......253
11.5.2 编辑尺寸......255
11.5.3 尺寸公差......257
11.5.4 尺寸链......258
11.5.5 自动尺寸标注......259
11.5.6 尺寸驱动模型......260
11.6 注解......260
11.6.1 注释......260
11.6.2 表面粗糙度......261
11.6.3 孔标注......262
11.6.4 装饰螺纹线......262
11.6.5 基准特征......264
11.6.6 形位公差......264
11.6.7 块......266
11.6.8 中心符号线......267
11.6.9 中心线......268
11.6.10 焊接......268
11.6.11 端点处理......268
11.6.12 毛虫......269
11.6.13 基准目标......269
11.6.14 区域剖面线填充......270
11.6.15 零件序号......271
11.6.16 自动零件序号......271
11.6.17 材料明细表......272
11.7 实例·操作——轴......274
11.8 实例·练习——轴承座......277
第12讲 综合实例......279
12.1 零件建模......279
12.1.1 阀套......280
12.1.2 阀芯......281
12.1.3 阀体......283
12.1.4 端盖......286
12.1.5 电磁铁......287
12.2 装配体......288
12.3 工程图......290
12.3.1 阀体工程图......290
12.3.2 装配体工程图......292

第 1 讲　SolidWorks 基本操作

SolidWorks 三维实体建模软件是美国 SolidWorks 公司的产品，自 1995 年成功推出以来，已经历十多年的发展历程，版本不断更新，功能日益强大。SolidWorks 是世界上第一个基于 Windows 开发的三维 CAD 系统，提供了强大的零件建模、装配建模、铂金建模、二维制图等设计功能，具有出色的技术和市场表现。1997 年，法国达索公司将 SolidWorks 全资并购。并购后，SolidWorks 以原来的品牌和管理技术队伍继续独立操作，成为 CAD 行业一家高素质的专业化公司。

本书介绍的 SolidWorks 2010 软件是 SolidWorks 公司最新推出的产品，该版本建立在多次改进的基础上，具有更加强大的绘图功能，简单易学，绘图效率也大幅提高，从而推动着工业界三维设计的前进，加快了整个行业的步伐。

本讲内容

- SolidWorks 软件的特点及功能简介
- SolidWorks 2010 版本简介
- SolidWorks 建模基础
- SolidWorks 启动
- SolidWorks 工作界面
- SolidWorks 说明
- 设置
- 使用帮助

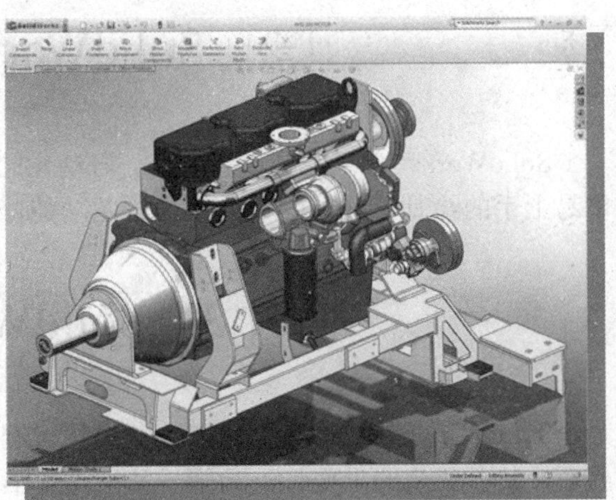

1.1　SolidWorks 软件的特点及功能简介

◆　全动态的用户界面

SolidWorks 提供了一套完整的动态界面和鼠标拖动控制，利用特征管理器可以很好地通过管理和修改特征来控制零件、装配和工程图；属性管理器提供了非常方便的查看和修改属性操作，减少了图形区域的对话框，使设计界面简单、明快；配置管理器可以很容易地建立和修改零件或装配的不同形态，大大提高了设计效率。

◆ 完全关联性

SolidWorks 软件所有模块都是完全关联的。用户在产品开发过程的任一环节进行的修改都会被传送到整个设计中，同时自动对零件模型、装配模型及工程图等文档进行更新。

◆ 配置管理

配置管理能够在一个 CAD 文档中通过对不同参数的变换和组合，派生出不同的零件或装配体，它是 SolidWorks 软件非常独特的功能，涉及零件设计、装配设计和工程图。

◆ 数据交换

SolidWorks 软件提供了当今市场上几乎所有 CAD 软件的输入/输出格式转换，通过标准数据格式可与其他 CAD 软件进行数据交换。

◆ 协同设计

SolidWorks 软件提供了技术先进的工具，可通过互联网进行协同设计。

◆ 用户化

SolidWorks 软件提供了自由、开放、完整的 API 开发工具接口，用户可根据实际情况利用相关软件进行二次开发。

◆ 合作伙伴计划和集成软件

作为基于 Windows 平台的桌面集成系统的核心软件，SolidWorks 提供了产品设计的解决方案。在加工、分析及数据管理方面，SolidWorks 公司合作伙伴大大拓展了其在整个机械行业中的应用。

1.2 SolidWorks 2010 版本简介

SolidWorks 2010 是一款智能化、自动化的先进制图软件，采用用户熟悉的操作界面，拥有简单易上手的绘制工具及强大的三维绘图功能，现已成为二维、三维图形设计的主流软件。

1.3 SolidWorks 建模基础

SolidWorks 是一种基于特征的参数化三维实体建模设计工具，具有 Windows 便于掌握的操作界面，其参数化的主要特点为基于特征、基于约束、数据相关和尺寸驱动设计修改，下面将介绍一些基本的建模准则。

1.3.1 基于特征

特征是 SolidWorks 中实体建模的基础元素，是构成零件或装配体等的单元，从几何外形上来看，它包含最基本的几何元素，点、线、面或实体单元，同时还具有很强的工程制造意义。

SolidWorks 建模时，模型使用智能化、易于理解的几何特征，如拉伸、旋转、孔、筋等，在建模过程中，这些特征可直接添加到零件中。

SolidWorks 中的特征主要分为如下 4 种。

- ◆ 基础特征：基于草图的特征，通常草图可通过拉伸、旋转、放样、扫描等转换为实体。
- ◆ 处理特征：用于对基础特征的修饰，如圆角、倒角、抽壳、拔模等。
- ◆ 操作特征：在基础特征和处理特征的基础上进行操作，如阵列特征、镜像特征等。
- ◆ 参考特征：用于创建其他特征时的参考，如基准面、基准轴、参考点等。

特征参数化建模说明如下：

- ◆ 建模时尽量使用简单的特征来组合模型，SolidWorks 模型由尺寸来驱动，越简单的特征尺寸越少，越容易修改编辑，这样可以使设计过程更有弹性。
- ◆ 特征的次序对模型的影响很大，因为基础特征将作为其他特征的建模基准，因此基础特征是模型的几何基础，应将其作为设计中心。

1.3.2 基于约束

SolidWorks 存在着许多约束，如平行、垂直、水平、竖直、相切、同心及对称等几何关联，此外还可通过方程来建立参数间的数学关联，通过使用约束和方程可保证几何关系准确捕捉，易于满足设计意图。

SolidWorks 建模是基于约束的，特征的约束数目如果少于必须要求的约束数目，则会生成欠约束，如果约束数目过多，则生成过约束。

用于创建的尺寸和约束关系自动保存在模型中，这不仅满足了设计意图，而且便于快速修改模型。

1.3.3 基于尺寸驱动

驱动尺寸指创建特征时所用的尺寸，包括草图几何体相关的尺寸和与特征自身相关的尺寸。例如，长方体截面大小由草图的尺寸来控制，而高度则由创建特征的拉伸深度决定。

SolidWorks 使用尺寸来驱动特性，已建立的模型可以随着尺寸的改变而改变，这一特性为实体的修改带来了很大的便利。

1.3.4 基于单一数据库

实体建模是 CAD 系统中所使用的最完整的几何模型类型，它包含完整描述模型边、表面所必需的所有线架和表面几何信息，此外还包括把这些几何体关联到一起的拓扑信息。

SolidWorks 的零件、装配体和工程图等是完全相关的，它将所有的数据放置在单一数据库上，即在整个设计过程中，任何一处发生参数改动都可以反映到整个设计过程的相关环节上。

1.4 SolidWorks 启动

双击桌面上的图标可进入 SolidWorks 界面，如图 1-1 所示。

选择“文件”→“新建”命令，弹出如图 1-2 所示的对话框。以“新手”方式进入 SolidWorks 后，在绘制过程中软件会给出相应的提示。选择“零件”选项后，单击“确定”按钮进入绘图界面。

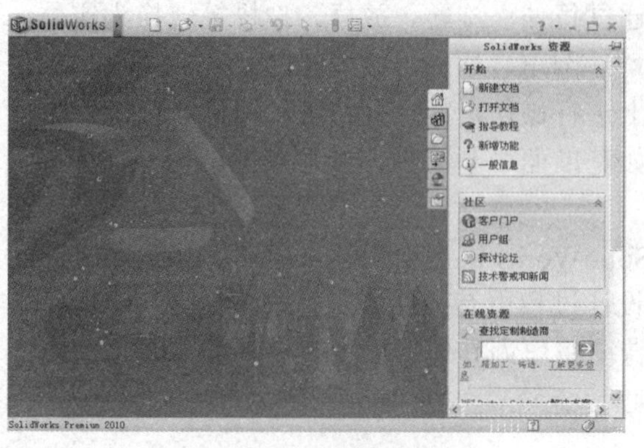

图 1-1　启动界面

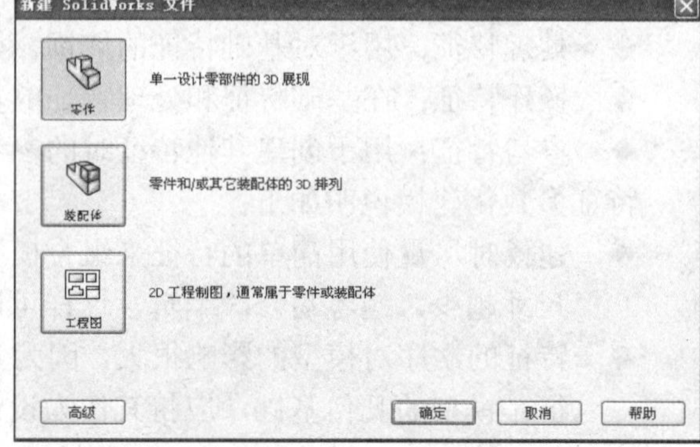

图 1-2　新建文件

1.5　SolidWorks 工作界面

SolidWorks 工作界面主要包括菜单栏、标准工具栏、管理器、常用工具栏和状态工具栏等几个部分，如图 1-3 所示。

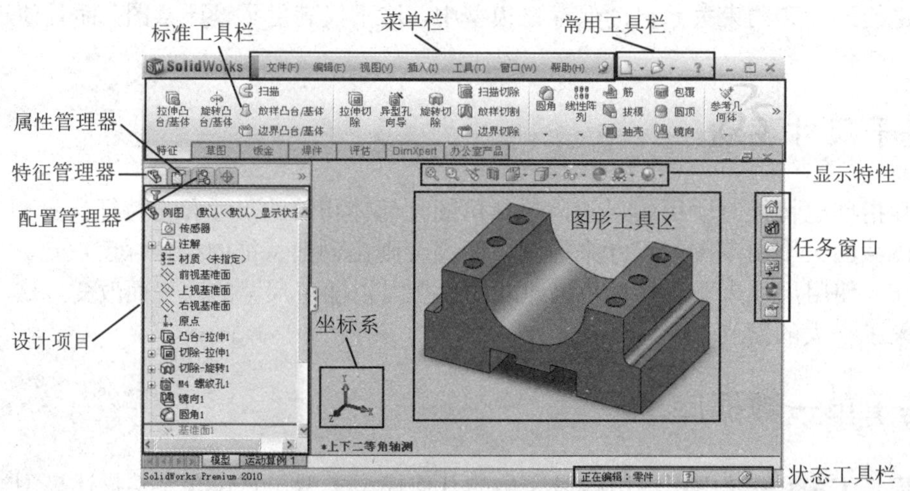

图 1-3　SolidWorks 工作界面

1.6　SolidWorks 说明

1.6.1　基体

SolidWorks 是以实体造型为主的三维设计软件，造型过程需有一个基础特征作为基础，然后在此基础特征上添加特征或去除特征来生成复杂的模型，这个基础特征通常称为基体。

基体是模型的第一个特征，是创建实体模型的第一步，合理选择基体特征会给建模过程带来很大的方便。

1.6.2 构造几何线

构造几何线仅用来协助生成草图实体，但不能作为实体的轮廓线或直接生成实体。构造线的线型与中心线相同，可将草图中的任意实体线转换为构造几何线。

单击所要转换的草图实体，会出现该线型的相关几何关系及约束等，在展开的“选项”栏中选中“作为构造线”复选框，则该草图实体即转化为构造几何线，如图 1-4 所示。

或选择“工具”→“草图工具”→“构造几何线”命令，出现如图 1-5 所示的对话框，此时单击所要转化为构造线的几何实体即可将其转化为构造线。

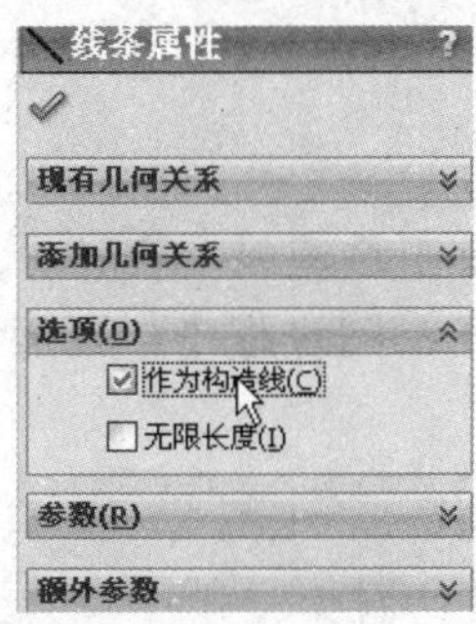

图 1-4 线条属性

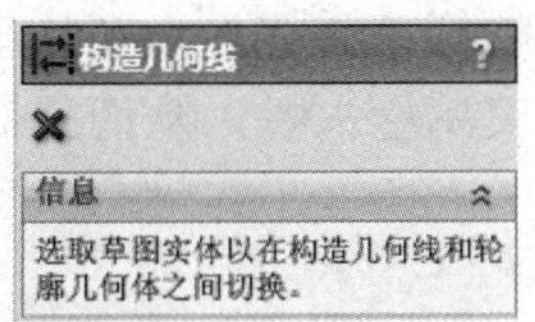

图 1-5 构造几何线

1.6.3 鼠标、键盘的操作

SolidWorks 中的鼠标和键盘的操作方式与 Windows 基本相同。

◆ 鼠标操作

❖ 单击鼠标左键，选择实体或取消选择。
❖ 按住 Ctrl 键单击左键，选择多个实体或取消选择。
❖ 双击左键，激活实体常用属性。
❖ 拖动左键，利用窗口选择实体，绘制草图元素，移动、改变草图元素等。
❖ 按住 Ctrl 键拖动左键，复制所选实体。
❖ 按住 Shift 键拖动左键，移动所选实体。
❖ 拖动中键，旋转画面。
❖ 按住 Ctrl 键拖动中键，平移画面。
❖ 按住 Shift 键拖动中键，缩放画面。
❖ 单击鼠标右键，弹出快捷菜单。
❖ 拖动鼠标右键，修改草图时旋转草图。

◆ 快捷键

所使用命令的快捷键与 Windows 基本相同，如表 1-1 所示。

表 1-1 快捷键

命　令	快 捷 键	命　令	快 捷 键
重绘屏幕	Ctrl+R	复制	Ctrl+C
撤销	Ctrl+Z	粘贴	Ctrl+V
重做	Ctrl+Y	删除	Delete
剪切	Ctrl+X		

1.7 设　置

可以根据用户的喜好更改基础颜色或根据用户习惯更改常用工具、单位等。

1.7.1 常用工具栏

选择“视图”→“工具栏”命令，如图 1-6 所示，单击希望显示在特征工具栏上的选项，该特征工具栏所包含的特征工具会显示在特征工具栏上，在绘图过程中，直接从工具栏上选择所需工具即可，无须再到菜单栏去找，从而提高了绘图效率。

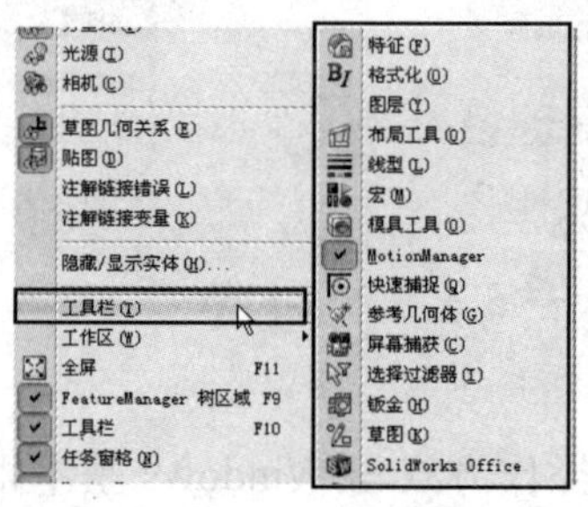

图 1-6　工具栏

选择“视图”→“工具栏”→“自定义”命令，出现如图 1-7 所示的对话框。

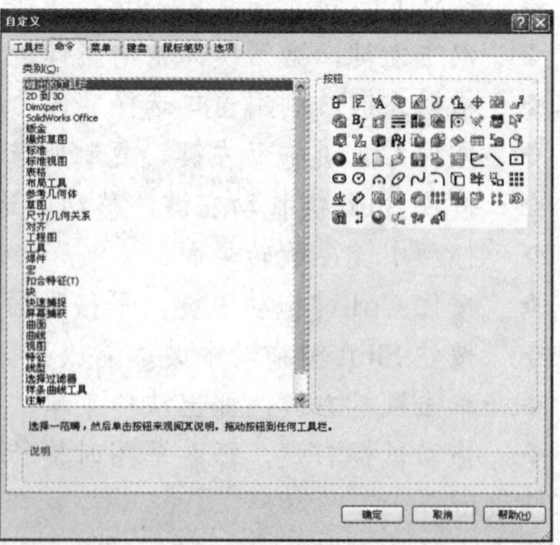

图 1-7　工具栏

在“工具栏”列表中激活选项，则特征工具栏会出现所激活的特征工具。

在“命令”窗口中，选择某类别下右侧的特征图标，按下鼠标左键，直接拖动到特征工具栏，即可将该特征工具添加到特征工具栏。

1.7.2 管理器

1. 特征管理器

特征管理器也常称为设计树，位于 SolidWorks 绘图窗口左侧的图标下，它提供了零件、装配体或工程图的大纲视图，通过设计树可以很方便地查看模型、装配体或工程图的构造情况。

设计树主要功能如下：

- 查找零件建模的某特征或装配体中的零件及子装配体，或通过建立文件夹对所建模型进行分类管理。
- 通过拖动项目来对特征生成的顺序进行重新建模。

双击特征名可以显示特征的尺寸。

- 单击“压缩”按钮可对特征、零件及子装配体等项目进行压缩，对于已压缩项目，单击“解除压缩”按钮可解除压缩。
- 单击“显示/隐藏”按钮显示或隐藏特征、零件、子装配体等项目。
- 拖动退回棒暂时将模型退回到之前状态。
- 选中绘图基准面。
- 右击“注解”文件夹来控制尺寸或注解的显示。
- 右击“材质”可添加或修改零件的材质。

关于设计树的几点说明如下：

- 项目图标左侧的⊞表示完成该项目所需包含的特征，单击⊞可展开此项目并显示其内容。
- 在设计树中，若草图欠定义，则草图显示为（-）；若草图过定义，则显示为（+）。
- 选中设计树中的草图、零件、装配体或工程图名称，单击鼠标右键，如图 1-8 所示，在弹出的快捷菜单中选择“转到”命令，打开设计树中的“查找”对话框，输入所要查找项目的名称，该项目便会高亮显示。

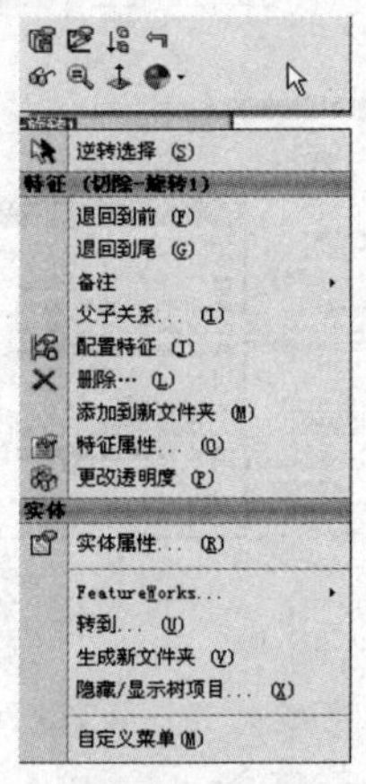

图 1-8　右键菜单

2. 属性管理器

SolidWorks 命令大部分通过属性管理器来执行，属性管理器与特征管理器处于同一位置，一般情况下显示特征管理器内容，而在建模的过程中，属性管理器会代替特征管理器而显示在前面。另外，在显示属性管理器时，特征管理器的内容会在绘图区域中显示。

1.7.3 绘图环境设置

用户可以根据自己的喜好和使用习惯对 SolidWorks 进行个性化设置。

1. 系统选项

选择“工具”→“选项”命令，打开如图 1-9 所示的“系统选项”对话框。

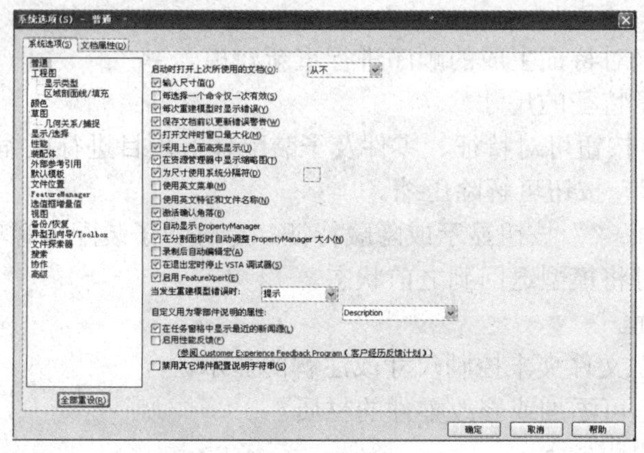

图 1-9 “系统选项”对话框

选择或取消选择参数或选项，其结果将写入配置文件中，对以后的所有文档均有效。

若要将背景改为白色，则单击“颜色”按钮，在“颜色方案设置”列表框中选择“视区背景”选项后单击“编辑”按钮，即出现如图 1-10 所示的“颜色”对话框。选择白色后，单击“确定”按钮，即可将绘图背景改为白色。

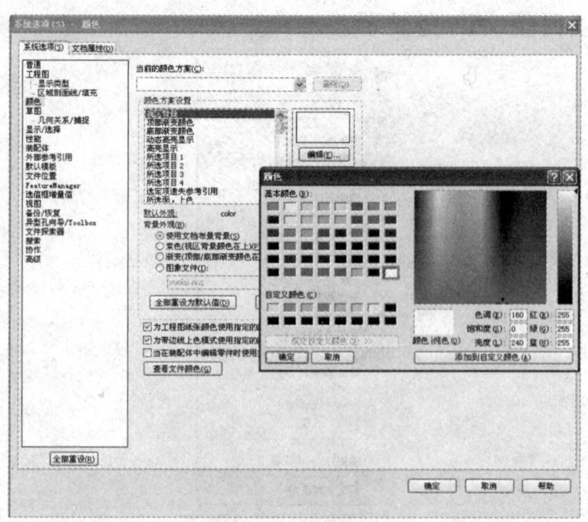

图 1-10 更改颜色

2. 文档属性

在“文档属性”选项卡中可对文档属性进行设置与更改，选择“尺寸”选项，可更改箭头大小、主要精度、分数显示、文本等，如图 1-11 所示。

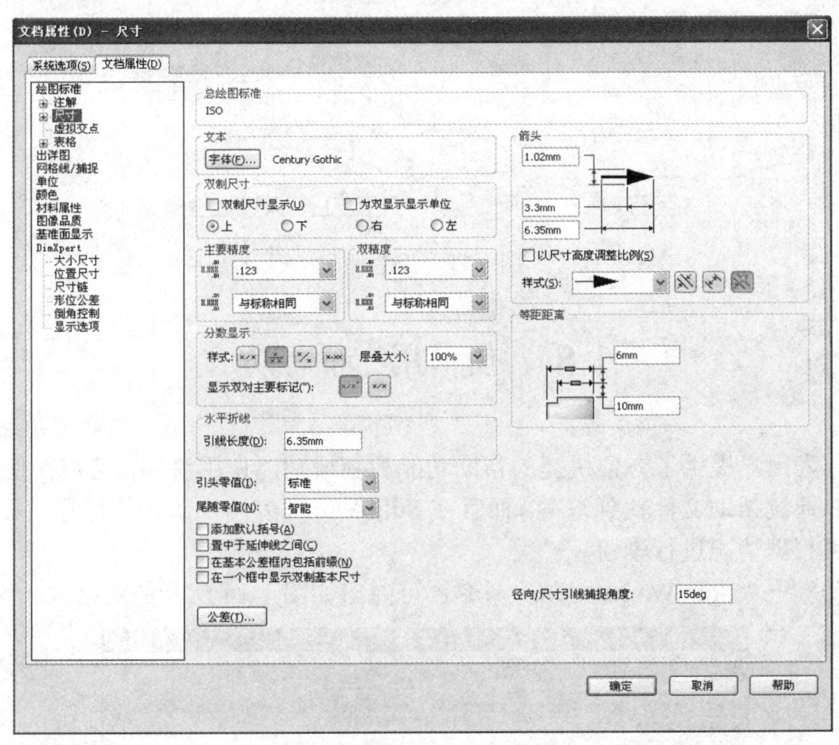

图 1-11 文档属性

3. 自定义模板

在 SolidWorks 中文档模板是已经定义好的，模板中装载了文档的基本结构、基础设置等信息。在“系统选项”选项卡中，选择“默认模板”选项可看到模板位置，如图 1-12 所示。

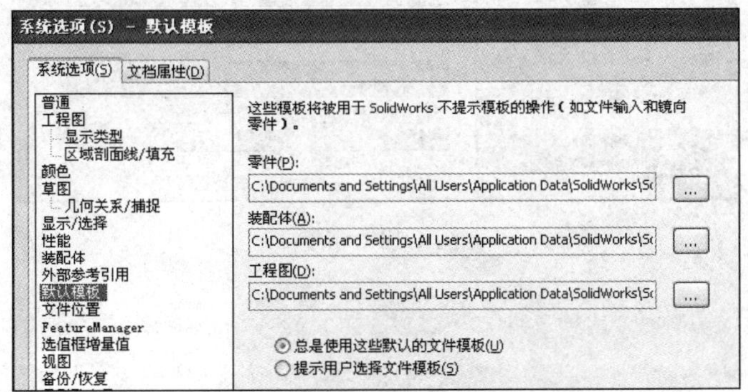

图 1-12 模板位置

将已创建模板添加到该位置，则再次新建文件时新建对话框中会出现所建立的模板，如图 1-13 所示。

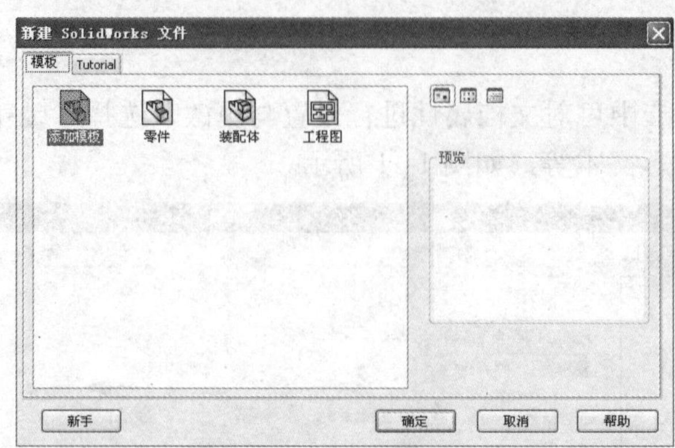

图 1-13　新建模板

1.8 使用帮助

SolidWorks 为用户提供了方便快捷的帮助功能和新增功能使用说明，用户在使用过程中遇到问题几乎都可以通过帮助文件找到答案，而且在 SolidWorks 为用户附带的指导教程中，各章节分类细致，用户可根据情况进行学习。

选择“帮助”→“SolidWorks 帮助”命令，可弹出如图 1-14 所示的对话框。

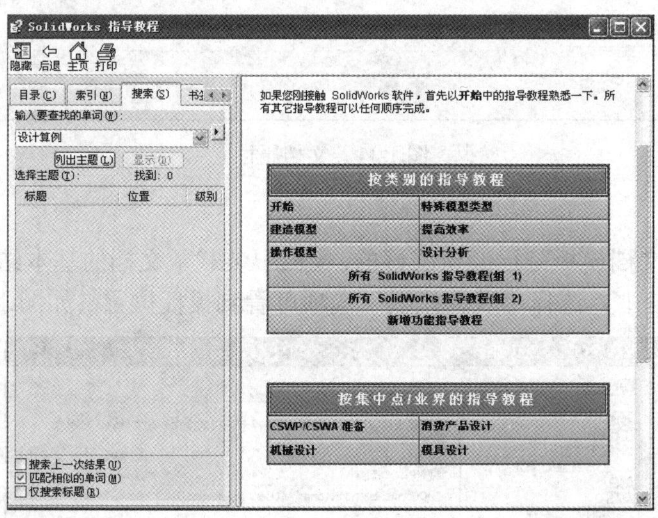

图 1-14　帮助

第 2 讲　草 图 绘 制

SolidWorks 的大部分设计工作都是从绘制草图开始的，草图包括二维草图和三维草图，而大部分特征均建立在二维草图的基础上，本章主要介绍二维草图。二维草图由直线、圆弧、曲线等基本几何元素构成。草图一般为封闭的二维平面几何图形，要能够表现出三维实体某一部分的形状特征，三维几何特征的形成就是在该草图基础上进行拉伸或切除等操作完成的。本讲将详细介绍草图绘制功能，包括点、线、圆、多边形、样条曲线等草图实体，以及剪裁、延伸、镜像、阵列、等距实体、圆角等基本的草图编辑功能。

本讲内容

- 实例・模仿——齿轮架
- 草图绘制环境
- 草图工具栏
- 基本草图绘制
- 草图编辑
- 几何关系与尺寸约束
- 实例・操作——操作草图
- 实例・练习——旋转件

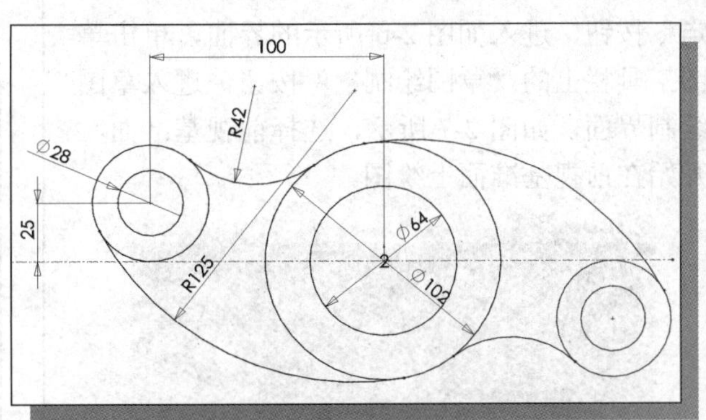

2.1　实例・模仿——齿轮架

这里以齿轮架为实例，其结构如图 2-1 所示。

【思路分析】

该草图主要由直线、圆、圆弧、中心线等几何关系构成，在绘制过程中，首先定位中心线位置，再绘制直线、圆等基本图形，通过添加几何关系及尺寸对尺寸进行限制。

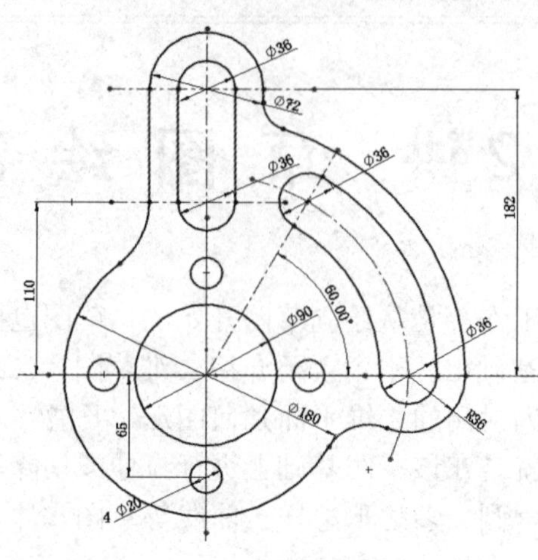

图 2-1　齿轮架模型

【光盘文件】

——参见附带光盘中的“SW\Ch2\2-1.sldprt”文件。

——参见附带光盘中的“AVI\Ch2\2-1.avi”文件。

【操作步骤】

（1）双击 SolidWorks 图标出现如图 2-2 所示的界面，然后选择如图 2-3 所示的命令或单击如图 2-4 所示菜单栏中的“新建”按钮，再选择图 2-5 中的“零件”选项，单击“确定”按钮，进入如图 2-6 所示的界面，单击草图工具栏上的“草图绘制”按钮，进入草图绘制界面，如图 2-7 所示，选择前视基准面，开始在前视基准面上绘图。

图 2-2　SolidWorks 界面

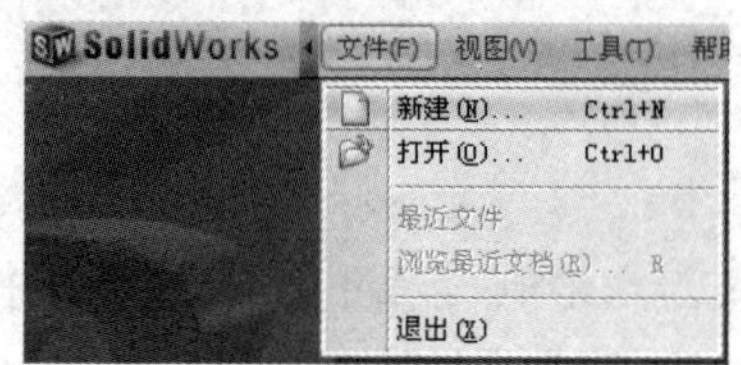

图 2-3　新建草图方法一

图 2-4　新建草图方法二

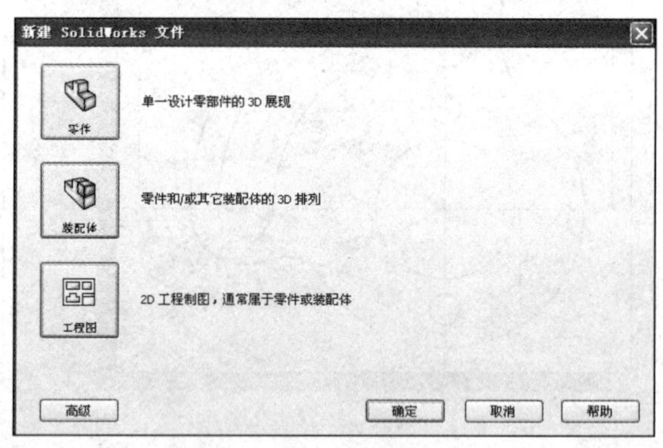

图 2-5　新建零件

图 2-6　草图绘制

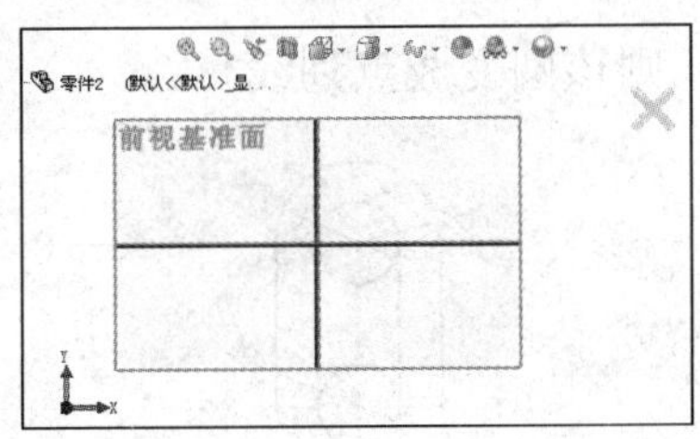

图 2-7　草图绘制界面

（2）单击工具栏上“直线＼”按钮右边的倒三角按钮，在弹出的下拉列表中选择如图 2-8 所示的“中心线”选项，按如图 2-9 所示绘制中心线，单击“智能尺寸”按钮标注两中心线之间的距离。

图 2-8　中心线

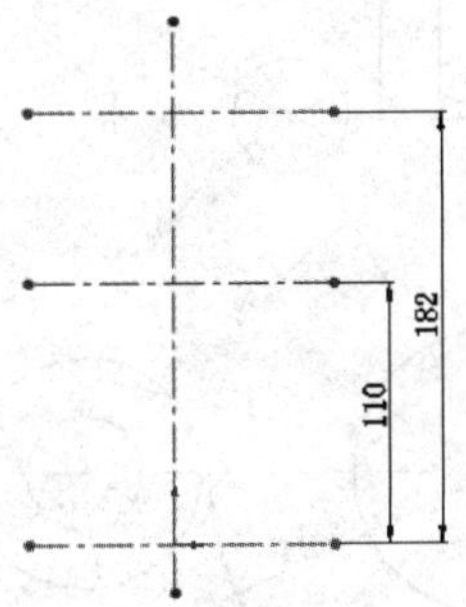

图 2-9　绘制中心线

（3）单击“圆”按钮，以中心线交点为圆心绘制圆，如图 2-10 所示，并通过智能尺寸确定圆的尺寸。

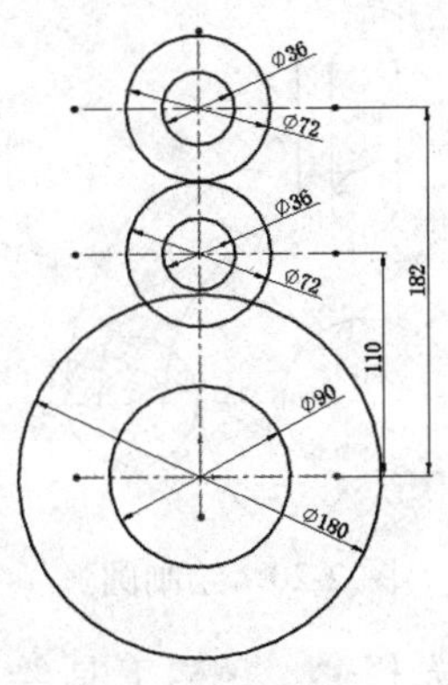

图 2-10　圆

（4）单击“直线＼”按钮绘制直线，如图 2-11 所示。

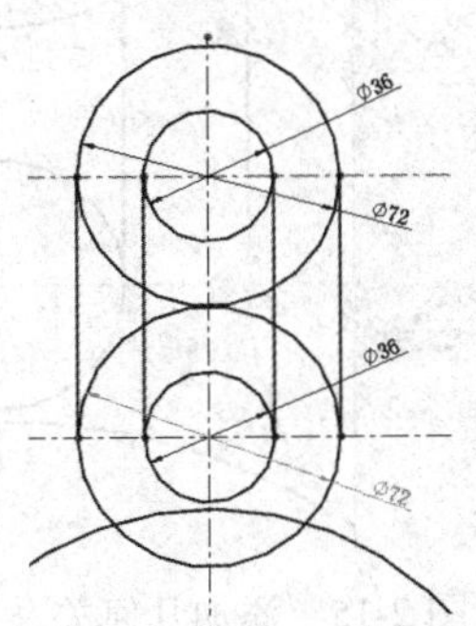

图 2-11　绘制直线

（5）选择“3 点圆弧”工具，如图 2-12 所示，逆时针绘制半圆弧 C、D，两端点分别在圆 A 和圆 B 上，如图 2-13 所示。

图 2-12　圆弧工具

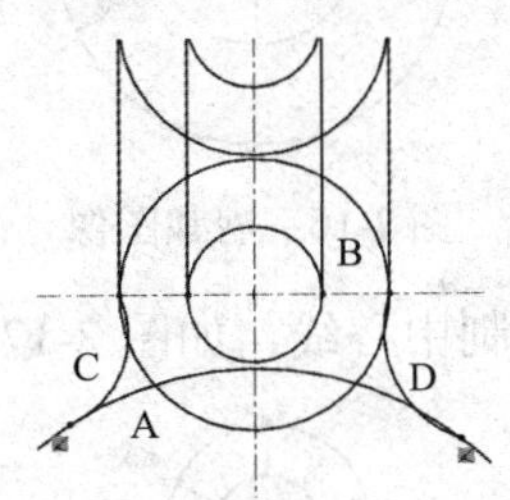

图 2-13　图形

（6）在图 2-14 中单击“添加几何关系”按钮添加几何关系，选择实体中的圆弧 C 和圆 B，如图 2-15 所示，选择“相切”工具，使圆弧 C 与圆 B 相切。同样操作，使圆弧 C 与圆 A 相切，使圆弧 D 与圆 A、圆 B 相切，然后单击“确定✔”按钮。

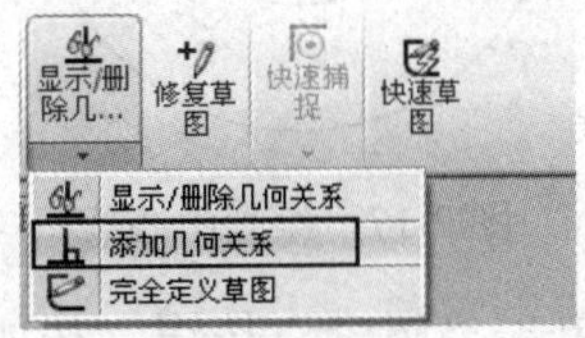

图 2-14　添加几何关系

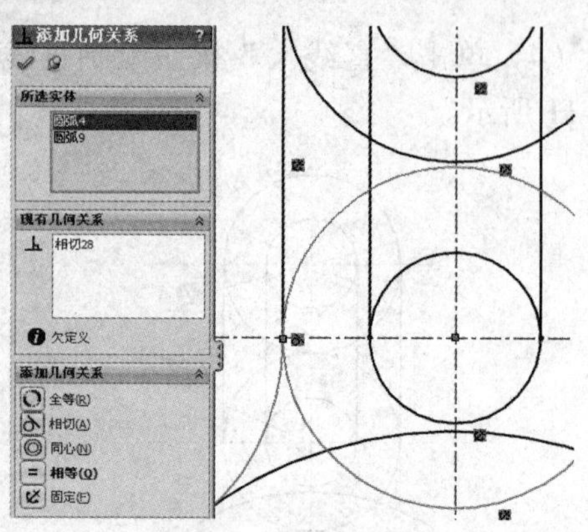

图 2-15　添加几何关系

（7）单击“剪裁实体”按钮，对图像进行相应的调整，结果如图 2-16 所示。

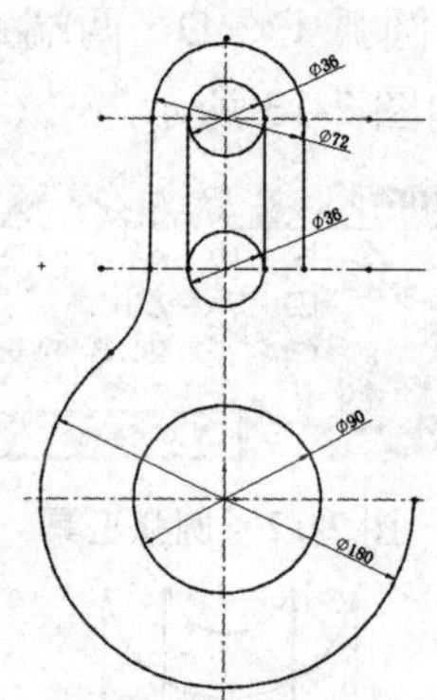

图 2-16　剪裁图像

（8）绘制中心线，如图 2-17 所示。

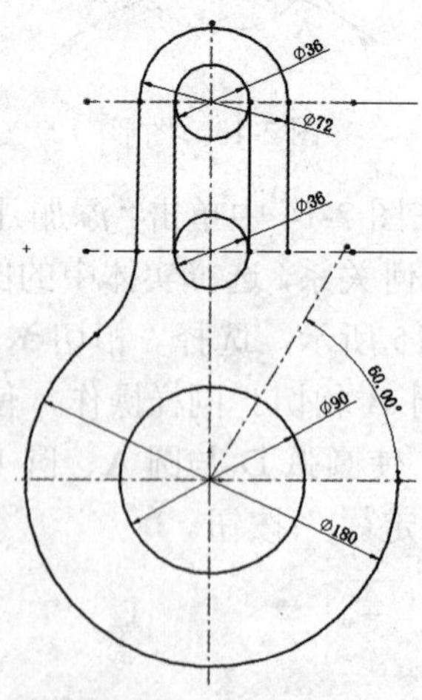

图 2-17　绘制中心线

（9）单击“圆”按钮，按如图 2-18 所示绘制圆，在左侧“选项”栏中选中☑作为构造线(C)复选框，则该圆变成点划线。

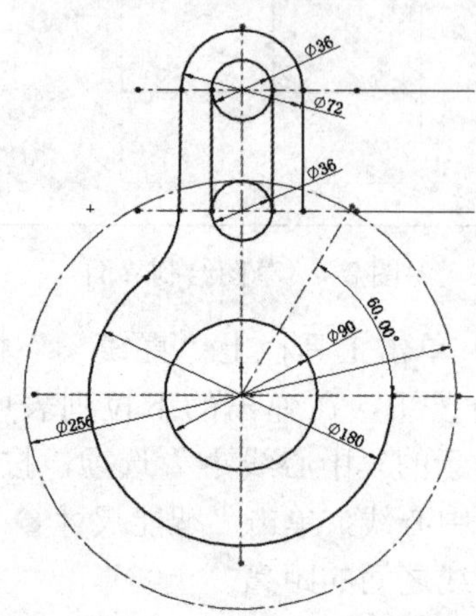

图 2-18　绘制圆

（10）单击“圆”按钮，按如图 2-19 所示绘制圆。

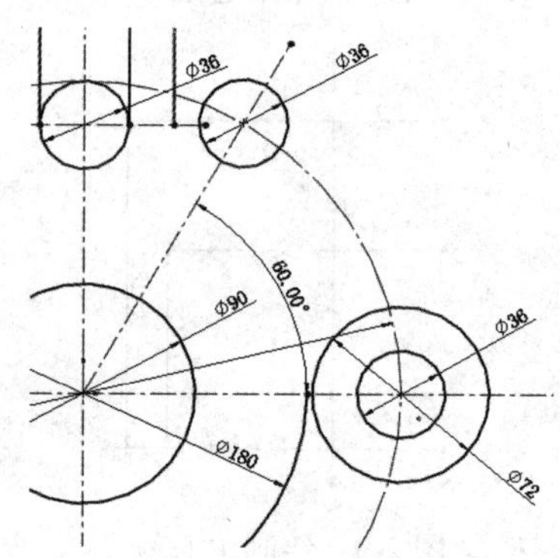

图 2-19　绘制圆

（11）单击“圆心/起/终点画弧”按钮，绘制 3 条弧线，按如图 2-20 所示绘制圆弧。

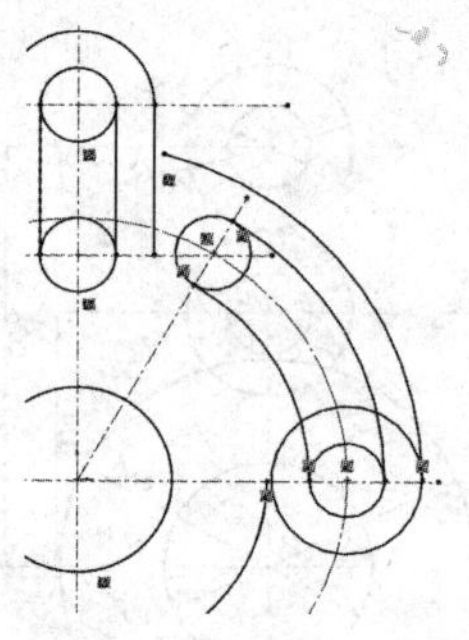

图 2-20　绘制圆弧

（12）选择3 点圆弧工具绘制圆弧，如图 2-21 所示。

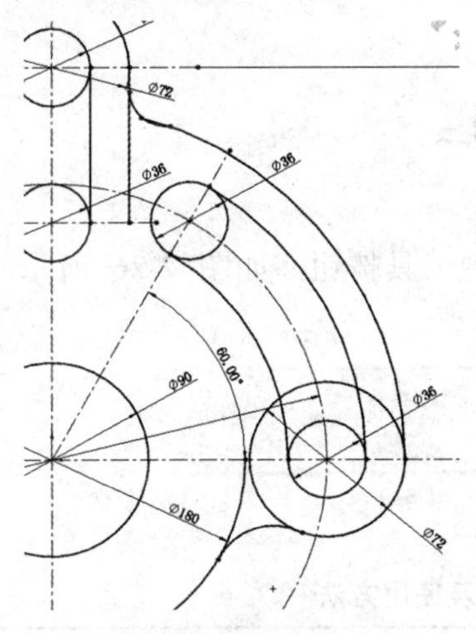

图 2-21　绘制圆弧

（13）单击“添加几何关系⊥”按钮，使两弧与两端点弧或直线均相切。单击“剪裁实体✂”按钮，对图像进行相应的调整，结果如图 2-22 所示。

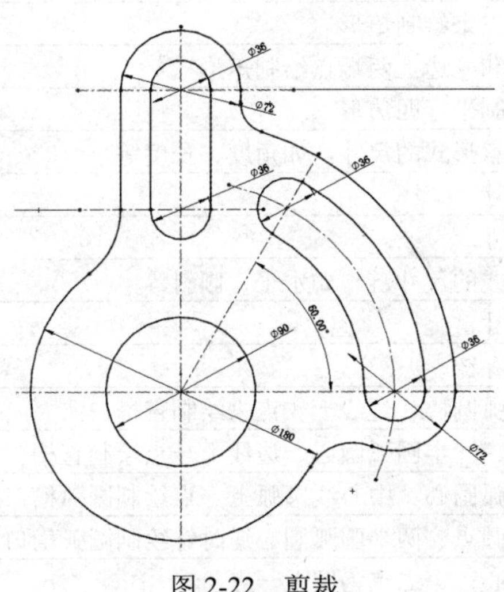

图 2-22　剪裁

（14）单击“圆⊙”按钮绘制圆，如图 2-23 所示。

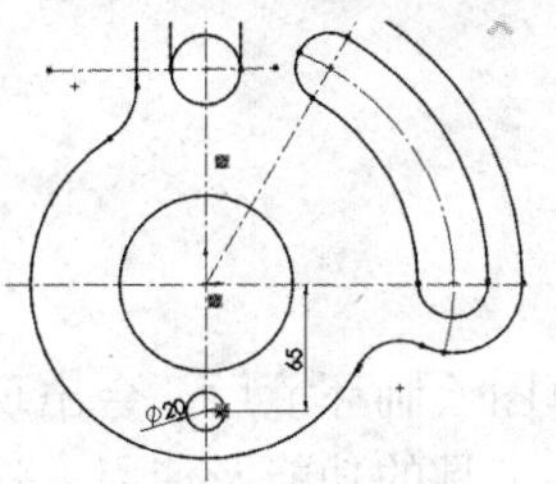

图 2-23　绘制圆

（15）单击“圆周阵列”按钮，出现图 2-24 所示的对话框，选择圆 A 的圆心作为阵列中心，要阵列的实体即为步骤（14）所画的圆，其他按图 2-25 所示进行操作，得到图 2-1 所示的模型。

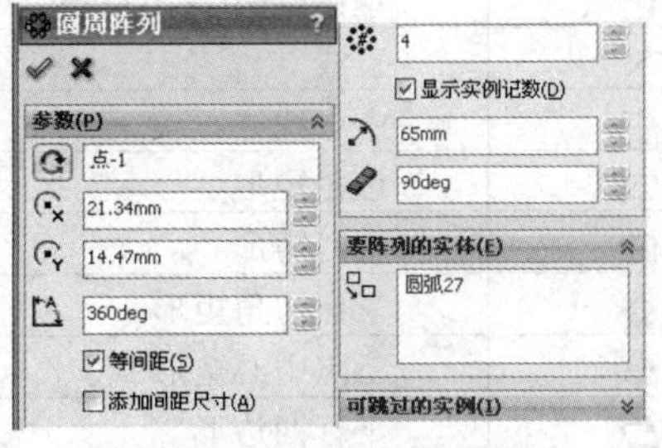

图 2-24　圆周阵列设置

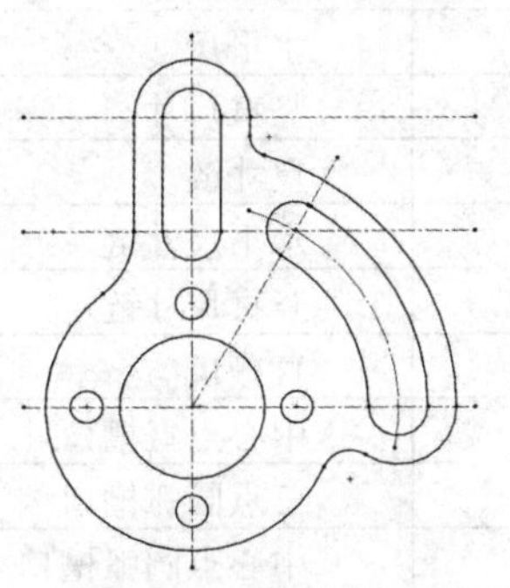
图 2-25　圆周阵列

（16）单击“退出草图”按钮退出草图并保存。

2.2　草图绘制环境

草图绘制环境是用户绘制二维草图的工作界面，草图绘制工具栏不仅提供了基本实体如直线、圆弧、多边形等绘图工具，还提供了尺寸约束、草图编辑等功能，为用户的绘图提供了很大的便利。

2.3 草图工具栏

进入草图绘制环境后，会出现草图设计中所需要的各种工具按钮，如图 2-26 所示。下面将详细介绍各工具的功能及使用方法，如表 2-1 所示。

图 2-26 草图工具栏

表 2-1 草图工具栏中各工具的功能及使用方法

图 标	名 称	作 用
	草图绘制/退出草图	进入或退出草图绘制环境
	直线	绘制直线
	中心线	绘制中心线
	边角矩形	选择对角线的两点绘制矩形
	中心矩形	通过矩形中心、对角点绘制矩形
	三点边角矩形	通过 3 个端点来绘制矩形
	三点中心矩形	通过中心点和一边上两端点绘制矩形
	平行四边形	通过三点绘制平行四边形
	智能尺寸	可以标注任意形式的尺寸，如角度、长度等
	水平尺寸	标注水平尺寸
	竖直尺寸	标注竖直尺寸
	尺寸链	标注任意形式的尺寸链，如水平、倾斜等
	水平尺寸链	标注水平尺寸链
	竖直尺寸链	标注竖直尺寸链
	直槽口	通过两半圆弧圆心、边线上一点来绘制直槽口
	中心点直槽口	通过中心点、一半圆弧圆心、边线上一点绘制直槽口
	三点圆弧槽口	通过两半圆弧圆心、中心线圆弧上一点绘制圆弧槽口
	中心点圆弧槽口	通过中心线圆点、两半圆弧圆心逆时针绘制圆弧槽口
	圆	第一点为圆心，第二点为圆上一点
	周边圆	通过圆上三点来确定圆
	圆心/起/终点画弧	圆心、起点、终点逆时针绘制圆弧
	切线弧	绘制与某一线段相切的弧线
	3 点圆弧	起点、终点、圆弧上一点来绘制圆弧
	样条曲线	绘制样条曲线
	方程驱动的曲线	通过编辑方程来绘制曲线
	套合样条曲线	绘制套合样条曲线
	椭圆	绘制椭圆
	部分椭圆	首先绘制椭圆，再通过起点、终点逆时针绘制部分椭圆
	抛物线	通过重心、顶点、两端点逆时针绘制抛物线
	多边形	绘制多边形，可设置边数

续表

图　标	名　称	作　用
	点	绘制点
	圆角	绘制圆角
	倒角	绘制倒角
	剪裁实体	剪裁实体
	延伸实体	延伸实体到某一位置
	镜像实体	通过中心线镜像所选实体
	线性阵列	通过基准面、零件或草图等对实体进行线性阵列
	圆周阵列	使某实体围绕一点进行圆周阵列
	移动实体	移动实体
	复制实体	复制实体
	旋转实体	旋转实体
	缩放实体比例	缩放实体比例
	伸展实体	伸展实体
	显示/删除几何关系	显示或删除几何关系
	添加几何关系	添加几何关系对草图进行限制
	完全定义草图	添加几何关系及尺寸来完全定义草图
	点捕捉	捕捉多种几何关系点
	中心点捕捉	捕捉中心点
	象限点捕捉	捕捉象限点
	交叉点捕捉	捕捉交叉点
	最近端捕捉	捕捉最近的点
	H/V 点捕捉	捕捉水平与竖直交叉点
	网格	捕捉网格上点
	相切	捕捉相切关系点
	快速草图	快速草图绘制
	修复草图	修复草图中未闭合的多余点或线
	等距实体	绘制等距实体
	文字	插入文字

2.3.1　草图绘制流程

草图绘制流程如下：

- 选择草图绘制的基准面。
- 单击草图绘制工具栏，选择需要绘制实体的图形工具。
- 确定该图形工具的绘制起点、终点等绘制方法。
- 绘制图形。
- 通过智能尺寸或几何关系来限制图形的大小、位置等。
- 通过编辑工具对草图进行编辑。
- 退出并保存草图。

2.3.2 草图设置

主要介绍草图工具栏定义、草图选项、网格线与捕捉的打开与关闭及草图的有效性等，通过设置使用户在草图绘制过程中使用更加顺畅，从而提高绘图效率。

1. 自定义草图工具栏

草图工具栏主要包括两类：一类是基本图形绘图工具，包括直线、矩形、平行四边形、圆、圆弧、多边形、样条曲线等；另一类是图形编辑工具，包括平移、复制、剪裁、阵列、旋转等。用户可以自己定义草图工具栏上的工具，选择“工具”→“自定义”→“命令”→“草图”命令，打开如图2-27所示的对话框，若想在工具栏上添加某工具，只需拖动该绘图图标到工具栏即可。

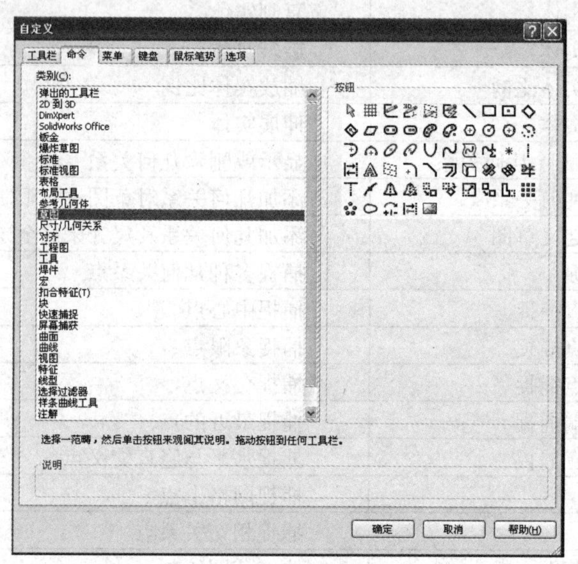

图2-27 自定义草图工具栏

2. 草图选项

选择“工具”→“选项”→“草图”命令，即可打开草图选项对话框，在“草图”项目中集中了草图绘制环境的各种设定，若要激活某选项，选中后单击“确定”按钮，所得对话框如图2-28所示。

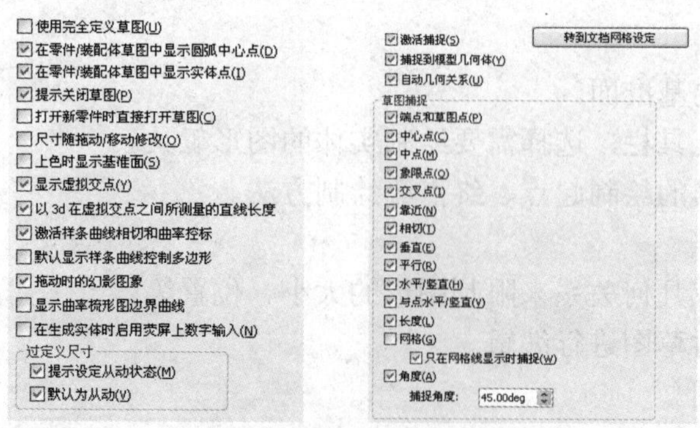

图2-28 草图选项

草图选项介绍如下。

◆ “使用完全定义草图”：草图完全定义后才能用来生成特征，一般情况下取消选中该复选框，否则绘图过于严谨而影响绘图效率。

◆ “在零件/装配体草图中显示圆弧中心点”：显示圆弧的中心点，便于对中心点的捕捉。

◆ “提示关闭草图”：当使用具有开环轮廓的草图进行旋转或拉伸凸台时，系统会提示“封闭草图至模型边线？”。

◆ “打开新零件时直接打开草图”：建立新零件时，无须选择绘图基准面，默认在前视基准面打开，然后可直接进行草图绘制操作。

◆ “尺寸随拖动/移动修改”：在对实体进行拖动或移动时，该实体上所标注的尺寸会自动进行更新。

◆ “自动几何关系”：草图会自动计算并添加有效的几何关系对实体进行限制。

◆ “上色时显示基准面”：在上色模式下编辑草图时，基准面着色。

◆ “激活样条曲线相切和曲率控标”：当激活样条曲线时显示该曲线上控点处的相切和曲率控制箭头。

◆ “提示设定从动状态”：在添加一过定义尺寸时，会自动提示“是否设为从动”。

◆ “默认为从动”：添加一个过定义尺寸时，会自动将该过定义尺寸设定为从动尺寸。

◆ “激活捕捉”：开启捕捉功能，捕捉是指在草图绘制过程中自动对齐或寻找其他几何对象的一种功能，开启捕捉功能后能快速准确地找到具有几何关系的特征，一般情况下都将开启该捕捉功能。

◆ “捕捉到模型几何体”：将捕捉已有模型上的几何对象。

3. 草图网格线/捕捉

选择“工具”→“选项”→“文档属性”→“网格线/捕捉”命令，打开如图 2-29 所示的对话框，选中“显示网格线”复选框，则绘图区域会显示网格线，同时还可以设置网格线的间距及格数，在设置系统捕捉选项后，在草图绘制过程中就可以捕捉到网格线上的点，会给草图的绘制带来一定的便利，但由于 SolidWorks 本身具有强大的捕捉功能，网格线的打开显得不是特别重要，用户可根据个人习惯进行设定。

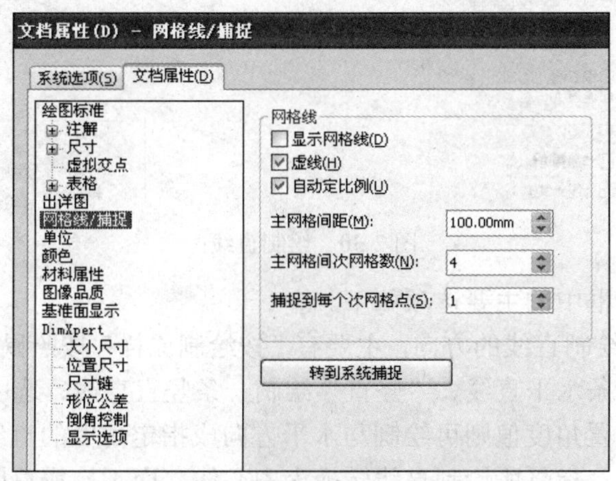

图 2-29 网格线/捕捉

4. 草图定义状态

草图绘制实体基本上有以下几种状态。

- “完全定义”：完整而正确地定义某一实体的尺寸、几何关系等约束，该实体的位置、尺寸等不再发生改变。
- “过定义”：对某一实体的尺寸、几何关系等约束定义多余。
- “欠定义”：该实体的尺寸、几何关系等约束未能完全定义，例如，该实体可能会被拉长、移动、旋转等。
- “没有找到解”：定义某一实体时，该约束与其他的约束相冲突，使该定义不成立。
- “发现无效解”：在所定义的约束下，草图虽已经解出，但会导致无效的几何体，如零长度线段、零半径圆等。

2.4 基本草图绘制

草图绘制工具栏中提供了非常形象的草图工具按钮，通过图标可基本了解相应功能，下面将详细介绍基本草图绘制工具的使用方法。

2.4.1 绘制直线

动画演示——参见附带光盘中的“AVI\Ch2\2-4-1.avi”文件。

单击草图工具栏上的“直线＼”按钮，或选择“工具”→“草图绘制实体”→“直线”命令，绘制直线。此时，左侧出现如图 2-30 所示的“插入线条”对话框，光标变为。

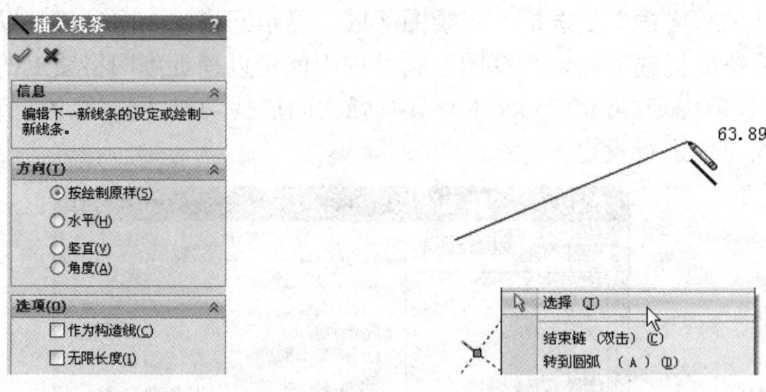

图 2-30 绘制直线

在“插入线条”对话框中的主要选项如下。

- “方向”：指所绘制直线的方向，主要有“按绘制原样”按照鼠标移动的方向进行绘制、“水平”绘制一条水平直线、“竖直”绘制一条竖直直线、选中“角度”单选按钮后在参数对话框中设置角度值则可绘制与水平方向成指定角度的直线。
- “作为构造线”：指将所绘制直线转换为中心线，而不构成草图实体。
- “无限长度”：指该直线无限长。

单击绘图区域的一点作为直线的起点，拖动指针到直线的终点，然后释放鼠标，则可绘制出一条直线；也可以通过单击鼠标选择直线起点，再单击鼠标选择直线终点，绘制结束后，单击鼠标右键，在弹出的快捷菜单中选择“选择”命令，退出直线绘制，或选择“结束链”命令结束该直线的绘制，然后继续绘制其他直线，或选择“转到圆弧”命令直接以草图终点为起点来绘制圆弧。

退出“直线”绘制命令可按 Esc 键或单击鼠标右键并在弹出的快捷菜单中选择“选择”命令退出草图绘制；按 Enter 键可重复该命令。

绘制完直线后，会弹出“线条属性”对话框，如图 2-31 所示。

图 2-31　线条属性

“线条属性”对话框中的主要选项如下。

- ◆ “现有几何关系”：显示该直线所存在的几何关系。
- ◆ “添加几何关系”：其中列出了该直线可能添加的几何关系，激活所需添加的几何关系，则会自动为该直线添加。
- ◆ “参数”：主要为该直线的长度大小及该直线与水平线所成的角度。
- ◆ “额外参数”：其中含有该直线的起点、终点处 X、Y 坐标值及该直线在 X、Y 方向的投影距离。

草图绘制过程中会出现推理线，推理线可以包括现有的线矢量、平行、垂直、相等、相切、同心等几何约束，在绘制过程中可以为用户提供一定的绘图参考，极大地方便了用户的操作。在图 2-32 中虚线即为推理线，该图推理线显示为水平或竖直关系，按照推理线方向绘制直线则可得到水平或竖直直线。

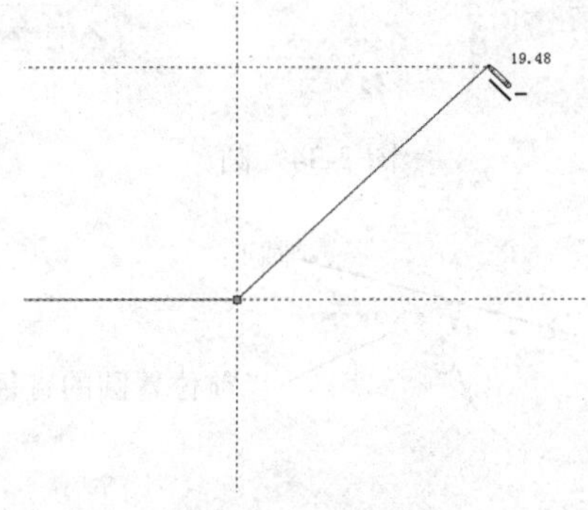

图 2-32　推理线

绘图过程中，指针的形状会提示相关的自动添加几何关系信息，如表示交叉点、表示绘制水平线、表示绘制垂直线。

2.4.2 绘制中心线

动画演示——参见附带光盘中的“AVI\Ch2\2-4-2.avi”文件。

单击草图工具栏上的“中心线”按钮，或选择“工具”→“草图绘制实体”→“中心线”命令，绘制中心线。此时，左侧出现“插入线条”对话框，光标变为。

中心线不作为实体特征，是一种构造线，可用于草图的镜像、阵列、旋转等操作。中心线的绘制与直线一致，而且可以首先绘制“直线”，在“线条属性”对话框中单击鼠标左键，在“选项”栏中选中“作为构造线”复选框，如图2-33所示，从而使直线变为中心线。

图2-33　绘制中心线

2.4.3 绘制圆

动画演示——参见附带光盘中的“AVI\Ch2\2-4-3.avi”文件。

单击草图工具栏上的“圆”按钮，或选择“工具”→“草图绘制实体”→“圆”命令，绘制圆。此时，左侧出现如图2-34所示的“圆”对话框，光标变为。

“圆类型”有两种：“中央创建”方式通过单击第一点选择圆心位置，单击第二点设定圆的大小，如图2-35所示；“周边圆”方式通过圆上的三点来确定圆的位置和大小，如图2-36所示。

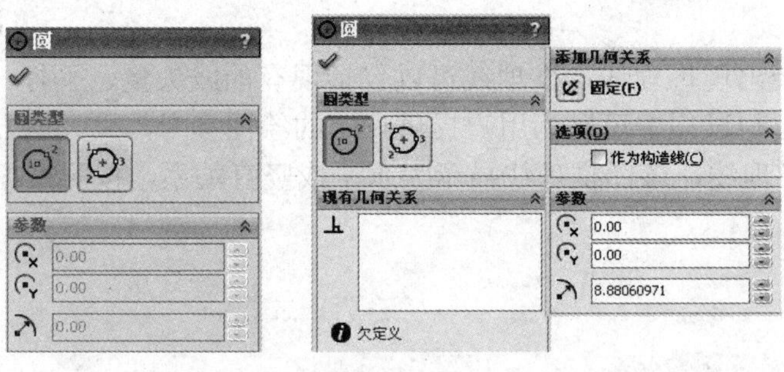

图2-34　圆

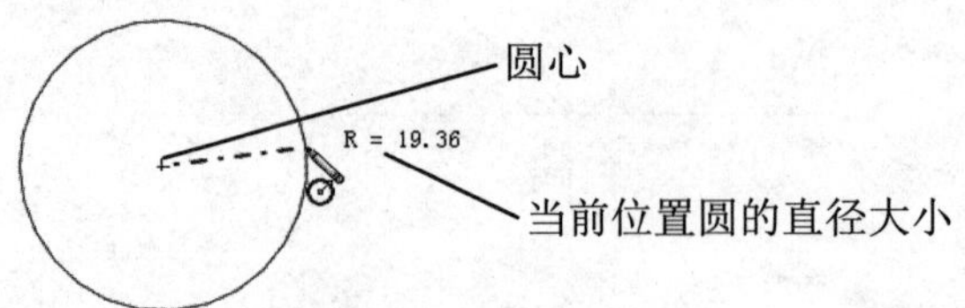

图2-35　中心点圆

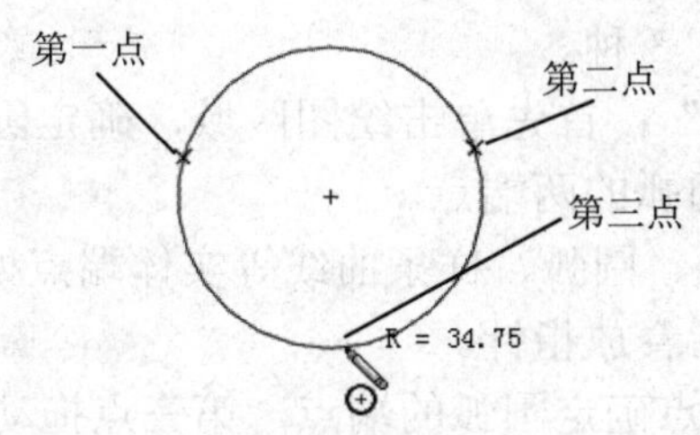

图 2-36　周边圆

在“参数”栏中可设置圆心的 X、Y 坐标值和圆的半径值。

如图 2-35 所示，选择“中央创建”方式来绘制圆，单击绘图区域来选定圆心位置，拖动指针然后释放鼠标，则可绘制圆，此时出现圆属性对话框，如图 2-34 所示。

拖动圆的边线可以改变圆的半径，如图 2-37（a）所示；拖动圆心可以改变圆的位置，如图 2-37（b）所示。

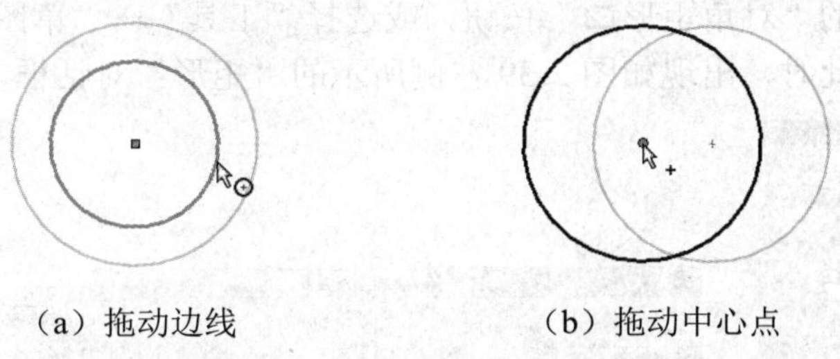

（a）拖动边线　　（b）拖动中心点

图 2-37　改变圆的位置或大小

2.4.4　绘制圆弧

动画演示——参见附带光盘中的“AVI\Ch2\2-4-4.avi”文件。

单击草图工具栏上的“圆心/起/终点画弧”按钮，或选择“工具”→“草图绘制实体”→“圆心/起/终点画弧”命令绘制圆弧。此时，左侧出现如图 2-38 所示的“圆弧”对话框，光标变为。

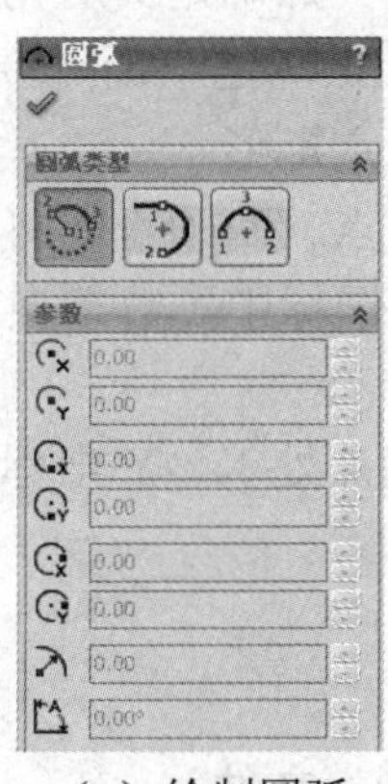

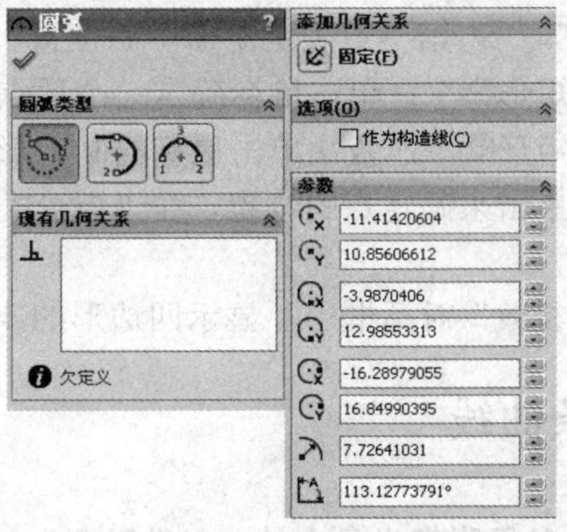

（a）绘制圆弧　　（b）圆弧属性

图 2-38　圆弧

绘制圆弧的方法主要有以下3种。

◆ “圆心/起/终点画弧”：首先单击绘图区域，确定圆心位置，再将圆拉到所需大小，单击绘图区域，确定圆弧的两端点。

◆ “切线弧”：在直线、圆弧、样条曲线等实体端点处单击确定一端点，然后移动鼠标绘制所需圆弧，完成后释放指针。

◆ “3点圆弧”：前两点确定圆弧的端点，第三点拖动指针确定圆弧的半径。

“参数”对话框中则会出现当前圆弧的圆心、起点、终点处X、Y坐标值和半径值大小及圆弧角度，可通过手动方式输入数值对其进行修改。

2.4.5 绘制四边形

——参见附带光盘中的“AVI\Ch2\2-4-5.avi”文件。

单击草图工具栏上的“对角矩形”按钮，或选择“工具”→“草图绘制实体”→“对角矩形”命令，绘制矩形。此时，出现如图2-39左侧所示的“矩形”对话框，光标变为。

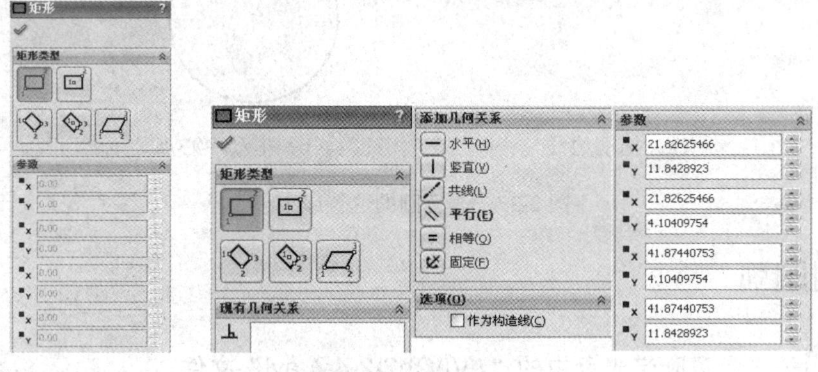

图2-39 矩形

四边形绘图主要分为两部分，即矩形和平行四边形。

矩形绘图方法又有以下4种。

◆ “边角矩形”：第一点确定矩形一顶点位置，另一点确定其对角顶点位置。

◆ “中心矩形”：第一点确定矩形中心位置，第二点确定一顶点位置。

◆ “三点边角矩形”：单击鼠标确定三个顶点以确定矩形。

◆ “三点中心矩形”：依次单击鼠标绘制矩形中心点、两顶点即可确定矩形。

绘图过程均通过单击来确定点的位置，在“矩形类型”图标中，数字表示图形绘制过程中单击点的顺序。

在矩形属性的“参数”对话框中，显示四边形的4个端点处X、Y坐标值。

2.4.6 插入样条曲线

动画演示——参见附带光盘中的“AVI\Ch2\2-4-6.avi”文件。

样条曲线是指连接一系列控制点所得到的曲线，单击草图工具栏上的“样条曲线”按钮，或选择“工具”→“草图绘制实体”→“样条曲线”命令，绘制样条曲线。此时，出现如图 2-40 所示的“样条曲线”对话框，光标变为。

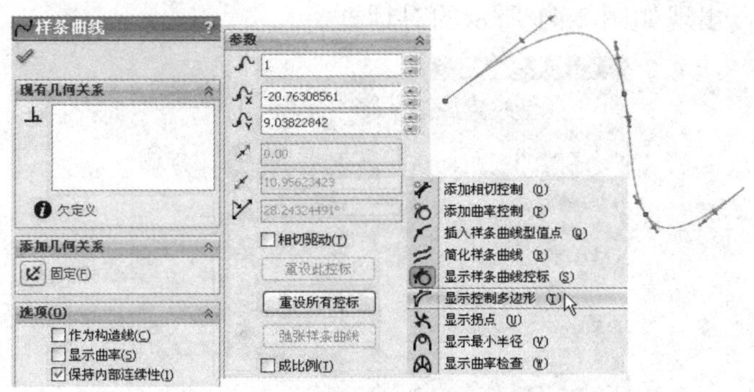

图 2-40　样条曲线

样条曲线的绘制不同于直线，样条曲线通过插入一系列控制点来确定曲线的大致形状，当插入完控制点后，按 Esc 键或单击鼠标右键并在弹出的快捷菜单中选择“选择”命令，退出样条曲线的绘制。

在样条曲线属性对话框中的选项如下。

- “样条曲线控制点数”：指查看样条曲线的点时，相应的曲线控制点序号。
- 、：指样条曲线控制点 X 或 Y 坐标值，输入数值以改变其位置。
- 、：相切重量，指控制点处相切量大小。
- ：相切径向方向。
- “相切驱动”：选中此复选框后可激活相切重量 1、相切重量 2、相切径向方向等选项，即可通过相切重量及相切径向方向来控制样条曲线。
- “重设此控标”：将所选样条曲线控标返回到初始状态。
- “重设所有控标”：将样条曲线所有控标返回到初始状态。
- “弛张样条曲线”：可显示样条曲线的控制多边形，然后拖动该控制多边形可控制样条曲线的形状及大小。
- “成比例”：指在拖动样条曲线端点时会成比例改变样条曲线的大小而不改变其形状。

样条曲线的点至少有两个，中间的称为型值点或通过点，两端的点为端点。通过拖动型值点或端点来改变样条曲线的形状。单击样条曲线后，型值点及端点处产生向量箭头，拖动该箭头即可改变样条曲线的形状及大小。

选中样条曲线后，单击鼠标右键，会弹出样条曲线的控制与编辑工具。

- “添加相切控制”：可对样条曲线添加一相切控制点。
- “插入样条曲线型值点”：通过插入型值点，可改变曲线的形状。若想删除型值点，选中后按 Delete 键即可。
- “简化样条曲线”：可以减少样条曲线控制点的数量并提高包含复杂样条曲线的模型性能。

2.4.7　套合样条曲线

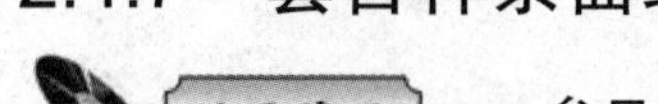

——参见附带光盘中的“AVI\Ch2\2-4-7.avi”文件。

套合样条曲线是将相连的多条线如直线、圆弧、样条曲线等拟合为单一的样条曲线，套合样条曲线的作用在于消除草图中多余的曲线节点，从而控制放样等操作中轮廓草图之间的过渡方式。

单击草图工具栏上的“套合样条曲线”按钮，或选择“工具”→“草图绘制实体”→“套合样条曲线”命令，出现如图 2-41 所示的对话框。

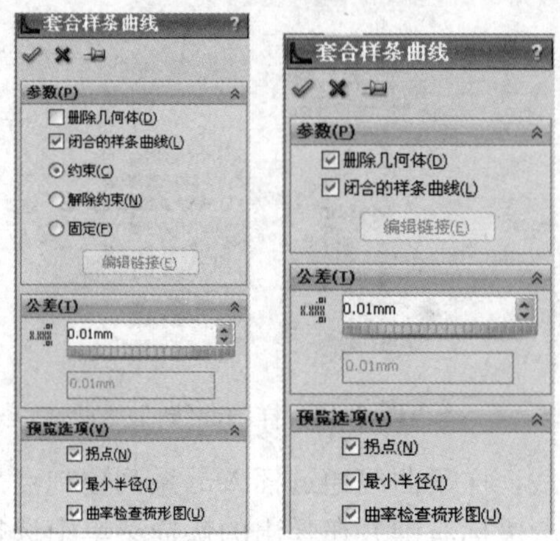

图 2-41　套合样条曲线

套合样条曲线生成属性设置如下。

◆ “删除几何体”：将原有草图删除，如未选中此复选框，则将保留原草图并将其作为构造线。

所生成的样条曲线与原曲线主要有 3 种关系，“约束”指在参数上将套合样条曲线链接到所定义几何体；“解除约束”指生成与原始定义几何体形状相同的样条曲线，但是无约束关系，可对该样条曲线进行标注、约束及拖动等；“固定”指生成与定义几何体开关相同的套合样条曲线，但是在空间位置上是固定的。

◆ “公差”：用于指定原有草图线段与所生成的样条曲线间所生成的最大误差。

选择要生成样条曲线的直线、圆弧等，在弹出的对话框中单击“确定”按钮即可，如图 2-42 所示，所生成曲线无连接点，成为一条光滑曲线。

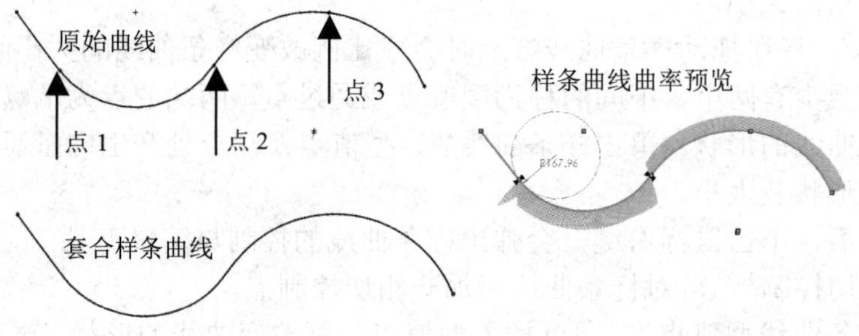

图 2-42　样条曲线生成

2.4.8　插入文字

动画演示——参见附带光盘中的“AVI\Ch2\2-4-8.avi”文件。

单击草图工具栏上的“文字”按钮，或选择“工具”→“草图绘制实体”→“文字”命令，插入文字。此时，出现“草图文字”对话框，如图 2-43 所示。

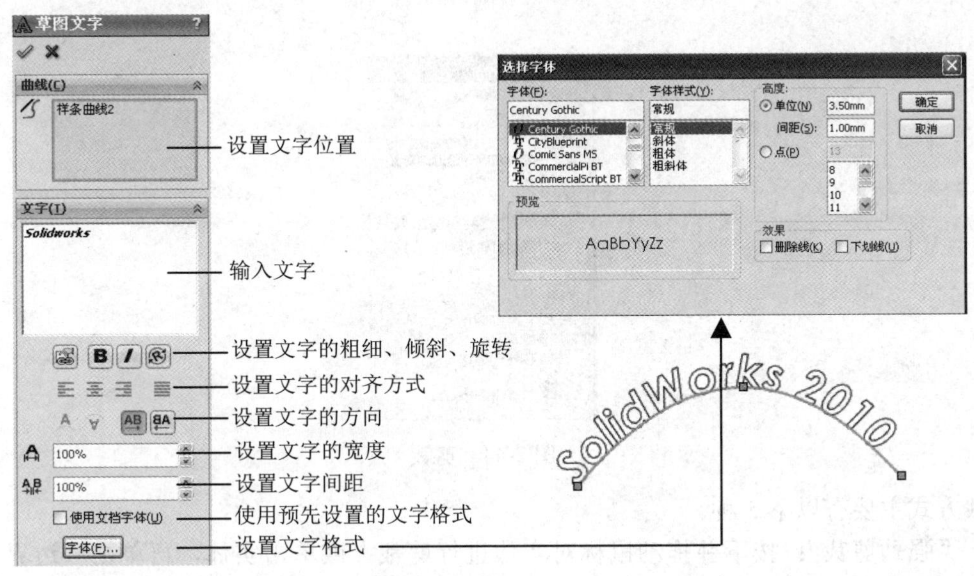

图 2-43　草图文字

2.5　草 图 编 辑

草图编辑工具主要包括圆角、倒角、镜像、等距实体、剪裁、延伸、线性草图阵列、圆周草图阵列、转换实体等工具。

2.5.1　基本编辑操作

主要为草图的剪切、复制、粘贴、删除，对于复制、剪切、粘贴可以在同一草图及不同草图之间进行。

- 复制：选择“编辑”→“复制”命令，或按 Ctrl+C 键，或按住 Ctrl 键直接拖动要复制的实体。复制实体时并不复制几何关系。
- 剪切：选择“编辑”→“剪切”命令，或按 Ctrl+X 键。
- 粘贴：选择“编辑”→“粘贴”命令，或按 Ctrl+V 键，再单击以确定草图的中心位置。
- 删除：选择“编辑”→“删除”命令，或按 Delete 键。

2.5.2　剪裁

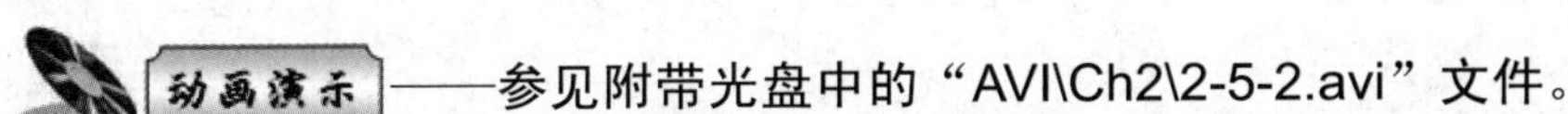

——参见附带光盘中的“AVI\Ch2\2-5-2.avi”文件。

“草图剪裁”可剪裁直线、圆弧、椭圆、圆、样条曲线或中心线，可以截断至交点处，可以将其删除，也可以延伸草图线段至另一实体。单击草图工具栏上的“剪裁实体”按钮，或选择“工具”→“草图绘制工具”→“剪裁”命令，出现如图 2-44 所示的窗口，同时鼠标变为形状。

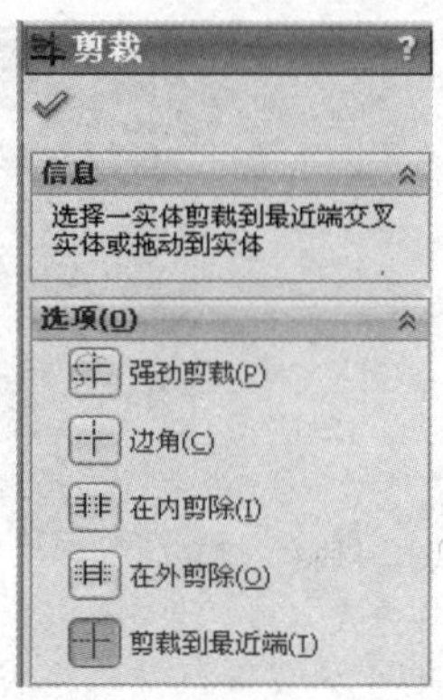

图 2-44　剪裁

剪裁方式主要有以下 5 种。

◆ “强劲剪裁”：按下并拖动鼠标对实体进行剪裁；或单击实体，再单击一边界实体或实体外一点，对该实体进行剪裁；按住 Shift 键，拖动鼠标延伸实体。
◆ “边角”：修改两个实体直到它们以虚拟边角交叉。若两个实体没有交叉，则该剪裁无效。
◆ “在内剪除”：首先选择两条边线作为剪裁边界，然后选取剪裁操作的草图实体，当草图实体与两个剪裁边界相交时，位于剪裁边界内部的实体部分将被剪裁；当草图实体与两个剪裁边界均不相交，且位于剪裁边界内部时，则该草图实体将被删除。
◆ “在外剪除”：与“在内剪裁”操作方法相同，用于剪裁两个所选边界之外的开环实体。
◆ “剪裁到最近端”：删除草图边线至与另一边线的交叉点处。

2.5.3　草图延伸

动画演示——参见附带光盘中的“AVI\Ch2\2-5-3.avi”文件。

利用草图延伸可以将草图实体延伸到另一草图实体，延伸对象可以为直线、中心线或者圆弧。单击草图工具栏上的“延伸实体”按钮，或选择“工具”→“草图工具”→“延伸”命令，光标变为。

单击要延伸的草图，SolidWorks 会自动判断将其延伸到最近的其他草图实体，如图 2-45 所示。最后单击“确定”按钮完成操作。

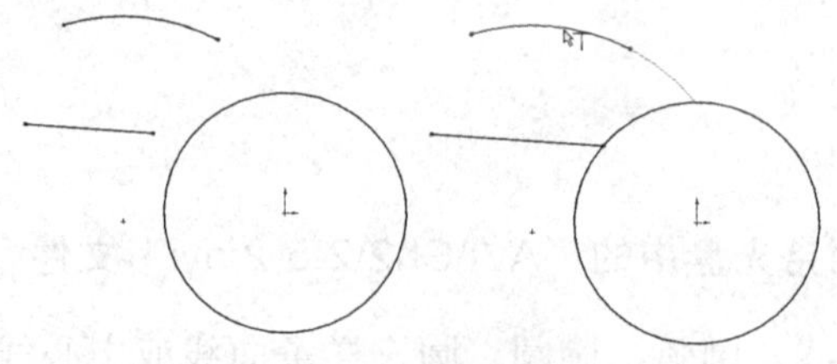

图 2-45　延伸实体

2.5.4　绘制圆角

动画演示——参见附带光盘中的“AVI\Ch2\2-5-4.avi”文件。

单击草图工具栏上的“圆角”按钮，或选择“工具”→“草图工具”→“圆角”命令，绘制圆角。此时，左侧出现如图 2-46 所示的“绘制圆角”对话框。

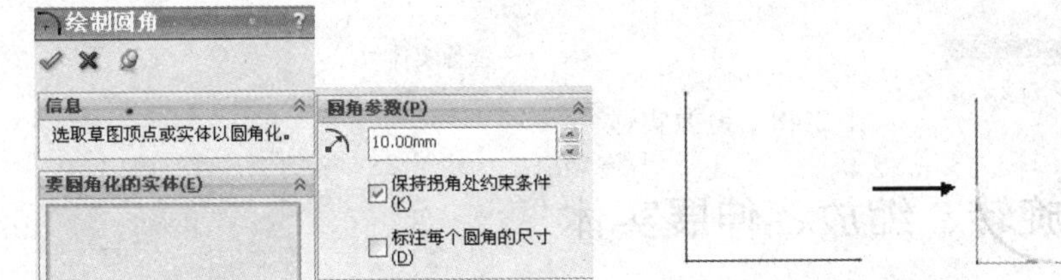

图 2-46　绘制圆角

在弹出的属性对话框中输入圆角半径值，在绘图区域中，依次用鼠标单击选择要生成圆角的两边，单击第一条边后，会自动出现圆角预览，单击第二条边线后生成圆角。

2.5.5　绘制倒角

——参见附带光盘中的“AVI\Ch2\2-5-5.avi”文件。

单击草图工具栏上的“倒角”按钮，或选择“工具”→“草图工具”→“倒角”命令，绘制倒角。此时，出现“绘制倒角”对话框，如图 2-47（a）、图 2-47（b）所示。

（a）

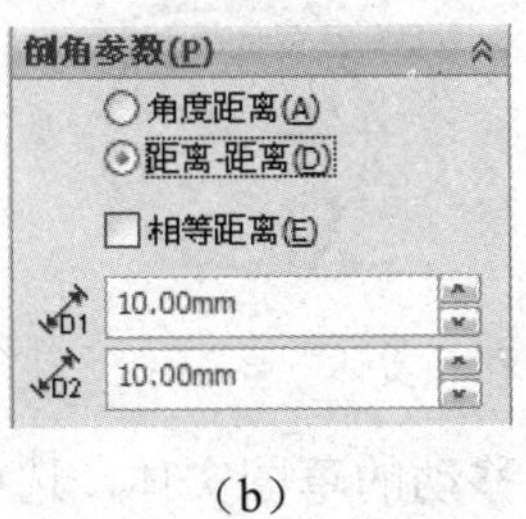

（b）

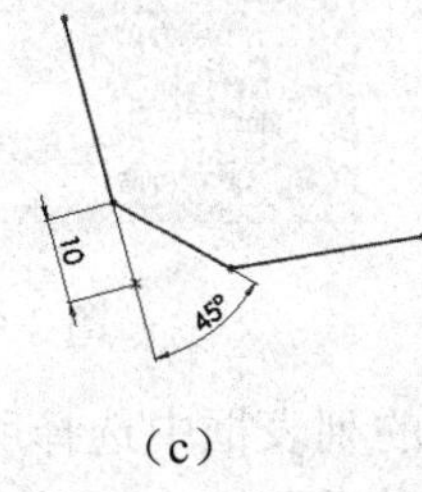

（c）

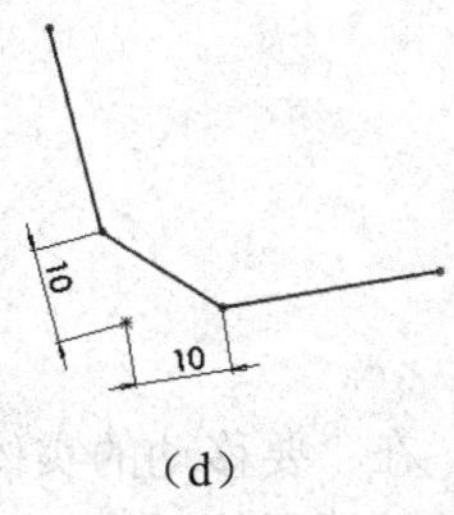

（d）

图 2-47　绘制倒角

倒角参数有角度距离、距离-距离两种方式，在绘图区域中依次单击鼠标左键，选择要生成倒角的边线，即可按照所设定数值生成倒角，所得的倒角如图 2-47（c）、图 2-47（d）所示。

2.5.6　镜像实体

——参见附带光盘中的“AVI\Ch2\2-5-6.avi”文件。

单击草图工具栏上的“镜像实体”按钮，或选择“工具”→“草图工具”→“镜像实体”命令。此时，出现“镜像实体”对话框。

选择要镜像的实体，如图 2-48 所示选择样条曲线 1；为镜像点，即以该选中对象为中心进行镜像。选中“复制”复选框后，则不删除原实体而将原实体复制。

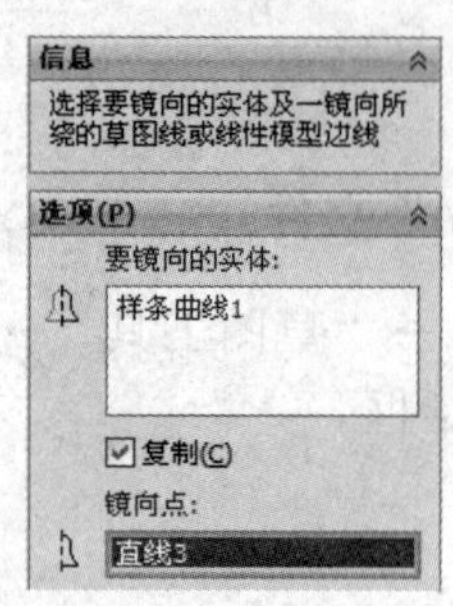

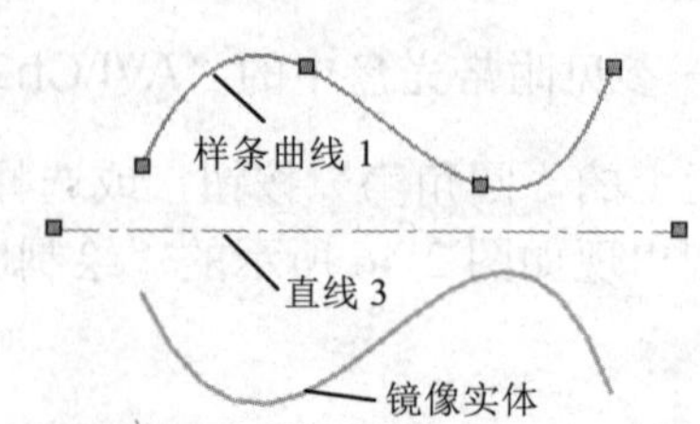

图 2-48　镜像实体

2.5.7　移动、复制、旋转、缩放、伸展实体

——参见附带光盘中的“AVI\Ch2\2-5-7.avi”文件。

1. 移动实体

单击草图工具栏上的“移动实体”按钮，或选择“工具”→“草图工具”→“移动实体”命令。此时，左侧出现如图 2-49 所示的“移动”对话框。

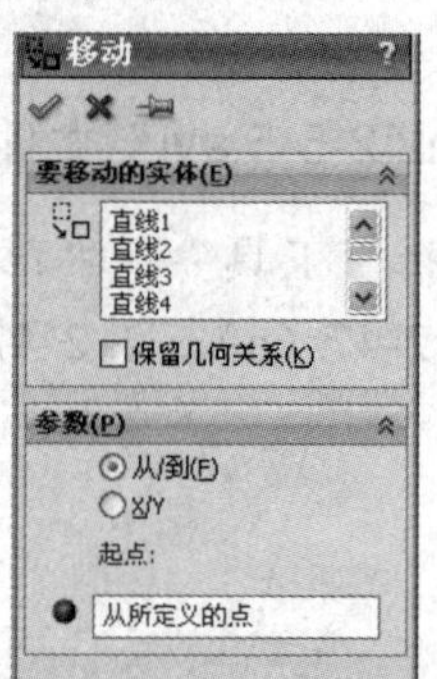

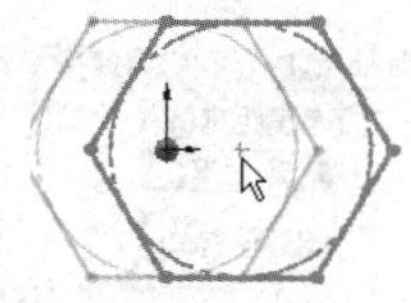

图 2-49　移动实体

在“要移动的实体”栏的列表框中选择所需移动的草图实体，选中“保留几何关系”复选框则移动后保持原实体的几何关系不变，“参数”设置有两种方式，“从/到”方式是通过鼠标选择一起点，然后移动鼠标到指定位置。X/Y 方式，可指定 X 和 Y 方向所需移动的距离。单击“确定”按钮完成。

“复制实体”与“移动实体”操作相同。

2. 旋转实体

旋转实体是将实体沿中心点旋转一定的角度。

单击草图工具栏上的“旋转实体”按钮，或选择“工具”→“草图工具”→“旋转实体”命令。此时，左侧出现如图 2-50 所示的“旋转”对话框。

“要旋转的实体”，在绘图区域中通过单击鼠标左键选择要进行旋转的实体。

“参数”设置中，“旋转中心”通过鼠标单击绘图区域中的点来选择，“角度”指所选实体围绕此旋转中心的逆时针旋转角度。单击“确定”按钮完成。

3. 缩放实体

缩放实体是将实体放大或缩小一定比例，或生成一系列尺寸成比例的实体。

单击草图工具栏上的“缩放实体比例”按钮，或选择“工具”→“草图工具”→“缩放实体比例”命令。此时，弹出缩放实体比例对话框，如图 2-51 所示。

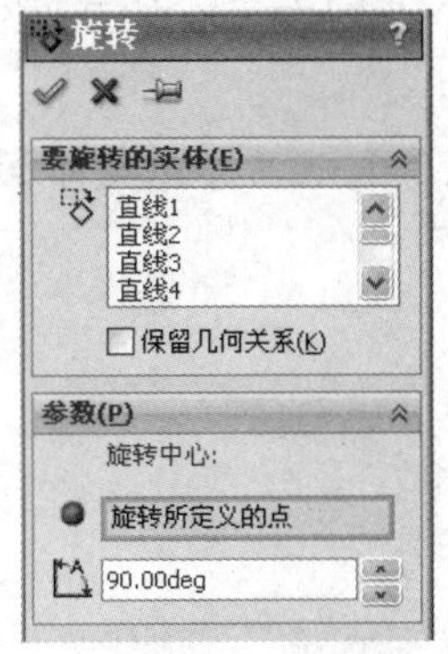

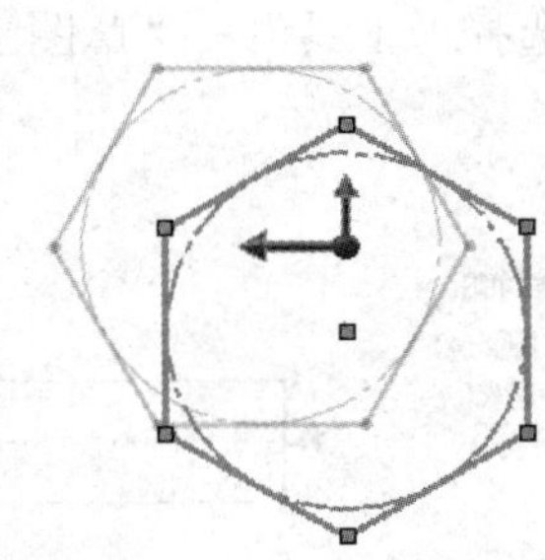

图 2-50 旋转实体

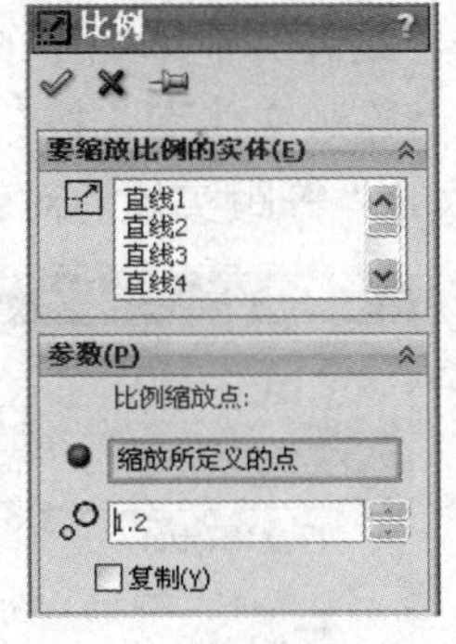

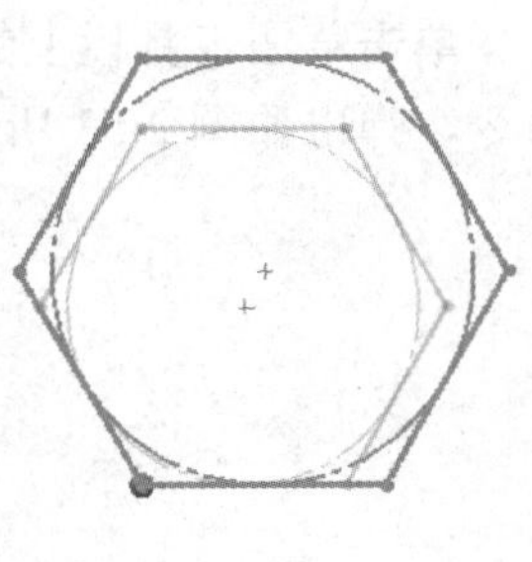

图 2-51 缩放实体比例

“要缩放比例的实体”，在绘图区域单击鼠标左键选择要进行缩放的实体。

“参数”设置中，通过鼠标选取“比例缩放点”，在缩放过程中，该点位置不动，草图实体以该点为中心进行比例缩放；“比例因子”用于控制缩放比例大小。

选中“复制”复选框，则原实体仍然存在。单击“确定”按钮完成。

在绘图区域中通过单击鼠标左键选择要进行缩放的实体，选择如图 2-51 所示的缩放基点，设置缩放因子为 1:2，单击“确定”按钮完成缩放。

4. 伸展实体

伸展实体是将实体某一部分向某方向延伸。

单击草图工具栏上的“伸展实体”按钮，或选择“工具”→“草图工具”→“伸展实体”命令。此时，弹出“伸展”对话框，如图 2-52 所示。

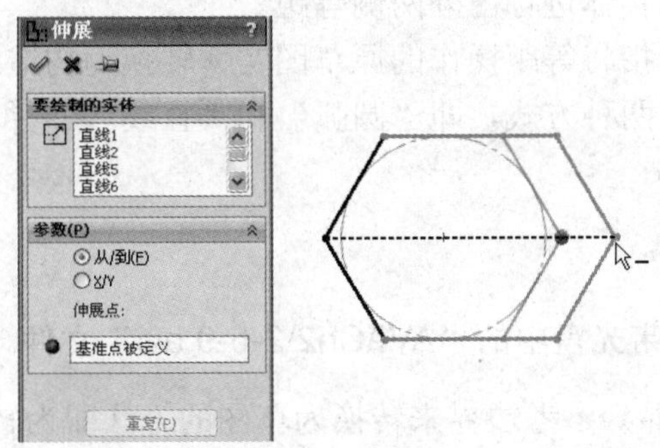

图 2-52 伸展实体

“要绘制的实体”，在绘图区域中单击鼠标左键选择要进行伸展的实体。

“参数”设置有两种方式，同“移动”对话框中的设置。单击“确定”按钮完成。

在绘图区域中单击鼠标左键，选择要伸展的实体，在“参数”栏中选中“从/到”单选按钮，

“基点●”选择如图2-52右侧所示，然后拖动鼠标至要伸展到的位置即可。

2.5.8 等距实体

——参见附带光盘中的“AVI\Ch2\2-5-8.avi”文件。

等距实体是将草图实体沿其法向偏移一段距离，等距对象可以为同一个草图中已有的草图实体，也可以为已有模型边界或者其他草图中的草图实体。

单击草图工具栏上的“等距实体”按钮，或选择“工具”→“草图工具”→“等距实体”命令，弹出如图2-53所示的“等距实体”对话框。

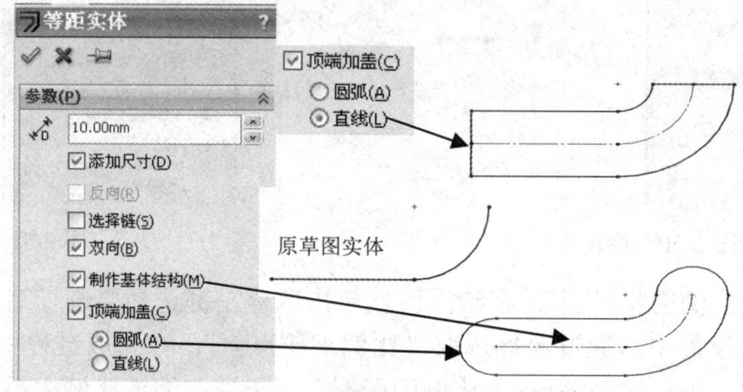

图2-53 等距实体

单击要进行等距的实体，则该实体即按照所设置的参数生成等距实体。

所需设置的参数如下。

- “等距距离”：为等距实体与原实体之间的法向距离。
- “添加尺寸”：添加等距距离中所设置的尺寸大小。
- “反向”：反转等距实体方向。
- “选择链”：可以选中所有边界。
- “双向”：对原草图实体进行内外两侧等距。
- “制作基体结构”：指将等距操作的原草图实体转换为构造线。
- “顶端加盖”：包括两种方式，即“圆弧”和“直线”，所得结果如图2-53所示。

2.5.9 转换实体引用

——参见附带光盘中的“AVI\Ch2\2-5-9.avi”文件。

通过引用已有特征的边界为参考边界来转换为草图的方法即为转换实体引用。

单击草图工具栏上的“转换实体引用”按钮，或选择“工具”→“草图工具”→“转换实体引用”命令。

在“要转换的实体”中选择要转换的实体面，单击“确定”按钮后，则该面的实体轮廓会投影到草图平面上形成草图，如图2-54所示。

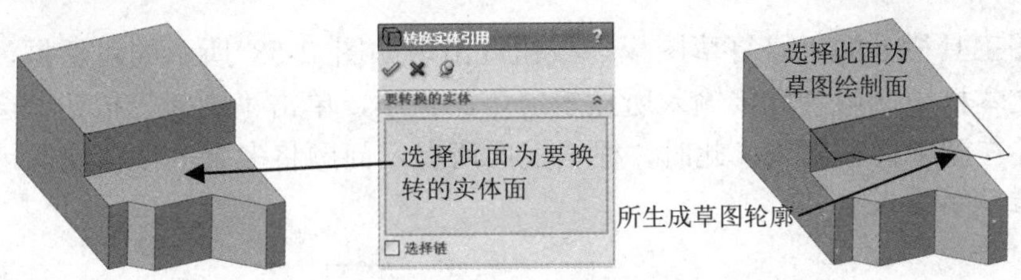

图 2-54　转换实体引用

转换实体引用是通过投影边线、环、面、曲线或外部草图轮廓线、一组边线或一组草图曲线到草图基准面上以在草图中生成一条或多条曲线。

2.5.10　交叉曲线

动画演示——参见附带光盘中的“AVI\Ch2\2-5-10.avi”文件。

交叉曲线用于在实体或面等交叉处生成草图曲线。可以生成交叉曲线的方式有基准面和曲面或模型面、两个曲面、曲面和模型面、基准面和整个零件、曲面和整个零件等。

单击草图工具栏上的“交叉曲线”按钮，或选择“工具”→“草图工具”→“交叉曲线”命令，出现如图 2-55 中所示的对话框。

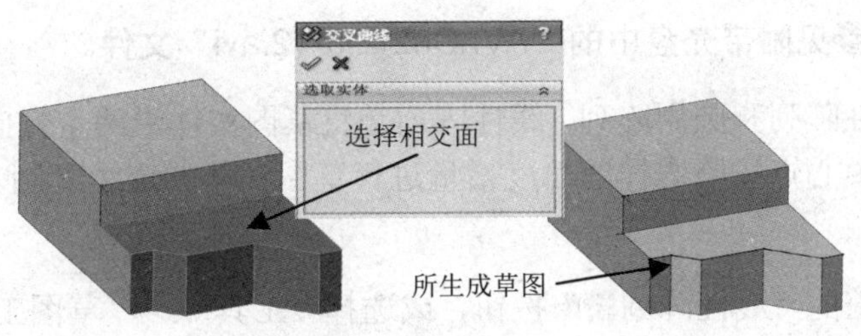

图 2-55　交叉曲线

生成相交线的交叉曲面，单击“确定”按钮即可生成交叉曲线。交叉曲线不一定为平面草图，也不一定在草图绘制环境下生成。

2.5.11　修复草图

动画演示——参见附带光盘中的“AVI\Ch2\2-5-11.avi”文件。

在生成特征时，有时会遇到草图未闭环或多条线交叉等各种情况，而无法生成特征，如图 2-56 所示的提示草图存在的问题。当单击“确定”按钮后，会提示如图 2-57 所示的问题。

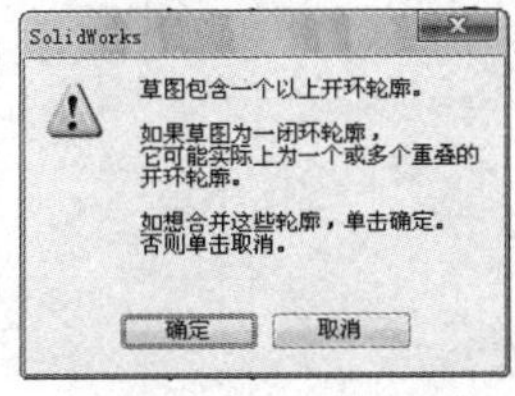

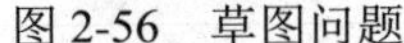

图 2-56　草图问题

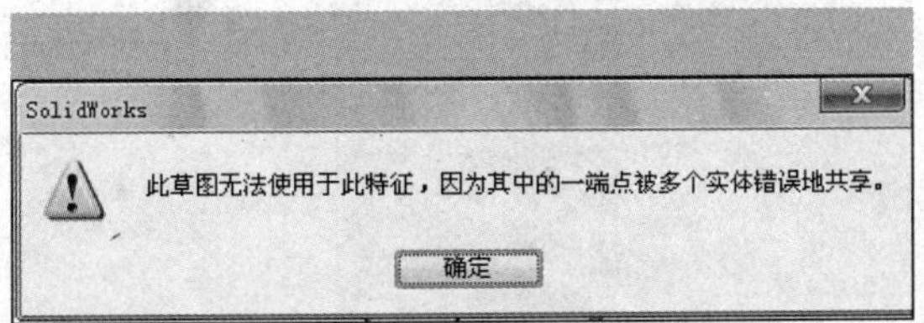

图 2-57　问题提示

单击草图工具栏上的“修复草图”按钮，出现如图 2-58 所示的对话框，在“显示小于以下的缝隙”文本框中，可以直接输入所显示缝隙的大小，单击“刷新”按钮，会自动更新满足条件的缝隙，并在圆中标识出来。此时，根据上面所提示问题将多余的线段删除或将未闭合部分闭合即可修复草图。

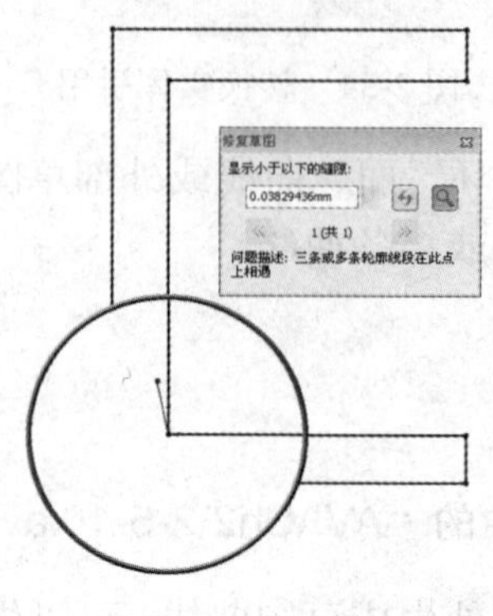

图 2-58　草图修复

2.5.12　阵列实体

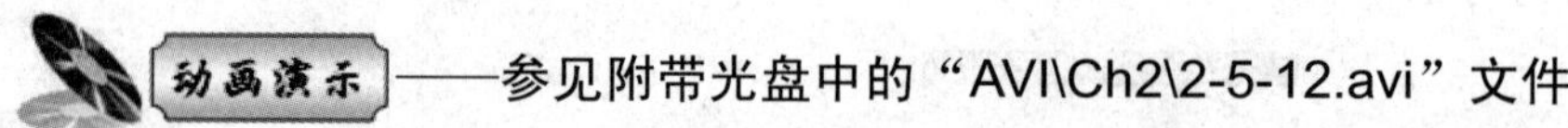

——参见附带光盘中的“AVI\Ch2\2-5-12.avi”文件。

草图阵列包括线性阵列和圆周阵列，线性阵列是将草图实体沿两个方向进行多次等间距的复制，圆周阵列则围绕中心点按照同样的角度增量进行草图实体的连续复制。

1. 线性阵列

单击草图工具栏上的“线性阵列”按钮，或选择“工具”→“草图工具”→“线性阵列”命令。此时，左侧出现如图 2-59 所示的“线性阵列”对话框。

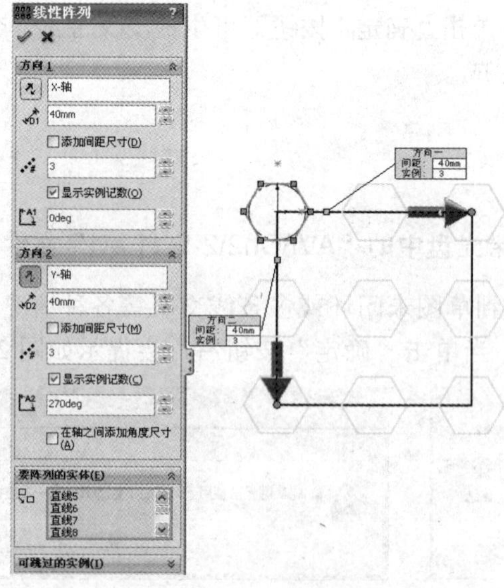

图 2-59　线性阵列

阵列方向默认第一方向为X，第二方向为Y，设定每个阵列方向的阵列数目、阵列距离等参数。

当选择某方向后，在草图中会在该方向出现箭头，单击该箭头或线性草图阵列对话框中的"反向"按钮可以反转方向。

"角度"表示阵列方向与所选方向逆时针旋转所成的角度大小。

最后单击"确定"按钮完成。

设置"方向 1"为 X 轴，阵列距离为 40mm，阵列数目为 3，"方向 2"为 Y 轴，阵列距离为 40mm，阵列数目为 3，通过单击鼠标左键在绘图区域中选择所有直线为需要阵列的实体，单击"确定"按钮即可完成该阵列。

2. 圆周阵列

圆周阵列是所选实体围绕一个中心点进行环形复制的操作。

单击草图工具栏上的"圆周阵列"按钮，或选择"工具"→"草图工具"→"圆周阵列"命令。此时，左侧出现如图 2-60 所示的"圆周阵列"对话框。

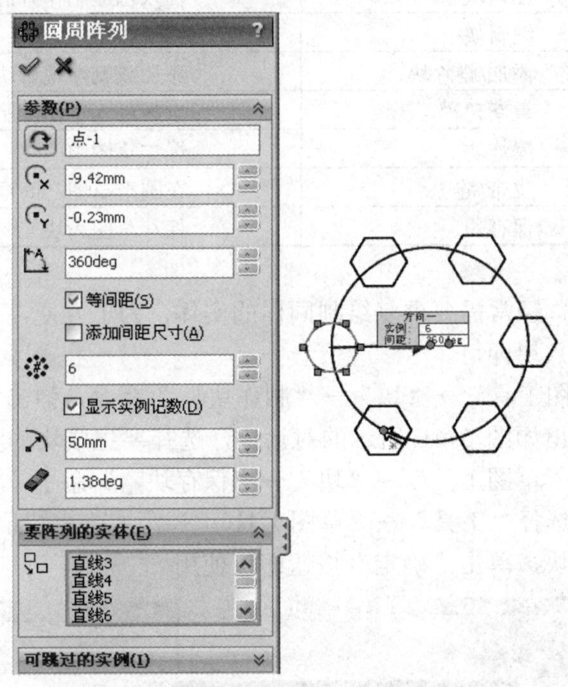

图 2-60　圆周阵列

在"参数"栏中主要设置以下参数。

- "反向旋转"：反转圆周阵列方向。
- "中心 X"：圆周阵列中心点处 X 坐标值。
- "中心 Y"：圆周阵列中心点处 Y 坐标值。
- "角度"：圆周阵列的阵列角度。
- "数目"：圆周阵列的实体数目。
- "半径"：指定圆周阵列的阵列半径。
- "圆弧角度"：指定从所选实体的中心到阵列的中心点或顶点的夹角。

在图 2-60 中，单击鼠标左键在绘图区域选择圆周阵列的中心点为坐标原点，设置“角度”为 360 度，选择阵列数目为 6，选中“等间距”复选框，阵列半径为 50mm，要阵列的实体为该六边形，单击“确定”按钮完成圆周阵列。

2.5.13 块

——参见附带光盘中的“AVI\Ch2\2-5-13.avi”文件。

块工具栏中的按钮功能如表 2-2 所示。

表 2-2 块工具栏中的按钮功能

图 标	名 称	作 用
	制作块	选择实体制作块
	插入块	插入已经制作好的块
	编辑块	编辑该块
	添加/删除块	添加或删除现有块
	重新建模	重新进入草图绘制环境对块进行编辑
	爆炸块	爆炸草图中的块
	皮带/链	在圆形草图之间添加皮带或链
	保存块	保存草图为块

在绘制草图的过程中，经常需要重复绘制同样的实体，为了方便，可以将需要重复绘制的实体制作成块，以后只要插入块即可。

选择“工具”→“草图工具”→“块”→“制作块”命令，弹出“制作块”对话框，选取草图实体，制作为块。弹出如图 2-61 所示的对话框，选择要生成块的实体，单击“确定”按钮生成块。选择“工具”→“草图工具”→“块”→“保存块”命令，将该块保存为 SolidWorks Blocks（*.sldblk）文件。选择“工具”→“草图工具”→“块”→“插入块”命令，单击“浏览”按钮，选择要插入的块，单击“确定”按钮即可使用。

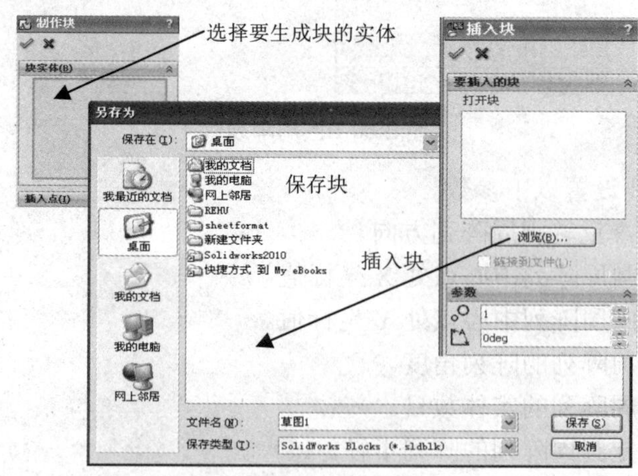

图 2-61 块

2.6 几何关系与尺寸约束

SolidWorks 的变量化技术使其草图的绘制可以通过几何关系约束，还可添加尺寸以约束图形大小及位置，从而使草图绘制更加符合设计意图，充分体现了人机交互的便利，也使草图更加富有工程意义。绘图过程中使用几何关系表达设计意图，充分体现人机交互的便利，而通过添加尺寸约束，可以将草图约束成所需的尺寸大小。

2.6.1 几何约束

——参见附带光盘中的“AVI\Ch2\2-6-1.avi”文件。

草图的几何关系可以很容易地控制草图的形状，帮助用户了解当前草图状态及草图之间的关联关系，草图的主要约束关系如表 2-3 所示。

表 2-3 草图的约束关系

图 标	名 称	作 用
—	水平	使点与点水平对齐，或直线为水平状态
|	竖直	使点与点竖直对齐，或直线为竖直状态
	固定	使所选任意草图实体固定
/	共线	使所选直线位于同一条直线上
⊥	垂直	使两直线互相垂直
\\	平行	使两条或多条直线互相平行
=	相等	使所选草图实体长度相等
	相切	使直线与圆弧、椭圆或其他曲线，曲面与直线，曲面和平面相切
	全等	使所选圆或圆弧位于同一圆周上
◎	同心	使所选圆或圆弧处于同一圆心
	对称	使所选草图实体关于所选中心线对称
	中点	使某点为所选圆弧或直线的中点
	重合	使所选点位于一直线、一段圆弧或其他曲线上

2.6.2 添加几何关系

——参见附带光盘中的“AVI\Ch2\2-6-2.avi”文件。

单击草图工具栏上的“添加几何关系”按钮，或选择“工具”→“几何关系”→“添加”命令。此时，左侧出现“添加几何关系”对话框，如图 2-62 所示。

在“所选实体”栏中选择需要添加几何关系的实体，如图 2-62 所示的对话框下方“添加几何关系”中出现所选实体可能添加的几何关系，在“现有几何关系”栏的文本框中列出已经存在的几何关系。选择所需添加的几何关系，单击“确定”按钮完成。

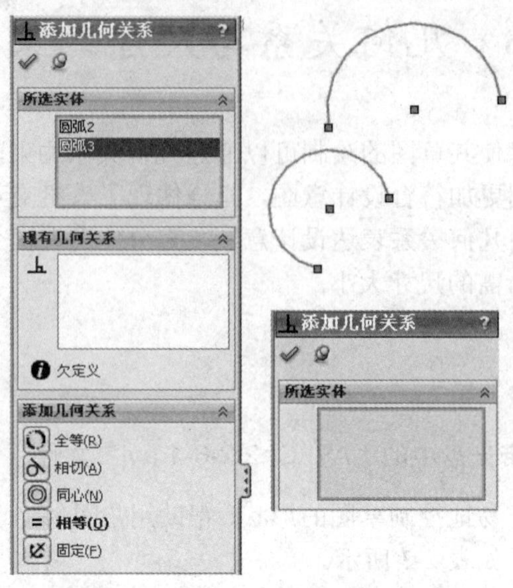

图 2-62　添加几何关系

2.6.3　标注尺寸

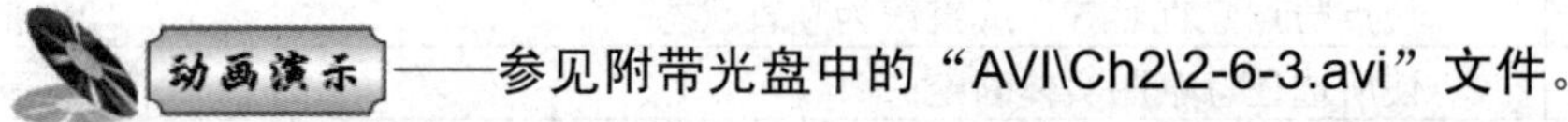——参见附带光盘中的“AVI\Ch2\2-6-3.avi”文件。

标注草图尺寸最常用的工具是“智能尺寸”，其他的水平尺寸和竖直尺寸等只是智能尺寸功能的一部分。单击工具栏上的“智能尺寸”按钮，即可进行水平、垂直、倾斜、角度、直径等的标注。

单击“智能尺寸”按钮，选择直线（如图 2-63（a）所示），会自动弹出如图 2-63（b）所示的对话框，输入所需数值后单击“确定”按钮即可。另外，也可以通过添加方程式对该长度进行设置，或者与其他的尺寸进行关联。图 2-63（c）为“共享数值”对话框，图 2-63（d）为“添加方程式”对话框，添加相应的数值或方程，单击“确定”按钮即可。最后单击“确定”按钮完成尺寸修改。

此时，出现如图 2-64 左侧所示的对话框。在该对话框中，“数值”选项卡可用于修改“公差”和“精度”。

“主要值”栏中显示该尺寸的名称 D1 及所在草图“草图 1”、尺寸方向及尺寸大小。

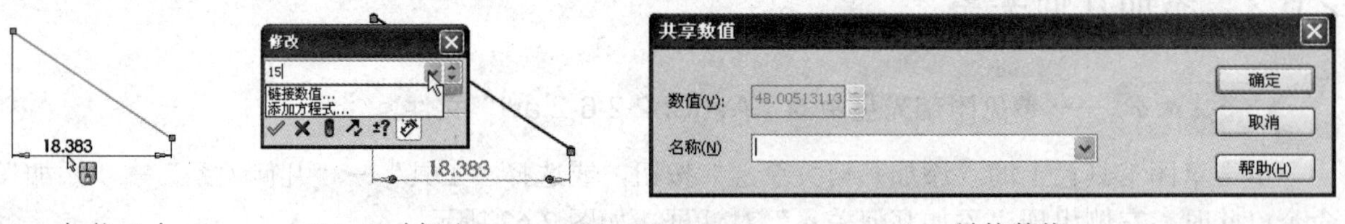

（a）智能尺寸　（b）尺寸标注　（c）链接数值

图 2-63　智能尺寸

（d）添加方程式

图 2-63　智能尺寸（续）

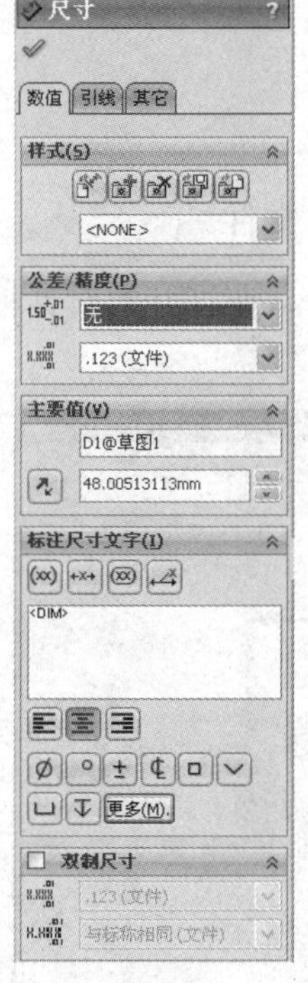

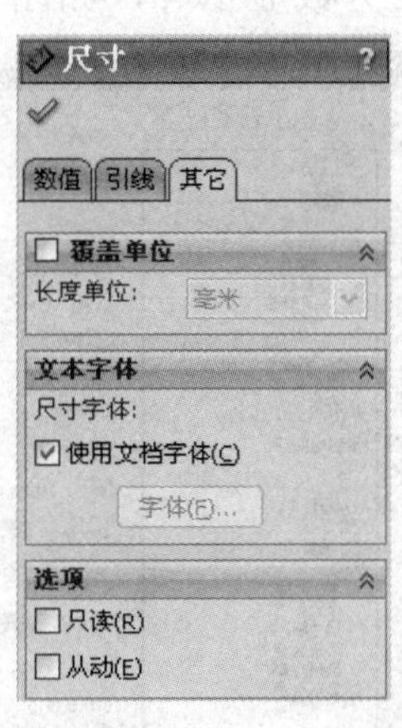

图 2-64　尺寸

在“标注尺寸文字”栏中可修改标注文字样式，标注文字样式有“添加括号”、“尺寸居中”、“审查尺寸”和“等距文字”4 种，“文字内容”栏中默认为<DIM>，表示图形区域中的实际值，用户在此栏中可输入其他内容，并更改文字对齐方式。同时，软件还提供了一些常用符号便于用户的操作。

“引线”选项卡可修改引线的大小及格式、文字与引线的位置关系等。

“其他”选项卡可修改输入尺寸单位及所使用文字的格式，取消选中“使用文档字体(C)”复选框，单击“字体(F)...”按钮便可弹出字体格式设置对话框。

当对尺寸进行过定义时，会自动弹出如图 2-65 所示的窗口。SolidWorks 是参数化造型软件，它的一个基本特点是尺寸驱动几何模型，通过更改尺寸值控制几何实体的大小，这类尺寸称为驱动尺寸，同时，在实际绘制过程中可能还要添加一些参考性的尺寸，这些尺寸只是标记当前几何模型的一个参考值，不会对几何模型起到真正的约束作用，而几何模型变化时会引起这些尺寸的改变，这类尺寸称为从动尺寸。

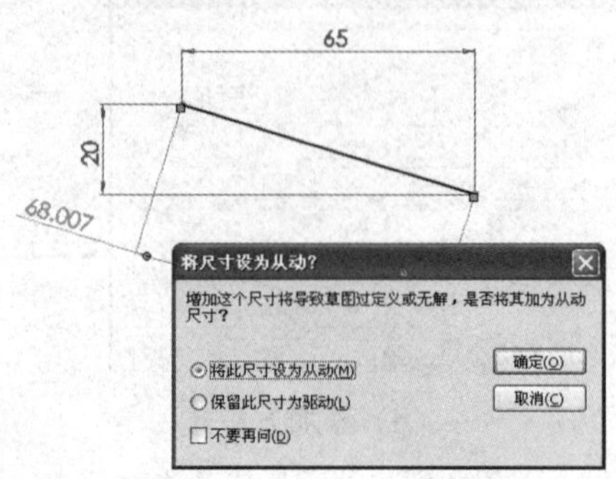

图 2-65 从动与驱动尺寸

2.6.4 标注设置

——参见附带光盘中的“AVI\Ch2\2-6-4.avi”文件。

选择“草图”→“选项”→“文档属性”→“尺寸”命令，在打开的对话框中可设置文本、箭头、主要精度、分数显示等，如图 2-66 所示。

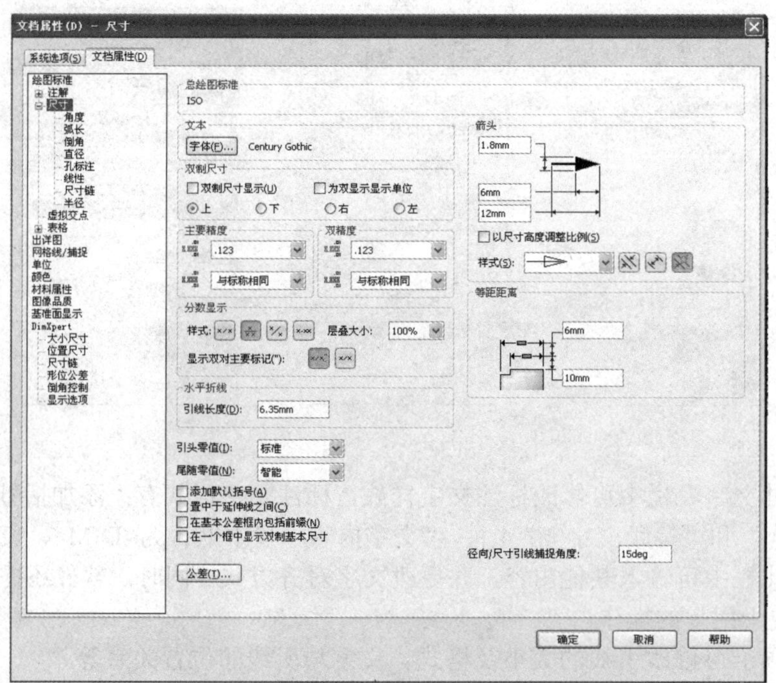

图 2-66 标注设置

2.6.5 约束状态

设定草图的尺寸与几何关系后，草图的自由度被限制，当约束度小于自由度时，草图实体在某个方向还可以进行移动或旋转，这种情况称为欠定义；当草图实体被完全约束时，草图完全被限制在当前位置，此时草图为完全定义；若约束度大于自由度，则称为过定义，这是不允许的，因为在各个约束之间发生了冲突。

2.7 实例·操作——操作草图

实例操作草图以图 2-67 所示的草图为例进行练习。

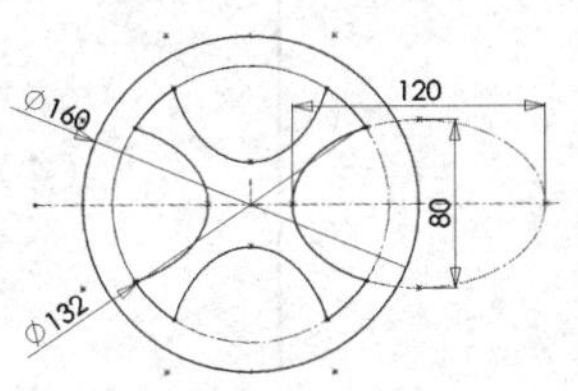

图 2-67 实例操作

【思路分析】

该实例操作以图 2-67 所示的草图进行练习，该草图主要的实体结构为圆、椭圆、圆弧，且有相似实体，在这里，我们首先绘制基础几何图形，两个圆及一个椭圆，通过尺寸标注后对其大小进行约束，然后通过剪裁工具剪裁成实例中所示的几何形状，再通过圆周阵列将其阵列成草图所示的几何图形，最终得到“实例操作”草图，其基本操作流程如图 2-68 所示。

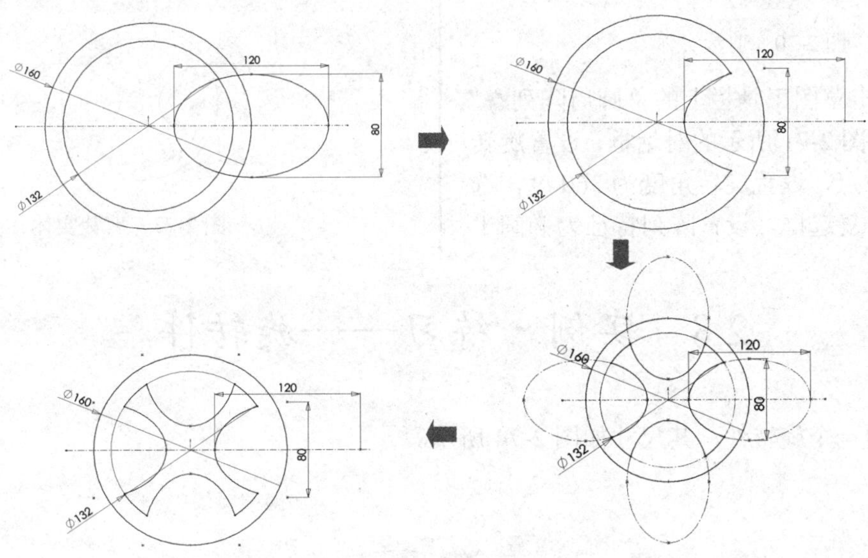

图 2-68 实例操作

【光盘文件】

——参见附带光盘中的“SW\Ch2\2-7.sldprt”文件。

——参见附带光盘中的“AVI\Ch2\2-7.avi”文件。

【操作步骤】

（1）单击“草图绘制”按钮，选择前视图，进入草图绘制。单击“圆”按钮，以原点为圆心绘制两个圆，再单击“中心线”按钮，绘制过原点的水平线，单击“椭圆”按钮绘制椭圆，椭圆圆心为中心线与外圆的交点，如图2-69所示。

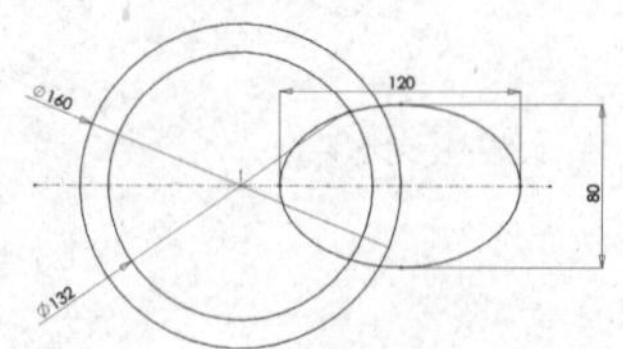

图2-69　绘制圆和椭圆

（2）单击草图工具栏上的“剪裁实体”按钮，将以上实体剪裁为如图2-70所示。

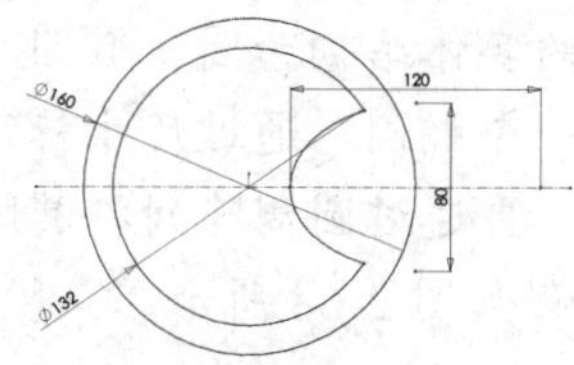

图2-70　剪裁实体

（3）单击草图工具栏上的“圆周阵列”按钮，出现如图2-71所示的对话框，设置旋转中心为坐标原点，设置旋转角度为360度，选中“等间距”复选框，设置阵列特征为椭圆半圆弧，单击“确定”按钮完成。

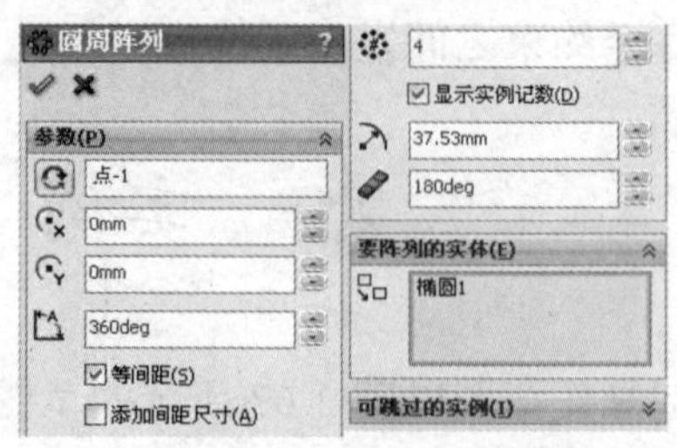

图2-71　圆周阵列

（4）阵列后所得实体如图2-72所示。

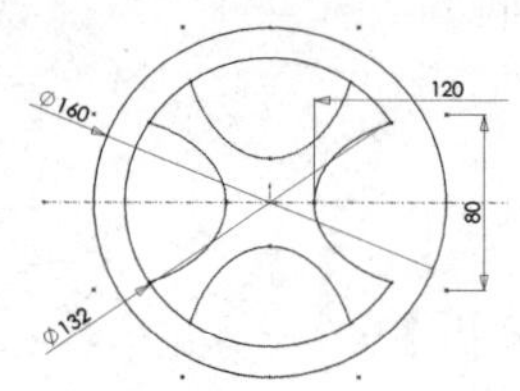

图2-72　阵列后所得实体

（5）单击草图工具栏上的“剪裁实体”按钮，将以上实体剪裁为如图2-73所示。

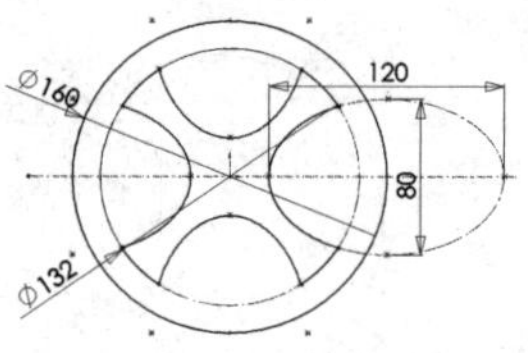

图2-73　剪裁实体

2.8　实例·练习——旋转件

下面绘制一个旋转件，其尺寸如图2-74所示。

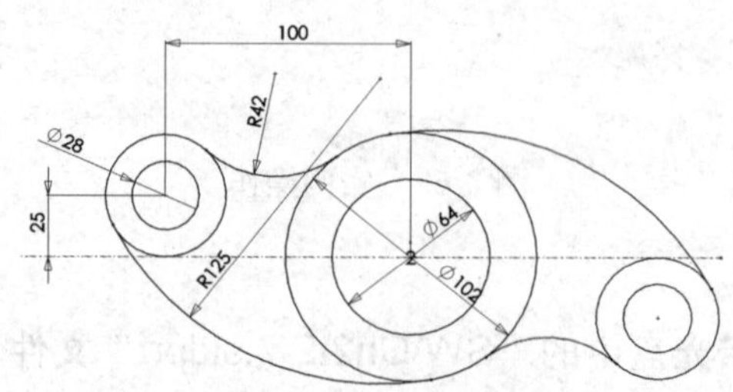

图2-74　旋转件尺寸

【思路分析】

本实例主要由圆、圆弧绘制完成，且关于中心点对称，首先绘制其基本形状，通过几何约束、尺寸标注对一侧结构进行约束，再通过圆周阵列绘制对称的另一半实体来完成。

【思路分析】

结果文件——参见附带光盘中的“SW\Ch2\2-8.sldprt”文件。

动画演示——参见附带光盘中的“AVI\Ch2\2-8.avi”文件。

【操作步骤】

（1）单击“新建”按钮，选择“零件”选项，单击“确定”按钮进入零件绘制环境，选择前视基准面，单击“草图绘制”按钮进入草图绘制环境，绘制如图2-75所示的草图轮廓。

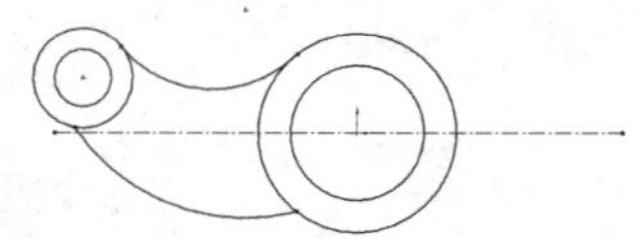

图2-75　绘制草图

（2）单击“添加几何关系”按钮，添加如图2-76所示的几何关系，设置圆弧与圆相切、左侧圆与中心线相切。

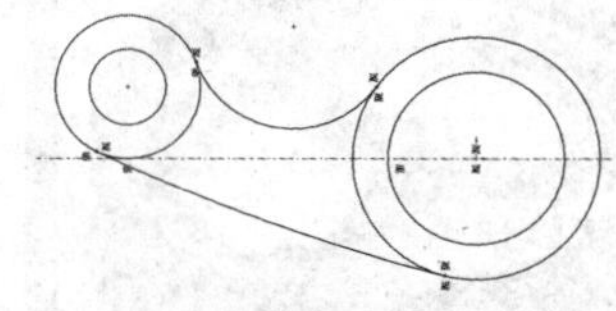

图2-76　相切

（3）单击“智能尺寸”按钮，标注如图2-77所示的尺寸。

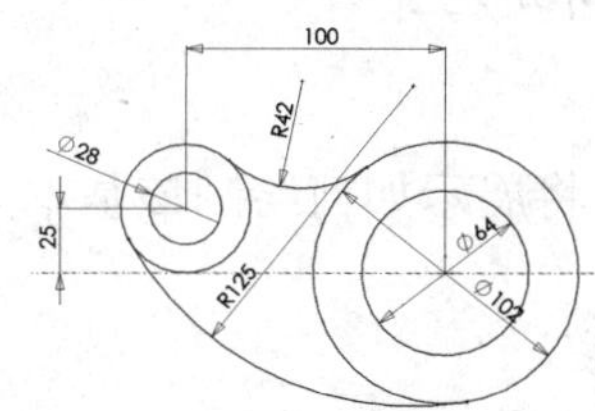

图2-77　标注尺寸

（4）单击草图工具栏上的“圆周阵列”按钮，弹出如图2-78所示的对话框，设置旋转中心为坐标原点，设置旋转角度为360度，选中“等间距”复选框。

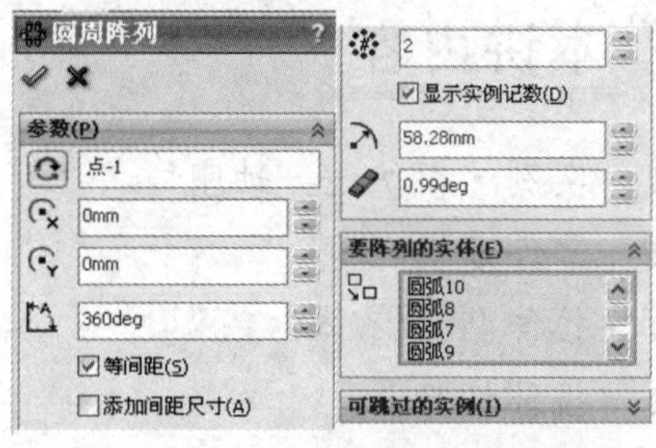

图2-78　圆周阵列

（5）选择要阵列的实体为左侧实体，如图2-79所示，单击“确定”按钮完成。

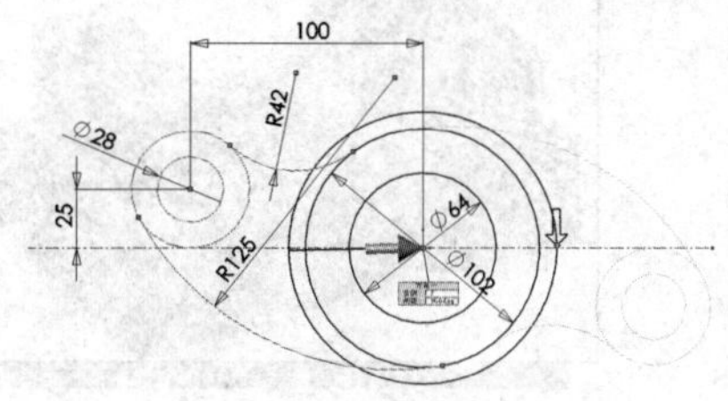

图2-79　阵列实体

（6）阵列后所得最终草图如图2-80所示。

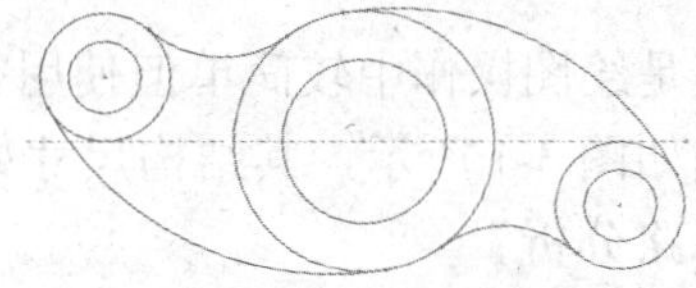

图2-80　最终草图

第 3 讲　基本特征建模

SolidWorks 在草图绘制的基础上对零件进行建模、进行特征的生成与变换。SolidWorks 基于特征的建模方式，大大方便了用户的操作，然而特征建模绝不简单是三维实体命令的集合，而每个特征都具有其工程意义。特征的建模也具有时序性、层次性、关联性等复杂特点，在建模的过程中，设计者要清楚设计意图，将特征建模顺序进行合理组织。本讲将主要介绍零件建模环境，拉伸、旋转生成与切除凸台、圆角、倒角及孔的插入与编辑，通过这些基本特征来实现基本零件建模。

本讲内容

- 实例·模仿——轴座
- 零件建模环境
- 拉伸凸台/基体
- 拉伸切除
- 旋转拉伸
- 旋转切除
- 圆角
- 倒角
- 孔
- 实例·操作——套筒
- 实例·练习——方向盘

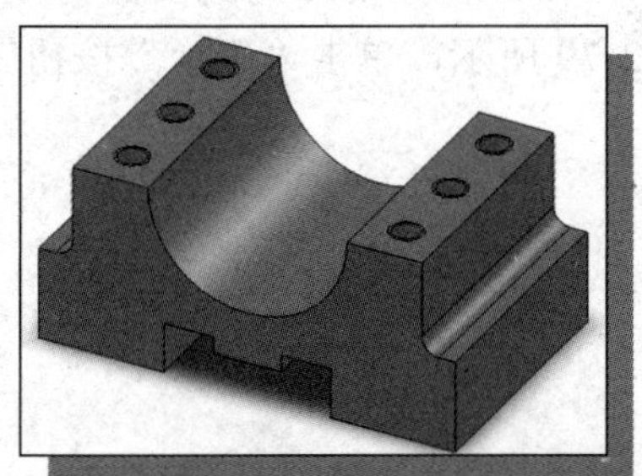

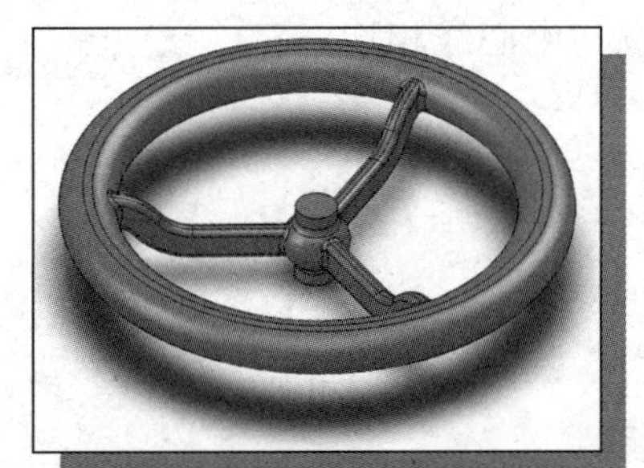

3.1　实例·模仿——轴座

轴座是绘图操作中较简单但使用很广泛的零件之一，这里将展示如何绘制该基本零件，其实体三维图如图 3-1 所示，其结构尺寸如图 3-2 所示。

【思路分析】

轴座是机械设计中较为普遍、绘制较多的零部件，该零件由基本的特征变化生成，通过拉伸实体生成大部分的几何实体，再切除多余材料，最后插入孔、圆角、倒角对其进行修饰，具体过程如图 3-3 所示。

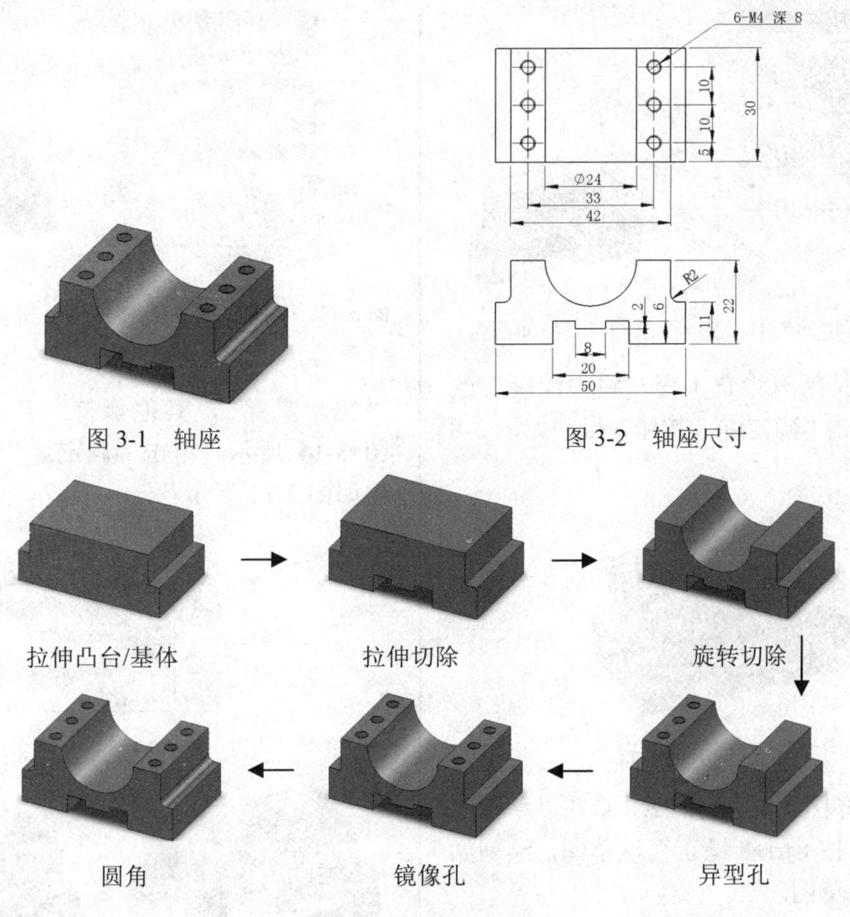

图 3-1　轴座

图 3-2　轴座尺寸

图 3-3　轴座的绘制流程

【光盘文件】

——参见附带光盘中的“SW\Ch3\3-1.sldprt”文件。

——参见附带光盘中的“AVI\Ch3\3-1.avi”文件。

【操作步骤】

（1）单击“草图绘制”按钮，在前视基准面上新建草图，如图 3-4 所示。注意：该草图关于中心线对称，中心线通过坐标原点。

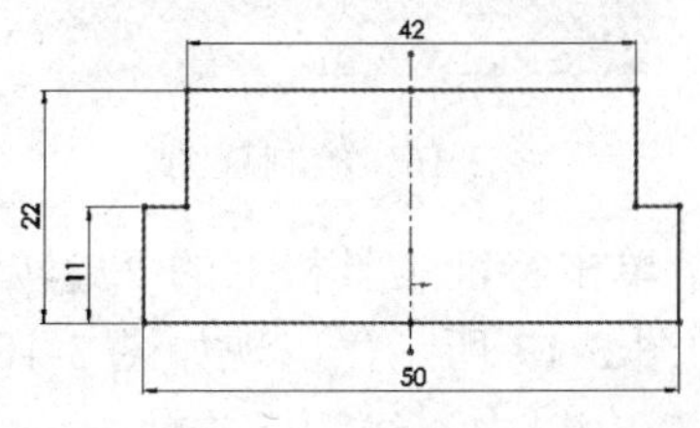

图 3-4　绘制草图

（2）单击如图 3-5 所示的“拉伸凸台/基体”按钮，出现如图 3-6 所示的“凸台-拉伸”对话框，该草图出现如图 3-7 所示的特征。

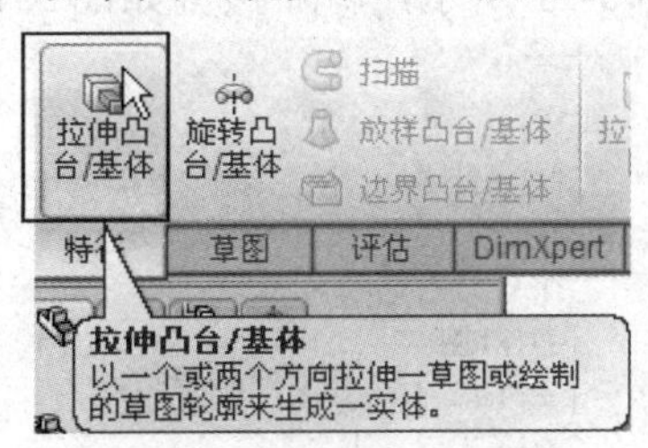

图 3-5　拉伸凸台/基体

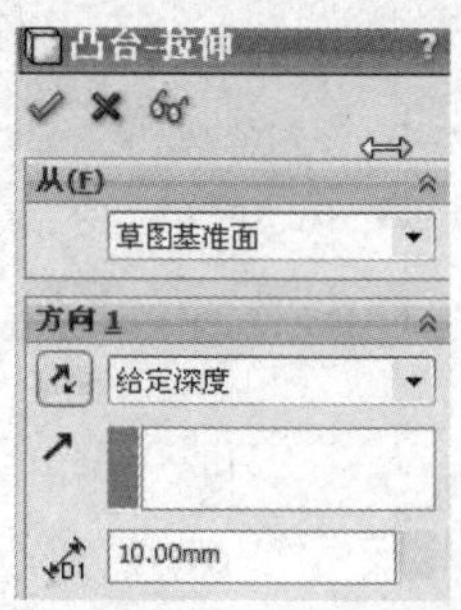

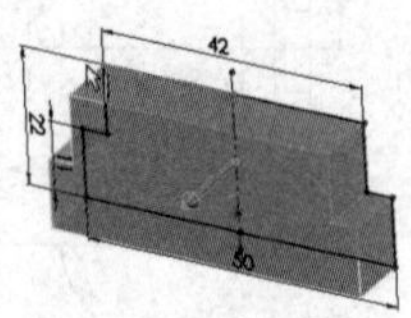

图 3-6　“凸台-拉伸”对话框　　图 3-7　拉伸凸台

（3）保持所有设置不变，将“深度”改为 30mm，单击“确定✓”按钮，得到如图 3-8 所示的几何图形。

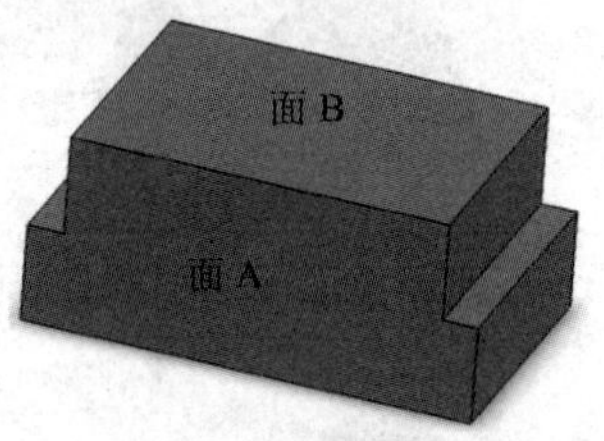

图 3-8　拉伸后的凸台

（4）选择图 3-8 中的面 A，单击“草图绘制”按钮，按 Ctrl+8 键正视该草图，绘制如图 3-9 所示的草图。

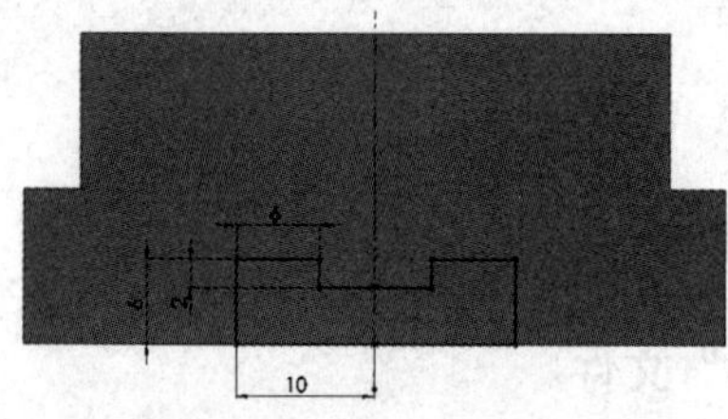

图 3-9　绘制草图

（5）单击工具栏上的“拉伸切除”按钮，如图 3-10 所示，打开“切除-拉伸”对话框，如图 3-11 所示，切除预览如图 3-12 所示。

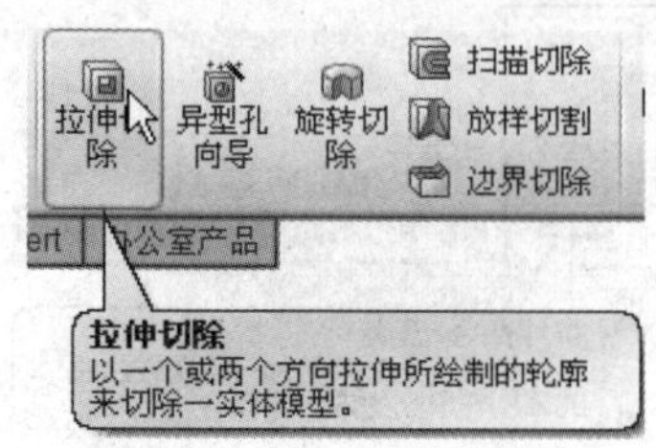

图 3-10　拉伸切除

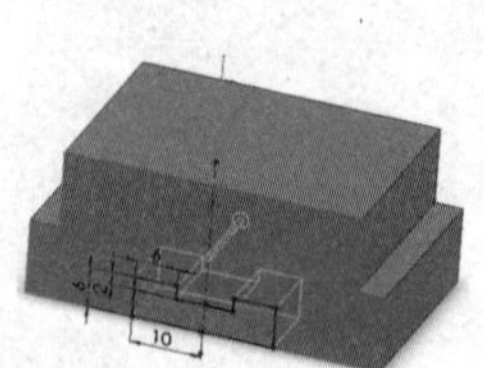

图 3-11　“切除-拉伸”对话框　图 3-12　切除实体

（6）如图 3-13 所示，将“方向 1”改为“完全贯穿”，其他保持默认，预览实体如图 3-14 所示，单击“确定✓”按钮，所得实体如图 3-15 所示。

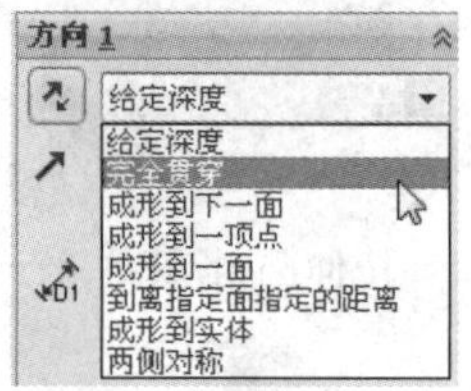

图 3-13　完全贯穿

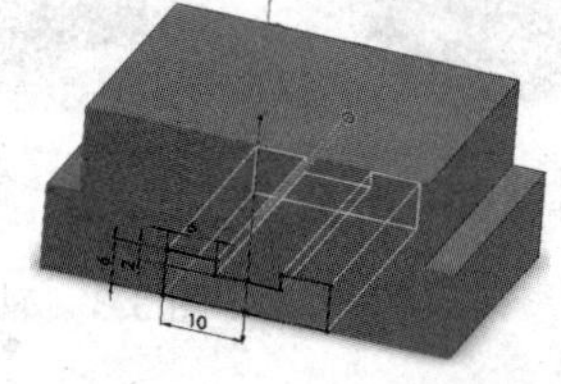

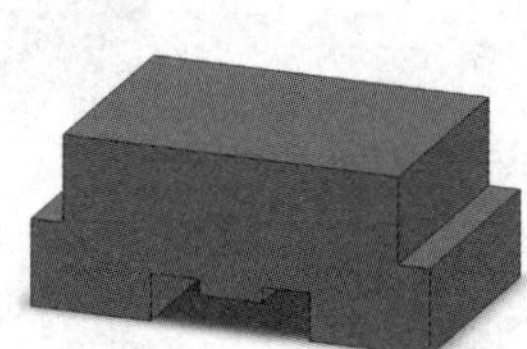

图 3-14　预览实体　　　图 3-15　切除后的实体

（7）选中图 3-8 中的面 B，单击“草图绘制”按钮，在此面上绘制矩形，如图 3-16 所示。

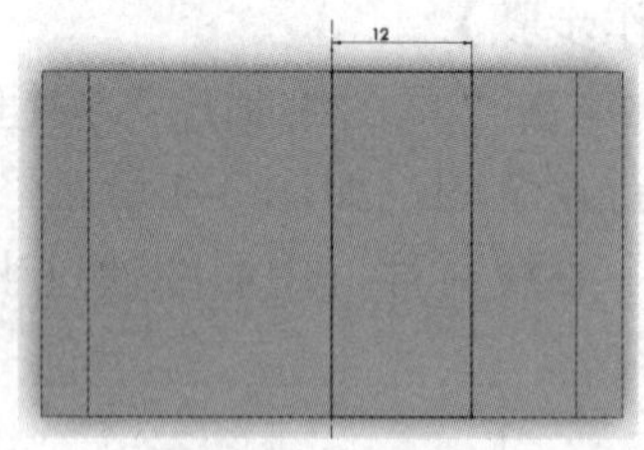

图 3-16　绘制草图

（8）单击特征工具栏上的“旋转切除”按钮，如图 3-17 所示，出现如图 3-18 所示的对话框。默认以中心线为旋转轴心，以矩形为旋转轮廓进行切除，切除预览如图 3-19 所示。

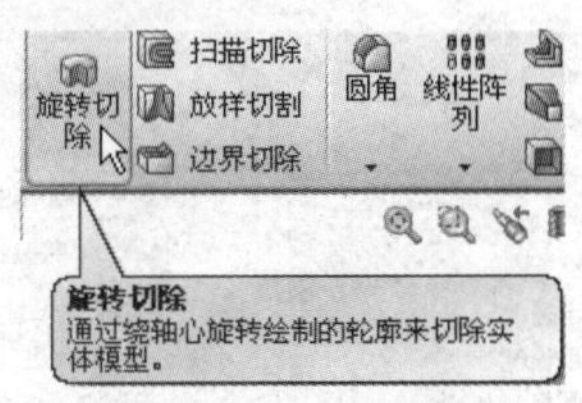

图 3-17　旋转切除

图 3-18　“切除-旋转”对话框

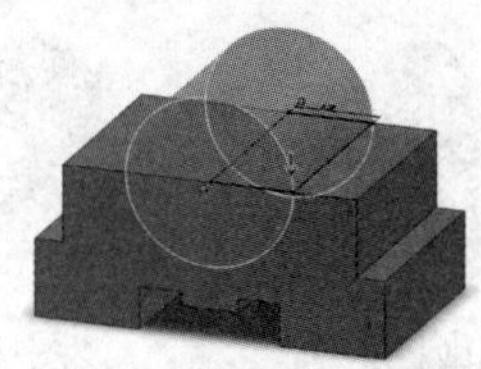

图 3-19　旋转切除实体

（9）保持默认设置不变，单击“确定✔”按钮，得到如图 3-20 所示的实体。

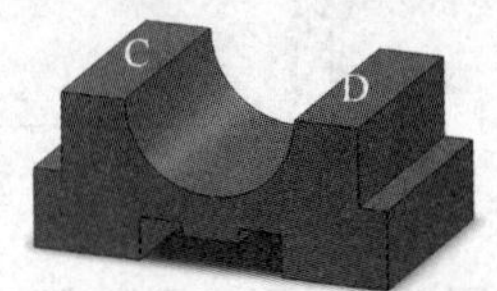

图 3-20　旋转切除后的实体

（10）单击特征工具栏上的“异型孔向导”按钮，如图 3-21 所示，出现如图 3-22 所示的对话框。

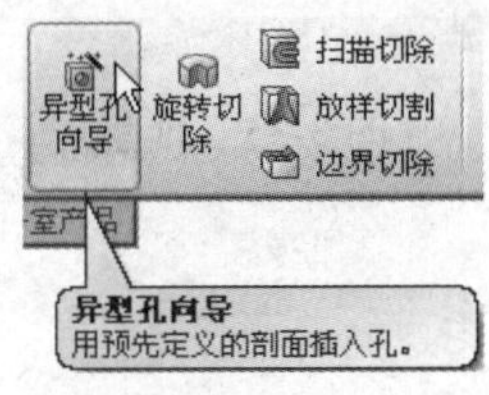

图 3-21　异型孔向导

（11）单击“位置”按钮，选择如图 3-20 所示的面 C，单击草图工具栏上的“中心线”按钮，绘制中心线，再单击工具栏上的“点＊”按钮，在此中心线上绘制三点，位置如图 3-23 所示。

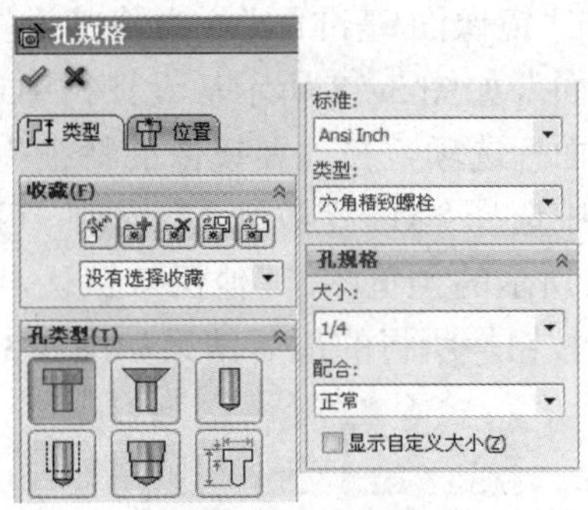

图 3-22　异型孔

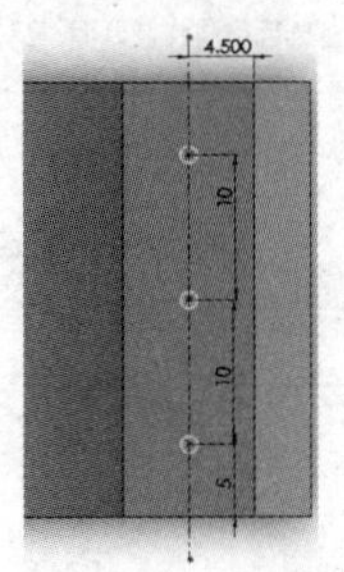

图 3-23　绘制点

（12）单击“类型”按钮，打开如图 3-24 所示的对话框，在“孔类型”栏中选择“螺纹孔”选项，在“标准”下拉列表框中选择 GB 选项，设置“孔规格”为 M4，其他保持默认，单击“确定✔”按钮，结果如图 3-25 所示。

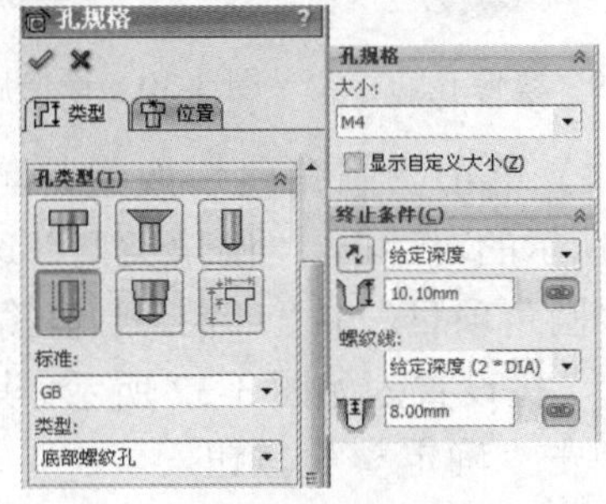

图 3-24　孔向导

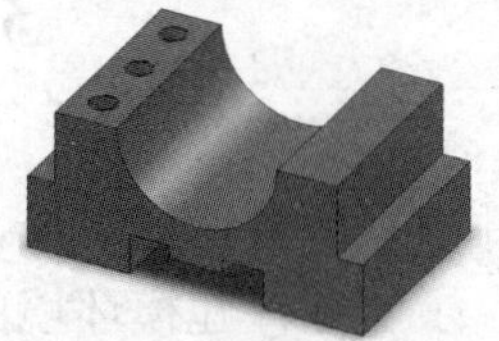

图 3-25　打孔

（13）单击特征工具栏上的“镜像”按钮，如图3-26所示，打开如图3-27所示的对话框，在“镜像面/基准面”栏中将其设置为“右视基准面”，如图3-28所示从设计树中选择“右视基准面”选项，在“要镜像的特征”栏中从设计树中选择“M4螺纹孔1”选项，可得到如图3-29所示的预览图。其他保持默认，单击“确定”按钮，所得的最后结果如图3-30所示。

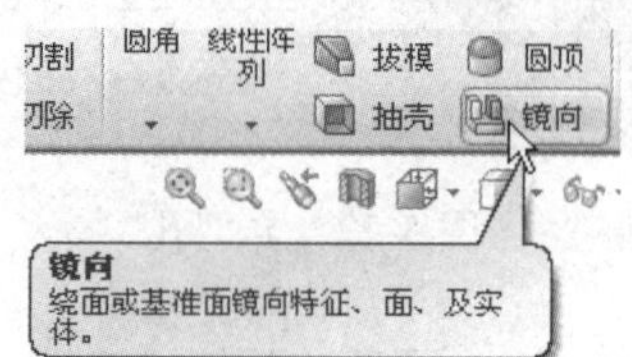

图3-26　镜像

图3-27　“镜像”对话框

图3-28　设计树

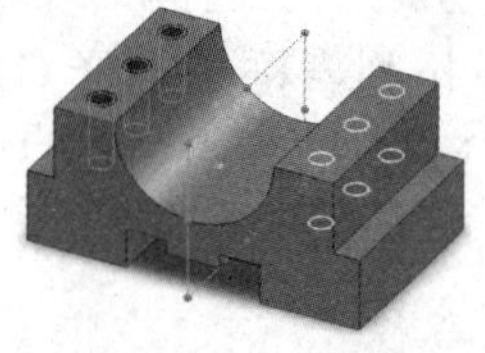

图3-29　镜像孔

图3-30　镜像后的实体

（14）单击“圆角”按钮，可得到如图3-31所示的对话框，“圆角类型”选择“等半径”，“圆角项目”中“半径”值输入“2”，“边线”栏设置为如图3-32所示。其他保持默认，单击“确定”按钮。

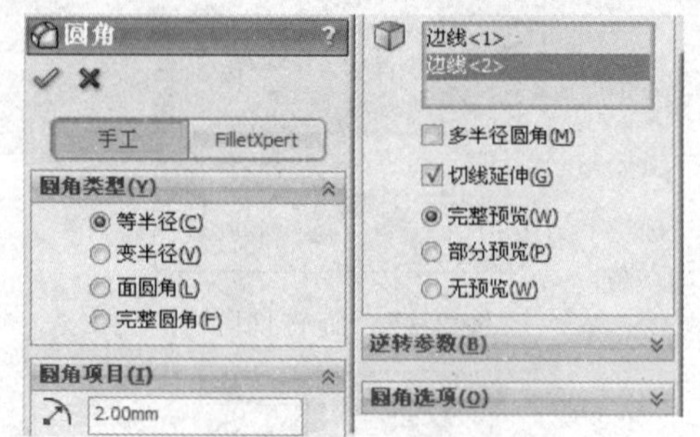

图3-31　圆角

（15）最终结果如图3-33所示。单击“显示状态”按钮，从弹出的下拉列表中选择“隐藏线可见”选项，如图3-34所示，则所得结果如图3-35所示。

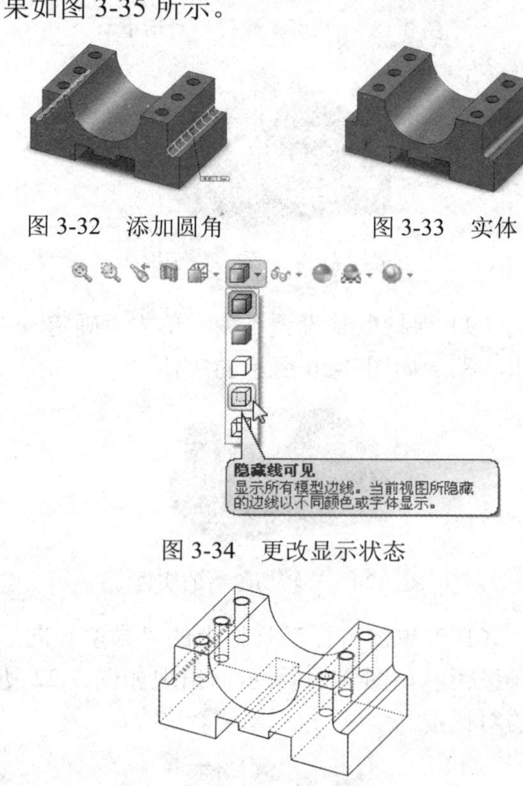

图3-32　添加圆角

图3-33　实体

图3-34　更改显示状态

图3-35　轴座

3.2　零件建模环境

一个零件由很多种特征组成，零件的建模就是完成各种零件特征的建立，如拉伸、切除、孔、筋、扫描等，了解零件建模环境的基本特点对于零件的建模有很大的帮助。

3.2.1 零件建模工具栏

进入零件建模环境后，可以看到如图 3-36 所示的零件建模工具栏。工具栏中部分按钮的功能介绍如表 3-1 所示。

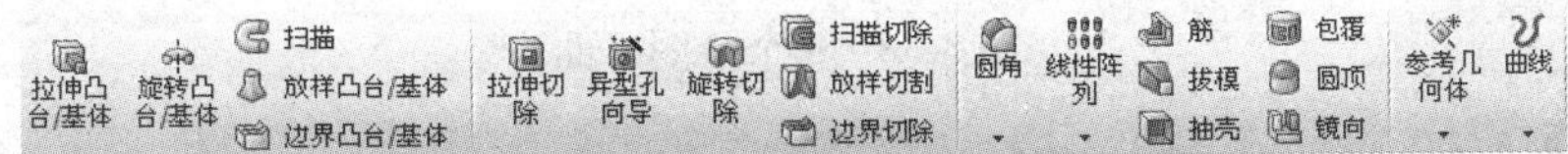

图 3-36 特征工具栏

表 3-1 特征工具栏中部分按钮的功能说明

图 标	名 称	功 能
	拉伸凸台/基体	将草图或所选轮廓沿一个或两个方向进行拉伸以生成实体
	旋转凸台/基体	将草图或所选轮廓绕中心线进行旋转以生成实体
	扫描	将某闭合轮廓沿某路径进行扫描以生成实体
	放样凸台/基体	在两个或多个轮廓之间添加材质来生成实体
	边界凸台/基体	通过已有边界生成实体
	拉伸切除	将草图或所选轮廓沿一个或两个方向切除实体
	异型孔向导	按照定义插入孔
	旋转切除	将草图或所选轮廓绕中心线进行旋转以切除实体
	扫描切除	将某闭合轮廓沿某路径进行扫描以切除实体
	放样切割	在两个或多个轮廓之间移除材质来切除实体
	圆角	添加圆角
	倒角	添加倒角
	线性阵列	在一个或两个方向进行特征、面或实体的线性阵列
	圆周阵列	围绕一中心线对特征、面或实体进行周向阵列
	镜像	绕面或基准面对特征、面或实体进行镜像
	筋	添加筋特征
	拔模	拔模
	抽壳	从实体中移除材料以形成薄壁实体

3.2.2 零件建模的几个基本概念

下面将介绍零件建模的几个基本概念，主要为常用基准面、绘图平面和绘图轮廓。

1. 常用基准面

绘制草图时首先要选择绘图平面，软件为用户提供的基准面有前视基准面、上视基准面和右视基准面，如图 3-37 所示。

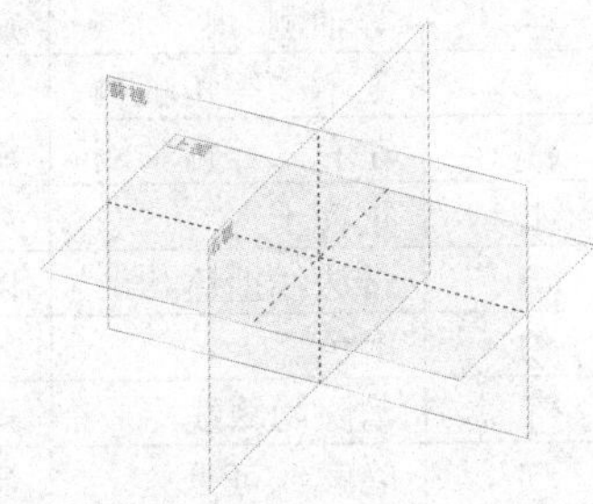

图 3-37 3 个基准平面

2. 绘图平面

绘图平面是指草图的绘制平面。图 3-38 从左至右依次为前视基准面、上视基准面和右视基准面，绘图基准面的选择没有严格要求，可以依据个人习惯确定。

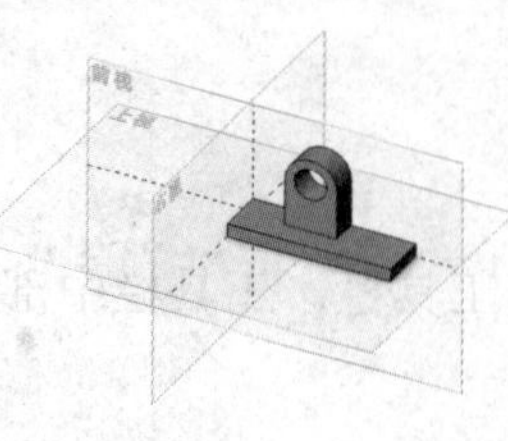
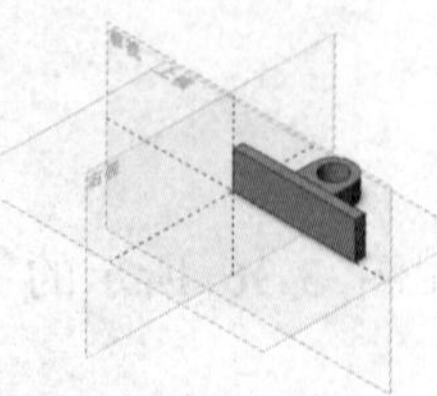
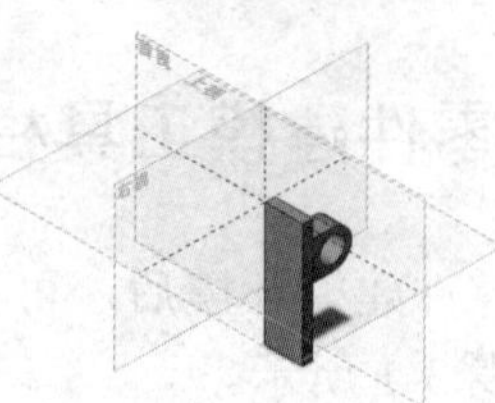

图 3-38　3 个绘图平面

3. 绘图轮廓

在绘制草图前，需要确定绘图最佳的绘图轮廓，这样可以在生成特征的过程中使用最少的步骤来生成复杂的特征实体。从图 3-39 中可以看出，这里可以很明显地选择含有特征最多的轮廓，即轮廓 3。

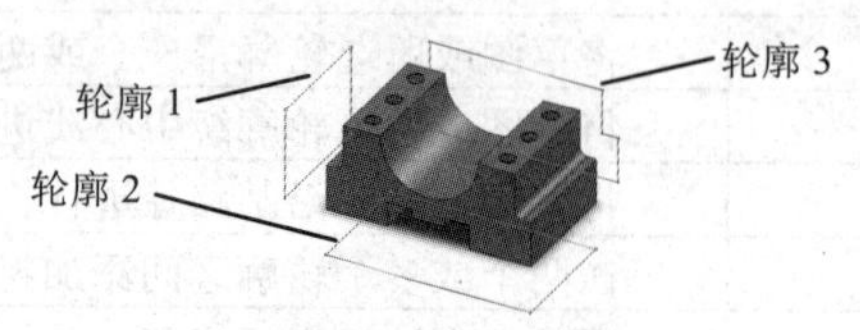

图 3-39　3 个绘图轮廓

3.2.3 视图显示

在绘图区域的上方有一列图标，用于控制图形的显示方式，其功能及说明如表 3-2 所示。

表 3-2　视图显示按钮的功能及说明

图　标	名　称	功　能	快捷操作
	整屏显示全图	缩放模型以套合窗口	F
	局部放大	以边界框放大到所选区域	
	上一视图	回到上一视图	Shift+Ctrl+Z
	剖面视图	显示零件或装配体的剖切面	
	前视	旋转并缩放模型到前视方向	Ctrl+1
	后视	旋转并缩放模型到后视方向	Ctrl+2
	左视	旋转并缩放模型到左视方向	Ctrl+3
	右视	旋转并缩放模型到右视方向	Ctrl+4
	上视	旋转并缩放模型到上视方向	Ctrl+5
	下视	旋转并缩放模型到下视方向	Ctrl+6
	等轴测	旋转并缩放模型到等轴测方向	Ctrl+7
	上下二等角轴测	旋转并缩放模型到上下二等角轴测方向	
	左右二等角轴测	旋转并缩放模型到左右二等角轴测方向	
	正视于	将模型旋转到与所选平面、基准面或特征正交的视图方向	Ctrl+8
	带边线上色	以其边线显示模型的上色模型	
	上色	显示模型的上色模型	
	消除隐藏线	只显示前视方向看得见的线	
	隐藏线可见	显示模型中所有的线	
	线框图	显示模型的所有边线	
	显示/隐藏项目	单击后选择要显示或隐藏的几何关系、特征、边线、基准面等	

另外，鼠标滚轮向上向下旋转，可以使草图放大或缩小；按住鼠标滚轮不动，拖动鼠标，可对草图进行旋转；按 Z 键或 Shift+Z 键对视图进行放大或缩小；单击绘图区域左下角⊥的某坐标轴，则将正视于该平面视图；Ctrl+方向键可对草图进行平移操作。

3.2.4 建模方法

三维建模是指软件将产品的实际形状通过三维模型表现出来，模型中包括产品几何结构相关的点、线、面、体的信息，SolidWorks 提供了不同的建模方法，主要包括线架建模、曲面建模、实体建模以及基于特征的建模及参数化建模方法。下面主要介绍其中的 3 种，这也是 SolidWorks 中常用的 3 种建模方法。

◆ 曲面建模

曲面建模又称为表面建模，顾名思义，不生成实体特征，而仅是对表面进行相应操作。曲面建模常用于构造复杂的曲面物体，使建模过程更加灵活方便，但是，由于曲面并不存在真实的面，难以准确表达零件的质量、重心、惯性矩等特征，对于其实体的仿真分析十分不利。

◆ 基于特征的建模

特征是描述产品信息的集合，SolidWorks 特征都有其独特的工程实际意义。基于特征的建模一般用于易于识别、包含加工信息的几何单元，如孔、槽、倒角等，取代以往设计中所用的纯几何描述，如直线、圆弧等。基于特征的建模建立在设计工作的更高层次上，能极大地方便设计者的设计操作，更加直观、形象。

◆ 参数化/变量化建模

参数化建模就是将草图和模型中的定量信息通过工程方程变量化，使之成为可以任意调整的参数。对变量化参数赋予不同的数值，同时再加入必要的几何约束就可得到不同大小和形状但又具有相似性的零件模型，这样可以大大提高零件的设计效率。变量化建模实际上是在参数化建模的基础上发展起来的，使建模过程从几何造型、设计过程、特征到设计约束都可以实时地进行直接操作。

3.2.5 零件建模过程

选择草图绘制基准面，绘制草图，通过拉伸、旋转、扫描、切除、孔、筋等特征进行零件的建模。像堆“积木”一样，需要建立什么特征，就选择合适的绘图基准面，绘制草图，再进行特征操作。零件建模的一般过程如下：

（1）选择绘图轮廓。

（2）选择绘图平面。

（3）根据绘图轮廓绘制草图。

（4）进行拉伸、旋转等基本特征建立。

（5）通过切除、筋等特征完成特征的修饰与变换。

（6）设置。

（7）保存零件并退出。

3.3 拉伸凸台/基体

——参见附带光盘中的“AVI\Ch3\3-3.avi”文件。

拉伸凸台/基体是将二维草图轮廓沿着垂直于草图平面方向拉伸一定距离或延伸到指定位置，从而形成实体，如圆柱体、立方体等，所得的实体的截面与草图轮廓相同或相似。

保持草图轮廓处于激活状态，单击特征工具栏上的“拉伸凸台/基体”按钮，或选择“插入”→“凸台/基体”→“拉伸”命令，出现如图3-40所示的“凸台-拉伸”对话框。

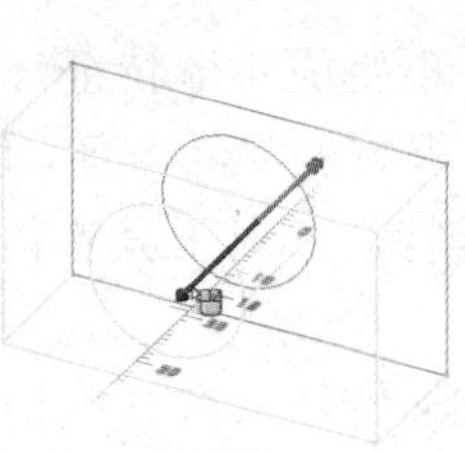

图3-40　凸台拉伸

设置拉伸起始条件为“草图基准面”，设置拉伸方向为“给定深度”，且该深度为10.00mm，单击“确定”按钮完成，即可得到如图3-40中所示的实体。

拉伸起始条件有以下几种。

◆　“草图基准面”：即从草图所在的基准面开始拉伸。

◆　“曲面/面/基准面”：对草图指定一个面或曲面或基准面进行拉伸，该起始面可以为平面或非平面，不一定与草图基准面平行，而草图必须完全包含在非平面曲面或面的边界面，草图在开始曲面或面处根据所选开始面的形状而起伏。

◆　“顶点”：从一指定的顶点所在的且与草图平面平行的面开始拉伸。

◆　“等距”：指与草图基准面平行且相距为指定距离的面开始拉伸。

◆　“拉伸深度”：用来指定位伸的距离。

单击“拉伸方向”按钮可以反转拉伸方向，另外也可以通过鼠标拖动方向箭头来改变拉伸深度。

在拉伸过程中可启动拔模功能，拔模可以使平行于草图的截面与草图轮廓按一定比例放大或缩小，主要有“向内”和“向外”两种拔模方式。

若草图处于未激活状态，单击特征工具栏上的“拉伸凸台/基体”按钮，则会提示绘制或选择草图。此时，从设计树中选择已经绘制好的草图即可，如图3-41所示。

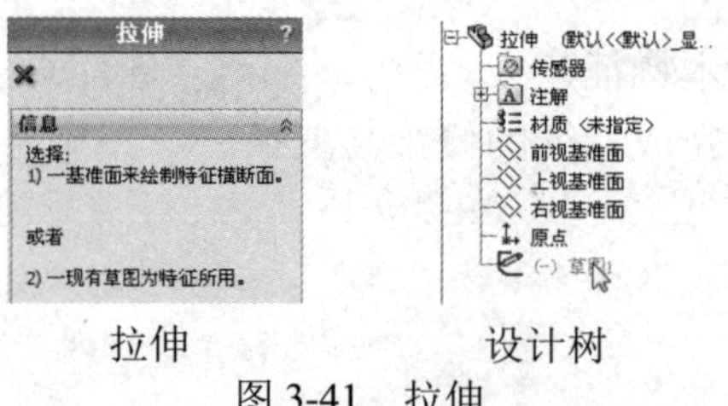

拉伸　　设计树

图3-41　拉伸

拉伸实体主要有如表3-3所示的6种方式。

表3-3　拉伸方式

拉伸方式	含　义	操　作	示　例
给定深度	设置拉伸深度为给定数值，用户自己输入深度数值	方向1 给定深度 40.00mm 向外拔模(O)	
成形到一顶点	选择一点作为拉伸结束条件，该点可以为实体上的一点，拉伸结束面与草图平面平行	方向1 成形到一顶点 边线<1> 向外拔模(O)	
成形到一面	选择某一面作为结束条件，该面可以为实体面，也可为基准面或曲面	方向1 成形到一面 曲面-拉伸1[2] 向外拔模(O)	
到离指定面指定的距离	以到指定面的指定距离为终止条件，即拉伸到与指定面的指定距离处	方向1 到离指定面指定的距离 曲面-拉伸1[3] 5.00mm 反向等距(V) 转化曲面(U)	
成形到实体	指定一实体表面为拉伸结束条件，将草图轮廓拉伸方向拉伸到该面形成实体	方向1 成形到实体 曲面-拉伸1[3] 向外拔模(O)	
两侧对称	以草图所在面为基准，将草图轮廓沿草图所在面向两侧以相同长度进行拉伸，此处所给定深度为拉伸总长度	方向1 两侧对称 20.00mm	

3.4　拉伸切除

——参见附带光盘中的“AVI\Ch3\3-4.avi”文件。

拉伸切除和拉伸凸台/基体绘制方法大致相同，只是对实体进行切除，且所有的切除操作均是在实体上进行操作的。

保持草图轮廓处于激活状态，单击特征工具栏上的“拉伸切除▣”按钮，或选择“插入”→“切除”→“拉伸▣”命令，则打开“拉伸切除”对话框。设置拉伸深度为10.00mm，拔模角度为 19 度，如图 3-42 所示。这里的各选项和拉伸凸台/基体绘制方法完全相同，不再赘述。

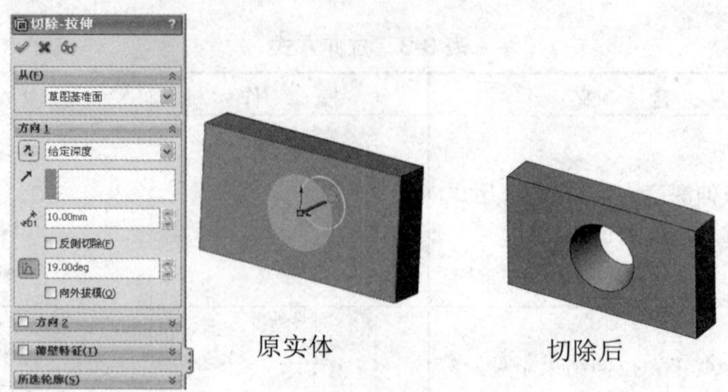

图 3-42　拉伸切除

3.5　旋转拉伸

动画演示——参见附带光盘中的“AVI\Ch3\3-5.avi”文件。

旋转拉伸也是生成实体的基本方法之一，它是围绕旋转轴线来生成基体、凸台或曲面等特征。

保持草图轮廓处于激活状态，单击特征工具栏上的“旋转凸台/基体”按钮，或选择“插入”→“凸台/基体”→“旋转”命令，则打开“旋转”对话框，如图 3-43 所示。

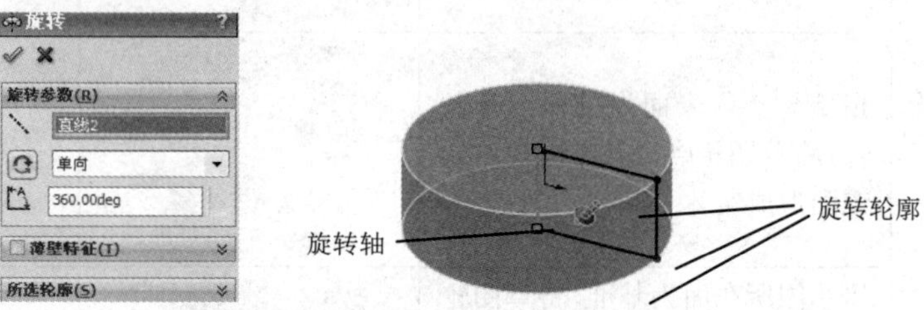

图 3-43　旋转凸台/基体

“旋转参数”需设置如下各项。

- ：旋转轴，即旋转所围绕的中心轴线。
- ：旋转方向，有单向、双向及两侧对称 3 种。
- ：旋转角度，即旋转从起始位置到终点位置所转过的角度。

旋转实体的草图必须为闭合草图，如非闭合草图（如图 3-44 所示），此时单击特征工具栏上的“旋转凸台/基体”按钮，将弹出如图 3-45 所示的对话框。

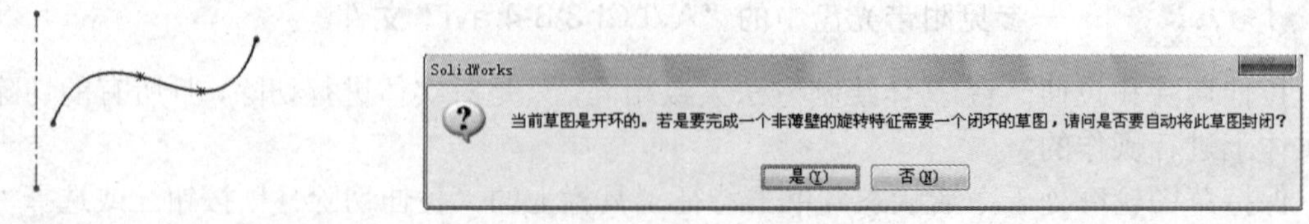

图 3-44　非闭合草图　　图 3-45　提示

若生成非薄壁特征草图，单击“是”按钮，草图将自动封闭；若生成薄壁特征草图，则单击“否”按钮。此处单击“是”按钮，可生成如图 3-46 所示的薄壁零件。

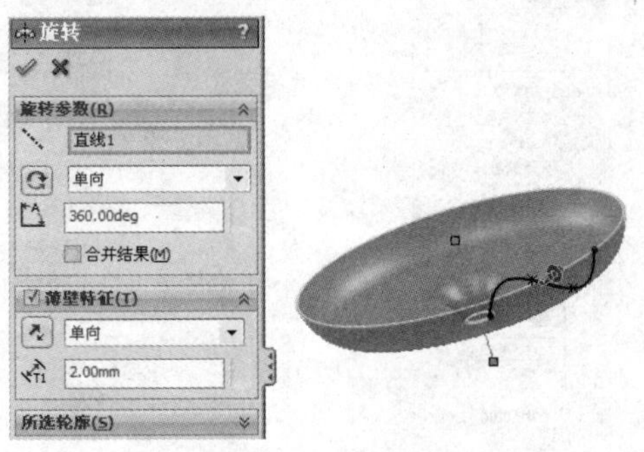

图 3-46 旋转

3.6 旋转切除

动画演示——参见附带光盘中的“AVI\Ch3\3-6.avi”文件。

旋转切除与旋转凸台/基体相同，只是旋转切除可以移除实体材料。保持草图轮廓处于激活状态，单击特征工具栏上的“旋转切除”按钮，或选择“插入”→“切除”→“旋转”命令，则出现“切除-旋转”对话框。这里的各选项和旋转基体/凸台绘制方法完全相同，不再赘述，如图 3-47 所示。

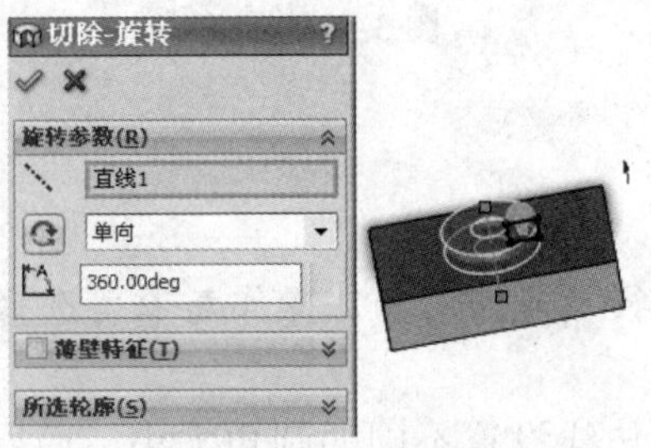

图 3-47 旋转切除

3.7 圆 角

动画演示——参见附带光盘中的“AVI\Ch3\3-7.avi”文件。

SolidWorks 提供了圆角功能，不仅能生成普通等半径圆角，还能生成变半径圆角、混合面圆角，圆角特征又分为内圆角和外圆角，内圆角在生成圆角的两个表面之间添加材料，而外圆角是去除材料，SolidWorks 将自动区分内圆角和外圆角，可用于生成圆角的特征有边线、表面或顶点。

单击特征工具栏上的“圆角”按钮，或选择“插入”→“特征”→“圆角”命令，出现如图 3-48 所示的对话框。

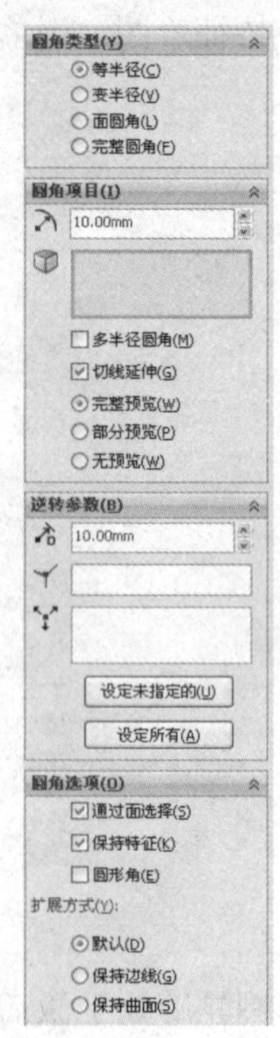

等半径圆角
同一边线上圆角半径相等

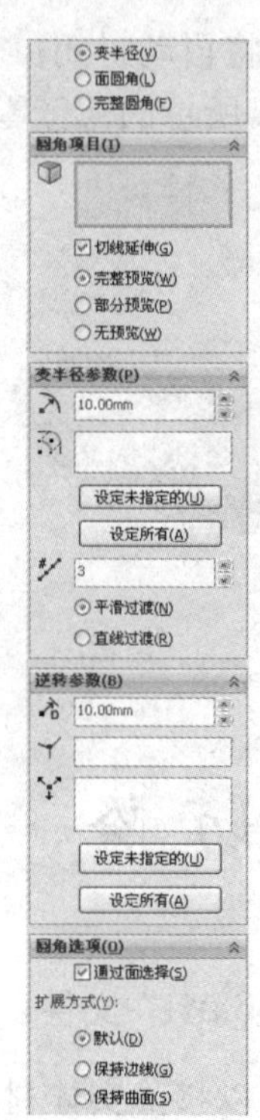

变半径圆角
同一边线允许多个圆角半径

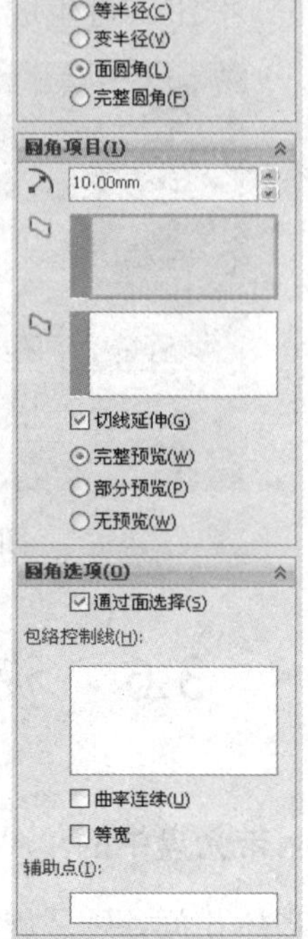

面圆角
对相邻面进行圆角操作

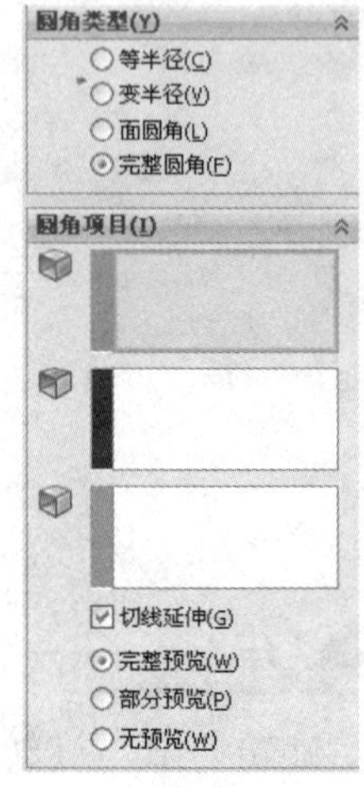

完整圆角
在接近平等的两个面之间建立圆滑过渡

图 3-48　圆角

3.7.1　等半径圆角

“圆角项目”可设置圆角半径及操作对象，操作对象可选择边线或面，当选择面时该面上的所有边线被选中。

“多半径圆角”指可对不同边线设置不同的圆角大小，而同一边线上的圆角半径相同。

“逆转参数”用于在一顶点交汇的几条边采用不同的圆角半径进行倒圆，以在该顶点圆周形成一个光滑的曲面。对每一条边的圆角而言，与该曲面有一个交界，该交界与顶点的距离称为该边的逆转参数。通过对每条边设置逆转参数，可控制顶点处圆角后的曲面形状。

“圆角选项”栏中的“保持特征”将保持生成圆角处所存在的特征，“圆形角”控制两个相邻边线圆角后的延伸相交形态，如图 3-49 所示。

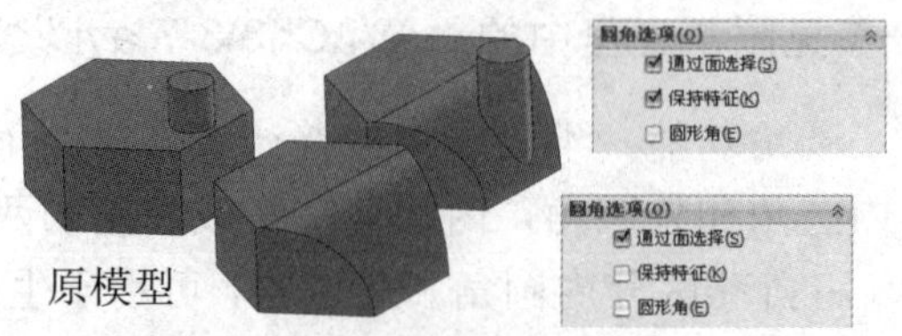

图 3-49　保持特征

“扩展方式”指当圆角影响到模型已有的边线时，通过扩展方式控制圆角形态与原有模型边线的关系，“保持边线”将会保持已有模型边线不变而导致圆角发生扭曲，“保持曲面”则会保持圆角形态的光顺而改变模型边线。

3.7.2 变半径圆角

变半径圆角是指在同一边线上的圆角半径不一样，由于变半径是针对一条边线，在选择操作对象时，只允许选择边线。

如图 3-50 所示，“变半径参数”中的“实例数”即半径控制点的数目，即选中边线上所出现的红色点的数目，单击红色节点，会出现R: 未指定 P: 25.00%，此时在“附加的半径”中选中该节点后，在“半径”文本框中输入所需数值，便可指定该点的半径值，同时用鼠标拖动红点，可以改变该点在直线上的位置，即 P 值（用百分比来表示）。当多个控制点圆角半径相同时，可按住 Ctrl 键进行多个选择。

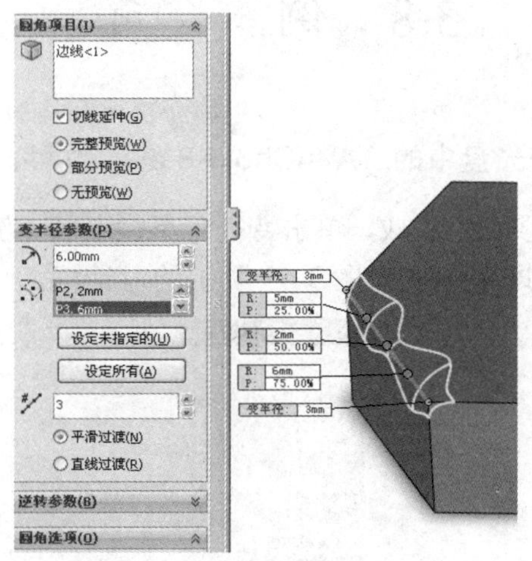

图 3-50　变半径圆角

过渡类型有平滑过渡和直线过渡两种，如图 3-51 所示。

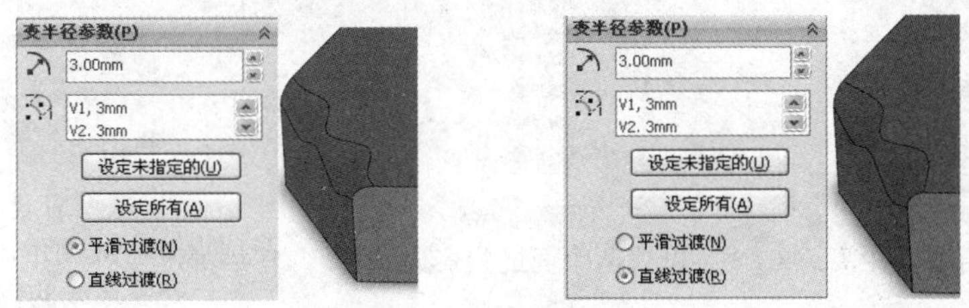

图 3-51　过渡类型

3.7.3 面圆角

面圆角是在两个面之间形成圆角，面圆角相对于边线圆角而言适应性更强，而且可以更加灵活地控制圆角的形态，如图 3-52 所示。

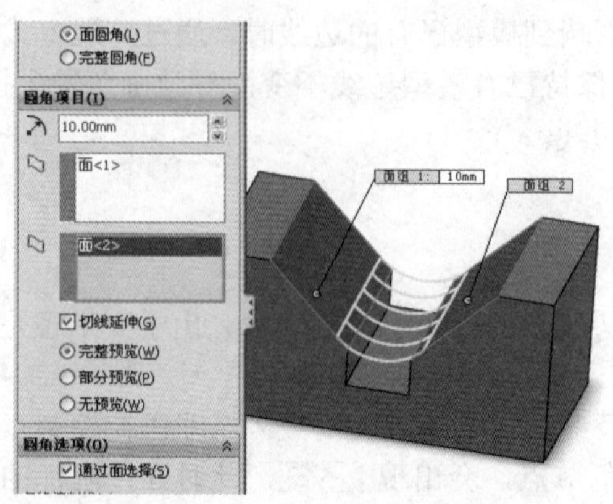

图 3-52　面圆角

3.8　倒　　角

动画演示——参见附带光盘中的“AVI\Ch3\3-8.avi”文件。

倒角特征可在边线、面或顶点上生成，单击特征工具栏上的“倒角”按钮或选择“插入”→“特征”→“倒角”命令，即可出现如图 3-53 所示的对话框。

角度距离
设置倾斜角度及距离

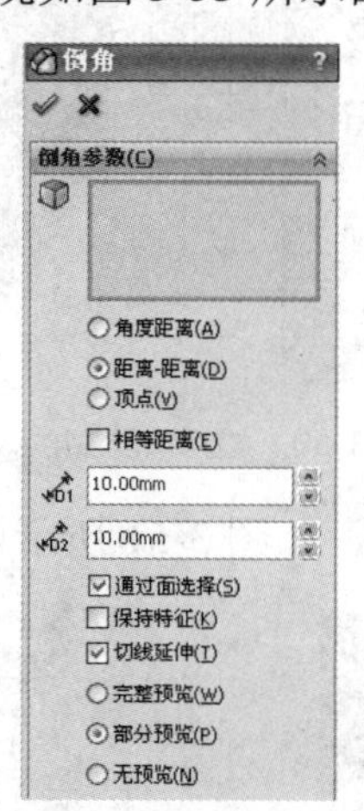

距离-距离
设置两个面的投影距离

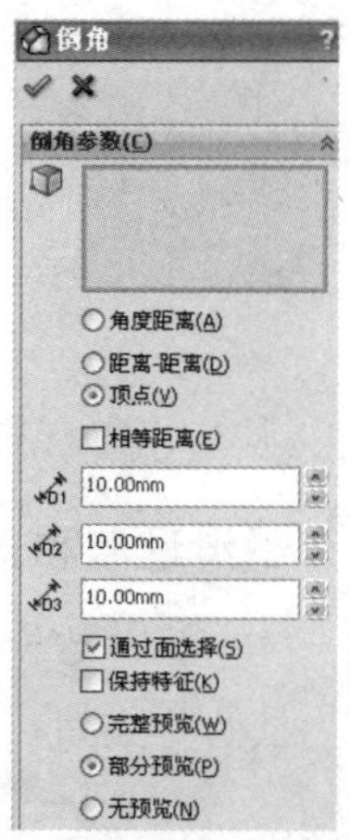

顶点
在顶点处生成倒角，依次设定顶点处各边线的倒角距离

图 3-53　倒角

倒角的生成方式有 3 种，对于角度距离方式，偏移距离是指偏移 1 或偏移 2，同样偏移角度则指该偏移所在面与所生成倒角的夹角。而对于距离-距离方式，则直接设置好偏移 1 与偏移 2 的大小即可生成倒角，如图 3-54 所示。生成倒角的第三种方式为顶点方式，顶点方式需设置距离 1、距离 2 和距离 3，如图 3-55 所示。

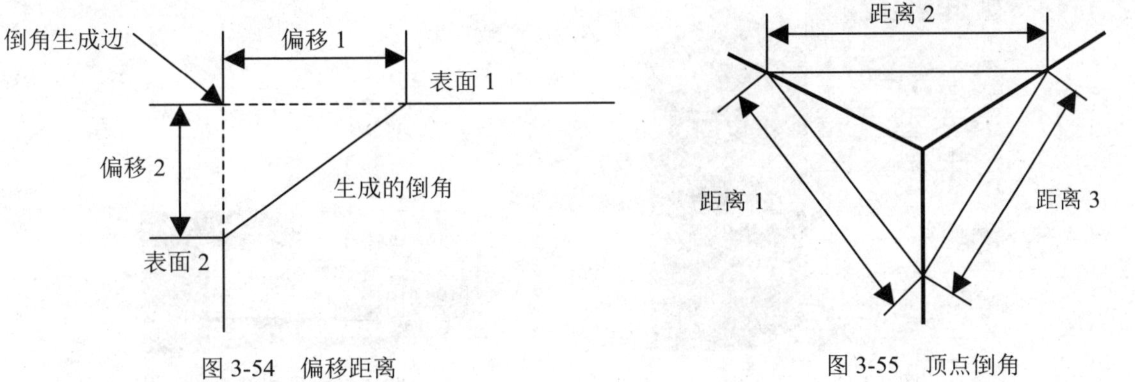

图 3-54 偏移距离　　图 3-55 顶点倒角

下面以角度距离方式生成倒角。

在倒角参数的设置中，要生成倒角的特征可以为面上的边线，只需选择该面即可，或者指定边线，如图 3-56 所示。

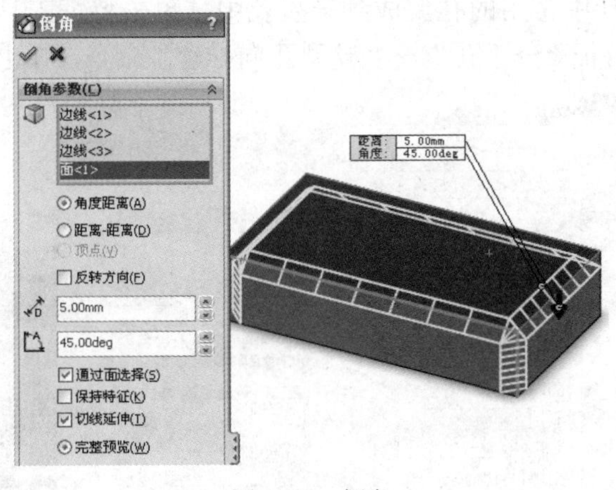

图 3-56 倒角

3.9 孔

动画演示——参见附带光盘中的“AVI\Ch3\3-9.avi”文件。

孔是机械零件中经常用到的一类特征，如螺栓孔、螺纹孔等，SolidWorks 提供了打孔功能，可以创建简单的或复杂的孔。孔的生成方式主要有两种，即简单直孔与异型孔，下面将详细介绍。

3.9.1 简单直孔

选择“插入”→“特征”→“孔”→“简单直孔”命令，将弹出如图 3-57 所示的对话框，单击要生成孔的平面，即可生成简单直孔。

单击“确定”按钮完成孔的绘制，在设计树中，在孔草图上单击鼠标右键，在弹出的快捷菜单中选择“编辑草图”命令即可进入草图绘制环境对孔的位置大小等进行编辑，如图 3-58 所示。

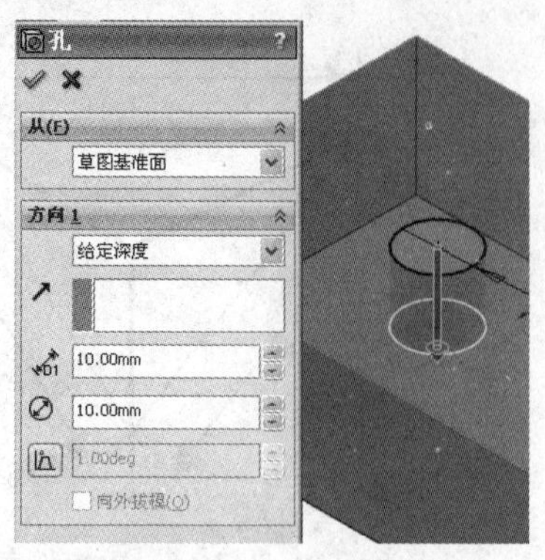

图 3-57　简单直孔

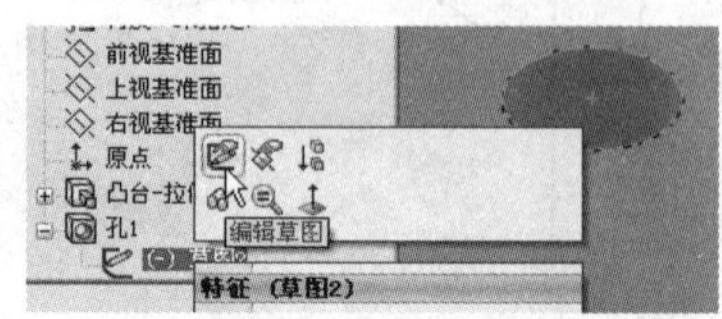

图 3-58　编辑孔

3.9.2　异型孔

SolidWorks 将机械设计中常用的孔集成到异型孔中，单击特征工具栏上的“异型孔向导”按钮或选择“插入”→“特征”→“孔”→“异型孔向导”命令，弹出如图 3-59 所示的对话框。

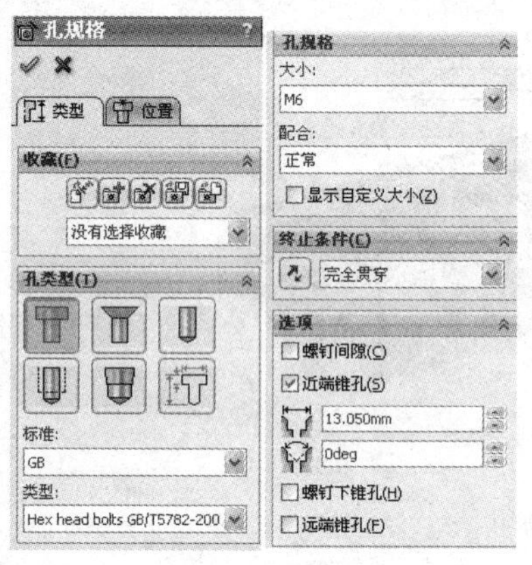

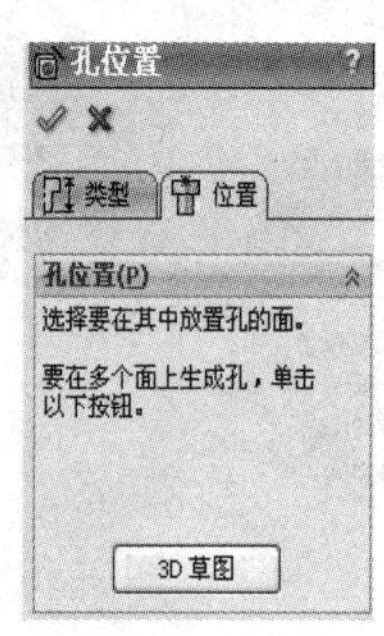

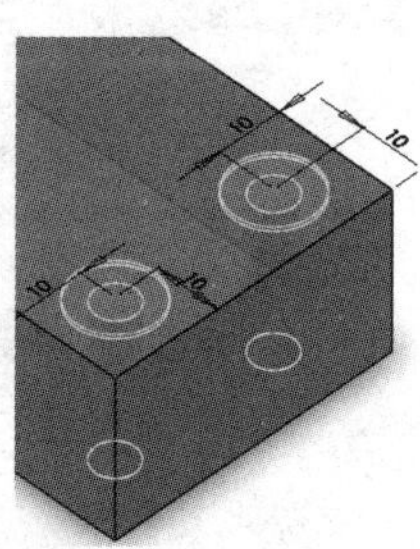

图 3-59　异型孔

孔类型：柱形沉头孔、锥形沉头孔、孔、直螺纹孔、锥形螺纹孔及旧制孔。

孔的标准：GB、ISO 及 ANSI Inch 等。

孔规格中可设置孔的大小及配合方式。

选择“位置”选项卡后，鼠标指针变为，即绘制点，每一个点的位置表示孔中心所在位置，同时进入草图绘制环境，可对圆心位置进行定位。

最后单击“确定”按钮完成。

3.10　实例·操作——套筒

套筒是机械零件中比较常见的零件，其三维实体结构如图 3-60 所示。

该套筒实体基本尺寸如图 3-61 所示。

图3-60　套筒

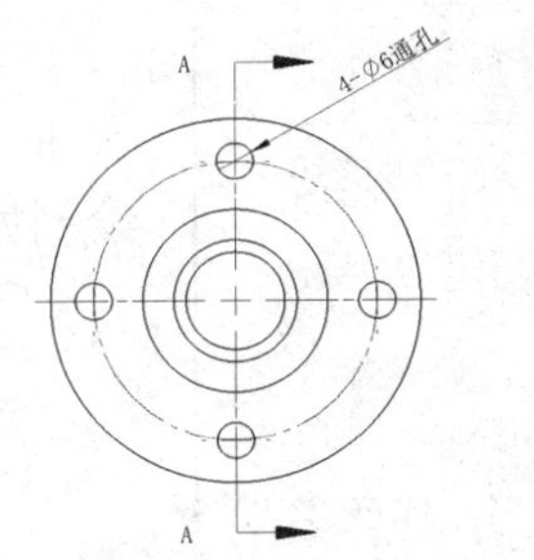

图3-61　套筒尺寸

【思路分析】

套筒是常用的机械零部件之一，其结构简单，通过常见特征实体即可完成建模功能。观察此零件，主要特征为拉伸、切除、孔、圆角、倒角，这里以基于特征的建模方法，首先通过两次拉伸形成基本的实体模型，再拉伸切除生成中间通孔，再通过孔特征生成孔，最后添加圆角、倒角进行修饰，基本流程如图3-62所示。

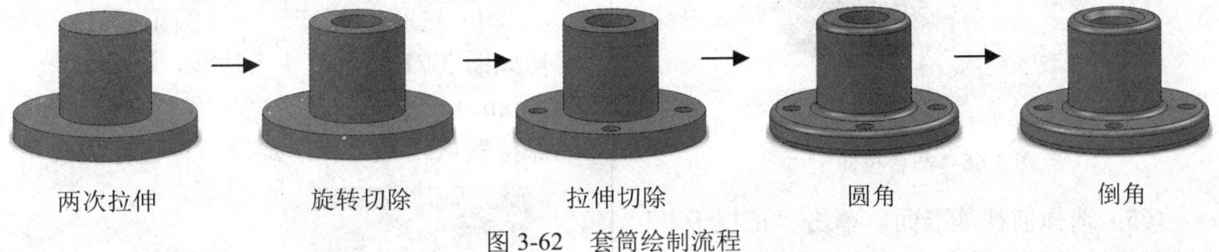

图3-62　套筒绘制流程

【光盘文件】

结果文件——参见附带光盘中的“SW\Ch3\3-10.sldprt”文件。

动画演示——参见附带光盘中的“AVI\Ch3\3-10.avi”文件。

【操作步骤】

（1）选择上视基准面，进入草图绘制环境，绘制如图3-63所示的草图。圆心位于坐标原点。

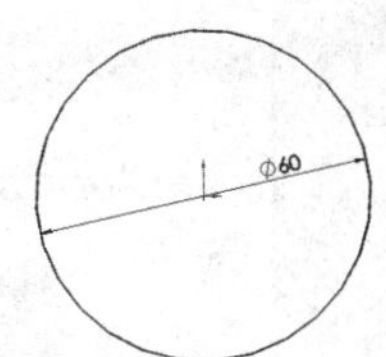

图3-63　绘制草图

（2）单击“拉伸凸台/基体”按钮，将拉伸深度改为20mm，其他保持默认，所得实体如图3-64所示。单击“确定”按钮完成凸台拉伸。

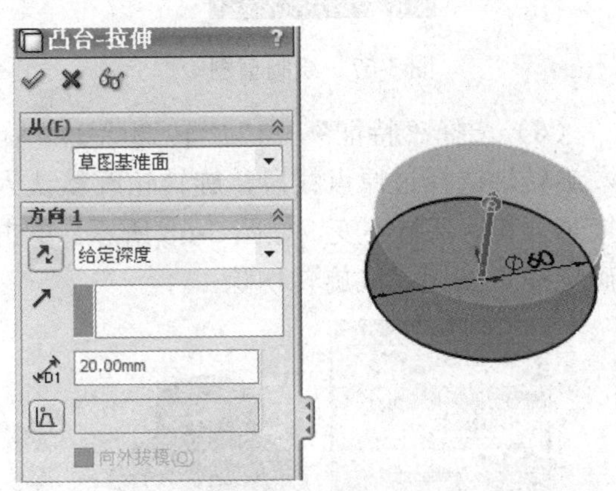

图3-64　凸台拉伸

（3）在所得实体的上表面绘制草图，如图3-65所示。

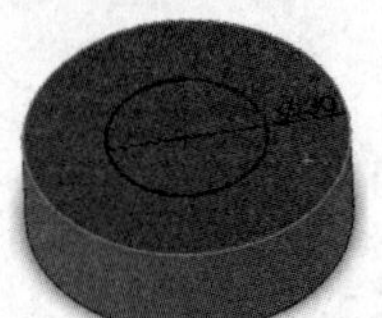

图 3-65　绘制圆

（4）选择“特征”→“拉伸凸台/基体”命令，设置拉伸深度为30mm，其他保持默认，如图3-66所示。单击“确定”按钮完成凸台拉伸。

图 3-66　凸台拉伸

（5）选择前视基准面，单击“正视于”按钮正视该平面，单击“草图绘制”按钮，绘制如图3-67所示的草图。

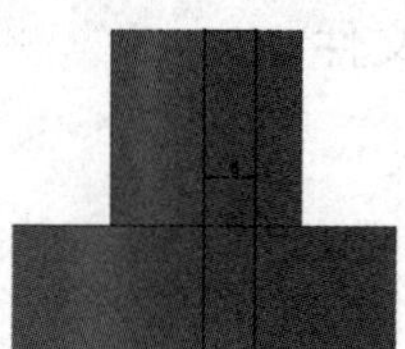

图 3-67　绘制草图

（6）选择“特征”→“旋转切除”命令，旋转轴选择过原点线段，旋转轮廓默认为该矩形，其他保持不变，如图3-68所示。单击“确定”按钮完成旋转切除。

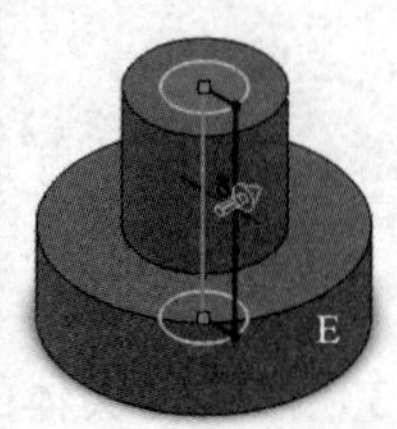

图 3-68　旋转切除

（7）选择草图平面E，单击“正视于”按钮正视该平面，单击“草图绘制”按钮，绘制如图3-69所示的草图。

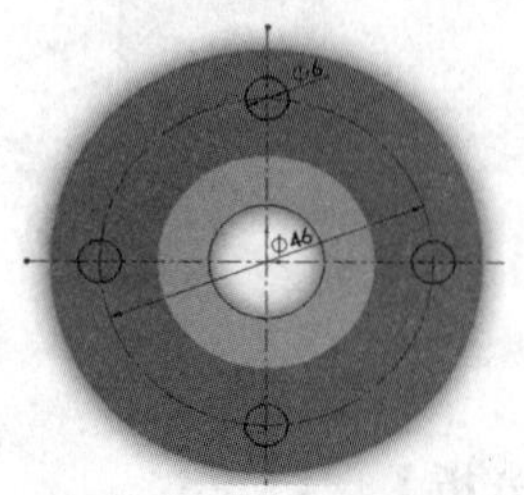

图 3-69　绘制草图

（8）选择“特征”→“拉伸切除”命令，设置完全贯穿，其他保持默认，如图3-70所示。单击“确定”按钮完成拉伸切除。

（9）选择“特征”→“圆角”命令，选择如图3-71所示的4条边线，将圆角半径改为2mm，设置“圆角类型”为“等半径”，其他保持默认，单击“确定”按钮完成圆角。

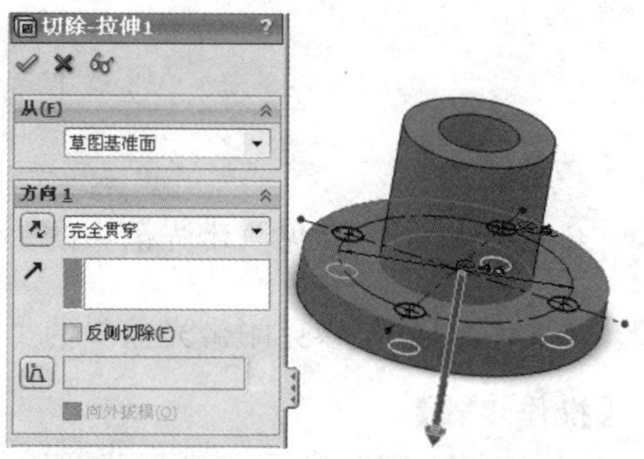

图 3-70　拉伸切除

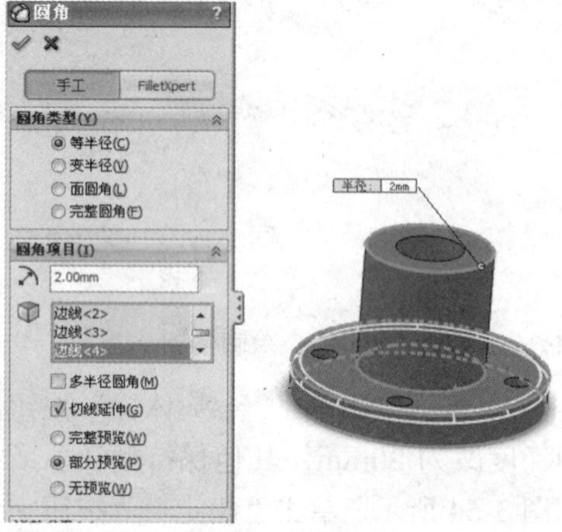

图 3-71　绘制圆角

（10）选择“特征”→“倒角”命令，添加倒角。选择如图3-72所示边线，倒角距离改为2mm，角度为45度，其他保持默认，单击“确定”按钮完成倒角特征。

图3-72　绘制倒角

（11）再次利用“圆心、半径”工具绘制3个均以A点为圆心，分别过B、C、D点的圆，结果如图3-73所示。

图3-73　最终实体

（12）更改该实体的显示特性，依次改为上色、消除隐藏线、隐藏线可见、线框图的4种显示方式，如图3-74所示。

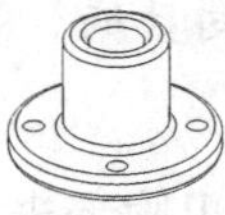
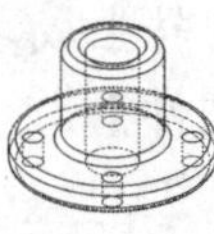
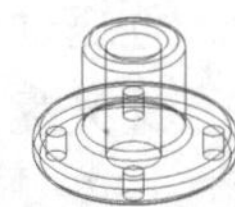

图3-74　显示状态

（13）单击“剖面视图”按钮，按图3-75所示进行设置，最终剖面效果如图3-76所示。

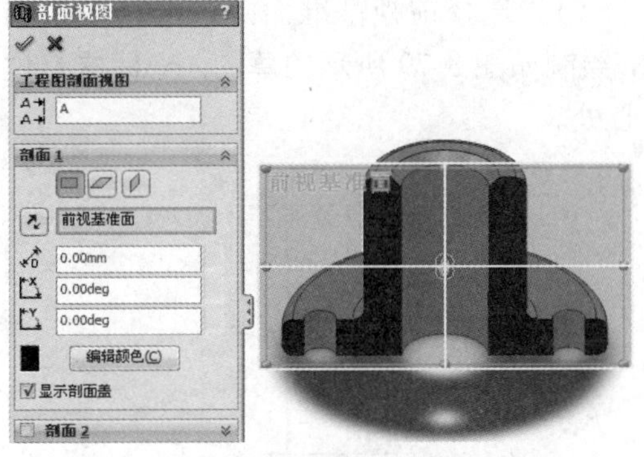

图3-75　剖面图1

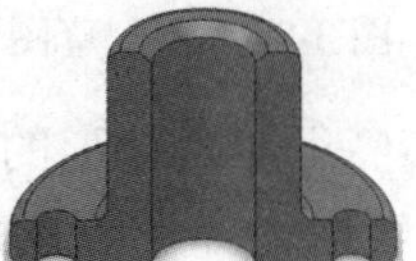

图3-76　剖面图2

3.11　实例·练习——方向盘

下面绘制一个方向盘，其绘制方法多种多样，由于其结构简单，但图形相对较复杂，所以成为绘图练习的很好范例，其结构如图3-77所示，其结构尺寸如图3-78所示。

图3-77　方向盘

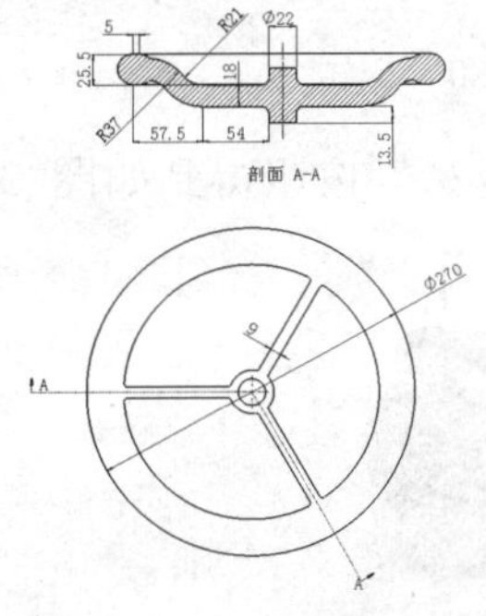

图3-78　方向盘尺寸

【思路分析】

方向盘的主要实体结构为旋转部件及拉伸所得实体，这里可以通过拉伸生成中间转轴及辐条，再通过旋转生成方向盘柄，另外通过圆角、倒角等特征对其进行相应的修饰。

【光盘文件】

结果文件——参见附带光盘中的“SW\Ch3\3-11.sldprt”文件。

动画演示——参见附带光盘中的“AVI\Ch3\3-11.avi”文件。

【操作步骤】

（1）选择前视基准面，进入草图绘制环境，绘制如图 3-79 所示的草图。坐标原点位于中心处。

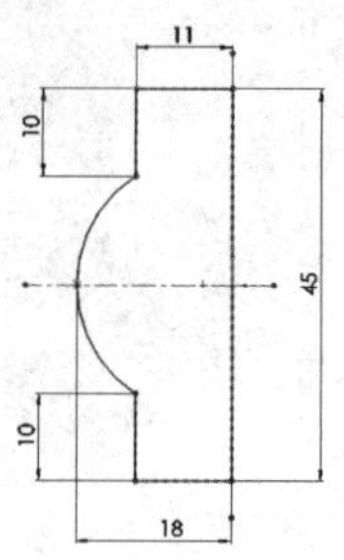

图 3-79　绘制草图

（2）单击特征工具栏上的“旋转凸台/基体”按钮，旋转轴选择步骤（1）中草图的竖直中心线，其他保持默认，如图 3-80 所示。

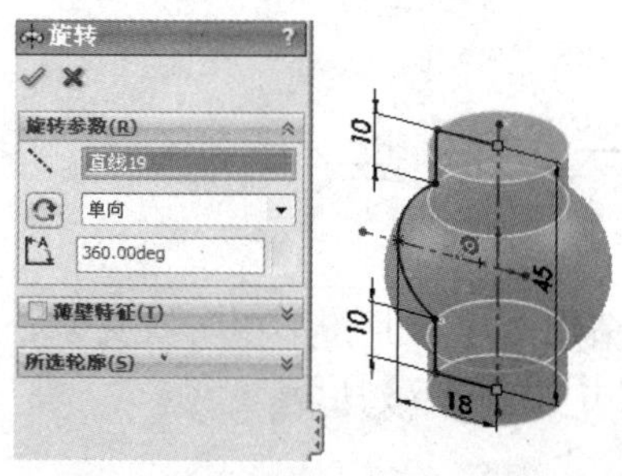

图 3-80　旋转

（3）单击“确定”按钮得到如图 3-81 所示的实体。

图 3-81　实体 1

（4）选择“特征”→“圆角”命令，选择如图 3-82 所示的 4 条边线，将圆角半径改为 5.00mm，“圆角类型”为“等半径”，其他保持默认，单击“确定”按钮完成圆角。

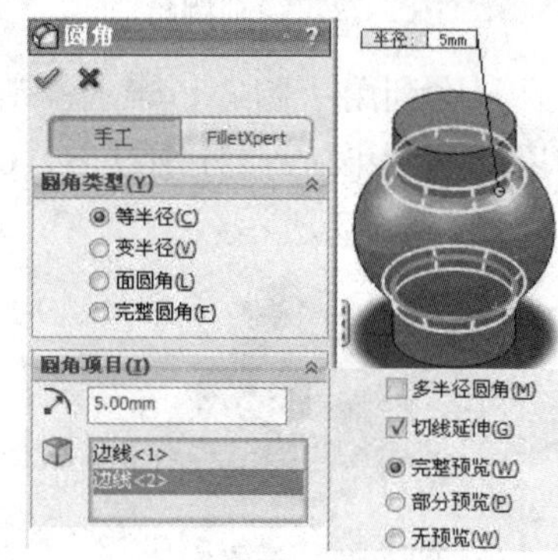

图 3-82　圆角

（5）选择前视基准面，绘制如图 3-83 所示的草图。

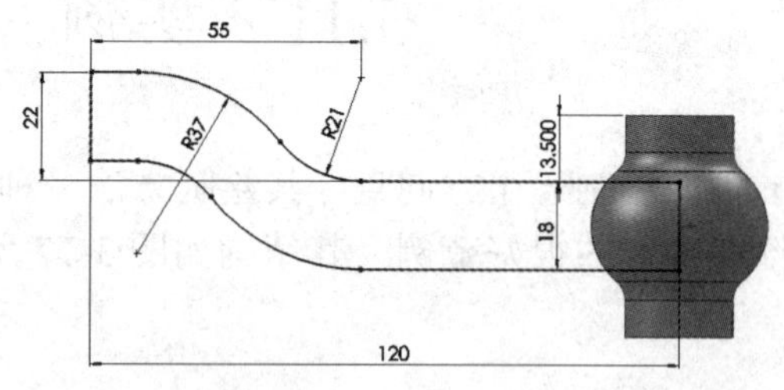

图 3-83　绘制草图

（6）单击特征工具栏上的“拉伸凸台/基体”按钮，拉伸方向选择“两侧对称”，拉伸深度设置为 9.00mm，其他保持默认，如图 3-84 所示，预览结果如图 3-85 所示。

（7）绘制轮辐的圆角，圆角半径为 3.00mm，其他保持默认，如图 3-86 所示。

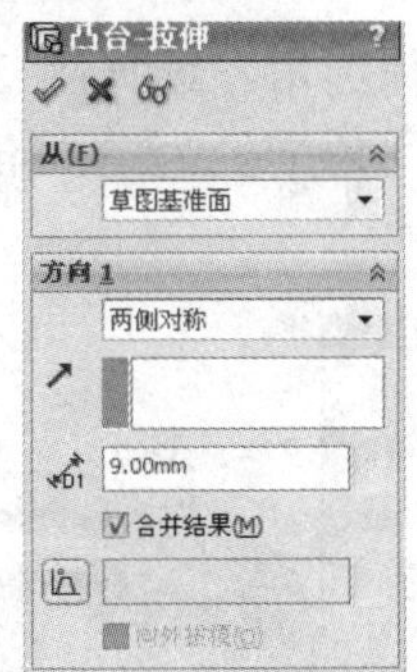

图 3-84　拉伸凸台

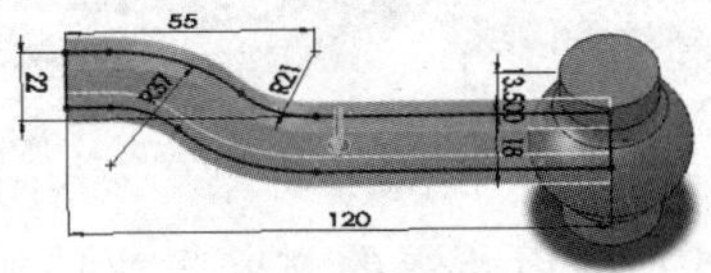

图 3-85　拉伸实体

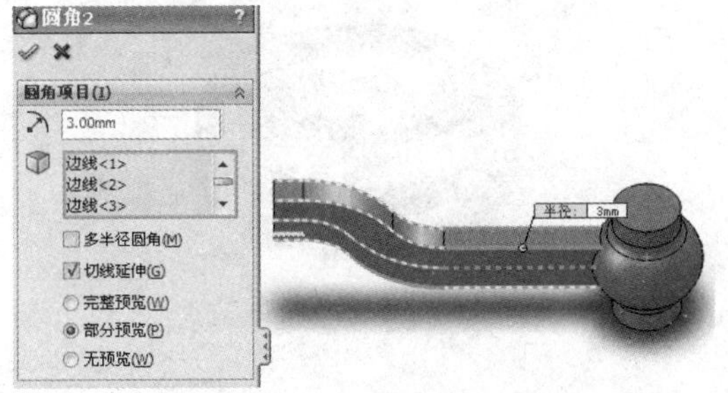

图 3-86　圆角

（8）选择前视基准面，绘制中心线，如图 3-87 所示。

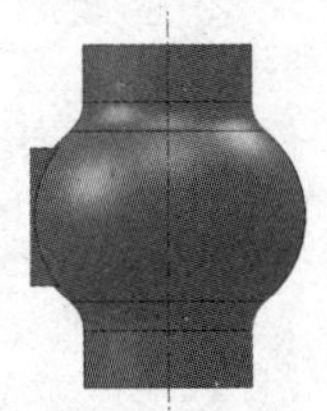

图 3-87　中心线

（9）退出草图，单击特征工具栏上的“参考几何体”→“基准轴”按钮，如图 3-88 所示，“参考实体”栏选择图 3-87 所示草图的中心线，单击“确定”按钮建立新的基准轴 1。

（10）单击特征工具栏上的“圆周阵列”按钮，出现如图 3-89 所示的对话框，选择基准轴 1 作为旋转轴，等间距，阵列数目为 3，阵列角度为 360 度，阵列特征为凸台-拉伸 1。单击“确定”按钮完成圆周阵列，所得结果如图 3-90 所示。

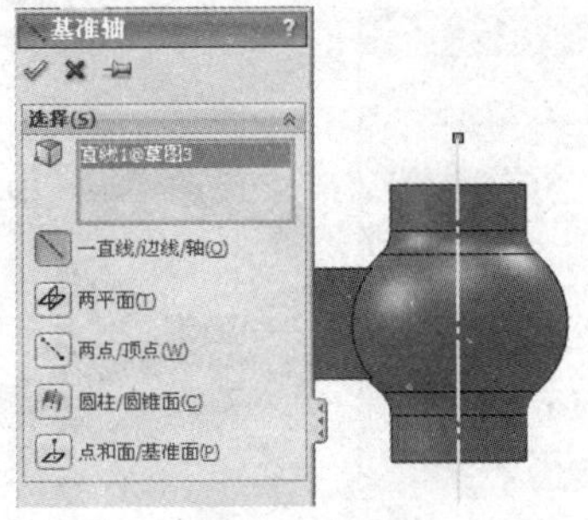

图 3-88　基准轴

图 3-89　圆周阵列

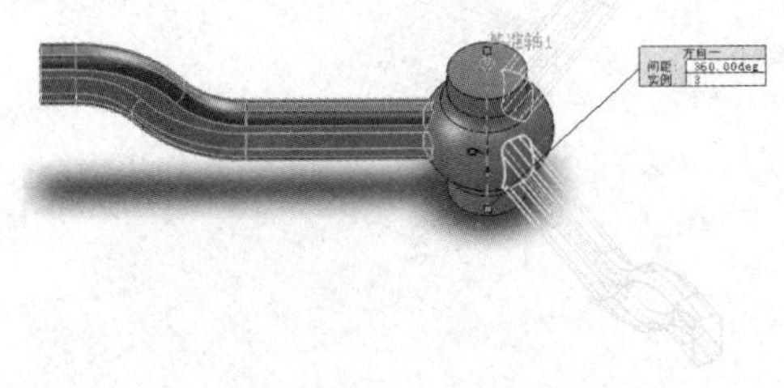

图 3-90　圆周阵列

（11）选择前视基准面，绘制如图 3-91 所示的草图。

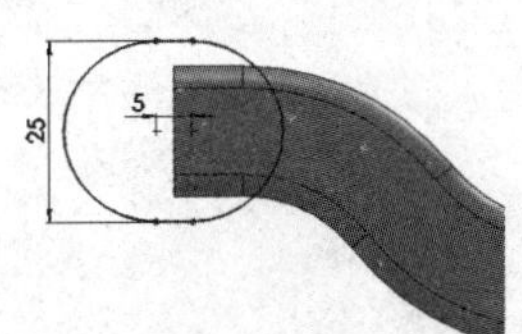

图 3-91　绘制草图

（12）单击特征工具栏上的“旋转凸台/基体”按钮，出现如图 3-92 所示的对话框，选择基准轴 1 为旋转轴，其他保持默认。

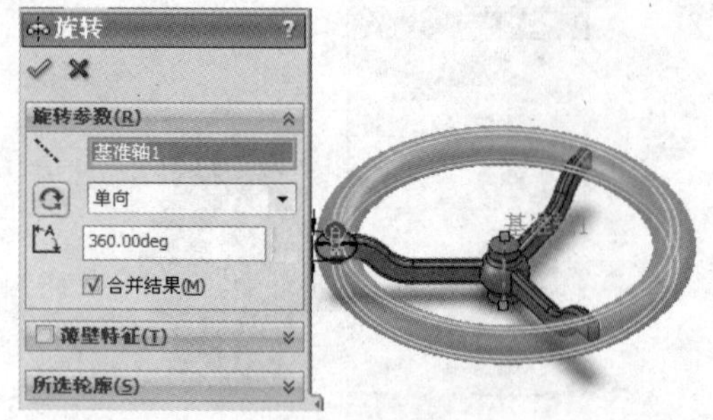

图 3-92　旋转凸台

（13）单击“确定✓”按钮，可得到如图 3-93 所示的实体。

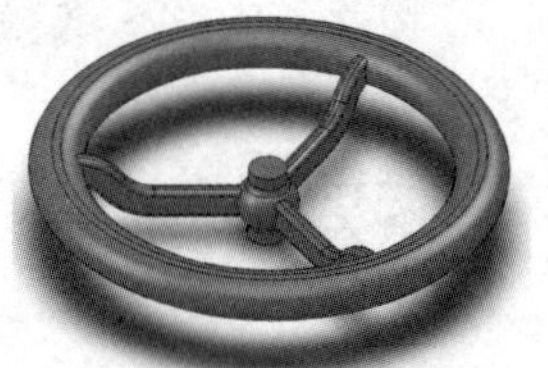

图 3-93　方向盘

（14）绘制圆角，选择图 3-94 中颜色较深的两个面，圆角半径为 3.00mm，其他保持默认。

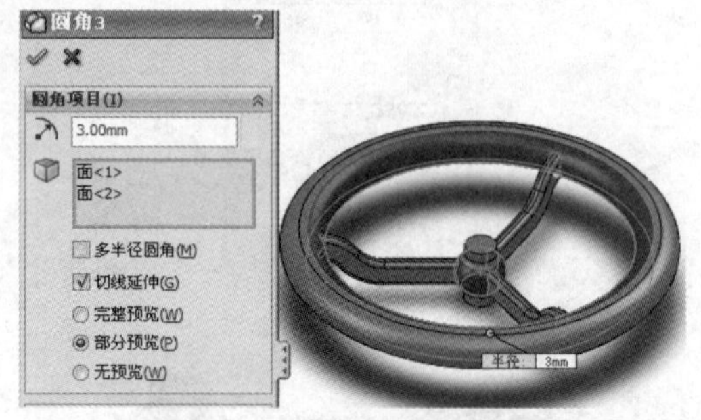

图 3-94　圆角

（15）最后所得的方向盘实体如图 3-95 所示。

图 3-95　方向盘

第 4 讲　复杂特征建模

SolidWorks 零件建模的过程，常常需要生成表面形状复杂的特征实体，扫描和放样特征可生成此类复杂几何特征。扫描特征是将草图轮廓沿一路径移动以生成实体，放样则是将两个或多个轮廓作为基础进行拉伸以生成实体，本讲将主要介绍这两种特征。

本讲内容

- 实例·模仿——方向盘
- 参考几何体
- 扫描
- 放样
- 实例·操作——茶壶
- 实例·练习——灯泡

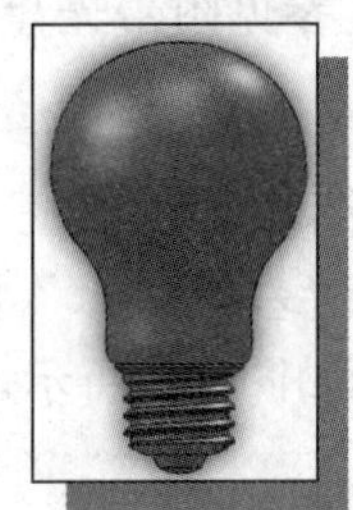

4.1　实例·模仿——方向盘

在第 3 讲中，我们以方向盘为实例进行练习，本节将介绍方向盘的另一种绘制方法，体会同一模型的不同建模方式，其三维实体结构如图 4-1 所示，其结构尺寸如图 4-2 所示。

图 4-1　方向盘

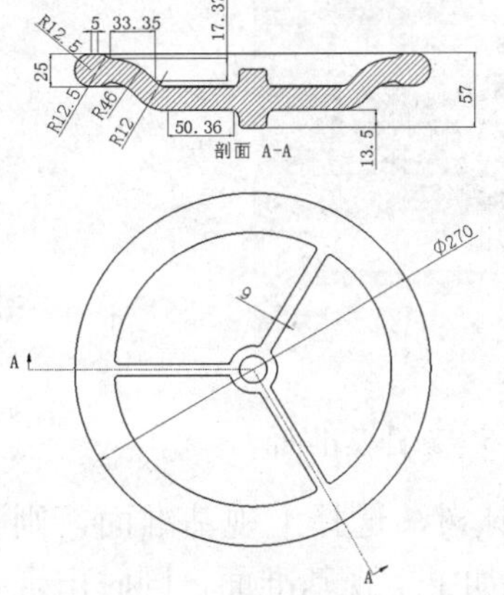

图 4-2　方向盘尺寸

【思路分析】

方向盘的结构复杂，零件形状变化较为多样，对于辐条来说，其截面形状是相同的，因此，绘制好截面形状后通过沿引导线进行扫描即可生成辐条，同样，对于盘柄，可通过一截面进行圆周扫描，而方向盘中间轴则可通过不同的轮廓进行放样得到，最后添加圆角、倒角进行修饰，主要绘制流程如图4-3所示。

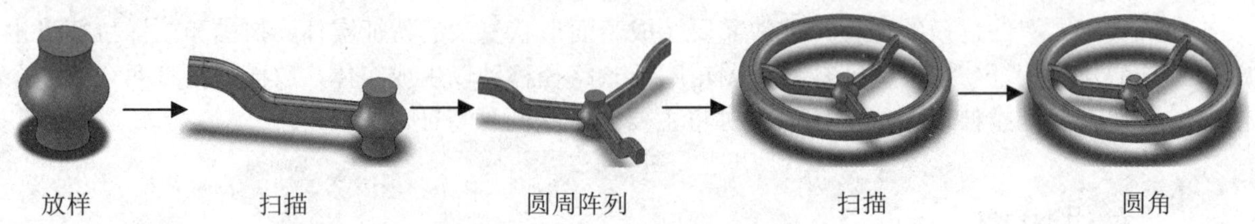

图4-3　方向盘绘制流程

【光盘文件】

——参见附带光盘中的“SW\Ch4\4-1.sldprt”文件。

——参见附带光盘中的“AVI\Ch4\4-1.avi”文件。

【操作步骤】

（1）如图4-4所示，单击特征工具栏上的“参考几何体”→“基准面”按钮，打开“基准面”对话框，如图4-5所示。

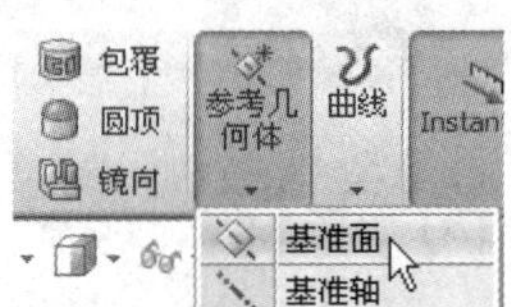

图4-4　基准面

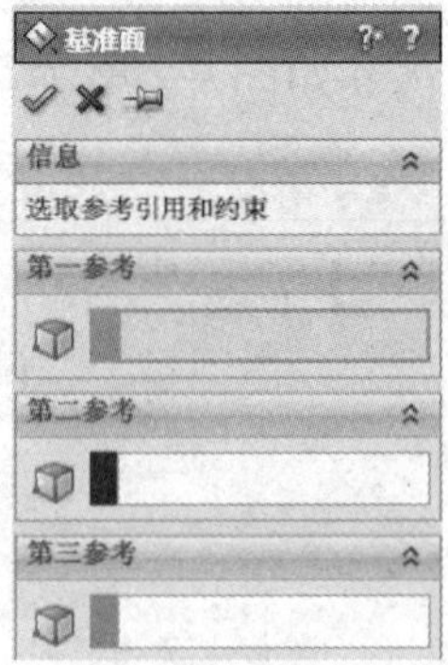

图4-5　新建基准面

（2）打开设计树，选择上视基准面，则“第一参考”中添加了上视基准面，同时出现如图4-6所示的对话框。

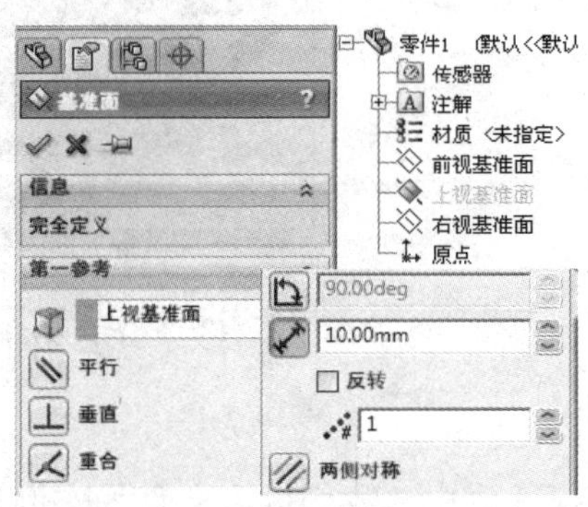

图4-6　上视基准面

（3）激活“偏移距离”，设置数值为10.00mm，如图4-7所示。单击“确定”按钮建立基准面1。

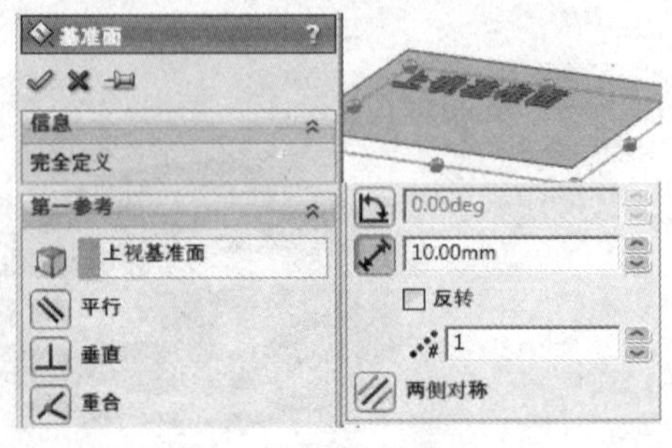

图4-7　基准面1

（4）同样，选择上视基准面为参考平面，选择偏移距离分别为 22.5mm、35mm 和 45mm 建立基准面 2、基准面 3 和基准面 4，如图 4-8 所示。

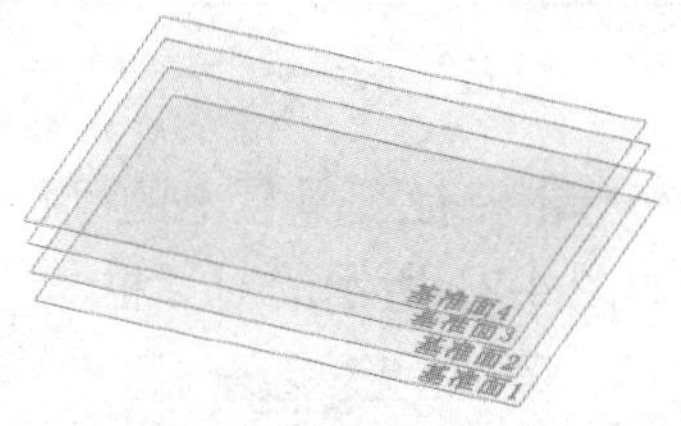

图 4-8　建立基准面 2、基准面 3、基准面 4

（5）在前视基准面上，以圆点为圆心绘制圆，建立草图 1 并退出；在基准面 1 上建立草图 2 并退出；在基准面 2 上建立草图 3 并退出；在基准面 3 上建立草图 4 并退出；在基准面 4 上建立草图 5，具体草图如图 4-9～图 4-14 所示。

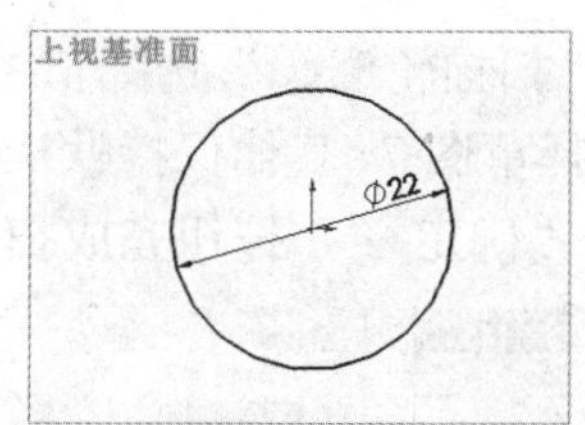

图 4-9　草图 1

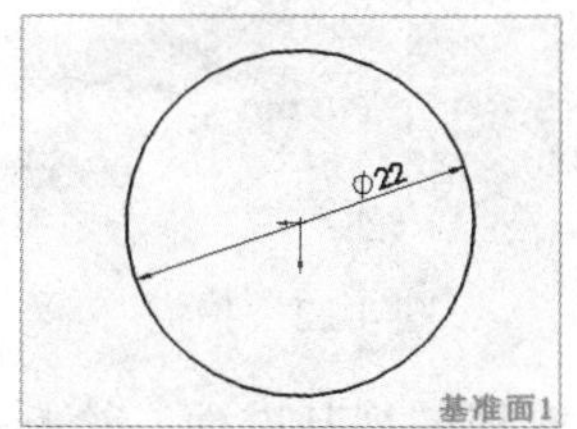

图 4-10　草图 2

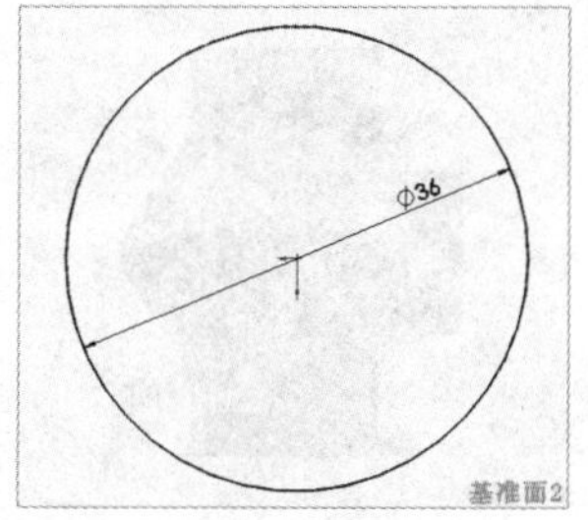

图 4-11　草图 3

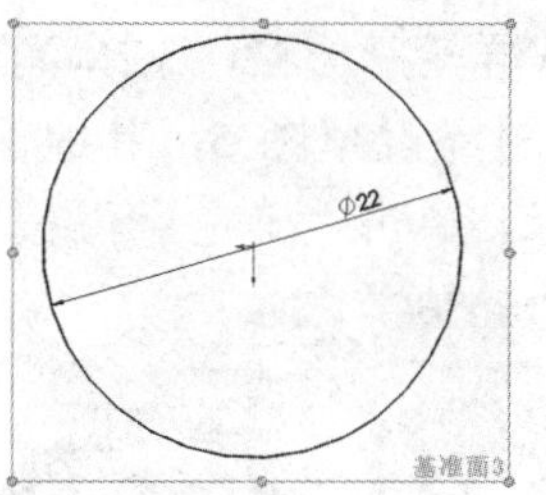

图 4-12　草图 4

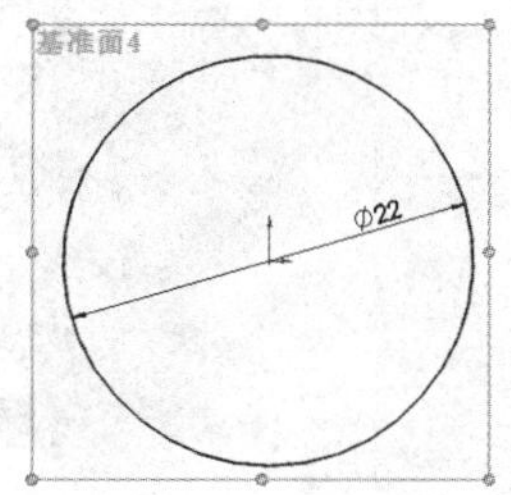

图 4-13　草图 5

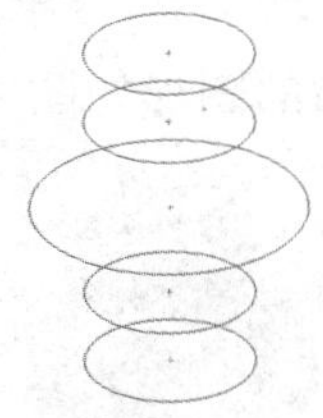

图 4-14　绘制后的草图

（6）如图 4-15 所示，单击特征工具栏上的“放样凸台/基体”按钮，出现如图 4-16 所示的对话框。

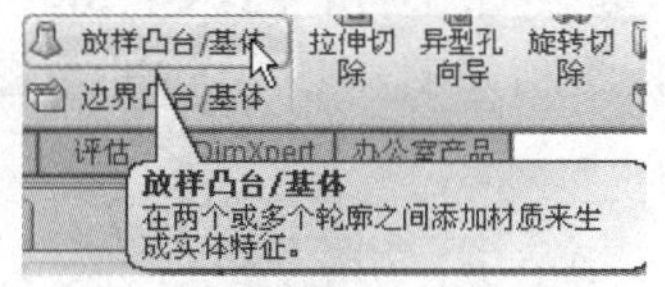

图 4-15　放样凸台/基体

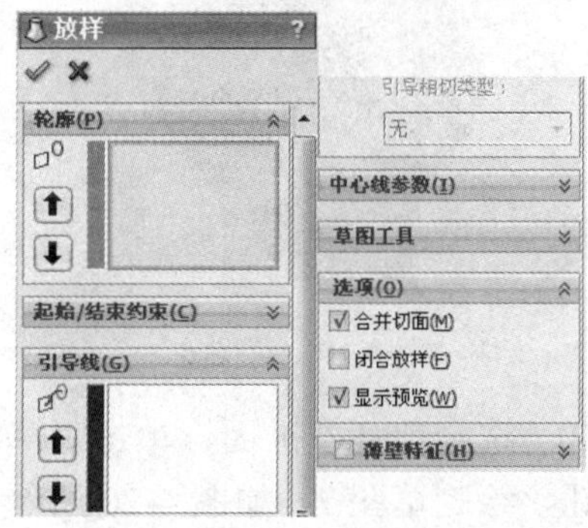

图 4-16　“放样”对话框

（7）放样轮廓一栏，选择草图1、草图2、草图3、草图4及草图5，其他保持默认，如图4-17所示。单击"确定✔"按钮完成放样。

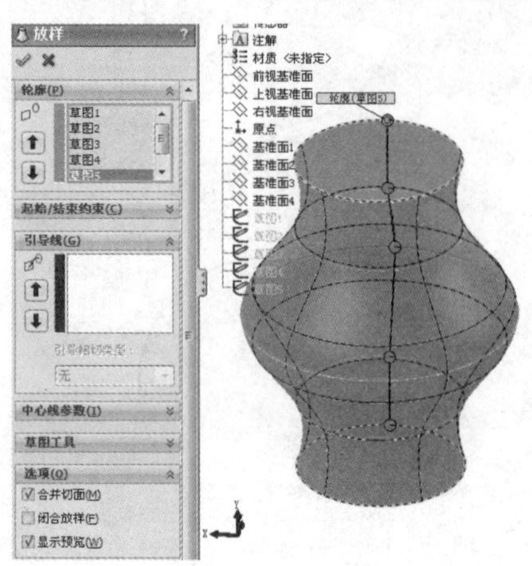

图4-17　放样

（8）放样后的图形如图4-18所示。

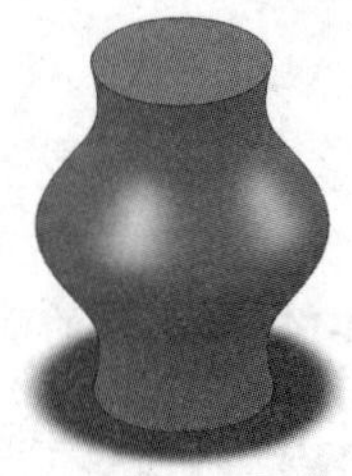

图4-18　放样后的图形

（9）选择右视基准面，单击"草图绘制"按钮，绘制如图4-19所示的草图6，然后退出草图。

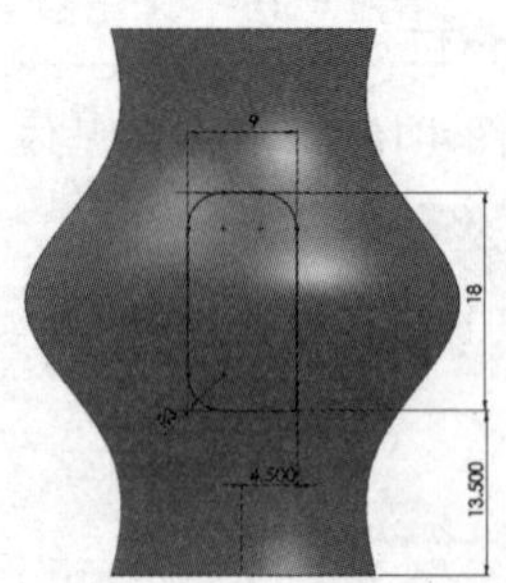

图4-19　草图6

（10）选择前视基准面，单击"草图绘制"按钮，绘制草图7，如图4-20所示，然后退出草图。

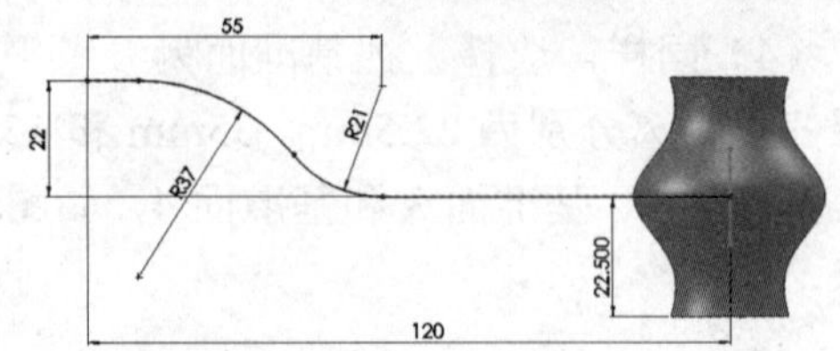

图4-20　草图7

（11）单击特征工具栏上的"扫描"按钮，打开如图4-21所示的对话框。

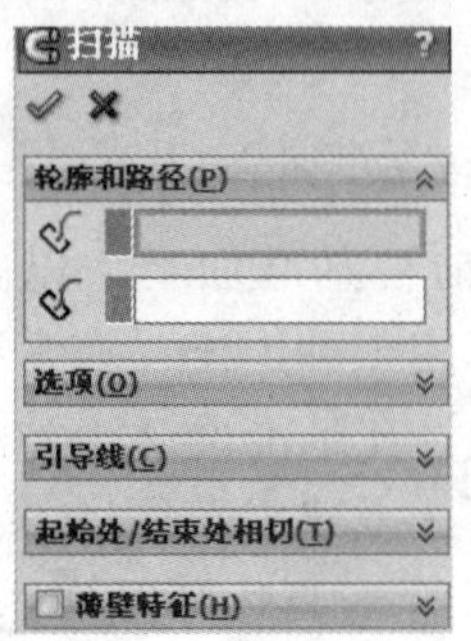

图4-21　"扫描"对话框

（12）"扫描轮廓"选择草图6，"扫描路径"选择草图7，其他保持默认，如图4-22所示。单击"确定✔"按钮完成扫描。

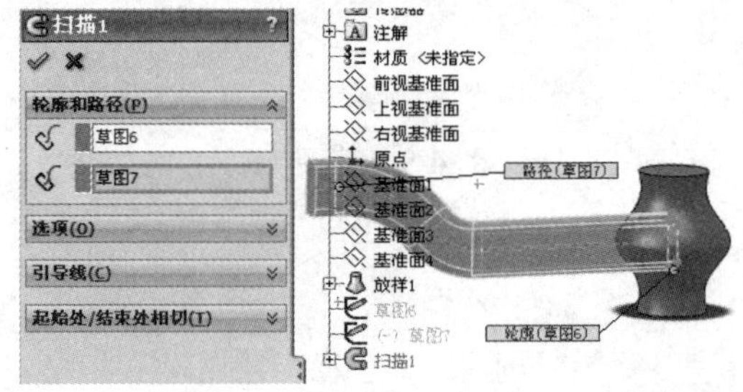

图4-22　扫描

（13）选择前视基准面，绘制中心线，如图4-23所示。

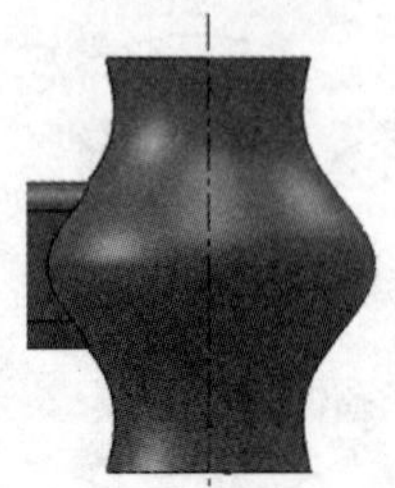

图4-23　绘制中心线

（14）退出草图，单击特征工具栏上的"参考几何体"→"基准轴"按钮，"参考实体"选择步骤（13）中草图的中心线，如图 4-24 所示。单击"确定"按钮建立新的基准轴 1。

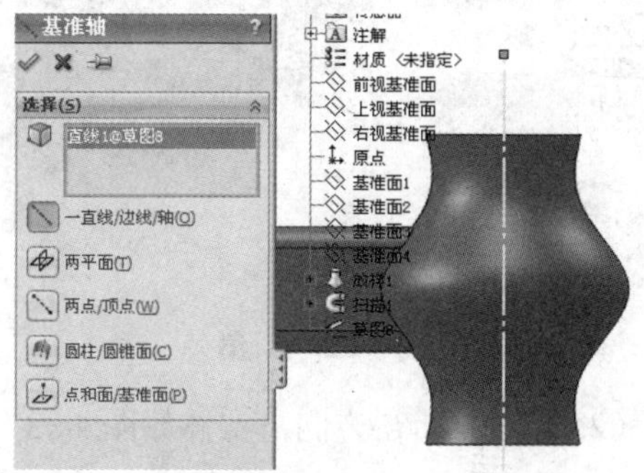

图 4-24　基准轴 1

（15）单击特征工具栏上的"圆周阵列"按钮，出现如图 4-25 所示的对话框，选择"基准轴 1"作为旋转轴，选中"等间距"复选框，设置阵列数目为 3，阵列角度为 360 度，阵列特征为扫描 1，单击"确定"按钮完成圆周阵列。

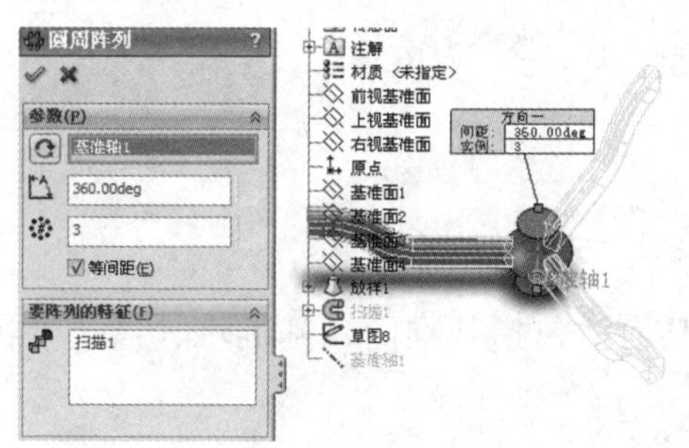

图 4-25　圆周阵列

（16）选择前视基准面，单击"草图绘制"按钮，绘制草图 9，如图 4-26 所示，完成后退出草图。

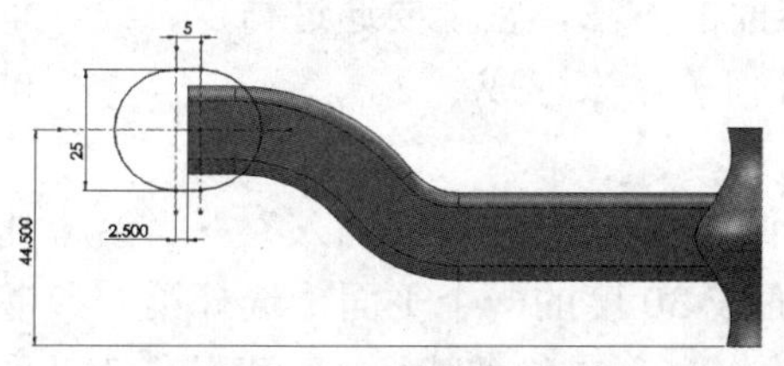

图 4-26　绘制草图

（17）单击特征工具栏上的"参考几何体"→"基准面"按钮，出现如图 4-27 所示的对话框，参考几何体选择"上视基准面"，激活偏移距离，输入数值 44.50mm，其他保持默认，单击"确定"按钮建立基准面 5。

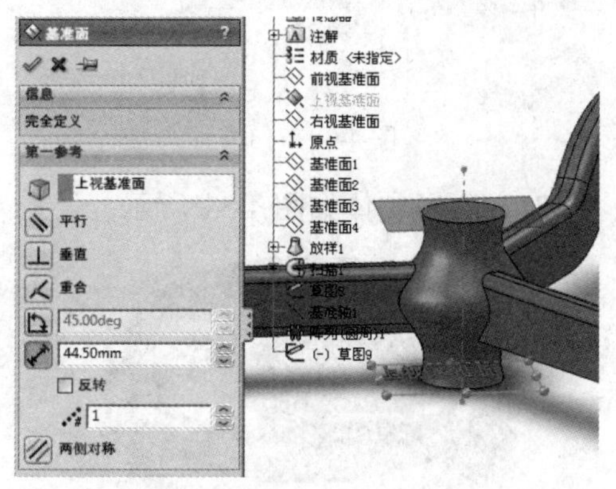

图 4-27　新建基准面 5

（18）选择基准面 5，单击"草图绘制"按钮绘制草图 10，绘制完成后退出草图，如图 4-28 所示。

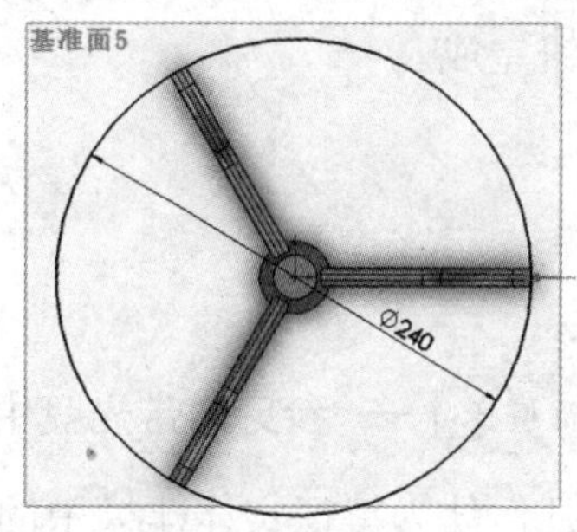

图 4-28　草图 10

（19）绘制完成后，所得实体如图 4-29 所示。

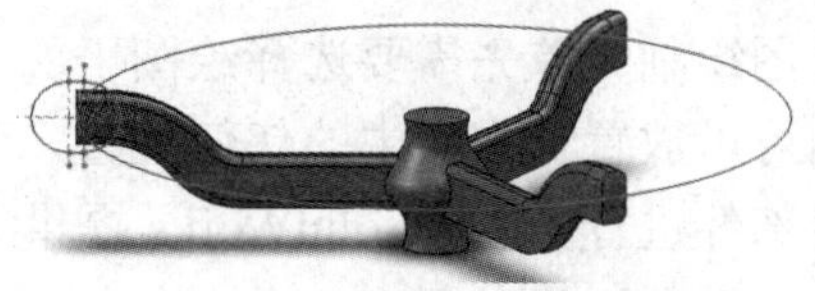

图 4-29　实体

（20）单击特征工具栏上的"扫描"按钮，设置扫描轮廓为草图 9，扫描路径为草图 10，从设计树中直接选择草图，如图 4-30 所示。单击"确定"按钮完成。

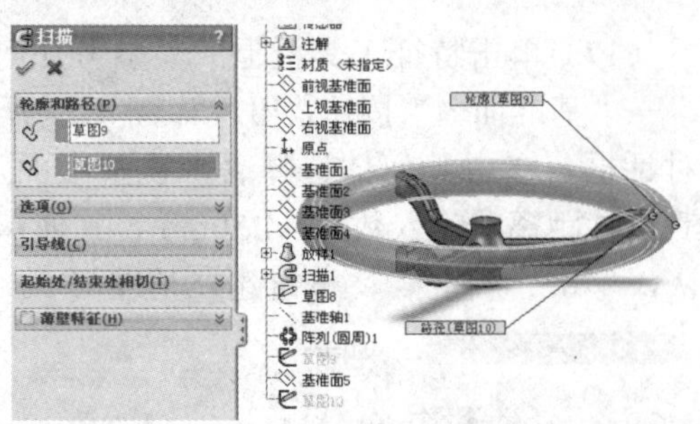

图 4-30 扫描

（21）所得实体如图 4-31 所示。

图 4-31 扫描后的实体

（22）单击特征工具栏上的“圆角”按钮，圆角项目选择如图 4-32 中所选的两个面，圆角半径为 3.00mm，其他保持默认，单击“确定”按钮完成。

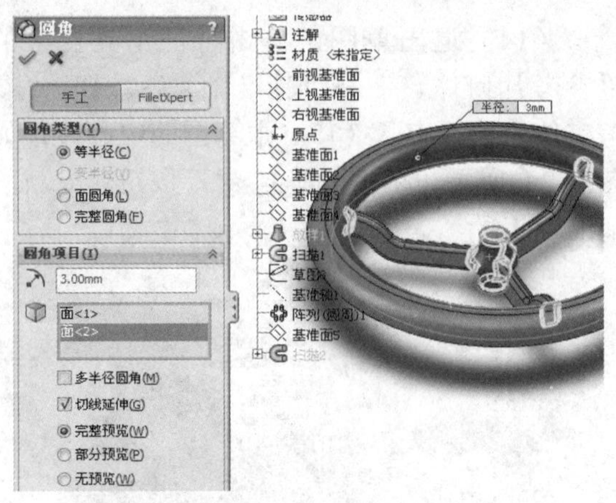

图 4-32 圆角

（23）最终所得方向盘实体如图 4-33 所示。

图 4-33 最终的方向盘实体

4.2 参考几何体

动画演示——参见附带光盘中的“AVI\Ch4\4-2.avi”文件。

参考几何体为特征实体建模中的“辅助线”，参考几何体包括基准面、基准轴、点、坐标系及活动剖切面 5 个命令。

4.2.1 建立基准面

草图绘制时首先需要选择绘图平面，很多时候用户需要自己创建绘图平面，通常称为基准面，基准面可以放置在空间中的任何位置，可用作草图平面，也可通过尺寸标注或加入约束与其他特征或零部件进行关联，SolidWorks 提供了多种建立基准面的方法，且主要通过与点、线、面等基本实体之间的平行、垂直、重合、角度、偏移距离等几何关系来形成。

下面通过几个实例来介绍如何建立基准面。

单击特征工具栏上的“参考几何体”→“基准面”按钮或选择“插入”→“参考几何体”→“基准面”命令。在图 4-34 中，建立与上表面成 30 度的一个平面，选择第一参考特征为上表面，约束关系为 30 度夹角，再选择该面上一边线作为第二参考特征，约束条件为“重合”，即可建立所需基准面。

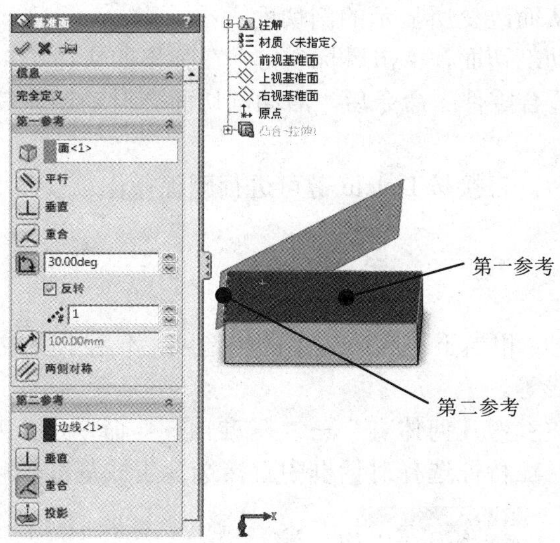

图 4-34　基准面

基准面的建立主要有以下几种方式：

◆ 3 个不共线的空间点。
◆ 一条直线和一个不在其上的空间点。
◆ 两条平行线。
◆ 通过一个空间点并平行于一个空间平面。
◆ 一个空间面偏移指定距离。
◆ 通过一条直线并与一个空间平面成一定角度。

4.2.2　活动剖切面

选择“插入”→“参考几何体”→“活动剖切面”命令，可出现如图 4-35 所示的“选取剖切面”对话框，从绘图区域选择要进行剖切的面，则自动生成活动剖切面。

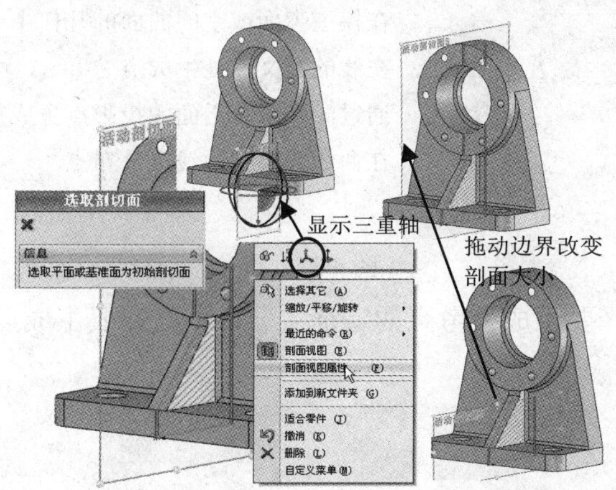

图 4-35　活动剖切面

生成活动剖切面后，会在该面上显示所剖切面的形状，用鼠标拖动剖切面边界控制图标，改变活动剖切面大小，从而改变所显示的剖切面大小。

选中所生成的活动剖切面，单击鼠标右键，在弹出的快捷菜单中可选择相应命令对活动剖切面进行设置，选择“适合零件”命令后，活动剖切面会自动调整其大小到将整个零件全部剖开的大小。

选中活动剖切面后，直接按 Delete 键可进行删除操作。

4.2.3 基准轴

基准轴用作参考轴，相当于草图绘制中的构造线，不用于生成实体，而是用来辅助生成实体，如圆周阵列时的中心线等。

选择“插入”→“参考几何体”→“基准轴”命令进入基准轴绘制，如图 4-36 所示。选择某种生成方式后，在特征选择对话框中直接选择生成基准轴所需特征即可。

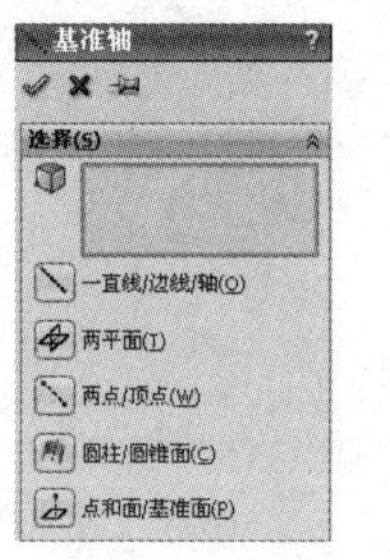

通过已有草图直线、空间实体边线或临时轴生成基准轴

通过两个空间平面的交线生成基准轴

通过两个空间点（包括顶点、中点或草图点）生成基准轴

通过圆柱或圆锥的轴线生成基准轴

通过空间一点且与平面垂直的线生成基准轴

图 4-36　基准轴

4.2.4 点

点是最基本的空间几何元素，通过点可辅助生成线或面，同时点也可用于定位。

选择“插入”→“参考几何体”→“点”命令进入点绘制，如图 4-37 所示。

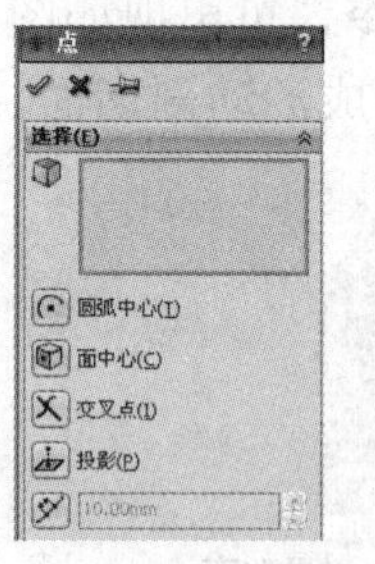

在圆弧的圆心处生成点

在模型表面或空间曲面的几何中心处生成点

在线的交叉点处生成点

通过一点垂直于面的投影点生成点

在曲线或模型边线上分布点

图 4-37　点

在“参考特征”中选择要生成参考点的特征实体，再选择要生成点的方式，单击“确定”按钮即可完成。

4.2.5 坐标系

坐标系是零件建模的空间参考，是缩放等操作的参照，当零件进入装配环境或与其他软件进行信息共享和转换的过程中，坐标系都为最重要的参考基准。

坐标系由原点和 3 个相互垂直的轴构成，3 个轴之间的空间关系遵守右手定则，因此当原点和任意两个轴确定后坐标系即可确定下来。

选择“插入”→“参考几何体”→“坐标系”命令进入坐标系绘制。

坐标系轴的选择可以为所选原点到空间某点的连线、某实体边或草图直线或其平行线、或为平面的垂线。在图 4-38 中，选择某点作为坐标原点，再确定 X 和 Y 轴，则 Z 轴即可确定下来，最后单击“确定”按钮完成。

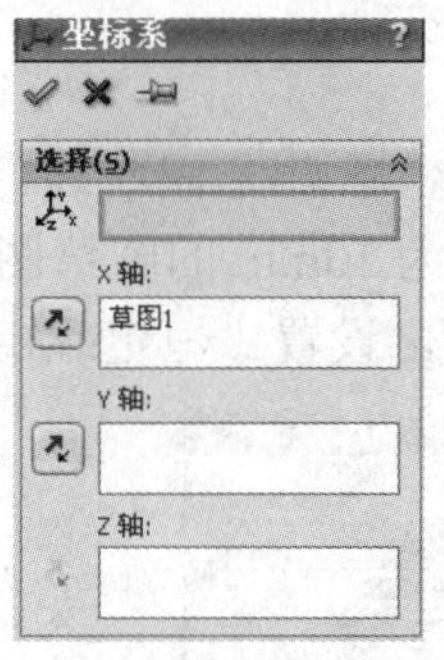

图 4-38　坐标系

4.3　扫　描

——参见附带光盘中的“AVI\Ch4\4-3.avi”文件。

扫描是使某轮廓沿着指定路径移动以生成基体、凸台、切除或曲面等特征。

4.3.1　简单扫描

单击特征工具栏上的“扫描”按钮，或选择“插入”→“凸台/基体”→“扫描”命令，出现如图 4-39 所示的对话框。

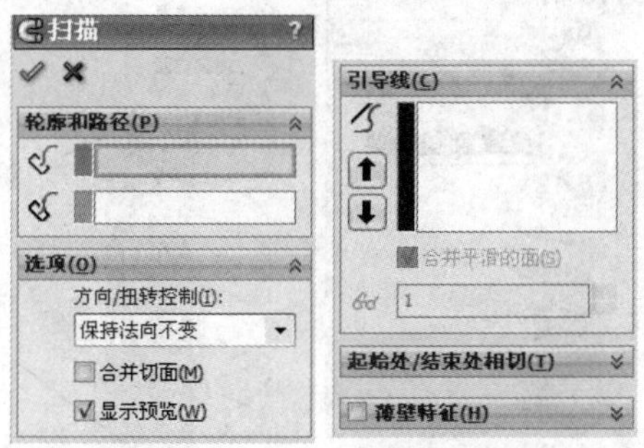

图 4-39　扫描

扫描有 3 个要素，即轮廓、路径和引导线。其中轮廓和路径是必需的，引导线是选用的。

“扫描轮廓”是扫描的“模板”，对于实体扫描，轮廓必须是闭合实线，开口的轮廓只能用于曲面扫描。

路径是扫描的“轨道”，可以开环或闭环，可以是一张草图中包含的一组草图曲线、一条曲线或一组模型边线。

路径起点必须位于扫描轮廓平面上，且该扫描路径需要与该轮廓平面发生关系，即轮廓平面上一点与该路径构成“穿透”的几何关系。整个扫描过程可以想象成发生“穿透”关系的该点，带动着整个轮廓，在扫描路径上移动所留下的痕迹。

引导线，对于简单的扫描，可以不需要引导线。引导线用来间接控制扫描过程中轮廓的大小变化。

下面以弹簧为例进行介绍。

单击特征工具栏上的“曲线”→“螺旋线/涡状线”按钮，选择上视基准面，进入草图绘制环境，以坐标原点为圆心，绘制直径为 10mm 的圆草图 1，退出草图，则弹出如图 4-40 所示的对话框。“定义方式”为“螺矩和圈数”，设置“恒定螺矩”为 2.50mm，“圈数”为 10。

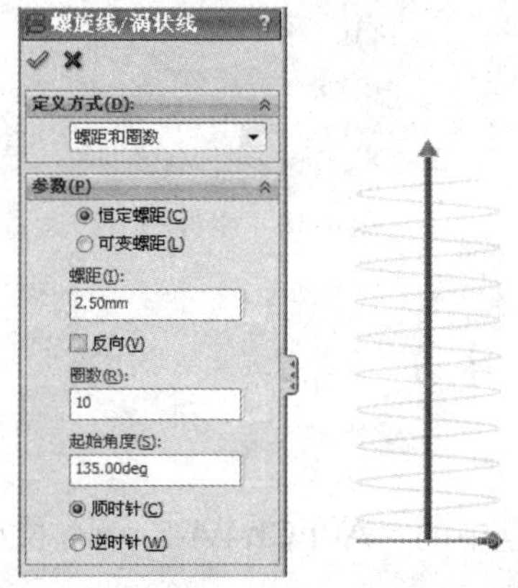

图 4-40　螺旋线

建立基准面，选择“第一参考”为草图 1 的圆心，约束关系为“重合”；“第二参考”为螺旋线端点，约束关系为“重合”，“第三参考”为上视基准面，约束关系为“垂直”，如图 4-41 所示，建立基准面 1。

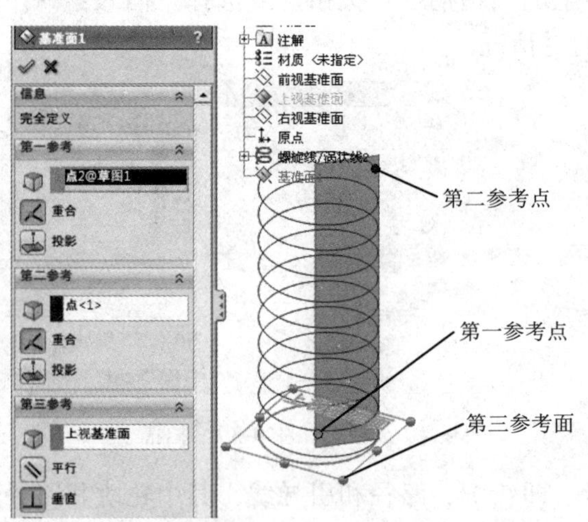

图 4-41　基准面 1

选择基准面 1，以螺旋线端点为圆心，绘制直径为 1.5mm 的圆为草图 2，退出草图。单击“扫描”按钮，如图 4-42 所示。选择草图 2 为扫描轮廓，螺旋线为扫描路径，可得如图 4-43 所示的弹簧实体。

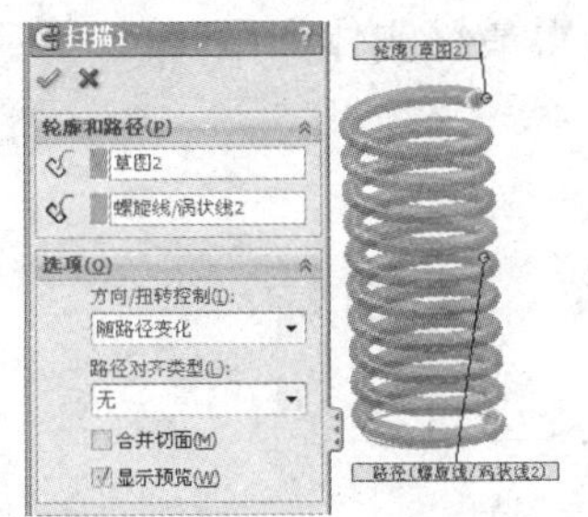

图 4-42　扫描弹簧

图 4-43　弹簧

4.3.2　扫描切除

选择“插入”→“切除”→“扫描”命令，则打开“切除-扫描”对话框，如图 4-44 所示。该对话框和“扫描”操作一样，如图 4-45 所示的草图实例。

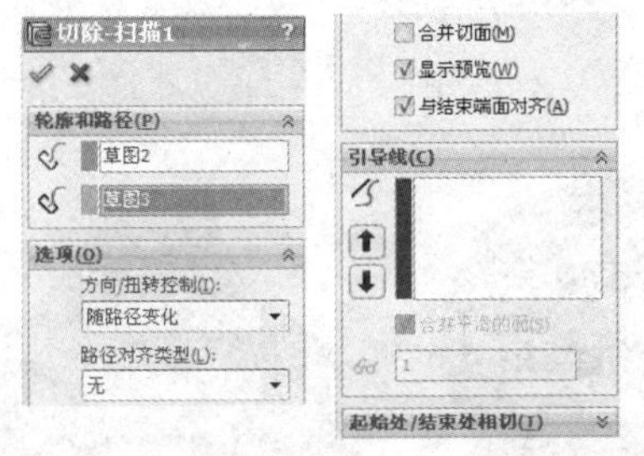

图 4-44　扫描切除

图 4-45　草图

无论是“扫描”还是“扫描切除”，其扫描轮廓都可以为多个轮廓。扫描结果如图 4-46 所示。所得最终结果如图 4-47 所示。

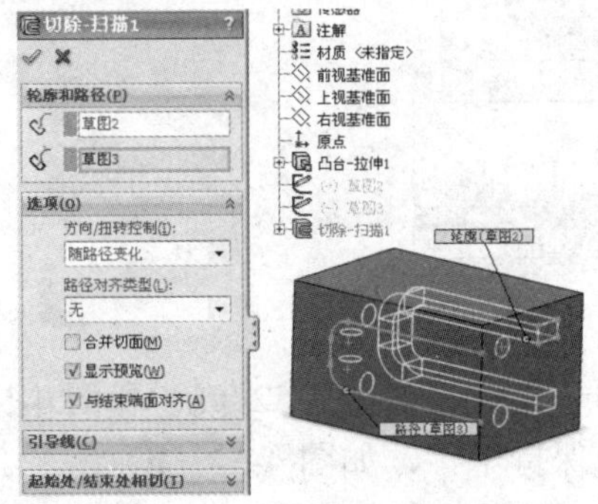

图 4-46　扫描设置

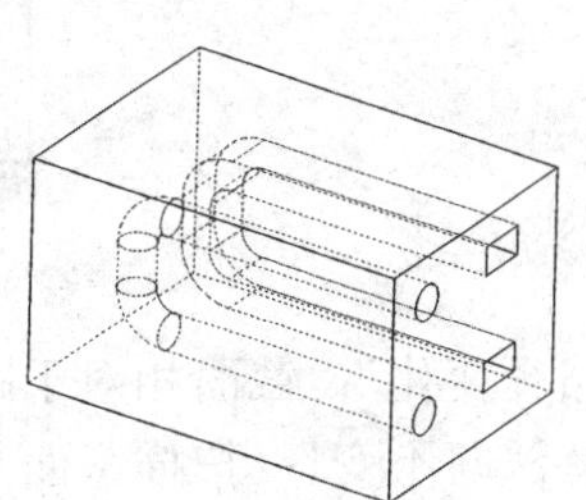

图 4-47　扫描切除后的实体

4.3.3　含引导线的扫描

含有引导线的扫描，会生成更加复杂多变的实体。下面将介绍较为复杂的扫描，首先简单绘制两个草图：在上视基准面上绘制草图1并退出草图，在前视基准面上绘制草图2并退出草图，如图4-48所示。

然后进行扫描。“扫描轮廓”选择草图1，“扫描路径”选择草图2，“引导线”为草图3，添加薄壁特征，设置厚度为3.00mm，如图4-49所示。所得最终实体如图4-50所示。

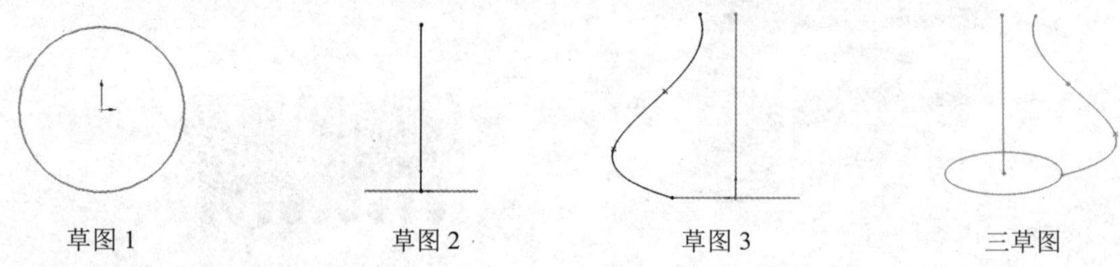

图4-48　草图

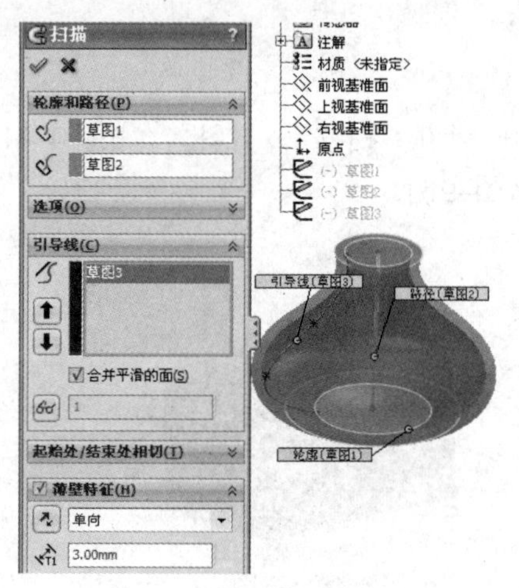

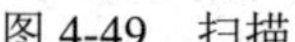

图4-49　扫描

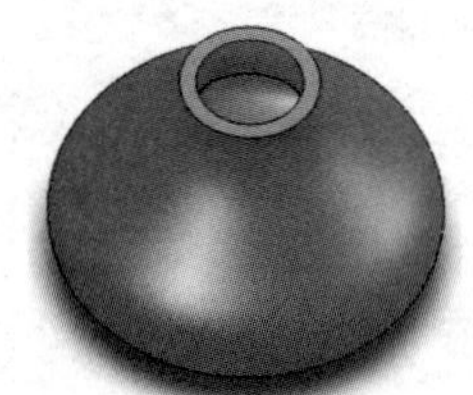

图4-50　最终实体

“选项”中“方向/扭转控制”包括以下几种，如图4-51所示。

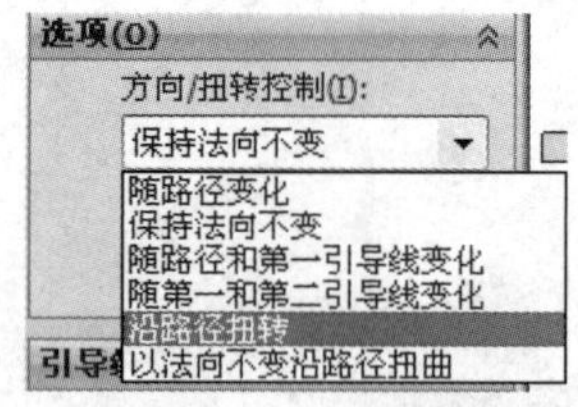

图4-51　选项

- “随路径变化”：截面相对于路径处于同一角度，如图4-52（a）和图4-53（a）所示。
- “保持法向不变”：扫描截面与开始截面保持平行，如图4-52（b）所示。
- “随路径和第一引导线变化”：扫描截面由路径和第一引导线的向量而定，如图4-53（b）所示。
- “随第一和第二引导线变化”：扫描截面由第一和第二引导线的向量而定，如图4-53（c）所示。
- “沿路径扭转”：扫描截面随路径变化，可定义角度、弧度和旋转等变化方式。

◆ “以法向不变沿路径扭曲”：扫描截面始终保持与开始截面平行，可定义角度、弧度和旋转等变化方式。

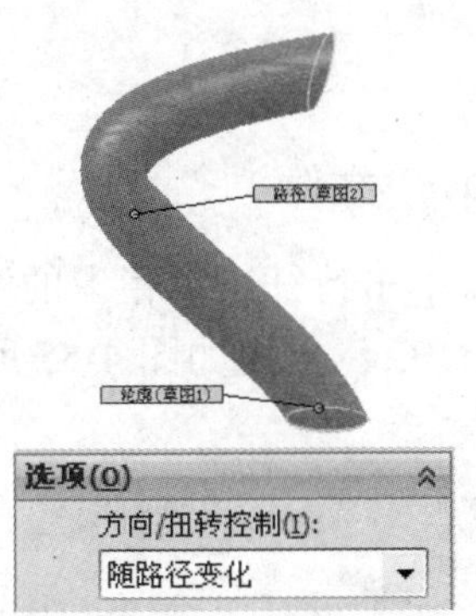

每一扫描截面均与路径法向向量同一角度

（a）

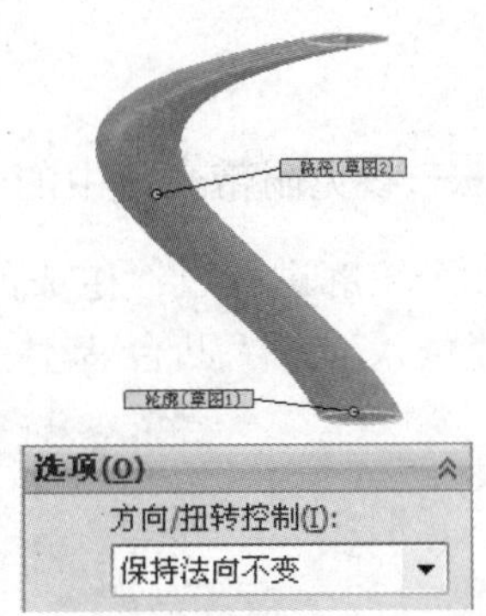

扫描截面与开始截面保持平行

（b）

图 4-52　方向扭转控制

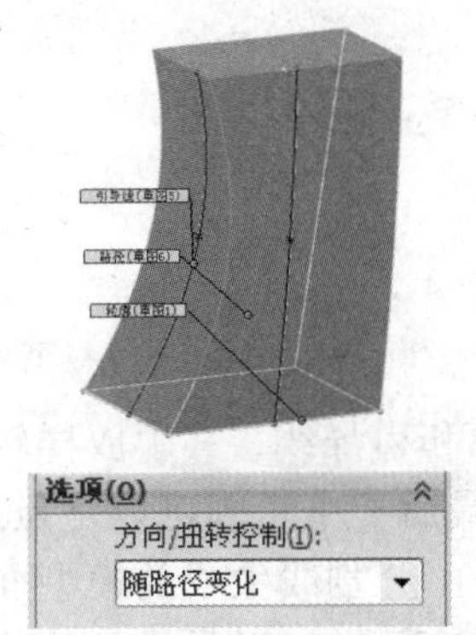

由路径控制中间截面的方向和扭转

（a）

选项(O)
方向/扭转控制(I):
随路径和第一引导线

由路径控制截面的方向，由第一引导线到路径的向量控制截面的扭转

（b）

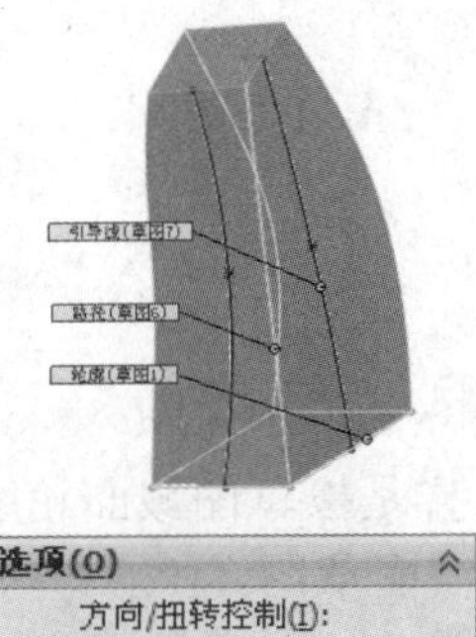

由路径控制截面的方向，由第一引导线到第二引导线的向量控制截面的扭转

（c）

图 4-53　方向扭转控制

“选项”中“路径对齐类型”主要有 4 种，如图 4-54 所示。

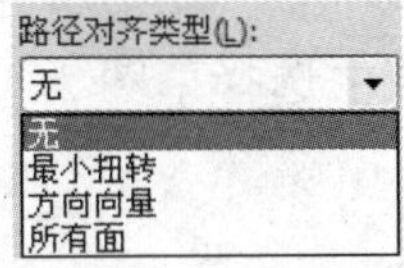

图 4-54　路径对齐类型

◆ “无”：不修正扭转。
◆ “最小扭转”：只针对 3D 路径，防止轮廓随路径变化时自我相交。
◆ “方向向量”：自行选择方向向量作为截面方向对齐轮廓。
◆ “所有面”：使用临近曲面的切线方向作为截面方向对齐轮廓。

4.4　放　　样

——参见附带光盘中的“AVI\Ch4\4-4.avi”文件。

放样是通过多个轮廓进行过渡生成的实体或曲面等。单击特征工具栏上的“放样凸台/基体”按钮，或者选择“插入”→“凸台/基体”→“放样”命令，出现如图 4-55 所示的对话框。

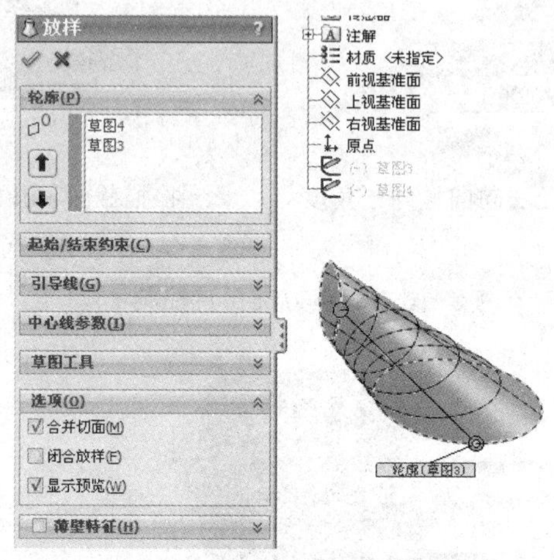

图 4-55　放样

放样是按草图截面轮廓之间过渡生成的。放样的基本要素是放样轮廓和引导线，其中放样轮廓，即截面草图，必须有两个或两个以上，在多个截面草图中仅第一个或最后一个轮廓可以是点，也可以这两个轮廓均为点，对于实体放样，第一个和最后一个轮廓必须是由分割线生成的模型面或平面轮廓，或是曲面，截面草图可以使用分割线在模型面上生成空间轮廓，也可以是模型边线构成的空间轮廓。

4.4.1　简单放样

简单放样是指仅通过轮廓直接过渡进行放样，而无引导线、中心线等参数，约束参数为“起始/结束约束”条件，如图 4-56 所示。

在“轮廓”选择中，依次在绘图区域中选择草图 3、草图 2、草图 1，单击“确定”按钮即可完成草图 3 到草图 2 再到草图 1 的放样。

“起始/结束约束”有以下几种。

- “方向向量”：对于所选实体的方向向量而应用相切约束，可以设定拔模角度和起始约束相切长度。
- “垂直于轮廓”：应用垂直于开始或结束轮廓的相切约束，可设定拔模角度和起始约束处相切长度。
- “与面相切”：在起始和结束处与已有模型的几何轮廓相切。

拖动节点以改变轮廓。将图 4-56 中的草图节点拖动到圆外侧，所得结果如图 4-57 所示。

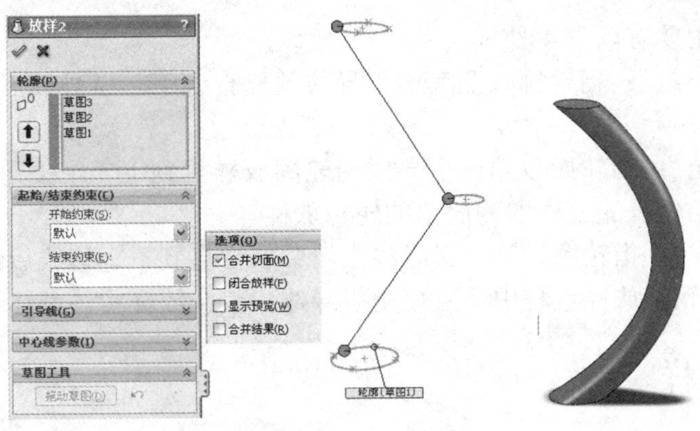

图 4-56 放样

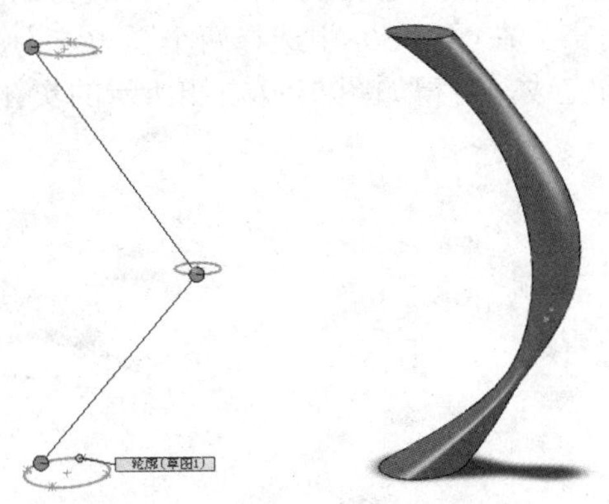

图 4-57 放样控制

4.4.2 引导线放样

引导线放样是通过使用两个或多个轮廓并通过一条或多条引导线连接轮廓，引导线可以控制放样所生成的中间轮廓。

引导线必须与所有轮廓相交，在引导线和轮廓上的顶点之间或在引导线和轮廓中用户定义的草图点之间必须是穿透几何关系。

选择图 4-58 中两矩形为放样轮廓，选择样条曲线为引导线，引导线感应类型为“到下一引导线”，单击“确定”按钮完成放样，所得放样实体如图 4-58 所示。

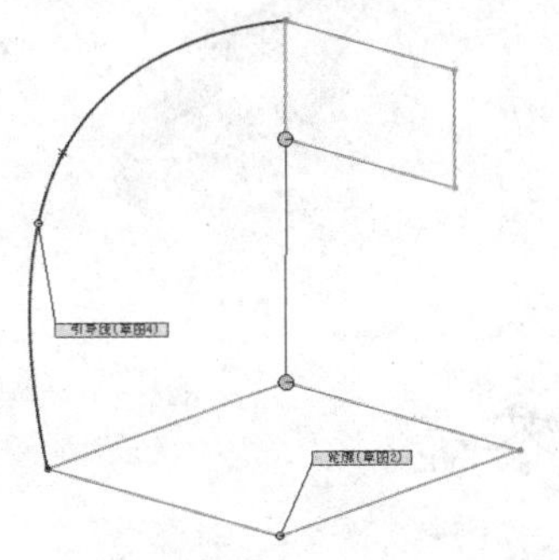

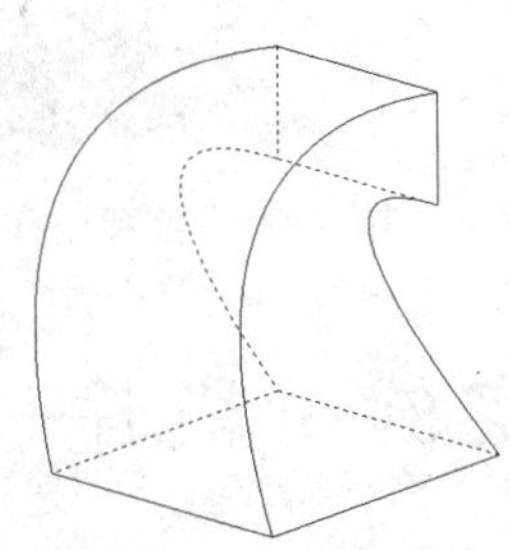

图 4-58 引导线放样

引导线感应类型主要有以下 4 种。

- “到下一引导线”：指轮廓按照第一引导线放样直到下一引导线后再按下一引导线进行放样。
- “到下一尖角”：指轮廓以第一引导线沿轮廓放样直到下一个尖角后停止使用引导线，则过了该尖角位置的放样即为简单的轮廓放样。
- “到下一边线”：指轮廓以第一引导线沿轮廓放样直到下一边线后停止使用引导线。
- “整体”：指轮廓放样过程中一直使用引导线，整个放样实体都体现了引导线的作用。

4.4.3 中心线放样

中心线放样是将一条曲线作为中心线进行放样，放样后所得的实体截面都与中心线垂直，中心线必须与轮廓相交于轮廓内部。在图 4-59 中选择两个圆与点为放样轮廓，中间样条曲线为放样中心线，单击“确定”按钮完成，可得如图 4-59 右侧所示的实体。

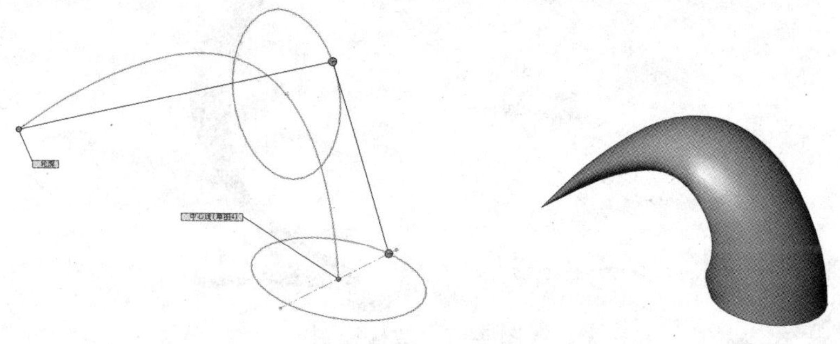

图 4-59　中心线放样

4.4.4 空间轮廓放样

使用空间轮廓放样指放样轮廓线中至少有一个是三维的空间轮廓线，空间轮廓线可以是模型边线。放样轮廓选择实体上表面及两个空间草图，单击“确定”按钮完成，即可得到图 4-60 中右侧所示的实体。

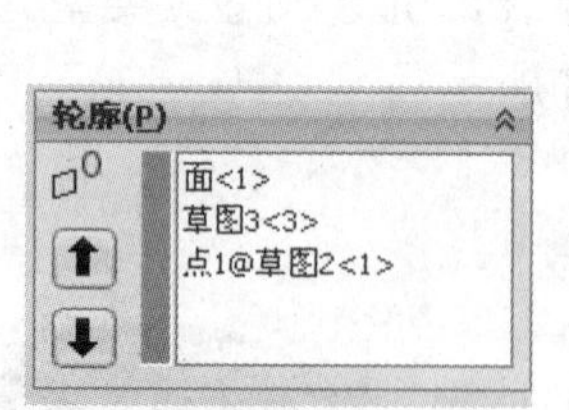

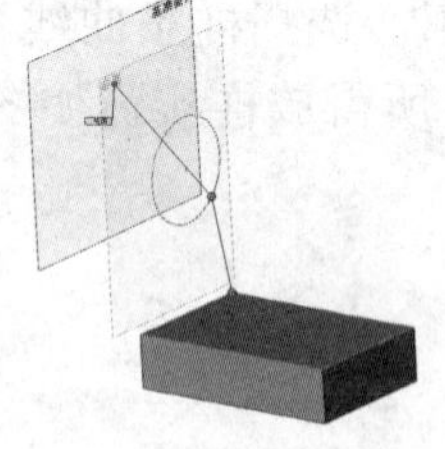

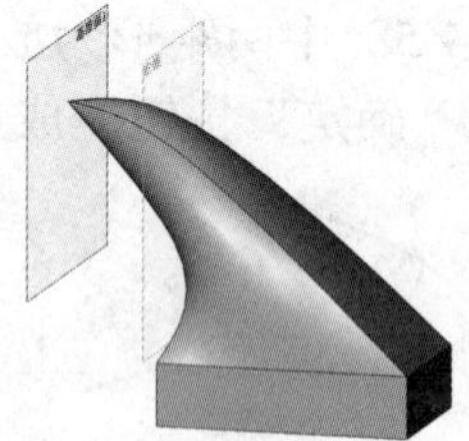

图 4-60　轮廓放样

4.5 实例·操作——茶壶

茶壶是生活中比较常见的物品，如图 4-61 所示，其基本尺寸如图 4-62 所示。

图 4-61 茶壶

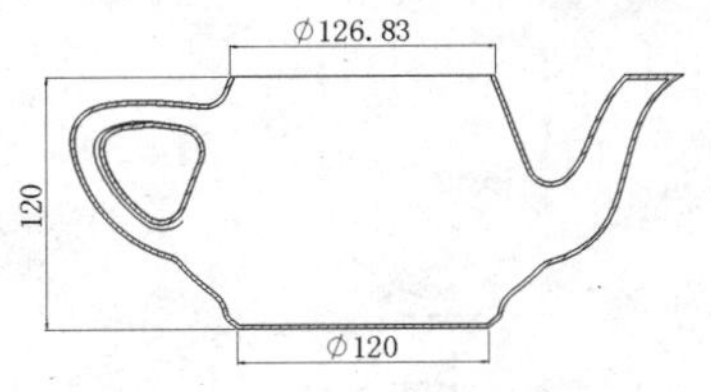

图 4-62 茶壶基本尺寸

【思路分析】

主要过程是首先通过扫描完成茶壶身，再通过放样实体完成把手、壶嘴的绘制，其绘图过程如图 4-63 所示。

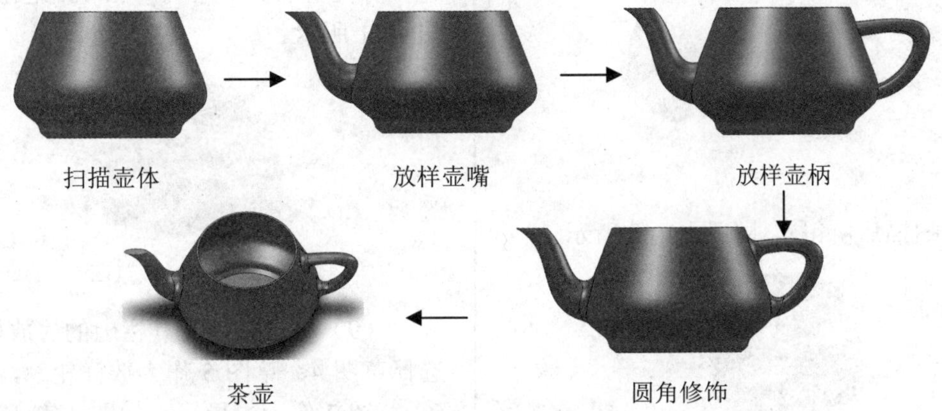

图 4-63 茶壶绘制流程

【光盘文件】

——参见附带光盘中的“SW\Ch4\4-5.sldprt”文件。

——参见附带光盘中的“AVI\Ch4\4-5.avi”文件。

【操作步骤】

（1）选择上视基准面，进入草图绘制环境，绘制草图 1，如图 4-64 所示，然后退出草图绘制环境。

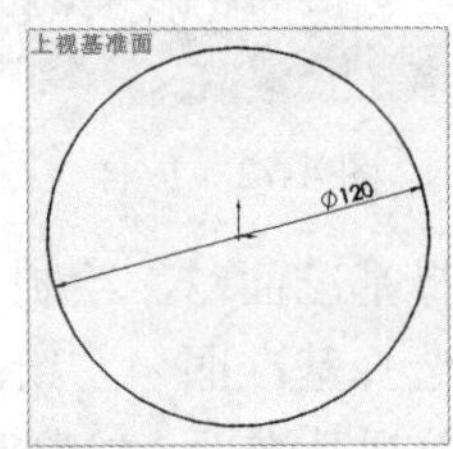

图 4-64 草图 1

（2）选择前视基准面，进入草图绘制环境，绘制草图 2，如图 4-65 所示，然后退出草图绘制环境。

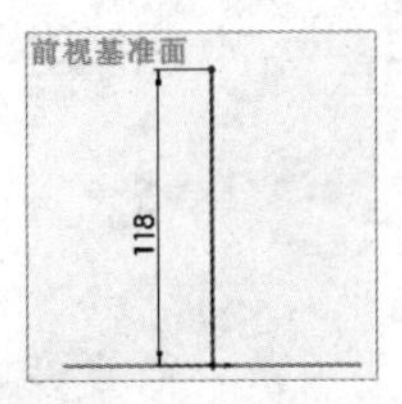

图 4-65 草图 2

（3）选择前视基准面，进入草图绘制环境，绘制草图 3，如图 4-66 所示，然后退出草图绘制环境。

（4）单击特征工具栏上的“扫描”按钮，选择草图 1 作为扫描轮廓，草图 2 作为扫描路径，草图 3 作为引导线，单击“确定”按钮完成扫描，如图 4-67 所示。

图 4-66 草图 3

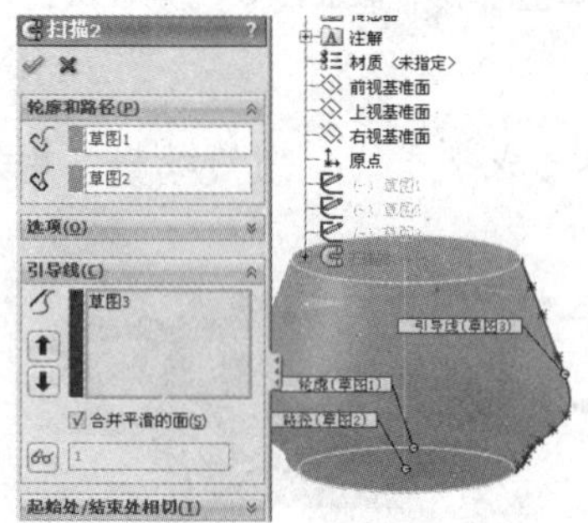

图 4-67 扫描

（5）扫描后所得实体如图 4-68 所示。

图 4-68 扫描实体

（6）单击特征工具栏上的“基准面”按钮，选择“第一参考”为“右视基准面”，添加偏移距离为 80.00mm 作为几何限制，如图 4-69 所示。单击“确定”按钮建立基准面 1。

图 4-69 基准面

（7）以前视基准面为参考向左偏移 85mm、60mm 建立基准面 2、基准面 3，再以上视基准面为参考，偏移 120mm 建立上视基准面，如图 4-70 所示。

图 4-70 基准面

（8）选择基准面 1，建立草图 4，退出草图绘制；选择基准面 4，绘制草图 5，退出草图；选择前视基准面，绘制草图 6，退出草图；选择前视基准面，绘制草图 7，退出草图，如图 4-71 所示。

图 4-71 草图

（9）单击特征工具栏上的“放样”按钮，选择草图 4、草图 5 作为放样轮廓，选择草图 6、草图 7 作为引导线，如图 4-72 所示。单击“确定”按钮完成放样。

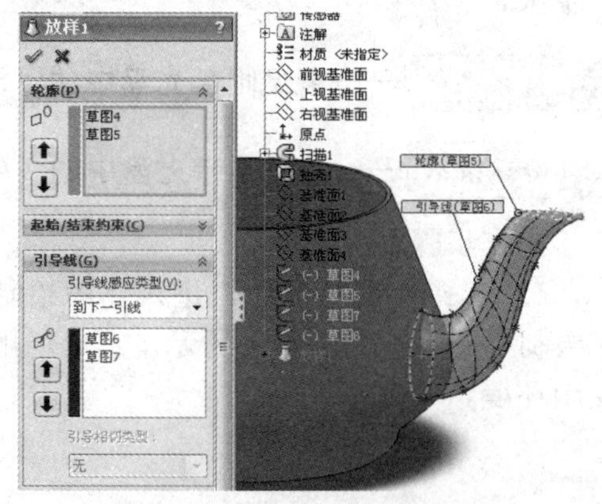

图 4-72 放样

（10）选择基准面 3，绘制草图 8，完成后退出草图；选择基准面 4，绘制草图 9，退出草图；选择前视基准面，绘制草图 10，退出草图；选择前视基准面，绘制草图 11，退出草图；建立以上视基准面的平行面，过草图 10 和草图 11 的两平行点的基准面 5，在该基准面上建立草图 12，退出草图，如图 4-73 所示。

图 4-73 草图

（11）单击特征工具栏上的“放样”按钮，选择草图 8、草图 9、草图 12 作为放样轮廓，选择草图 10、草图 11 作为引导线，如图 4-74 所示。单击“确定”按钮完成放样。

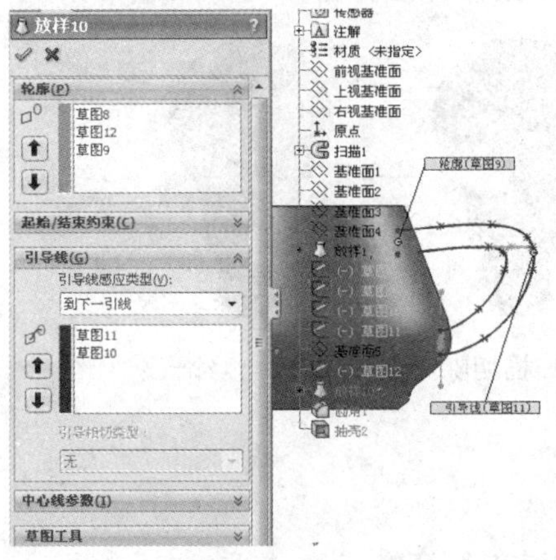

图 4-74 放样

（12）所得实体如图 4-75 所示。

图 4-75 实体

（13）单击特征工具栏上的“圆角”按钮，选择如图 4-76 所示的 3 条边线，设置圆角半径为 10mm，绘制圆角特性，单击“确定”按钮完成圆角特性。

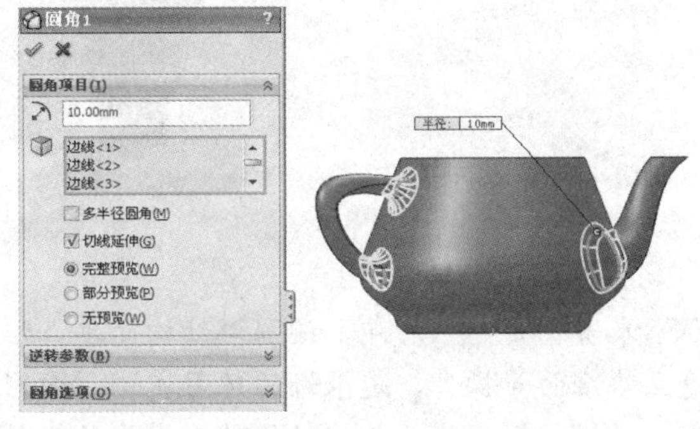

图 4-76 圆角

（14）单击特征工具栏上的“抽壳”按钮，如图 4-77 所示，选择最上面，单击“确定”按钮完成抽壳特性。

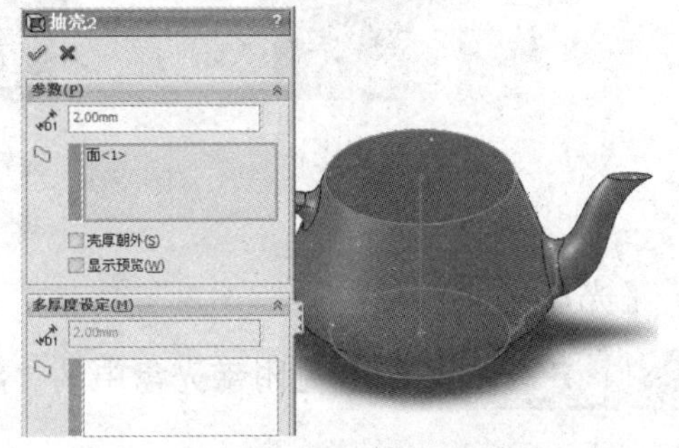

图 4-77 绘制圆

（15）所得最终茶壶实体如图 4-78 所示。

图 4-78 茶壶

4.6 实例 · 练习——灯炮

下面绘制灯炮作为本节典型的特征实例，其结构如图 4-79 所示。

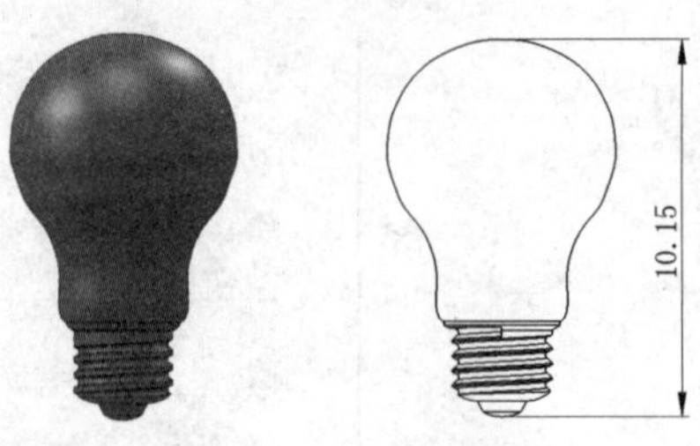

图 4-79　灯泡

【思路分析】

本实例是一个灯泡，该图形结构简单，但是建模过程中需要用到本节中所讲的放样、扫描及建立基准面等操作，是很好的练习实例。图形首先通过放样形成球形灯泡肚，再旋转生成灯泡头部，通过扫描切除及相应的修饰完成灯泡的绘制操作，其操作过程如图 4-80 所示。

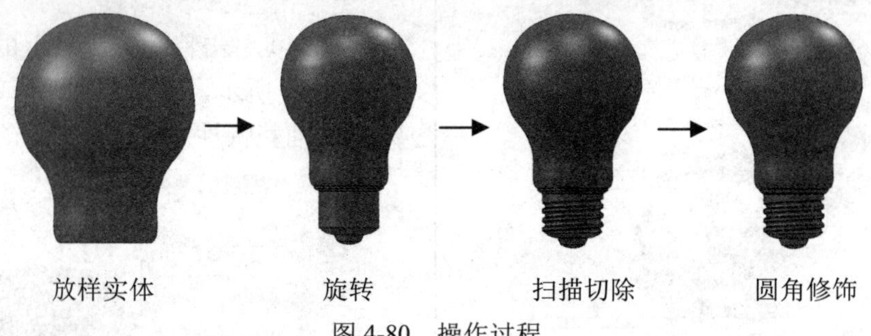

放样实体　　旋转　　扫描切除　　圆角修饰

图 4-80　操作过程

【光盘文件】

结果文件——参见附带光盘中的“SW\Ch4\4-6.sldprt”文件。

动画演示——参见附带光盘中的“AVI\Ch4\4-6.avi”文件。

【操作步骤】

（1）以上视图为基准，新建基准面 1～10。均以到基准面的距离为几何约束，且基准面 1～10 增加距离如图 4-81、图 4-82 和图 4-83 所示。

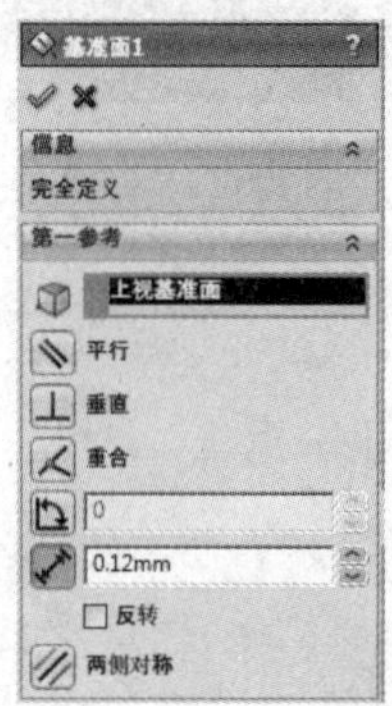

图 4-81　添加基准面

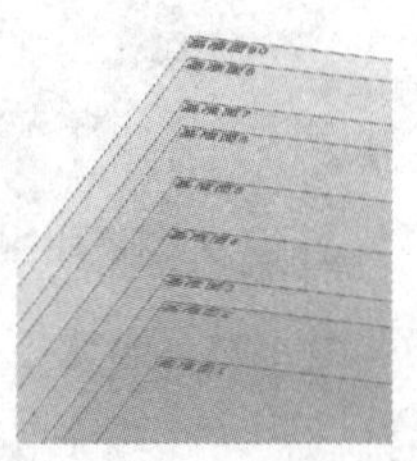

图 4-82　基准面

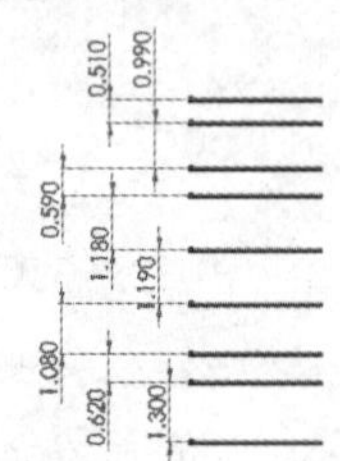

图 4-83　基准面距离

（2）在上视基准面的基准面 1～10 上依次绘制以坐标原点为圆心的圆，其尺寸大小如图 4-84 和图 4-85 所示。

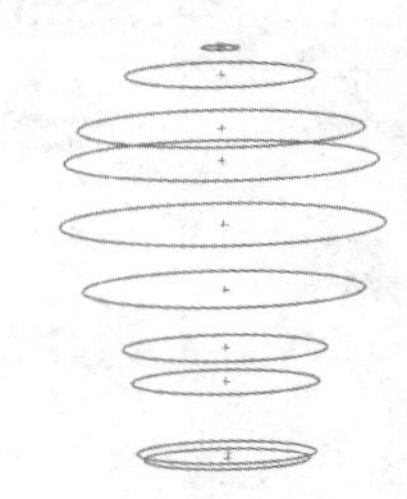

图 4-84　圆

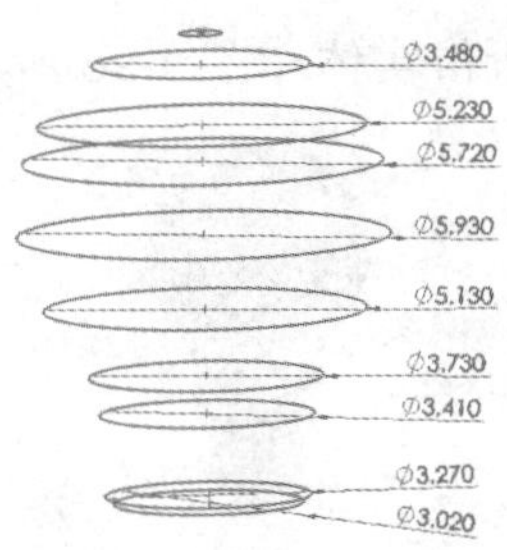

图 4-85　圆大小

（3）单击“放样”按钮，依次从下至上选择草图，如图 4-86 所示，然后单击“确定”按钮完成放样，从而生成灯泡肚子部分。

图 4-86　放样

（4）图 4-87 所示为放样过程中所得的实体预览图。

（5）选择前视基准面，进入草图绘制环境，绘制如图 4-88 所示的草图。

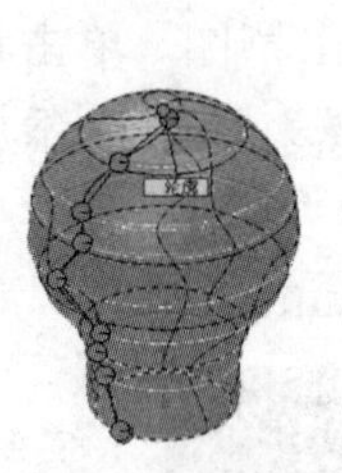

图 4-87　放样实体

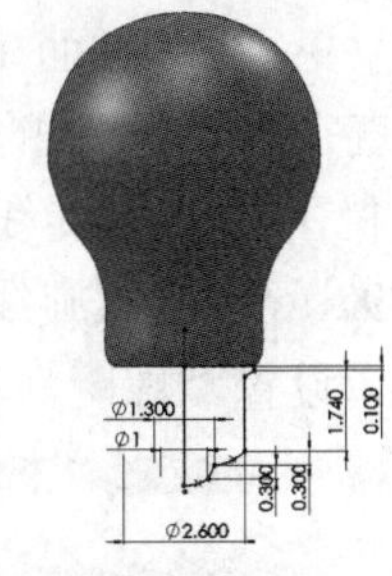

图 4-88　草图

（6）单击特征工具栏上的“旋转”按钮，出现如图 4-89 所示的对话框，选择过坐标原点的线为旋转轴，选择如图 4-88 所示的草图为草图轮廓，旋转 360 度，单击“确定”按钮。

（7）旋转后所得实体如图 4-90 所示。

图 4-89　旋转

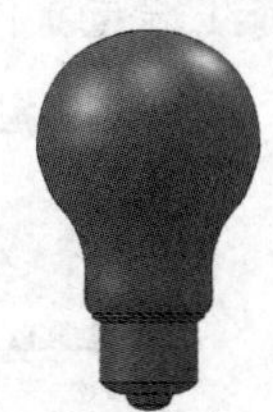

图 4-90　旋转后的实体

（8）以上视基准面为参考平面，添加基准面 11，设置偏移距离为 0.50mm，方向在上视基准面下方，单击“确定”按钮，如图 4-91 所示。

图 4-91　添加基准面

（9）在基准面 11 上绘制以坐标原点为圆心，直径为 2.6mm 的圆，退出草图。单击特征工具栏上的“螺旋线/涡状线”按钮，添加如图 4-92 所示的螺旋线，选中“恒定螺距”单选按钮，设置“螺距”为 0.40mm，“圈数”为 5。

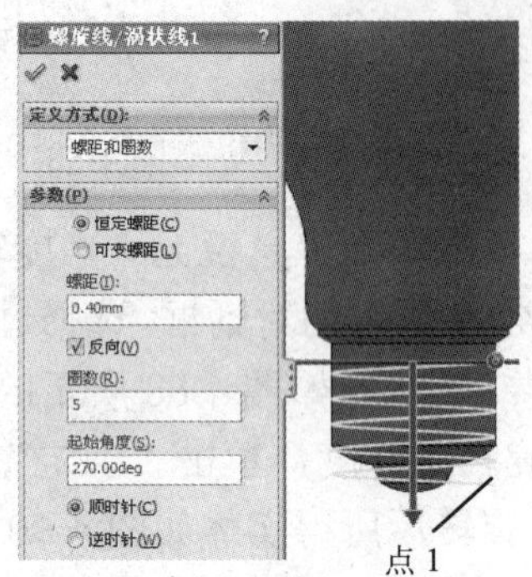

图 4-92　添加螺旋线

（10）建立与右视和上视基准面垂直并通过螺旋线端点 1 的基准面 12，如图 4-93 所示。

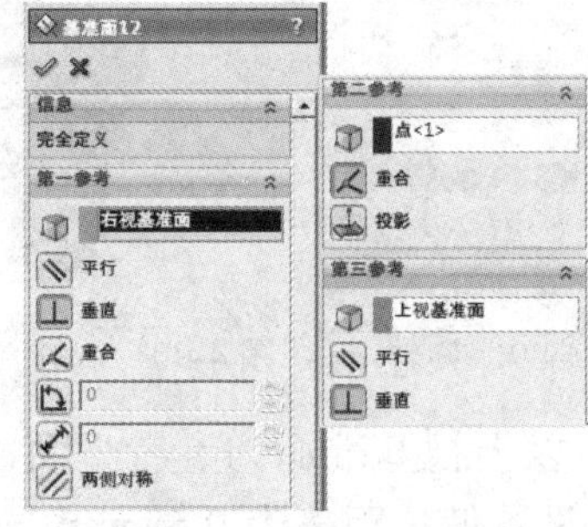

图 4-93　新建基准面

（11）选择基准面 12，进入草图绘制环境，建立如图 4-94 所示的草图。

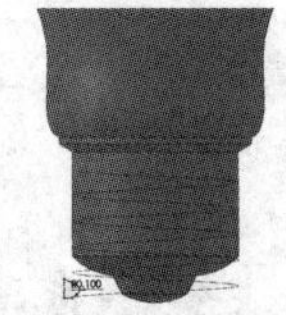

图 4-94　草图

（12）选择“插入”→“切除”→“扫描”命令，打开“切除-扫描”对话框，选择步骤（1）创建的草图为扫描轮廓，选择螺旋线为扫描路径，如图 4-95 所示。单击“确定”按钮完成扫描。

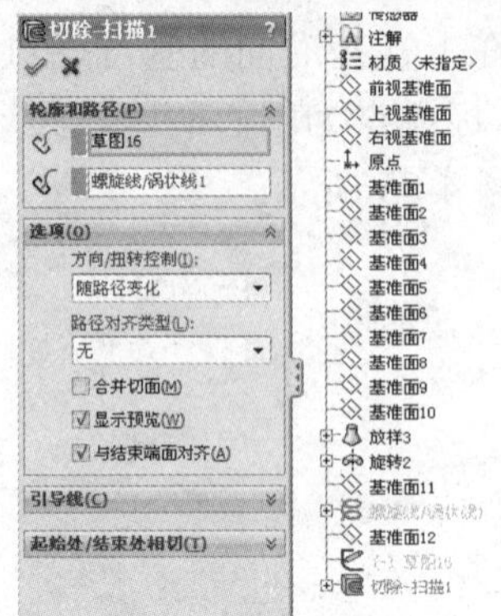

图 4-95　扫描切除

（13）所得实体如图 4-96 所示。

图 4-96　实体

（14）单击特征工具栏上的“圆角”按钮，添加圆角，设置圆角半径为 0.30mm，所选边线如图 4-97 所示。单击“确定”按钮完成圆角。

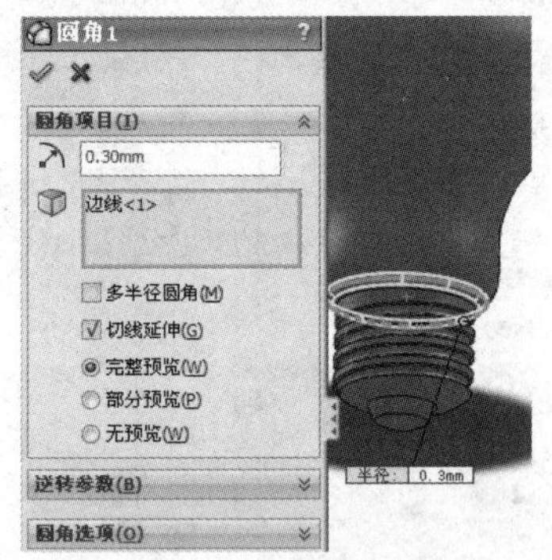

图 4-97　圆角

（15）所得灯泡实体如图 4-98 所示。

图 4-98　灯泡

第 5 讲　零件建模细节特征

细节特征是针对基础特征所生成的实体面、边线等局部元素进行编辑的操作，它可以进一步对特征进行加工与编辑。本讲主要介绍如筋、抽壳、拔模、包覆、圆顶、阵列等操作，为零件模型的多样化提供了建模工具。

本讲内容

- 实例·模仿——上箱体
- 筋
- 抽壳
- 拔模
- 包覆
- 圆顶
- 阵列
- 实例·操作——减速箱下箱体
- 实例·练习——轴承座

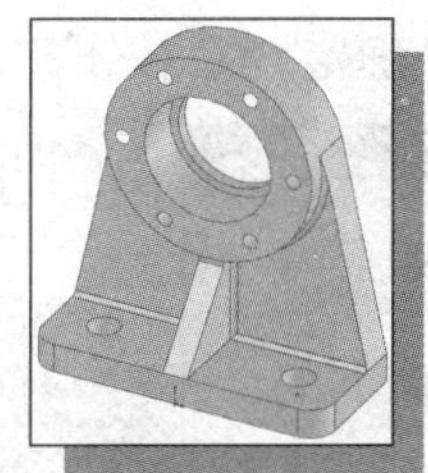

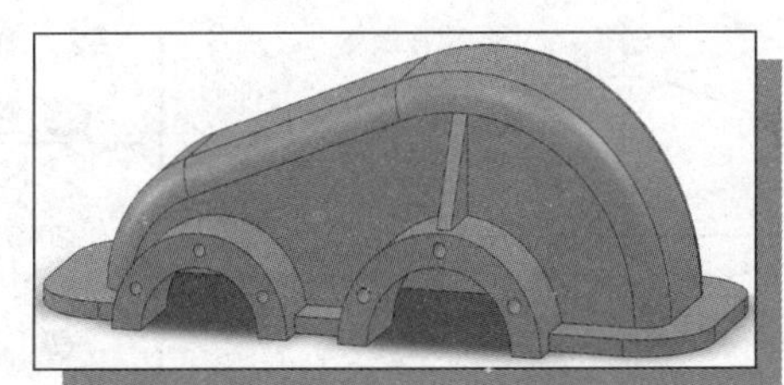

5.1　实例·模仿——上箱体

这里绘制的是减速箱上箱体，如图 5-1 所示，其结构尺寸如图 5-2 所示。

图 5-1　上箱体

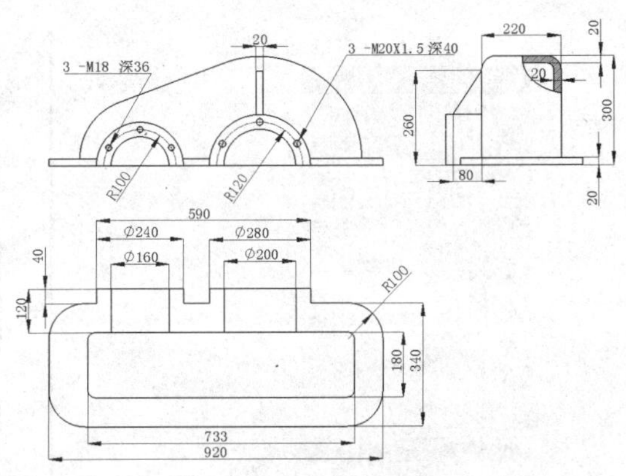

图 5-2　上箱体结构尺寸

【思路分析】

该上箱体主体结构为拉伸特征，通过多次拉伸后可生成大部分实体，再通过抽壳，将多余的实体去除从而生成内部的空壳，另外通过异型孔、筋等特征来完成细节实体部分，其过程如图 5-3 所示。

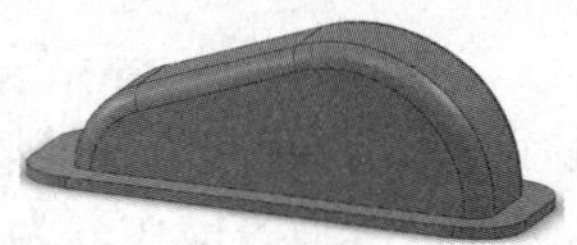
（a）拉伸凸台基体

（b）拉伸修饰

（c）生成筋、孔等

图 5-3　上箱体绘制流程

【光盘文件】

——参见附带光盘中的“SW\Ch5\5-1.sldprt”文件。

——参见附带光盘中的“AVI\Ch5\5-1.avi”文件。

【操作步骤】

（1）选中前视基准面，单击“草图绘制”按钮，绘制如图 5-4 所示的草图。

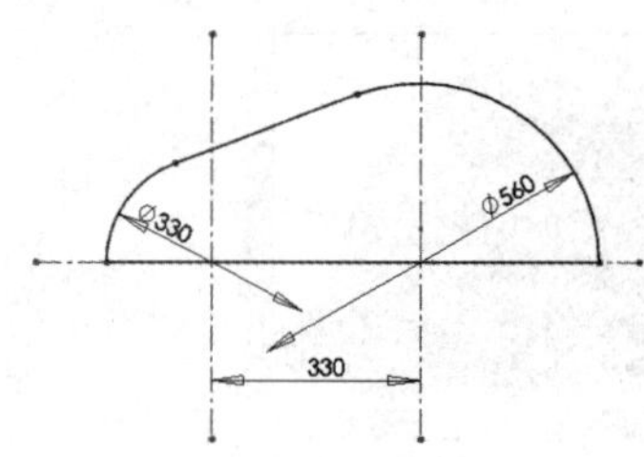

图 5-4　绘制草图

（2）单击特征工具栏上的“拉伸凸台/基体”按钮，出现如图 5-5 所示的对话框，设置拉伸深度为 220.00mm，单击“确定”按钮完成。

图 5-5　拉伸凸台/基体

（3）单击特征工具栏上的“圆角”按钮，设置圆角半径为 40.00mm，脊背处两条边线，单击“确定”按钮完成，如图 5-6 所示。

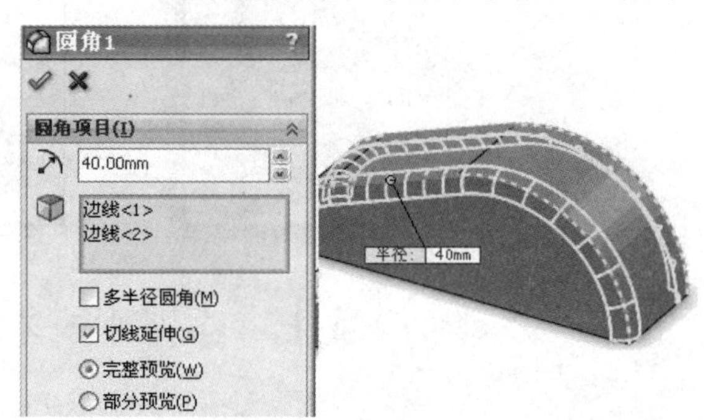

图 5-6　圆角

（4）选中所得实体最底面，单击“草图绘制”按钮，绘制如图 5-7 所示的草图。

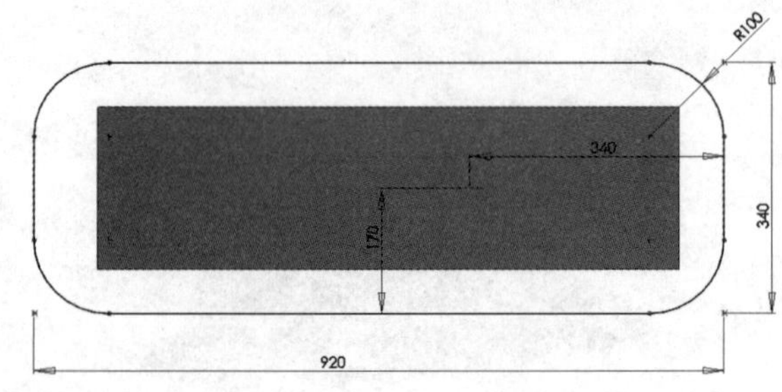

图 5-7　绘制内切圆

（5）单击特征工具栏上的“拉伸凸台/基体”按钮，出现如图 5-8 所示的对话框，设置拉伸深度为 20.00mm，单击“确定”按钮完成。

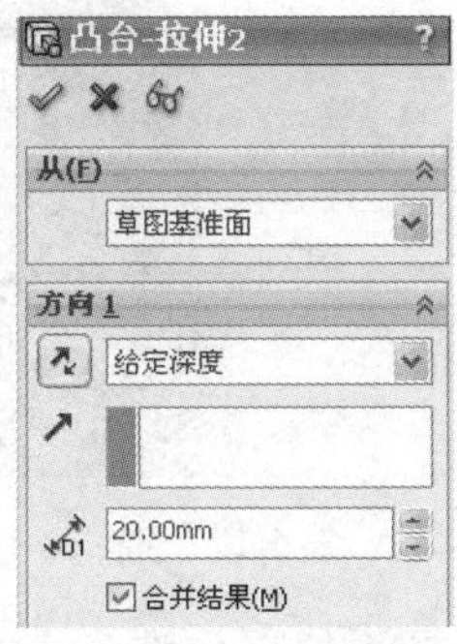

图 5-8　拉伸凸台/基体

（6）单击特征工具栏上的“抽壳”按钮，打开“抽壳 1”对话框，设置壁厚为 20.00mm，移除面为底面，如图 5-9 所示，单击“确定”按钮完成。

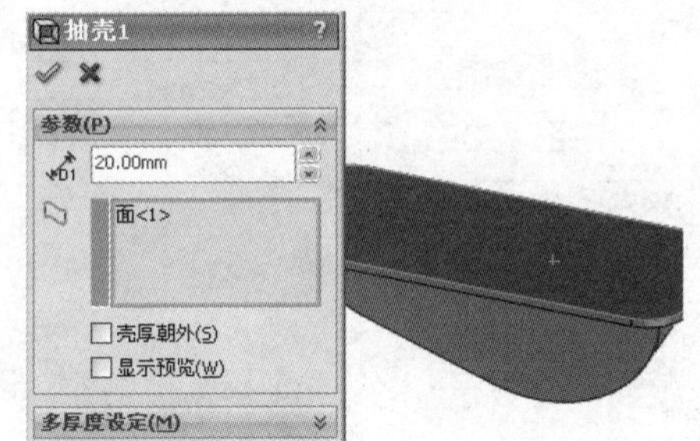

图 5-9　抽壳

（7）选中所得实体正视面，单击“草图绘制”按钮，绘制如图 5-10 所示的草图。

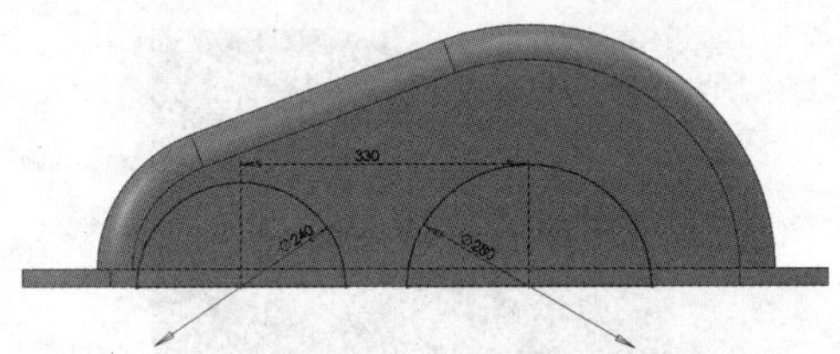

图 5-10　绘制草图

（8）单击特征工具栏上的“拉伸凸台/基体”按钮，出现如图 5-11 所示的对话框，设置拉伸深度为 100.00mm，单击“确定”按钮完成。

（9）选中所拉伸的凸台面，单击“草图绘制”按钮，绘制如图 5-12 所示的草图。

图 5-11　拉伸凸台基体

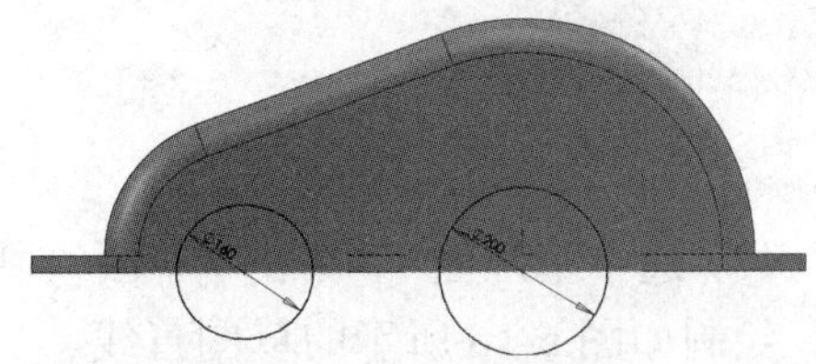

图 5-12　绘制草图

（10）单击特征工具栏上的“拉伸切除”按钮，出现如图 5-13 所示的对话框，设置拉伸方式为“成形到下一面”，单击“确定”按钮完成。

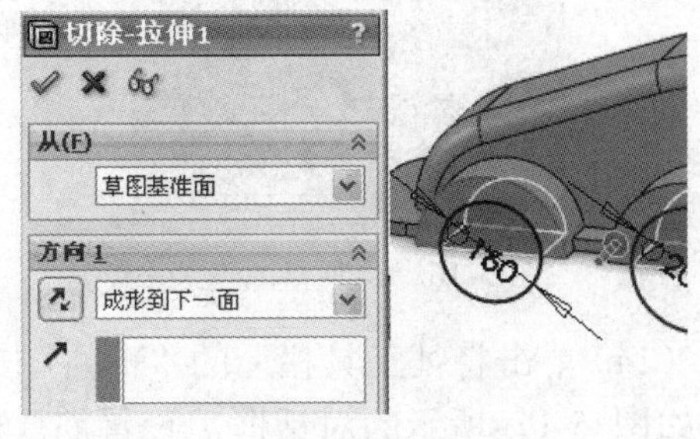

图 5-13　拉伸切除

（11）切除后所得实体如图 5-14 所示。

图 5-14　切除后的实体

（12）单击“基准面”按钮，出现如图 5-15 所示的对话框，添加基准面 1，选择右侧面为参考面，设置距离为 340.00mm，单击“确定”按钮完成。

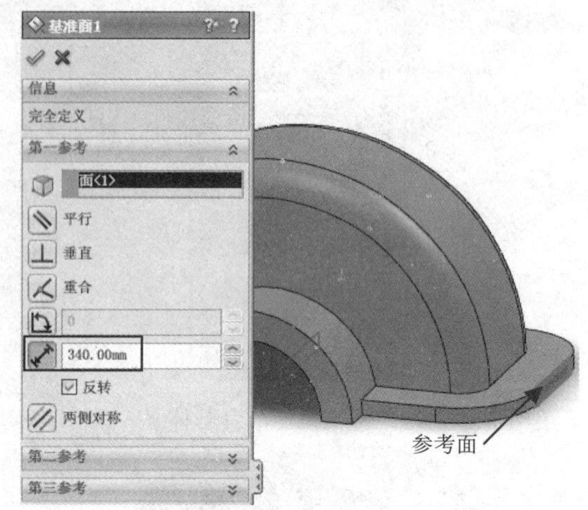

图 5-15　基准面 1

（13）选中基准面 1，单击“草图绘制”按钮，绘制如图 5-16 所示的草图直线。

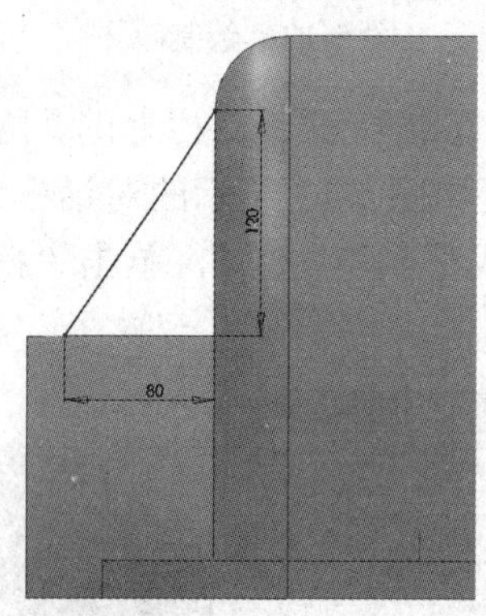

图 5-16　绘制草图直线

（14）单击特征工具栏上的“筋”按钮，出现如图 5-17 所示的对话框，设置筋厚度为 20.00mm，增厚方式为两侧对称，拉伸方向为与草图平行，单击“确定”按钮完成。

（15）单击特征工具栏上的“异型孔向导”按钮，出现如图 5-18 所示的对话框，孔类型选择直螺纹孔，设置标准为 GB，类型为底部螺纹孔，孔大小为 M18，终止条件保持默认。

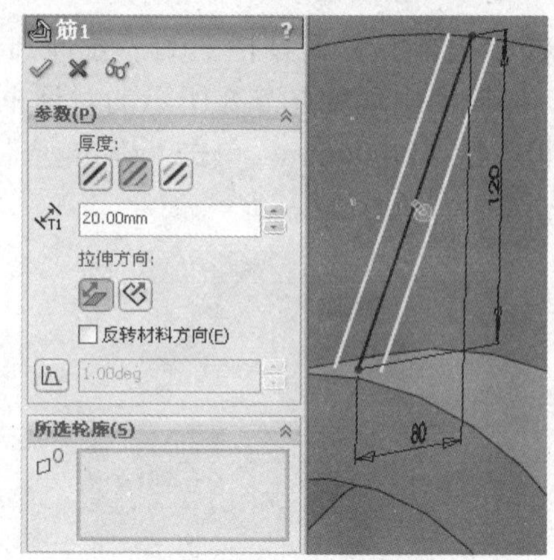

图 5-17　筋

（16）选择“位置”选项卡，孔的位置如图 5-19 所示，共有 3 个孔，单击“确定”按钮完成。

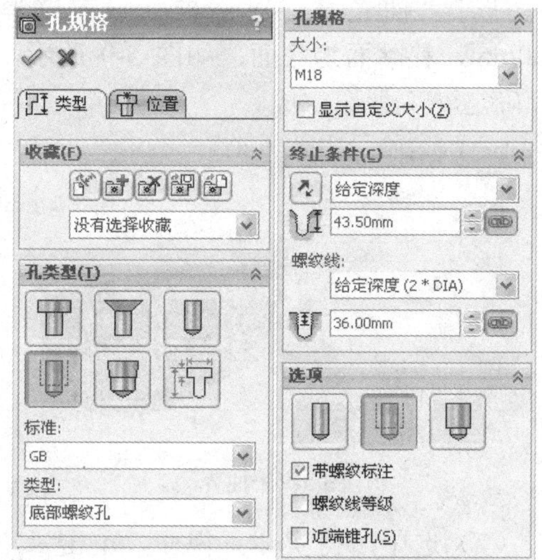

图 5-18　孔类型

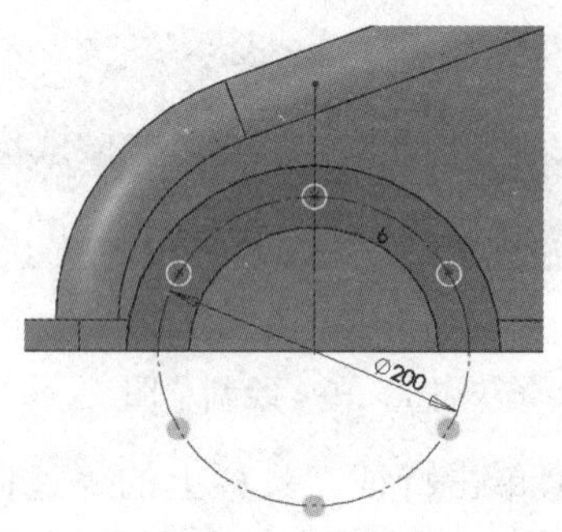

图 5-19　孔位置

（17）单击特征工具栏上的“异型孔向导”按钮，选择“位置”选项卡，孔的位置如图 5-20 所示，单击“确定”按钮完成。

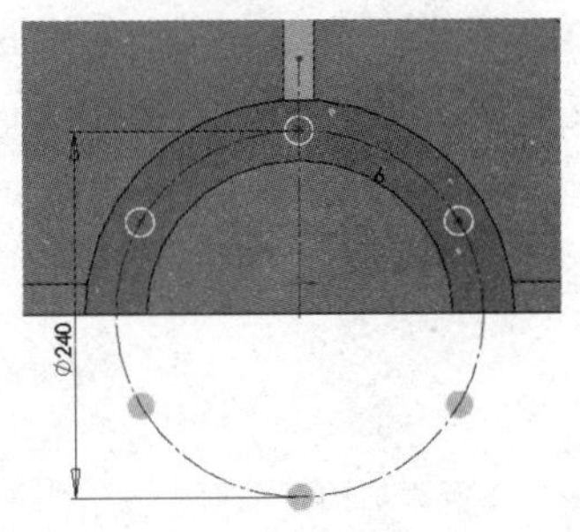

图 5-20　孔位置

（18）选择“类型”选项卡，孔类型选择直螺纹孔，设置标准为 GB，类型为底部螺纹孔，孔规格为 M20×1.5，终止条件保持默认，如图 5-21 所示。

（19）最后所得实体如图 5-22 所示。

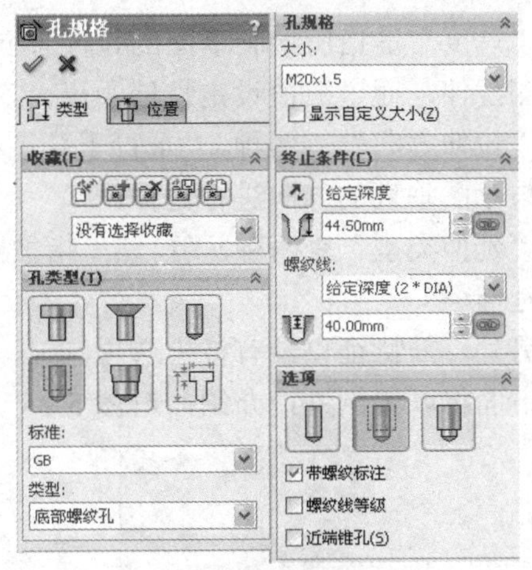

图 5-21　孔类型

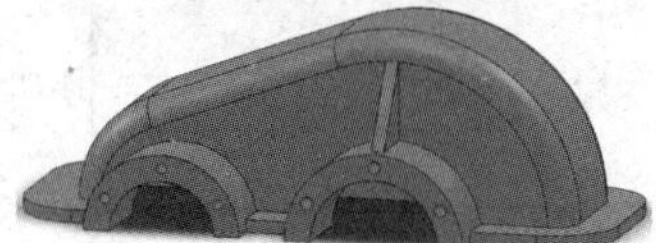

图 5-22　减速器上箱体

5.2　筋

动画演示——参见附带光盘中的“AVI\Ch5\5-2.avi”文件。

筋是从开环的草图轮廓生成拉伸特征，在轮廓与现有零件之间添加指定方向和厚度的材料，可以从开环草图或多条不连续的线段开始，将草图延伸生成筋。

单击特征工具栏上的“筋”按钮或选择“插入”→“特征”→“筋”命令，出现如图 5-23 所示的对话框。

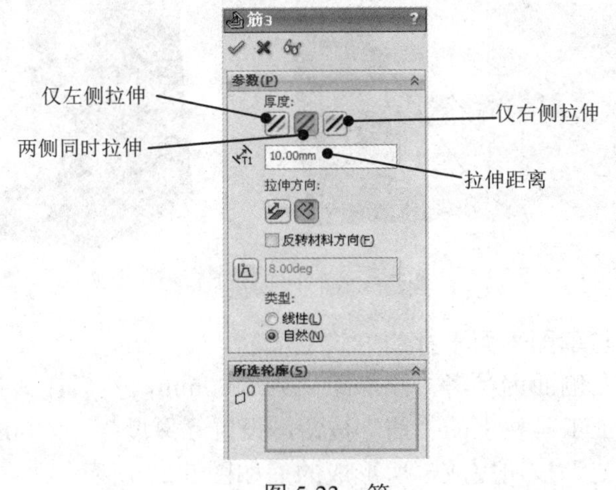

图 5-23　筋

“厚度”是指所绘制草图的拉伸方向，有3种。▨为仅左侧拉伸，▨为两侧同时拉伸，▨为仅右侧拉伸，通过数值设定拉伸距离。

“拉伸方向”有两种，“平行于草图▨”指在与草图平行的方向进行延伸，“垂直于草图▨”指在与草图垂直的方向进行延伸。

“延伸类型”有两种，“自然”指按照筋的草图中的曲线延伸，“线性”指从筋的草图以线性方式延伸。

另外，筋特征也具有拔模选项。

下面将以实例进行介绍，对图5-24所示的实体添加筋。

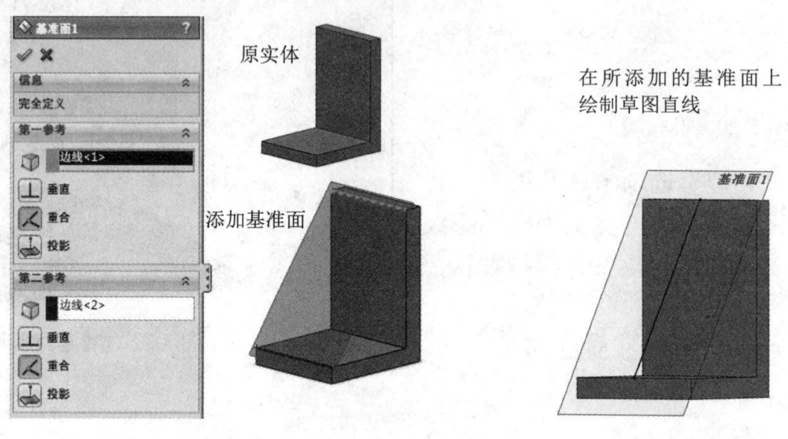

图5-24　筋

首先建立新的基准面，与图5-24中实体的两条边线重合，选择该基准面，绘制草图直线。单击特征工具栏上的“筋”按钮，设置“厚度”为10.00mm，“拉伸方向”为垂直于草图向下，“类型”为“线性”，单击“确定”按钮完成，所生成的筋如图5-25所示。

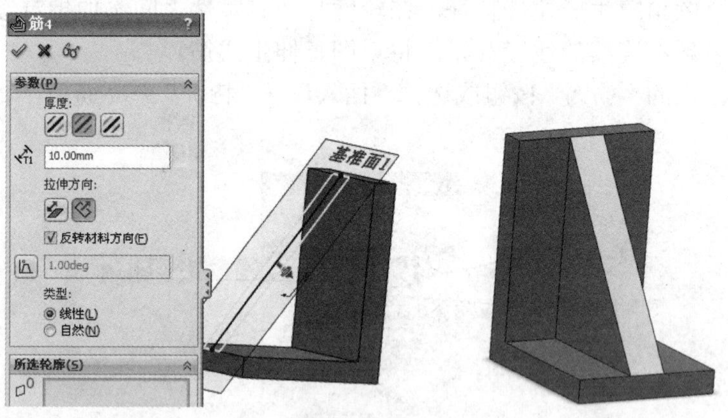

图5-25　生成筋

下面将介绍另一种以与草图平面平行的方式生成筋。

新建基准面，选择最左侧面为参考，添加距离为5.00mm，然后在该基准面上绘制如图5-26所示的草图直线。单击特征工具栏上的“筋”按钮，设置“厚度”为3.00mm，“拉伸方向”为与草图平面平行，单击“确定”按钮完成，所形成的筋如图5-27所示。

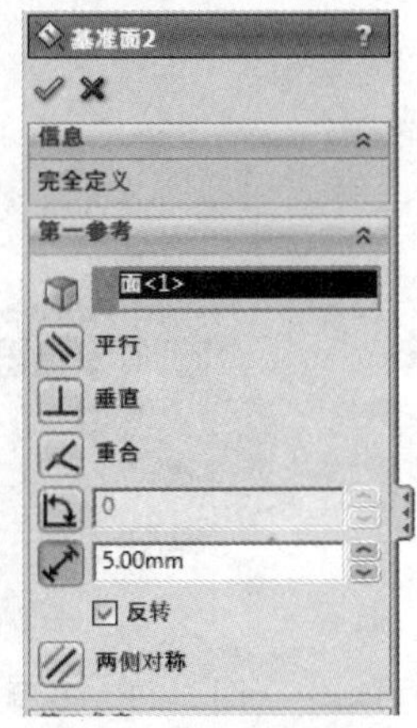

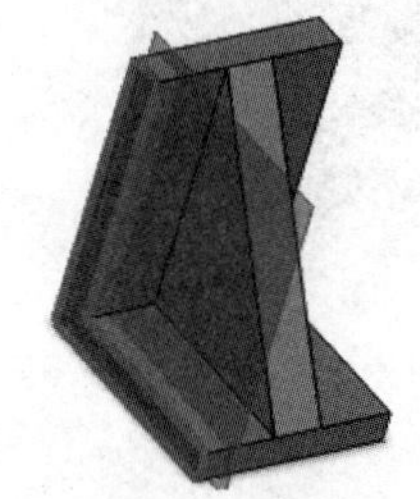
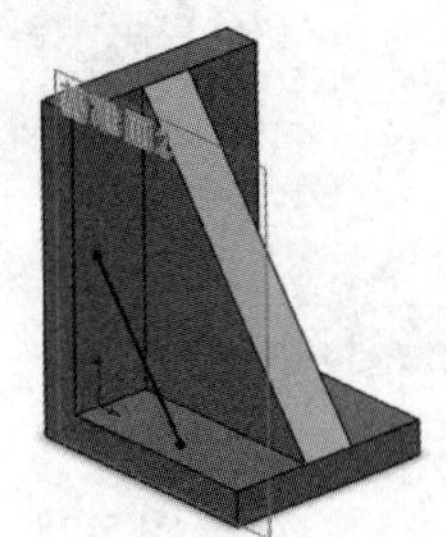

图 5-26　新建基准面

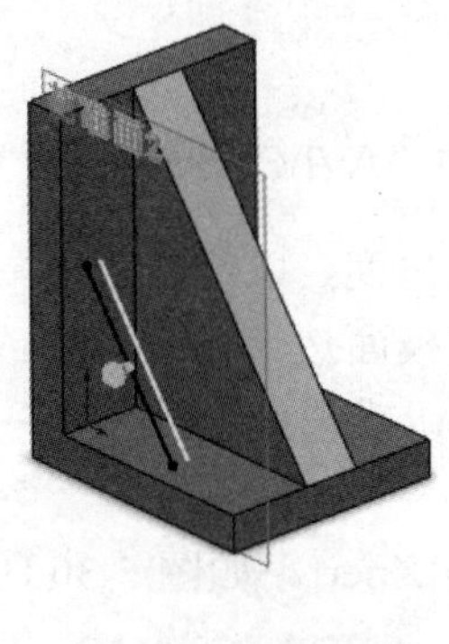

图 5-27　添加筋

5.3　抽　　壳

动画演示——参见附带光盘中的“AVI\Ch5\5-3.avi”文件。

按一定的壁厚要求，从一个或多个面开始将零件的内部掏空，使所选面敞开并保持其他面厚度的特征称为抽壳特征，抽壳特征可以使零件保持同样的厚度，也可以使不同的面产生不同的厚度。

单击特征工具栏上的“抽壳”按钮或选择“插入”→“特征”→“抽壳”命令进入抽壳特征。

在图 5-28 所示的参数设置中，抽壳厚度为 5.00mm，选择要移除的面，这里选择面<1>，则该面将被删除。在多厚度设定中，选择面<2>后输入厚度值为 15.00mm，再选择面<3>，输入厚度值为 10.00mm，则这两个面会生成不同的面厚度。

单击“确定”按钮完成抽壳，所得特征如图 5-29 所示。

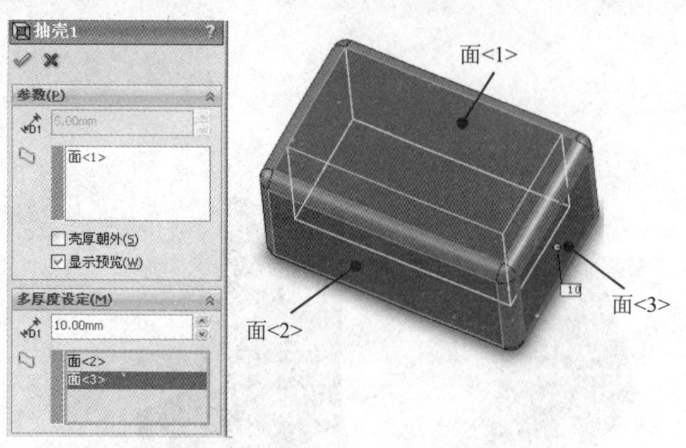

图 5-28　抽壳

图 5-29　多厚度抽壳

5.4　拔　　模

动画演示——参见附带光盘中的“AVI\Ch5\5-4.avi”文件。

铸模的过程要求模型表面具有拔模角度，以便于从模具中取出铸件。SolidWorks 中可以给定一个拔模矢量，指定拔模角度，使得拔模面按该角度向内或向外变化。

单击特征工具栏上的“拔模”按钮或选择“插入”→“特征”→“拔模”命令进入拔模特征。

拔模方式有两种，手工拔模及 DraftXpert，如图 5-30 所示。下面首先介绍手工拔模方式。

中性面拔模
以中性面为拔模参考

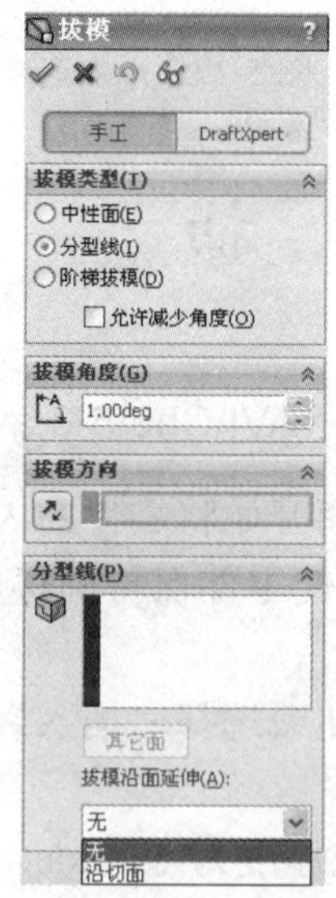

分型线拔模
以分型面为拔模参考

阶梯拔模
以中性面为拔模参考，使用分型线控制拔模操作范围

图 5-30　手工拔模

5.4.1 中性面拔模

通过中性面可以确定拔模的方向，在拔模时也作为参考基准，拔模方向指向中性面的法向外侧，将使拔模面围绕中性面外张，反之，将拔模面围绕中性面内收。用户不能输入负的拔模角度，而是通过在图形区中单击拔模箭头或单击属性管理器中的“反向”按钮来改变拔模方向。

“拔模沿面延伸”方式主要有 4 种，即“仅选择面拔模”、“中性面相邻所有面及所拔模”、“中性面内部及所选面拔模”及“中性面外部及所选面拔模”，其具体拔模区别如表 5-1 所示。

图 5-1　拔模沿面延伸

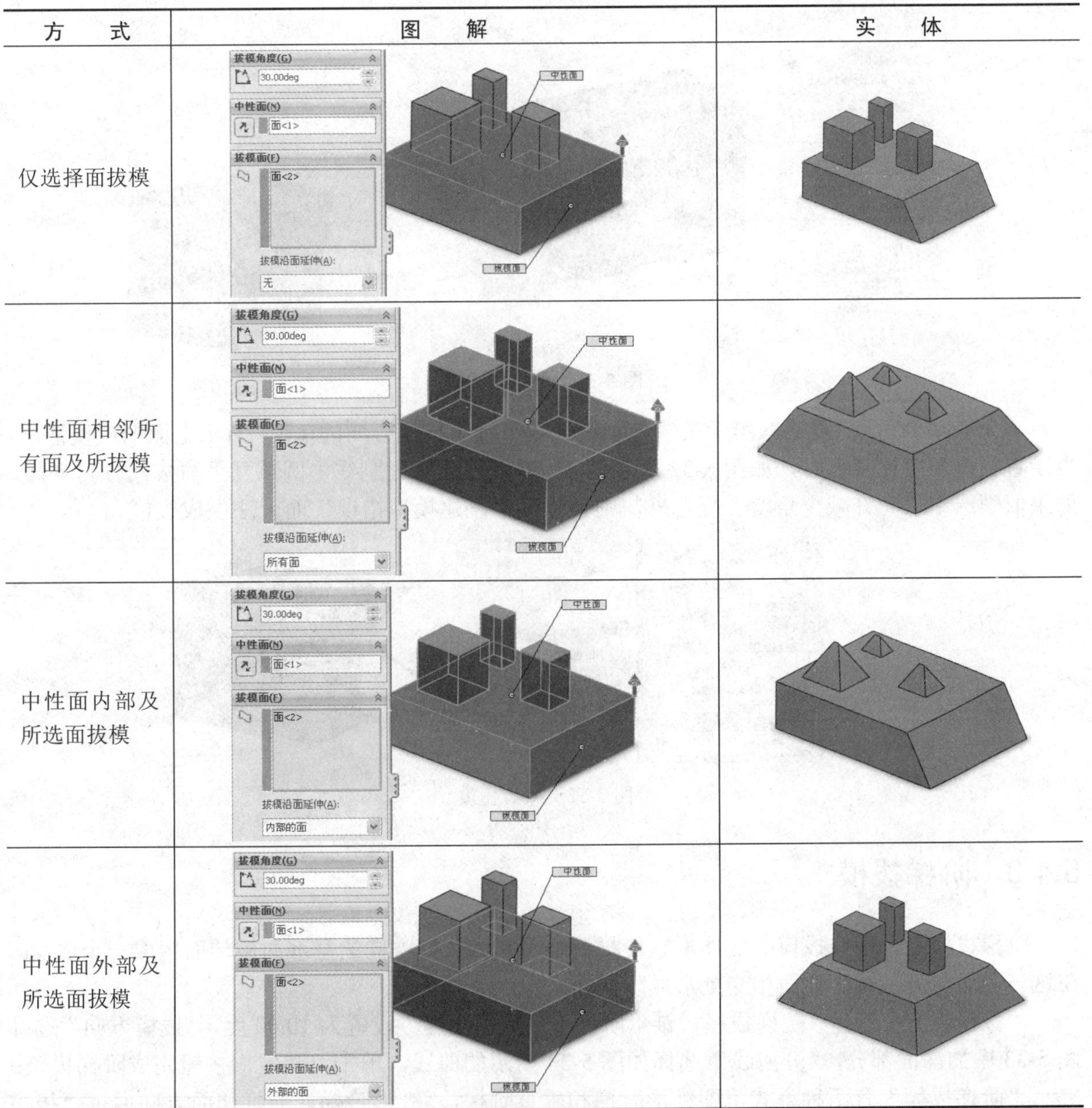

方　式	图　解	实　体
仅选择面拔模		
中性面相邻所有面及所拔模		
中性面内部及所选面拔模		
中性面外部及所选面拔模		

5.4.2 分型线拔模

利用分型线拔模可以使分型线周围的曲面进行拔模，其中分型线可以是二维也可以是三维。进行分型线拔模前需创建分型线。

选中“分型线”单选按钮后，设置“拔模角度”为10.00度，“拔模方向”选择上表面，单击“反向↗”按钮来反转拔模方向，激活“分型线”单击实体上分割线，单击“确定”按钮完成，如图5-31所示。

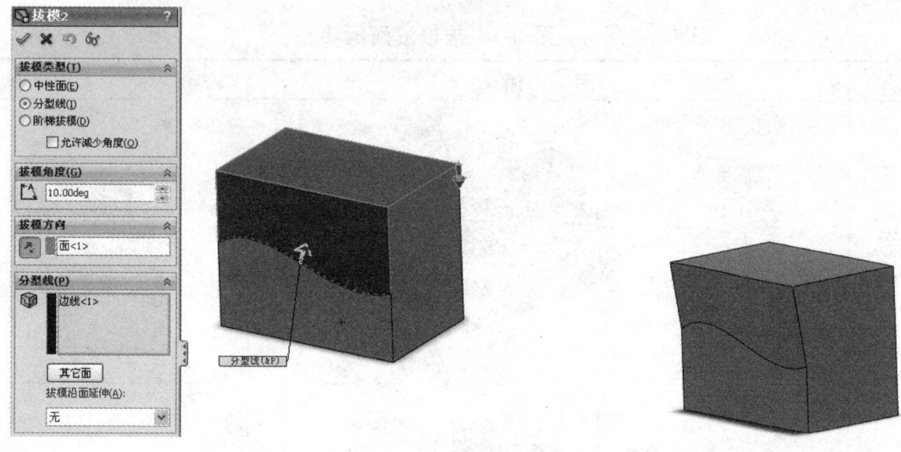

图5-31　分型线拔模

“允许减少角度”复选框用于某些分割线大致平行于拔模方向的情况。对于上面的拔模情况，当设置拔模角度比较大时，如图5-32所示为45.00度，此时分割线中圆弧几乎与拔模方向平行，如果取消选中“允许减少角度”复选框，则会提示“重建模型错误”而无法生成拔模。

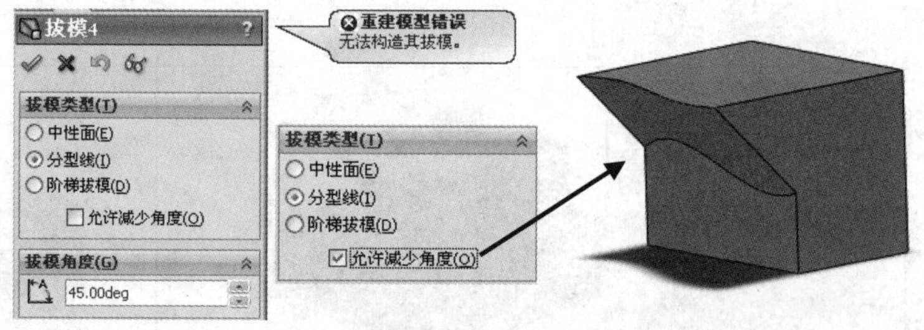

图5-32　减少角度

5.4.3 阶梯拔模

阶梯拔模是分型线拔模的变体，它使材料绕着作为拔模方向的基准面旋转而生成一个曲面，在这一曲面与分型线延伸面相交处形成阶梯面。

“拔模类型”选择“阶梯拔模—锥形阶梯”，“拔模角度”设置为10.00度，“拔模方向”选择图5-33中加深面部分，“分型线”选择如图5-33所示的曲线，单击“确定”按钮完成阶梯拔模。

“阶梯拔模”有两种方式，即锥形阶梯和垂直阶梯，“锥形阶梯”的阶梯面方向通过“拔模角度”来设定，而“垂直阶梯”则默认垂直于拔模面，如图 5-33 所示。

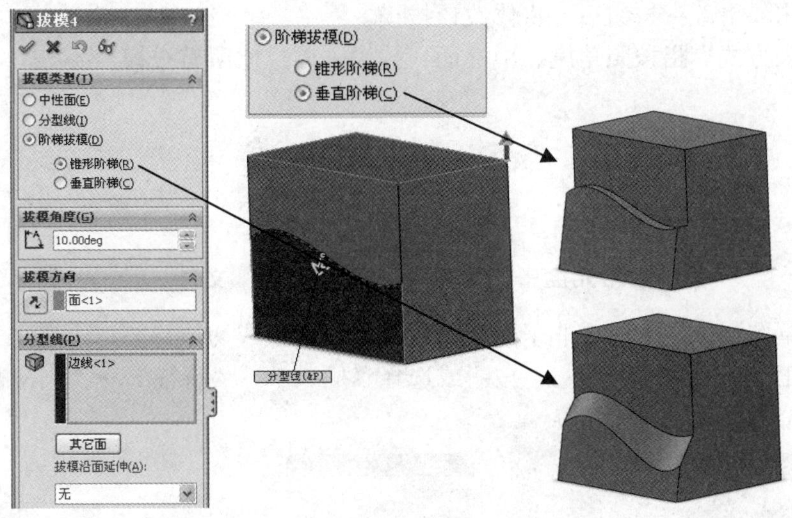

图 5-33 阶梯拔模

从图 5-33 中可以看出，阶梯拔模相当于首先采用中性面拔模，再采用分型线限制拔模面的作用范围。

5.4.4 DraftXpert 拔模

DraftXpert 拔模如图 5-34 所示。

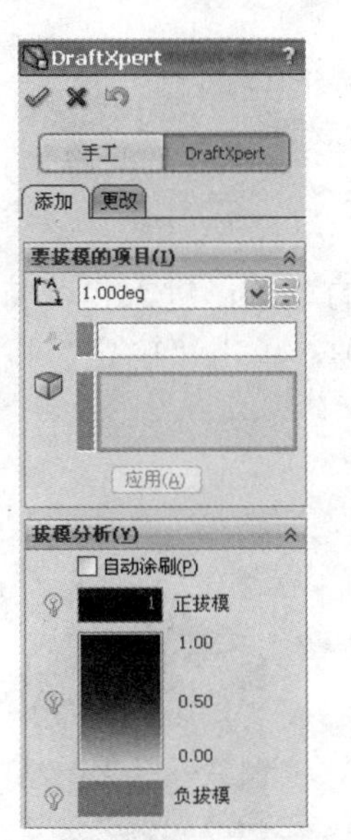

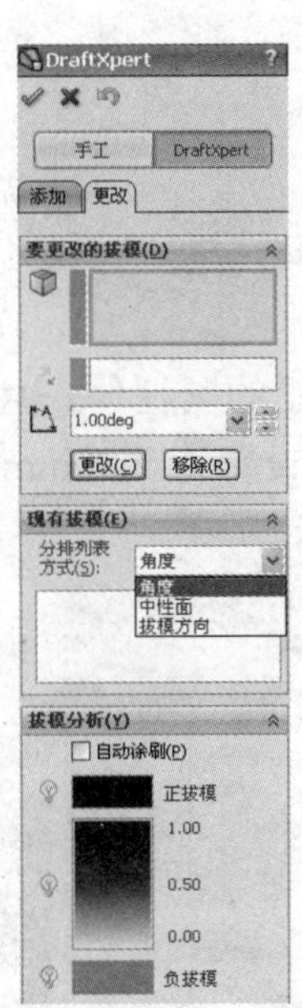

图 5-34 DraftXpert 拔模

在“添加”选项卡中，设置拔模角度，选择拔模中性面从而确定拔模方向，选择拔模面后，单击“应用”按钮，则会生成拔模。

在“更改”选项卡中，在“要更改的拔模”栏中单击已生成的拔模，重新选择中性面与设置拔模角度，单击“更改”按钮后，将修改该拔模。

“分排列表方式”指按照角度、中性面、拔模方向过滤所有拔模。

5.5 包　　覆

——参见附带光盘中的“AVI\Ch5\5-5.avi”文件。

包覆是将草图包覆到平面或非平面上，生成填料特征或切除特征。

单击特征工具栏上的“包覆”按钮或选择“插入”→“特征”→“包覆”命令进入包覆特征，如图5-35所示。

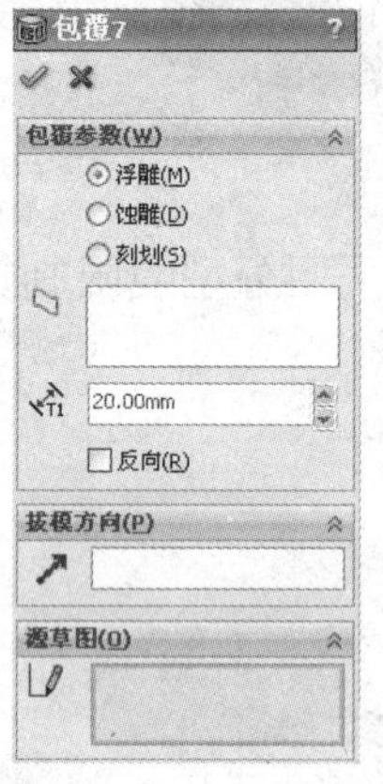

浮雕
草图轮廓缠绕包覆面，形成凸起

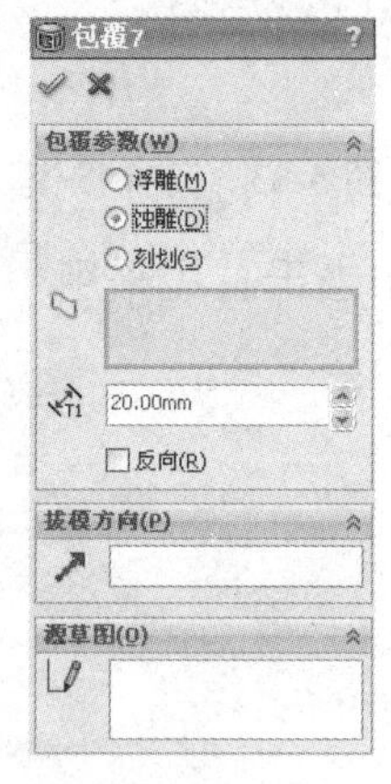

蚀雕
草图轮廓缠绕包覆面，形成凹陷

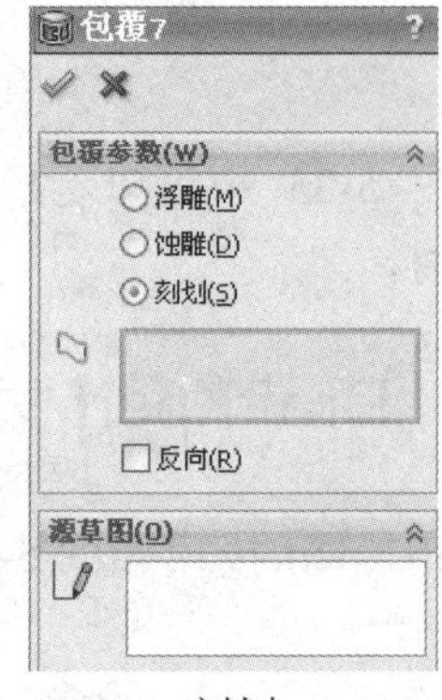

刻划
草图轮廓缠绕包覆面，形成缠绕的草图，并将包覆面加以分割

图5-35　包覆

对于如图5-36所示的圆柱体，且有上视基准面上的草图，进入包覆特征后，设置包覆面为图中所选面，包覆深度设置为2.00mm，包覆形式有3种，单击“确定”按钮后可得到3种不同的结果，如图5-37所示。

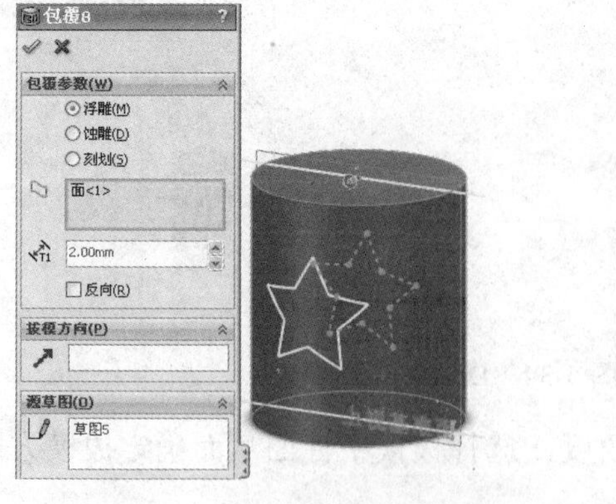

图5-36　包覆圆柱

图 5-37 包覆

- "包覆草图的面": 常为旋转面，是用来生成包覆特征的实体面。
- "包覆深度": 指生成包覆特征的深度。通过选中□反向(R)复选框，来改变包覆面的位置。
- "拔模方向": 指浮雕凸起和蚀雕凹陷区域侧面的方向，当不设定拔模方向时，默认为垂直。
- "源草图": 指生成包覆形状的草图实体。

包覆特征的限制条件如下：

- 包覆面仅限于平面、圆柱、圆锥和旋转面。
- 包覆轮廓草图必须在包覆面的相切面或相切面的平行面上。
- 草图必须为单一闭合轮廓，并且草图在表面上缠绕的结果形态需要位于包覆面以内。

5.6 圆　顶

动画演示——参见附带光盘中的"AVI\Ch5\5-6.avi"文件。

圆顶是在零件表面创建规则或不规则的球体。

单击特征工具栏上的"圆顶"按钮或选择"插入"→"特征"→"圆顶"命令进入圆顶特征，如图 5-38 所示。

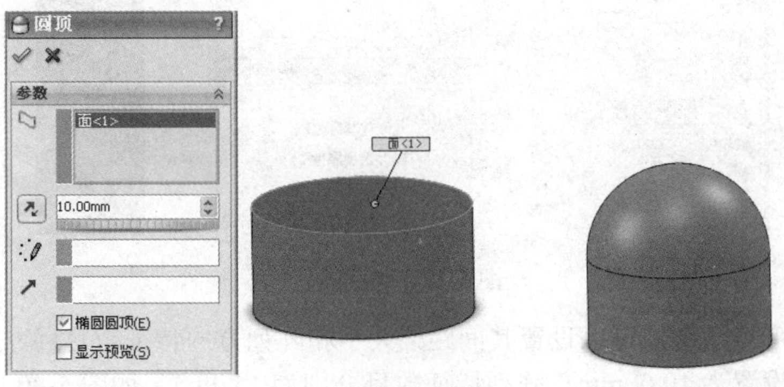

图 5-38 圆顶

如图 5-38 所示，选择圆柱体上表面为"到圆顶的面"，设置距离为 10.00mm，单击"确定"按钮即可完成。

- "到圆顶的面": 选择要生成圆顶的面，可选择一个或多个平面或非平面。

- “距离”：设置生成圆顶的深度。
- “反向”：表示生成凹陷的圆顶，默认情况为凸起的圆顶。
- “约束点或草图”：通过选择草图点对圆顶的形状及深度等进行约束，此时圆顶深度设置将无效。
- “方向”：在绘图区域中选择方向向量以沿着垂直于面以外的方向生成圆顶，该方向向量可由边线或两个草图点来确定。
- “椭圆圆顶 □椭圆圆顶(E)”：指生成椭圆表面圆顶。

5.7 阵　　列

——参见附带光盘中的“AVI\Ch5\5-7.avi”文件。

这里介绍的阵列的方式主要有线性阵列、圆周阵列、曲线驱动的阵列、草图驱动的阵列等。

5.7.1 线性阵列

线性阵列是按着线性方向对某特征进行复制的过程。单击特征工具栏上的“线性阵列”按钮或选择“插入”→“阵列/镜像”→“线性阵列”命令进入阵列，所得对话框及要阵列的实体如图 5-39 所示。

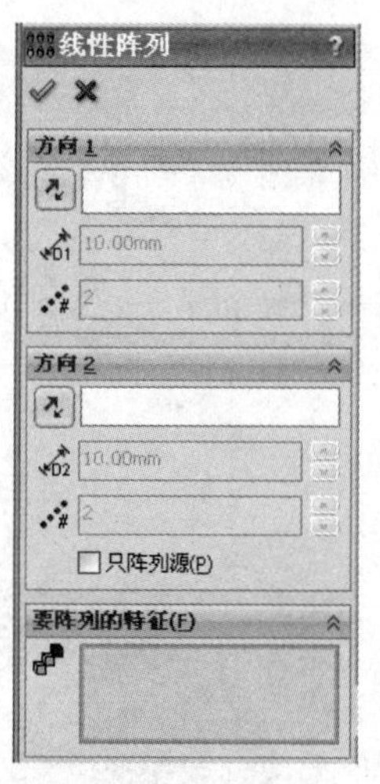

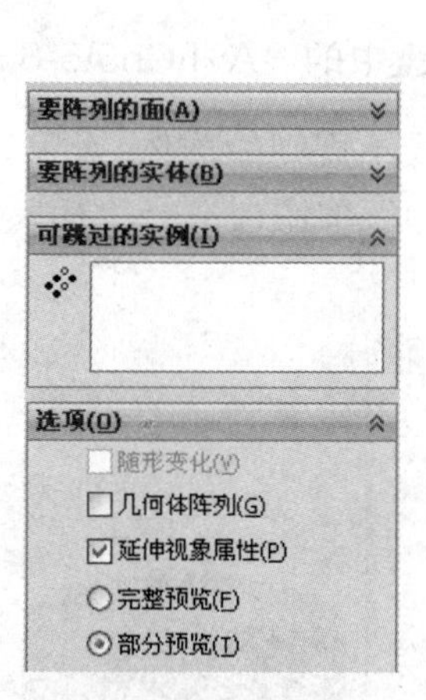

图 5-39　线性阵列

线性阵列方向可有两个，可以设置其间距大小和阵列方向特征数目，此处选择两条边线方向，将阵列间距设置为 10.00mm，阵列特征数目分别为 15 和 3，如图 5-40 所示。

阵列对象有 3 种，即要阵列的特征、要阵列的面、要阵列的实体，对于面阵列而言，可对某特征或面或某实体进行阵列，此处可以选择“要阵列的特征”为切除拉伸特征。

“可跳过的实例”通过在图中选择可去掉不想生成的特征，激活该栏后，如图 5-41 所示，鼠标变成小手的形状时单击不想生成的特征点。

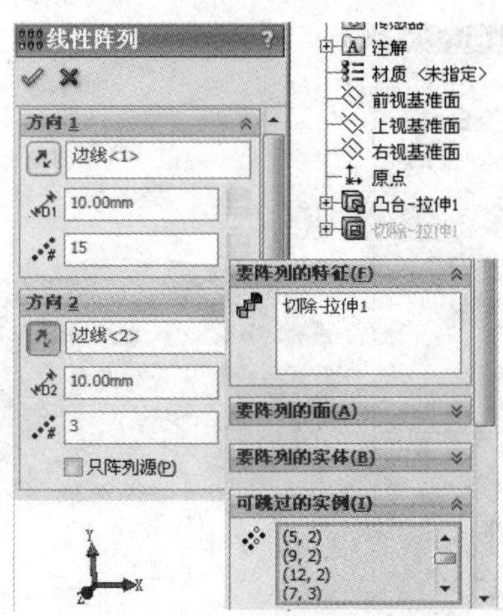

图 5-40　设置线性阵列

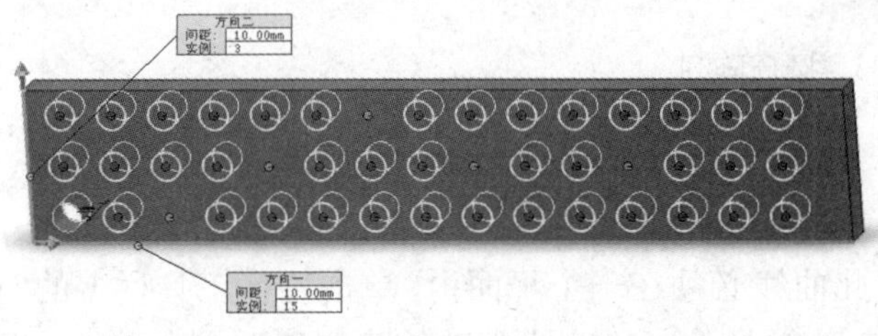
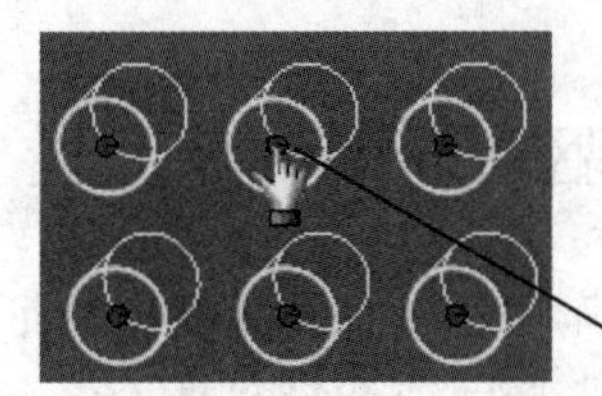

图 5-41　阵列特征

单击“确定”按钮完成特征阵列，如图 5-42 所示。

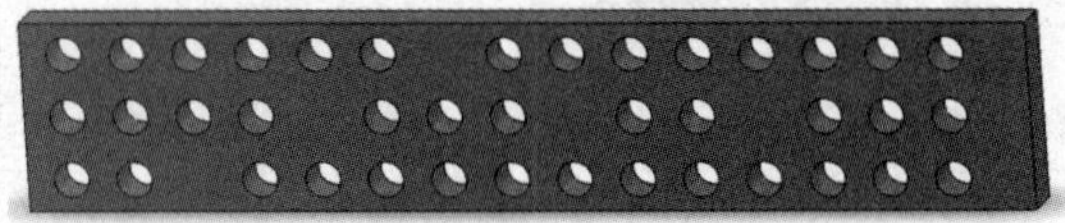

图 5-42　阵列后的特征

5.7.2　圆周阵列

圆周阵列是围绕一直线旋转复制特征。单击特征工具栏上的“圆周阵列”按钮或选择“插入”→“阵列/镜像”→“圆周阵列”命令进入阵列，如图 5-43 所示。

在如图 5-43 所示的参数设置中，设置旋转轴，旋转轴为要阵列的特征旋转的中心，该轴可以为草图中一直线或一基准轴，也可为临时轴。

单击“旋转方向”按钮可更改旋转方向。

“旋转角度”为旋转特征绕旋转轴所旋转的角度。

“实例数”为所需旋转特征的数目。

阵列对象有 3 种，即要阵列的特征、要阵列的面、要阵列的实体，对于面阵列而言，可对某特征或面或某实体进行阵列。

“可跳过的实例”为不需要阵列生成的特征。

最后单击“确定”按钮完成。

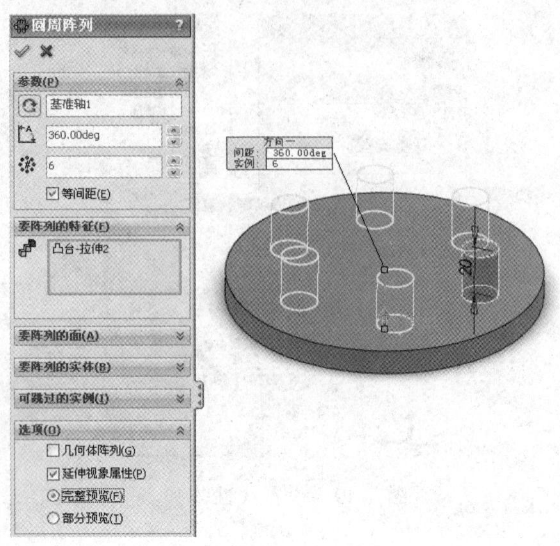

图 5-43　圆周阵列

5.7.3　曲线驱动的阵列

曲线驱动的阵列是沿着曲线复制特征，而此曲线必须在一个平面内。单击特征工具栏上的"曲线驱动的阵列"按钮或选择"插入"→"阵列/镜像"→"曲线驱动的阵列"命令进入阵列。

阵列曲线选择图 5-44 中所示的曲线边线，单击"反向"按钮改变阵列方向，阵列间距设置为 20.00mm。

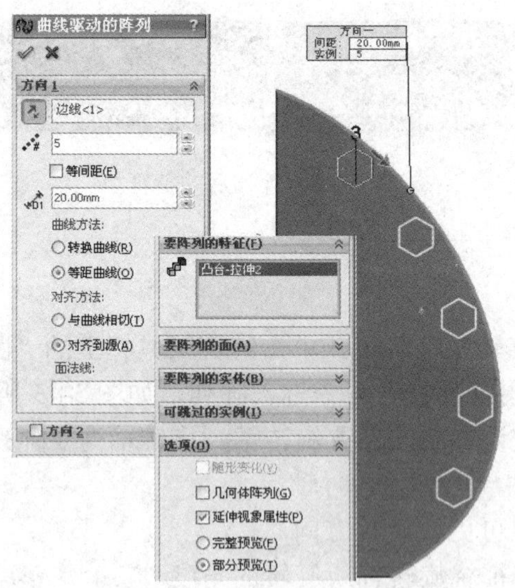

图 5-44　曲线驱动的阵列

曲线方法有两种，"转换曲线"表示阵列实例与曲线位置点在 X 和 Y 方向的距离保持一致，"等距曲线"表示阵列实例与曲线位置点的直线距离保持一致；对齐方式有两种，"与曲线相切"表示阵列实例的摆放角度由曲线走向决定，"对齐到源"表示阵列实例的摆放角度与源实例保持一致。

阵列对象有 3 种，即要阵列的特征、要阵列的面、要阵列的实体，对于面阵列而言，可对某特征或面或某实体进行阵列。“可跳过的实例”为不需要阵列生成的特征。

最后单击“确定”按钮完成。

5.7.4 草图驱动的阵列

草图驱动的阵列是使用草图中的点复制阵列特征的一种方式，要生成草图驱动的阵列，首先绘制草图点，如图 5-45 所示。

单击特征工具栏上的“草图驱动的阵列”按钮或选择“插入”→“阵列/镜像”→“草图驱动的阵列”命令进入阵列，如图 5-46 所示。

图 5-45 草图

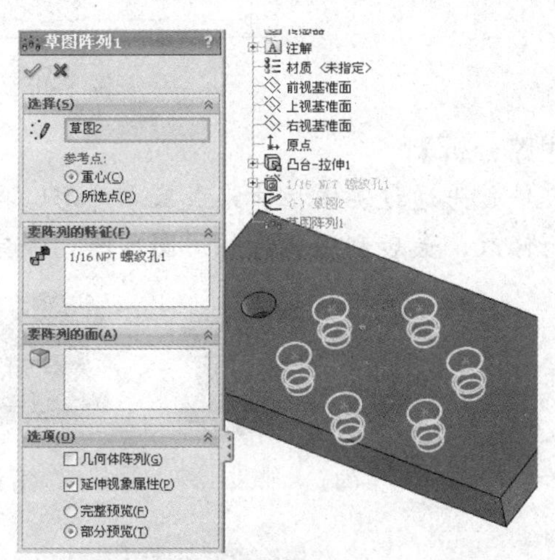

图 5-46 草图阵列

单击“选择”栏中“参考草图”按钮选择绘制好的草图，该阵列会自动识别草图中已绘制好的点，参考点位置有两种，“重心”表示所复制的特征以参考草图上的点为重心，“所选点”表示在源特征上选择一个顶点或者边上的中点作为参考点，参考草图上的点就成为复制特征上对应的点。激活要阵列的特征并从图中选择要阵列的特征，最后单击“确定”按钮完成。

5.8 实例·操作——减速箱下箱体

减速箱下箱体是在常用机械中非常普遍的实体，也是学习与深入了解机械设计必画实体之一，其结构如图 5-47 所示，其基本尺寸如图 5-48 所示。

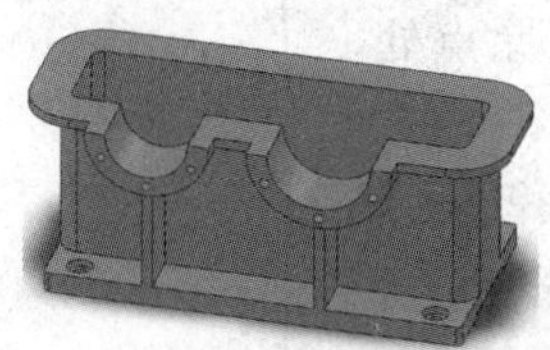

图 5-47 减速箱下箱体

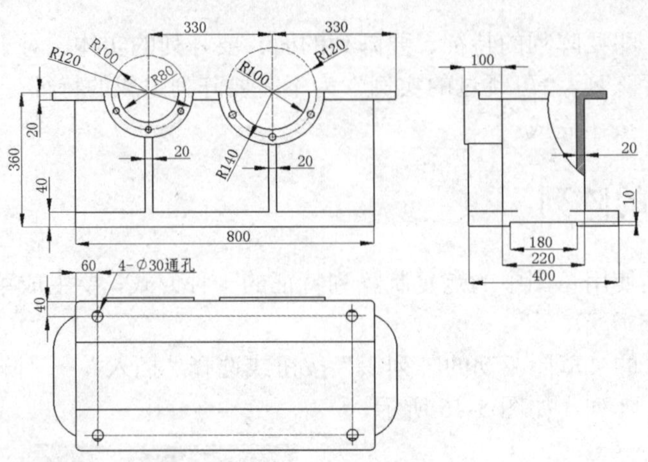

图 5-48　下箱体尺寸

【思路分析】

该零件首先通过实体拉伸完成基本外形，再通过抽壳得到主体结构，由拉伸切除、筋对主要结构进行修改，最后利用孔特征、圆周阵列等完成其修饰工作，基本流程如图 5-49 所示。

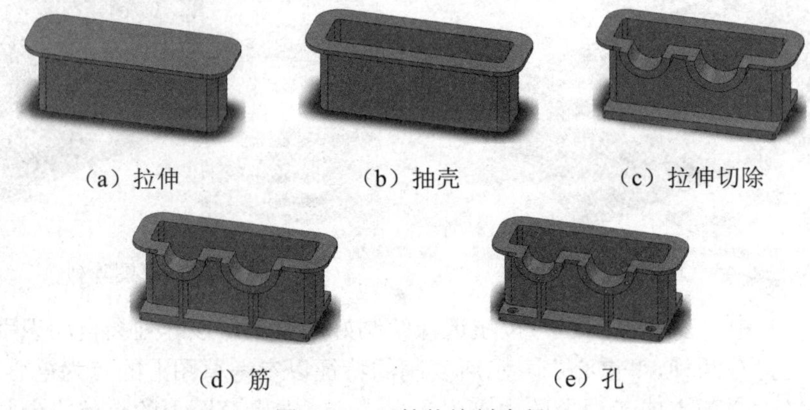

（a）拉伸　（b）抽壳　（c）拉伸切除

（d）筋　（e）孔

图 5-49　下箱体绘制流程

【光盘文件】

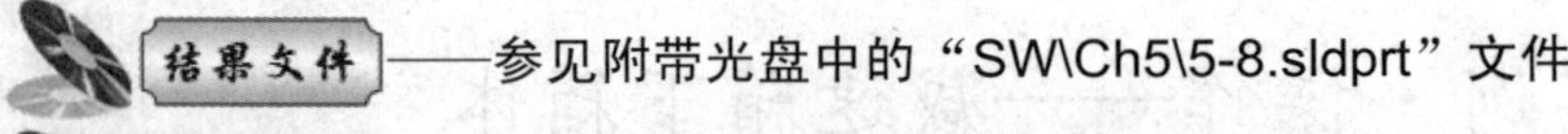

——参见附带光盘中的“SW\Ch5\5-8.sldprt”文件。

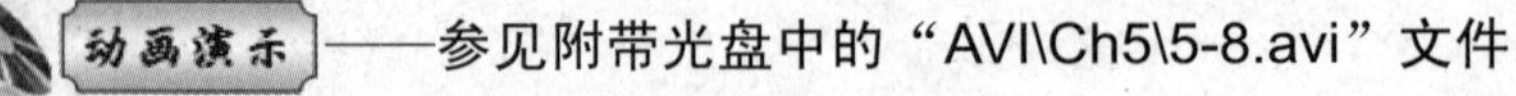

——参见附带光盘中的“AVI\Ch5\5-8.avi”文件。

【操作步骤】

（1）选中上视基准面，单击“草图绘制”按钮绘制草图，注意矩形的中心在原点处，如图 5-50 所示。

（2）单击特征工具栏上的“拉伸凸台/基体”按钮，出现如图 5-51 所示的对话框，设置拉伸深度为 300.00mm，单击“确定”按钮完成。

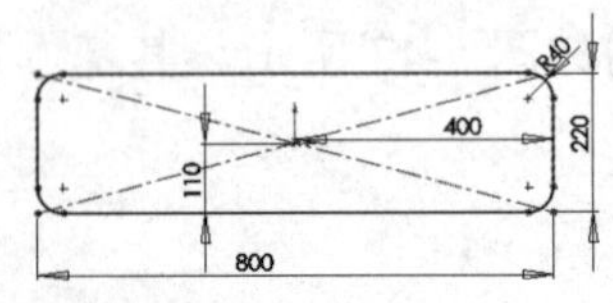

图 5-50　绘制草图

（3）选中所得实体上表面，单击“草图绘制”按钮，绘制如图 5-52 所示的草图。

图 5-51　拉伸凸台/基体

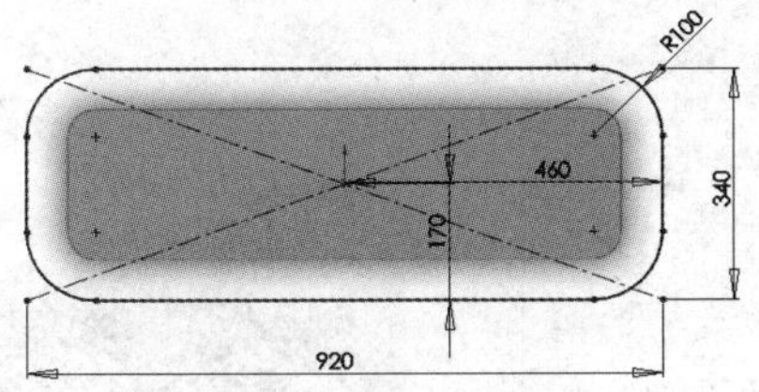

图 5-52　绘制草图

（4）单击特征工具栏上的“拉伸凸台/基体”按钮，出现如图 5-53 所示的对话框，设置拉伸深度为 20.00mm，单击“确定”按钮完成。

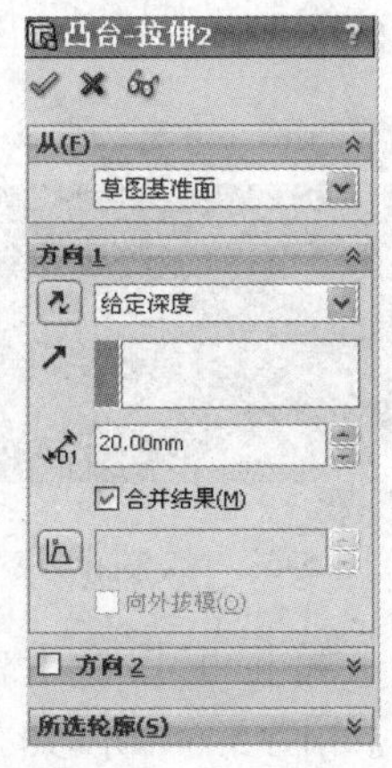

图 5-53　拉伸凸台/基体

（5）单击特征工具栏上的“抽壳”按钮，设置壁厚为 20.00mm，移除面为上表面，如图 5-54 所示。单击“确定”按钮完成。

（6）抽壳后所得实体如图 5-55 所示。

（7）选中所得实体下表面，单击“草图绘制”按钮，绘制如图 5-56 所示的矩形。

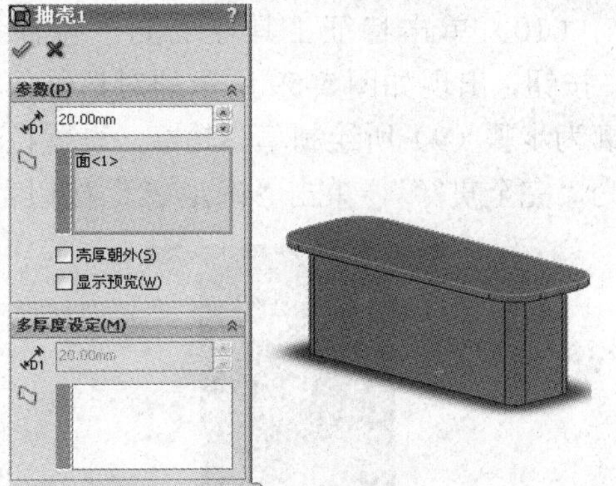

图 5-54　抽壳

图 5-55　抽壳实体

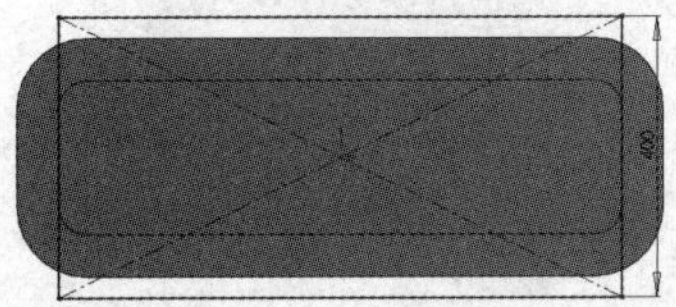

图 5-56　绘制草图

（8）单击特征工具栏上的“拉伸凸台/基体”按钮，出现如图 5-57 所示的对话框，设置拉伸深度为 40.00mm，单击“确定”按钮完成。

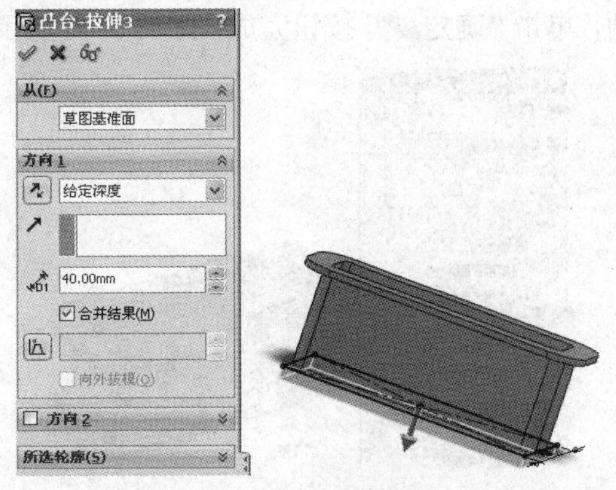

图 5-57　拉伸凸台/基体

（9）选中所得实体侧面，单击“草图绘制”按钮，绘制如图 5-58 所示的矩形。

（10）单击特征工具栏上的“拉伸切除”按钮，出现如图5-59所示的对话框，拉伸轮廓为步骤（9）所绘制草图轮廓，设置拉伸方式为“完全贯穿”，单击“确定”按钮完成。

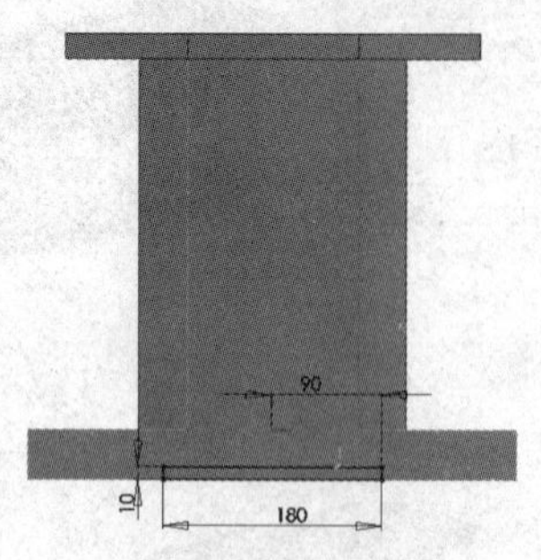

图5-58　绘制草图

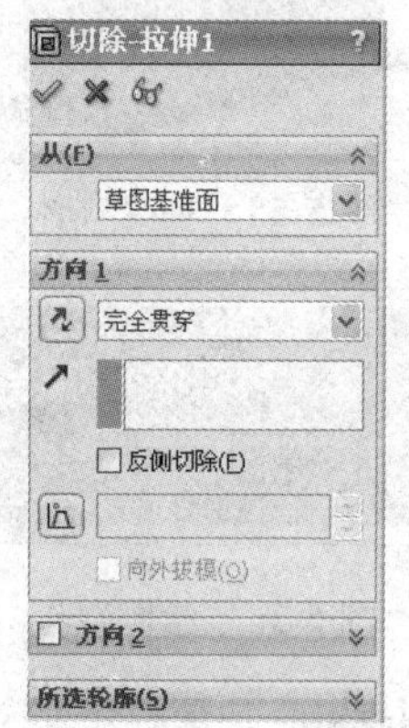

图5-59　拉伸切除

（11）单击特征工具栏上的“圆角”按钮，圆角半径为10.00mm，边线为底边的4个角，单击“确定”按钮完成，如图5-60所示。

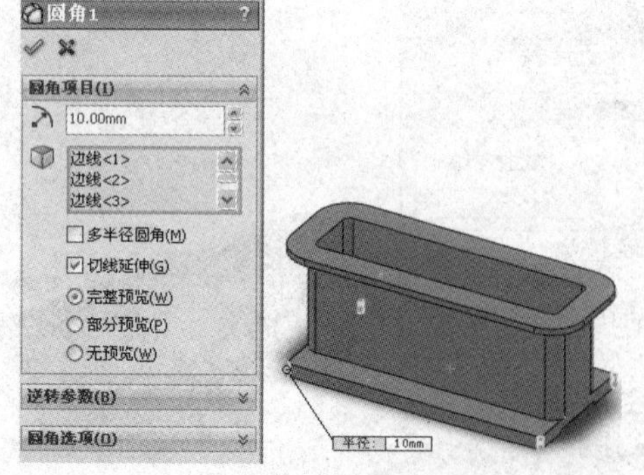

图5-60　生成圆角

（12）选中所得实体正视面，单击“草图绘制”按钮，绘制如图5-61所示的草图。

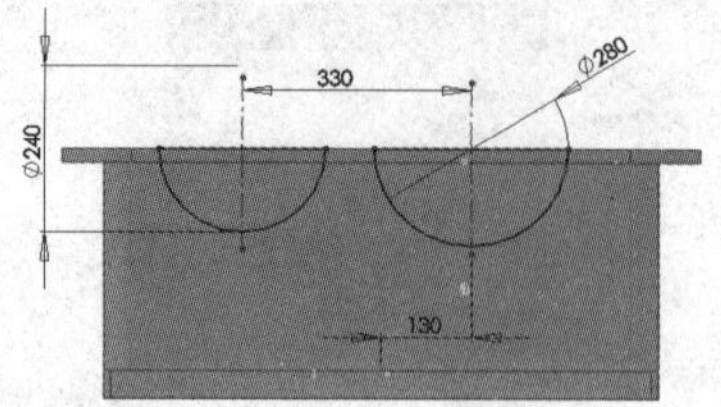

图5-61　绘制草图

（13）单击特征工具栏上的“拉伸凸台/基体”按钮，设置拉伸深度为100.00mm，单击“确定”按钮完成，如图5-62所示。

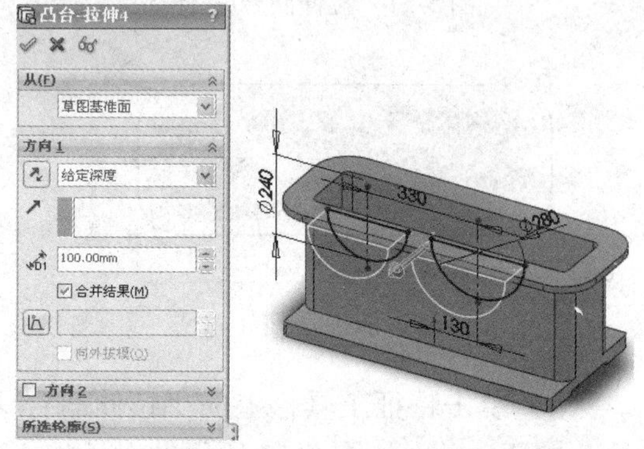

图5-62　拉伸凸台/基体

（14）选中所拉伸的凸台面，单击“草图绘制”按钮，绘制如图5-63所示的草图。

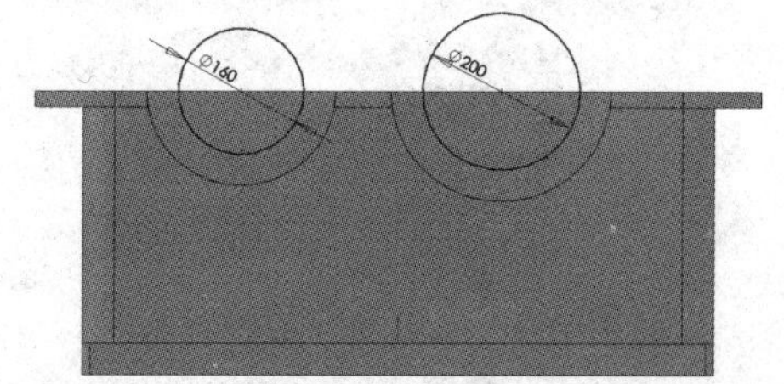

图5-63　绘制草图

（15）单击特征工具栏上的“拉伸切除”按钮，出现如图5-64所示的对话框，设置拉伸方式为“成形到下一面”，单击“确定”按钮完成。

（16）切除后所得实体如图5-65所示。

（17）单击“基准面”按钮，添加基准面1，选择右侧面为参考面，设置距离为270.00mm，单击“确定”按钮完成，如图5-66所示。

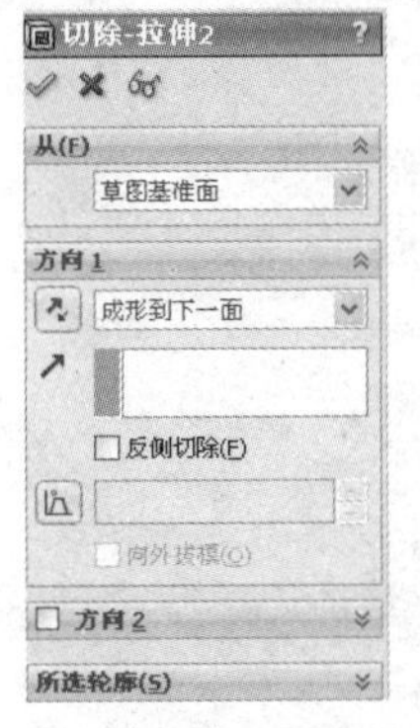

图 5-64　拉伸切除　　　图 5-65　切除后的实体

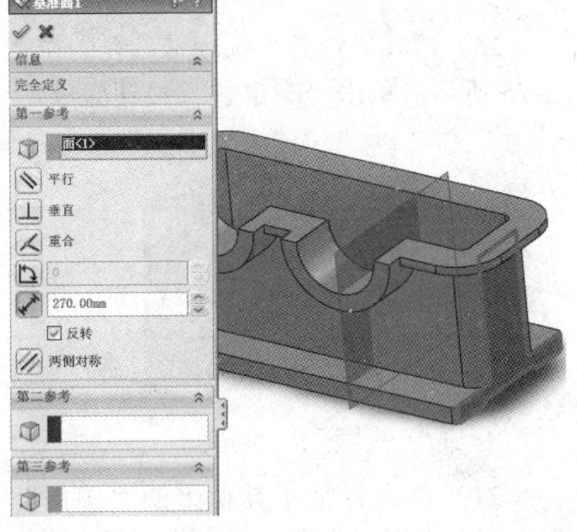

图 5-66　基准面 1

（18）单击“基准面”按钮，添加基准面 2，选择基准面 1 为参考面，设置距离为 330.00mm，单击“确定”按钮完成，如图 5-67 所示。

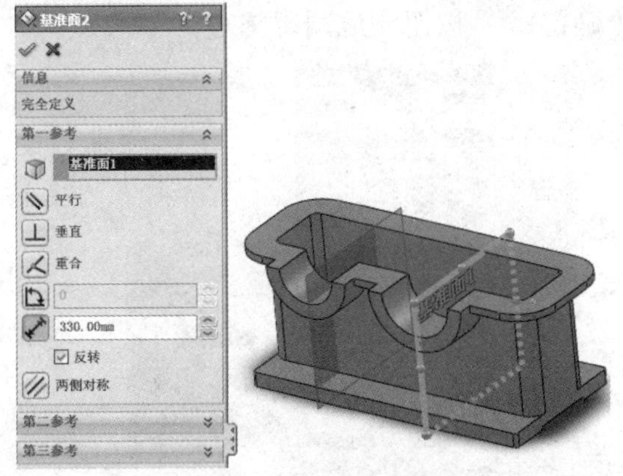

图 5-67　基准面 2

（19）选中基准面 1，单击“草图绘制”按钮，绘制如图 5-68 所示的草图直线。

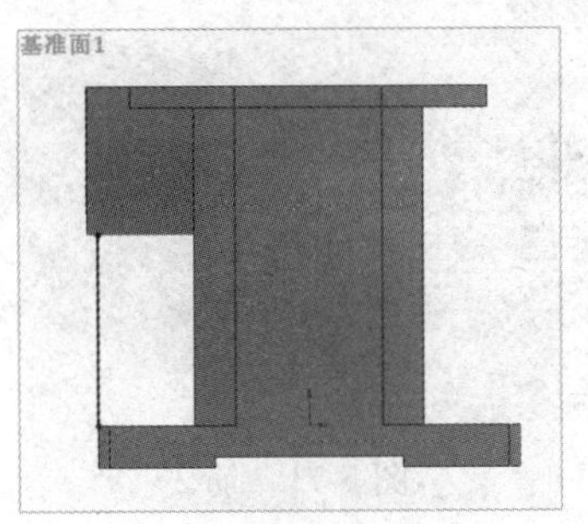

图 5-68　筋草图 1

（20）单击特征工具栏上的“筋”按钮，设置筋厚度为 20.00mm，单击“确定”按钮完成，如图 5-69 所示。

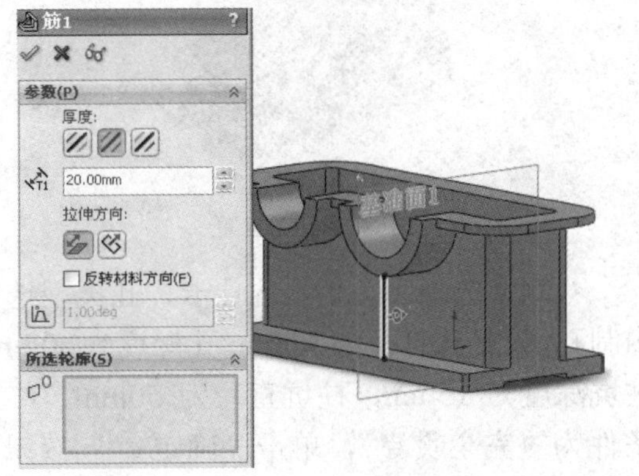

图 5-69　筋 1

（21）选中基准面 2，单击“草图绘制”按钮，绘制如图 5-70 所示的草图直线。

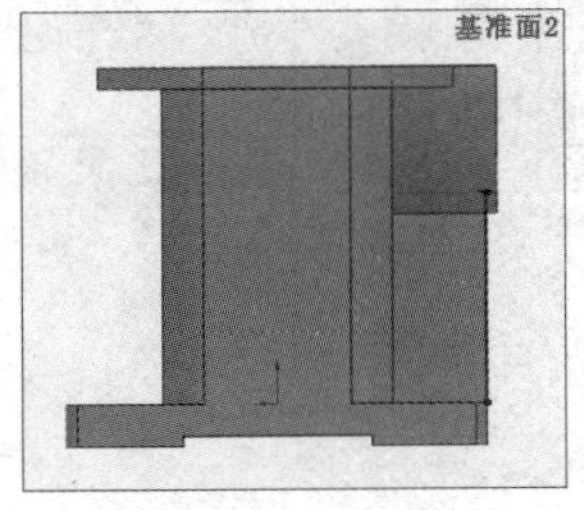

图 5-70　筋草图 2

（22）单击特征工具栏上的“筋”按钮，设置筋厚度为 20.00mm，单击“确定”按钮完成，如图 5-71 所示。

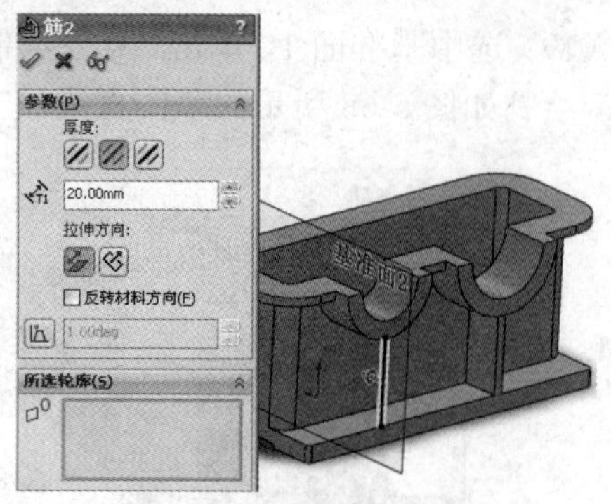

图 5-71　筋 2

（23）单击特征工具栏上的“异型孔向导”按钮，选择“位置”选项卡，设置孔位置如图 5-72 所示。

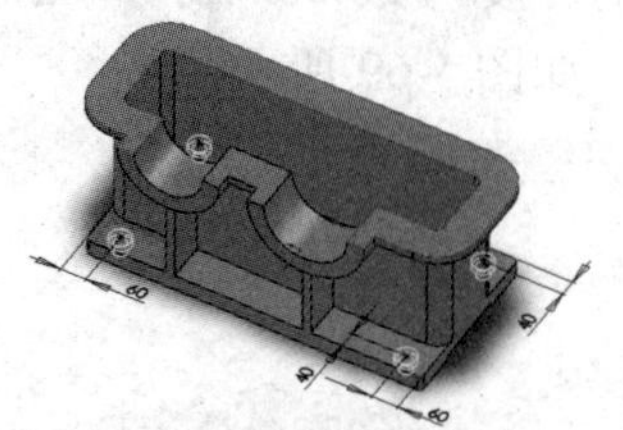

图 5-72　孔位置

（24）选择“类型”选项卡，孔类型选择旧制孔，设置孔直径为 30mm，孔深度为 40mm，柱坑深度为 15mm，柱坑直径为 50mm，终止条件为“完全贯穿”，单击“确定”按钮完成，如图 5-73 所示。

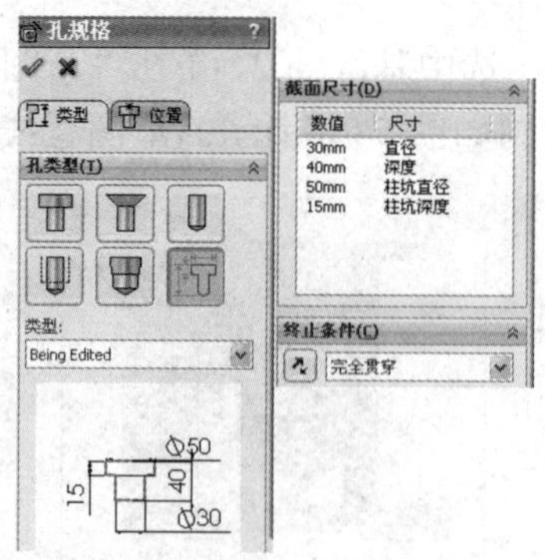

图 5-73　孔规格

（25）单击特征工具栏上的“异型孔向导”按钮，孔类型选择直螺纹孔，设置标准为 GB，类型为底部螺纹孔，孔大小为 M18，终止条件保持默认，如图 5-74 所示。

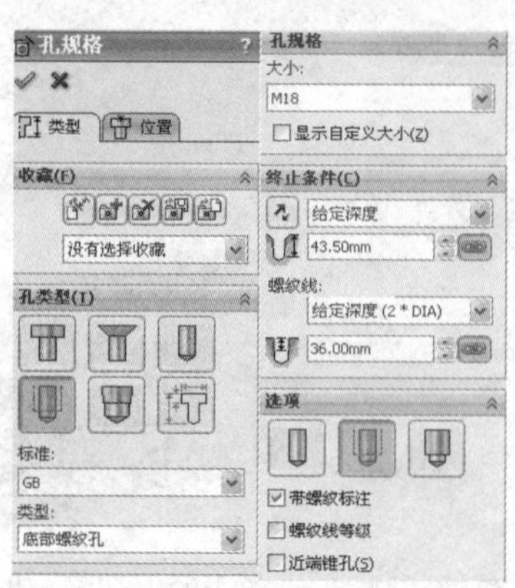

图 5-74　孔规格

（26）选择“位置”选项卡，孔的位置如图 5-75 所示，单击“确定”按钮完成。

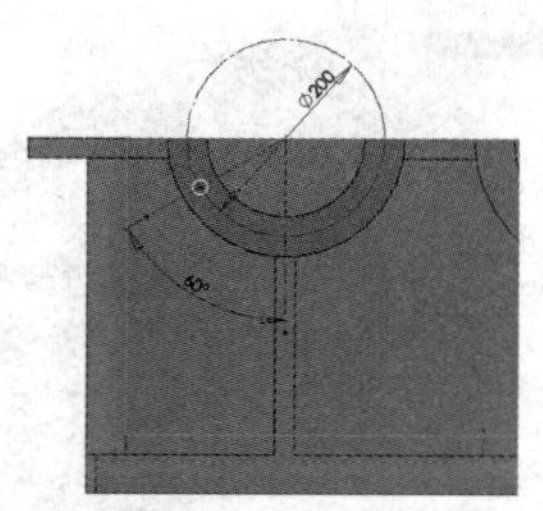

图 5-75　孔位置

（27）单击特征工具栏上的“圆周阵列”按钮，选择“视图”→“临时轴”命令，则实体中的临时轴会显示出来，如图 5-76 所示，圆周阵列参数中，设置左侧拉伸切除半圆轴线为旋转轴，单击“反向”按钮改变旋转方向，设置旋转角度为 60.00 度，旋转实体数为 3 个，阵列实体为图 5-75 中的螺纹孔，单击“确定”按钮完成圆周阵列。

图 5-76　圆周阵列

（28）单击特征工具栏上的“异型孔向导”按钮，选择“位置”选项卡，设置孔位置如图 5-77 所示。

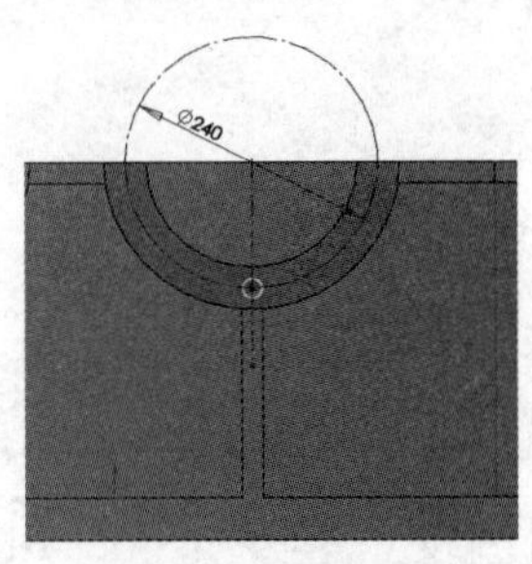

图 5-77　孔位置

（29）选择“类型”选项卡，孔类型选择直螺纹孔，设置标准为 GB，孔类型为底部螺纹孔，孔大小为 M20×1.5，终止条件保持默认，如图 5-78 所示。

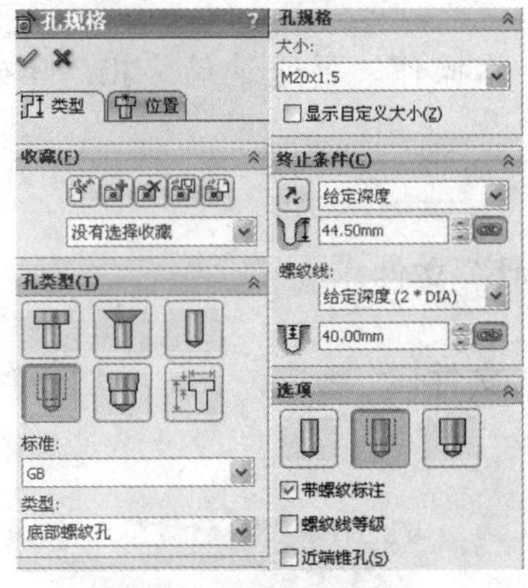

图 5-78　孔规格

（30）单击特征工具栏上的“圆周阵列”按钮，如图 5-79 所示，阵列参数中，设置右侧拉伸切除半圆轴线为旋转轴，设置旋转角度为 60.00 度，实体数为 6 个，阵列实体为步骤（29）创建的螺纹孔，可经过的实体选择半圆上方的 3 个点，单击“确定”按钮完成圆周阵列。

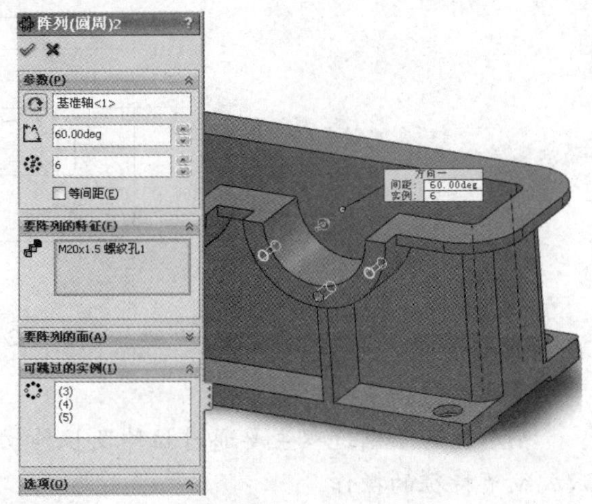

图 5-79　圆周阵列

（31）最后所得实体如图 5-80 所示。

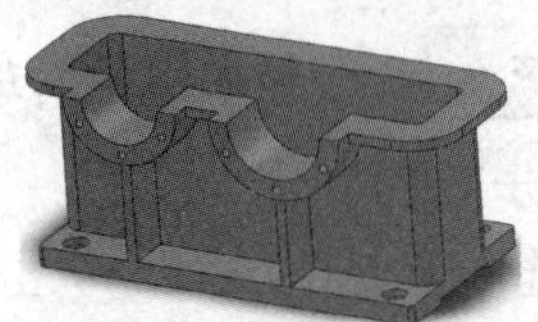

图 5-80　减速箱下箱体

5.9　实例·练习——轴承座

下面绘制一个轴承座的主视图，如图 5-81 所示。轴承座尺寸如图 5-82 所示。

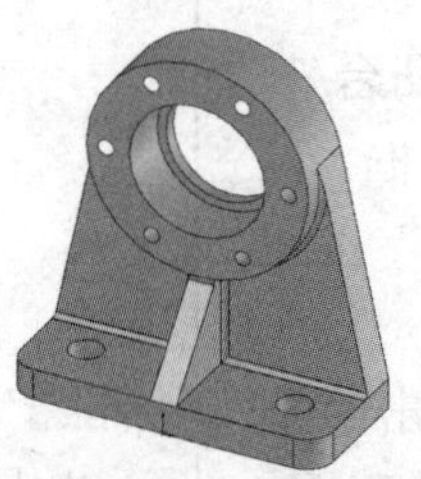

图 5-81　轴承座

视频教学

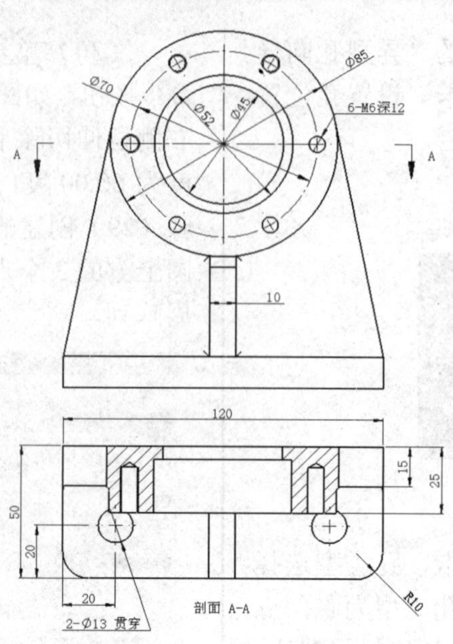

图 5-82　轴承座尺寸

【思路分析】

轴承座的绘制过程主要通过拉伸及拉伸切除完成主要实体操作，再通过筋、孔、阵列等操作完成细节特征的操作。

【光盘文件】

——参见附带光盘中的“SW\Ch5\5-9.sldprt”文件。

——参见附带光盘中的“AVI\Ch5\5-9.avi”文件。

【操作步骤】

（1）选中前视基准面，单击“草图绘制”按钮，绘制如图 5-83 所示的草图。

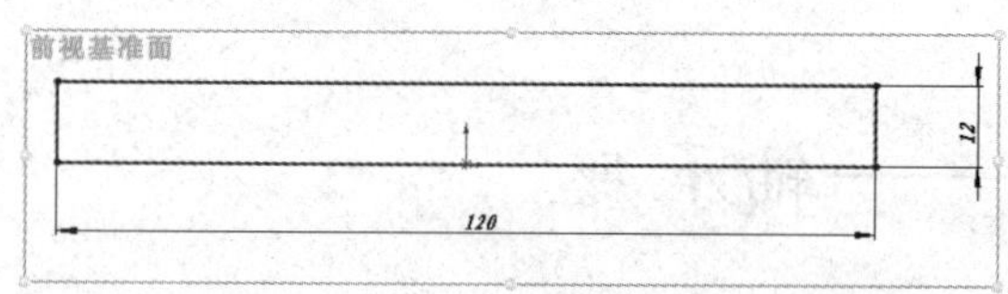

图 5-83　绘制草图

（2）单击特征工具栏上的“拉伸凸台/基体”按钮，打开如图 5-84 所示的对话框，设置拉伸深度为 50.0mm，单击“确定”按钮完成。

（3）选中拉伸后凸台正视面，单击“草图绘制”按钮，绘制如图 5-85 所示的草图。

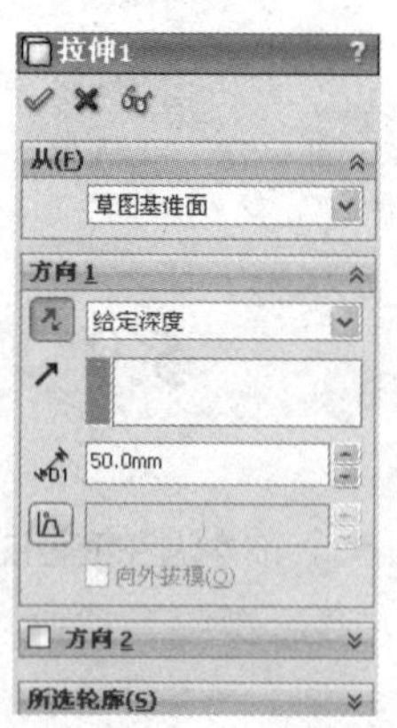

图 5-84　拉伸凸台/基体

（4）单击特征工具栏上的“拉伸凸台/基体”按钮，设置拉伸深度为 15.0mm，拉伸方向如图 5-86 所示。单击“确定”按钮完成。

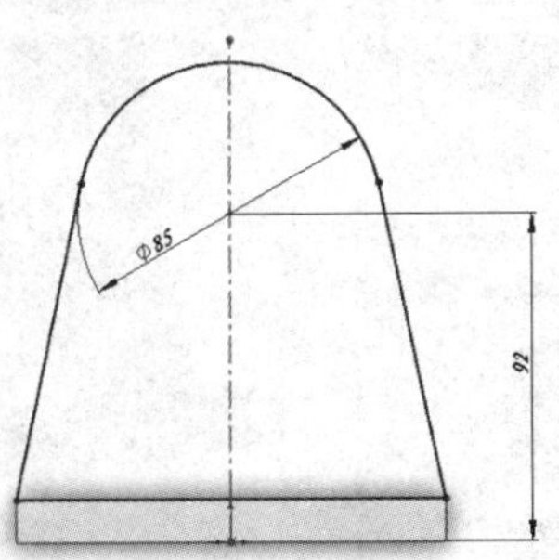
图 5-85　绘制草图

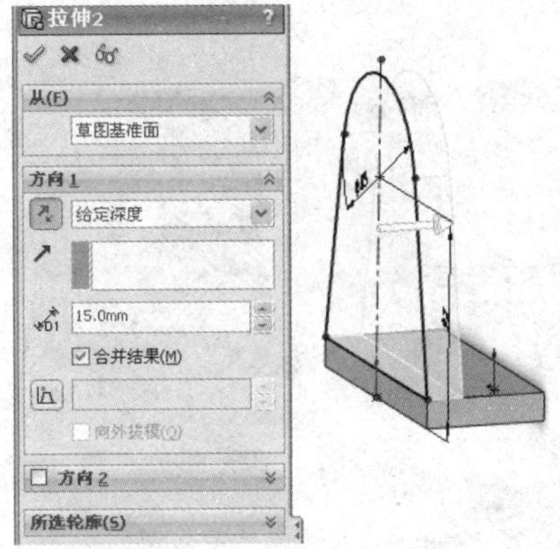

图 5-86　拉伸凸台/基体

（5）选中拉伸后凸台正视面，单击“草图绘制”按钮，绘制如图 5-87 所示的草图。

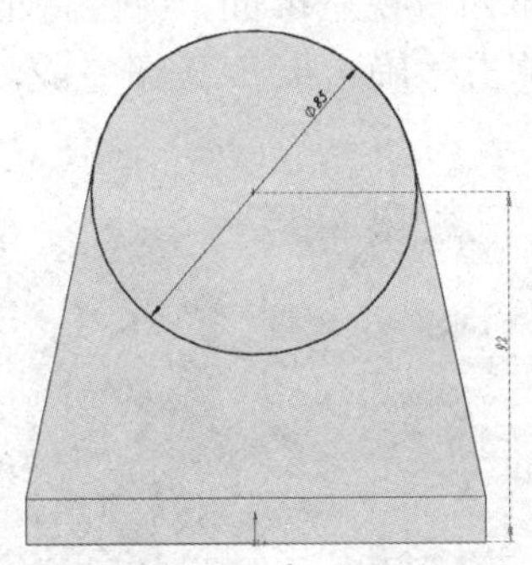
图 5-87　绘制草图

（6）单击特征工具栏上的“拉伸凸台/基体”按钮打开“拉伸 3”对话框，设置拉伸深度为 10.0mm，拉伸方向如图 5-88 所示。单击“确定”按钮完成。

（7）单击“基准面”按钮，打开如图 5-89 所示的对话框，添加基准面 1，选择底面为参考面，设置距离为 92.0mm，单击“确定”按钮完成。

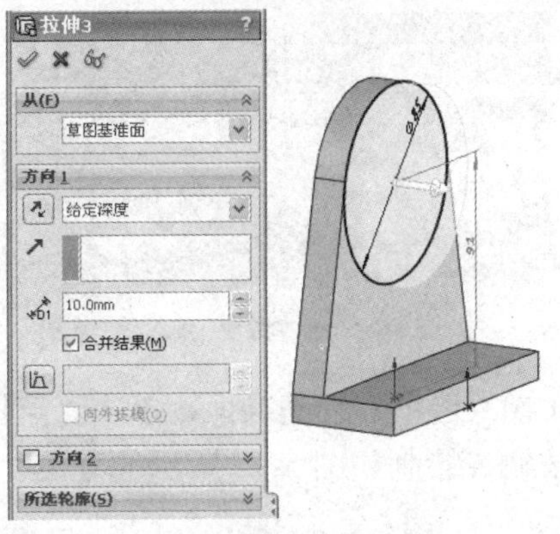

图 5-88　拉伸凸台/基体

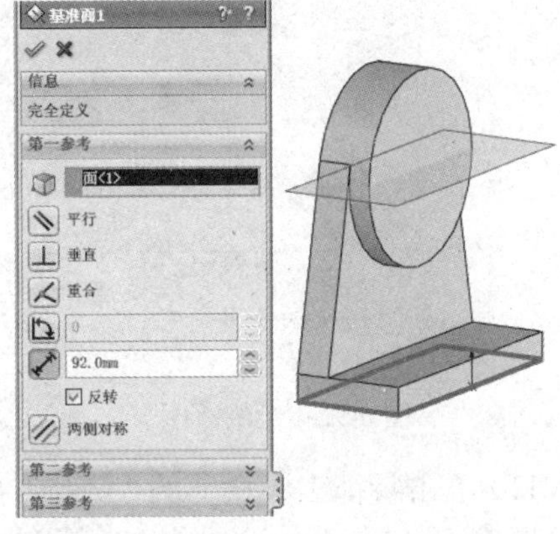

图 5-89　基准面 1

（8）选中基准面 1，单击“草图绘制”按钮，绘制如图 5-90 所示的草图。

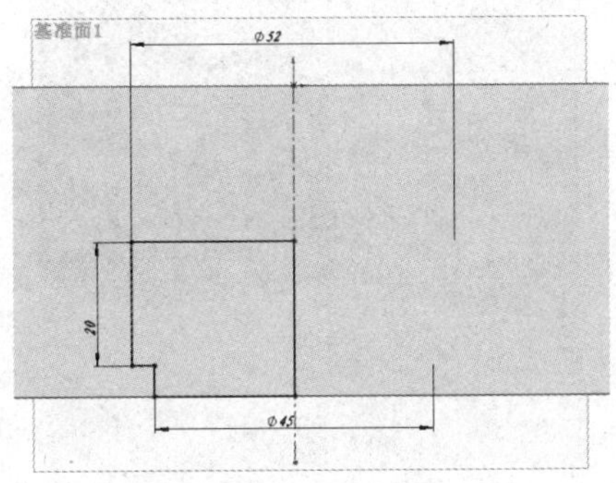

图 5-90　绘制草图

（9）单击特征工具栏上的“旋转切除”按钮，设置旋转轴为中间直线，旋转方向为“单向”，旋转角度为 360.00 度，旋转轮廓为图 5-90 所示草图，如图 5-91 所示，单击“确定”按钮完成。

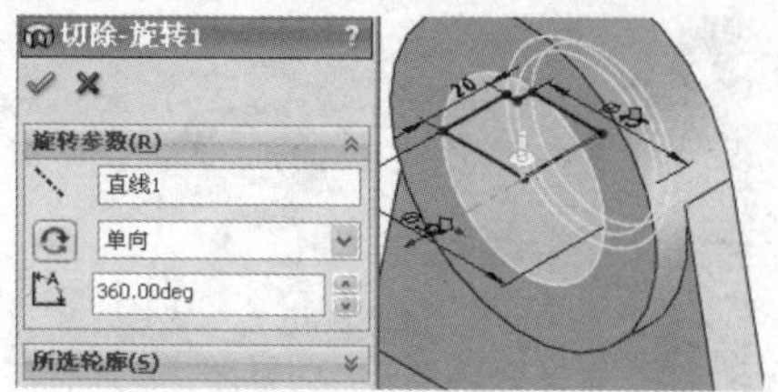

图 5-91　旋转切除

（10）选中右视基准面，单击“草图绘制”按钮，绘制如图 5-92 所示的草图。

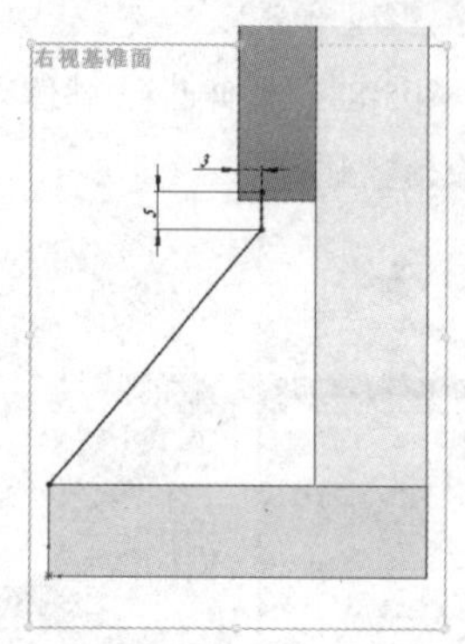

图 5-92　绘制草图

（11）单击特征工具栏上的“筋”按钮，设置筋厚度为 10.0mm，单击“确定”按钮完成，如图 5-93 所示。

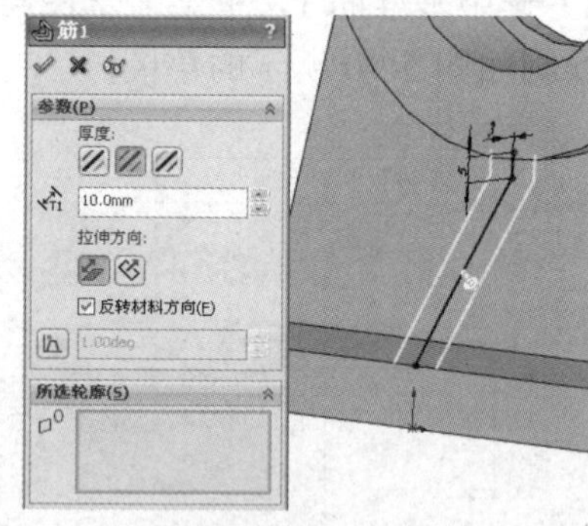

图 5-93　筋

（12）单击特征工具栏上的“圆角”按钮，选择如图 5-94 所示的两条边线，设置圆角半径为 10.0mm，单击“确定”按钮完成，如图 5-94 所示。

（13）单击特征工具栏上的“简单直孔”按钮，拉伸方向为“完全贯穿”，位置如图 5-95 所示，单击“确定”按钮完成。

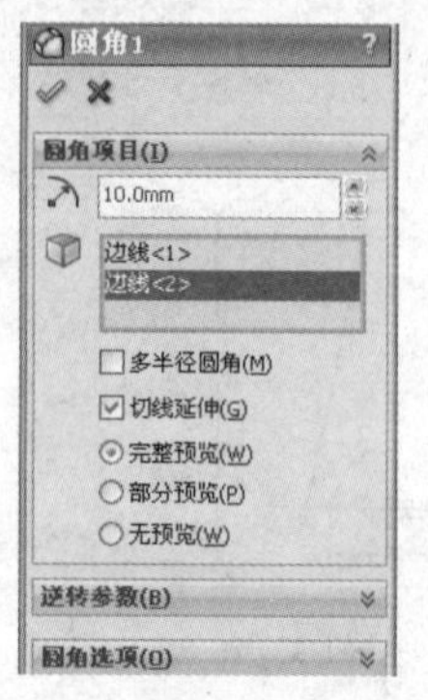

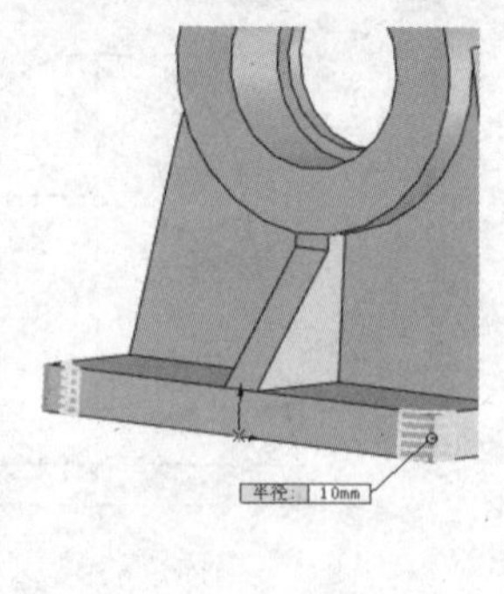

图 5-94　圆角

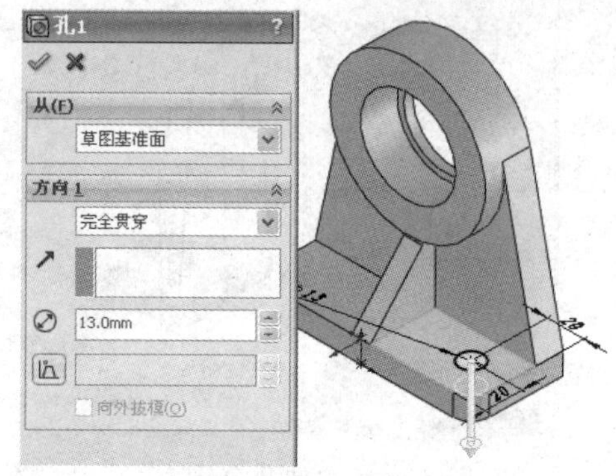

图 5-95　简单直孔

（14）单击特征工具栏上的“镜像”按钮，选择镜像面为右视基准面，镜像特征为图 5-95 所示孔，单击“确定”按钮完成，如图 5-96 所示。

图 5-96　镜像

（15）单击特征工具栏上的“异型孔向导”按钮，孔类型选择直螺纹孔，设置标准为 GB，类型为螺纹孔，孔大小为 M6，终止条件保持默认，如图 5-97 所示。

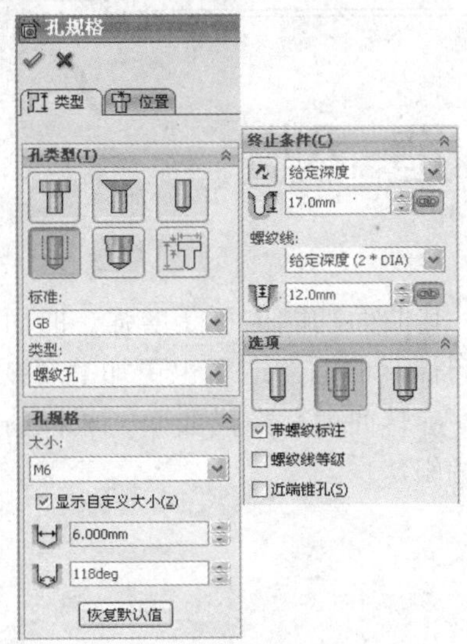

图 5-97　孔类型

（16）选择“位置”选项卡，并设置位置如图 5-98 所示，单击“确定✓”按钮完成。

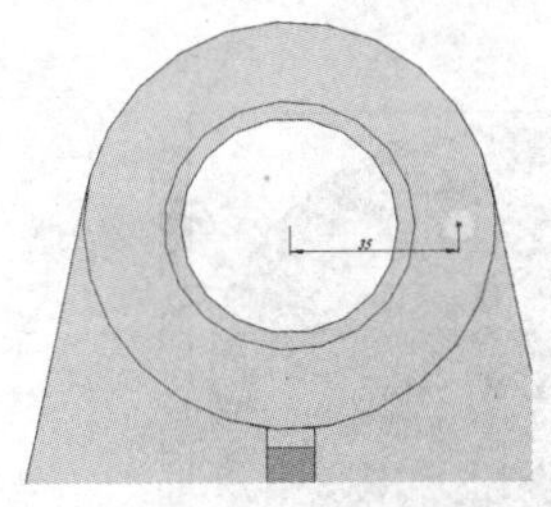

图 5-98　孔位置

（17）选择“视图”→“临时轴”命令，则临时轴显示在图中。单击特征工具栏上的“圆周阵列”按钮，如图 5-99 所示，选择临时轴为旋转轴，旋转角度为 360.00 度，选中“等间距”复选框，设置阵列实体数目为 6，阵列特征为螺纹孔，单击“确定✓”按钮完成。

（18）单击特征工具栏上的“圆角”按钮，选择如图 5-100 所示的边线，设置圆角半径为 2.0mm，单击“确定✓”按钮完成。

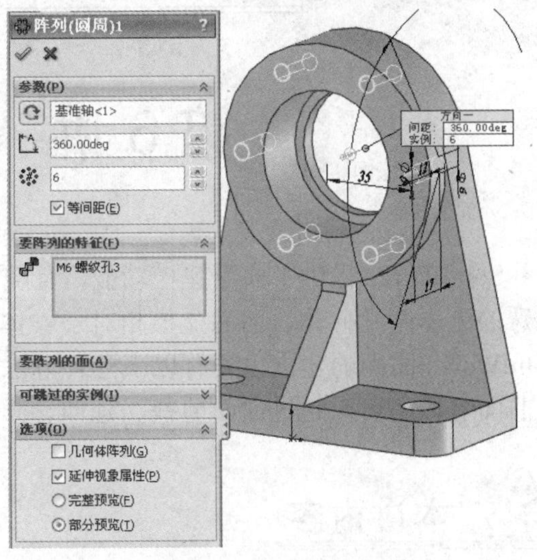

图 5-99　圆周阵列

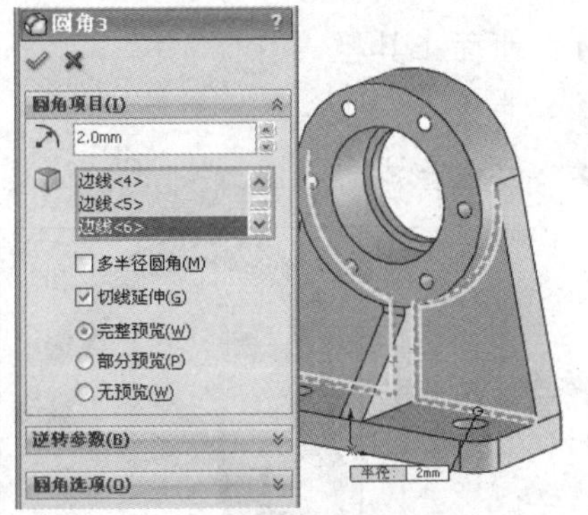

图 5-100　圆角

（19）最后所得实体如图 5-101 所示。

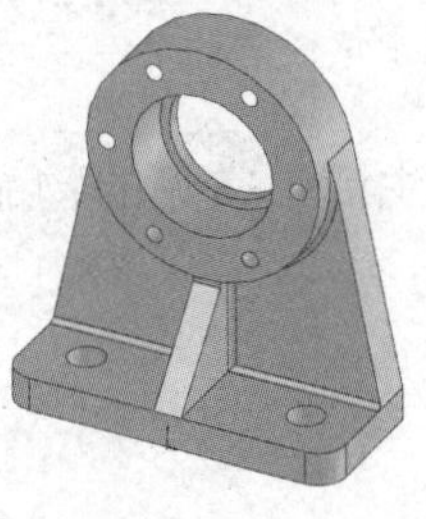

图 5-101　轴承座

第6讲 曲 面 造 型

SolidWorks 提供了曲面建模功能，且随着软件的升级，其曲面功能也不断增强。曲面是一种特殊的无厚度几何体，曲面建模相对于实体建模更具有技巧性，曲面的造型也更加的复杂多样。SolidWorks 曲面的建立主要有以下几种方法，即拉伸曲面、旋转曲面、扫描曲面、放样曲面、填充曲面等，还可以通过曲面剪裁、延伸、圆角等特征进行编辑。

本讲内容

- 实例·模仿——勺子
- 曲面工具栏
- 曲线
- 曲面生成
- 曲面编辑
- 实例·操作——鼠标
- 实例·练习——水龙头

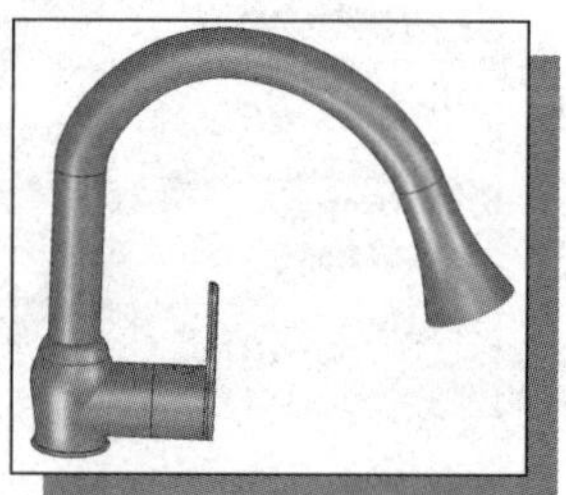

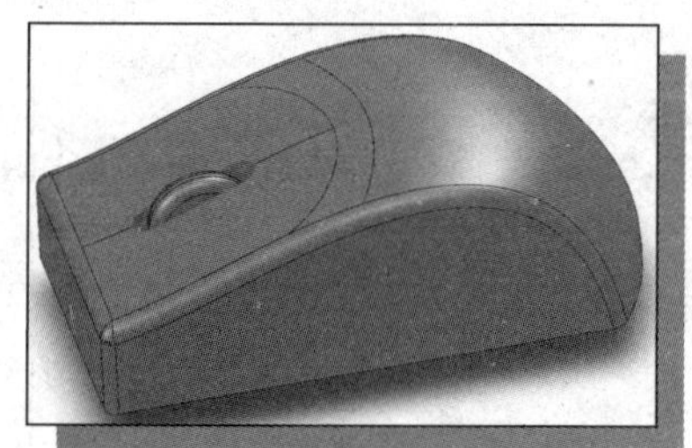

6.1 实例·模仿——勺子

这里以一生活中常见的物品——勺子为例，如图 6-1 所示，首先对曲面的建立进行初步的讲解。

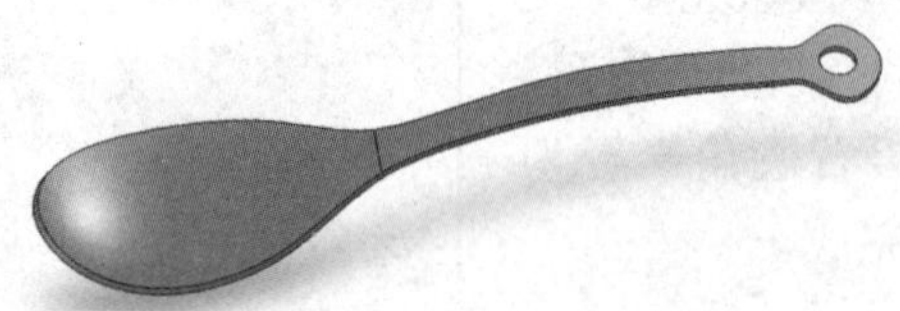

图 6-1　勺子

【思路分析】

勺子是生活中的常见物品，也是很好的曲面练习材料。勺子的绘制首先拉伸曲面形成基础实体曲面，再通过剪裁生成曲面的基本形状，另外通过曲面剪裁、曲面缝合及实体加厚生成勺子实体，其绘制流程如图 6-2 所示。

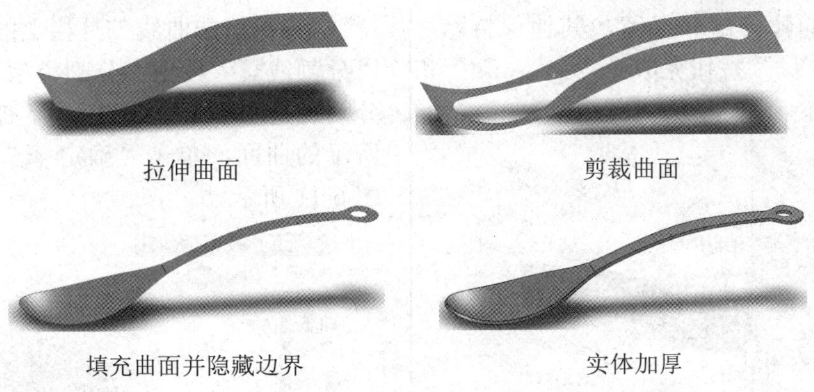

图 6-2　勺子的绘制流程

【光盘文件】

——参见附带光盘中的“SW\Ch6\6-1.sldprt”文件。

动画演示——参见附带光盘中的“AVI\Ch6\6-1.avi”文件。

【操作步骤】

（1）选择“视图”→“工具栏”→“曲面”命令，如图 6-3 所示，在常用工具栏中添加曲面操作按钮，可出现如图 6-4 所示的曲面工具栏。

图 6-3　选择“曲面”命令

图 6-4　曲面工具栏

（2）选择前视基准面，单击“草图绘制”按钮，绘制如图 6-5 所示的草图。

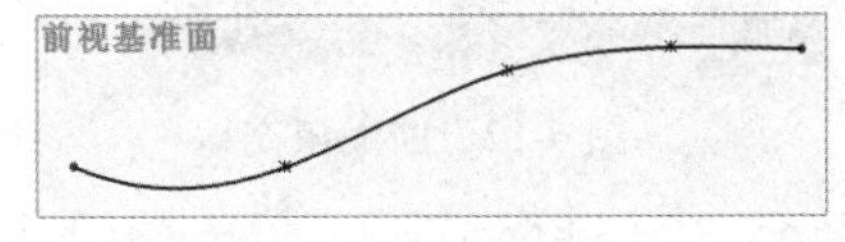

图 6-5　新建草图

（3）不退出草图绘制，单击曲面工具栏上的“拉伸曲面”按钮进行曲面拉伸，拉伸方式选择“给定深度”，拉伸深度选择 40.00mm，如图 6-6 所示，单击“确定”按钮完成。

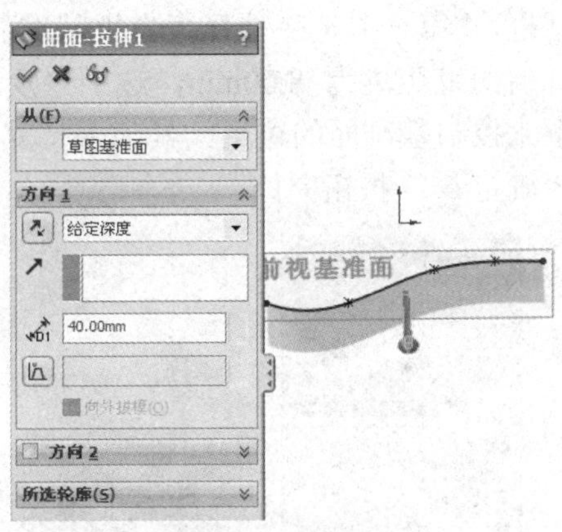

图 6-6　拉伸曲面

（4）选择前视基准面，单击“草图绘制”按钮，绘制如图 6-7 所示的样条曲线轮廓。

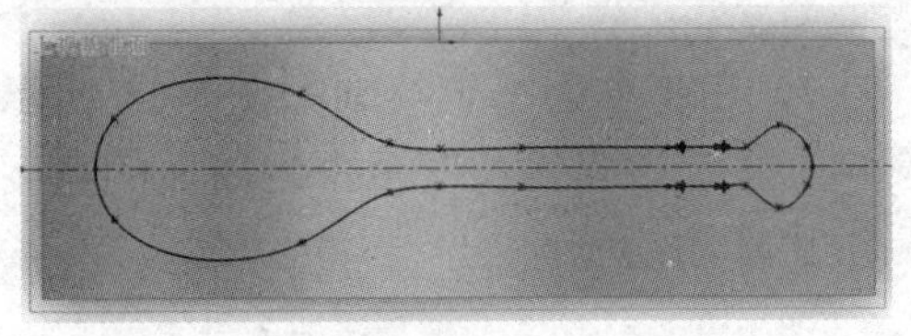

图 6-7　绘制样条曲线轮廓

（5）单击“剪裁曲面”按钮，出现如图 6-8 所示的对话框，设置“剪裁工具”为图 6-7 所示草图，选中“保留选择”单选按钮，选择草图外面的拉伸部分保留，其他保持默认，单击“确定✔”按钮完成。

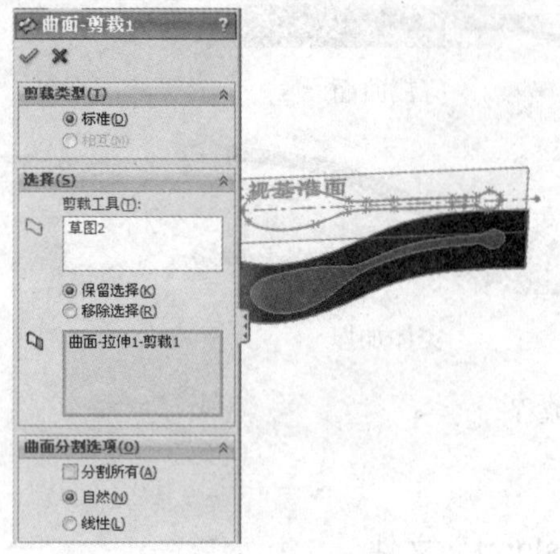

图 6-8　剪裁

（6）单击特征工具栏上的“参考几何体”→“基准面”按钮，出现如图 6-9 所示的对话框，“第一参考”选择“右视基准面”，设置几何约束距离为 8.00mm，选中“反转”复选框来控制基准面的位置，其他保持默认，单击“确定✔”按钮完成。

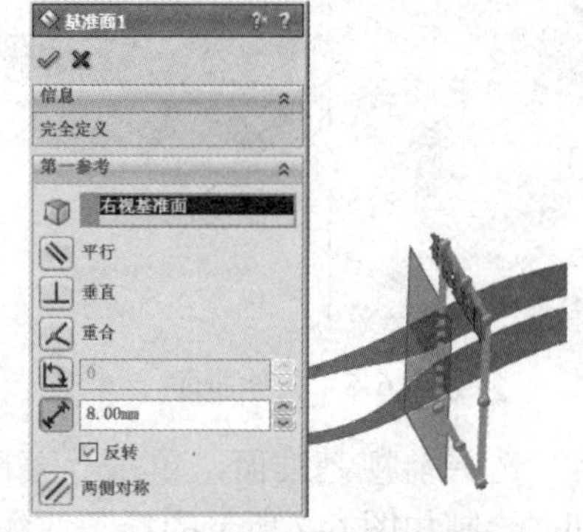

图 6-9　基准面 1

（7）在基准面 1 上绘制如图 6-10 所示的草图 4，注意该直线长度至少为曲面的宽度，然后退出草图绘制。

图 6-10　草图 4

（8）单击曲线工具栏上的“曲线”→“分割线”按钮，分割类型选择“投影”，分割工具选择“草图 4”，分割面选择图 6-10 所示的曲面，单击“确定✔”按钮完成，如图 6-11 所示。

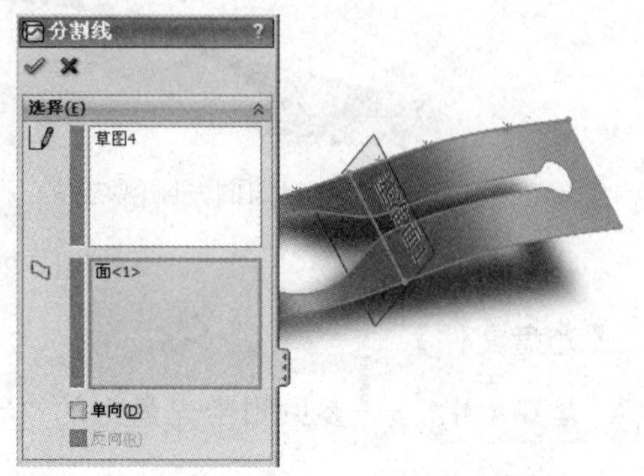

图 6-11　分割线

（9）单击曲面工具栏上的“填充曲面”按钮，出现如图 6-12 所示的对话框，选择边线<1>，其他保持默认，单击“确定✔”按钮完成。

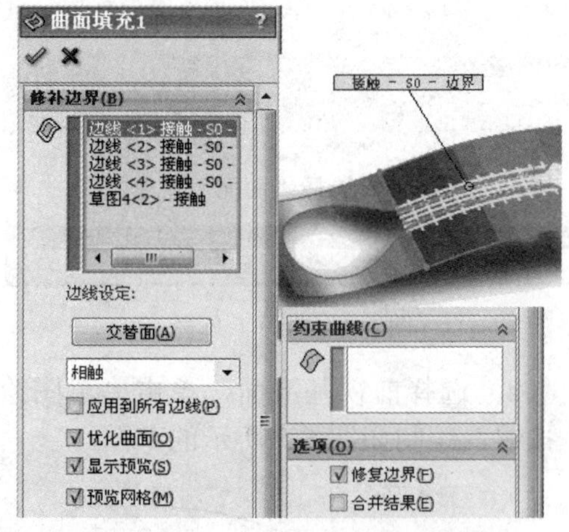

图 6-12　曲面填充

（10）单击特征工具栏上的“参考几何体”→“基准面”按钮，出现如图 6-13 所示的对话框，“第一参考”选择“前视基准面”，设置几何约束距离为 20.00mm，单击“确定✔”按钮新建基准面 2。

（11）选择基准面 2，绘制如图 6-14 所示的草图 5，然后退出草图绘制。

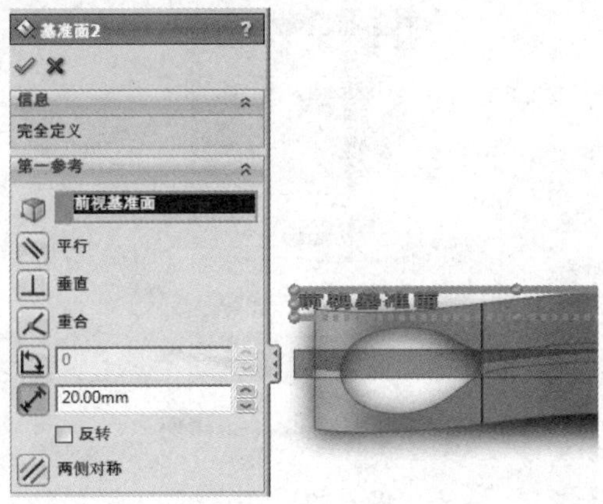

图 6-13　基准面 2

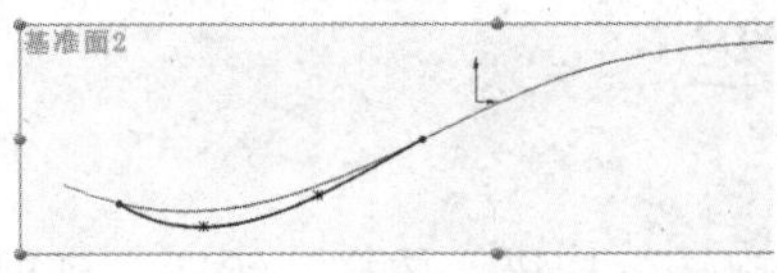

图 6-14　草图 5

（12）单击曲面工具栏上的“填充曲面”按钮，出现如图 6-15 所示的对话框，，选择边线<1>，“约束曲线”选择“草图 5”，其他保持默认，单击“确定”按钮完成。

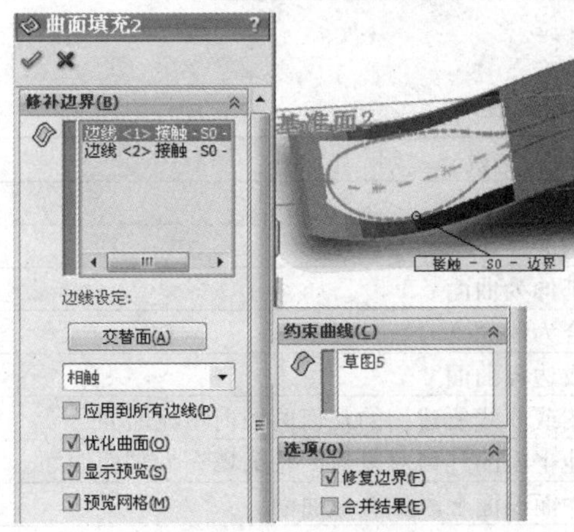

图 6-15　曲面填充

（13）单击曲面工具栏上的“缝合曲面”按钮，出现如图 6-16 所示的对话框，选择图中选择的两个填充曲面，其他保持默认，单击“确定”按钮完成。

（14）选择上视基准面，绘制如图 6-17 所示的草图 6，然后退出草图绘制。

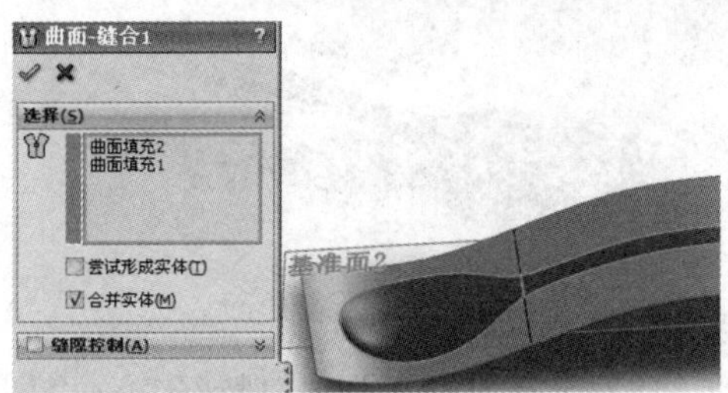

图 6-16　曲面缝合

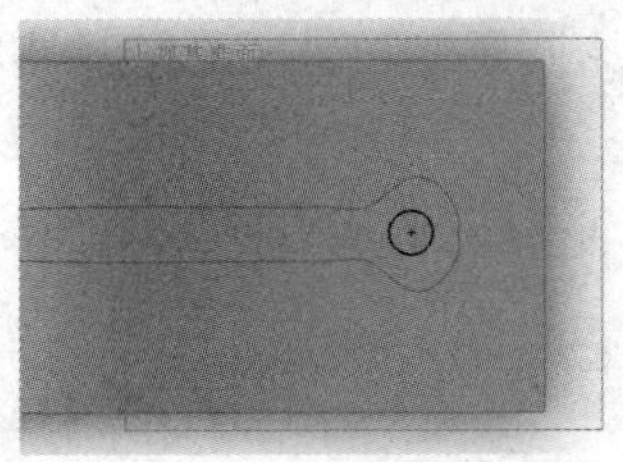

图 6-17　绘制草图

（15）单击“剪裁曲面”按钮，出现如图 6-18 所示的对话框，设置“剪裁工具”为“草图 6”，选中“保留选择”单选按钮，其他保持默认，单击“确定”按钮完成。

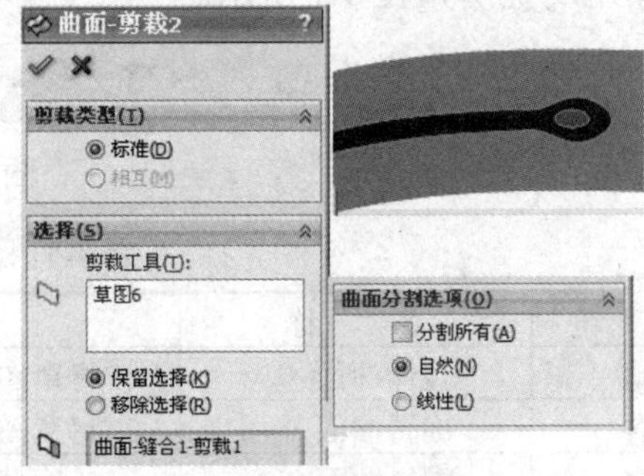

图 6-18　曲面剪裁

（16）在设计树中选择第一个拉伸曲面，出现如图 6-19 所示的对话框。单击“显示/隐藏”按钮，则该拉伸曲面由显示变为隐藏状态。

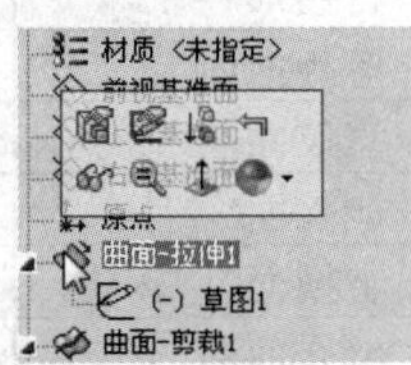

图 6-19　隐藏显示

（17）隐藏拉伸后所得的曲面如图 6-20 所示。

图 6-20　所得曲面

（18）选择“插入”→“特征”→“加厚”命令，出现如图 6-21 所示的对话框，选择所得曲面，设置加厚厚度为 1.00mm，单击“确定✓”按钮完成。

（19）最终所得的实体如图 6-22 所示。

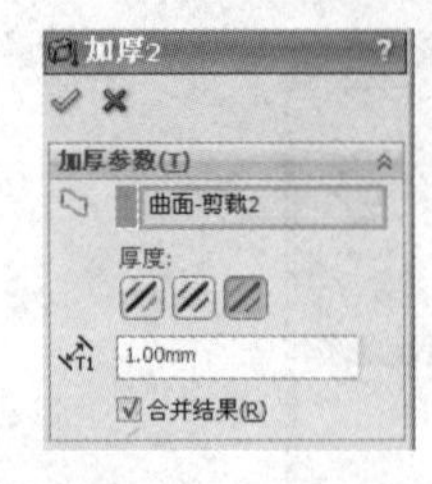

图 6-21　加厚

图 6-22　勺子

6.2　曲面工具栏

曲面是指零厚度的几何体，曲面生成可以通过拉伸、旋转、扫描、放样、等距、延展、填充等方式来完成，然后可通过曲面的剪裁、圆角、移动、删除等方式对曲面进行修改。

选择“插入”→“曲面”命令，可看到如图 6-23 所示的曲面绘制工具。

选择“视图”→“工具栏”→“曲面”命令，可将曲面工具添加到常用工具栏中。曲面工具栏各按钮及说明如表 6-1 所示。

图 6-23　曲面工具栏

表 6-1　曲面工具栏各按钮及说明

按　　钮	名　　称	说　　明
	拉伸曲面	将草图沿直线方向延伸曲面
	旋转曲面	将草图围绕轴线旋转为曲面
	扫描曲面	轮廓草图沿路径草图延伸为曲面
	放样曲面	多个轮廓草图之间拟合为曲面
	边界曲面	以双向在轮廓之间生成边界曲面
	填充曲面	在现有模型边界、草图或曲线所建构的几何区域内填充曲面
	平面区域	将草图封闭轮廓或其他平面的几何对象封闭轮廓填充为平面曲面
	自由形	通过在点上推动或拖动而在面上添加变形曲面
	等距曲面	使用一个或多个面来生成等距的面
	直纹曲面	从边线插入直纹曲面
	删除面	从实体删除面以生成面或删除实体曲面
	替换面	替换实体或曲面实体上的面
	缝合曲面	将两个或两个以上相交的面组合成一个面
	延伸曲面	根据延伸或终止条件来延伸边线、多条边线或面
	剪裁曲面	在一个曲面与另一个面面、基准面或边线相交处剪裁曲面
	解除剪裁曲面	通过延伸曲面来修补延伸孔或外部曲线
	圆角	生成圆角

6.3 曲 线

——参见附带光盘中的“AVI\Ch6\6-3.avi”文件。

曲线是曲面造型的基础，曲面是由曲线来表示的，在曲面的造型中，常常借助曲面来进行参考，可作为放样与扫描操作的轮廓线、引导线等。下面将介绍生成曲线的方法，主要包括投影曲线、组合曲线、螺旋线、涡旋线和分割线等。

6.3.1 投影曲线

单击曲线工具栏上的“曲线”→“投影曲线”按钮或选择“插入”→“曲线”→“投影曲线”命令，出现如图 6-24 所示的对话框。

面上草图

通过将绘制的曲线投影到模型面上的方式生成一条三维曲线

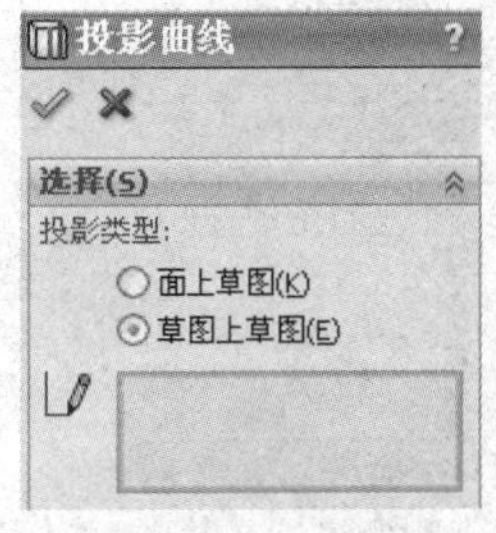

草图上草图

在两个相交的基准面上分别绘制草图，此时系统会将每个草图沿其所在平面的垂直方向投影以得到相应的曲面，最后这两个曲面在空间中相交而生成一条三维曲线

图 6-24 投影曲线

当投影类型为“面上草图”时，需设置投影草图、投影面及投影方向，如图 6-25 所示。

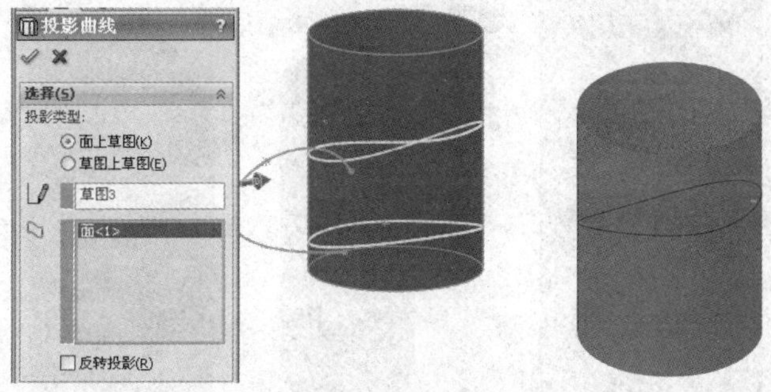

图 6-25 面上草图

当投影类型为“草图上草图”时，设置投影草图，单击“确定”按钮即可，如图 6-26 所示。

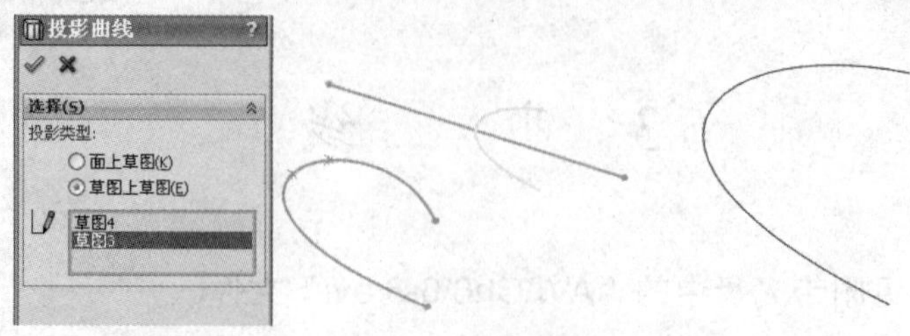

图 6-26　投影曲线

6.3.2　分割线

分割线是通过将实体投影在曲面或平面上而生成的，通过分割线或分割线到曲面的投影，可将曲面分割成多个曲面。

单击曲线工具栏上的“曲线”→“分割线”按钮或选择“插入”→“曲线”→“分割线”命令，出现如图 6-27 所示的对话框。

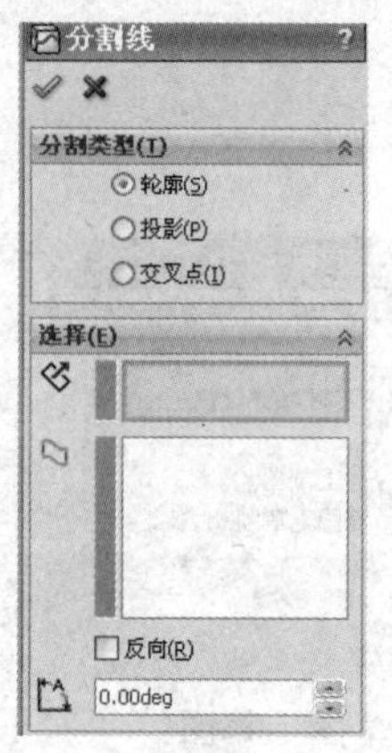

轮廓

沿着一个方向观察曲面所得的外轮廓线作为分割线

投影

草图向曲面的投影线为分割线

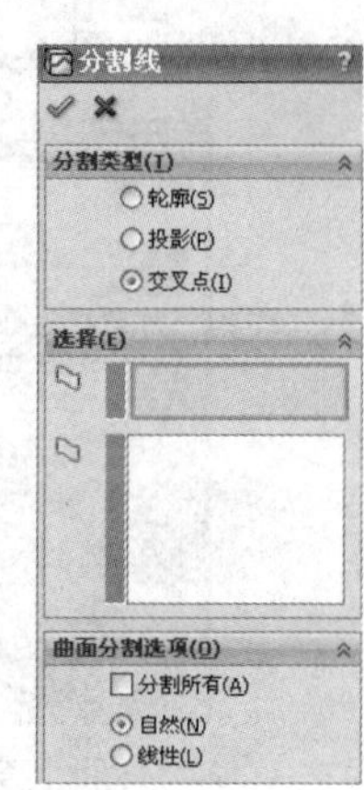

交叉点

以交叉实体、曲面、面、基准面或曲面样条曲线分割面

图 6-27　分割线

图 6-28 中分割类型为“轮廓”时，需设置以下参数。

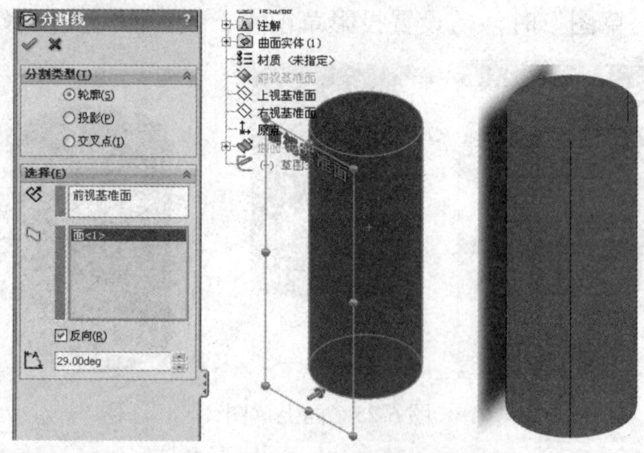

图 6-28　轮廓

◆ “拔模方向”，选择通过模型轮廓投影的基准面。

◆ “要分割的面”，选择一个或多个要分割的面。

◆ “反向”指反转拔模方向。

◆ “角度”用于设置拔模角度。

图 6-29 中分割类型为“投影”时，需选择要投影的草图、要分割的曲面及投影方向。曲面分割选项中，“分割所有”指分割线穿越曲面上所有可能的区域，分割所有可以分割的曲面；“自然”指按照曲面的形状进行分割；“线性”指按照线性方向进行分割。

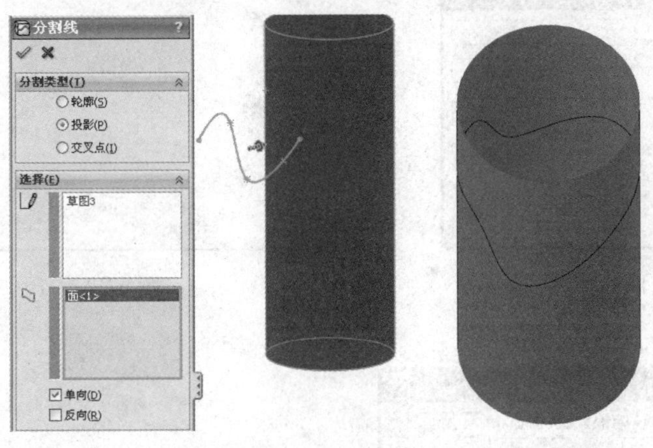

图 6-29　投影

如图 6-30 所示为通过两个曲面的交叉点来生成分割线。“选择”栏中的“选择分割实体/面/基准面”即选择生成分割线的分割工具，“要分割的面/实体”是指通过选择一面或实体，在该面或实体上生成分割线。

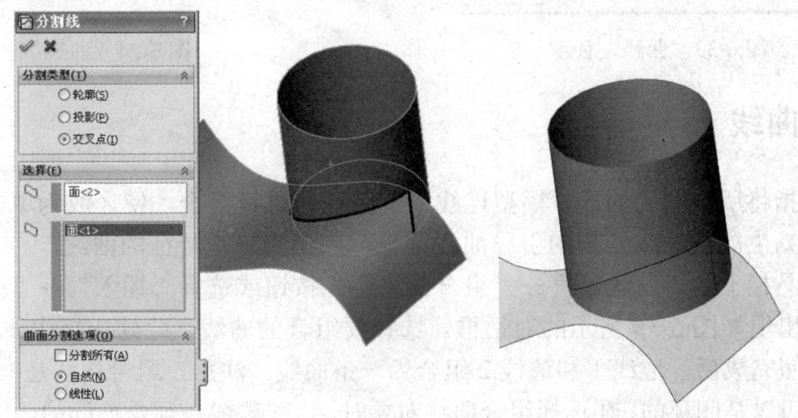

图 6-30　交叉线

6.3.3　通过 XYZ 点的曲线

单击曲线工具栏上的“曲线”→“通过 XYZ 点的曲线”按钮或选择“插入”→“曲线”→“通过 XYZ 点的曲线”命令，弹出如图 6-31 所示的“曲线文件”对话框。

其中 X、Y、Z 下面的空格对应着 X、Y、Z 3 点的坐标，双击下面的空白处可输入数值。单击“浏览”按钮可直接导入已存在的曲线文件。单击“保存”按钮可将该曲线保存成.sldcrv 格式的文件。单击“插入”按钮可新插入一行数据。

单击“浏览”按钮，打开“SW\Ch6\XYZ 曲线.sldcrv”文件，如图 6-32 所示。单击“打开”按钮后，出现如图 6-33 所示的对话框。单击“确定”按钮，可出现所绘制的曲线，如图 6-34 所示。

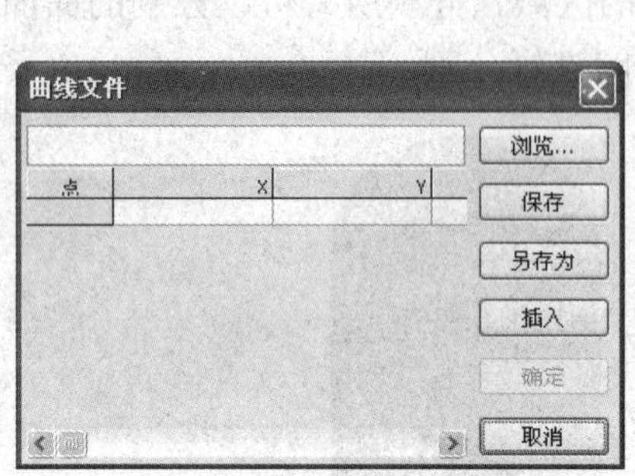

图 6-31　曲线文件

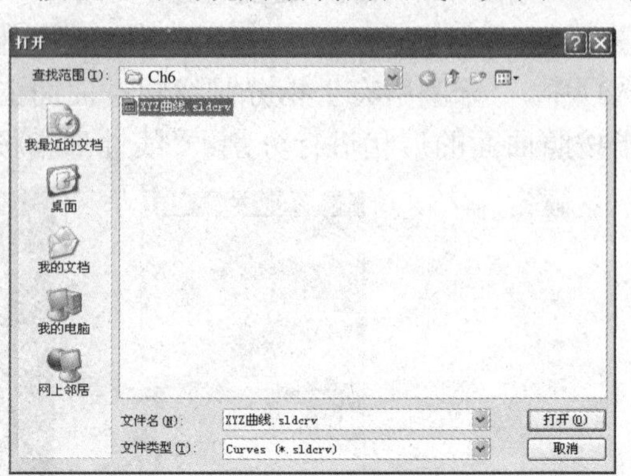

图 6-32　打开文件

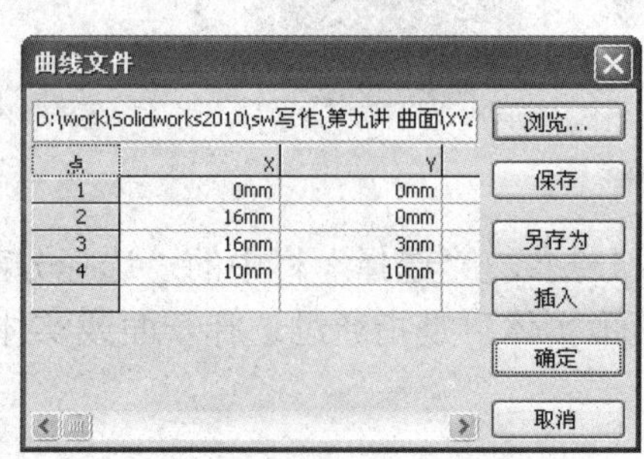

图 6-33　曲线文件

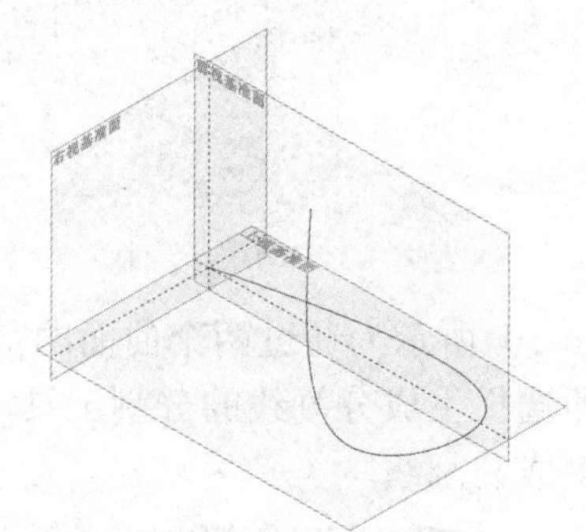

图 6-34　曲线

6.3.4　组合曲线

组合曲线是指将所绘制的曲线、模型连线或草图几何进行组合，使之成为单一的曲线。使用组合曲线可以作为生成放样或扫描的引导曲线，也可以作为阵列特征的曲线。

单击曲线工具栏上的“曲线”→“组合曲线”按钮或选择“插入”→“曲线”→“组合曲线”命令，出现如图 6-35 所示的对话框。选择要组合的曲线，此处选择边线 1 和边线 2，单击“确定”按钮完成后，边线 1 和边线 2 组合为一条曲线。注意，组合曲线是一条连续的曲线，可以是开环的也可以是闭环的，在选择组合曲线对象时，这些边线必须是连续的，中间不能有间隔。

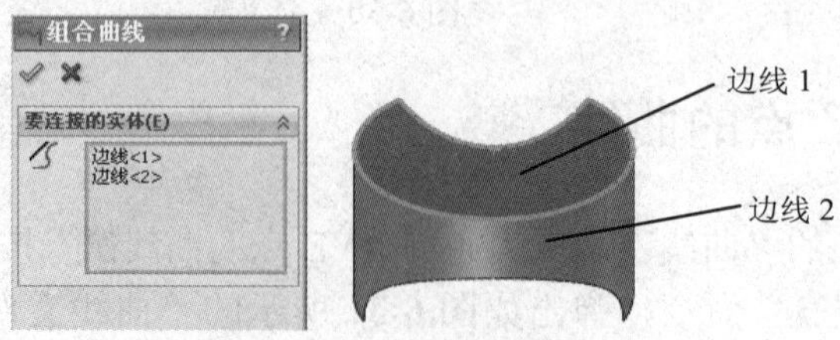

图 6-35　组合曲线

6.3.5　螺旋线/涡状线

螺旋线/涡状线用于绘制弹簧、螺纹、发条等零件，生成这些部件时，可利用螺旋线/涡状线作为引导线。

在生成螺旋线/涡状线时，首先需绘制一草图来指定螺旋线/涡状线产生的起始位置和直径。

单击曲线工具栏上的“曲线”→“螺旋线/涡状线”按钮或选择“插入”→“曲线”→“螺旋线/涡状线”命令，可进入螺旋线/涡状线绘制，其设置如图 6-36 所示。

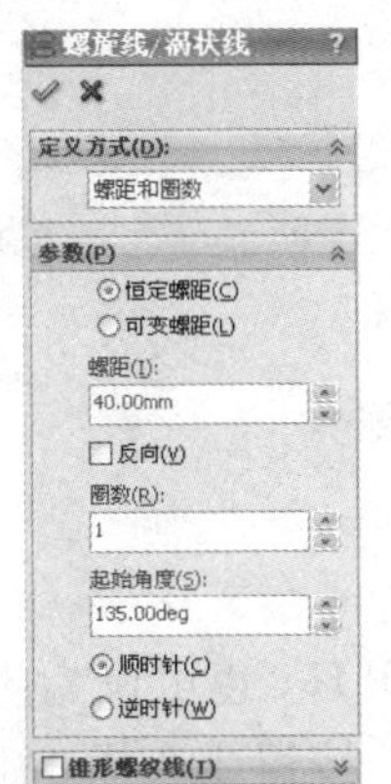

通过给定螺距和旋转圈数生成螺旋线

螺距和圈数

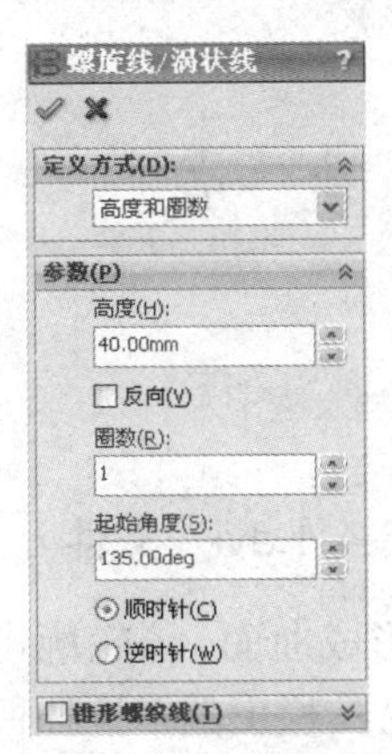

通过给定螺旋线高度和圈数生成螺旋线

高度和圈数

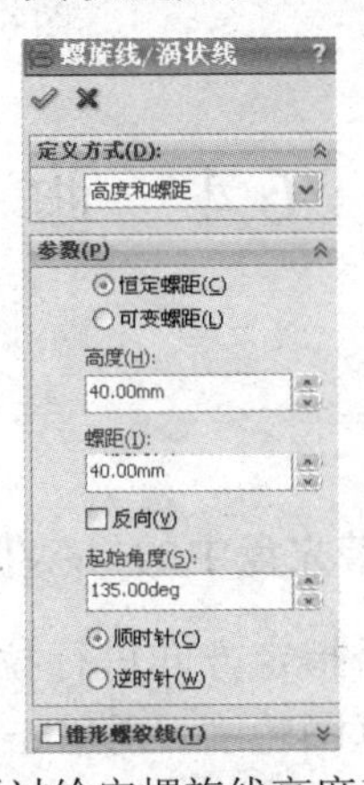

通过给定螺旋线高度和螺距生成螺旋线

高度和螺距

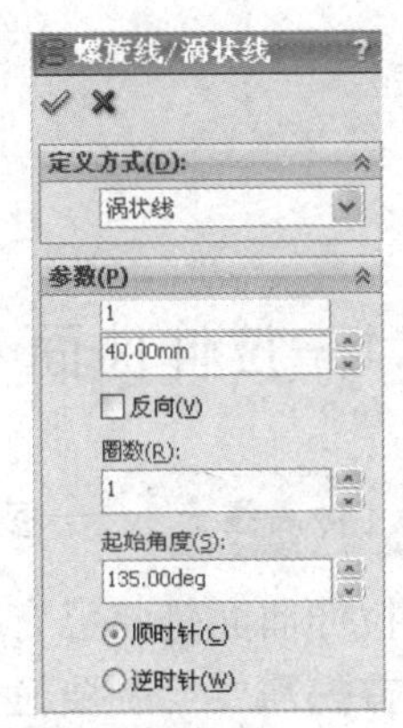

通过螺距和圈数生成二维涡状线

涡状线

图 6-36　螺旋线

参数设置中，可选恒定螺距和可变螺距，设定螺距之间的距离及旋转圈数，通过顺时针和逆时针来决定左旋或右旋，最后单击“确定”按钮完成。

已存在如图 6-37 所示的草图圆，通过该草图圆来确定螺旋线内径的大小，单击曲线工具栏上的“曲线”→“螺旋线/涡状线”按钮，进入“螺旋线/涡状线”对话框，选中“恒定螺距”单选按钮，设置“螺距”为 10.00mm，“圈数”为 6，选中“顺时针”单选按钮，单击“确定”按钮完成，如图 6-38 所示。

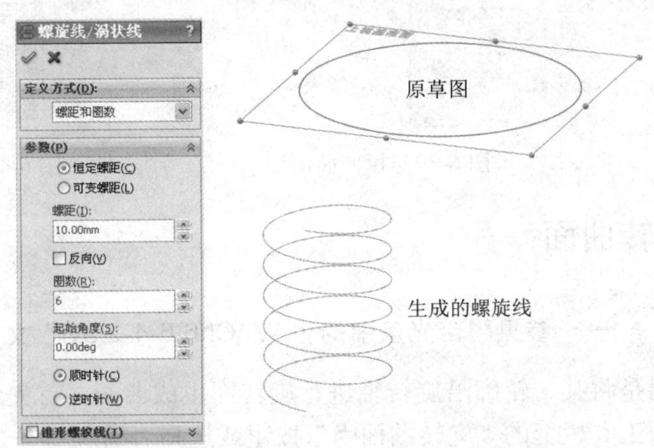

图 6-37　螺旋线

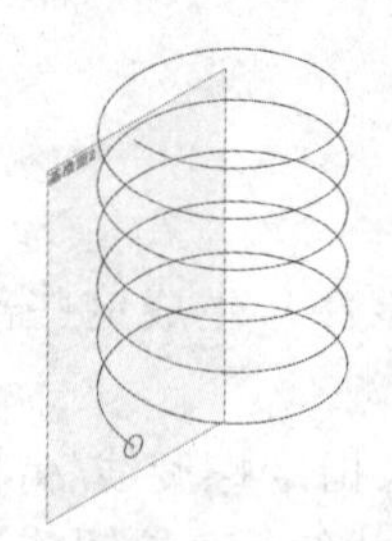
建立基准面及扫描轮廓

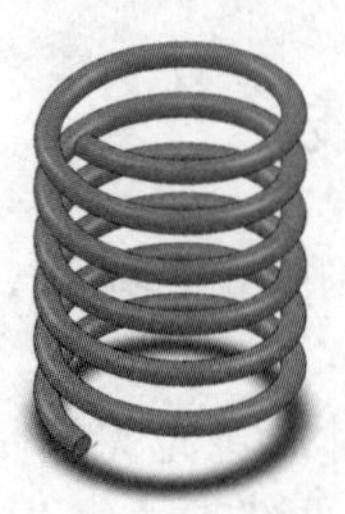
扫描得到的弹簧

图 6-38 弹簧

6.4 曲 面 生 成

6.4.1 拉伸曲面

动画演示——参见附带光盘中的“AVI\Ch6\6-4-1.avi”文件。

拉伸曲面是将已有轮廓沿指定方向进行拉伸而形成曲面，该轮廓可以为开环，也可以为闭环。

首先需要绘制要拉伸的草图轮廓，再单击曲面工具栏上的“拉伸曲面”按钮或选择“插入”→“曲面”→“拉伸曲面”命令，则出现如图 6-39 所示的对话框。

“拉伸方向”默认为“方向 1”，终止条件选择“给定深度”，拉伸深度为 40.00mm，可得到如图 6-39 所示的草图。对于终止条件，如图 6-40 所示，有 6 个选项，同实体拉伸，此处不再赘述。最后单击“确定”按钮完成曲面旋转。

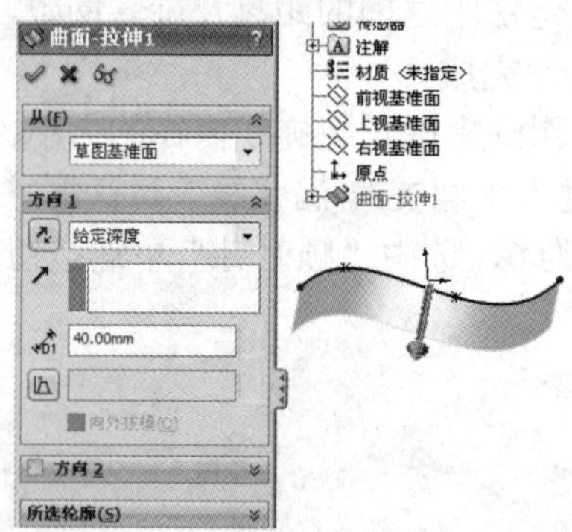

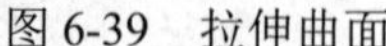

图 6-39 拉伸曲面

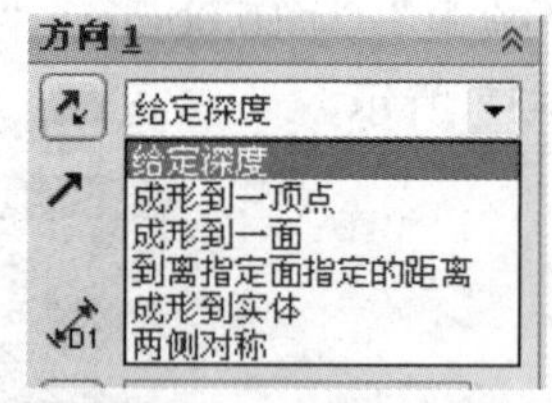

图 6-40 拉伸方向

6.4.2 旋转曲面

——参见附带光盘中的“AVI\Ch6\6-4-2.avi”文件。

旋转曲面是将某一轮廓沿旋转轴进行旋转而生成曲面，首先绘制如下轮廓。

单击曲面工具栏上的“旋转曲面”按钮或选择“插入”→“曲面”→“旋转曲面”命令，可出现如图 6-41 所示的对话框。

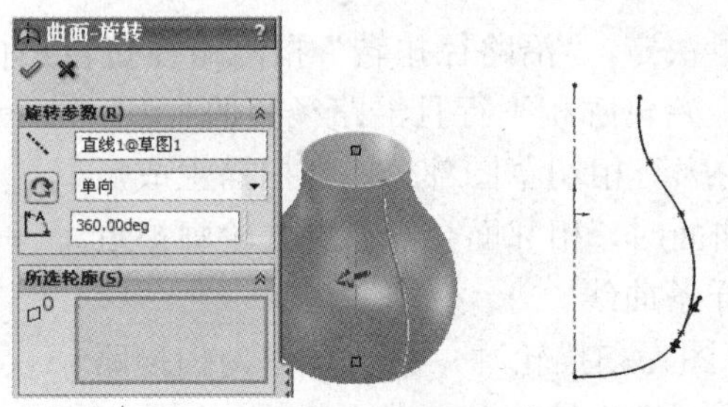

图 6-41　旋转曲面

选择"旋转轴"为草图中心线，设置旋转方向为"单向"，旋转角度为 360.00 度，"所选轮廓"为草图实体样条曲线，单击"确定"按钮完成曲面旋转。

旋转曲面生成，要具有旋转轴和旋转轮廓两个基本要素，旋转轴选择中心线，旋转轮廓为样条曲线，对于简单的草图，软件会默认旋转轮廓，即旋转轮廓框无须单独选择，另外还需要设置旋转方向和旋转角度。

6.4.3　扫描曲面

动画演示——参见附带光盘中的"AVI\Ch6\6-4-3.avi"文件。

扫描曲面，通过沿着一条路径移动轮廓（截面）来生成曲面。轮廓可以是开环，也可以是闭环，路径可以是开环或闭环，路径可以是一张草图、一条曲线或一组模型边线中包含的一组草图曲线，路径的起点必须位于轮廓的基准面上，无论是截面、路径或所形成的实体，都不能出现自相交叉的情况。

分别在上视基准面和前视基准面上绘制草图，注意必须有交叉点，如图 6-42 所示。

单击曲面工具栏上的"扫描曲面"按钮或选择"插入"→"曲面"→"扫描曲面"命令，出现如图 6-43 所示的对话框。

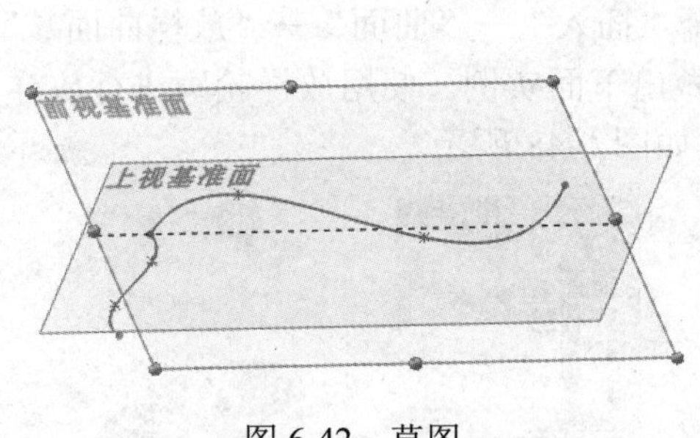

图 6-42　草图

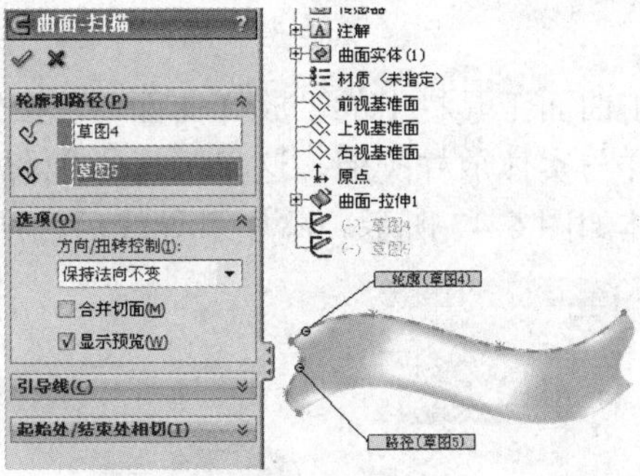

图 6-43　曲面扫描

"轮廓"指扫描曲面的草图轮廓，该轮廓可以开环，也可以闭环。

"路径"指扫描曲面生成的路径。

"方向/扭转控制"主要有如下几种选择："随路径变化"指扫描轮廓与路径始终处于同一角度，"保持法向不变"指扫描轮廓始终与开始轮廓相平行，"随路径和第一引导线变化"指中间轮廓的扭转由路径和第一条引导线的向量决定，"随第一和第二引导线变化"指中间轮廓的扭转由

第一条和第二条引导线的向量决定，“沿路径扭转”指沿路径扭转扫描轮廓，“以法向不变沿路径扭曲”指将扫描轮廓始终与开始轮廓相平行且沿路径扭曲。

“合并切面”指若扫描轮廓有相切草图部分，则扫描生成后的曲面会自动合并。在合并曲面时，相邻面会被合并，轮廓被近似处理，草图圆弧可转换为样条曲线。

在图 6-43 中，选择一草图为扫描轮廓，另一草图为扫描路径，仅有扫描轮廓和扫描路径可构成最简单的曲面扫描，其他保持默认，单击“确定”按钮，所得曲面如图 6-44 所示。

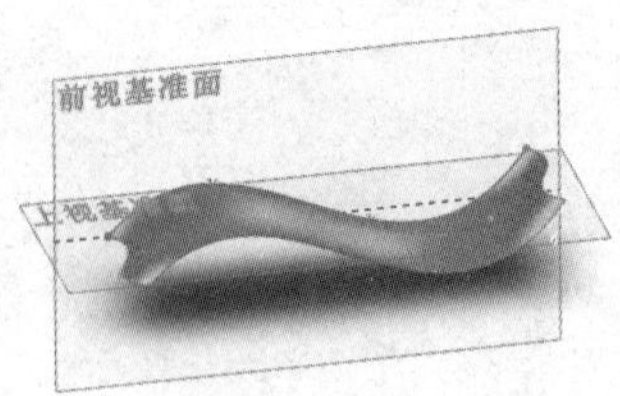

图 6-44　扫描曲面

6.4.4　放样曲面

——参见附带光盘中的“AVI\Ch6\6-4-4.avi”文件。

放样曲面，通过在轮廓之间进行过渡从而生成曲面。首先绘制要进行放样的草图，建立如图 6-45 所示的基准面。

绘制如图 6-46 所示的放样草图 1、草图 2、草图 3。

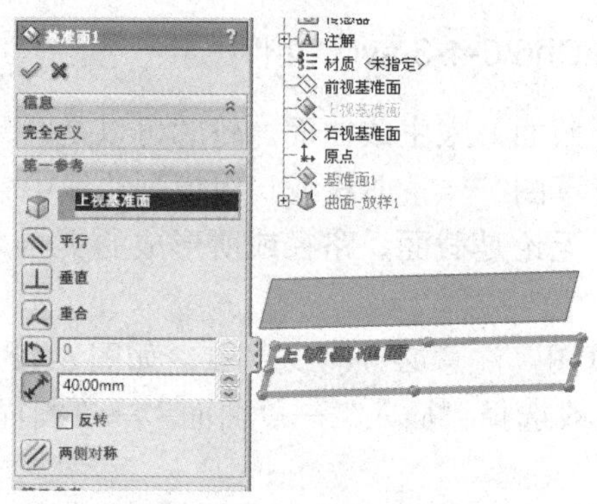

图 6-45　建立基准面

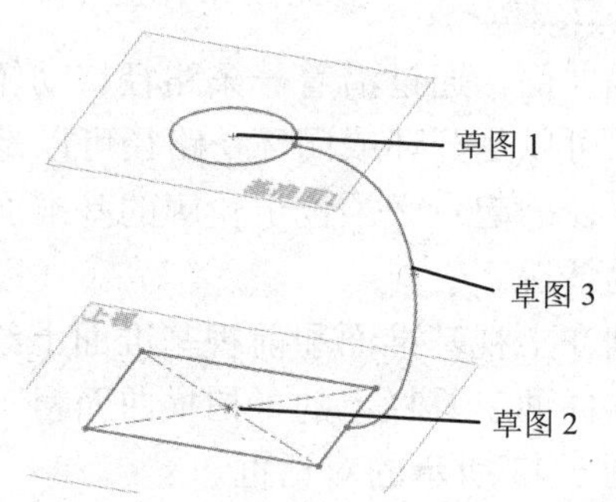

图 6-46　放样草图

单击曲面工具栏上的“放样曲面”按钮或选择“插入”→“曲面”→“放样曲面”命令。曲面放样与实体放样类似，这里不再详细解释，仅做出下面实例。使用放样轮廓进行放样，所生成的实体如图 6-47 所示。添加引导线后，所得实体如图 6-48 所示。

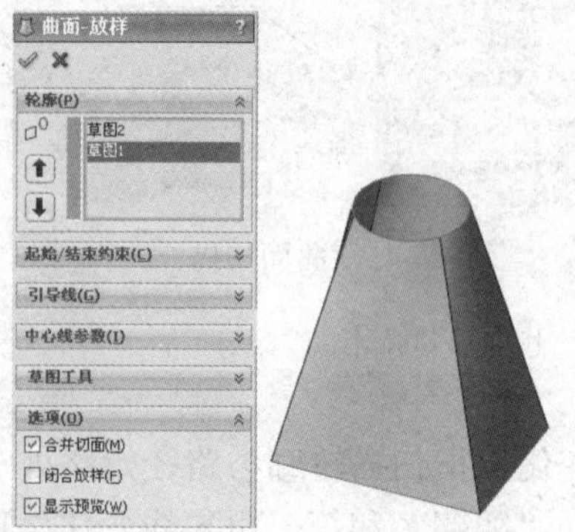

图 6-47　放样曲面

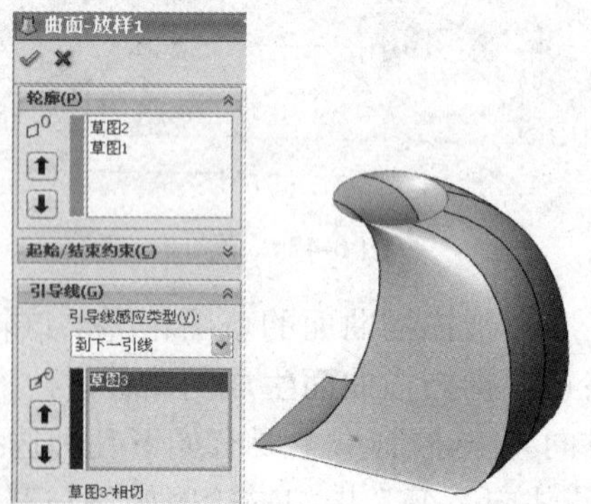

图 6-48　放样后的曲面

6.4.5 填充曲面

——参见附带光盘中的“AVI\Ch6\6-4-5.avi”文件。

填充曲面是以模型的边线、草图轮廓或曲线为边界，在其内部构建曲面进行修补可采用约束曲线影响填充方式，可设定填充曲面与周边相邻曲面的过渡关系，填充曲面适应性强，曲面质量高。

填充曲面通常用于以下几种情况：

- 纠正没有正确输入到 SolidWorks 中的零件，如该零件有丢失的面。
- 填充用于型芯和型腔造型的零件中的孔。
- 生成实体模型。
- 构建用于工业设计应用的曲面。
- 用于包括作为独立实体的特征或合并这些特征。

单击曲面工具栏上的“填充曲面”按钮或选择“插入”→“曲面”→“填充曲面”命令，可进入如图 6-49 所示的对话框。

“修补边界”可选择由草图曲线、实体模型边线、空间曲面边线等构成的封闭空间轮廓。

填充曲面与相邻面之间的过渡方式有 3 种，即相触、相切和曲率，“相触”指在所选边界内生成曲面，“相切”指在所选边界内生成曲面，且保持修补边线相切，“曲率”指在与相邻曲面交界的边界线上生成与所选曲面的曲率相配套的曲面。

“应用到所有边线”指将相同曲率应用到所有边线。

当填充曲面的边线具有两个可能的相邻面时，单击“交替面”按钮可改变相切过渡的对象。

“约束曲线”，可使用样条曲线或草图点增加填充曲面的斜面控制。

图 6-50 所示的曲面填充，有 3D 草图，在“修补边界”实体选择中，选中要进行曲面填充的边线，单击“确定”按钮即可完成曲面填充，曲面填充后如图 6-50 所示。

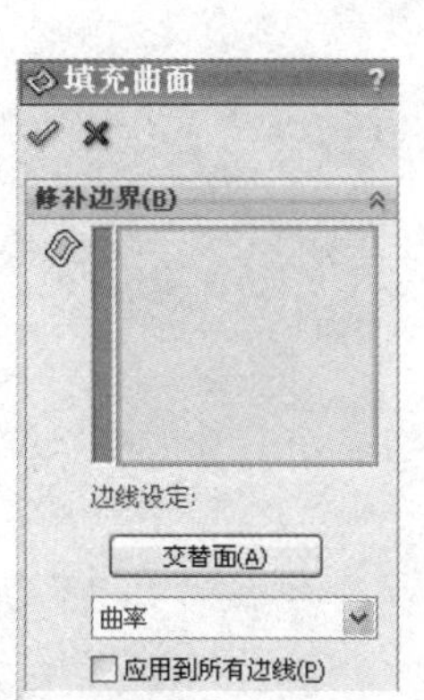

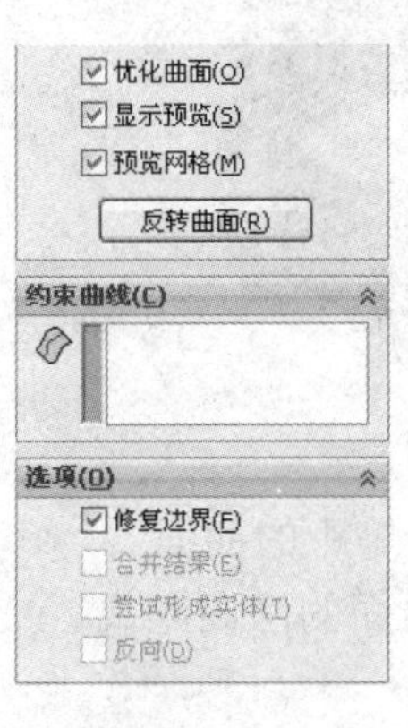

图 6-49 填充曲面

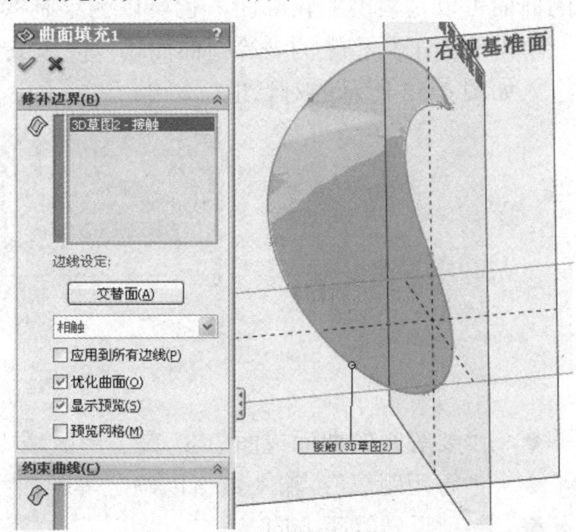

图 6-50 曲面填充后

6.4.6 平面区域

动画演示——参见附带光盘中的“AVI\Ch6\6-4-6.avi”文件。

由草图或零件上的一个封闭环（必须在同一平面上）等有限边界生成的平面。

单击曲面工具栏上的“平面区域”按钮或选择“插入”→“曲面”→“平面区域”命令，可进入如图 6-51 所示的对话框。选择要生成平面的草图轮廓，则在该轮廓内填充一平面，单击“确定”按钮即可。

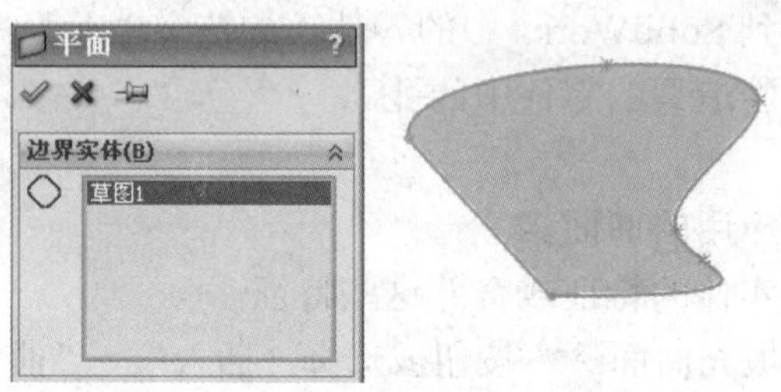

图 6-51　平面区域

6.5 曲 面 编 辑

6.5.1 等距曲面

动画演示——参见附带光盘中的“AVI\Ch6\6-5-1.avi”文件。

等距曲面又称复制曲面，是将所选定的曲面沿法线偏移生成的曲面，可以零距离等距，所等距的曲面可以是模型的轮廓面，也可以为绘制的曲面。

单击曲面工具栏上的“等距曲面”按钮或选择“插入”→“曲面”→“等距曲面”命令，可进入如图 6-52 所示的对话框。

图 6-52　等距曲面

- “要等距的曲面或面”：在图形区域中选择要等距的曲面。
- “等距距离”：输入数值以确定等距曲面与该曲面的法向距离。
- ：反转等距方向。

如图 6-52 所示，选择圆柱面作为要等距的曲面，单击“确定”按钮完成，则会生成另一曲面。

6.5.2　延伸曲面

动画演示——参见附带光盘中的“AVI\Ch6\6-5-2.avi”文件。

延伸曲面指通过一条或多条边线或一个面对曲面进行延伸。通常情况下，延伸曲面只是改变现有曲面的边界，而不会生成新的曲面。

单击曲面工具栏上的“延伸曲面”按钮或选择“插入”→“曲面”→“延伸曲面”命令，可进入如图 6-53 所示的对话框。

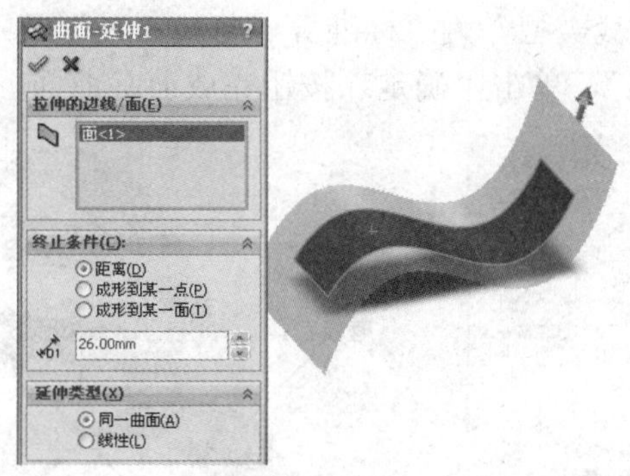

图 6-53　延伸曲面

在图 6-53 所示的对话框中，选择该曲面为拉伸的边线/面，设置“终止条件”为“距离”，并设定数值为 26.00mm，“延伸类型”为“同一曲面”，单击“确定”按钮完成，所得曲面如图中所示。

“拉伸的边线/面”，选择所要延伸的面或边线。若所选为面，则该面上的所有边线均进行延伸；若选择边线，则只有该边线处的面进行延伸。

“终止条件”有 3 种，即距离、成形到某一点、成形到某一面。“距离”指将曲面延伸到所设定距离，“成形到某一点”将曲面延伸到某指定的点处，“成形到某一面”将曲面延伸到指点面处。

“延伸类型”有两种，“同一曲面”指延伸后仍保持曲面形态的一致性，这种延伸只改变了曲面边界；“线性”指在曲面的切向延伸曲面，延伸的部分将成为新的独立曲面。

对于图 6-54 所示的延伸曲面，选择图中边线为“拉伸的边线/面”，设置“终止条件”为“成形到某一面”，“延伸类型”为“同一曲面”，单击“确定”按钮完成该曲面延伸，所得结果如图 6-54 所示。

图 6-54　成形到某一面

6.5.3 剪裁曲面

——参见附带光盘中的“AVI\Ch6\6-5-3.avi”文件。

可使用曲面、基准面或草图作为剪裁工具剪裁相交曲面，也可以将曲面或其他曲面配合使用来相互剪裁。

单击曲面工具栏上的“剪裁曲面”按钮或选择“插入”→“曲面”→“剪裁曲面”命令，可进入如图6-55所示的对话框。

在图6-55中，设置“剪裁类型”为“标准”，“剪裁工具”及“要移除的面”如图所选，设置“曲面分割选项”为“自然”，单击“确定”按钮完成剪裁曲面，所得结果如图6-55所示。

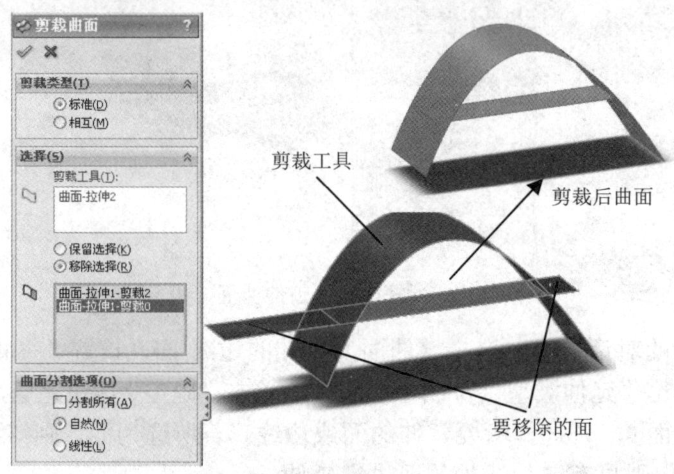

图6-55 剪裁曲面

“剪裁类型”中，“标准”指使用曲面、草图实体、曲线或基准面等剪裁曲面，“相互”是使用曲面本身剪裁曲面。

“剪裁工具”指用来剪裁曲面的曲面、草图实体、曲线或基准面等。

“保留选择”指所选择面为剪裁后保留的部分。

“移除选择”指所选择面为剪裁后移除的部分。

“分割所有”显示曲面中的所有分割。

“自然”指强迫边界边线随曲面开关变化。

“线性”指强迫边界边线随剪裁点的线性方向变化。

6.5.4 缝合曲面

——参见附带光盘中的“AVI\Ch6\6-5-4.avi”文件。

缝合曲面是将两个或多个曲面缝合成一个面。

单击曲面工具栏上的“缝合曲面”按钮或选择“插入”→“曲面”→“缝合曲面”命令，可得到如图6-56所示的对话框。

“要缝合的曲面”，选择要进行缝合的曲面。

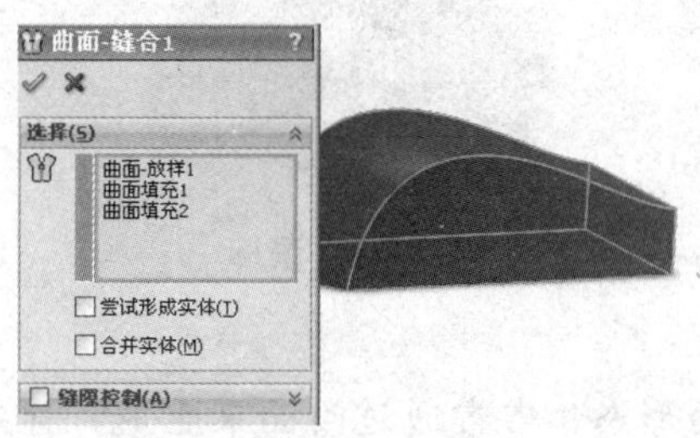

图 6-56　缝合曲面

“缝隙控制”，将曲面缝合至某公差内，而两条曲面边线的距离超出公差时，所产生的缝合缝隙可看成为开放。在缝合曲面 PropertyManager 中的缝隙控制下，可根据所产生的缝隙修改缝合公差以改进曲面缝合。

在绘图区域中选择要进行缝合的曲面，单击“确定”按钮即可完成。

6.5.5　删除面

——参见附带光盘中的“AVI\Ch6\6-5-5.avi”文件。

删除面是将所选的面删除并进行编辑。

单击曲面工具栏上的“删除面”按钮或选择“插入”→“曲面”→“删除面”命令，出现如图 6-57 所示的对话框。

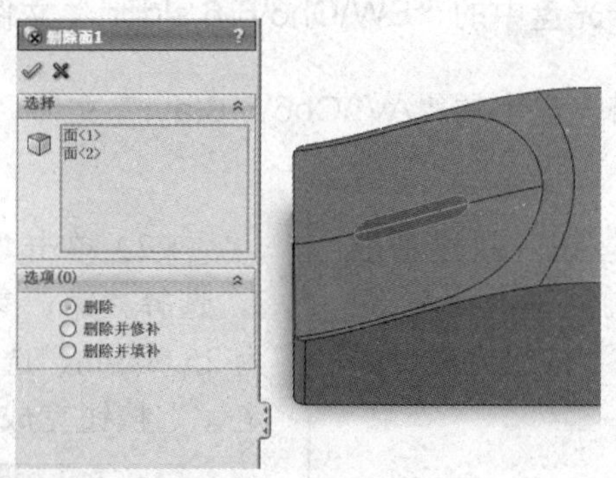

图 6-57　删除面

- “要删除的面”：选择要进行删除的面。
- “删除”：将所选面删除。
- “删除并修补”：将所选面删除，通过相邻面的延伸生成一个完整的曲面。
- “删除并填补”：将所选面删除，通过一个相切于相邻面的光滑曲面将空缺处填补完整。

6.6　实例 · 操作——鼠标

鼠标是日常生活中常见的办公工具之一，其基本轮廓如图 6-58 所示。

图 6-58 鼠标

【思路分析】

鼠标由于其特有的复杂表面形态，常常通过曲面来生成，首先通过曲面拉伸与曲面填充完成基本实体的生成，再利用曲面的剪裁、分割线、删除面等完成细节实体的绘制，最后配合使用特征工具栏的拉伸实体形成鼠标滚轮，其基本绘制流程如图 6-59 所示。

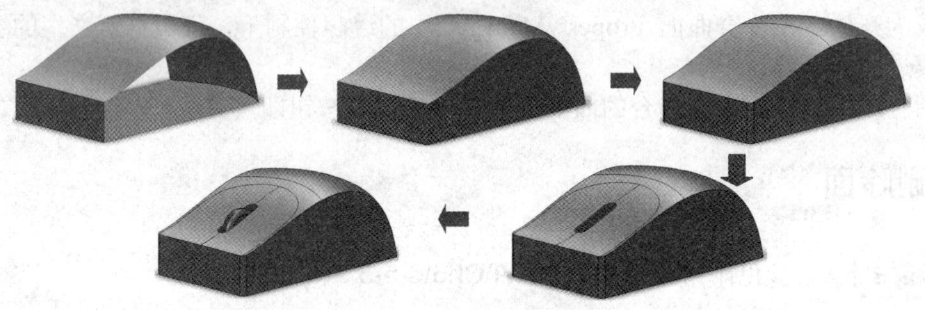
图 6-59 鼠标绘制流程

【光盘文件】

——参见附带光盘中的“SW\Ch6\6-6.sldprt”文件。

——参见附带光盘中的“AVI\Ch6\6-6.avi”文件。

【操作步骤】

（1）单击“基准面”按钮，新建基准面 1，选择“第一参考”为“前视基准面”，距离为 25.00mm，单击“确定”按钮完成，如图 6-60 所示。

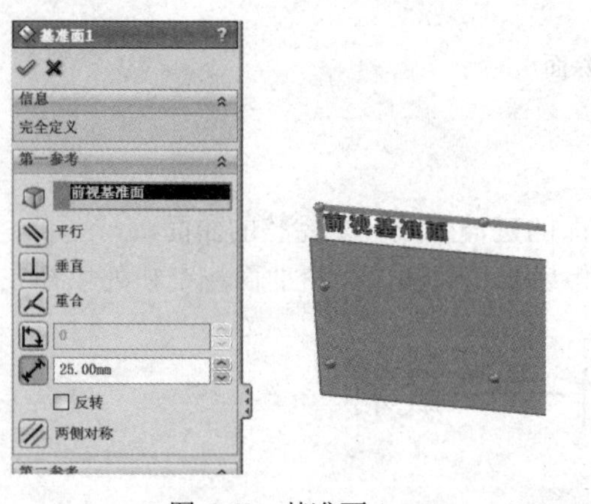

图 6-60 基准面 1

（2）单击“基准面”按钮，新建基准面 2，选择“第一参考”为“前视基准面”，距离为 25.00mm，选中“反转”复选框，单击“确定”按钮完成，如图 6-61 所示。

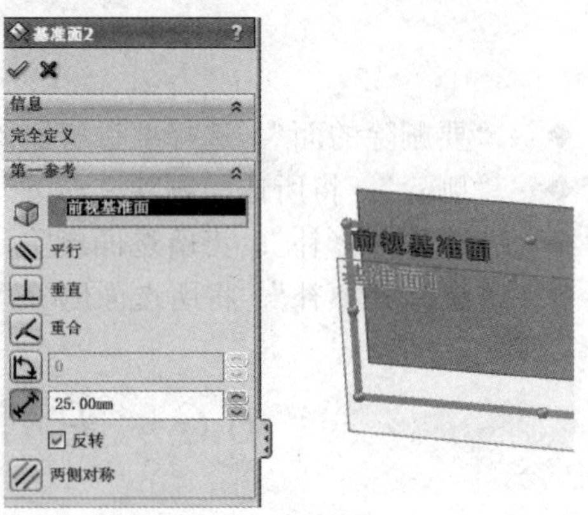

图 6-61 基准面 2

（3）选中前视基准面，单击“草图绘制”按钮，绘制如图6-62所示的草图。

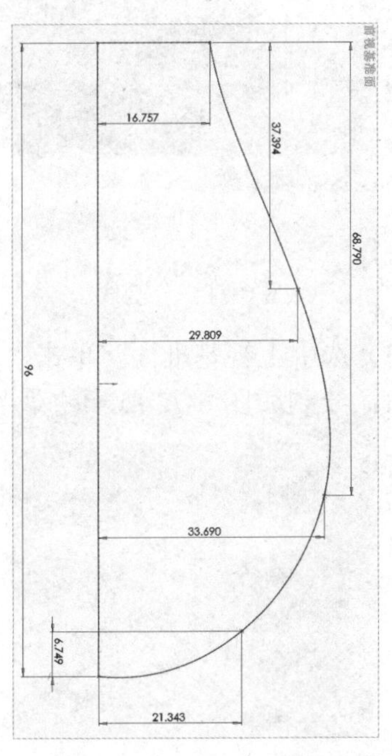

图6-62　绘制草图1

（4）选中基准面1，单击“草图绘制”按钮，绘制如图6-63所示的草图。

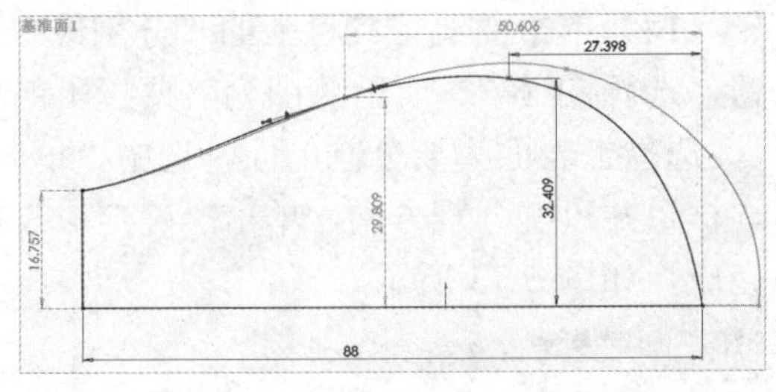

图6-63　绘制草图2

（5）选中基准面2，单击“草图绘制”按钮，绘制如图6-64所示的草图3，该草图与草图2完全重合。

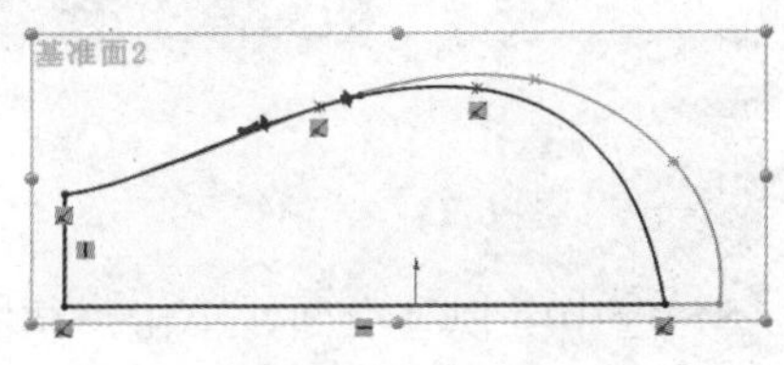

图6-64　绘制草图3

（6）单击曲面工具栏上的“放样曲面”按钮，如图6-65所示，在放样轮廓中，依次选择草图3、草图1、草图2，单击“确定”按钮完成。

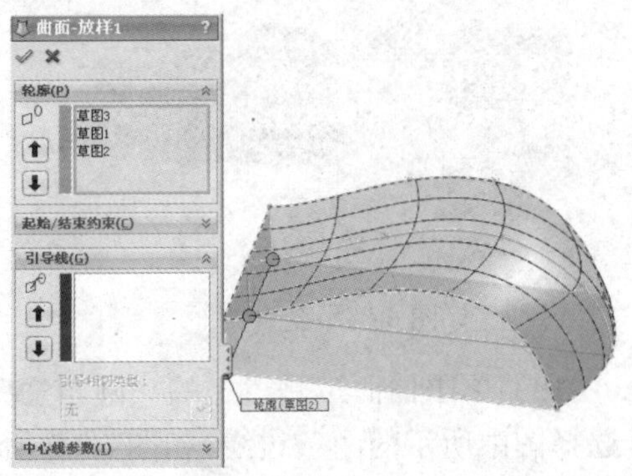

图6-65　草图放样

（7）单击曲面工具栏上的“填充曲面”按钮，选择一侧边线进行填充，如图6-66所示，单击“确定”按钮完成。

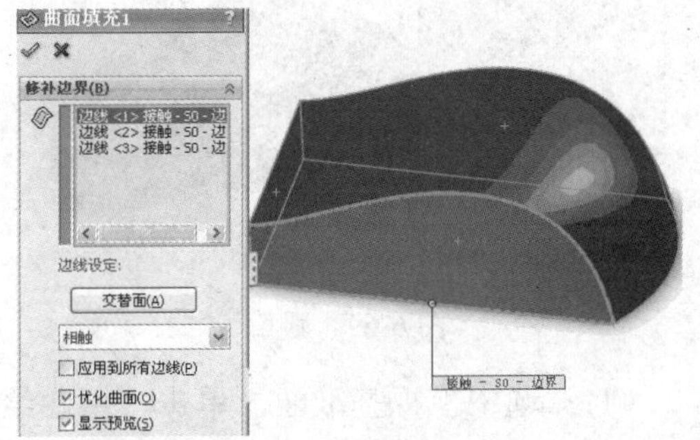

图6-66　填充曲面1

（8）单击曲面工具栏上的“填充曲面”按钮，选择另一侧边线进行填充，如图6-67所示，单击“确定”按钮完成。

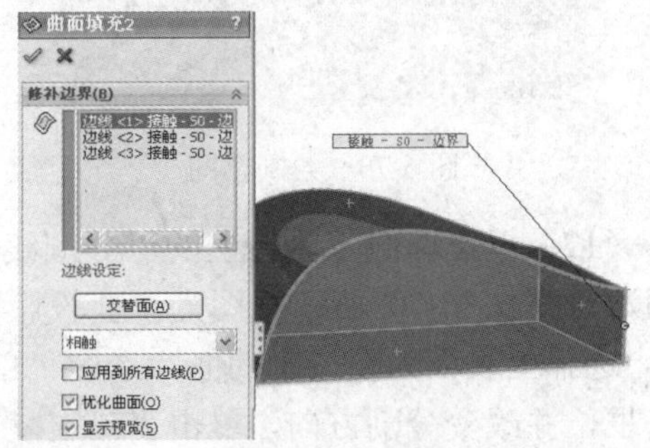

图6-67　填充曲面2

（9）单击曲面工具栏上的“缝合曲面”按钮，选择放样曲面及两个填充的曲面进行缝合，如图 6-68 所示。单击“确定”按钮完成。

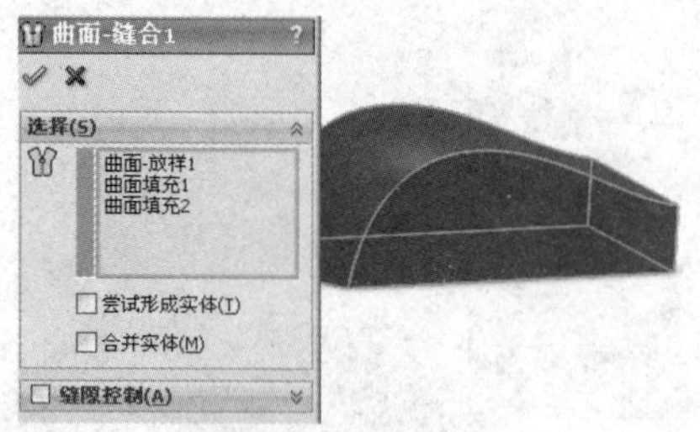

图 6-68　缝合曲面

（10）单击曲面工具栏上的“圆角”按钮，选择图中所示的两条边线，如图 6-69 所示。单击“确定”按钮完成。

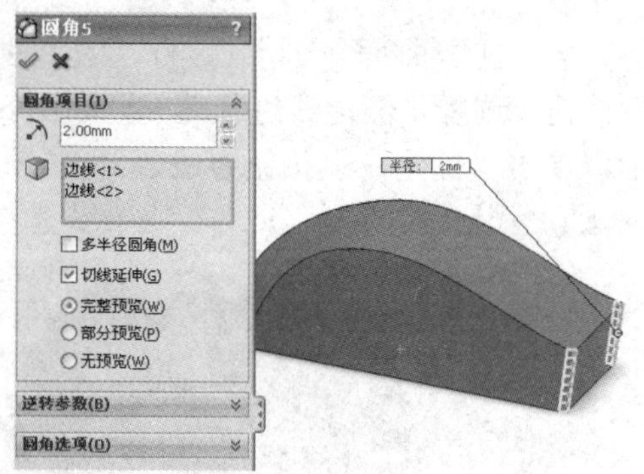

图 6-69　圆角

（11）选中上视基准面，单击“草图绘制”按钮，绘制如图 6-70 所示的草图。

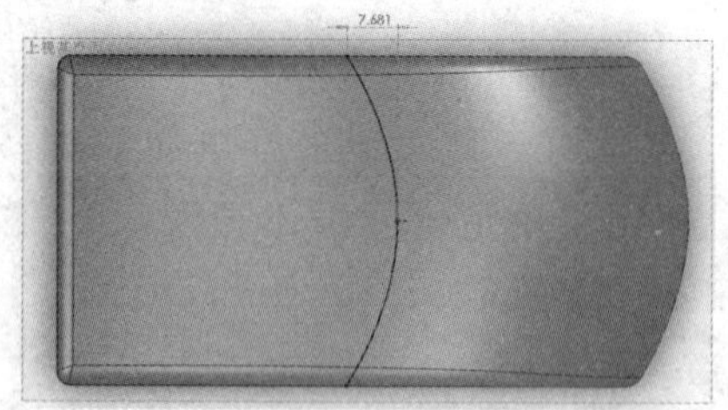

图 6-70　绘制草图

（12）单击曲线工具栏上的“分割线”按钮，选择图 6-70 所示草图为“要投影的草图”，选择上表面为要分割的面，选中“单向”复选框，并改变分割方向，单击“确定”按钮完成，如图 6-71 所示。

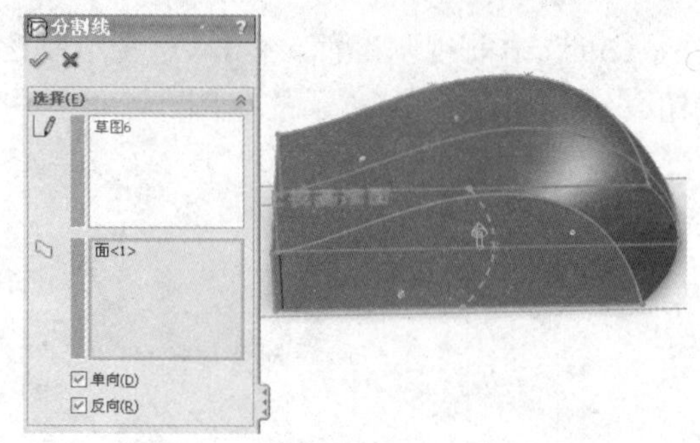

图 6-71　分割线

（13）选中上视基准面，单击“草图绘制”按钮，绘制如图 6-72 所示的草图。

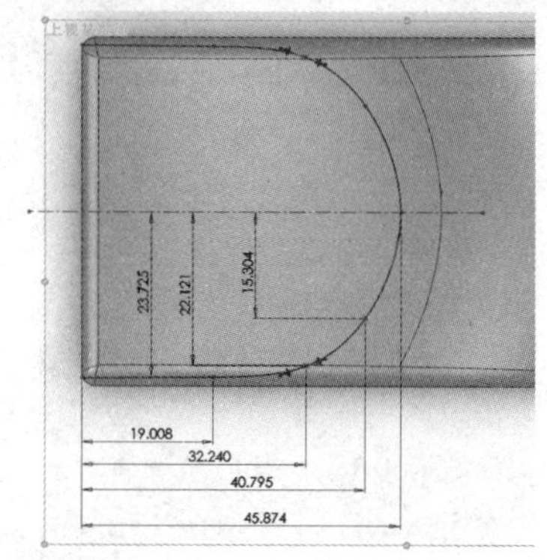

图 6-72　绘制草图

（14）单击曲线工具栏上的“分割线”按钮，选择图 6-72 所示草图为“要投影的草图”，选择上表面为要分割的面，选中“单向”复选框，并改变分割方向，单击“确定”按钮完成，如图 6-73 所示。

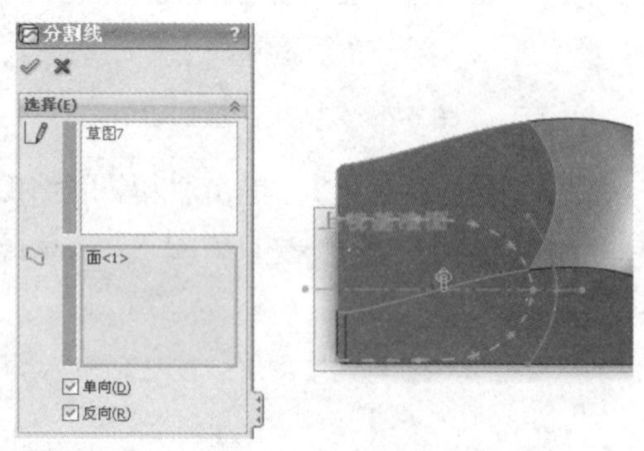

图 6-73　分割线

（15）选中上视基准面，单击“草图绘制”按钮，绘制如图 6-74 所示的草图。

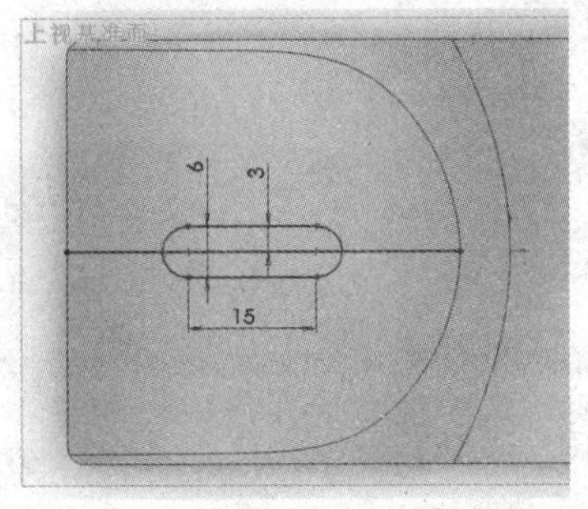

图 6-74　绘制草图

（16）单击曲线工具栏上的“分割线”按钮，选择图 6-74 所示草图为“要投影的草图”，选择上表面为要分割的面，选中“单向”复选框，并改变分割方向，单击“确定”按钮完成，如图 6-75 所示。

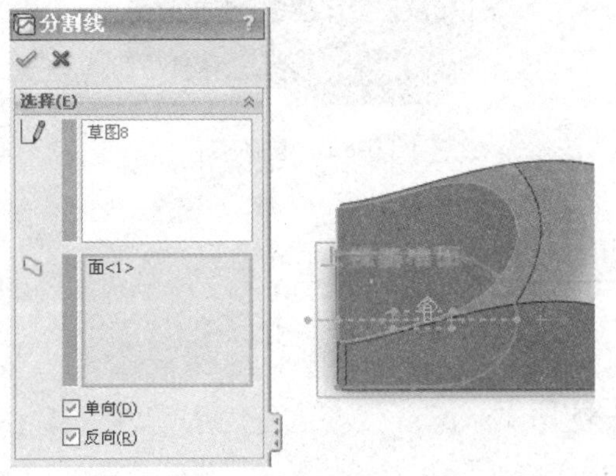

图 6-75　分割线

（17）单击曲面工具栏上的“删除面”按钮，选择如图 6-76 所示的两个面作为删除面，单击“确定”按钮完成。

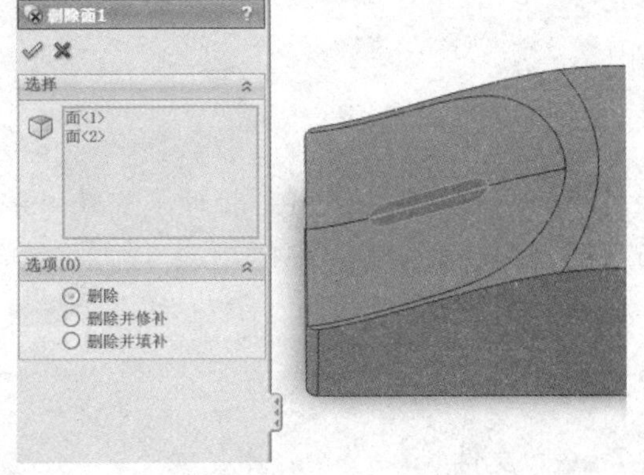

图 6-76　删除面

（18）选中前视基准面，单击“草图绘制”按钮，绘制如图 6-77 所示的草图。

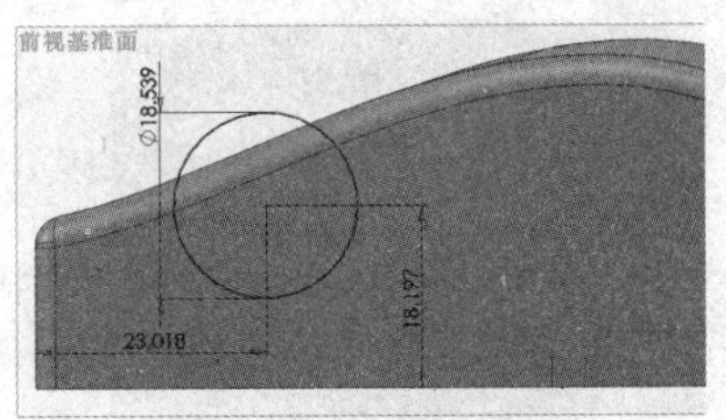

图 6-77　绘制草图

（19）单击特征工具栏上的“拉伸凸台/基体”按钮，选择拉伸方向为“两侧对称”，拉伸深度为 5.00mm，单击“确定”按钮完成，如图 6-78 所示。

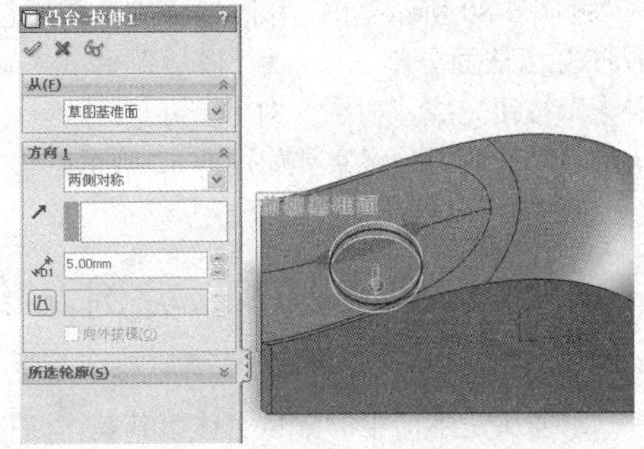

图 6-78　拉伸凸台/基体

（20）单击特征工具栏上的“圆角”按钮，圆角半径设置为 2.00mm，圆角边线为上述凸台基体的两条边线，单击“确定”按钮完成，如图 6-79 所示。

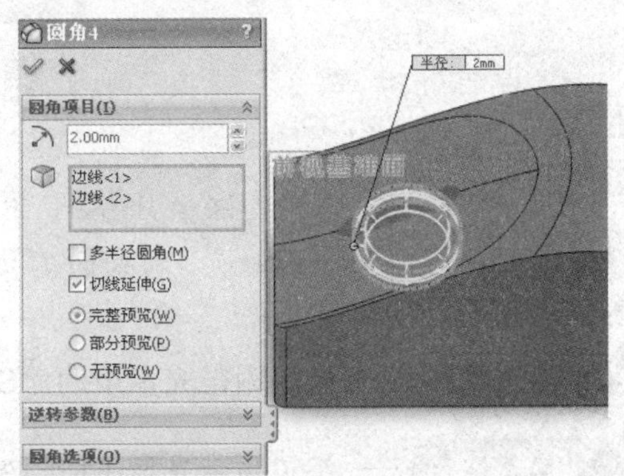

图 6-79　圆角

（21）选中左侧面，单击“草图绘制”按钮，绘制如图6-80所示的草图。

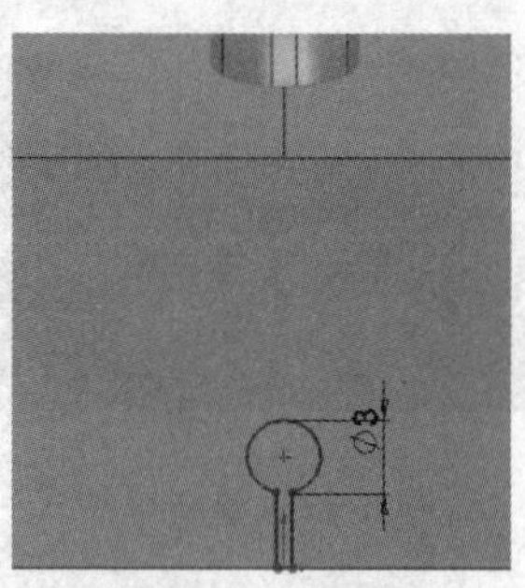

图6-80　绘制草图

（22）单击曲面工具栏上的“剪裁曲面”按钮，选择“剪裁类型”为“标准”，“剪裁工具”为图6-80所示草图，移除选择为草图所包围曲线，“曲面分割选项”为“自然”，单击“确定”按钮完成，如图6-81所示。

（23）所得最终实体如图6-82所示。

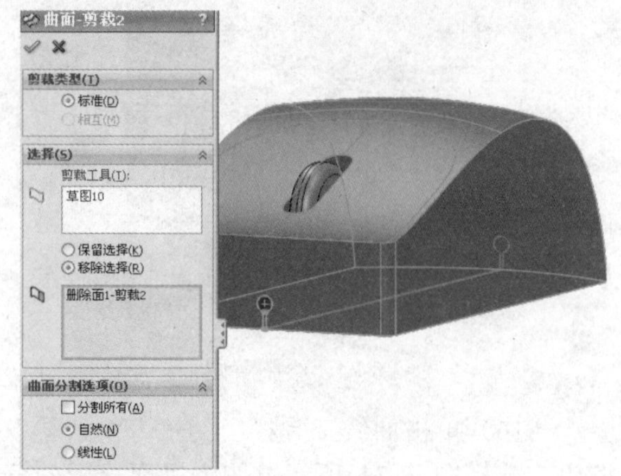

图6-81　剪裁曲面

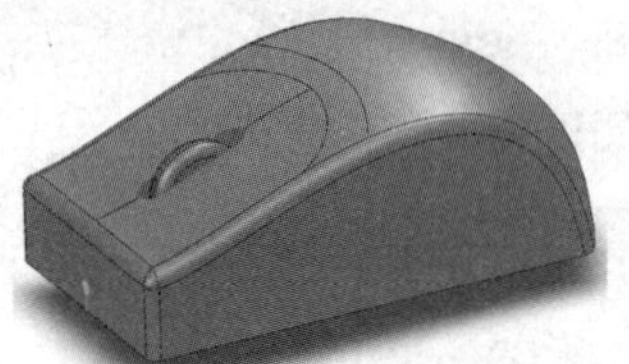

图6-82　最终实体

6.7　实例·练习——水龙头

水龙头是生活中的常见实体，其基本结构如图6-83所示。

图6-83　水龙头

【思路分析】

水龙头是曲面练习的良好实例之一，其主要生成过程为曲面扫描、放样、拉伸、剪裁、分割线等，在该练习过程中，加强了对曲面工具的使用与理解。

【思路分析】

结果文件——参见附带光盘中的“SW\Ch6\6-7.sldprt”文件。

——参见附带光盘中的“AVI\Ch6\6-7.avi”文件。

【操作步骤】

（1）选中上视基准面，单击“草图绘制”按钮，绘制如图 6-84 所示的草图。

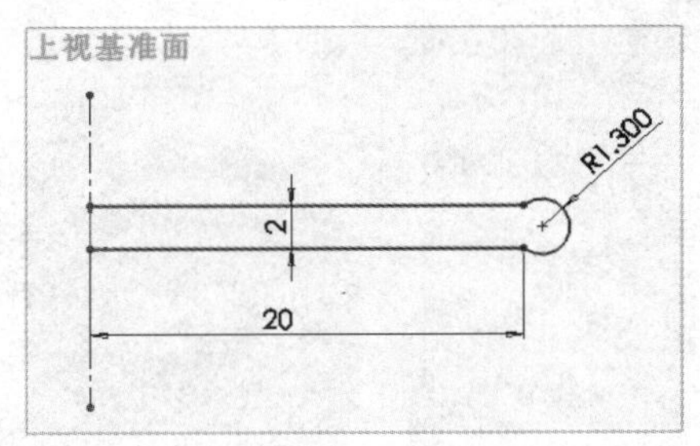

图 6-84　绘制草图

（2）单击曲面工具栏上的“旋转曲面”按钮，选择图 6-84 所示中心线为旋转轴，设置旋转方向为“双向”，旋转角度为 180.00 度，旋转轮廓为图 6-84 所示草图，单击“确定”按钮完成，如图 6-85 所示。

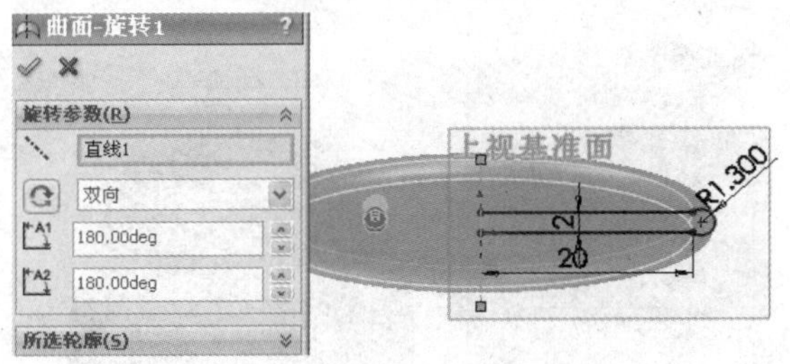

图 6-85　旋转曲面

（3）选中所得曲面，单击“草图绘制”按钮，绘制如图 6-86 所示的草图 2，该圆与草图内圆边界重合。

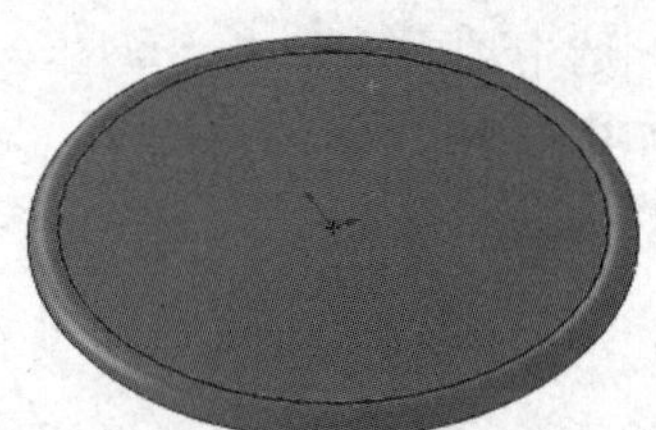

图 6-86　绘制草图 2

（4）选中上视基准面，单击“草图绘制”按钮，绘制如图 6-87 所示的草图 3。

（5）选中上视基准面，单击“草图绘制”按钮，绘制如图 6-88 所示的草图 4。

（6）单击曲面工具栏上的“扫描曲面”按钮，出现如图 6-89 所示的对话框，选择扫描轮廓为草图 2，扫描路径为草图 3，扫描引导线为草图 4，单击“确定”按钮完成。

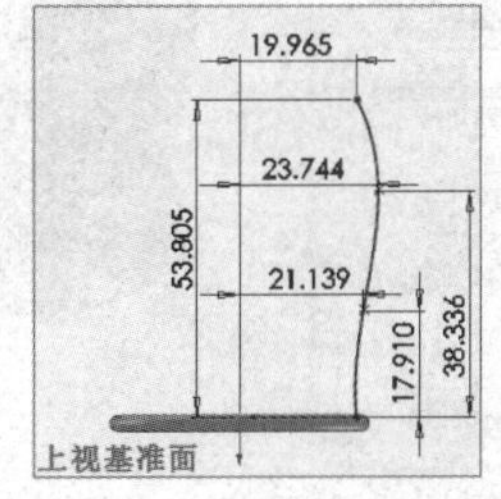

图 6-87　绘制草图 3

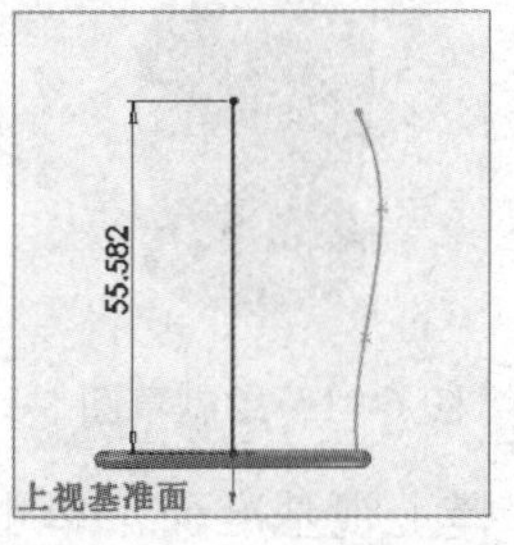

图 6-88　绘制草图 4

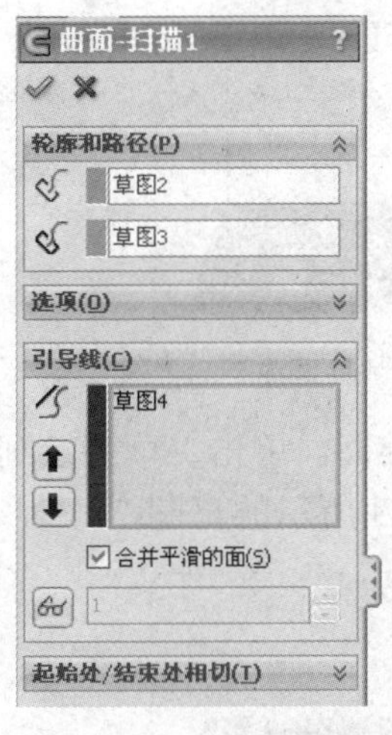

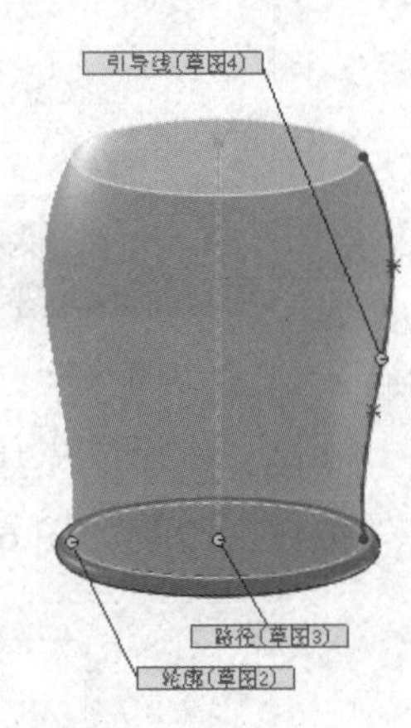

图 6-89　扫描

（7）单击曲面工具栏上的“填充曲面”按钮，选择填充对象为图 6-90 中最上面的边线，单击“确定”按钮完成。

（8）选中顶面，单击“草图绘制”按钮，绘制如图 6-91 所示的草图 5。

图 6-90　填充曲面

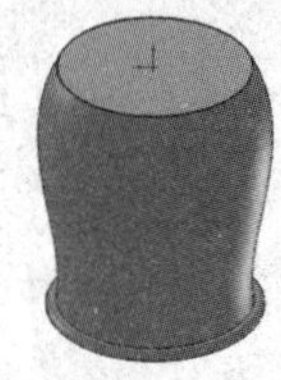

图 6-91　绘制草图 5

（9）选择上视基准面，单击“草图绘制”按钮，绘制如图 6-92 所示的草图 6。

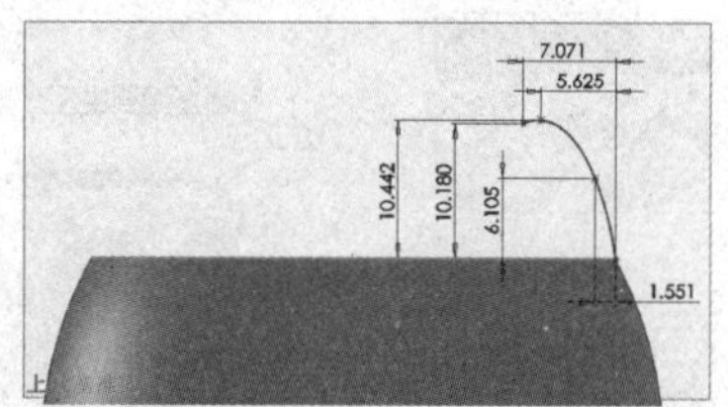

图 6-92　绘制草图 6

（10）选择上视基准面，单击“草图绘制”按钮，绘制如图 6-93 所示的草图 7。

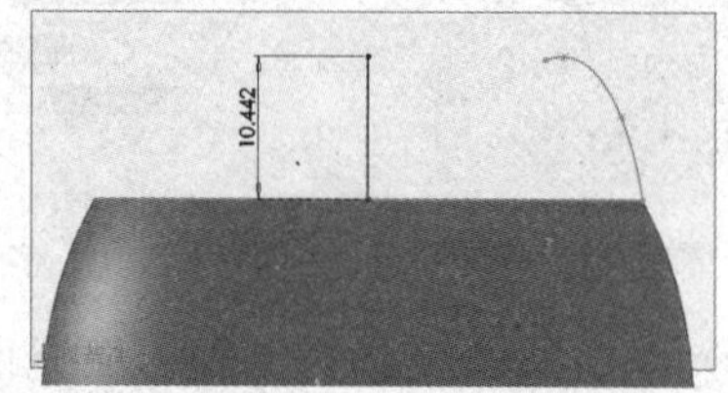

图 6-93　绘制草图 7

（11）单击曲面工具栏上的“扫描曲面”按钮，出现如图 6-94 所示的对话框，选择扫描轮廓为草图 5，扫描路径为草图 7，扫描引导线为草图 6，单击“确定”按钮完成。

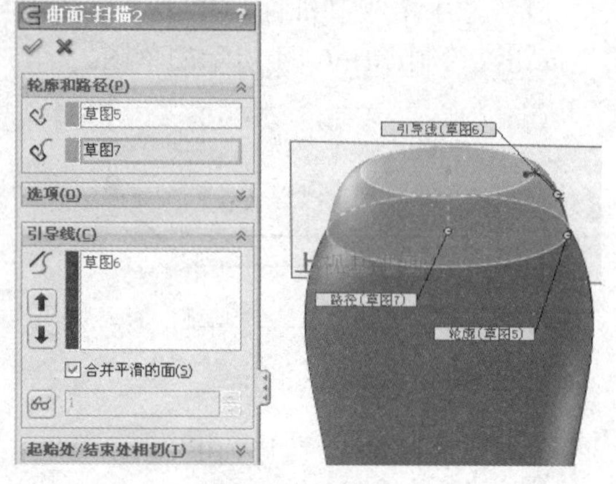

图 6-94　扫描曲面

（12）单击曲面工具栏上的“填充曲面”按钮，选择填充对象为图 6-95 中最上面的边线，单击“确定”按钮完成。

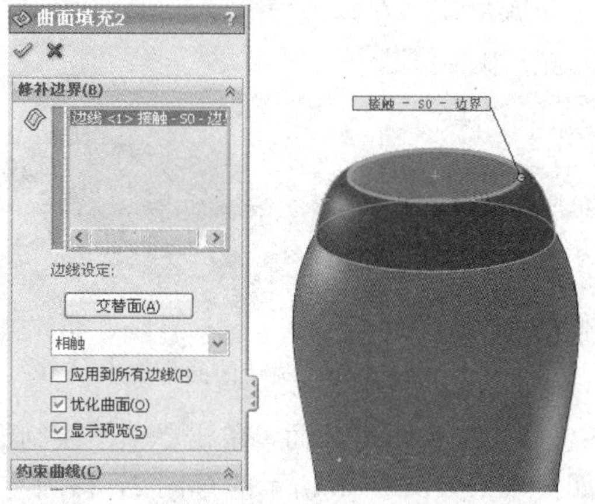

图 6-95　填充曲面

（13）选中顶面，单击“草图绘制”按钮，绘制如图 6-96 所示的草图 8。

图 6-96　绘制草图 8

（14）选择上视基准面，单击“草图绘制”按钮，绘制如图 6-97 所示的草图 9。

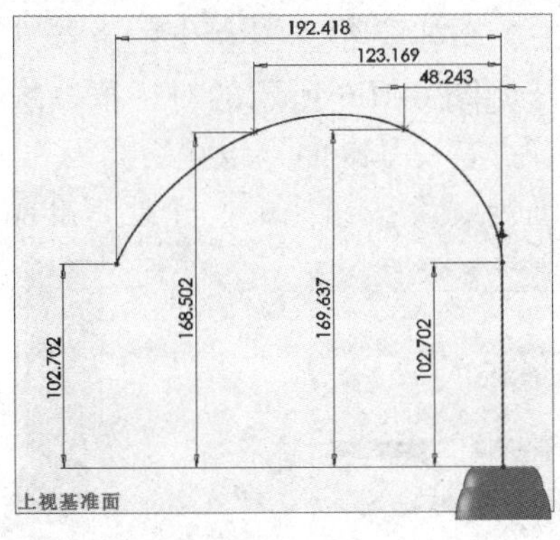

图 6-97　绘制草图 9

（15）单击曲面工具栏上的“扫描曲面”按钮，出现如图 6-98 所示的对话框，选择扫描轮廓为草图 8，扫描路径为草图 9，单击“确定”按钮完成。

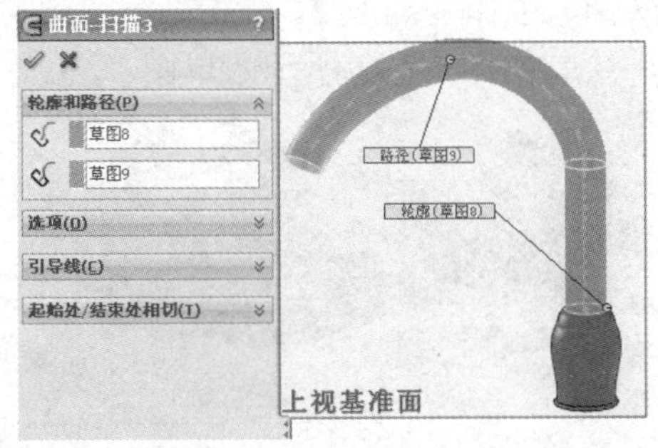

图 6-98　扫描曲面

（16）单击曲面工具栏上的“填充曲面”按钮，选择填充对象如图 6-99 所示。单击“确定”按钮完成。

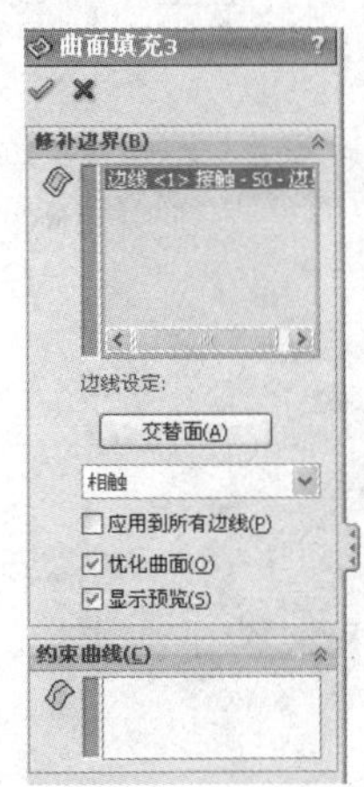

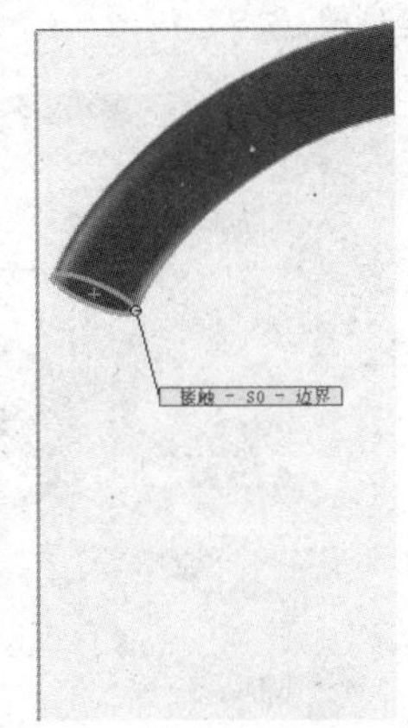

图 6-99　填充曲面

（17）单击特征工具栏上的“基准面”按钮，选择“第一参考”为图 6-99 所示的填充曲面，设置距离为 80.00mm，单击“确定”按钮完成，建立基准面 1，如图 6-100 所示。

图 6-100　基准面 1

（18）选择基准面 1，单击“草图绘制”按钮，绘制如图 6-101 所示的草图 10。

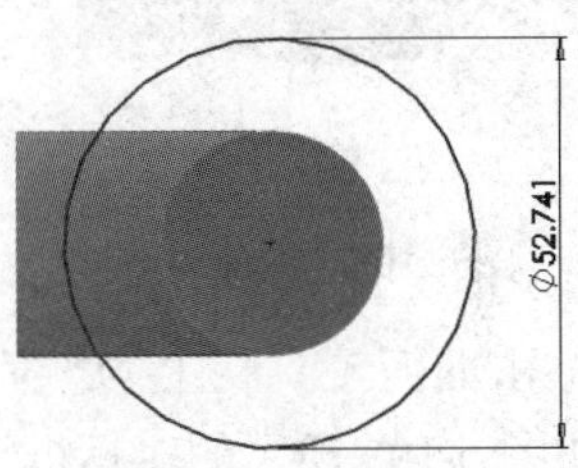

图 6-101　绘制草图 10

（19）选中步骤（16）的填充曲面，单击“草图绘制”按钮，绘制如图 6-102 所示的草图 11。

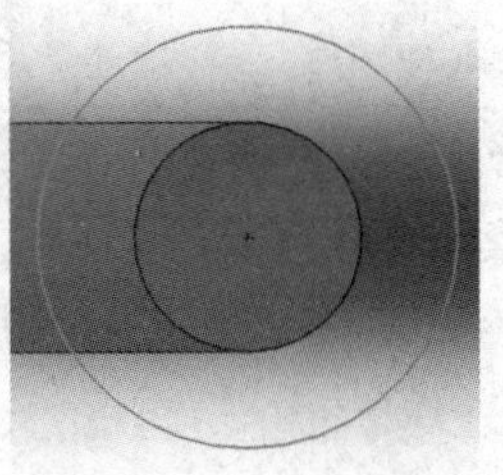

图 6-102　绘制草图 11

（20）单击曲面工具栏上的“放样曲面”按钮，图6-103中的放样轮廓依次选择草图11、草图10，“开始约束”设置为“垂直于轮廓”，其他保持默认，单击“确定”按钮完成。

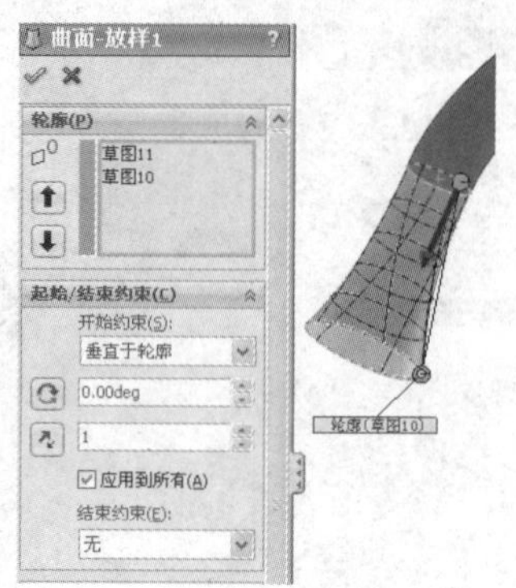

图6-103　放样曲面

（21）选择右视基准面，单击“草图绘制”按钮，绘制如图6-104所示的草图。

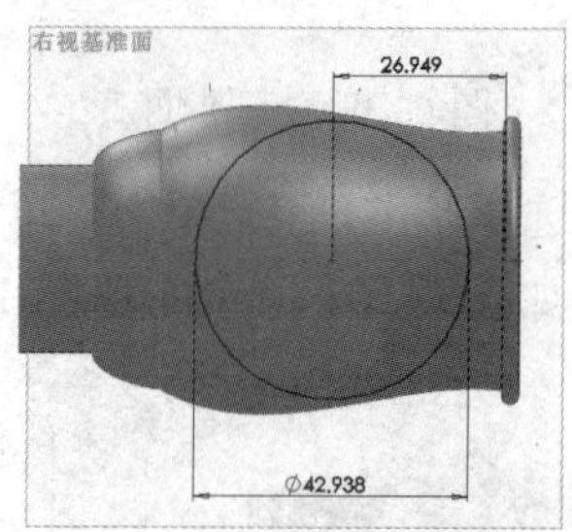

图6-104　绘制草图

（22）单击曲面工具栏上的“拉伸曲面”按钮，打开如图6-105所示的对话框，选择拉伸方向为“给定深度”，单击“反向”按钮，设置拉伸深度为80.00mm，单击“确定”按钮完成。

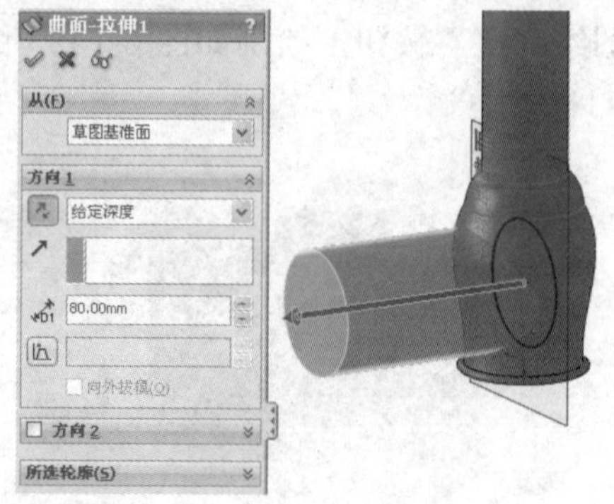

图6-105　拉伸曲面

（23）单击特征工具栏上的“基准面”按钮，打开如图6-106所示的对话框，选择“第一参考”为“右视基准面”，设置距离为80.00mm，单击“确定”按钮完成，建立基准面2。

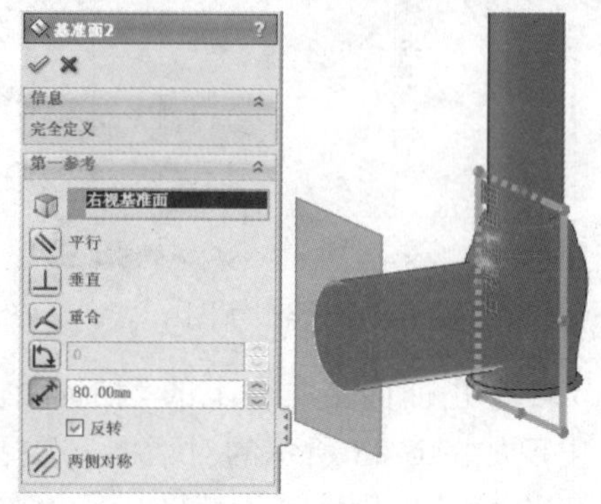

图6-106　基准面2

（24）选择基准面2，单击“草图绘制”按钮，绘制如图6-107所示的草图。

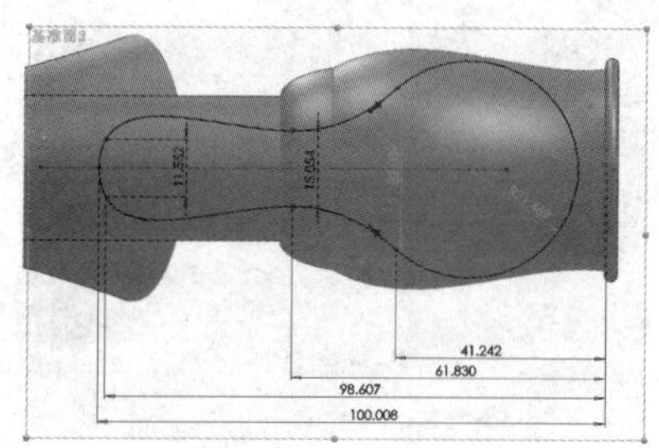

图6-107　绘制草图

（25）单击曲面工具栏上的“填充曲面”按钮，打开如图6-108所示的对话框，选择填充对象为图6-107所示草图，单击“确定”按钮完成。

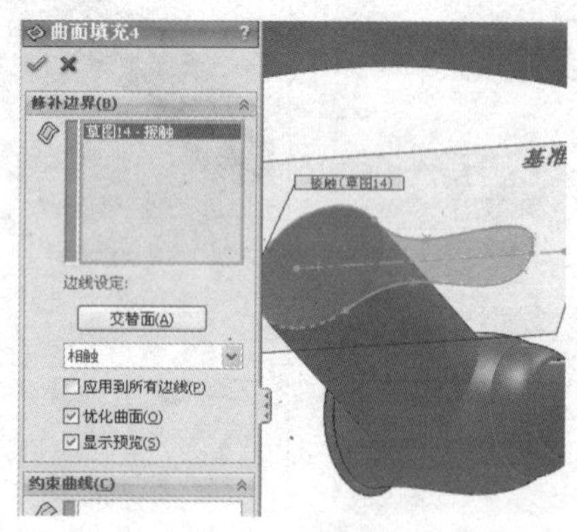

图6-108　曲面填充

（26）单击曲面工具栏上的“加厚”按钮，打开如图 6-109 所示的对话框，选择加厚面为图 6-108 所示填充曲面，设置加厚方式为单侧加厚，加厚厚度为 5.00mm，单击“确定”按钮完成。

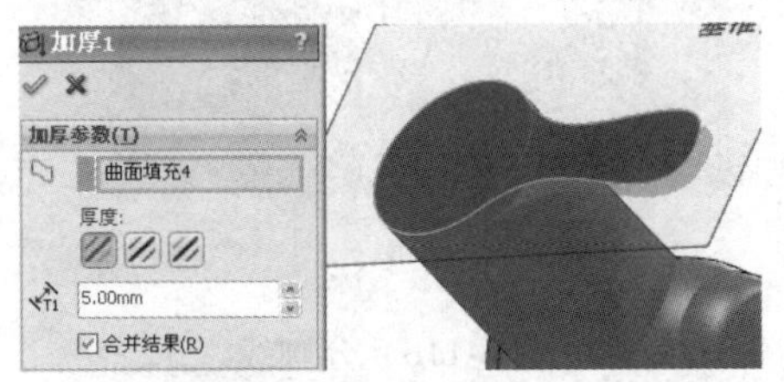

图 6-109　加厚

（27）单击曲面工具栏上的“缝合曲面”按钮，打开如图 6-110 所示的对话框，选择缝合对象为图中所示扫描及放样曲面，单击“确定”按钮完成。

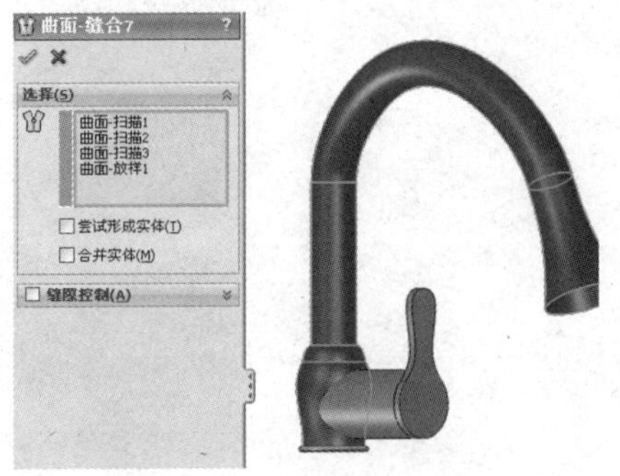

图 6-110　缝合曲面

（28）单击特征工具栏上的“圆角”按钮，选择图 6-111 所示的面，设置圆角半径为 3.00mm，单击“确定”按钮完成。

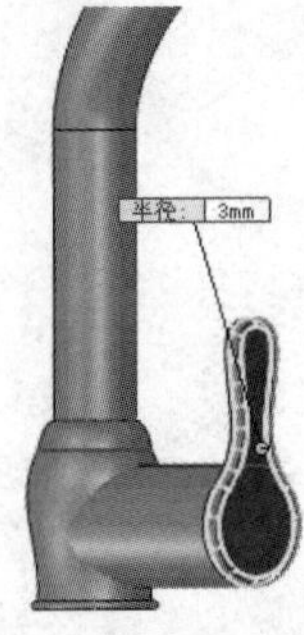

图 6-111　圆角

（29）选择上视基准面，单击“草图绘制”按钮，绘制如图 6-112 所示的草图。

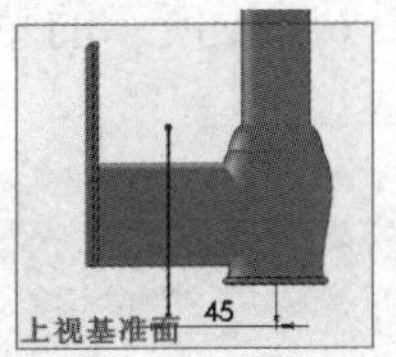

图 6-112　绘制草图

（30）单击曲线工具栏上的“分割线”按钮，选择分割草图为图 6-112 所示草图，选择要分割的面，如图 6-113 所示，单击“确定”按钮完成。

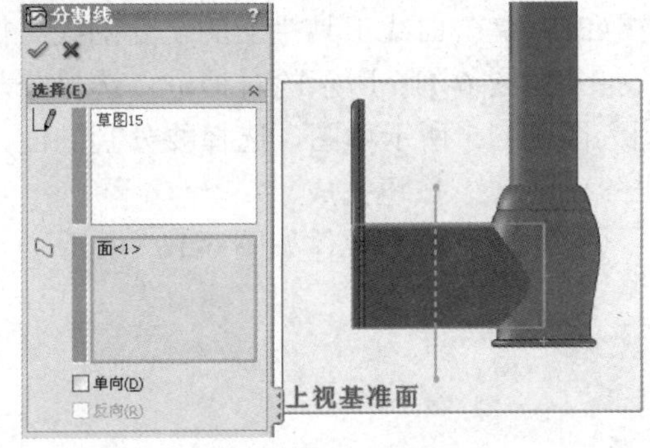

图 6-113　分割线

（31）单击特征工具栏上的“基准面”按钮，打开如图 6-114 所示的对话框，选择“第一参考”为“前视基准面”，设置距离为 30.00mm，单击“确定”按钮完成，如图 6-114 所示，建立基准面 3。

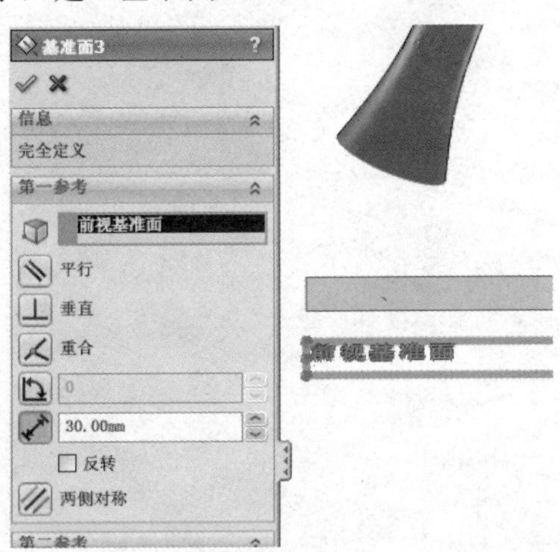

图 6-114　基准面 3

（32）选择基准面 3，单击“草图绘制”按钮，绘制如图 6-115 所示的草图。

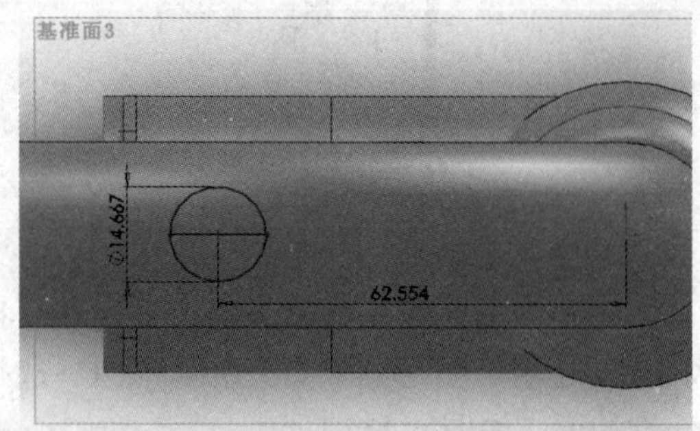

图 6-115　绘制草图

（33）单击曲线工具栏上的“分割线”按钮，打开如图 6-116 所示的对话框，选择分割草图为图 6-115 所示草图，选择要分割的面，单击“确定”按钮完成。

（34）最终所得实体如图 6-117 所示。

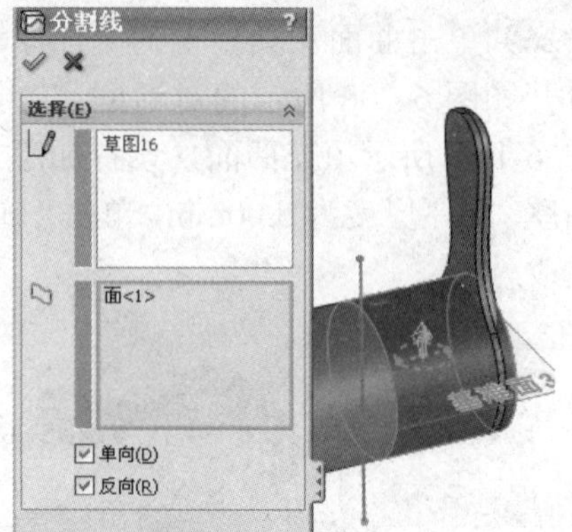

图 6-116　分割线

图 6-117　水龙头

第 7 讲　钣 金 设 计

钣金是采用冲压和弯曲工艺制造的薄壁零件，通常用作零部件的外壳或支撑其他零部件，是机械制造中常用的零件。钣金零件属于机械零件中的一种，首先生成钣金基体，在此基础上进行一系列的变折、斜接法兰等，同时，特征工具栏中的拉伸、切除等一系列特征编辑工具都可以在钣金环境下使用。

本讲内容

- 实例·模仿——钣金一
- 钣金设计环境
- 基体法兰
- 放样的折弯
- 斜接法兰
- 边线法兰
- 褶边
- 绘制的折弯
- 闭合角
- 转折
- 展开、折叠
- 成形工具
- 实例·操作——钣金二
- 实例·练习——钣金三

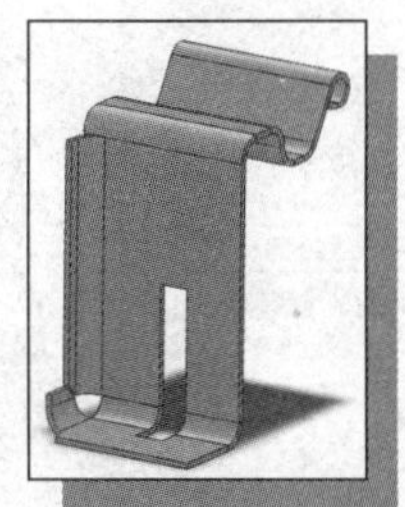

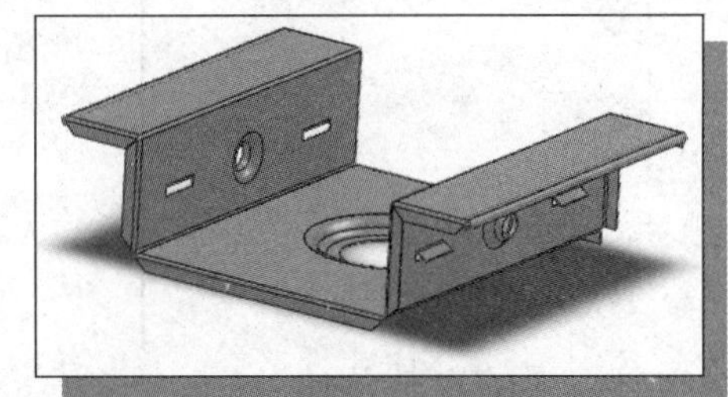

7.1　实例·模仿——钣金一

如图 7-1 所示的钣金是通过最基本的钣金特征来完成的。

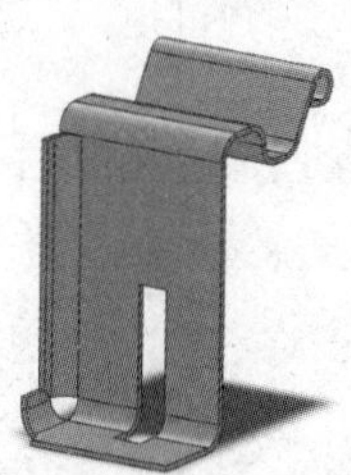

图 7-1　钣金一

【思路分析】

该钣金零件主要通过基体法兰、折弯及边线法兰等步骤完成，基本绘制流程如图 7-2 所示。

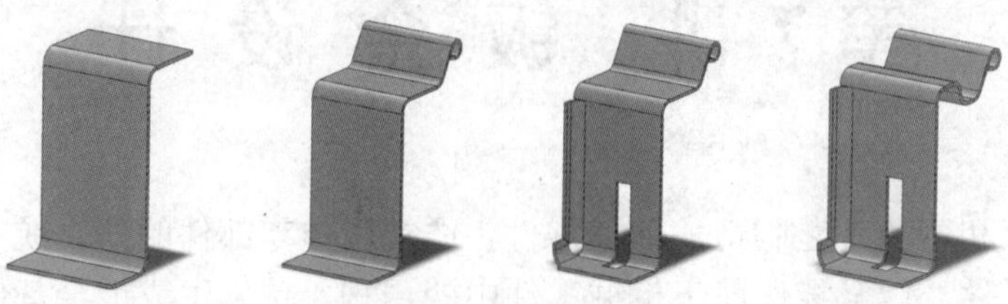

图 7-2　绘制流程

【光盘文件】

——参见附带光盘中的“SW\Ch7\7-1.sldprt”文件。

——参见附带光盘中的“AVI\Ch7\7-1.avi”文件。

【操作步骤】

（1）首先选择“视图”→“工具栏”→“钣金”命令，将钣金工具栏添加到常用工具栏中。选择前视基准面，绘制如图 7-3 所示的草图。

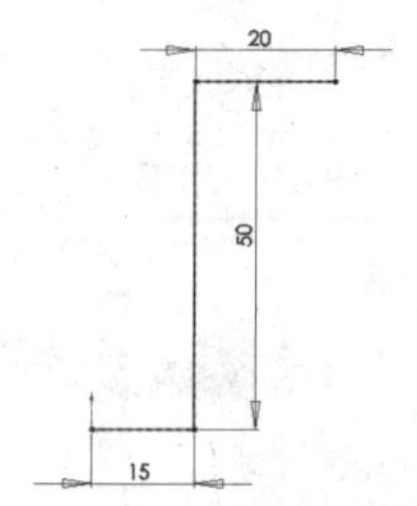

图 7-3　新建草图

（2）单击钣金工具栏上的“基体法兰/薄片”按钮，打开如图 7-4 所示的对话框，选择“方向 1”为“两侧对称”，设置拉伸深度为 30.00mm，在钣金参数栏中设置厚度为 1.00mm，半径为 3.00mm，单击“确定”按钮完成。

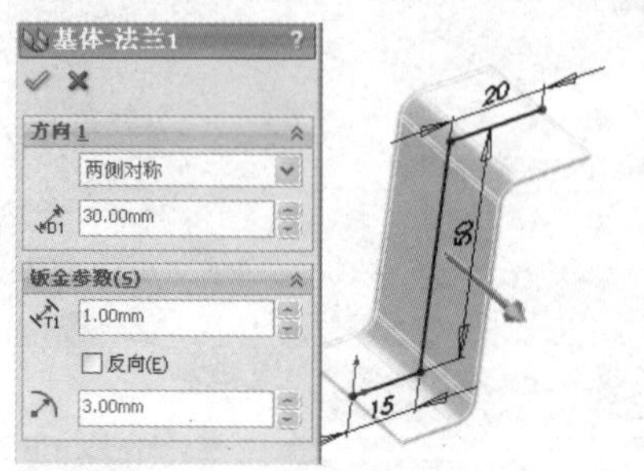

图 7-4　基体法兰

（3）单击钣金工具栏上的“边线法兰”按钮，选择图 7-5 中箭头所指的边线，在对话框中设置法兰角度为 60.00 度，法兰深度为 15.00mm，其他保持默认，单击“确定”按钮完成。

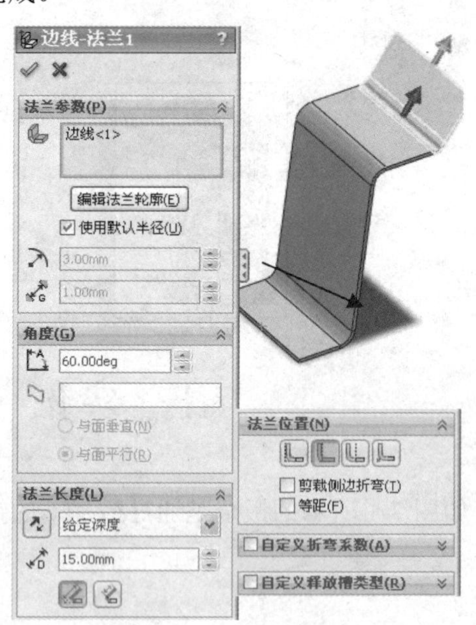

图 7-5　边线法兰

（4）单击钣金工具栏上的“褶边”按钮，选择如图 7-6 所示的边线，褶边类型选择，角度为 250.00 度，半径为 2.00mm，单击“确定”按钮完成。

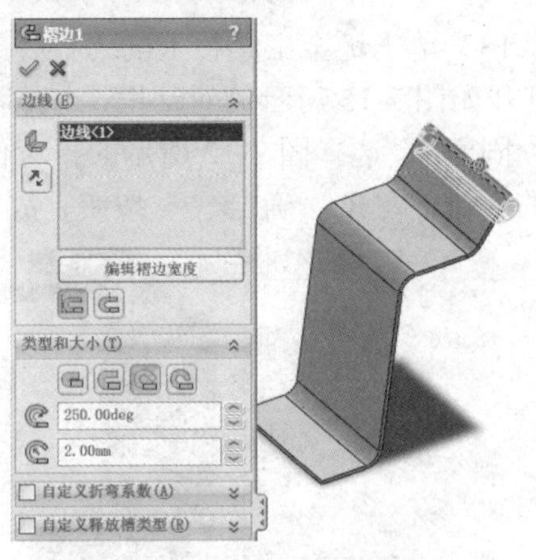

图 7-6 褶边

（5）选择如图 7-7 所示的面 1，绘制图中所示的草图。

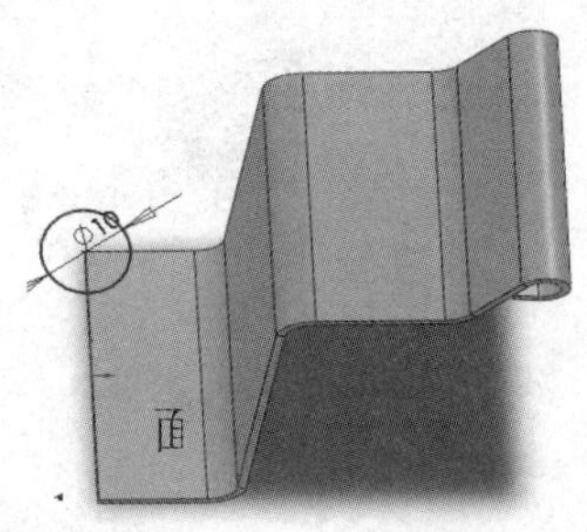

图 7-7 绘制草图

（6）单击特征工具栏上的“拉伸切除”按钮，打开如图 7-8 所示的对话框，拉伸方向选择“成形到下一面”，单击“确定✔”按钮完成。

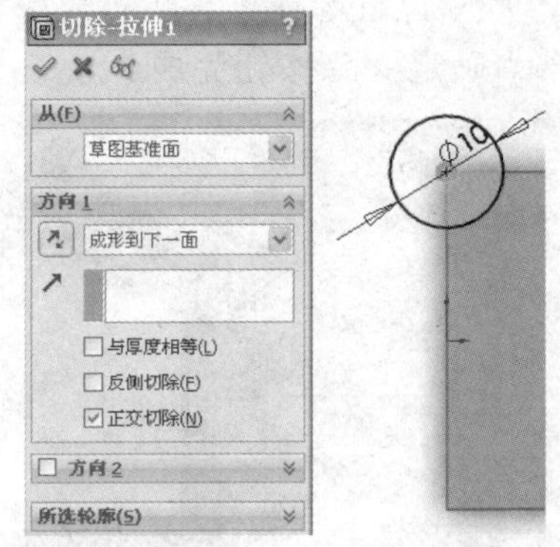

图 7-8 切除草图

（7）单击特征工具栏上的“基准面”按钮，绘制如图 7-9 所示的边线且过其端点的垂面作为基准面 1。

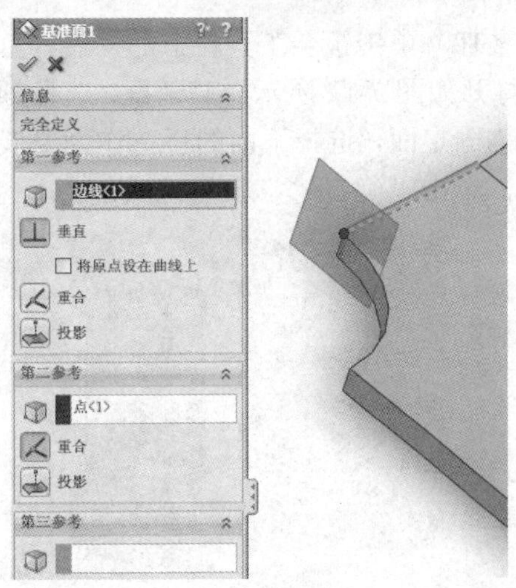

图 7-9 基准面 1

（8）在基准面 1 上绘制如图 7-10 所示的直线草图。

图 7-10 直线草图

（9）单击钣金工具栏上的“斜接法兰”按钮，选择图 7-11 中箭头所指的 3 条边线，设置缝隙距离为 0.25mm，其他保持默认，单击“确定✔”按钮完成。

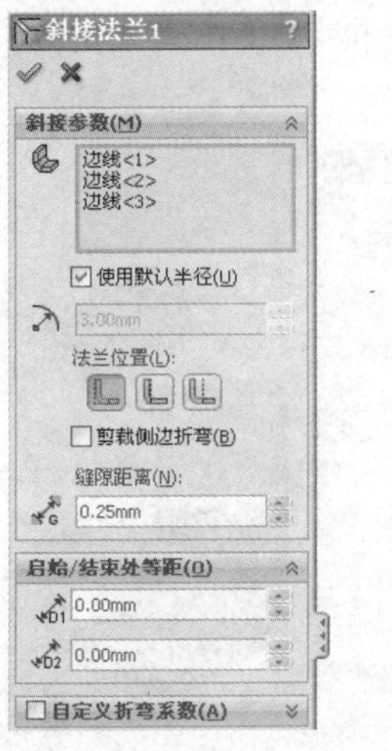

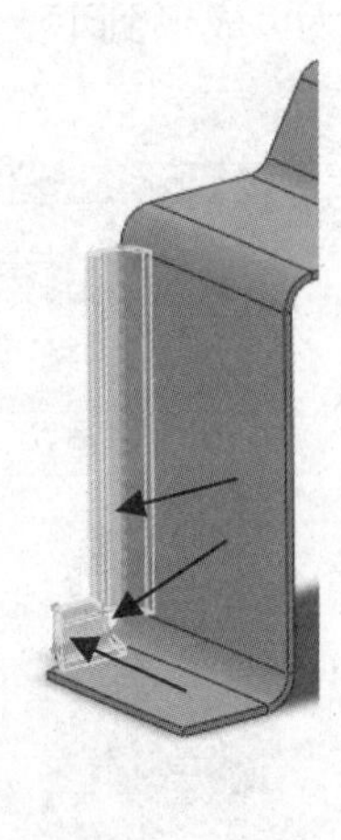

图 7-11 斜接法兰

（10）单击钣金工具栏上的“展开”按钮，打开如图7-12所示的对话框，选择颜色加深面为固定面，选择下面的折弯作为要展开的折弯，单击“确定”按钮完成。

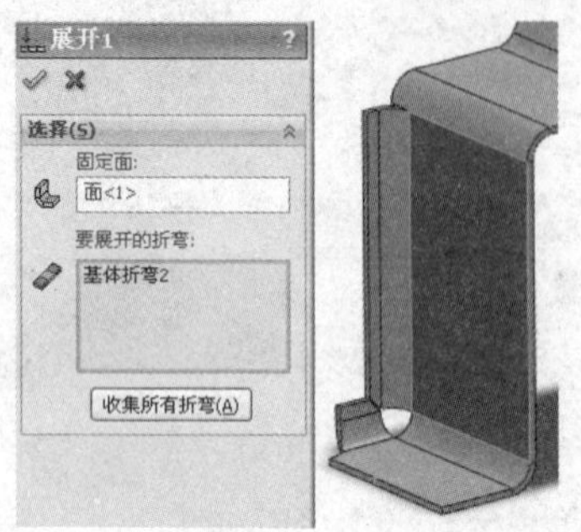

图7-12　展开

（11）选择展开后的平面，绘制如图7-13所示的草图。

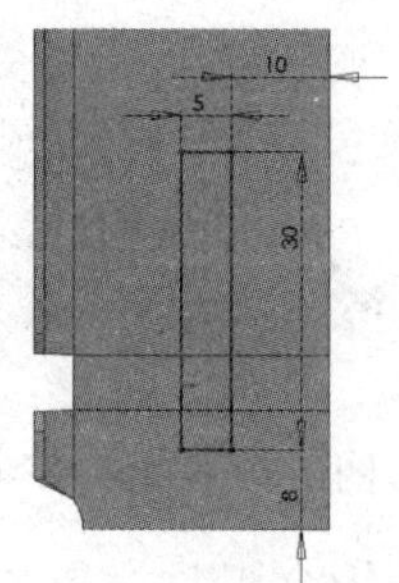

图7-13　绘制草图

（12）单击特征工具栏上的“拉伸切除”按钮，打开如图7-14所示的对话框，选择拉伸深度为“成形到下一面”，单击“确定”按钮完成。

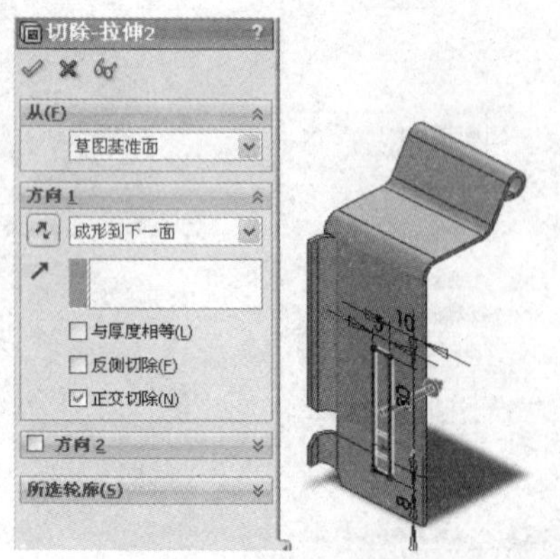

图7-14　拉伸切除

（13）单击钣金工具栏上的“折叠”按钮，打开如图7-15所示的对话框，选择颜色加深面为固定面，选择图7-12所示的折弯作为要折叠的折弯，单击“确定”按钮完成。

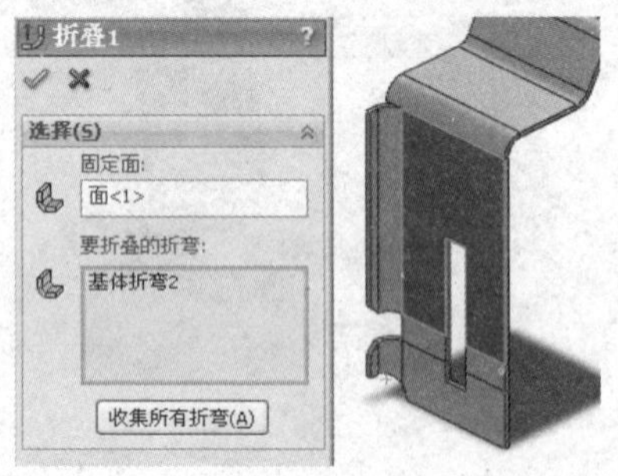

图7-15　折叠

（14）在如图7-16所示面上绘制草图。

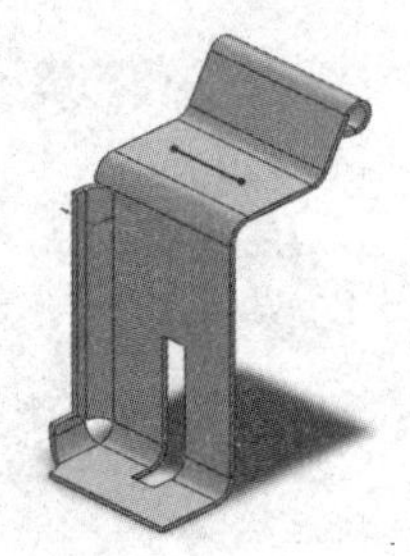

图7-16　绘制草图

（15）单击钣金工具栏上的“转折”按钮，打开如图7-17所示的对话框，选择绘图平面作为固定面，转折距离选择给定深度为1.00mm，尺寸位置选择，转折角度为90.00度，单击“确定”按钮完成。

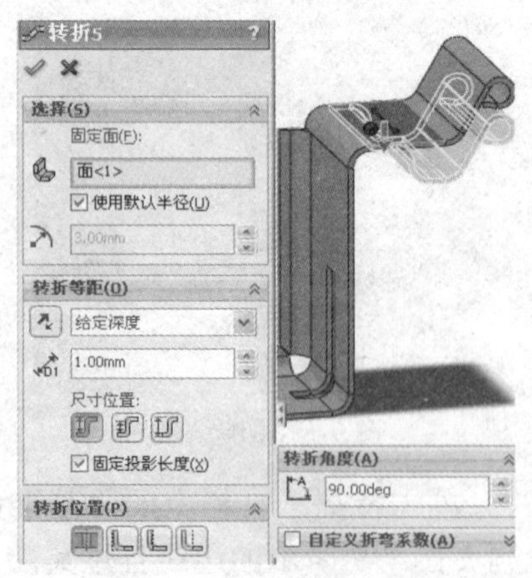

图7-17　转折

（16）在设计树中最下面有特征“平板形式”，单击鼠标右键，在弹出的快捷菜单中选择“解除压缩”命令，则该钣金变为平板形式，如图 7-18 所示。

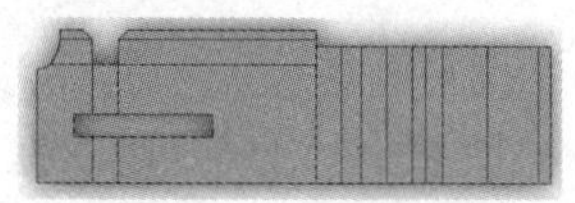

图 7-18　平板形式

（17）再对着特征“平板形式”单击鼠标右键，在弹出的快捷菜单中选择“压缩”命令，则钣金又会变回到之前所绘制的结构形式，如图 7-19 所示。

图 7-19　钣金

7.2　钣金设计环境

钣金零件是实体建模中结构比较特殊的一种，具有带圆角的薄壁特征，整个零件的厚度一致，折弯半径均为所设定值。

SolidWorks 中钣金设计的方式与方法和零件设计完全一样，用户界面和环境也相同，而且还可以在装配环境下进行关联设计，自动添加与其他相关零部件的关联关系，修改其中一个钣金零件的尺寸，其他与之相关的钣金零件或其他零件会自动进行修改。

7.2.1　钣金工具栏介绍

进入钣金绘制环境后，会出现如图 7-20 所示的工具栏。下面将详细介绍工具栏中各工具的使用方法，其具体功能如表 7-1 所示。

图 7-20　钣金工具栏

表 7-1　钣金工具栏各按钮及其功能

图　标	名　称	功　能
	基体法兰/薄片	为钣金零件生成基体特征
	转换到钣金	利用已生成的零件转化为钣金
	放样折弯	通过至少两个草图轮廓生成钣金
	边线法兰	将法兰添加到钣金零件边线上
	斜接法兰	将一系列法兰添加到钣金零件的边线上
	褶边	将零件边线进行褶边
	转折	通过草图对钣金进行折弯
	绘制的折弯	通过绘制草图对钣金进行折弯
	边角	将开口闭合
	成形工具	通过成形工具将钣金进行压凹等操作
	展开	展开钣金件

续表

图　标	名　称	功　能
	折叠	折叠钣金件
	切口	在闭合位置形成切口

7.2.2 钣金绘制流程

（1）新建文件，进入建模环境。

（2）以所需的零件形状和大小为模型基础，绘制法兰基体草图，从而创建法兰基体。

（3）添加其余法兰。

（4）添加需要的实体特征。

（5）展开所绘制的钣金。

（6）创建钣金工程图。

7.2.3 钣金中的参数说明

（1）折弯系数

零件要生成折弯时，可以指定一个折弯系数给钣金折弯，但指定的折弯系数必须介于折弯内侧边线长度与外侧边线长度之间。折弯系数可以通过钣金材料的展开长度减去非折弯长度来计算。

计算公式为：

$$BA=Lt-A-B$$

式中：BA——折弯系数，Lt——总展开长度，A、B——非折弯长度，如图 7-21 所示。

（2）K 因子

K 因子表示钣金中性面的位置，以钣金零件的厚度作为计算基础，K 因子即为钣金内表面到中性面的距离与钣金厚度的比值。

计算公式为：

$$BA=\pi(R+KT)A/180$$

式中：BA——折弯系数，R——内侧折弯半径，K——K 因子（即 t/T），T——材料厚度，t——内表面到中性面的距离，A——折弯角度（经过折弯材料的角度），如图 7-22 所示。

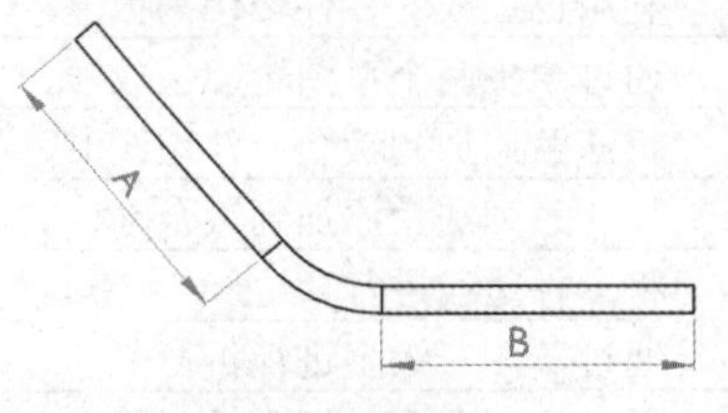

图 7-21　折弯系数

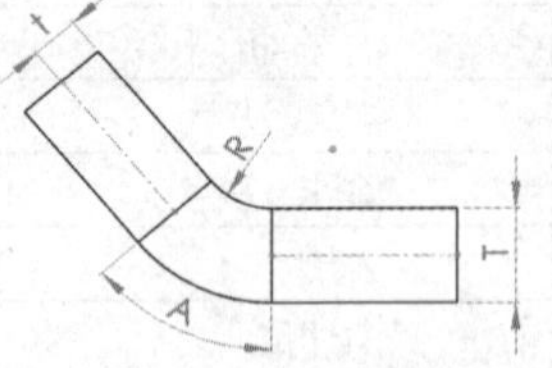

图 7-22　K 因子

由上面的计算公式可知，折弯系数即为钣金中性面上的折弯圆弧长，因此指定的折弯系数的大小必须介于钣金的内侧圆弧长和外侧圆弧长之间，以便与折弯半径和折弯角度的数值一致。

（3）折弯扣除计算

以下用方程来决定使用折弯扣除值时的总平展长度。

计算公式为：

$$BD=A+B-Lt$$

式中：*BD*——折弯扣除值，*Lt*——总展开长度，*A*、*B*——非折弯长度。

生成折弯时，可以通过输入数值来给任何一个钣金折弯指定一个明确的折弯扣除。折弯扣除为折弯系数与双倍外部逆转（*OSSB*）之差，即 *BD*=2×*OSSB*-*BA*。

图 7-23、图 7-24 中：*BD*——折弯扣除，*R*——内侧折弯半径，*T*——材料厚度，*BA*——折弯系数，*D*1、*D*2——外部逆转。

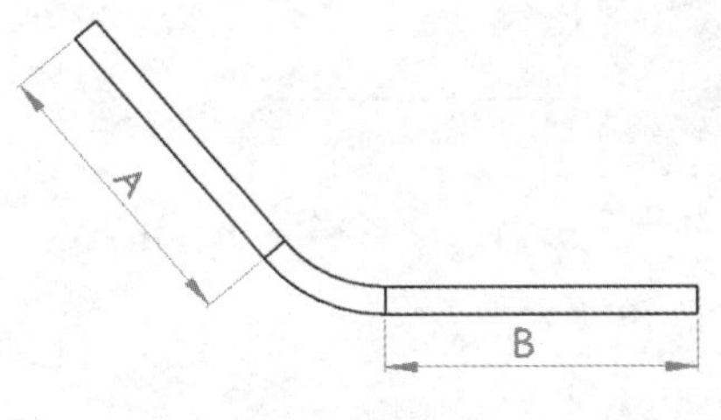

图 7-23　折弯系数

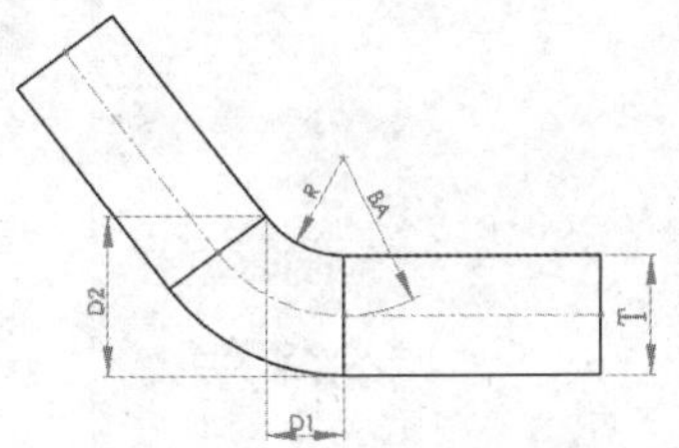

图 7-24　折变扣除

（4）自动切释放槽

当插入折弯时，若选择自动释放槽选项，软件会自动添加释放槽切割，可为单独的折弯改变释放槽切割的类型和大小。SolidWorks 中释放槽类型主要有 3 种，即矩形、撕裂形、矩圆形。

图 7-25 中 *d* 表示“矩形”或“矩圆形”释放槽切除的宽度以及由该释放槽切除所延伸经过折弯区域的边上所测量的深度。

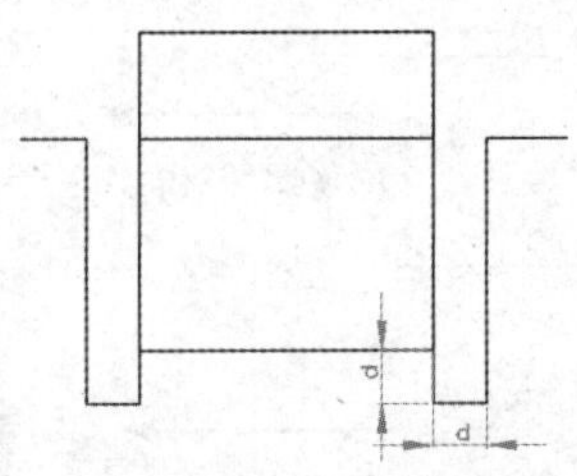

图 7-25　折弯区域

距离 *d* 由以下公式决定：

$$d=（释放槽比例）×（零件厚度）$$

释放槽比例数值必须在 0.5～2.0 之间，比值越大，插入折弯的释放槽切割量越大。

7.3　基 体 法 兰

——参见附带光盘中的“AVI\Ch7\7-3.avi”文件。

基体法兰是钣金零件的基本特征，是钣金零件设计的起点。该特征不仅生成零件的最初实体，还为钣金特征设置了参数。它与基体拉伸特征类似，不过用指定的折弯半径增加了折弯。首先绘制草图，单击钣金工具栏上的“基体法兰/薄片”按钮或选择“插入”→“钣金”→“基体法兰”命令，可出现如图7-26所示的对话框。

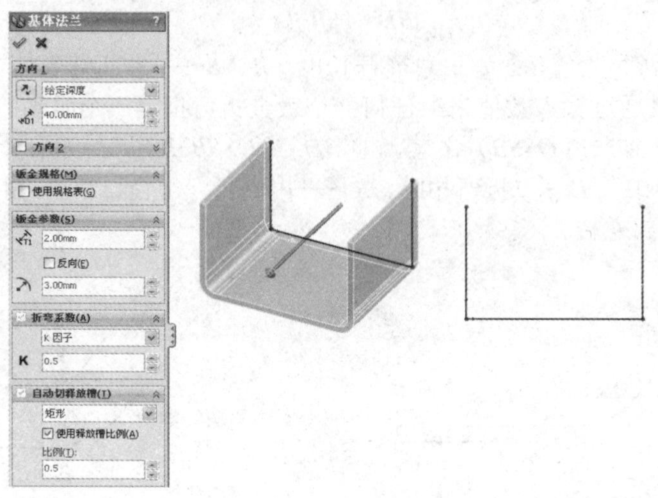

图7-26　基体法兰

设置拉伸深度及拉伸方向。

“钣金参数”中，可设置钣金厚度、弯折半径、折弯因子及自动切释放槽。

单击“确定”按钮完成。

基体法兰由草图生成，该草图可以是单一闭环、单一开环或多重封闭轮廓。对于开环草图，将作为拉伸薄壁来处理，封闭草图则作为展开的轮廓来处理，如图7-27所示。

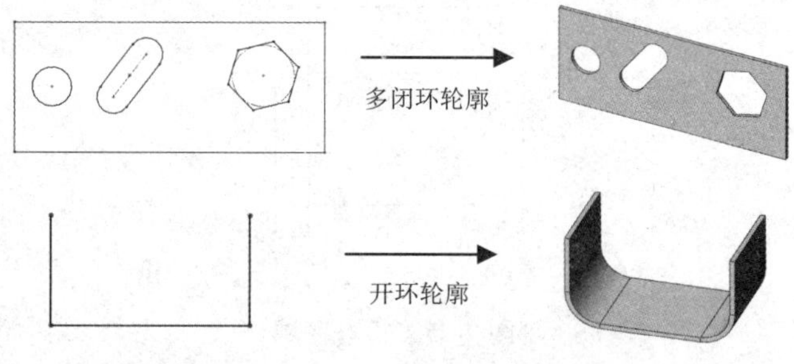

图7-27　轮廓

基体法兰的零件厚度及折弯半径大小将作为钣金其他特征的默认值。

7.4　放样的折弯

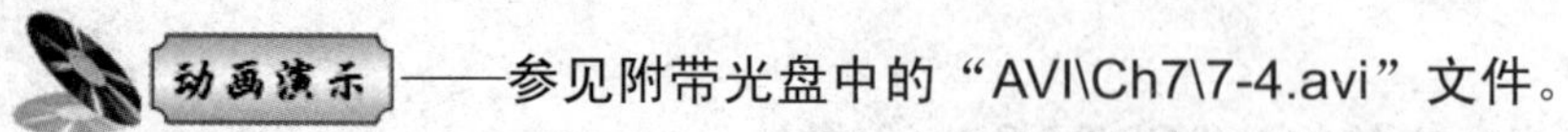

——参见附带光盘中的“AVI\Ch7\7-4.avi”文件。

放样折弯与特征放样一样，通过两个草图轮廓放样，但基体法兰不能与放样的折弯同时使用，且放样的折弯不能被镜像。

现有两个草图，如图 7-28 所示，单击钣金工具栏上的“放样折弯”按钮或选择“插入”→“钣金”→“放样折弯”命令，放样轮廓选择两个草图，钣金厚度选择 2.00mm。

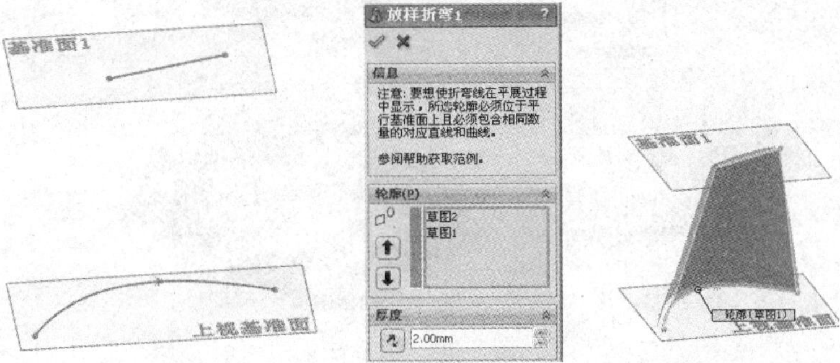

图 7-28　放样折弯

注意： 放样草图均为开环轮廓，且草图开口需使钣金具有平滑的钣金平板，不能出现锐边。在放样过程中，可通过上下箭头来移动放样轮廓从而对放样边线进行控制。

单击“确定”按钮完成。

7.5　斜接法兰

动画演示——参见附带光盘中的“AVI\Ch7\7-5.avi”文件。

斜接法兰是将一系列的法兰添加到钣金零件的一条或多条边线上。

对于图 7-29 所示的基体，单击钣金工具栏上的“斜接法兰”按钮或选择“插入”→“钣金”→“斜接法兰”命令，选择图中箭头所指的加粗边线，然后自动建立基准面 1，并进入草图绘制环境。

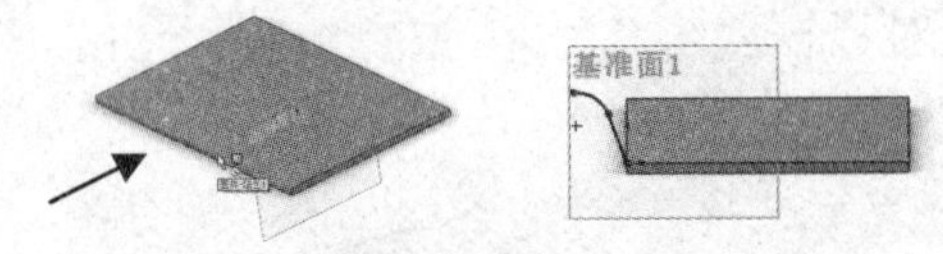

图 7-29　绘制草图

在新建基准面上绘制图 7-29 所示的草图，退出后会进入“斜接法兰”对话框。

斜接法兰草图需遵守以下规则：

- 斜接法兰草图可以包括直线或圆弧或一个以上的连续直线，若为圆弧，圆弧可与长边线相切，但不可与厚度边线相切。
- 可指定法兰起始和结束处的距离，不一定在钣金零件的整条边线上生成斜接法兰。
- 斜接法兰的厚度默认为基体法兰厚度。
- 草图基准面必须垂直于斜接法兰的第一条边线。

如图 7-30 所示，选择斜接法兰基体的 4 条边线，其他保持默认，单击“确定”按钮完成斜接法兰。

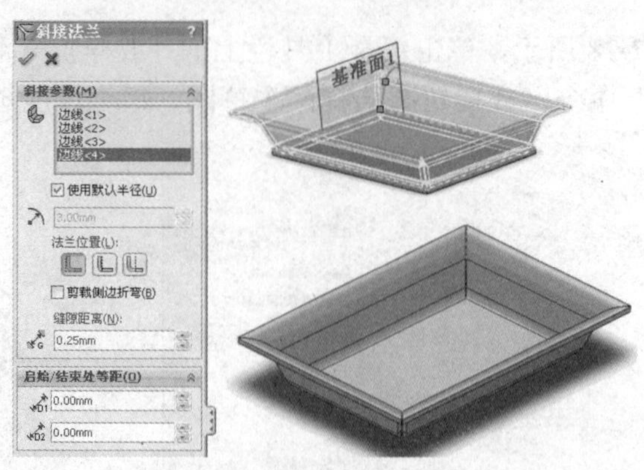

图 7-30 斜接法兰

法兰位置有 3 种，即材料在内、材料在外和折弯在外。

要移除邻近折弯的多余材料，则要选中“剪裁侧边折弯”复选框。

通过设置“启始等距距离”和“结束等距距离”，可设置斜接法兰在边线上的位置，且此时还需设置释放槽类型，主要有矩形、撕裂形和矩圆形 3 种。若斜接法兰跨越整个边线，则将等距数值设置为零。

单击“确定”按钮完成。

7.6 边线法兰

动画演示——参见附带光盘中的“AVI\Ch7\7-6.avi”文件。

边线法兰是将法兰添加到钣金零件的所选边线上，它的弯曲角度和草图轮廓都可修改。

所选边线必须为线性，轮廓的一条草图直线必须位于所选边线上。选择下面的平板钣金绘制边线法兰。单击钣金工具栏上的“边线法兰”按钮或选择“插入”→“钣金”→“边线法兰”命令，可出现如图 7-31 所示的对话框。

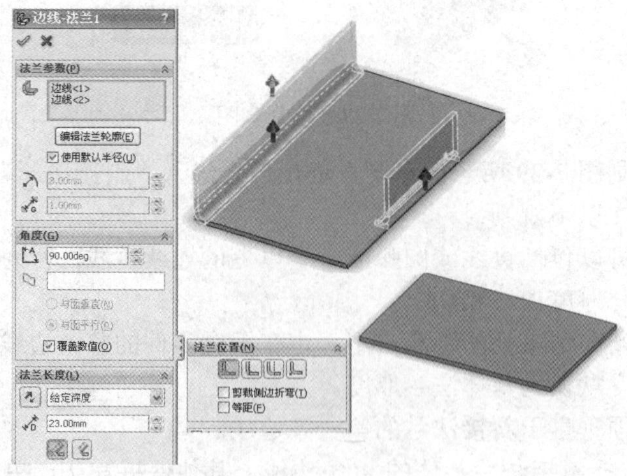

图 7-31 边线法兰

“法兰参数”中，边线轮廓选择如图所示。

单击“编辑法兰轮廓”按钮可出现如图 7-32 所示的对话框，同时可进入草图绘制环境，对法兰轮廓进行编辑。

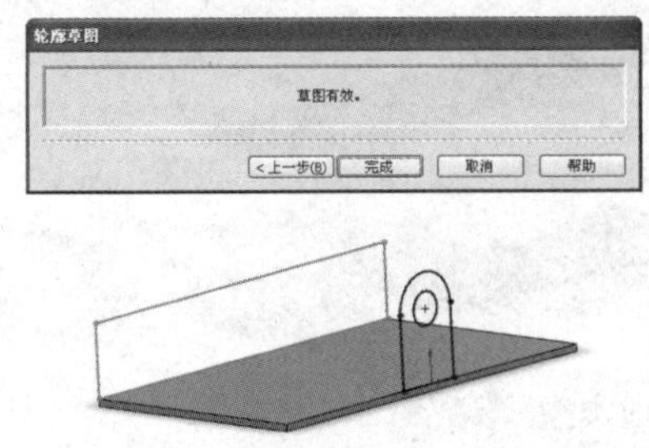

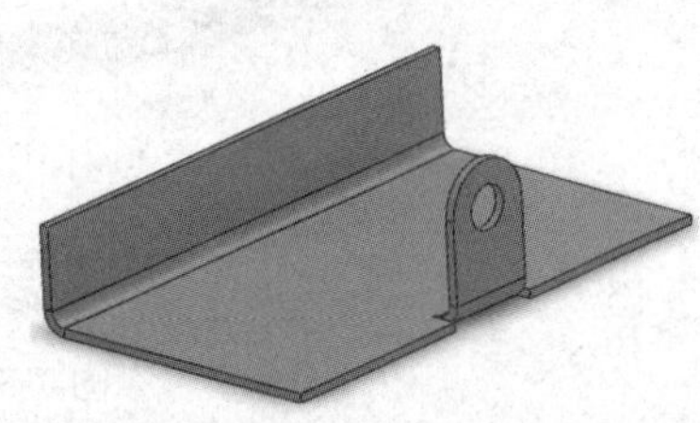

图 7-32 编辑轮廓草图

边线法兰默认半径为基体法兰所设置的半径，若要改变，则激活并设置所需半径。

另外可根据需要设置法兰角度、法兰深度、长度和终止条件等。注意在设置法兰长度时，必须设定长度和“外部虚拟交点”或“内部虚拟交点”来决定长度开始测量的位置。“外部虚拟交点”的法兰长度即为设定长度，而“内部虚拟交点”的法兰长度为“外部虚拟交点”长度加上钣金厚度的总长度。

法兰位置有 4 种类型，即材料在内、材料在外、折弯在外和虚拟交点的折弯。

要移除邻近折弯的多余材料，可选中“剪裁侧边折弯”复选框。

若要从钣金体等距法兰，则选中“等距”复选框，再设置等距终止条件及相应参数。

单击“确定”按钮完成。

7.7 褶 边

动画演示——参见附带光盘中的“AVI\Ch7\7-7.avi”文件。

褶边是将褶边添加到钣金零件的边线上，褶边所选边线必须为直线，如果选择多个边线，则这些边线必须在同一面上。

单击钣金工具栏上的“褶边”按钮或选择“插入”→“钣金”→“褶边”命令，可出现如图 7-33 所示的对话框。

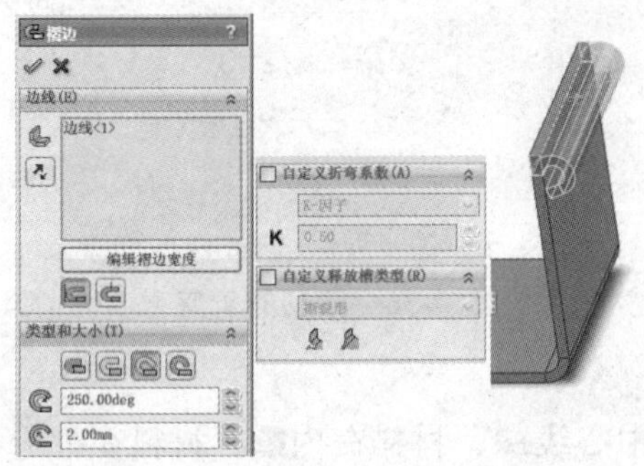

图 7-33 褶边

折弯类型有两种，即折弯在内和折弯在外。

褶边类型有 4 种，即闭合、打开、撕裂形和滚轧，如图 7-34 所示，通过设置直径、角度等来定义其大小。

图 7-34　4 种褶边类型

单击“确定”按钮完成。

7.8　绘制的折弯

——参见附带光盘中的“AVI\Ch7\7-8.avi”文件。

通过绘制折弯可将钣金零件添加折弯。在绘制折弯时，需通过添加折弯线来完成，而该折弯线必须为直线，且每个草图中可添加一条以上的直线，折弯线的长度不一定与折弯面的宽度相同。

首先绘制如图 7-35 所示的草图，然后单击钣金工具栏上的“绘制的折弯”按钮或选择“插入”→“钣金”→“绘制的折弯”命令，出现如图 7-36 所示的对话框。

图 7-35　折弯图

图 7-36　绘制的折弯

选择一面作为固定面。

折弯类型有 4 种，即折弯中心线、材料在内、材料在外和折弯在外。

设置折弯方向及角度。

单击“确定✓”按钮完成。

7.9 闭 合 角

——参见附带光盘中的“AVI\Ch7\7-9.avi”文件。

闭合角可在钣金法兰之间添加材料，可以为要闭合的所有边角选择面来同时闭合多个边角，关闭非垂直边角，将闭合边角应用到带有 90 度以外折弯的法兰，调整缝隙距离，调整重叠/欠重叠比率，闭合或打开折弯区域。

单击钣金工具栏上的“闭合角”按钮或选择“插入”→“钣金”→“闭合角”命令，出现如图 7-37 所示的对话框。

首先选择相对的两面作为要延伸的面和要匹配的面。

边角类型为对接、重叠和欠重叠，如图 7-38 所示。

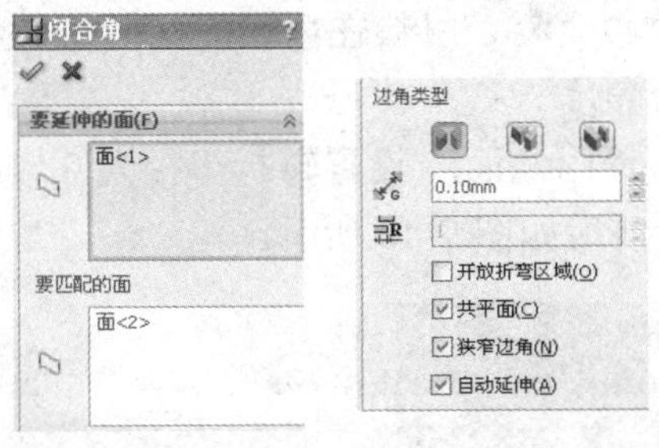

图 7-37 闭合角

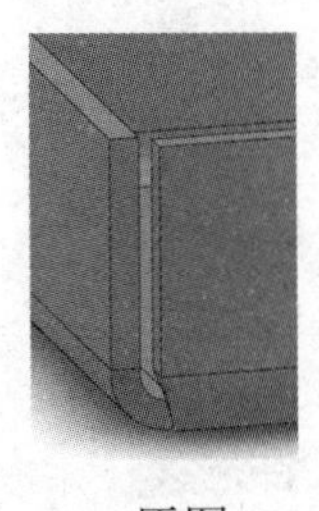
原图

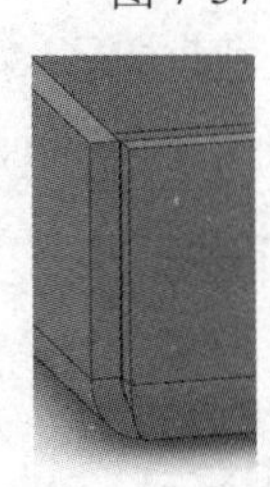
对接

重叠

欠重叠

图 7-38 边角类型

单击“确定✓”按钮完成。

7.10 转 折

——参见附带光盘中的“AVI\Ch7\7-10.avi”文件。

转折是通过从草图线生成两个折弯面将材料添加到钣金零件上。该草图只能含有一条直线，且该线长度不一定与折弯面的长度相同。

单击钣金工具栏上的“转折”按钮或选择“插入”→“钣金”→“转折”命令，可出现如图 7-39 所示的对话框。

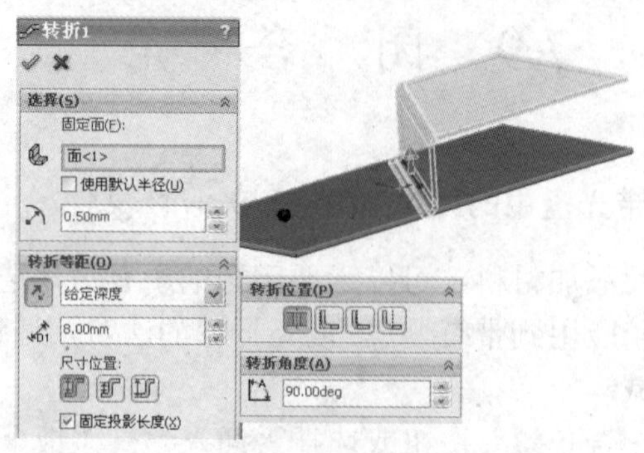

图 7-39 转折

◆ “固定面”：选择一个面作为固定的面。
◆ “转折等距”：可设置转折深度及尺寸位置。
◆ “转折位置”：有折弯中心线、材料在内、材料在外和折弯在外4 种。
◆ “转折角度”：设置转折角度。

如图 7-39 所示，选择一面作为“固定面”，设置转折半径为 0.50mm，转折等距距离为 8.00mm，单击“确定”按钮完成，转折前后如图 7-40 所示。

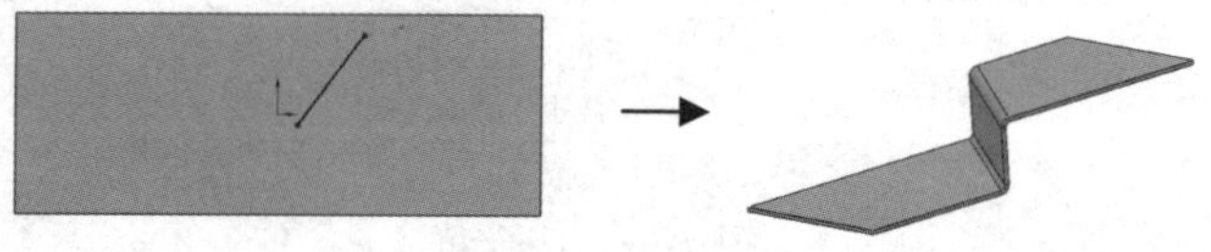

图 7-40 转折图

7.11 展开、折叠

动画演示——参见附带光盘中的“AVI\Ch7\7-11.avi”文件。

单击钣金工具栏上的“展开”按钮或选择“插入”→“钣金”→“展开”命令，出现如图 7-41 所示的对话框，选择某一面作为固定面，单击“收集所有折弯”按钮，则图中所有的折弯自动被选中，单击“确定”按钮完成，展开后如图 7-41 最右侧所示。

图 7-41 展开

单击钣金工具栏上的“折叠”按钮或选择“插入”→“钣金”→“折叠”命令，同“展开”一样，需要选择固定面与所需折叠的折弯。单击“确定”按钮后，即可将展开的边折叠起来，如图 7-42 所示。

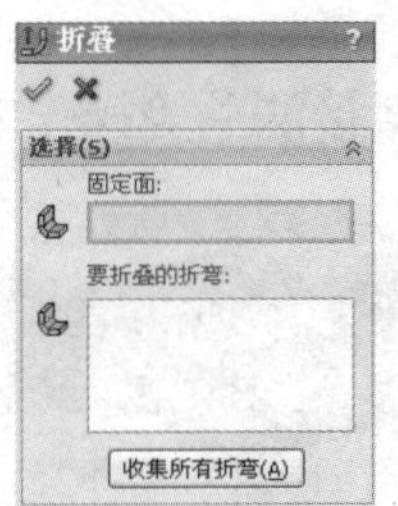

图 7-42　折叠

7.12　成 形 工 具

动画演示——参见附带光盘中的“AVI\Ch7\7-12.avi”文件。

SolidWorks 软件提供了一些成形工具，包括凸起、冲孔、百叶窗板、筋等，用户可根据需要添加自己设计成形的工具。成形工具是用来生成成形特征的独特零件，可作为折弯、伸展或成形钣金的冲模，使用时只需拖动并将其旋转在模型的所需成形面上即可。成形工具只适用于钣金零件。

软件中自带的成形工具（forming tools）存在于<安装目录>\data\design library\forming tolls 中，同时用户可自定义成形工具并保存其中。

如图 7-43 所示，首先单击软件界面右侧的设计库，打开 Design Library/forming tools/embosses，选择成形工具 counter sink emboss.sldprt，拖动鼠标到要生成成形特征的钣金件表面，此时可通过 Tab 键来改变成形方向。然后会自动打开草图编辑对话框，可对成形实体的大小及位置等进行编辑，单击“完成”按钮后，生成成形实体。

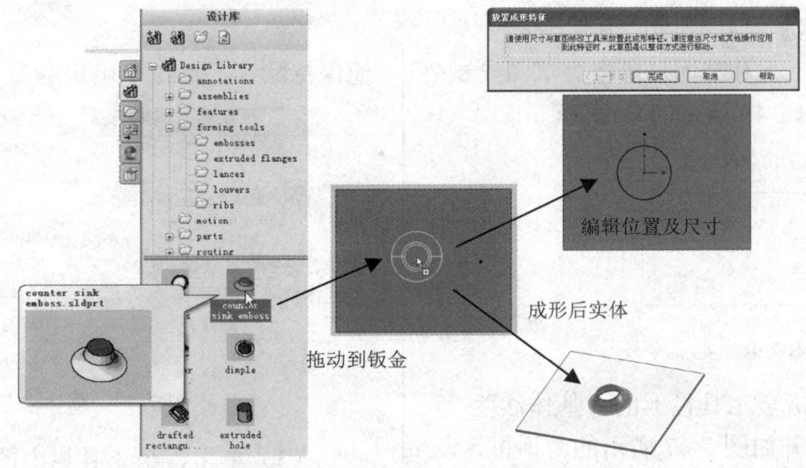

图 7-43　成形工具

7.13　实例·操作——钣金二

钣金二通过基体法兰、边线法兰及斜接法兰等操作完成，其基本结构如图7-44所示。

图7-44　钣金二

【思路分析】

该零件主要通过基体法兰、折弯、斜接法兰、成形工具及褶边等来完成绘制，基本绘制流程如图7-45所示。

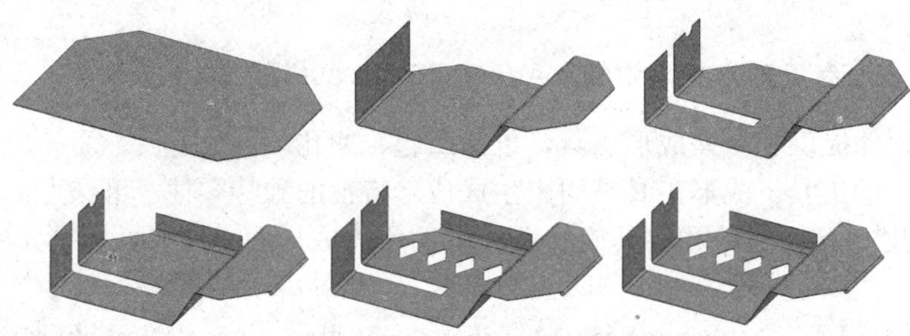

图7-45　钣金二绘制流程

【光盘文件】

——参见附带光盘中的“SW\Ch7\7-13.sldprt”文件。

动画演示——参见附带光盘中的“AVI\Ch7\7-13.avi”文件。

【操作步骤】

（1）选中上视基准面，单击“草图绘制”按钮，绘制如图7-46所示的草图。

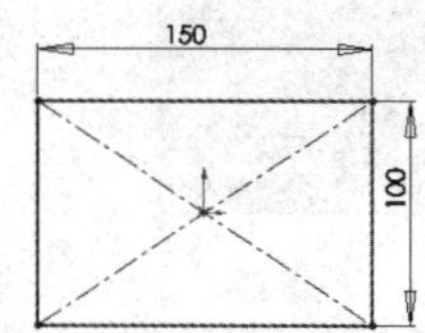

图7-46　绘制草图

（2）单击钣金工具栏上的“基体法兰/薄片”按钮，打开如图7-47所示的对话框，设置钣金厚度为0.50mm，折弯因子为0.5，其他保持默认，单击“确定”按钮完成。

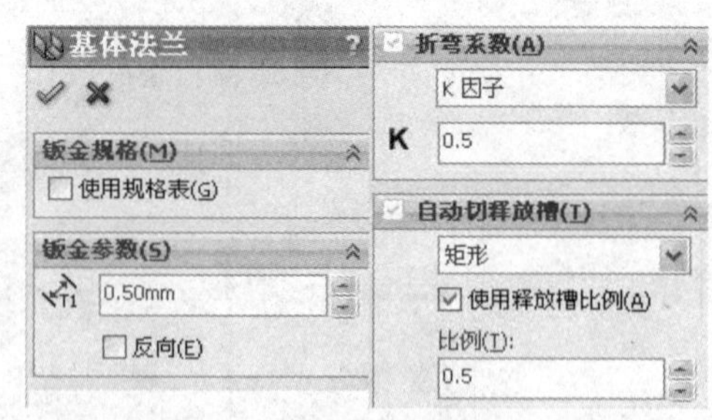

图7-47　基体法兰

（3）单击钣金工具栏上的“断开边角”按钮，“折断边角选项”选择如图7-48所示的

3 个边角，设置“折断类型”为倒角，距离为 25.00mm，单击“确定”按钮完成。

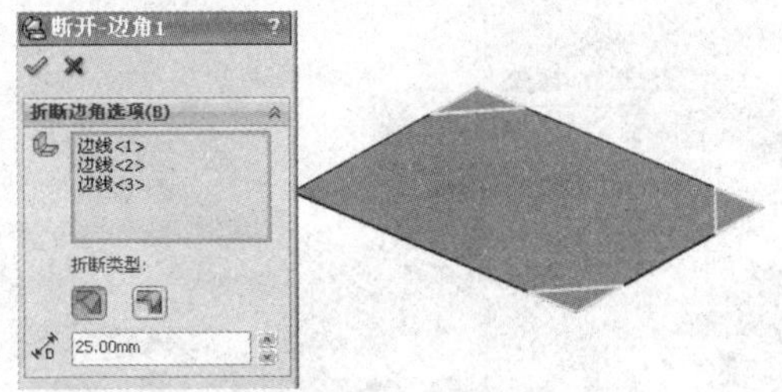

图 7-48　断开边角

（4）单击钣金工具栏上的“边线法兰”按钮，出现如图 7-49 所示的对话框，“法兰参数”中“边线”选择如图所示边线，设置折弯半径为 2.00mm，角度为 90.00 度，法兰深度为 40.00mm，法兰位置为材料在外，单击“确定”按钮完成。

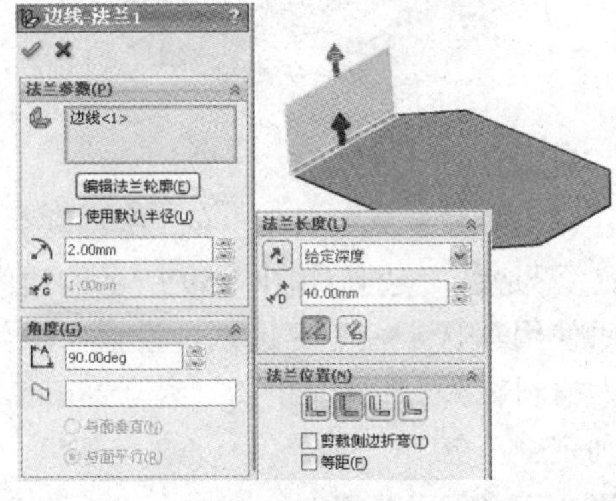

图 7-49　边线法兰

（5）选中所得钣金上表面，绘制如图 7-50 所示的草图。

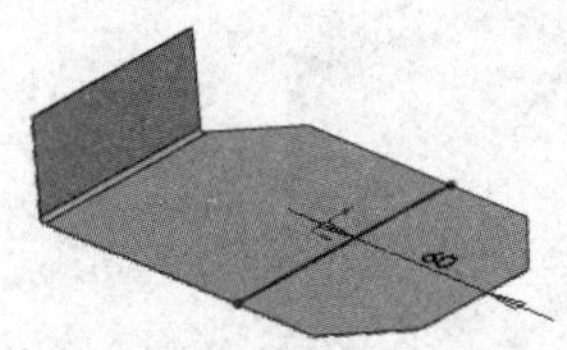

图 7-50　绘制草图

（6）单击钣金工具栏上的“转折”按钮，选择如图 7-51 所示的面为固定面，设置折弯半径为 2.00mm，折弯深度为 30.00mm，折弯角度为 60.00 度，单击“确定”按钮完成。

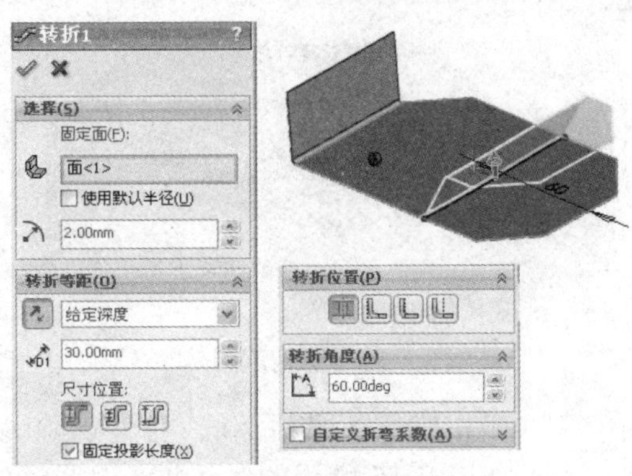

图 7-51　转折

（7）单击钣金工具栏上的“褶边”按钮，选择如图 7-52 所示的边线，设置褶边类型为滚轧，折弯角度及半径如图所示，单击“确定”按钮完成。

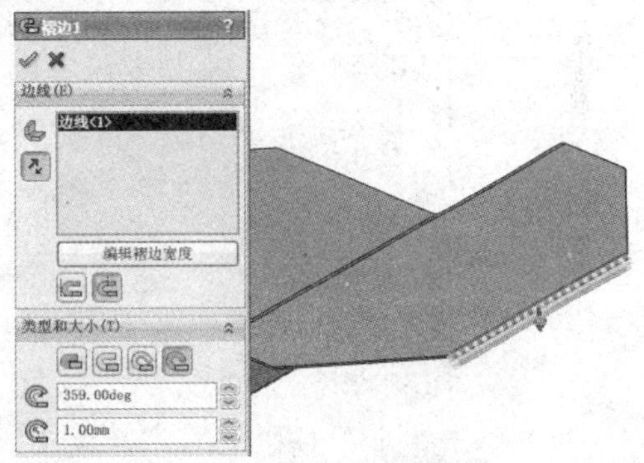

图 7-52　褶边

（8）单击钣金工具栏上的“展开”按钮，固定面选择图 7-53 中的加深面，“要展开的折弯”选择图 7-53 中的所有折弯，单击“确定”按钮完成。

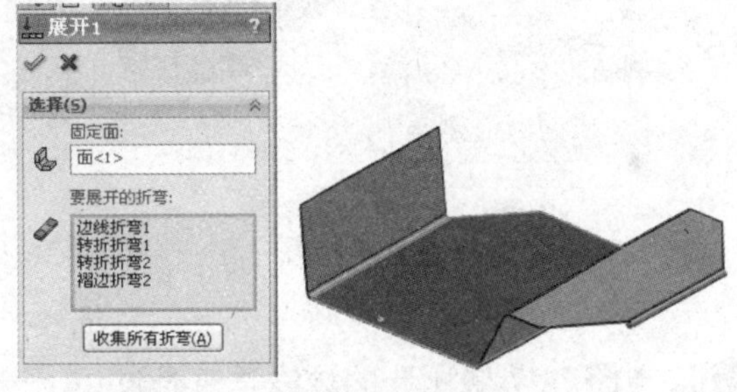

图 7-53　展开

（9）在展开后的钣金上表面绘制如图 7-54 所示的草图。

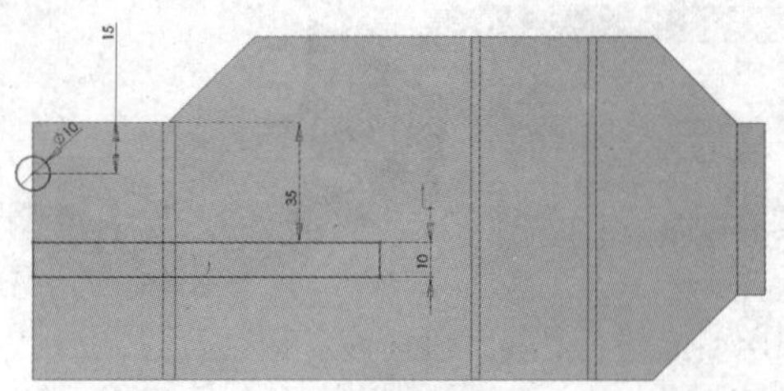
图 7-54 绘制草图

（10）单击特征工具栏上的“拉伸切除”按钮，打开如图 7-55 所示的对话框，设置拉伸方向为“成形到下一面”，单击“确定”按钮完成。

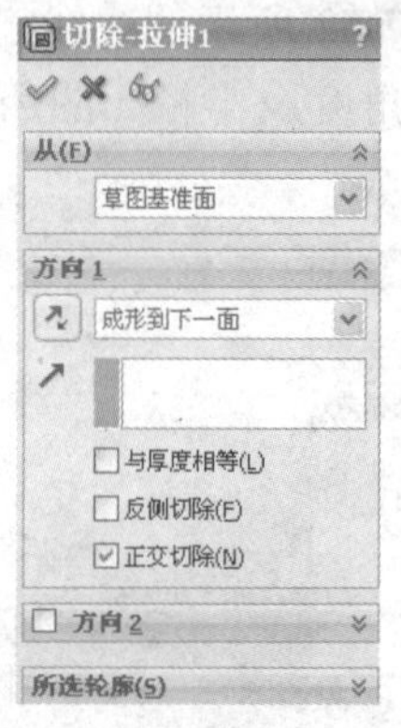

图 7-55 拉伸切除

（11）单击钣金工具栏上的“折叠”按钮，固定面选择图 7-56 中的加深面，“要折叠的折弯”选择所有折弯，单击“确定”按钮完成。

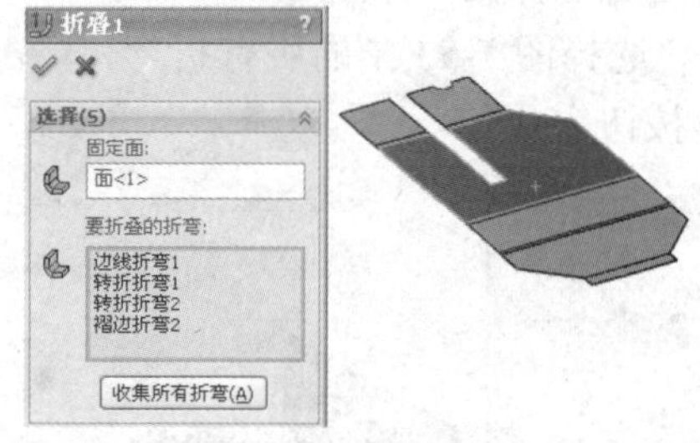

图 7-56 折叠

（12）单击特征工具栏上的“基准面”按钮，与图 7-57 中所选的边线垂直且过边上一端点，单击“确定”按钮添加基准面。

（13）在所添加的基准面上绘制如图 7-58 所示的草图直线。

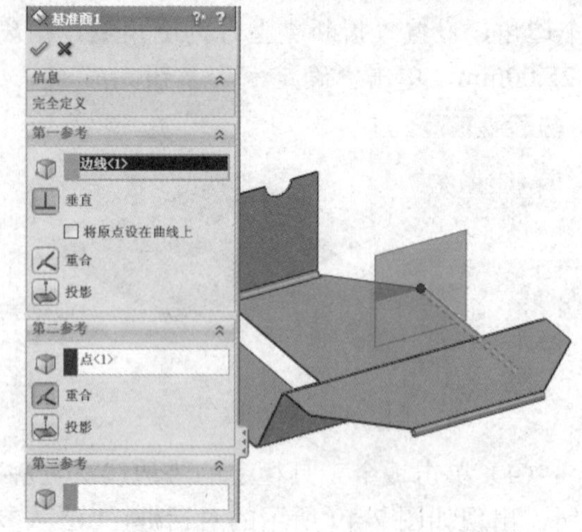

图 7-57 基准面

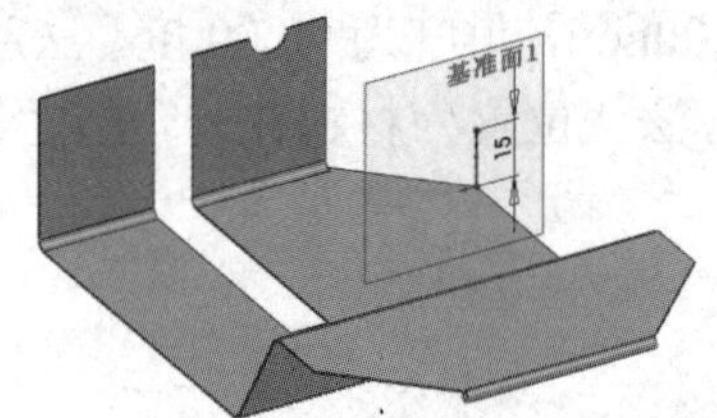

图 7-58 绘制草图

（14）单击钣金工具栏上的“斜接法兰”按钮，“沿边线”选择如图 7-59 所示的边线，选中“使用默认半径”复选框，设置“法兰位置”为材料在外，“缝隙距离”为 0.25mm，单击“确定”按钮完成。

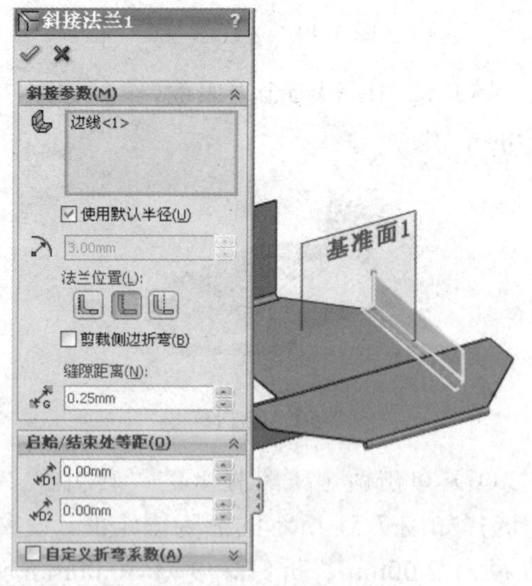

图 7-59 斜接法兰

（15）单击软件左侧的设计库，打开 Design Library\features\Sheetmetal\sw-a152.sldlfp，按如图 7-60 所示将其拖动到要成形的钣金面上。

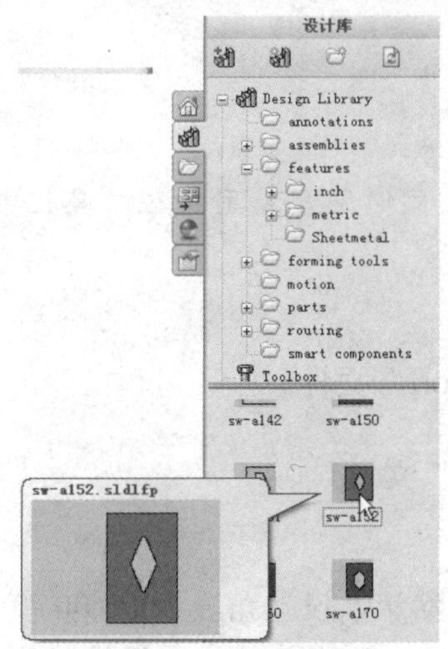

图 7-60　绘制圆

（16）弹出如图 7-61 所示的对话框，在“方位基准面”中选择要成形该形状的面。

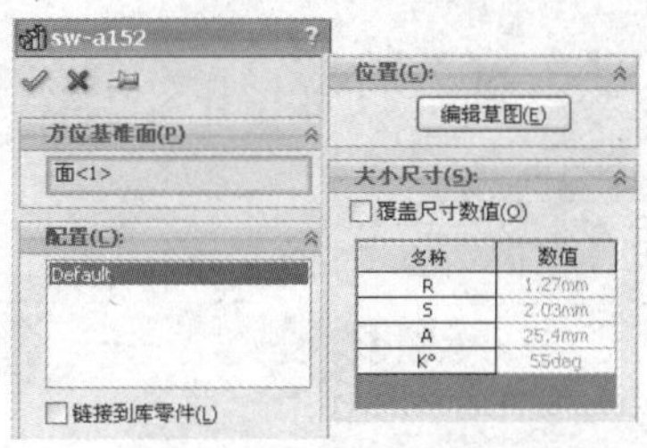

图 7-61　插入成形

（17）单击“编辑草图”按钮，可出现如图 7-62 所示的对话框，通过草图编辑工具编辑该草图位置及尺寸，然后单击“完成”按钮。

（18）单击特征工具栏上的“线性阵列”按钮，阵列步骤（16）所示成形特征，打开如图 7-63 所示的对话框，设置阵列距离为 20.00mm，阵列数目为 4，阵列方向选择图 7-63 中所选的边线，单击“确定✔”按钮完成。

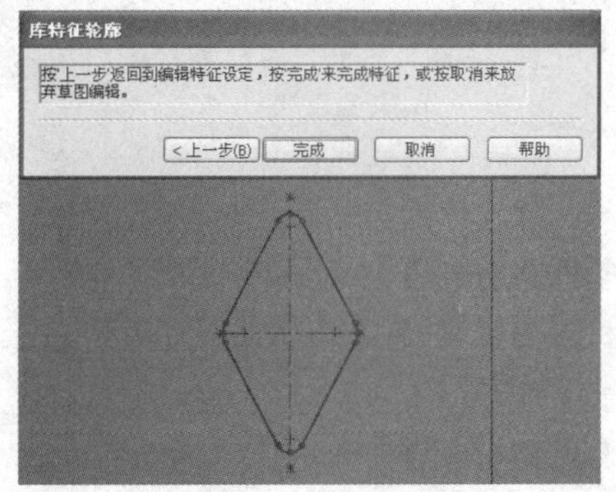

图 7-62　编辑草图

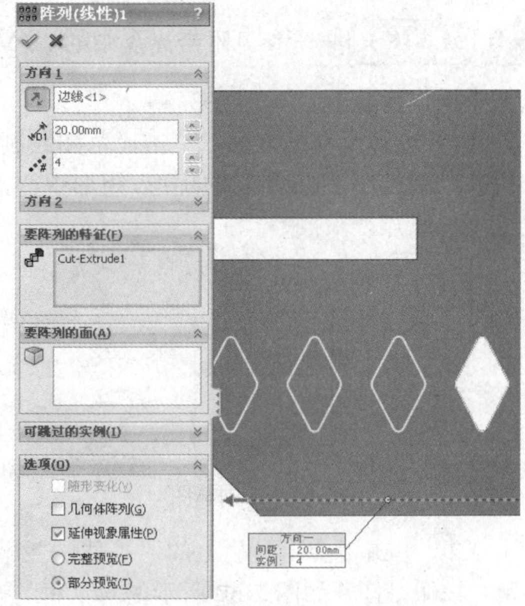

图 7-63　阵列

（19）最终所得的钣金零件如图 7-64 所示。

图 7-64　钣金二

7.14　实例·练习——钣金三

钣金三的结构如图 7-65 所示。

视频教学

图 7-65　钣金三

【思路分析】

本实例主要通过基体法兰、边线法兰及成形工具来完成，同时配合使用特征工具栏中的拉伸、镜像等操作。

【思路分析】

——参见附带光盘中的“SW\Ch7\7-14.sldprt”文件。

——参见附带光盘中的“AVI\Ch7\7-14.avi”文件。

【操作步骤】

（1）选择上视基准面，单击“草图绘制”按钮并绘制如图 7-66 所示的矩形，矩形中心点位于坐标原点。

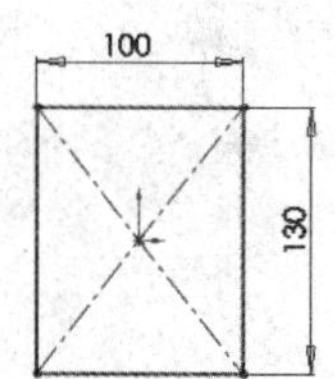

图 7-66　绘制草图

（2）单击钣金工具栏上的“基体法兰/薄片”按钮，打开如图 7-67 所示的对话框，设置钣金厚度为 1.00mm，折弯因子为 0.5，其他保持默认，单击“确定”按钮完成。

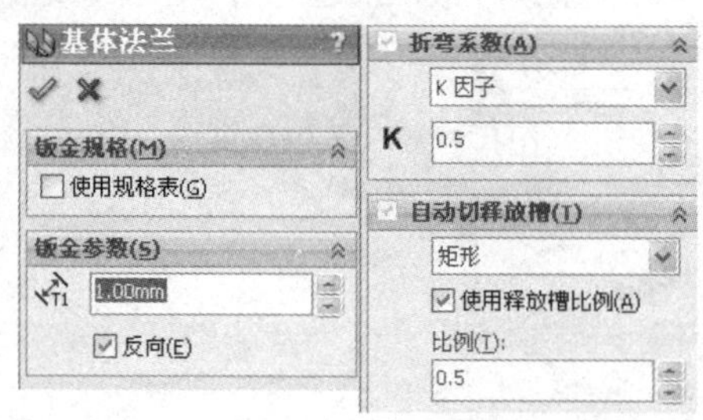

图 7-67　基体法兰

（3）单击钣金工具栏上的“边线法兰”按钮，出现如图 7-68 所示的对话框，“法兰参数”栏中的“边线”选择如图所示的边线，“折弯半径”默认，设置角度为 90.00 度，法兰深度为 40.00mm，“法兰位置”为材料在外，单击“确定”按钮完成。

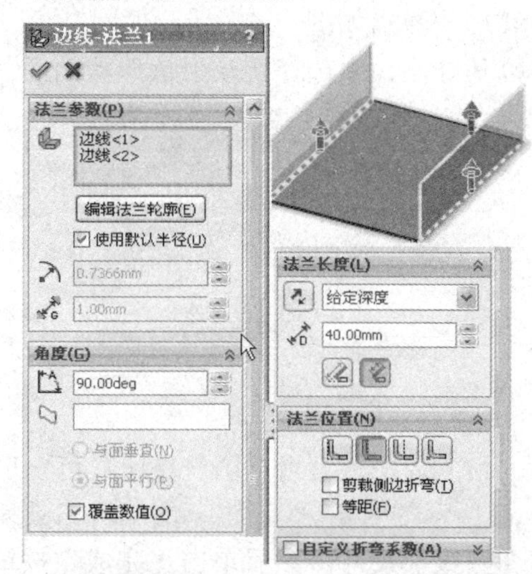

图 7-68　边线法兰

（4）单击钣金工具栏上的“边线法兰”按钮，出现如图 7-69 所示的对话框，“法兰参数”栏中的“边线”选择如图所示，选中“使用默认半径”复选框，设置角度为 90.00 度，法兰深度为 30.00mm，“法兰位置”为材料在外，单击“确定”按钮完成。

（5）在如图 7-70 所示的基准面上绘制草图直线。

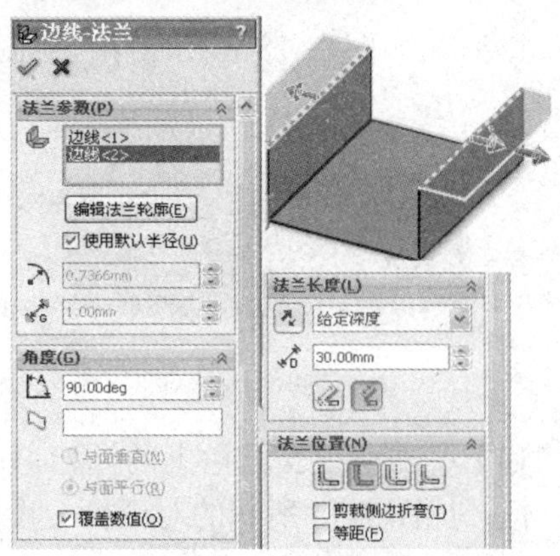

图 7-69　边线法兰

图 7-70　斜接法兰

（6）单击钣金工具栏上的“斜接法兰”按钮，“沿边线”选择如图 7-71 所示的边线，选中“使用默认半径”复选框，设置“法兰位置”为材料在外，“缝隙距离”为 0.25mm，单击“确定”按钮完成。

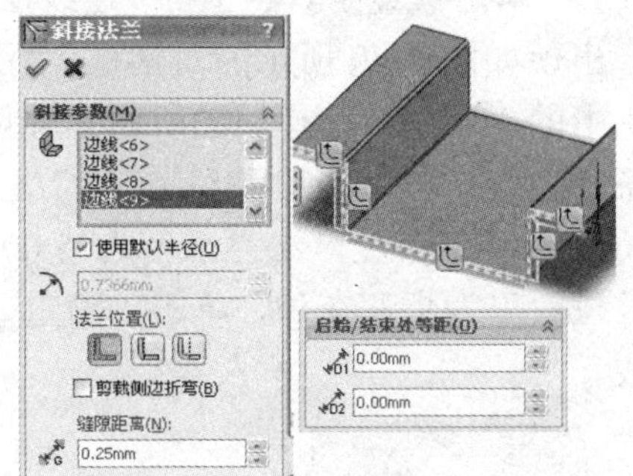

图 7-71　斜接法兰

（7）单击钣金工具栏上的“断开边角”按钮，“折断边角选项”选择如图 7-72 所示的 3 个边角，设置“折断类型”为倒角，距离为 4.00mm，单击“确定”按钮完成。

（8）单击特征工具栏上的“镜像”按钮，打开如图 7-73 所示的对话框，选择镜像面为前视基准面，要镜像的特征为步骤（6）的斜接法兰，单击“确定”按钮完成。

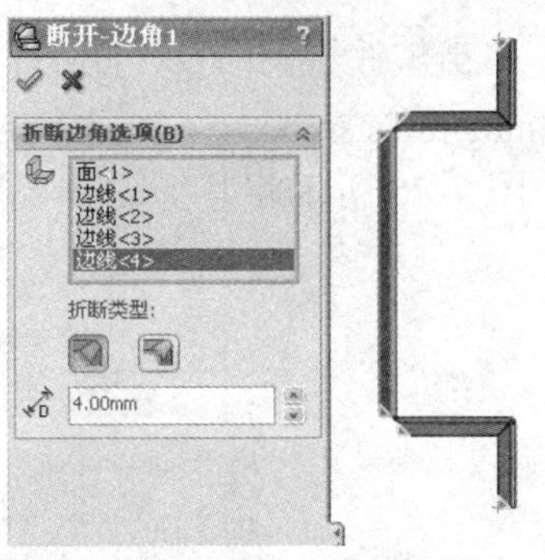

图 7-72　断开边角

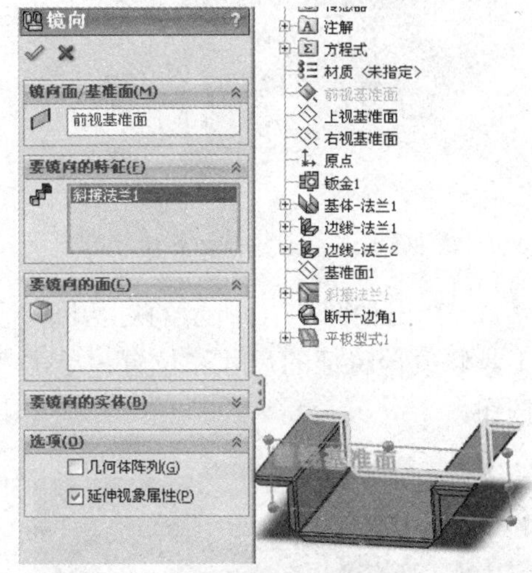

图 7-73　镜像

（9）单击钣金工具栏上的“褶边”按钮，打开如图 7-74 所示的对话框，选择边线如图所示，设置褶边类型为撕裂形，折弯角度及半径如图 7-74 所示，单击“确定”按钮完成。

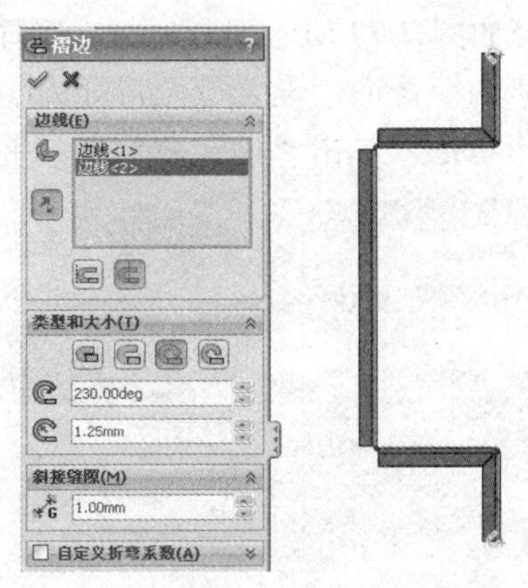

图 7-74　褶边

（10）单击软件左侧的设计库，打开 Design Library\forming tools\embosses\counter sink emboss.sldprt，按如图 7-75 所示将其拖动到要成形的钣金面上。

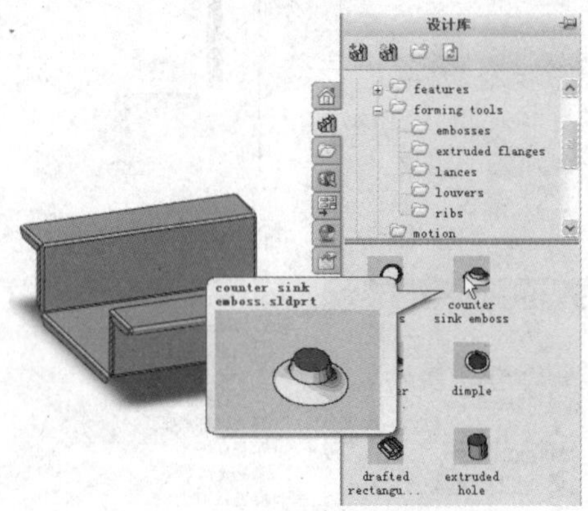

图 7-75　插入成形工具

（11）弹出如图 7-76 所示的对话框，通过草图工具修改该特征的尺寸和位置，单击“完成”按钮。

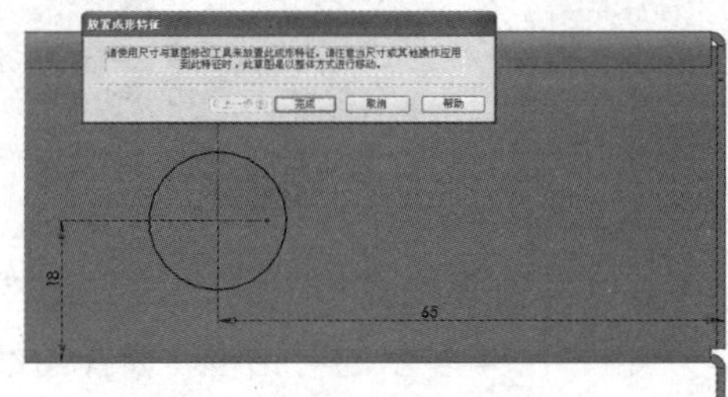

图 7-76　编辑草图

（12）单击特征工具栏上的“镜像”按钮，打开如图 7-77 所示的对话框，选择“右视基准面”为镜像面，设置镜像特征为步骤（8）所示成形特征，单击“确定”按钮完成。

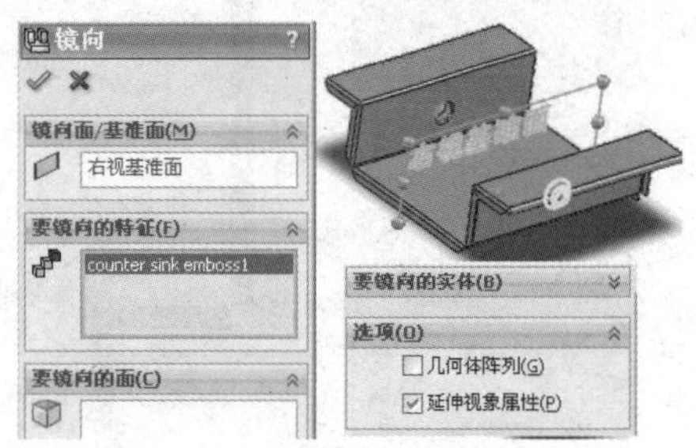

图 7-77　镜像

（13）在如图 7-78 所示的所选面上绘制草图。

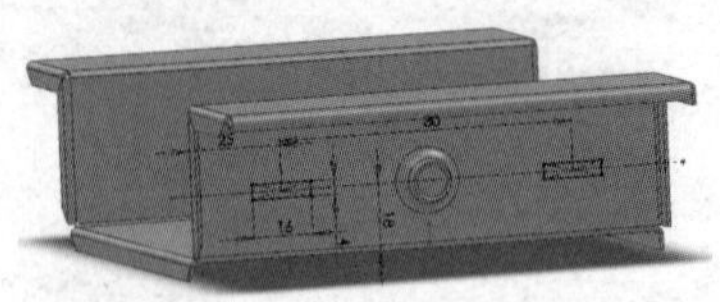

图 7-78　编辑草图

（14）单击特征工具栏上的“拉伸切除”按钮，打开如图 7-79 所示的对话框，设置切除方向为“完全贯穿”，单击“确定”按钮完成。

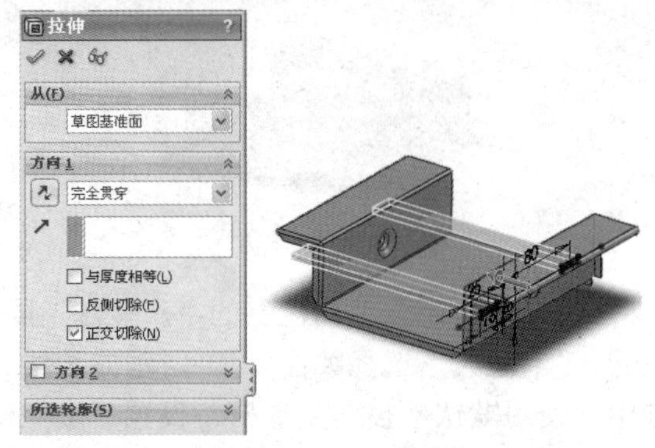

图 7-79　拉伸切除

（15）单击钣金工具栏上的“边线法兰”按钮，出现如图 7-80 所示的对话框，“法兰参数”栏中的“边线”选择如图所示拉伸切除后的 4 条下边线，选中“使用默认半径”复选框，设置角度为 60.00 度，法兰深度为 5.00mm，“法兰位置”为折弯在外，单击“确定”按钮完成。

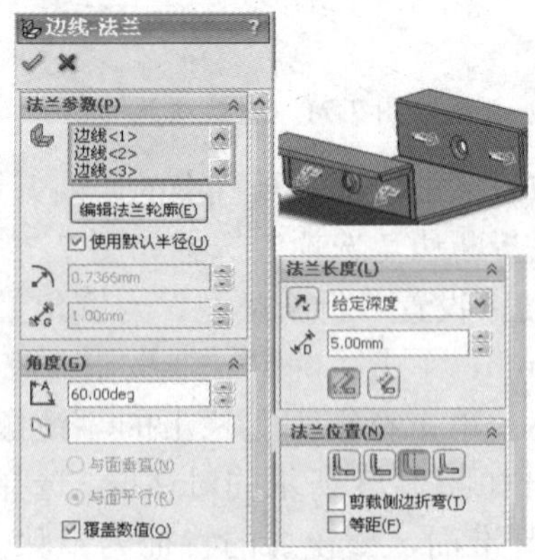

图 7-80　边线法兰

（16）单击软件左侧的设计库，打开 Design Library/forming tools/embosses/circular emboss.sldprt，按如图 7-81 所示将其拖动到要成形的钣金面上。

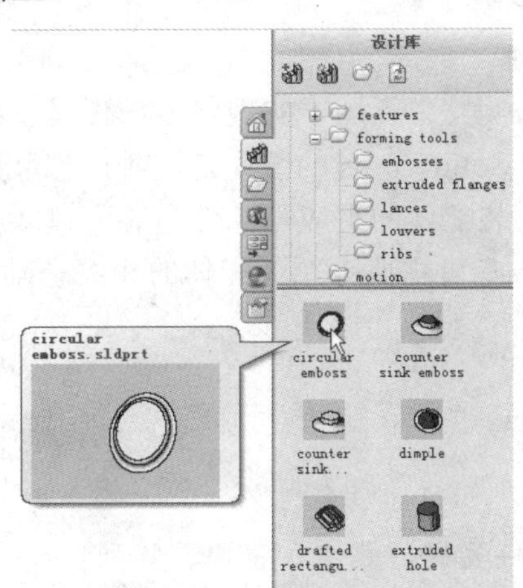

图 7-81　插入成形工具

（17）弹出如图 7-82 所示的对话框，通过草图工具修改该特征的尺寸和位置，单击“完成”按钮。

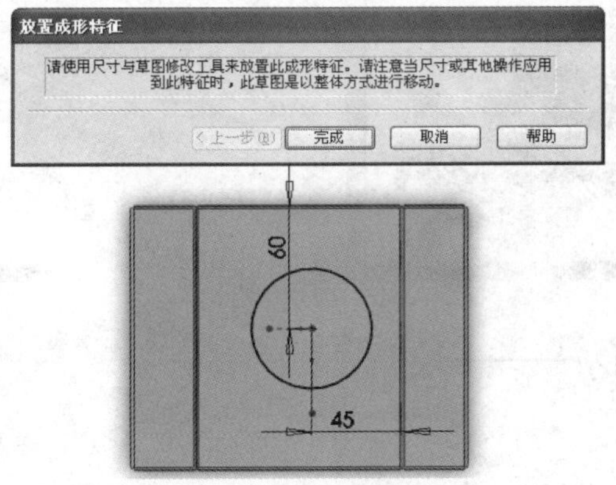

图 7-82　编辑草图

（18）成形后的实体如图 7-83 所示。

（19）在所成形的底面上绘制如图 7-84 所示的圆。

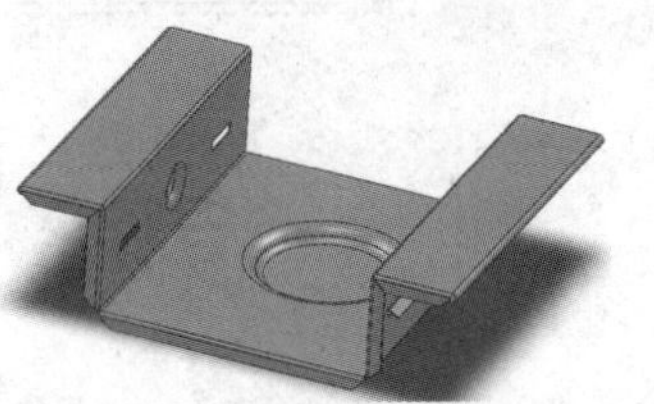

图 7-83　成形实体

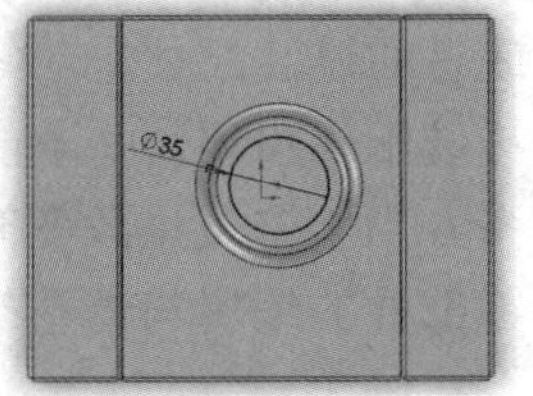

图 7-84　编辑草图

（20）单击特征工具栏上的“拉伸切除”按钮，打开如图 7-85 所示的对话框，设置切除方向为“完全贯穿”，单击“确定”按钮完成。

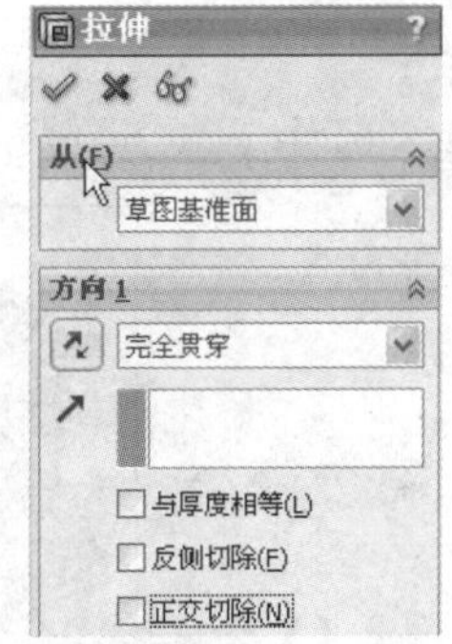

图 7-85　拉伸切除

（21）最终所得实体如图 7-86 所示。

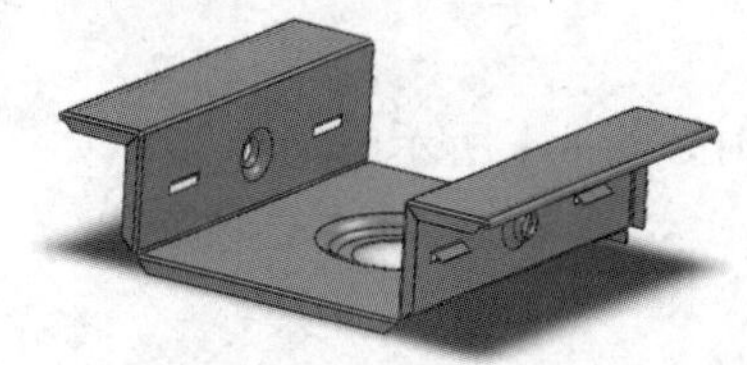

图 7-86　最终实体

第 8 讲　基 础 装 配

装配体设计是 SolidWorks 中实体设计的重要步骤和过程，主要用于实现将零部件模型装配成最终产品，或者通过装配体来对零部件进行产品的设计。SolidWorks 的装配是一种虚拟装配，其组成元素仅被装配体引用，并不能复制到装配体中，因此装配体的组成零部件与装配体之间仍保持着关联关系，当一方发生改变时另一方也会跟着改变。本讲主要介绍装配体的相关基础知识、配合方式及零部件的编辑与调整等。

本讲内容

- 实例·模仿——块
- 装配环境
- 插入零件
- 配合
- 编辑零部件
- 零件复制、删除、镜像、阵列
- 零件调整
- 智能扣件
- 实例·操作——夹具
- 实例·练习——万向节

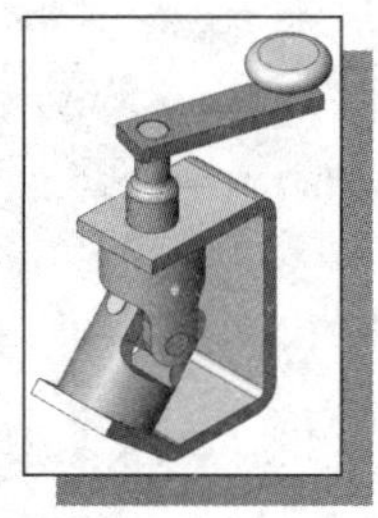

8.1　实例·模仿——块

绘制如图 8-1 所示的简单装配体。

图 8-1　块

【思路分析】

进入装配体环境，将要装配的零件插入到装配体中，通过各种配合关系将零部件配合在一起而形成装配体，其基本绘制流程如图 8-2 所示。

视频教学

插入零部件　　　通过配合关系装配

图 8-2　块装配流程图

【光盘文件】

结果文件——参见附带光盘中的“SW\Ch8\8-1”文件。

动画演示——参见附带光盘中的“AVI\Ch8\8-1.avi”文件。

【操作步骤】

文件位置：装配体\实例模仿

（1）打开 SolidWorks 软件，单击“新建 ”按钮，出现如图 8-3 所示的对话框，选择“装配体”选项，单击“确定”按钮进入装配体环境。

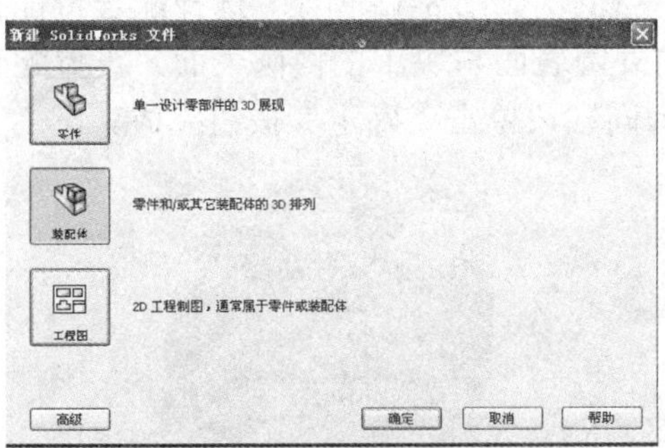

图 8-3　新建装配体

（2）在软件左侧弹出如图 8-4 所示的对话框，单击“浏览”按钮，选择要插入装配体的文件。

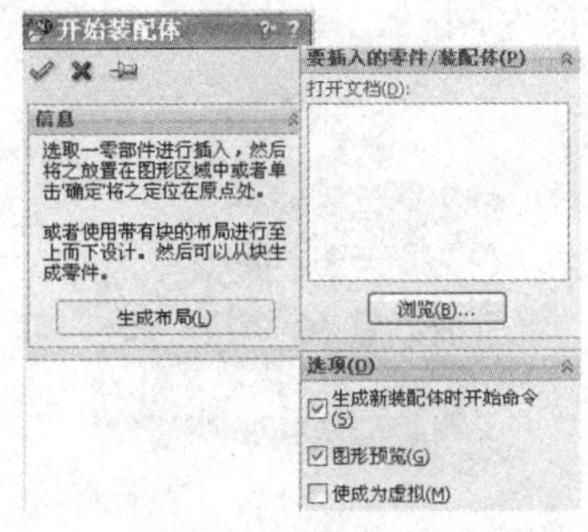

图 8-4　开始装配体

（3）如图 8-5 所示，选择“SW\Ch8\8-1\块 1”，单击“打开”按钮，将块 1 插入到装配体中。

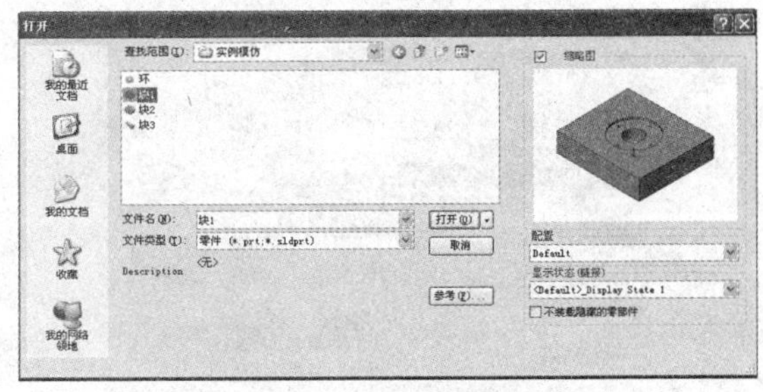

图 8-5　选择零部件

（4）单击装配体工具栏上的“插入零部件 ”按钮，弹出如图 8-6 所示的对话框。

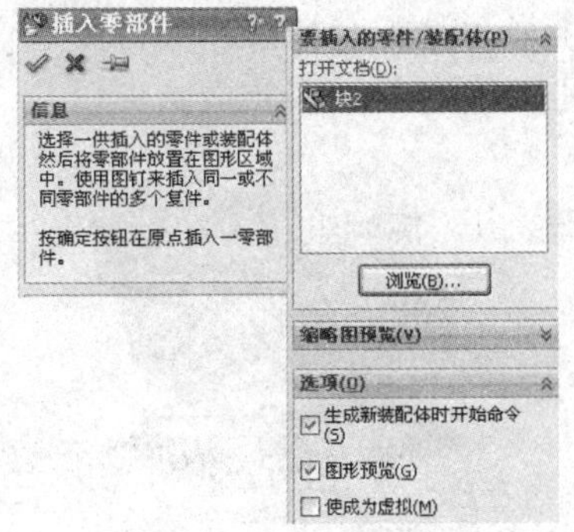

图 8-6　插入零部件

（5）单击“浏览”按钮，选择“SW\Ch8\8-1\块 2”，移动鼠标到合适位置，单击鼠标左键放置块 2，如图 8-7 所示。

（6）用同样的方法依次插入块3和块4，最后单击“确定”按钮完成，所插入零部件如图8-8所示。

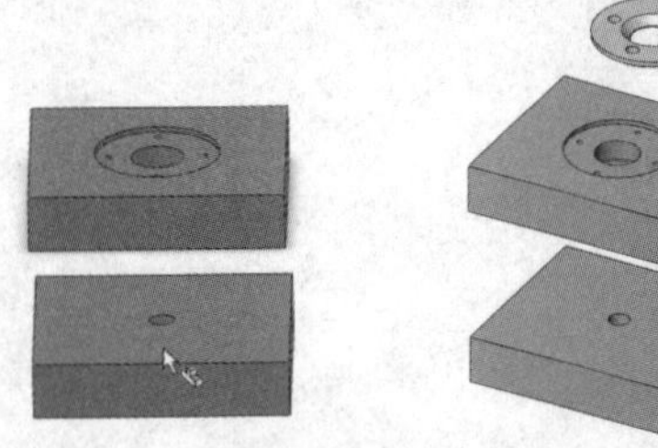

图8-7　插入块2　　　图8-8　零部件

（7）单击装配体工具栏上的“配合”按钮，弹出如图8-9所示的对话框，在“配合选择”栏中选择要进行配合的特征，在“标准配合”栏中选择配合关系。

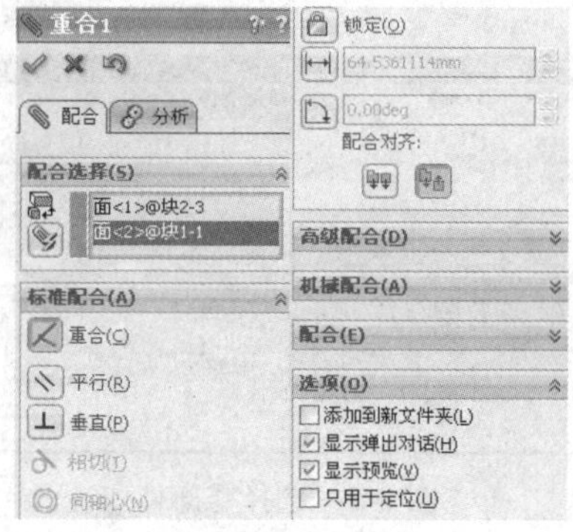

图8-9　重合配合

（8）按图8-10所示选择块1的下表面和块2的上表面为配合特征，配合关系设置为重合，单击“确定”按钮完成。

图8-10　重合

（9）如图8-11所示，选择配合特征为块1和块2的侧面，设置配合关系为重合，单击“确定”按钮完成。

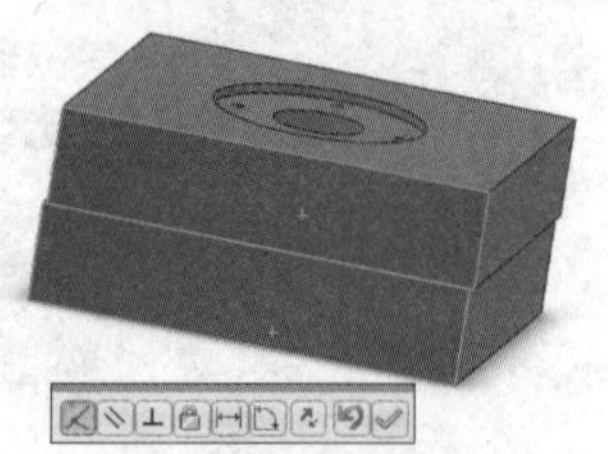

图8-11　侧面重合

（10）如图8-12所示，选择配合特征为块1和块2的另一侧面，设置配合关系为重合，单击“确定”按钮完成。

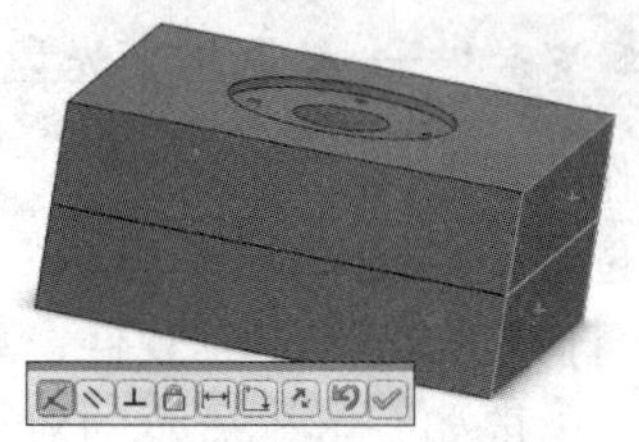

图8-12　另一重合

（11）如图8-13所示，选择配合特征为块3的外圆表面与块1的内圆表面，设置配合特征为同轴，单击“确定”按钮完成。

图8-13　同轴心

（12）如图8-14所示，选择配合特征为块3上螺纹孔内表面与块1上螺纹孔内表面，设置配合关系为同轴，单击“确定”按钮完成。

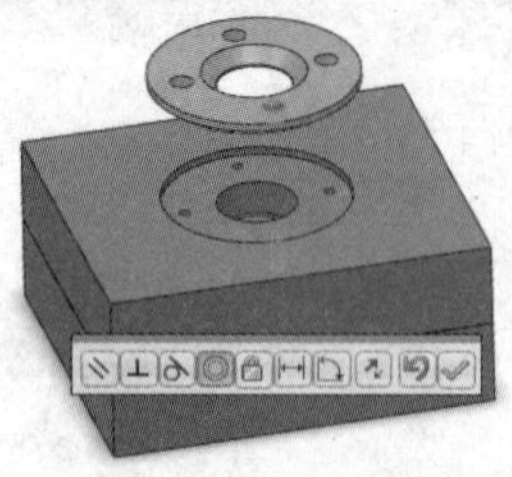

图8-14　螺纹孔同轴

（13）如图 8-15 所示，选择块 1 下凹上表面与块 3 下表面为配合特征，设置配合关系为重合，单击“确定”按钮完成。

图 8-15 重合

（14）如图 8-16 所示，选择块 4 圆柱面与块 1 孔内表面同轴。

图 8-16 同轴心

（15）如图 8-17 所示，选择配合特征为块 4 下表面与块 3 下表面，设置配合关系为重合，单击“确定”按钮完成。

图 8-17 重合

（16）选择块 3 上表面，单击装配体工具栏上的“智能扣件”按钮，出现如图 8-18 所示的对话框，单击“添加”按钮。

（17）软件会自动计算将可能的扣件列出，如图 8-19 所示，选择合适的扣件大小，单击“确定”按钮完成添加扣件。

图 8-18 添加扣件

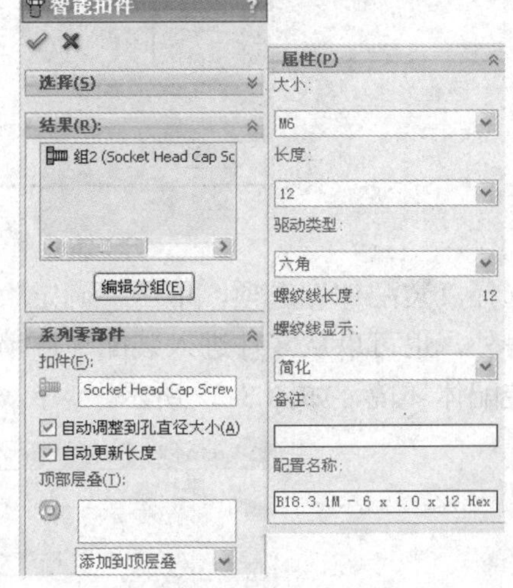

图 8-19 智能扣件

（18）添加扣件后所得装配体如图 8-20 所示。

图 8-20 装配体

8.2 装配体环境

装配体是将单个零件通过一定的几何关系约束并组合在一起而形成的零件集合，每个装配体至少包含两个零件或子装配体。零件与零件之间，或零件与子装配体之间，通过一定的配合关系连接在一起，这些配合关系可以是重合、平行、距离等。

8.2.1 进入装配体环境

选择“文件”→“新建”→“装配体”命令即可打开如图 8-21 所示的对话框。

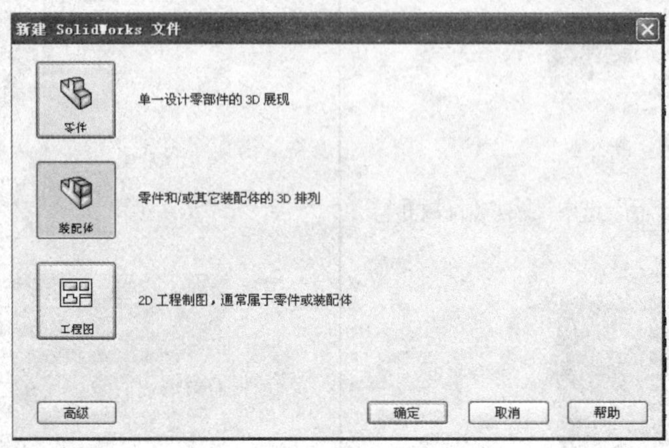

图 8-21 新建装配体

选择“装配体”选项，单击“确定”按钮，即可进入装配体环境。

另外，也可以从零件进入装配体环境，选择“文件”→“从零件制作装配体”命令，直接进入装配体环境，如图 8-22 所示。

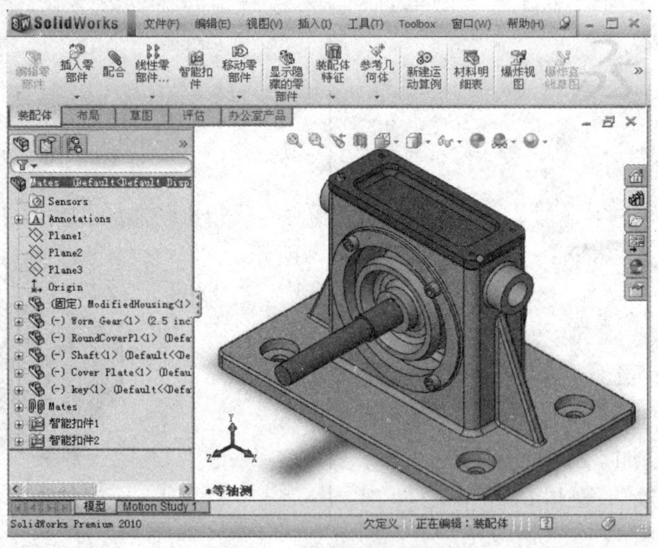

图 8-22 装配体环境

8.2.2 装配体工具栏

首先介绍装配体工具栏中的常用工具，如表 8-1 所示。

表 8-1 装配体工具栏中的常用工具简介

图　标	名　称	作　用
	插入零部件	插入一现有零件或装配体
	新零件	生成一个新零件并插入到装配体中
	新装配体	生成新装配体并插入到当前装配体中
	线性阵列零部件	线性阵列所选零部件
	圆周阵列零部件	圆周阵列所选零部件
	特征驱动零部件阵列	通过某特征来阵列零部件
	镜像零部件	镜像所选零部件
	异型孔向导	插入异型孔
	简单直孔	插入简单直孔
	拉伸切除	进行拉伸切除
	旋转切除	进行旋转切除
	大型装配体	切换到大型装配体模式
	显示隐藏的零部件	显示隐藏的零部件
	编辑零部件	进入零件编辑模式
	智能扣件	使用 SolidWorks Toolbox 标准库将扣件添加到装配体中
	配合	定位两零部件使其相互配合
	移动零部件	在配合允许自由度内移动零件
	旋转零部件	在配合允许自由度内旋转零件
	爆炸视图	将零部件显示为爆炸状态
	干涉检查	检查零部件之间的干涉

8.2.3 装配方法

装配是指将零件按照一定的配合关系使其相对位置固定下来，在将零件导入装配环境时，第一个零件的位置是确定的，其他的零件均以此零件为参考进行配合，故第一个零件的选择有很重要的意义。通常选择体积较大、配合关系较多的零件，如机床的底座、翻斗车的车身等。

装配体设计主要有两种方法，即自下而上的设计、自上而下的设计。

◆　自下而上的设计

自下而上的设计方法是比较传统的方法，该方法首先生成零部件再插入装配体，然后再进行配合。该方法的主要优点是，零部件独立设计，与自上而下的设计方法相比，它们的相互关系及重建行为更为简单，另外，使用这种设计方法可以让设计者专注于单个零件的设计，所以当设计者不需要建立控制零件大小和尺寸的参考关系时，此方法较为适用。

◆　自上而下的设计

自上而下的设计方法是从装配体开始设计工作。设计者可以使用一个零件的几何体来帮助定义另一个零件，也可以生成组装零件后才添加加工特征。另外，还可以将布局草图作为设计的开端，定义固定的零件位置、基准面等，然后参考这些定义来设计零件。

而在实际的设计过程中，往往是两种设计方式综合使用。

8.2.4 装配体设置

选择“工具”→“选项”→“系统选项”→“性能”命令，出现性能设置对话框，如图 8-23 所示，在这里进行零件和装配体设计时与性能参数有关，如对零部件装入状态检查、轻化零部件检查、动画速度等，这些参数对于设计和显示速度有很大的影响。

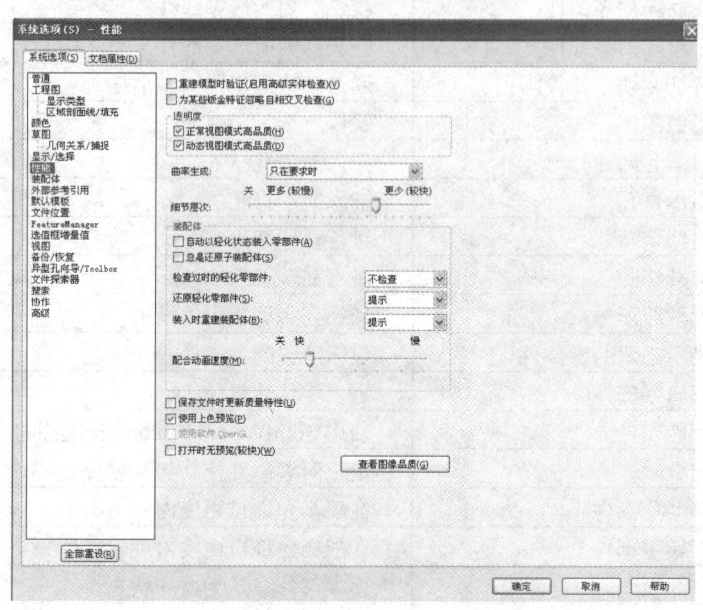

图 8-23 性能

选择“装配体”选项，可进行大型装配体的设计，如图 8-24 所示。主要是面向大型装配体设计的，通过对这些参数的设置，可以提高大型装配体的设计效率，优化设计过程。

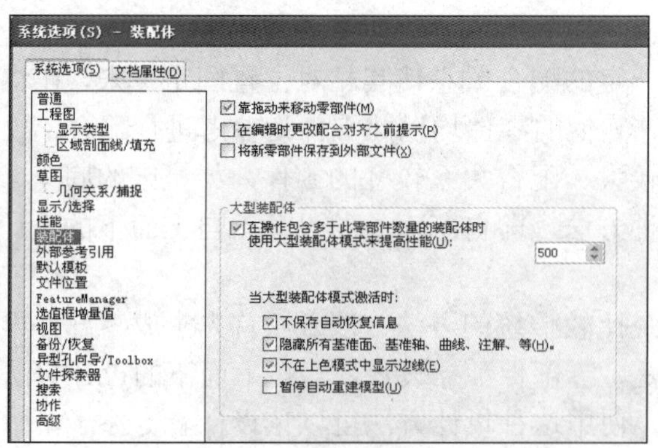

图 8-24 装配体

8.2.5 装配体设计步骤

装配体的设计步骤如下：

（1）加入第一个零件，该零件位置在坐标系中固定。

（2）插入其他零件，并移动到合适的位置或角度。

（3）对插入的零件与固定零件添加配合关系。

（4）对装配体进行运动仿真并检查干涉。

（5）如果是大型装配体，通过隐藏、压缩、轻化等方法提高设计效率。

（6）生成爆炸视图显示零部件之间的装配关系。

8.3 插 入 零 件

——参见附带光盘中的“AVI\Ch8\8-3.avi”文件。

装配体操作过程要在插入零部件之后进行，首先介绍如何插入新的零部件。

8.3.1 插入第一个零部件

从零件环境进入装配体中，单击“从零件到装配体”按钮，或直接单击“新建”→“装配体”按钮，出现如图 8-25 所示的对话框。

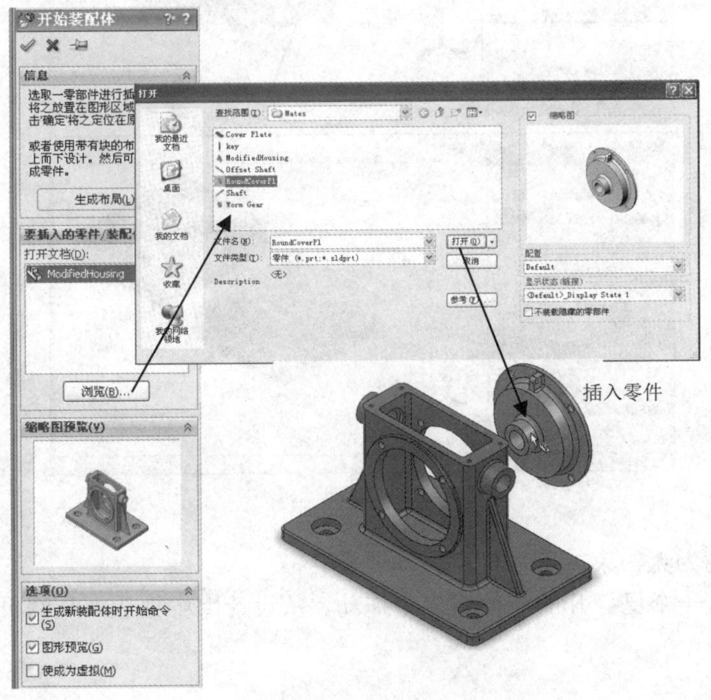

图 8-25　开始装配体

“要插入的零件/装配体”栏显示为软件中已经打开的零件名称，若没有已打开文件，则下面无显示。

单击“浏览”按钮，出现如图 8-25 中的“打开”对话框，选择要插入的零件，单击“打开”按钮后，通过鼠标可以移动零件位置，同时鼠标变成，单击鼠标，则可放置所插入的零件。

“缩略图预览”栏显示的是“要插入的零件/装配体”栏中所选中的零件。

所添加的第一个零件是固定零部件，即相对于设计环境坐标系来说是不能移动或旋转的，只能固定在某个位置，由于装配体设计过程就是要以不动零件为参考添加相应的配合关系。一般情况下，加入的第一个零件，其坐标系与装配体环境坐标系自动认为是重合的，相应的基准面也默认为是重合的。

8.3.2 插入零部件

单击装配体工具栏上的“插入零部件”按钮或选择“插入”→“零件”→“现有零件/装配体”命令，也可以出现相同的对话框。

另外可以从已打开的零件窗口中将零件拖动到装配体，如图 8-26 所示。

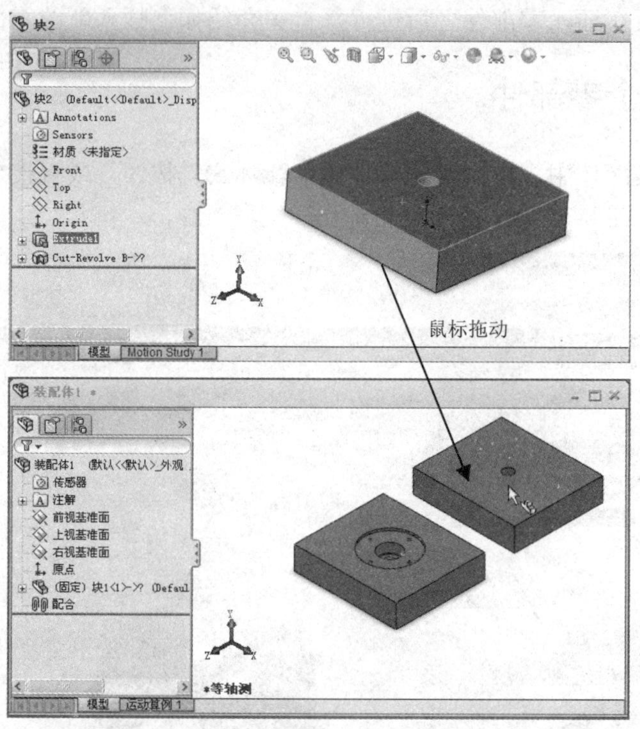

图 8-26　拖动零件

新插入的零件均为无约束，可以任意移动或旋转。

另外，还可以从一个已打开的文件窗口中拖动、从设计库中拖放、从网页浏览器中拖放超链接等方式来添加零件。

8.4 配　　合

配合就是设定零件相对于参照零件的几何约束关系，通过约束减少零件的自由度，从而使零件具有确定的运动方式或者空间位置。约束包括平面约束、直线约束、点约束等几大类，每种约束所限制的自由度数目不同。

8.4.1 配合约束介绍

单击装配体工具栏上的“配合”按钮或选择“插入”→“配合”命令，出现如图 8-27 所示的对话框。

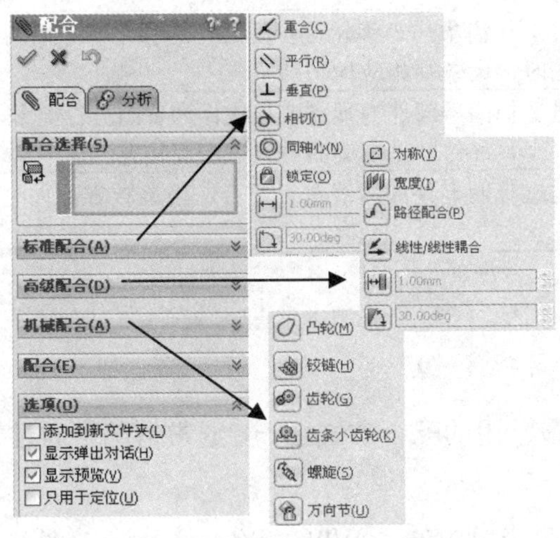

图 8-27 配合

其主要的配合关系有标准配合（如表 8-2 所示）、高级配合（如表 8-3 所示）和机械配合（如表 8-4 所示）。

表 8-2 标准配合

图 标	名 称	说 明
	重合	点、线、面等的重合
	平行	线、面之间相互平行
	垂直	线、面之间相互垂直
	相切	圆、圆弧、轴与线、面等相切
	同轴心	圆、圆弧、轴的轴心相同
	锁定	使其固定不动
	距离	点、线、面等距离
	角度	点、线、面等角度

表 8-3 高级配合

图 标	名 称	说 明
	对称	强制使两个相似的实体相对于基准面或平面对称
	宽度	通过选择要配合的实体作为参照，将选择的薄片位于凹槽片宽度内的中心
	路径配合	通过选择零部件上的点约束到选择的路径
	线性/线性耦合	在一个零部件的平移和另一个零部件的平移之间建立几何关系
	距离	定义距离数值来限制零部件移动，可定义配合的最大和最小范围
	角度	定义角度数值来限制零部件移动，可定义配合的最大和最小范围

表 8-4 机械配合

图　标	名　称	说　明
	凸轮	将圆柱、基准面或点与相切的位伸曲面相配合
	铰链	强迫两零件生成铰链结构
	齿轮	通过选择两零件的旋转轴来进行相互旋转。可旋转圆柱面、圆锥面、线性边线作为旋转轴
	齿条小齿轮	通过选择齿条与小齿轮进行配合，当移动齿条时，小齿轮绕圆周旋转，当旋转小齿轮时，齿条则相应地平移
	螺旋	通过选择两零部件的顶点或边线作为参照进行配合，当旋转其中的一个零部件时，另一个零部件则以螺旋的方式进行旋转
	万向节	通过选择两零件的边线进行配合，当旋转零部件时，选择的两零部件边线始终呈对齐状态

8.4.2 标准配合

标准配合是配合操作中最常用的配合方式之一，通常情况下通过标准配合可完成所需的配合关系，装配成实体。

——参见附带光盘中的“AVI\Ch8\8-4-2.avi”文件。

——参见附带光盘中的“SW\Ch8\配合\标准配合”文件。

（1）重合配合

重合配合关系是标准配合中最常用的一种，可以重合配合的实体可以是点、线、面之间的任意组合。

在图 8-28 中，“配合选择”栏的“要配合的实体”选择前视基准面，在前面已经通过绘图区域的设计树选择该装配体的前视基准面与该轴的前视基准面，在“标准配合”栏中选中“重合”配合关系。

配合对齐方式有“同向对齐”和“反向对齐”两种，用户根据情况来确定零部件的位置。“配合”窗口中会显示已经存在的配合关系。

“添加到新文件夹”可将该配合添加到新文件夹中，否则该配合直接放在设计树下面。

“显示弹出对话”选中后会显示弹出的小对话框。

“显示预览”选中后，单击配合关系会自动显示配合后的情况。

“只用于定位”，选中后，零部件会移至配合指定的位置，但不会将配合添加到特征树中，且配合会出现在“配合”组框中，以编辑和旋转零部件。但是当关闭配合属性管理器后，不会有任何内容出现在特征树的“配合”组框中，即当该项有效时，所选择的配合只是临时的，通常用来移动零部件到合适的位置。

最后单击“确定”按钮完成配合。

（2）平行配合

平行配合关系与重合配合相似，可以平行配合的实体只能是线与线、线与面、面与面之间的任意组合，而且两平行的特征之间保持一定的距离。

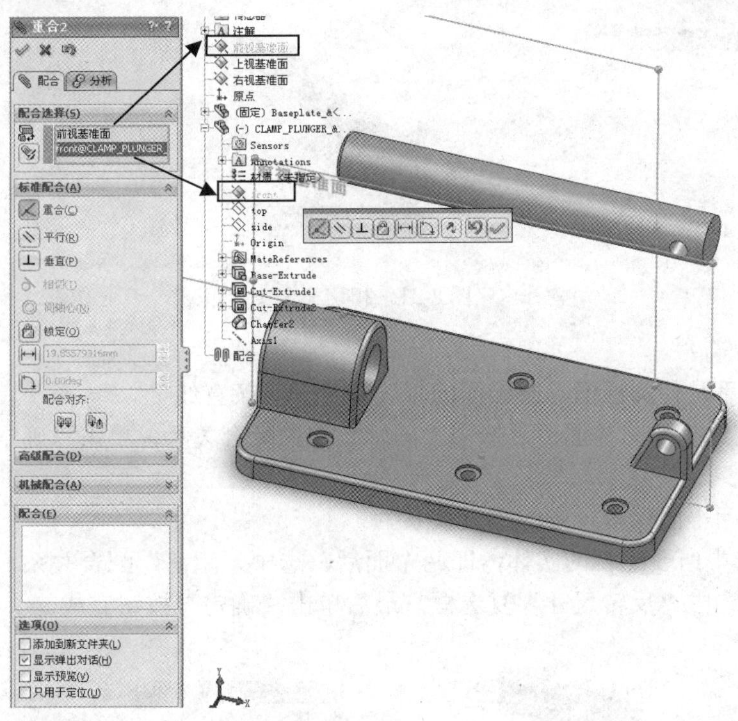

图 8-28　重合

在图 8-29 中选择两端面与圆柱一侧面为平行关系。

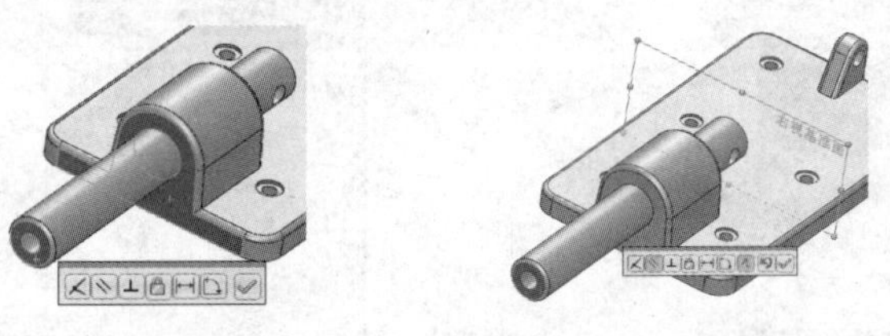

实体面平行　　实体面与基准面平行

图 8-29　平行配合

（3）垂直配合

垂直配合也是一种常见的配合关系，配合实体可以是线与线、线与面、面与面之间的任意组合，如图 8-30 所示。

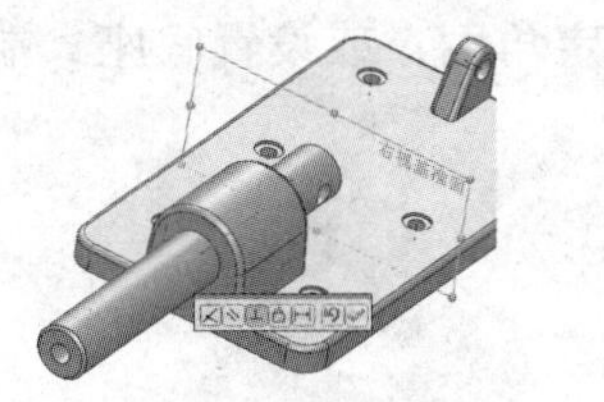
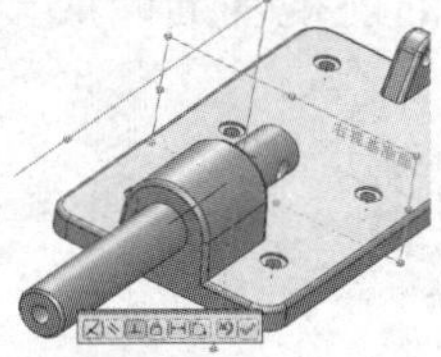
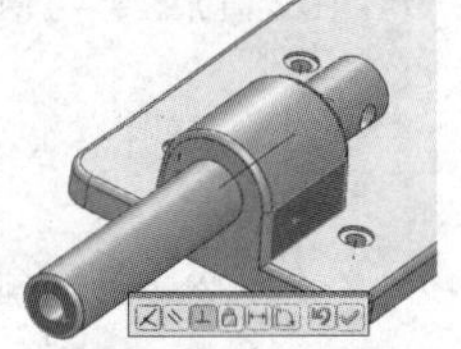

轴线与基准面垂直　　两基准面之间垂直　　两实体面垂直

图 8-30　垂直配合

（4）相切配合

相切配合用于在圆柱面、圆锥面、球面和直线、平面间建立相切关系，如图 8-31 所示选择两圆柱面作为相切配合关系。

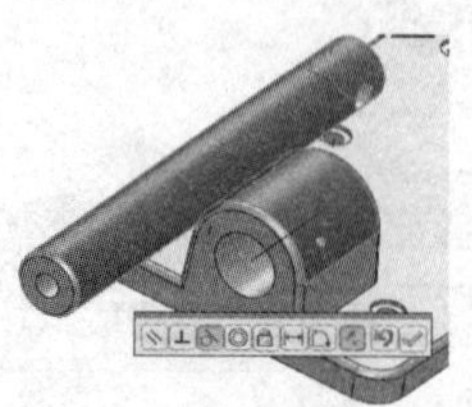

图 8-31　相切配合

（5）同轴心配合

同轴心配合关系是使圆柱面、圆锥面的轴线重合于一条直线上。

在图 8-32 中，选择两圆柱面后，选中“同轴心”的配合关系，单击“确定”按钮即可。

（6）距离配合

距离配合是使两平面保持一定的距离关系。

在图 8-33 中选中所要配合的实体，即两个面后，选中“距离”配合关系，输入所需距离值，如需反转尺寸，则选中“反转尺寸”复选框，最后单击“确定”按钮完成。

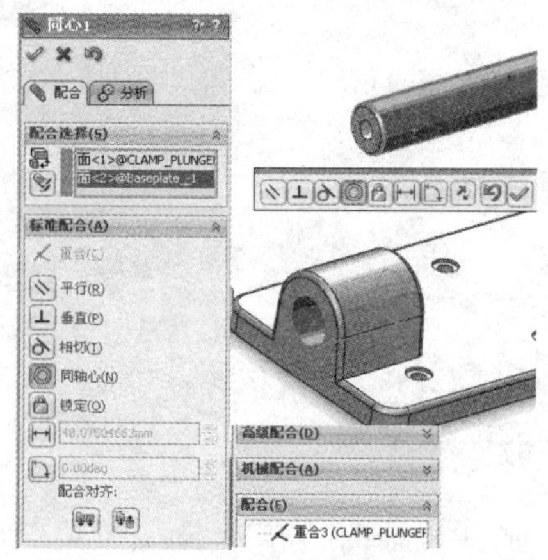

图 8-32　同轴心

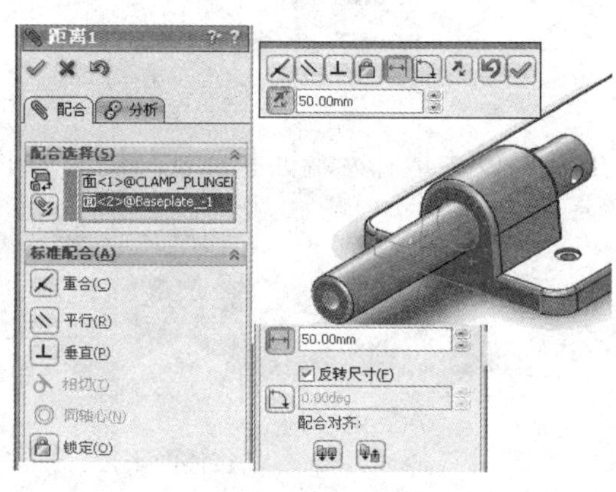

图 8-33　距离

（7）角度配合

角度配合是指平面与直线中的任意两两组合所形成的指定夹角。角度配合关系同距离配合关系类似，输入所指定的角度即可。

在图 8-34 中，设置底座与圆柱体的前视基准面成一定角度，或设置底座一端面与圆柱一端面成一定角度。

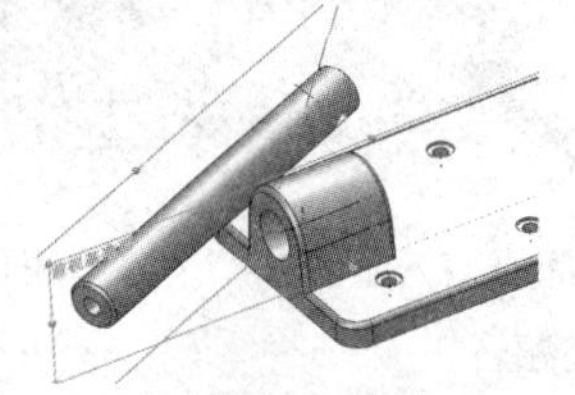

基准面与基准面

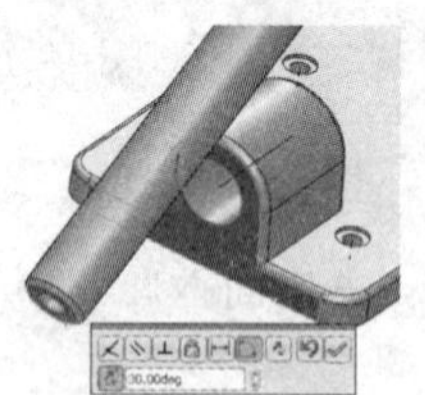

实体面与实体面

图 8-34　角度配合

8.4.3 高级配合及机械配合

高级配合及机械配合提供了更丰富的零件装配关系，下面将简单介绍几个常用的高级配合。

（1）对称

动画演示——参见附带光盘中的“AVI\Ch8\8-4-3-1.avi”文件。

结果文件——参见附带光盘中的“SW\Ch8\配合\高级与机械配合\对称配合”文件。

设定对称配合的几何对象可以是零件实体的顶点、边线和面，另外，还可以在实体中对球体、等半径圆柱体设定对称约束关系。

打开“配合”对话框后，选择“高级配合”→“对称”命令，在如图 8-35 所示的对话框的“要配合的实体”中选择两个球面，“对称基准面”选择中间平面，然后单击“确定”按钮完成。则两个球关于平面对称，当移动一个球的位置时，另一个球也跟着移动。

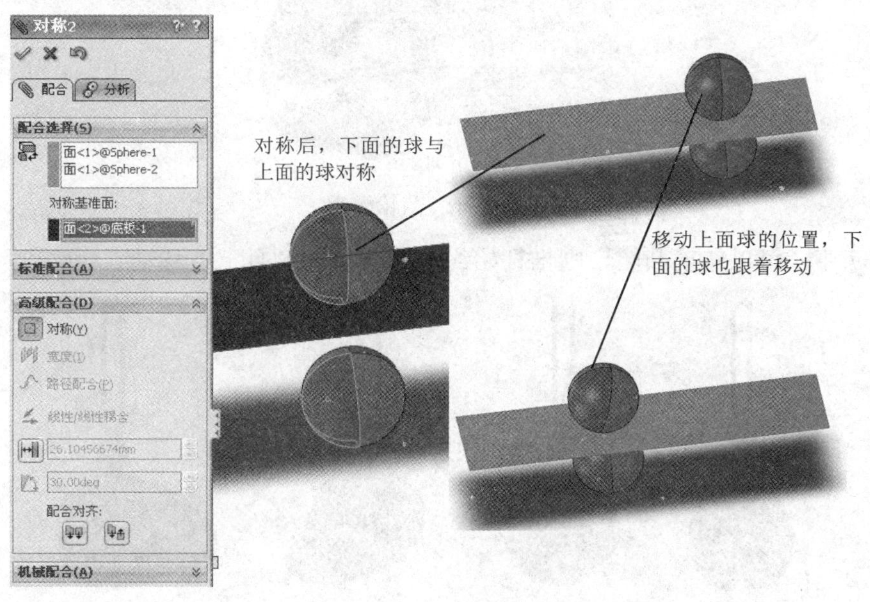

图 8-35 对称配合

（2）凸轮推杆配合

动画演示——参见附带光盘中的“AVI\Ch8\8-4-3-2.avi”文件。

结果文件——参见附带光盘中的“SW\Ch8\配合\高级与机械配合\凸轮推杆配合”文件。

凸轮是最常用的机构之一，为此 SolidWorks 提供了凸轮推杆配合，以方便设计此类机构。凸轮推杆配合实际上是一种相切或重合配合，此类配合允许将圆柱、基准面或点与一系列相切的拉伸曲面相配合。用户可以利用直线、圆弧或样条曲线制作凸轮的轮廓，只要保持这些曲线相切且闭合即可。

进入“配合”对话框后，选择“机械配合”→“凸轮”命令，打开如图 8-36 所示的对话框，

“要配合的实体”选择凸轮与推杆相接触的面，“凸轮推杆”选择推杆与凸轮相接触的面，单击“确定”按钮完成。

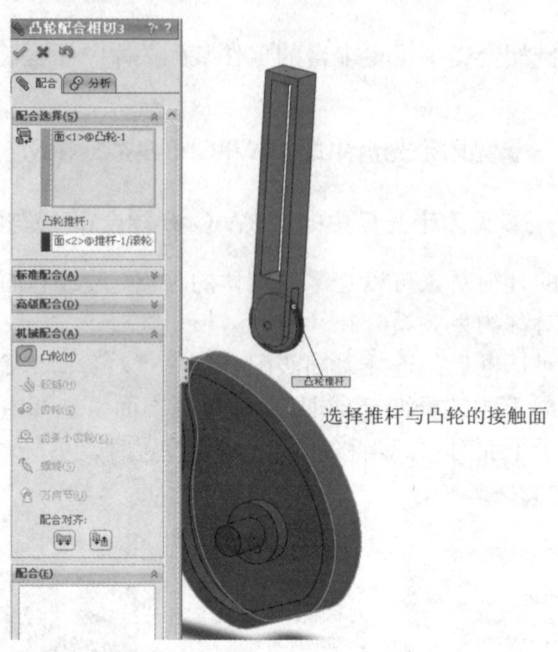

图 8-36　凸轮配合

在图 8-37 中，可以转动凸轮，则推杆始终与凸轮相接触且上下移动。

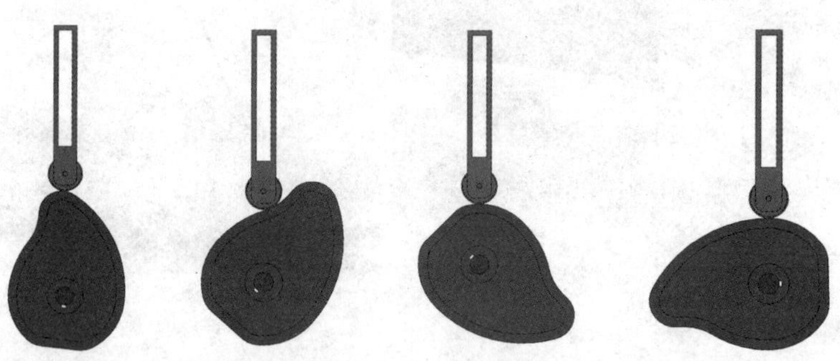

图 8-37　移动凸轮

（3）齿轮配合

动画演示——参见附带光盘中的“AVI\Ch8\8-4-3-3.avi”文件。

结果文件——参见附带光盘中的“SW\Ch8\配合\高级与机械配合\齿轮配合”文件。

齿轮传动机构也是很常用的机械结构，为此 SolidWorks 提供了齿轮配合功能。相互配合的齿轮会绕着所定义的轴进行相对旋转。能够进行齿轮配合的有效旋转轴包括圆柱面、圆锥面、草图圆、轴或线性边线，可以为任何两个希望相对旋转的零部件加入齿轮配合，而不局限于真正的齿轮。

进入“配合”对话框后，选择“机械配合”→“齿轮”命令，打开如图 8-38 所示的对话框，“要配合的实体”选择大小齿轮的齿形边线，此时齿轮会自动计算传动比，同时可更改转动方向。单击“确定”按钮完成。此时，可按照齿轮的运动规律进行转动。

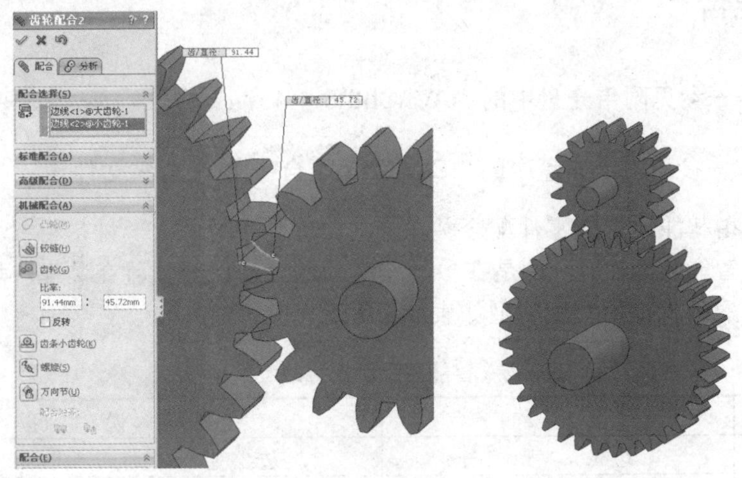

图 8-38　齿轮配合

（4）齿条小齿轮配合

——参见附带光盘中的“AVI\Ch8\8-4-3-4.avi”文件。

——参见附带光盘中的“SW\Ch8\配合\高级与机械配合\齿条小齿轮配合”文件。

齿条小齿轮配合是一种一个零件的线性平移引起另一个零件圆周运动的机构。

进入“配合”对话框后，选择“机械配合”→“齿条小齿轮”命令，打开如图 8-39 所示的对话框，“要配合的实体”中“齿条”选择齿条的齿形边线，“小齿轮/齿轮”选择齿轮齿形边线，在“机械配合”栏中可选中“小齿轮齿距直径”或“齿条行程/转数”单选按钮，单击“确定”按钮完成。此时，转动齿轮，齿条会进行直线运动，同时，移动齿条，齿轮也会发生转动。

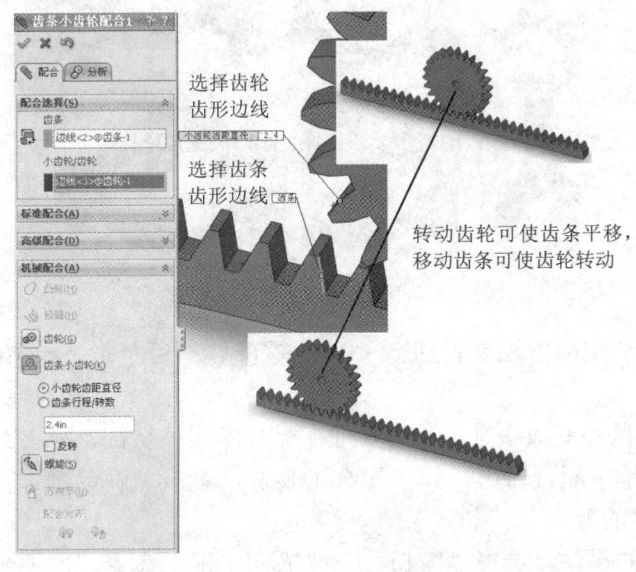

图 8-39　齿轮齿条配合

对于齿轮相关的配合，很多情况下可以选择齿轮的分度圆作为要配合的实体。

8.4.4 智能配合

动画演示——参见附带光盘中的“AVI\Ch8\8-4-4.avi”文件。

结果文件——参见附带光盘中的“SW\Ch8\配合\智能配合”文件。

Smartmates 是指智能地生成零件配合关系，主要有两种方式：一种是将参与装配的零件拖到装配体环境时进行智能装配，另一种是在参与装配的零件都已经放置在装配环境中的情况下进行智能装配。智能装配所支持的装配类型如表 8-5 所示。

表 8-5 智能装配所支持的装配类型

图　标	名　称	说　明
	边线	边线重合
	平面	平面重合
	顶点或草图点	顶点重合
	圆柱面	圆柱面同轴心
	圆弧线	圆柱面重合或孔与销同轴心且端面对齐

（1）在装配体中智能装配

当装配体已经调入后，按住 Alt 键，拖动要配合的点、边线或面，此时鼠标变成，当拖动到要配合的实体处时，鼠标变成可实现的配合类型，释放鼠标即可，如图 8-40 所示。

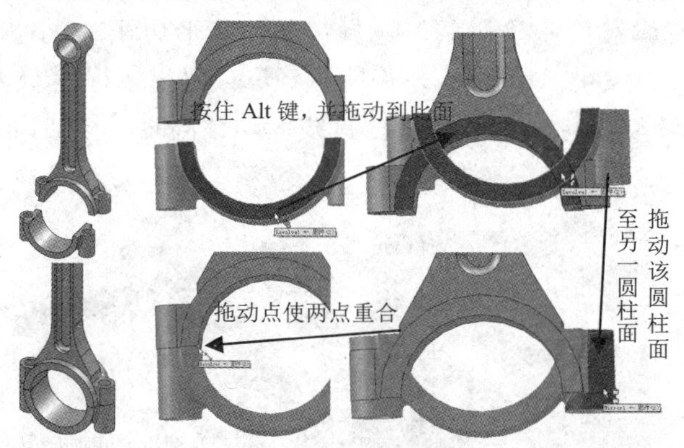

图 8-40 智能装配

另一种进入智能装配的方法是，进入“移动零部件”后单击 Smartmates按钮，即可进入 Smartmates。

如图 8-41 所示，鼠标变成时，双击要进行配合的实体特征，则该零件变成半透明状态，同时鼠标指针变成，单击配合对象，弹出配合工具栏，单击“确定”按钮完成。

（2）调入零件时的配合

打开要进行配合的零件，选择“窗口”→“横向平铺”命令，如图 8-42 所示。

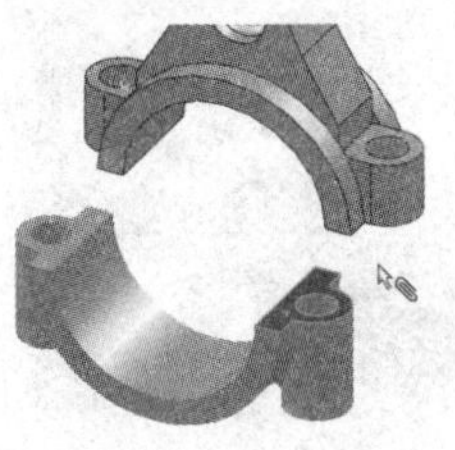
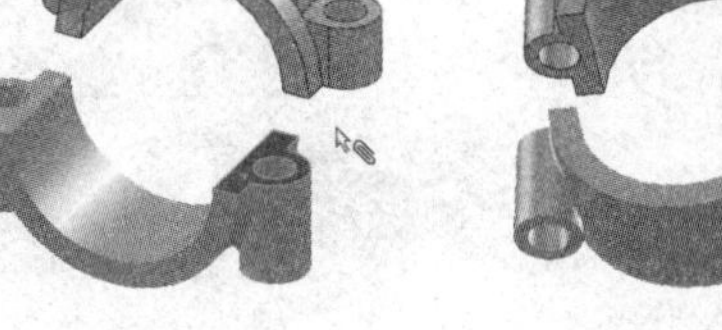
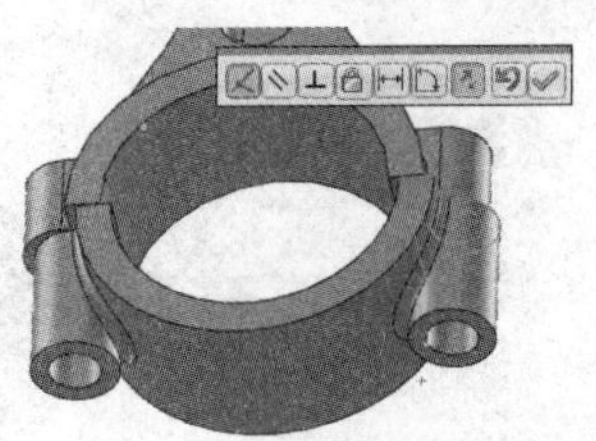

双击要配合特征　　　　单击配合对象　　　　自动进行配合

图 8-41　智能配合

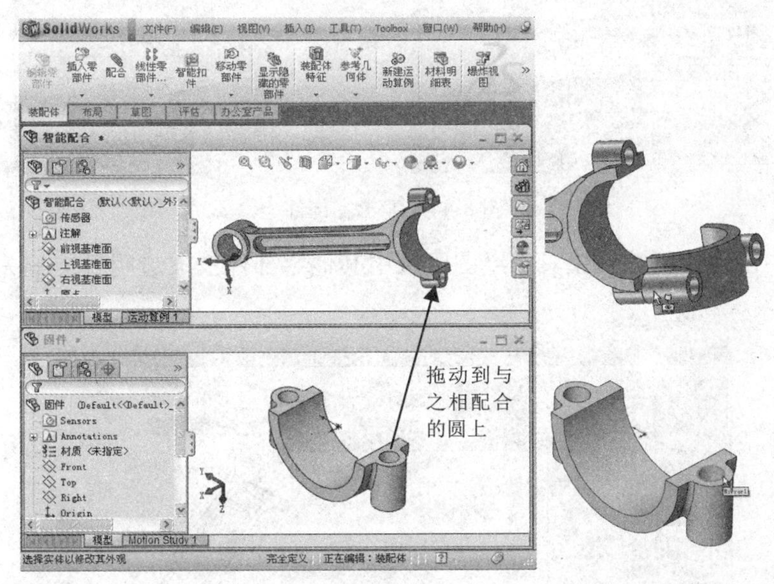

图 8-42　拖动配合

将要配合的边线直接拖动到配合对象上，如图 8-42 所示，鼠标指针变成“圆弧线配合”时，按 Tab 键改变约束方向，释放鼠标完成配合。

8.5　编辑零部件

动画演示——参见附带光盘中的“AVI\Ch8\8-5.avi”文件。

结果文件——参见附带光盘中的“SW\Ch8\配合\编辑零部件”文件。

在装配过程中，通常会发现零件设计不合理，需要进行修改。修改装配体中的零件，可打开零件原型进行修改，同时也可以在装配体环境中直接进行修改。

在设计树中单击要进行编辑的实体，或直接单击实体，如图 8-43 所示，在弹出的对话框中，单击“打开”按钮，便可打开该零件，从而对该零件进行编辑。

选中要编辑的零件，单击装配体工具栏上的“编辑零部件”按钮，或在设计树中单击该零部件名称或在绘图区域中单击该零部件，在弹出的对话框中单击“编辑零部件”按钮，如图 8-44 所示，均可在装配体中进入零件编辑状态。

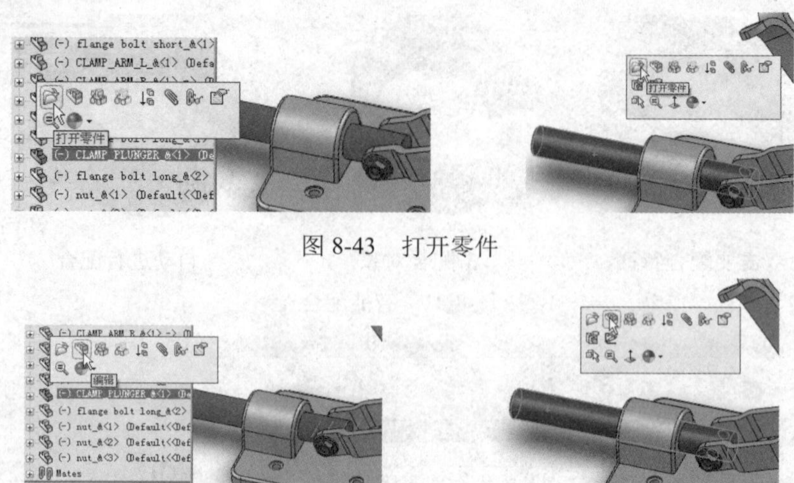

图 8-43　打开零件

图 8-44　编辑零部件

此时工具栏中出现特征编辑工具，绘图区域中其他零部件变成透明且装配关系依然存在，如图 8-45 所示。

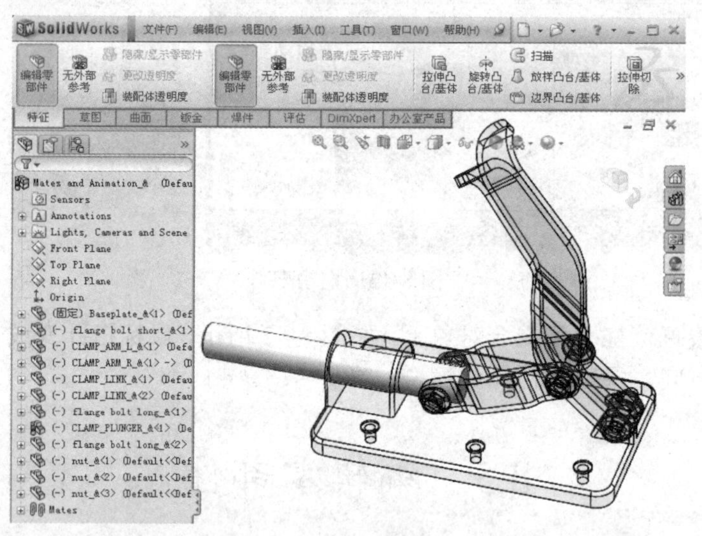

图 8-45　编辑零部件

当零件编辑完后，单击工具栏或绘图区域的“编辑零部件”按钮即可退出零件编辑。

8.6　零件复制、删除、镜像、阵列

动画演示——参见附带光盘中的“AVI\Ch8\8-6.avi”文件。

结果文件——参见附带光盘中的“SW\Ch8\零件复制、删除、镜像、阵列”文件。

在一个装配体中出现多个相同零件都是十分常见的，SolidWorks 为用户提供了零件的复制、

删除、镜像和阵列工具，从而可以快速完成多个实例的装配。

8.6.1 零件复制

在设计树或绘图区域中选中零件后，按住 Ctrl 键拖动零件到绘图区域的其他位置，即可对零件进行复制，如图 8-46 所示。

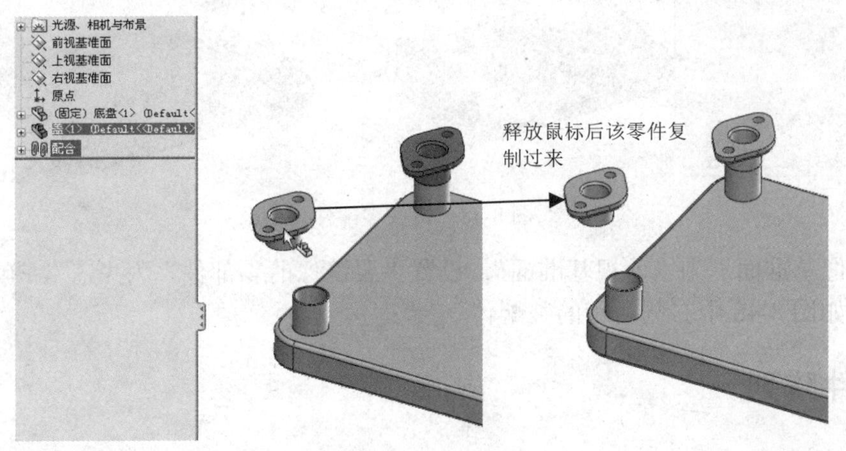

图 8-46 复制零件

8.6.2 零件删除

在设计树或绘图区域中单击鼠标右键，在弹出的快捷菜单中选择“删除”命令即可，如图 8-47 所示。

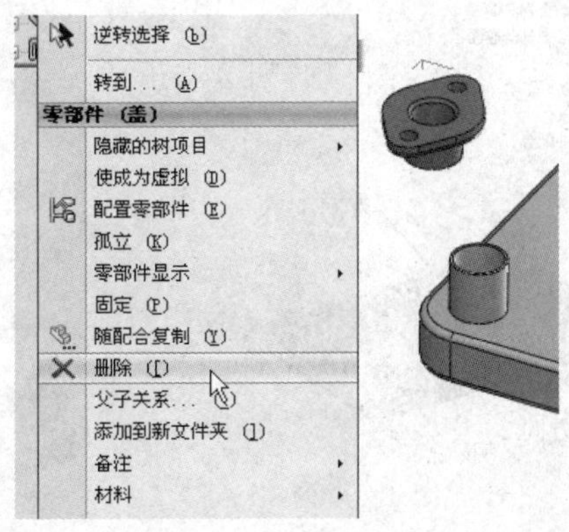

图 8-47 零件删除

8.6.3 零件镜像

单击装配体工具栏上的“镜像零部件”按钮或选择“插入”→“镜像零部件”命令，出现如图 8-48 所示的对话框。

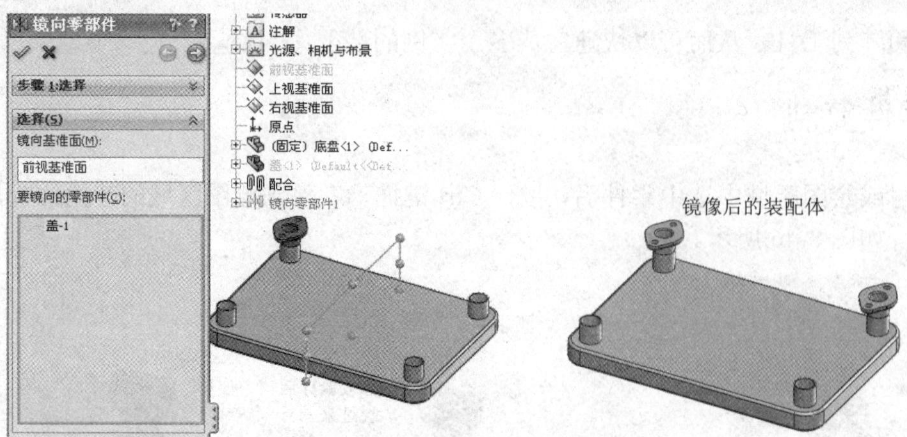

图 8-48　镜像零部件

选择“镜像基准面”为“前视基准面”，设置“要镜像的零部件”为“盖”，单击“确定”按钮完成，得到如图 8-48 中右侧所示的装配体。

8.6.4　零件阵列

这里主要介绍零件的线性阵列与圆周阵列。

（1）线性阵列

单击装配体工具栏上的“线性阵列零部件”按钮或选择“插入”→“阵列零部件”→“线性阵列零部件”命令，出现如图 8-49 所示的对话框。

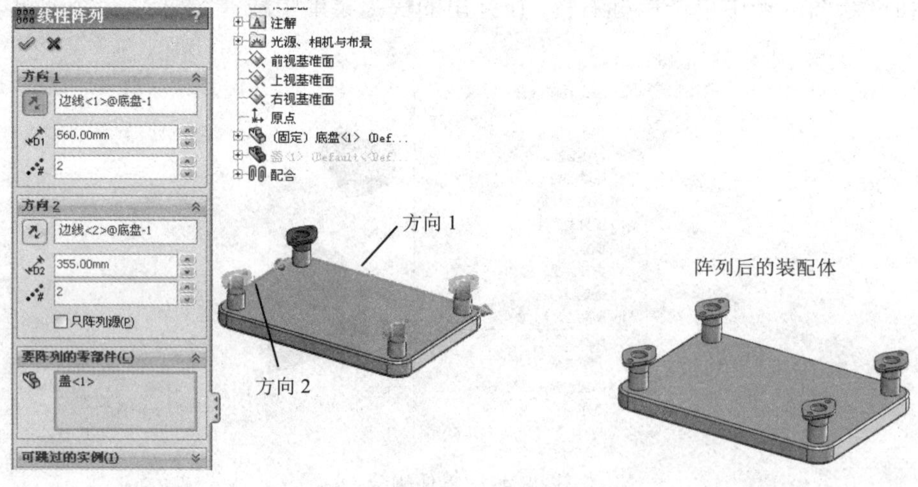

图 8-49　线性阵列

阵列方向选择如图 8-49 所示的两条边线，阵列距离分别设置为 560.00mm 和 355.00mm，阵列数目为 2，阵列零部件为“盖<1>”，单击“确定”按钮完成，可得到如图 8-49 中右侧所示的装配体。

（2）圆周阵列

单击装配体工具栏上的“圆周阵列零部件”按钮或选择“插入”→“阵列零部件”→“圆周阵列零部件”命令，出现如图 8-50 所示的对话框。

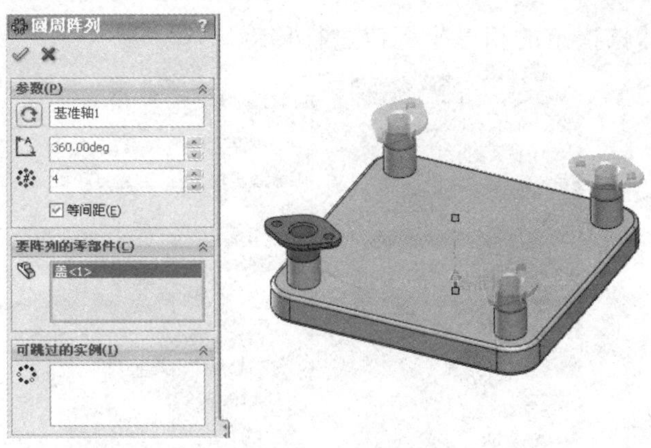

图 8-50 圆周阵列

设置旋转轴为“基准轴 1”，旋转角度为 360.00 度，选中“等间距”复选框，零件数目为 4，如图 8-50 所示，单击“确定”按钮完成。

8.7 零件调整

动画演示——参见附带光盘中的“AVI\Ch8\8-7.avi”文件。

在对零件进行装配时，为了方便操作，需移动或旋转零件的位置，或更换零件等。

8.7.1 移动、旋转零件

零件插入装配体后，可通过移动或旋转确定或改变位置，且在装配的过程中常常需要通过旋转或移动零件来将被遮盖的实体显示出来。在建立配合关系后，零部件仍然在未受约束的自由度范围内移动或旋转，通过移动或旋转可以查看整个机构的动作情况，从而检查装配关系是否达到了要求。

单击装配体工具栏上的“移动零部件”按钮或选择“工具”→“零部件”→“移动”命令，可出现如图 8-51 所示的“移动零部件”对话框。

单击装配体工具栏上的“旋转零部件”按钮或选择“工具”→“零部件”→“旋转”命令，可出现“旋转零部件”对话框。

移动零件有以下 5 种方式。

- ◆ 自由拖动：选择零部件并使其向任意方向拖动。
- ◆ 沿装配体 XYZ：选择零部件并使其沿装配体坐标系 X、Y 或 Z 方向拖动，此时绘图区域会出现坐标系，单击要拖动的坐标即可。
- ◆ 沿实体：首先选择实体，然后选择零部件并沿该实体拖动。如果实体为一条直线、边线或轴，所移动的零部件只能在该直线方向移动；如果所选实体为一平面，则该实体沿该平面移动。
- ◆ 由三角形 XYZ：选择该方式后，在属性管理器中输入 X、Y、Z 的值，单击“应用”按钮，则零部件即按指定的相对坐标值进行移动。

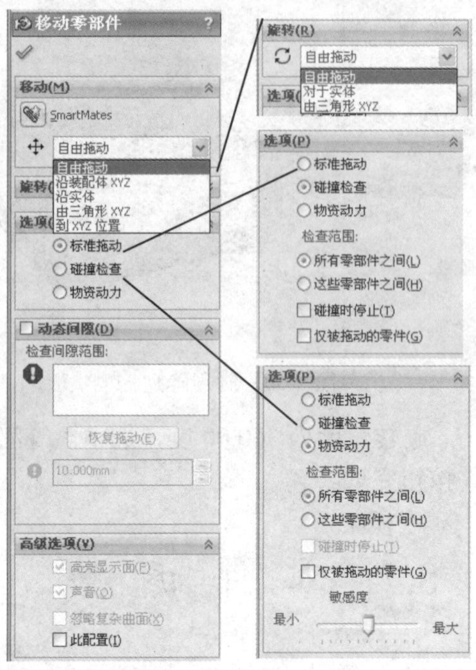

图 8-51　移动/旋转零部件

◆ 到 XYZ 位置：选择零部件的一点，并输入要移动到位置的 X、Y、Z 坐标值，单击“应用”按钮即可将所选点移动到指定坐标处。

关于选项中的“碰撞检查”、“物资动力”及“动态间隙”，将会在 9.3 节中详细介绍。

8.7.2　替换零部件

结果文件——参见附带光盘中的“SW\Ch8\编辑零部件”文件。

装配体及其零件在设计过程中可进行多次修改，尤其是在多用户环境下，经常由几个用户处理单个零件和子装配体，这样对装配体进行更新是不可避免的，更新装配体最安全有效的办法是替换零部件，在替换零件的同时，允许替换其配合关系。

对于要替换的零件，单击鼠标右键，在弹出的快捷菜单中选择“替换零部件”命令，出现“替换”对话框，在“替换这些零部件”列表框中选择要替换的零件，在“使用此项替换”栏中单击“浏览”按钮，弹出“打开”窗口，选择“装配体/替换零件/替换手柄.sldprt”，单击“确定”按钮后，软件会自动匹配文件信息，并出现“配合的实体”对话框，同时显示可能的配合关系，双击所出现的配合关系修改正确后，单击“确定”按钮，即可实现零部件替换。

在图 8-52 中，“匹配名称”是尝试将旧的零部件配置名称与替换的零部件配置名称相匹配。“手工选择”是指替换时选择配置名称。

在实体替换过程中，由于进行了零部件替换，原零部件构成的配合关系中丢失了实体，造成了配合悬空（悬空的配合前面用×表示），要对它们重新配置。

图 8-53 为替换前和替换后的装配体。

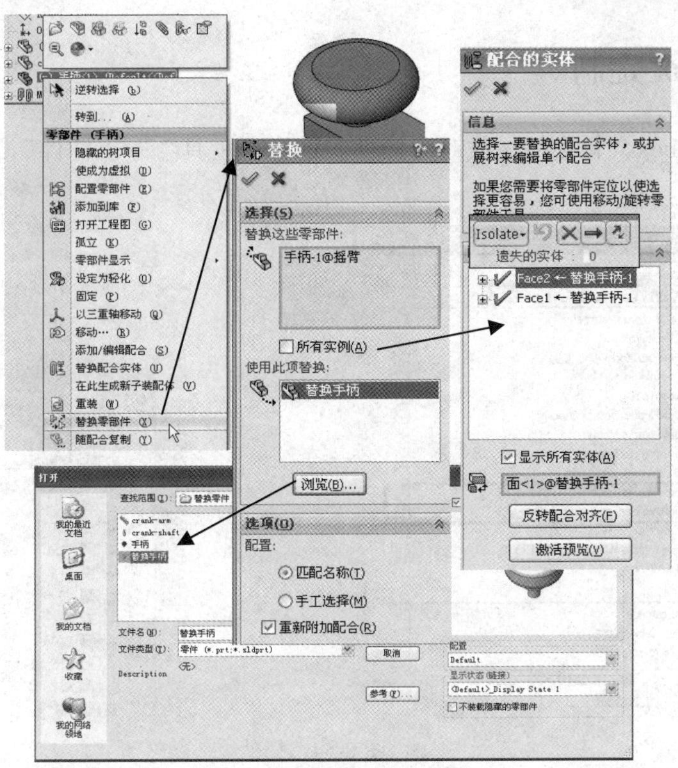

图 8-52　替换零件

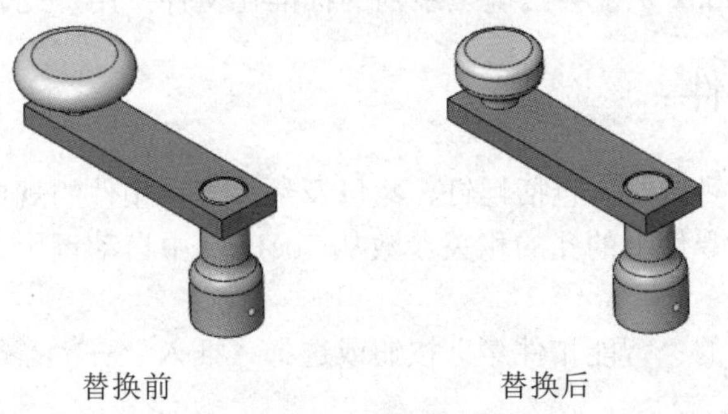

图 8-53　替换

8.8　智 能 扣 件

动画演示——参见附带光盘中的“AVI\Ch8\8-8.avi”文件。

结果文件——参见附带光盘中的“SW\Ch8\智能扣件”文件。

SolidWorks 提供了如 Toolbox、库特征等丰富的可重用建模单元，涵盖了螺母、螺栓及垫片等标准紧固件，甚至还包括齿轮、管接头及管路等标准化零件。在装配体环境下直接调用标准零件，可大大提高产品的设计效率。

8.8.1 Toolbox 定制

为了运用 Toolbox，首先需加载对应插件。选择“工具”→“插件”命令，出现如图 8-54 所示的对话框。

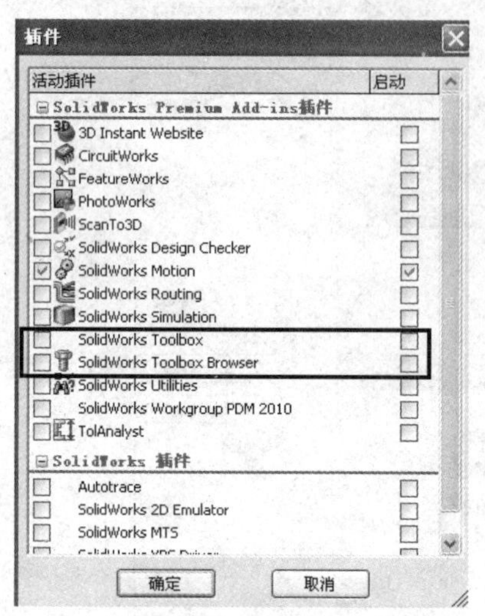

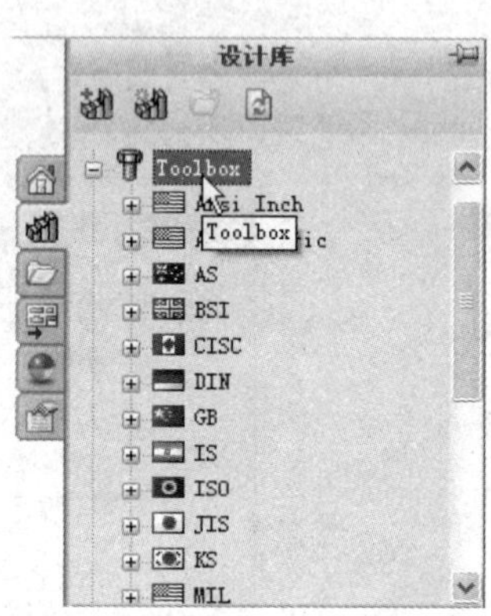

图 8-54　插件

此时在设计库的 Toolbox 中便会出现一系列的标准化文件，用户此时可直接调用。

8.8.2 使用智能扣件

扣件是紧固件的另一种说法，包括螺钉、螺母及垫片等，扣件的规格一般由对应的安装孔决定，SolidWorks 可以根据零件上的孔的相关参数从 Toolbox 中自动调用相应的扣件，这个过程称为“智能扣件”。

单击装配体工具栏上的“智能扣件”按钮或选择“插入”→“智能扣件”命令，可出现如图 8-55 所示的对话框。

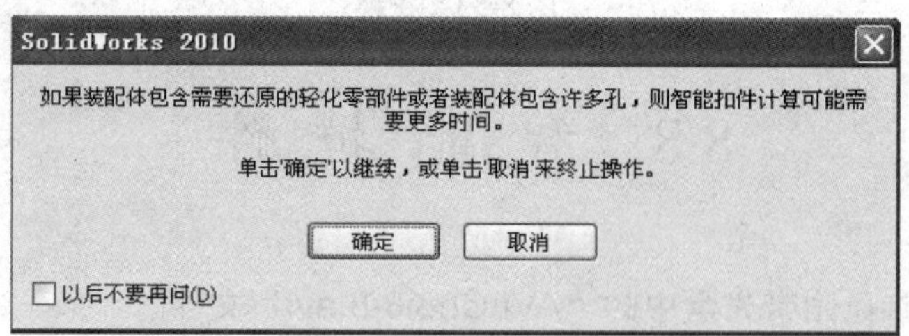

图 8-55　启动智能扣件

单击“确定”按钮，可出现如图 8-56 所示的“智能扣件”对话框，在“选择”框中选择要添加扣件的面，单击“添加”按钮后，软件会自动寻找与之相匹配的扣件，所匹配的扣件在“结果”框中显示。通常结果中不只显示一种，这里只需选择所需扣件类型即可，在下面的扣件类型中，可以选择扣件的属性，如大小、长度、驱动类型、螺纹线长度等。

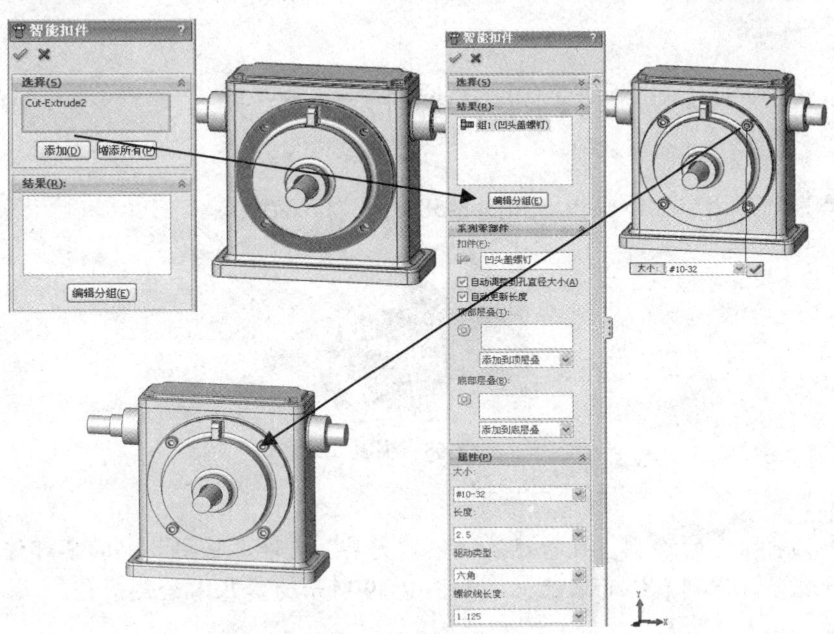

图 8-56　智能扣件

作为坚固作用的扣件，除了螺钉外，还有垫片、螺母等，在安装孔上方的部分如螺帽等称为顶部层叠，在下方的部分称为底部层叠。在扣件属性栏中，“添加到顶层叠”和“添加到底层叠”下拉列表框中有各种扣件的名称，单击选中即可自动添加。

如图 8-57 所示，在“添加到底层叠”下拉列表框中首先添加 Spring Lock Washers-Regular 的弹簧片，然后再添加螺母，完成底部层叠添加操作。

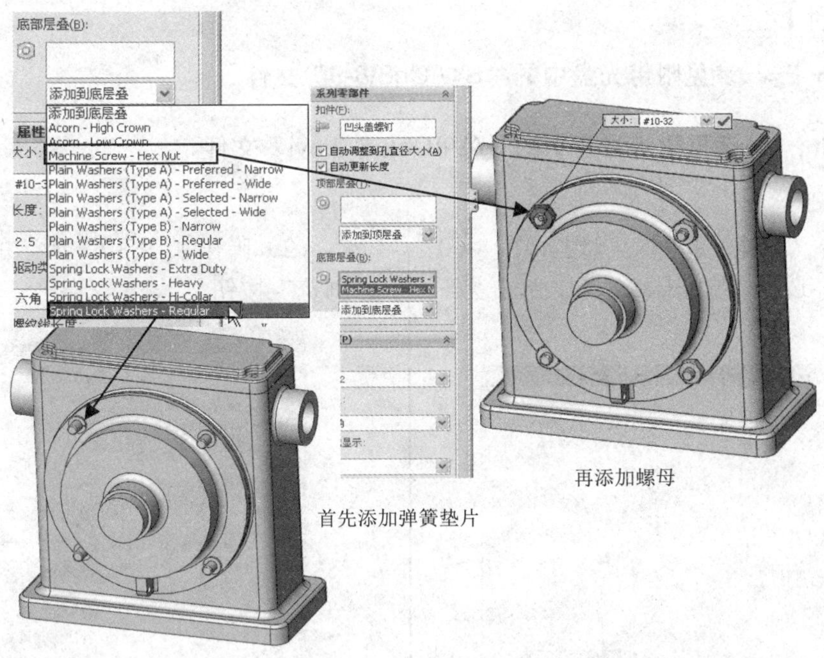

图 8-57　底部层叠

8.9 实例·操作——夹具

下面以夹具为例介绍装配体操作，如图 8-58 所示为其装配图。

图 8-58 夹具

【思路分析】

首先完成手柄装配体的绘制，再新建装配体“夹具”文件，将要装配的零部件添加到装配体中，再逐一进行配合，得到最终的装配体，如图 8-59 所示为其基本绘制流程。

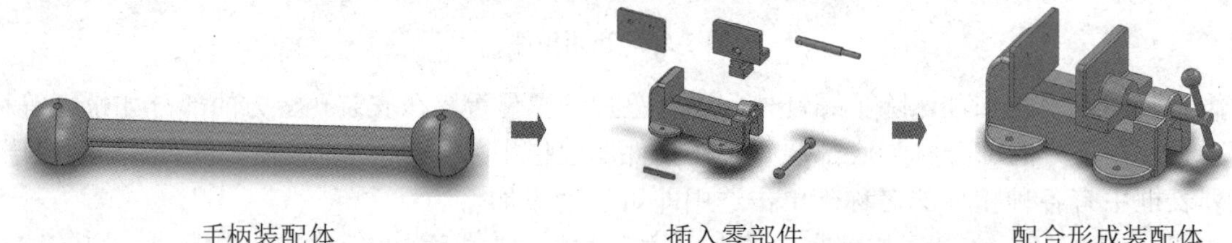

手柄装配体　　插入零部件　　配合形成装配体

图 8-59 夹具装配流程

【光盘文件】

结果文件——参见附带光盘中的“SW\Ch8\8-9”文件。

动画演示——参见附带光盘中的“AVI\Ch8\8-9.avi”文件。

【操作步骤】

（1）单击“新建”按钮，出现如图 8-60 所示的对话框，选择“装配体”选项，单击“确定”按钮。

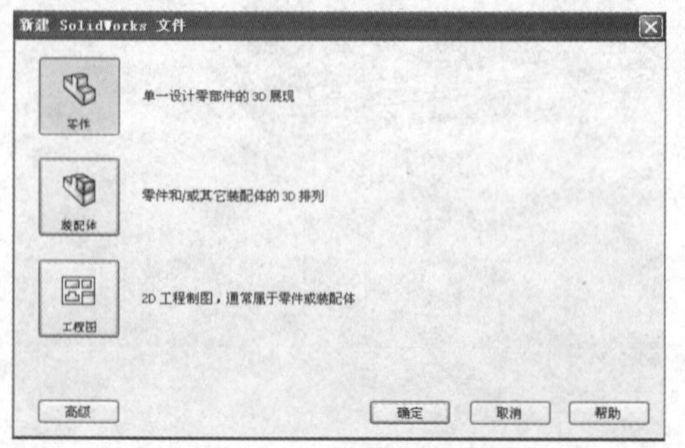

图 8-60 新建装配体

（2）弹出如图 8-61 所示的对话框，单击“浏览”按钮。

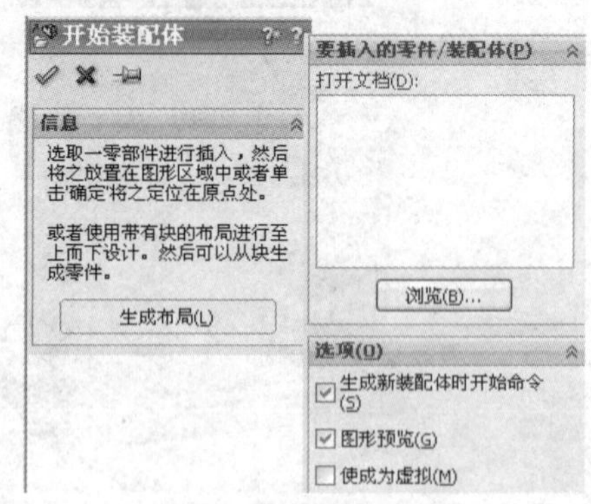

图 8-61 开始装配体

（3）选择“SW\Ch8\8-9\球柄.sldprt”文件，如图 8-62 所示，单击“打开”按钮，进入装配体。

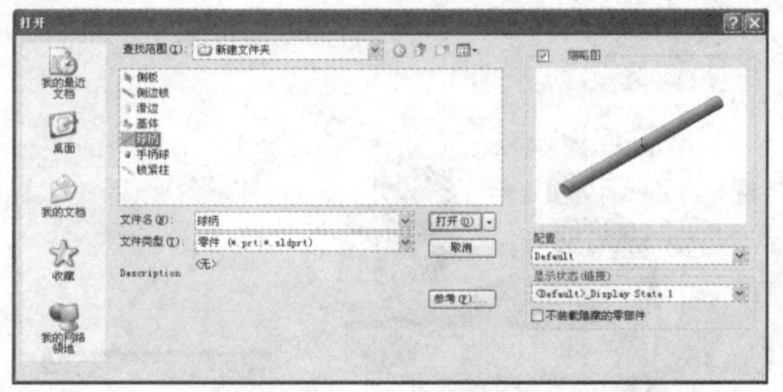

图 8-62　打开文件

（4）单击装配体工具栏上的“插入零部件”按钮，选择“手柄球”选项，将手柄球插入到装配体中。在设计树中，添加手柄球文件，按住 Ctrl 键，同时拖动手柄球文件到绘图区域，复制该零件，如图 8-63 所示。

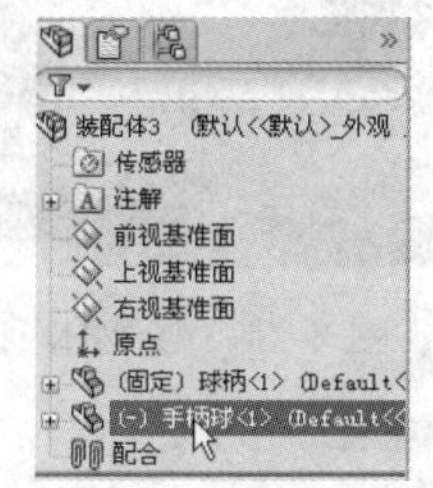

图 8-63　插入手柄球

（5）所插入的零件如图 8-64 所示。

图 8-64　插入的零件

（6）单击装配体工具栏上的“配合”按钮，选择配合关系，如图 8-65 所示，使球孔与手柄表面同轴心，单击“确定”按钮完成。

图 8-65　选择配合关系

（7）如图 8-66 所示，单击球柄顶端面与球孔一边，设置配合关系为重合。

图 8-66　球柄与球配合

（8）如图 8-67 所示，对另外一个球也采取同样的配合方式，所得的配合装配体如图所示，将该文件保存为“球柄”装配体。

图 8-67　手柄

（9）新建装配体，单击装配体工具栏上的“插入零部件”按钮，依次插入图 8-68 所示的零部件基体、手柄、侧板、滑边和锁紧柱。

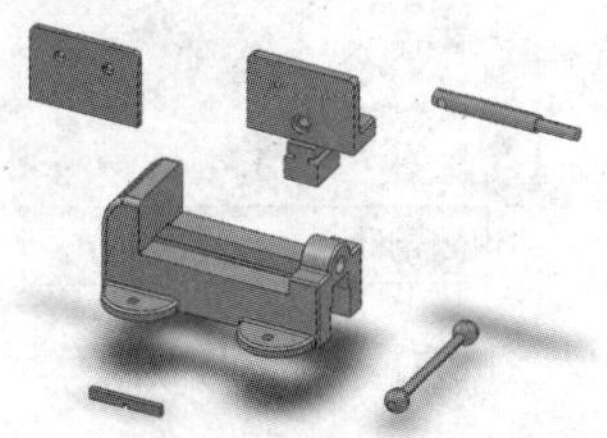

图 8-68　插入零部件

（10）如图 8-69 所示，单击装配体工具栏上的“配合”按钮，选择侧板与基体侧面相重合。

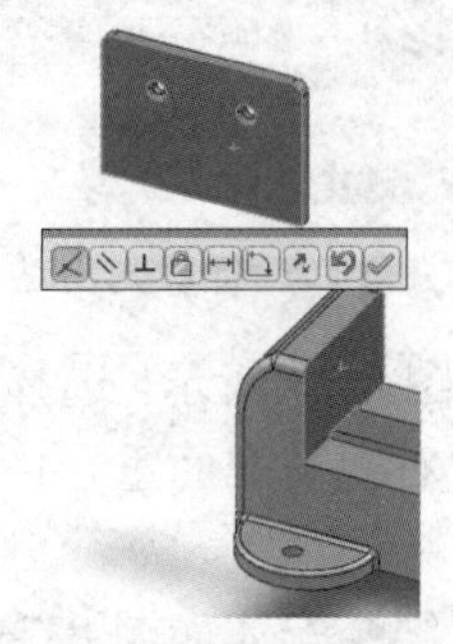

图 8-69　侧板与基体侧面

（11）如图 8-70 所示，选择侧板下表面与基体上表面重合。

图 8-70　基体与侧板

（12）如图 8-71 所示，选择装配体的前视基准面与侧板的右视基准面重合。

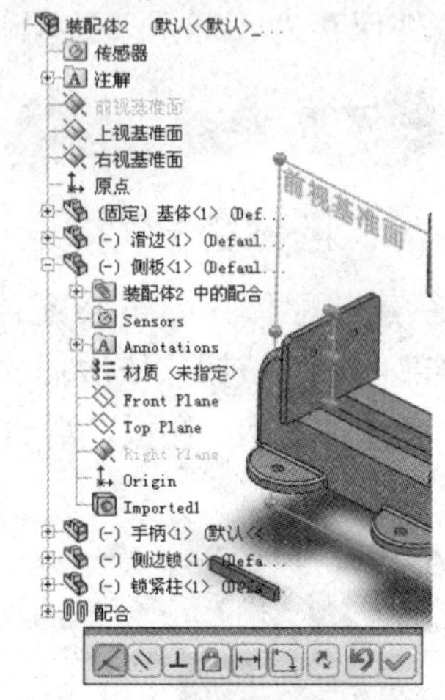

图 8-71　侧板与装配体

（13）如图 8-72 所示，选择滑边与侧板两面平行。

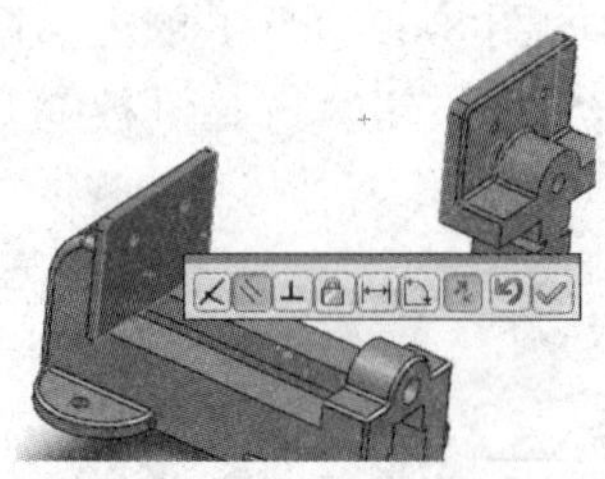

图 8-72　侧板与滑边

（14）如图 8-73 所示，选择装配体前视基准面与滑边的右视基准面重合，下侧面与基体上表面重合。

（15）所得装配体如图 8-74 所示。

（16）由于滑边处于基体外侧，需通过移动零件来改变其位置，单击装配体工具栏上的“移动零部件”按钮，出现如图 8-75 所示的对话框。

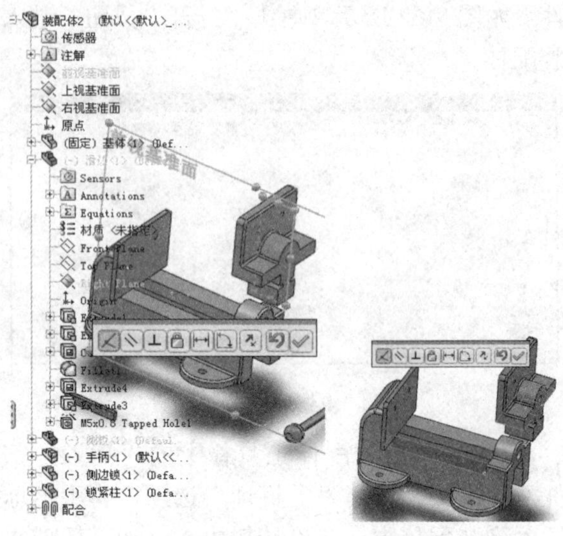

图 8-73　滑边与基体

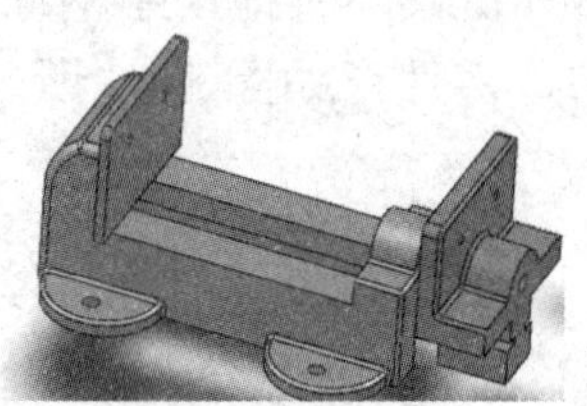

图 8-74　装配体

图 8-75　“移动零部件”对话框

（17）单击滑边，然后拖动鼠标到图 8-76 所示的位置。

图 8-76　移动零部件

（18）如图 8-77 所示，选择锁紧柱与滑边孔同轴、滑边一侧面与锁紧柱细端一侧面重合。

图 8-77　锁紧柱与滑边

（19）如图 8-78 所示，选择手柄圆柱与锁紧柱孔同轴，手柄两侧表面关于锁紧柱上视基准面对称。

（20）所得最终装配体如图 8-79 所示。

图 8-78　手柄与锁紧柱

图 8-79　夹具

8.10　实例 · 练习——万向节

下面以万向节的装配为例进行分析，其装配体结构如图 8-80 所示。

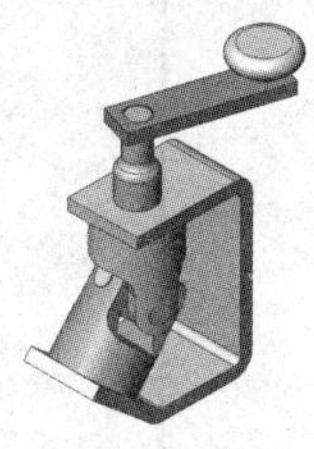

图 8-80　万向节

【思路分析】

首先进入装配体环境中，制作手柄子装配体，再次进入装配体环境，添加要进行装配的零部件及子装配体，通过添加配合关系装配该万向节。

【思路分析】

结果文件——参见附带光盘中的“SW\Ch8\8-10”文件。

——参见附带光盘中的“AVI\Ch8\8-10.avi”文件。

【操作步骤】

（1）选择“文件”→“新建”命令，出现如图 8-81 所示的对话框，选择“装配体”选项，单击“确定”按钮，建立新的装配体文件，并保存为“万向节”。

（2）单击装配体工具栏上的“插入零部件”按钮，如图 8-82 所示，先插入“SW\Ch8\8-3\支架”零件，然后再插入主动叉、从动叉、连接块、转动手柄、长键、短键。

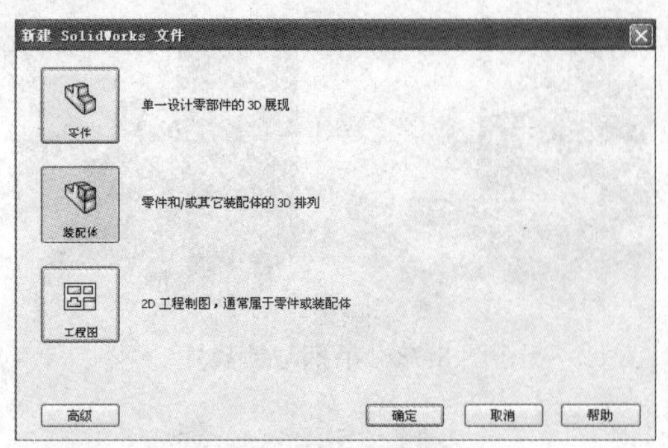

图 8-81　新建装配体

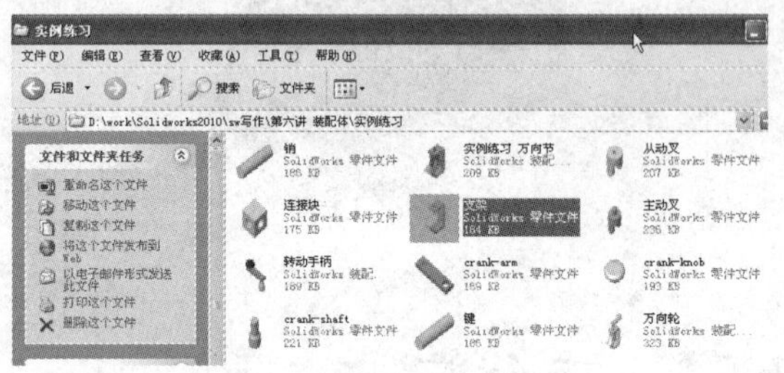
图 8-82　文件夹

（3）将所有零部件及子装配体插入到总装配体环境中，如图 8-83 所示。

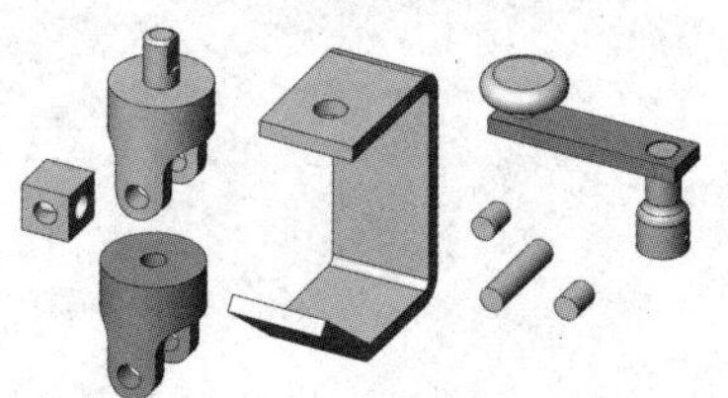
图 8-83　插入零部件

（4）如图 8-84 所示，单击装配体工具栏上的“配合”按钮，选择主动叉上表面与支架内表面，设置配合关系为重合，单击“确定”按钮完成。

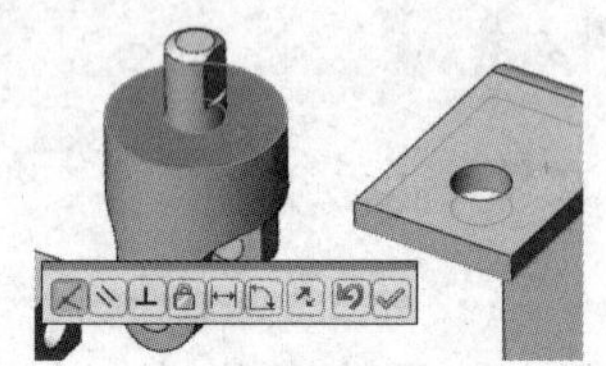
图 8-84　主动叉与支架

（5）如图 8-85 所示，选择主动叉圆柱面与支架圆孔，选择配合关系为同心，单击“确定”按钮完成。

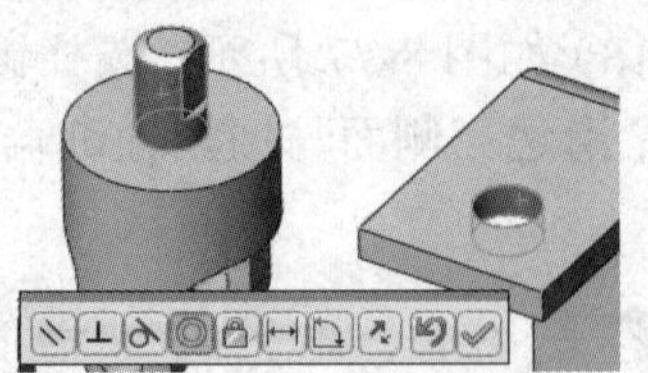
图 8-85　主动叉与支架

（6）选择如图 8-86 所示的主动叉孔与连接块孔同心配合。

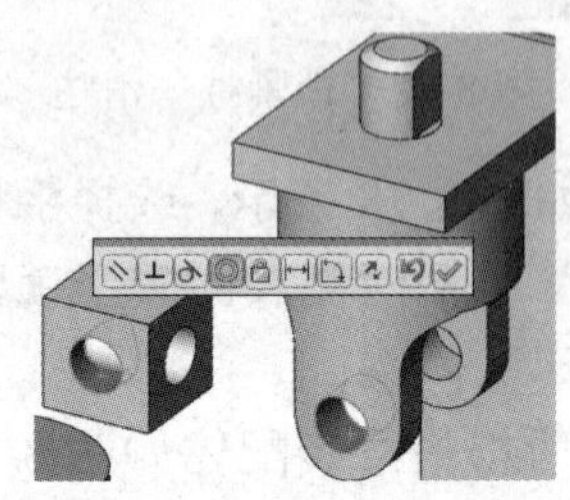
图 8-86　主动叉与连接块

（7）如图 8-87 所示，选择主动叉与连接块的前视基准面重合。

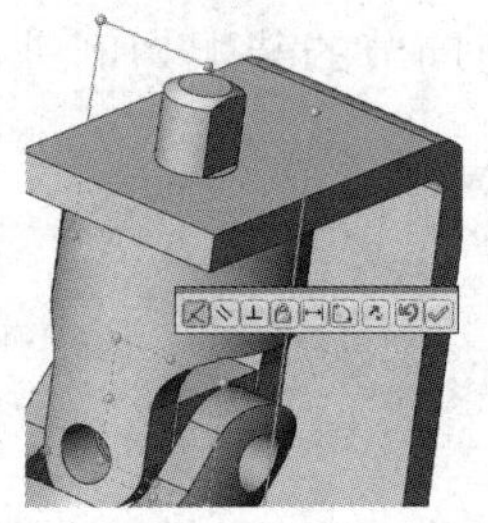
图 8-87　主动叉与连接块

（8）如图 8-88 所示，选择从动叉平面与支架斜面平行。

图 8-88　从动叉与支架

（9）如图 8-89 所示，选择从动叉与连接块孔同心。

（10）如图 8-90 所示，选择从动叉前视基准面与连接块右视基准面重合。

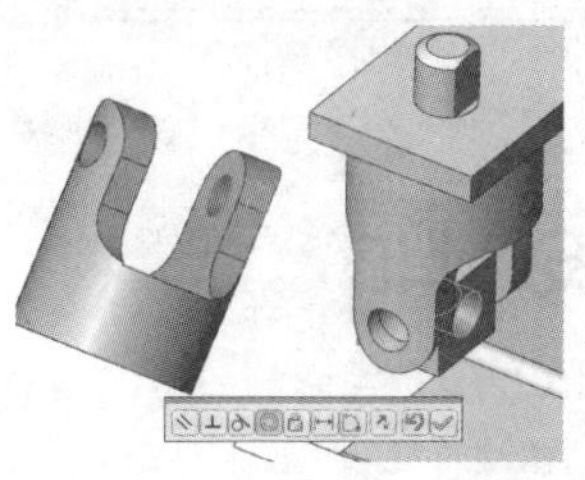

图 8-89　从动叉与连接块

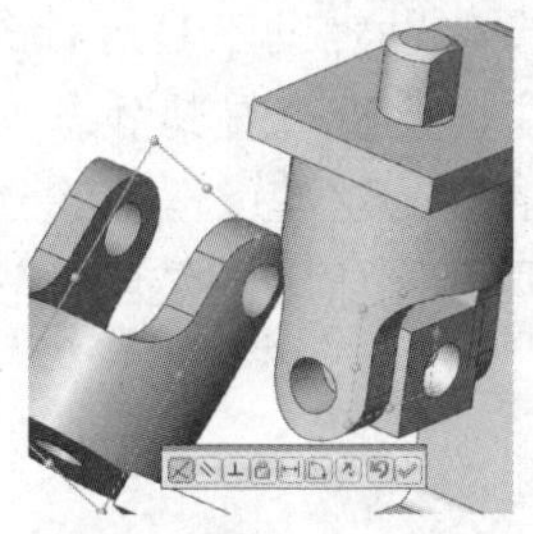

图 8-90　从动叉与连接块

（11）如图 8-91 所示，选择转动手柄与支架上表面重合。

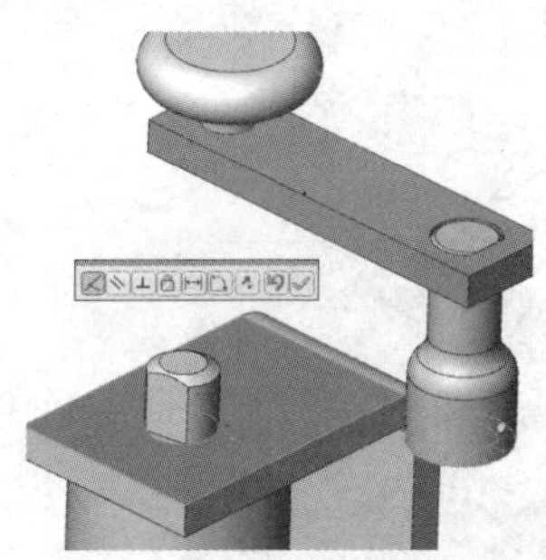

图 8-91　转动手柄与支架

（12）如图 8-92 所示，选择转动手柄与主动叉伸出头圆柱面同心。

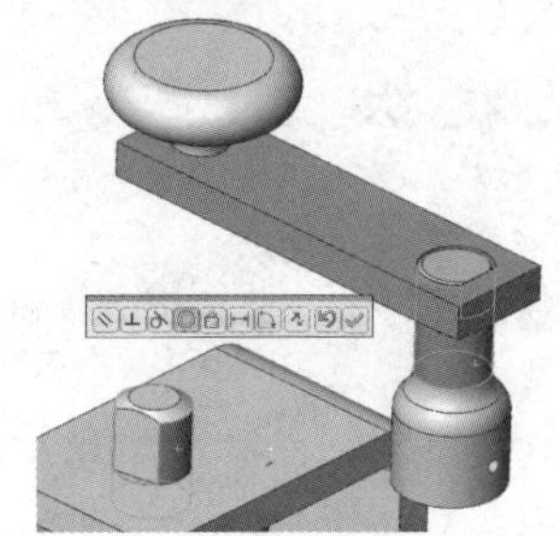

图 8-92　转动手柄与主动叉

（13）如图 8-93 所示，选择主动叉与转动手柄切面平行。

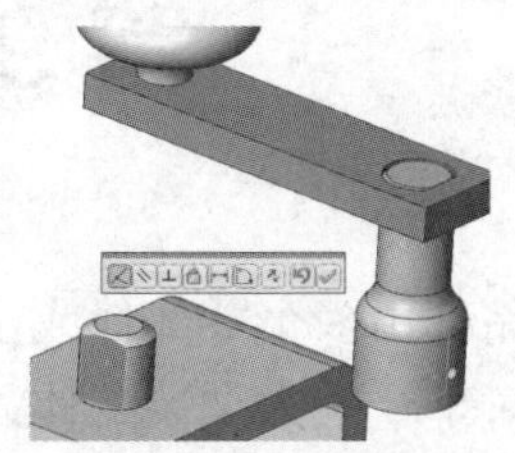

图 8-93　主动叉与转动手柄

（14）如图 8-94 所示，选择长键与主动叉孔同轴。

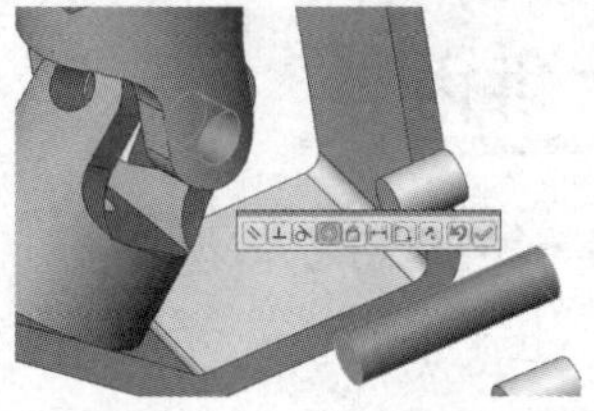

图 8-94　主动叉与长键

（15）如图 8-95 所示，选择主动叉表面与键表面相切。同理，设置短键的配合关系。

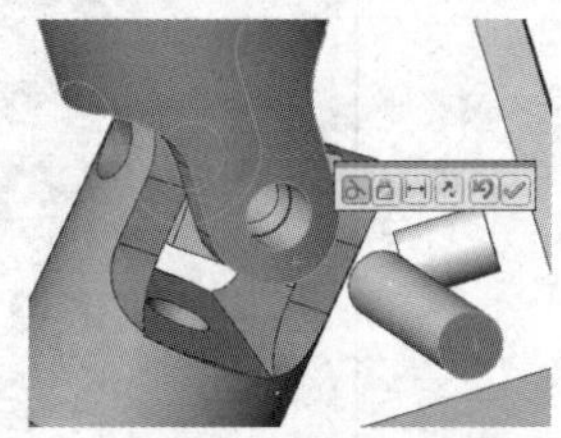

图 8-95　主动叉与键

（16）所得的最终装配体如图 8-96 所示。

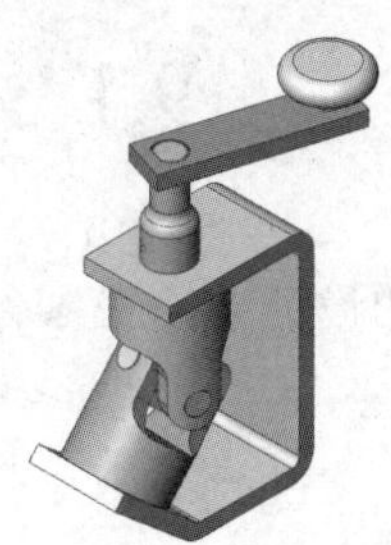

图 8-96　万向节

第 9 讲　高 级 装 配

一般产品都由多个零部件或子装配体集合而成，零件或子装配体之间通过复杂的配合关系生成装配体。对于一些大型装配体，其装配过程复杂而庞大，需要借助辅助工具进行分析，例如，通过爆炸视图查看各零部件或装配体的配合关系，通过干涉与碰撞检查查看其静态与动态装配中是否有干涉与碰撞，利用子装配体减少其中的配合关系并帮助用户在建模过程中建立清晰的层次关系。同时，可通过自上而下的装配体设计进行关联设计及布局草图驱动的装配体设计。

本讲内容

- 实例·模仿——仪表板
- 自上而下的设计方法
- 干涉与碰撞检查
- 爆炸视图
- 子装配体
- 装配体信息
- 动画
- 实例·操作——内燃机
- 实例·练习——泵

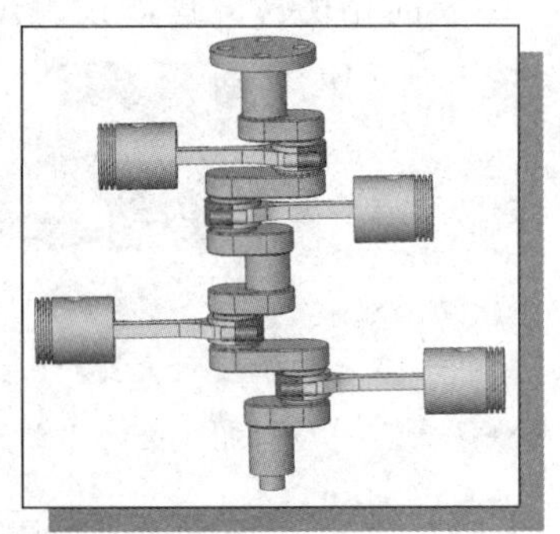

9.1　实例·模仿——仪表板

自上而下的设计方法在零件设计过程中很常用，这里将以仪表板为例进行介绍，该装配体结构如图 9-1 所示。

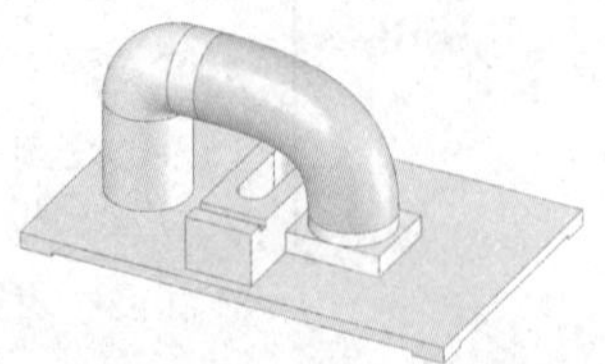

图 9-1　仪表板

【思路分析】

自上而下的设计方法在零件设计及装配体装配过程中起着很重要的作用，通过关联设计设计出新的零件，通过布局草图驱动的装配体，来对零件进行定位与配合，当改动布局草图时，装配体配合关系发生改变，通过关联绘制的零件也同样发生改变，其基本绘制过程如图 9-2 所示。

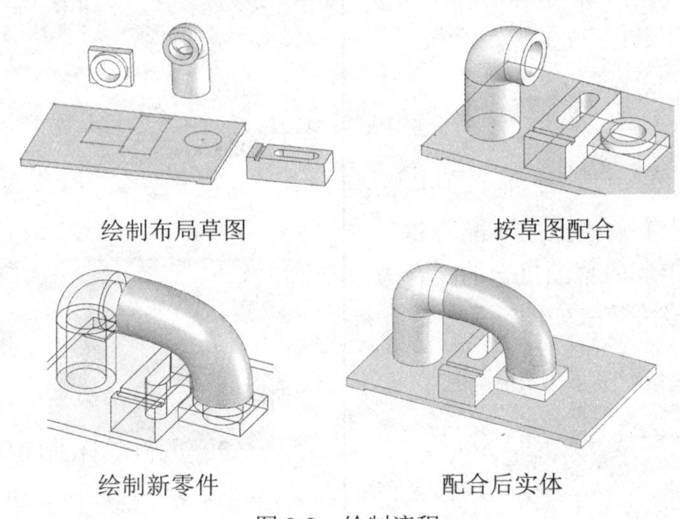

绘制布局草图　按草图配合　绘制新零件　配合后实体

图 9-2　绘制流程

【光盘文件】

结果文件——参见附带光盘中的“SW\Ch9\9-1”文件。

动画演示——参见附带光盘中的“AVI\Ch9\9-1.avi”文件。

【操作步骤】

（1）新建装配体文件，并保存名称为仪表板，插入第一个零件底板，如图 9-3 所示。

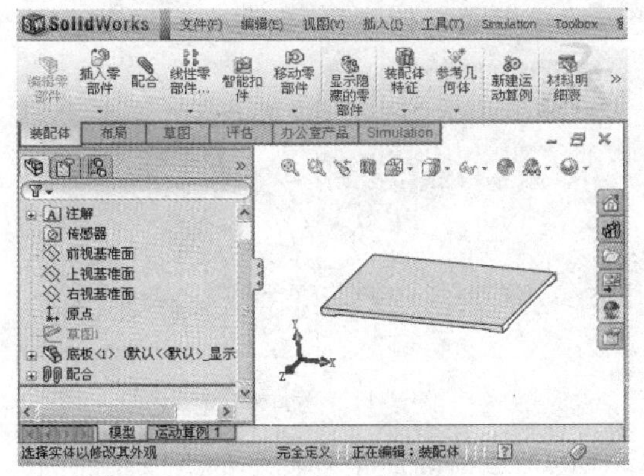

图 9-3　新建装配体

（2）选中底板零件上表面，单击“草图绘制”按钮，绘制如图 9-4 所示的草图 1，然后退出草图 1。

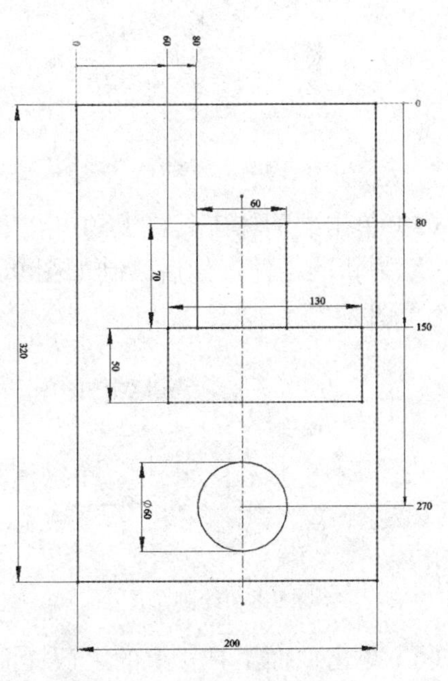

图 9-4　绘制草图 1

（3）单击装配体工具栏上的“插入零部件”按钮，插入零件一、零件二、零件三，如图9-5所示。

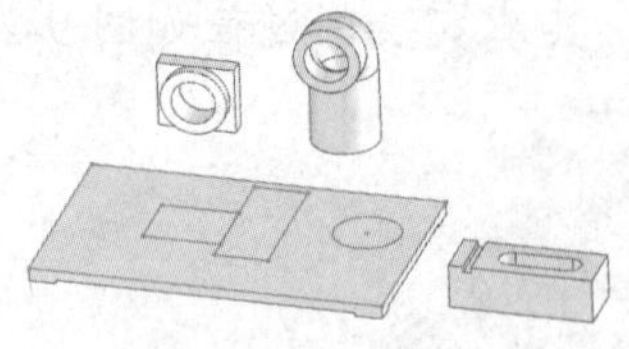

图9-5　插入零部件

（4）单击装配体工具栏上的“配合”按钮，选择零件与所绘制的草图重合的配合关系，如图9-6所示，最终效果如图9-7所示。

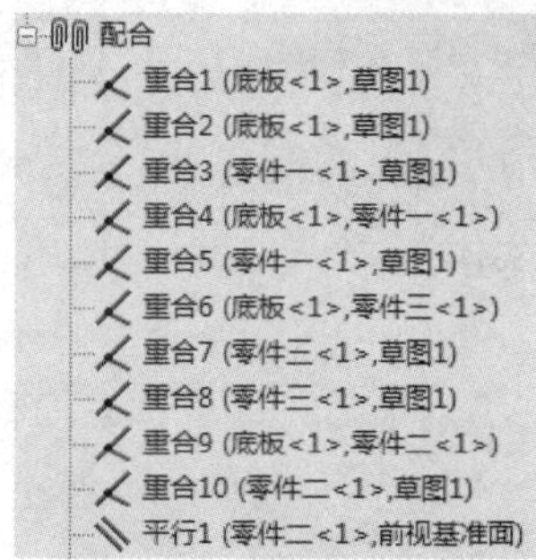

图9-6　配合关系

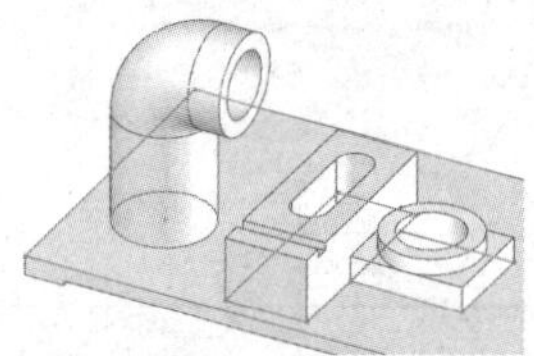

图9-7　配合

（5）单击装配体工具栏上的“新零件”按钮，绘制新的零件，然后绘制如图9-8所示的两个草图。

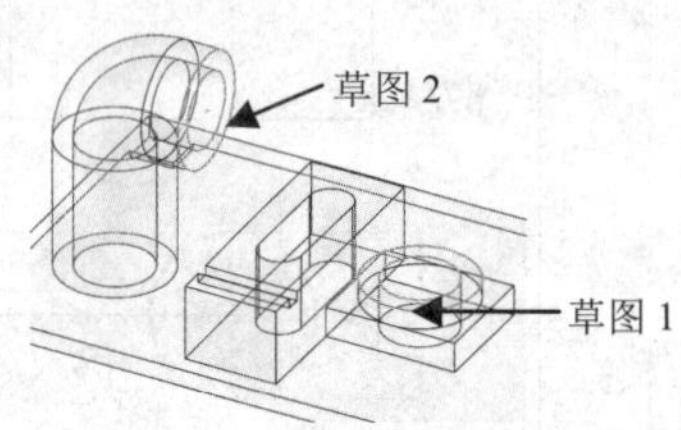

图9-8　绘制草图

（6）单击曲面工具栏上的“放样曲面”按钮，出现如图9-9所示的对话框，设置放样轮廓为草图1、草图2，设置起始约束条件均为“垂直于轮廓”，单击“确定”按钮完成。

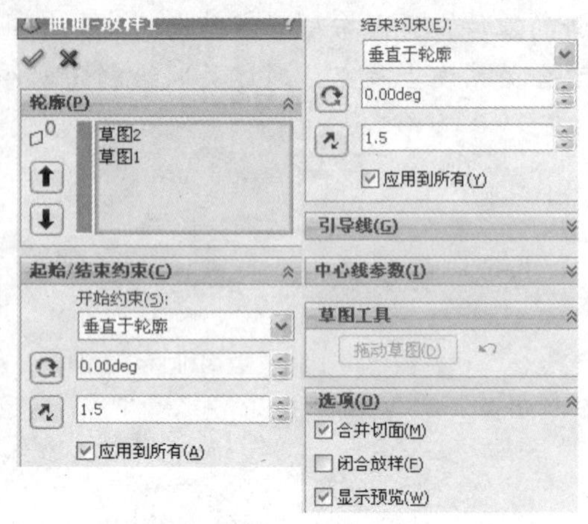

图9-9　放样

（7）所得放样曲面如图9-10所示。

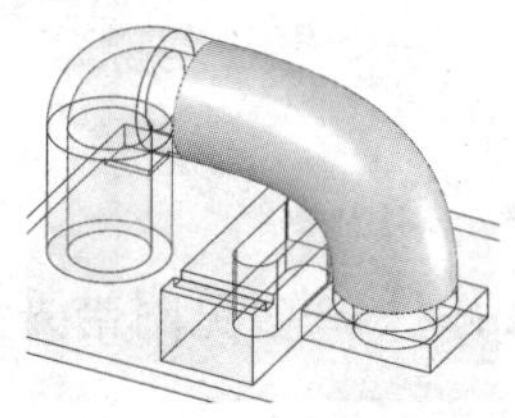

图9-10　放样曲面

（8）单击曲面工具栏上的“等距曲面”按钮，等距曲面为步骤（7）中所绘制的放样，设置等距距离为10.00mm，方向向内，单击“确定”按钮完成，如图9-11所示。

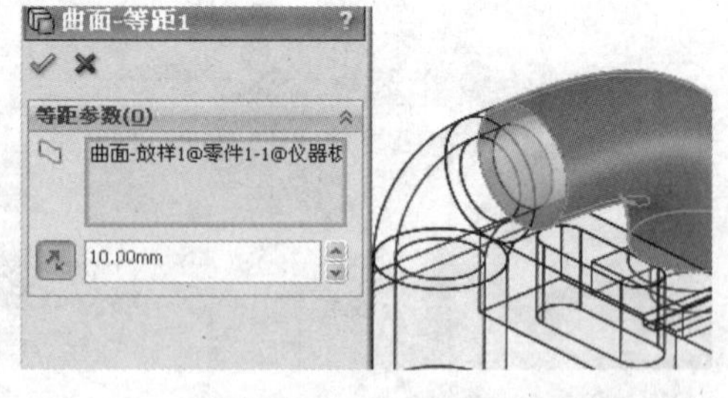

图9-11　等距曲面

（9）单击曲面工具栏上的“填充曲面”按钮，在“选项”栏中选中“修复边界”和“合并结果”及“尝试形成实体”复选框，单击“确定”按钮，则会生成如图9-12所示的实体。退出零件编辑，并保存零件。

图 9-12　填充曲面

（10）所得最终装配体如图 9-13 所示。

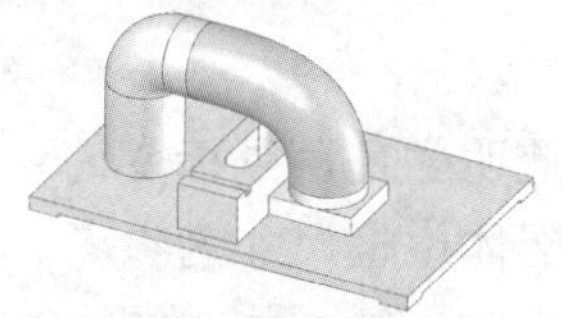

图 9-13　装配体零件

（11）编辑草图 1，如图 9-14 所示，将图示尺寸改为 250。

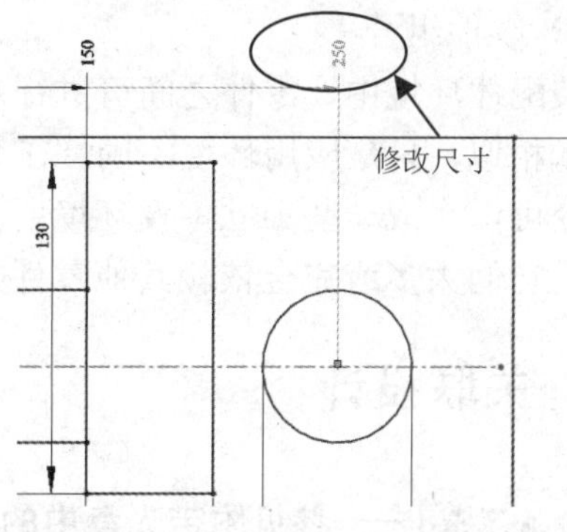

图 9-14　修改草图 1 尺寸

（12）草图尺寸修改后，装配体零件位置也发生了改变，同时新建的零件尺寸也发生了改变，如图 9-15 所示。

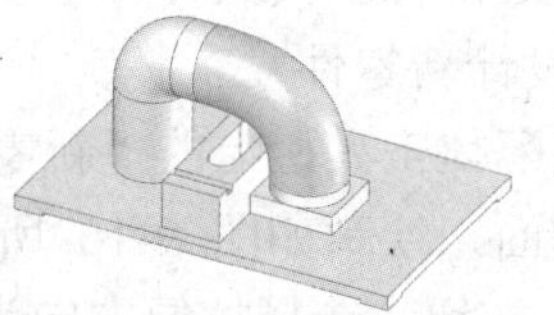

图 9-15　修改后的装配体

9.2　自上而下的设计方法

在自上而下的装配体设计中，零件的一个或多个特征由装配体中的某项定义，例如，布局草图或另一零件的几何体，设计意图（特征大小、装配体中零部件的放置，与其他零件的距离等）来自顶层（装配体）并下移（到零件中），因此称为自上而下的设计。

例如，当使用拉伸命令在塑料零件上生成定位销时，可选择“成形到面”选项并选择线路板的底面，该选择将使定位销长度刚好接触到线路板，即使线路板在将来的设计中更改或移动位置，该定位销的长度在装配体中被动态定义，而不是在零件中被静态定义，定位销的长度会发生相应的改变。

自上而下的设计主要包括以下 3 种方法：

（1）关联设计

关联设计是在装配体环境中参照已经安装到位的零部件设计新零件的过程，关联设计的优点在于新零件的设计可充分借助已有零部件形成的空间参照，从而能够设计出在独立零件环境下很难完成的一些结构件，尤其是过渡零件和框架零件，该方法大多设计静态但是与装配体零部件交界的零件，如定位销等。

（2）基于布局草图的装配体设计

首先在装配体环境中绘制反映零部件空间关系的草图，这些草图被称为布局草图，然后再参照布局草图完成零部件的安装，从而在布局草图和零部件空间位置之间形成参照关系，通过调整布局草图，能够快速地调整装配体形态，通过修改布局草图可方便地对装配体做出变更。

（3）零件组合

在装配体环境中，零件之间可进行合并、减等布尔运算，从而改变零件的形态。这点与很多实体技术相似，只是应用环境不同。在装配体环境中，零件组合命令包括连接重组和型腔，利用这些命令可以完成一些独立零件环境所无法完成的复杂零件设计，该方法用于像托架和器具之类的零件，它们大多或完全依赖其他零件来定义形状和大小。

9.2.1 关联设计

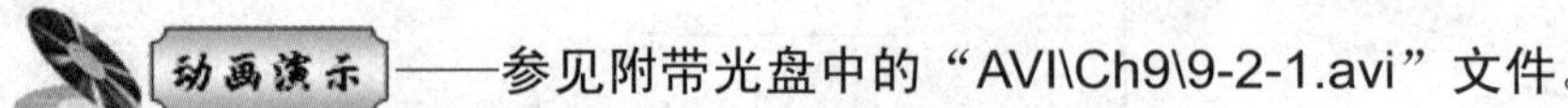

——参见附带光盘中的“AVI\Ch9\9-2-1.avi”文件。

在装配体环境中展开新的零件设计可参照其他已有零件，其方法是首先设计出结构尺寸明确的零部件，然后在装配体环境中调入这些零件，设置相应的配合关系，此时这些零件在装配体中形成的装配体为新零件的设计提供了一个“参照系”，借助这个参照系，可以方便地设计出空间结构复杂的零部件。关联设计主要用于设计过渡件和框架件。

（1）设计新零件

单击装配体工具栏上的“新零件”按钮，此时草图变为透明颜色，鼠标变为，单击要建立新零件的面，绘制如图 9-16 所示的草图，该草图尺寸以装配体模型尺寸为参考。单击“拉伸凸台/基体”按钮，选择拉伸方向为“成形到一面”，并选择装配体中的一面，如图 9-16 所示，单击“确定”按钮完成。

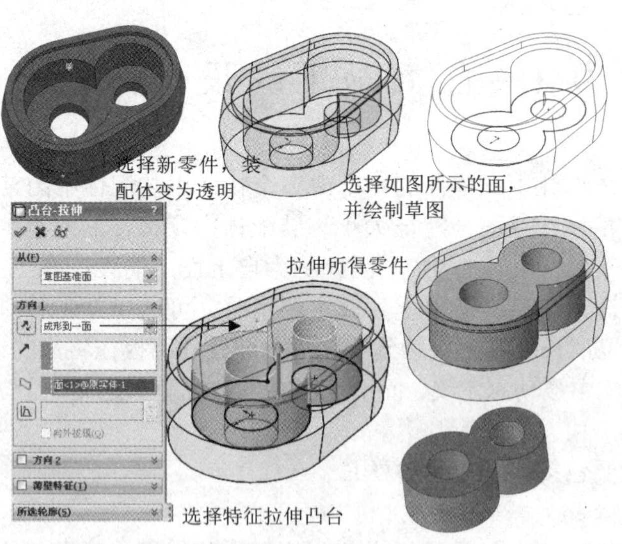

图 9-16 新零件

（2）新零件与装配体的关联关系

以装配体环境为参考生成的新零件，在设计树中的零件名称后面会出现“—>”标志，表明该零件具有外部参照，同时配合列表中出现的“在位”约束，这是新零件草图绘制时所产生的特殊约束形式。在新零件设计树中单击鼠标右键，在弹出的快捷菜单中选择“列举外部参考引用”命令，出现如图 9-17 所示的对话框，其中列出了所有的外部参考引用。

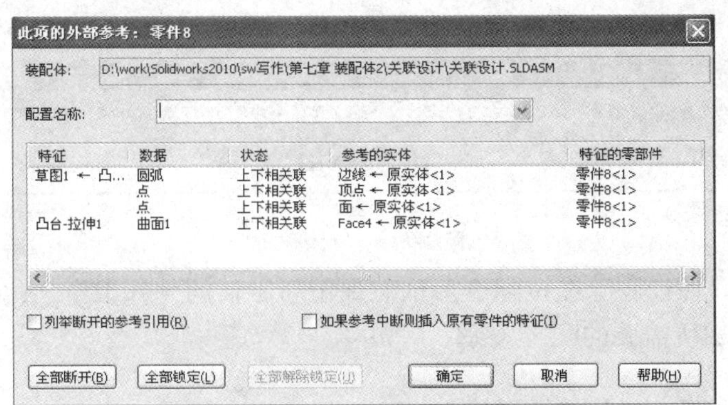

图 9-17　外部参考引用

外部参考引用是建立新零件过程中引用的其他零件上的几何要素，可以选择断开和锁定外部参考引用，“全部断开”参考引用结果是中断外部参考引用与新零件的关联关系，则外部参考引用的变化不会引起新零件尺寸的改变，断开外部参考引用是不可逆转的操作。而“全部锁定”则是将新零件与外部参考的关联结果锁定，以后外部参考结构及尺寸改变新零件的结构及尺寸不会发生改变，但是锁定可以随时被解除。

在设计树中对新零件单击鼠标右键，在弹出的快捷菜单中选择“零件另存为”命令，出现如图 9-18 所示的对话框。零件保存方式有 3 种，即与装配体相同、指定路径及装配体内部，零件保存自动默认目录为装配体所在的文件夹。

（3）修改外部参考

在新零件与外部参考之间关系没有断开与锁定的情况下，修改外部参考，新零件的结构及尺寸会发生相应的改变。在图 9-19 中，可以更改原装配体中圆的直径大小，则新零件也会自动更新并修改。

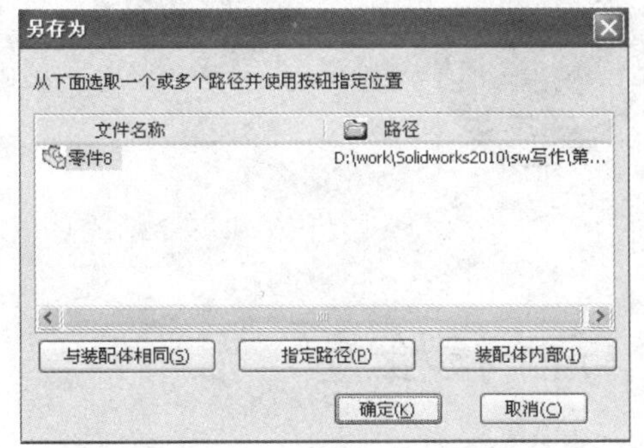

图 9-18　“另存为”对话框

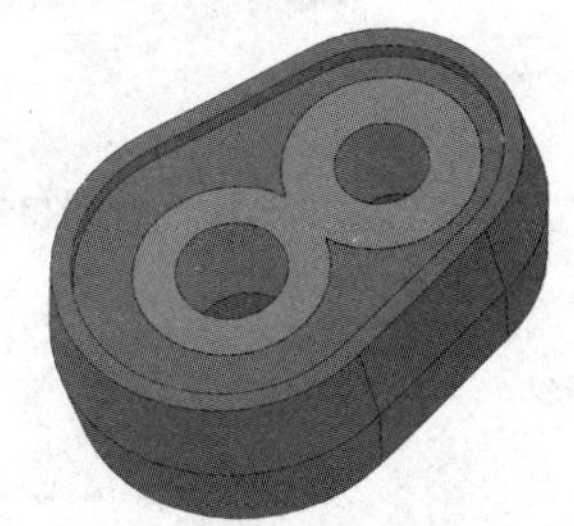

图 9-19　更新尺寸

（4）更改新零件的配合方式

SolidWorks 将为在装配体环境下生成的新零件建立一种在位配合关系，在新零件建立的第一步是选择草图绘制平面，该平面就成为新零件在位配合对象，在位配合方式将零件完全约束，故无法对该零件进行移动。而用户常常会对某零件结构尺寸进行变动，一般会先将软件所设定的在位配合关系删除，再根据需要建立新的配合，同时又不希望破坏新零件外部参考引用的关联性。

用鼠标右键单击设计树的在位配合关系，在弹出的快捷菜单中选择“删除”命令，将弹出如图9-20所示的对话框。

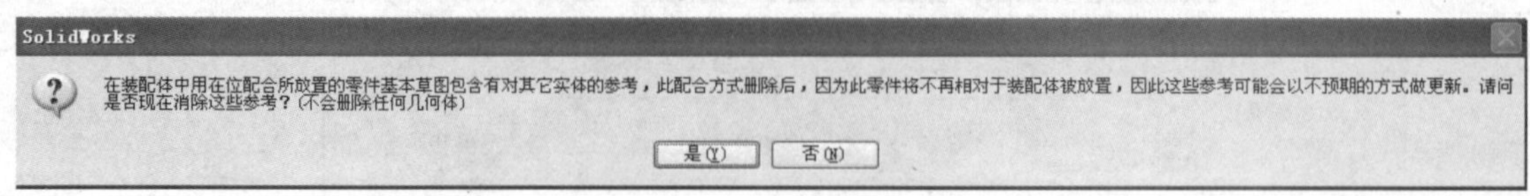

图9-20　在位配合删除

单击“否”按钮以保证删除在位配合后依然保留新零件的外部参考。此时该新零件处于浮动状态，用户可对其添加所需要的配合关系。

9.2.2　布局草图驱动的装配体

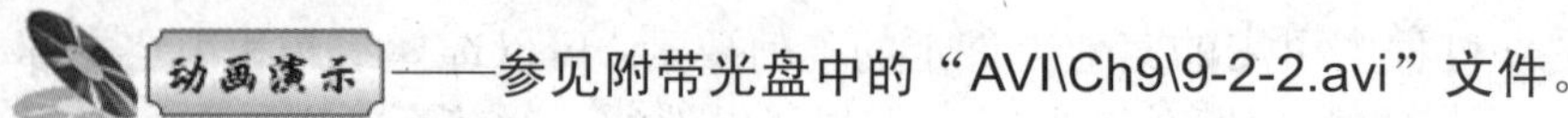

动画演示——参见附带光盘中的“AVI\Ch9\9-2-2.avi”文件。

在装配体环境中采用草图来设定零部件的空间位置，是除配合约束之外的一种零部件安装方式，这种控制零部件位置的草图称为布局草图。

在装配体环境下，有已绘制好的草图直线及两个零部件，如图9-21所示。

SolidWorks中插入的第一个零件是固定的，在设计树中单击鼠标右键，在弹出的快捷菜单中选择“浮动”命令，则第一个零件便可以自由移动。单击装配体工具栏上的“配合”按钮，选择“视图”→“临时轴”命令，从而显示临时轴，将两个轮的中面与装配体的前视基准面重合，并将两个轮的轴与直线的两端点分别重合。

当修改草图大小后，如图9-22所示，装配尺寸也跟着修改。

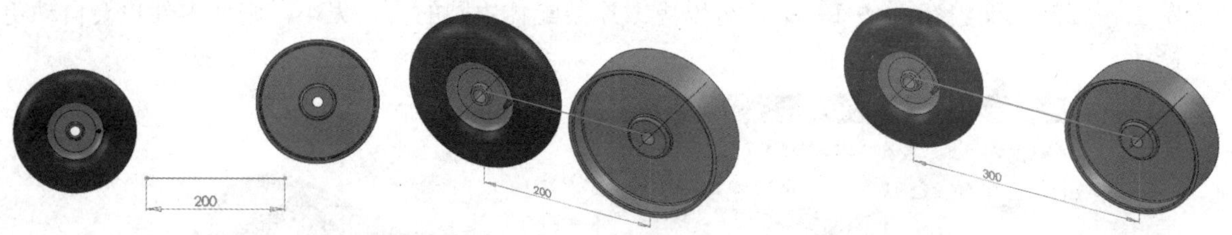

图9-21　装配草图　　　　图9-22　草图驱动装配体

9.3　干涉与碰撞检查

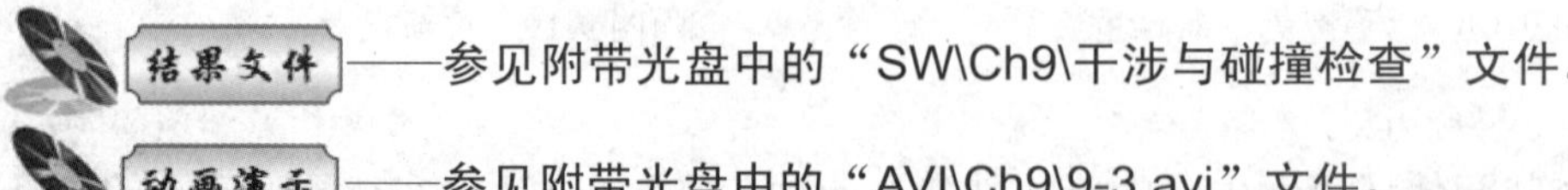

结果文件——参见附带光盘中的“SW\Ch9\干涉与碰撞检查”文件。

动画演示——参见附带光盘中的“AVI\Ch9\9-3.avi”文件。

在装配的过程中，会出现各种问题，例如，一个零件嵌入到其他零件中，这在实际装配时是不允许的，但通过观察又很难发现这些问题，为此，SolidWorks提供了干涉与碰撞检查。干涉检查用于检查装配体中的任意两个零件在空间上是否有重叠的地方；碰撞检查用于检查装配体的零部件在运动过程中是否有相互碰撞的现象，其主要功能如下：

- 检查零部件之间的干涉。
- 显示干涉的真实体积为上色体积。
- 更改干涉和不干涉零部件的显示设置以便于查看干涉。
- 选择忽略需要排除的干涉，如紧密配合、螺纹扣件的干涉等。
- 选择将实体之间的干涉包括在多实体零件中。
- 选择将子装配体看成单一零部件，这样子装配体零部件之间的干涉将不报告。
- 将重合干涉和标准干涉区分开。

9.3.1 干涉检查

干涉检查也称为静态干涉检查，是在零件处于静止状态时检查有无重合。选择“工具”→“干涉检查”命令，出现如图 9-23 所示的“干涉检查”对话框，选择要进行干涉检查的配合实体，单击“计算”按钮，则干涉结果会列在“结果”框中。

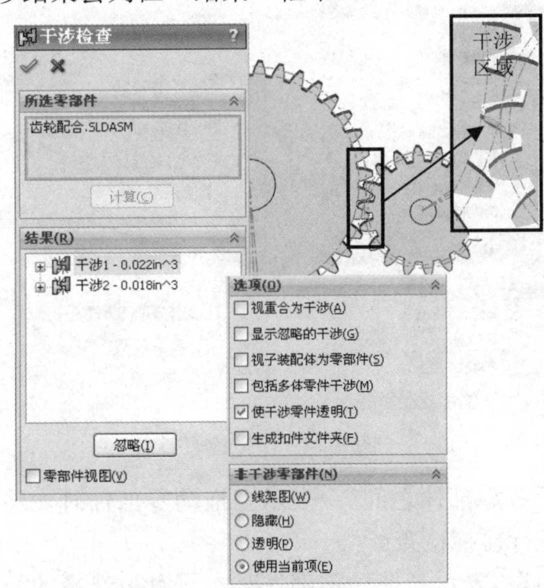

图 9-23　干涉检查

- “要检查的零部件”：选择要进行干涉检查的零部件。当检查一个装配体的干涉情况时，其所有的零部件都将被检查，如果选择单一零部件，则只会计算与该零部件相关的零部件的干涉情况。如果选择两个或两个以上零部件，则会计算出所选零部件之间的干涉情况，干涉的结果在绘图区域用红色部分显示出来。
- “视重合为干涉”：表示将重合的零部件作为干涉显示出来。
- “显示忽略的干涉”：显示在“结果”框中被设置为忽略的干涉，取消选中该复选框后，则被忽略的干涉不被列举出来。
- “视子装配体为零部件”：表示将子装配体看作是单一零部件，子装配体内部零件的干涉将不会显示出来。

- “包括多体零件干涉”：表示显示多实体零件中实体之间的干涉。
- “使干涉零件透明”：使所选干涉的零部件透明显示。
- “生成扣件文件夹”：将扣件之间的干涉隔离为在“结果”框中显示的单独的文件夹中。
- “非干涉零部件”的显示方式有线架图、隐藏、透明和使用当前项。

9.3.2 碰撞检查

碰撞检查即为动态干涉检查，用于检测装配体中零部件运动时相互的碰撞与干涉。单击装配体工具栏上的“移动零部件”按钮，出现如图 9-24 所示的对话框，在“选项”栏中有“碰撞检查”及“物资动力”。

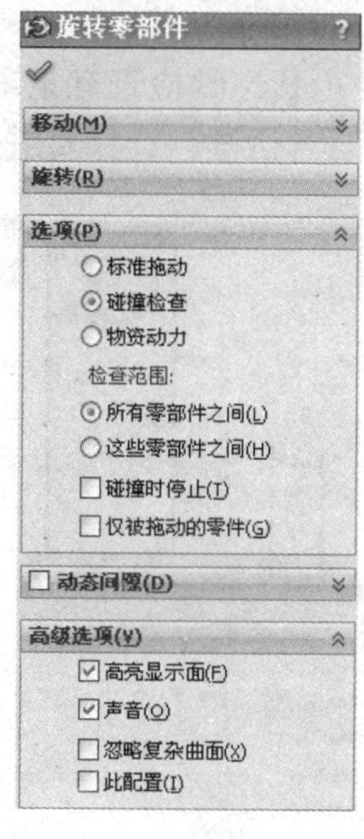

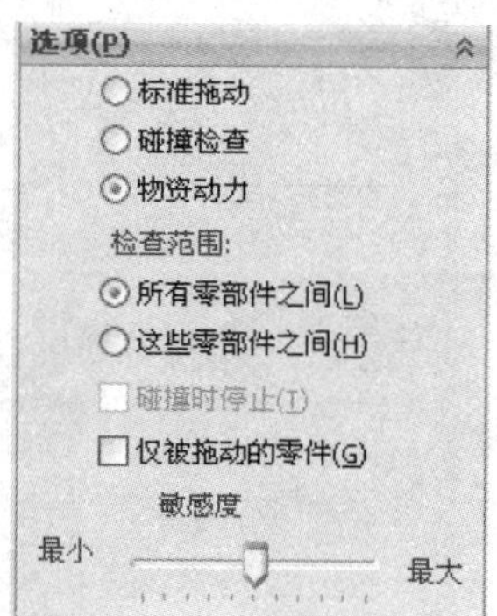

图 9-24 碰撞检查

- “碰撞检查”,“所有零部件之间”：表示当拖动零部件时，装配体中与该零部件相接触的所有零部件都进行碰撞检查。
- “这些零部件之间”：表示当拖动零部件时，只有被选择的与该零部件相接触的零部件进行碰撞检查，被选择的零部件将会显示在新出现的列表框中。
- “仅被拖动的零件”：表示仅被拖动的零部件进行碰撞检查。
- “碰撞时停止”：表示在移动或旋转过程中，检查到碰撞时停止运动。
- “高亮显示面”：对于检查到的发生碰撞的面，高亮显示。
- “声音”：当发生碰撞时，进行声音提示。
- “物资动力”：模仿现实工作环境，用以查看装配体零部件之间的移动或旋转运动，当拖动一个零部件时，该零部件会向其相接触的零部件施加力，结果就会在接触的零部件所允许的自由度范围内移动或旋转相接触的零部件。当碰撞时，拖动的零部件就会在其允许的自由度范围内旋转或向约束零部件的相反方向运动以使拖动得以继续。
- “动态间隙”：仅能同时检查两个零件之间的距离。

9.4 爆 炸 视 图

结果文件——参见附带光盘中的“SW\Ch9\爆炸视图”文件。

动画演示——参见附带光盘中的“AVI\Ch9\9-4.avi”文件。

为了方便形象地显示零部件之间的关系，常常通过爆炸视图来查看分离的装配体。一个爆炸视图由一个或多个爆炸步骤组成，每一个爆炸视图保存在所生成的装配体配置中，而每一个配置都可以有一个爆炸视图。生成爆炸视图可完成以下功能：

- 手工分布零部件在爆炸视图中的位置。
- 自动平均分布爆炸零部件。
- 将新的零部件加到另一个零部件的现有爆炸视图中。
- 如果子装配体有爆炸视图，可以在更高级别的装配体中重新使用此爆炸视图。

9.4.1 生成爆炸视图

单击装配体工具栏上的“爆炸视图”按钮，可出现如图 9-25 所示的对话框。

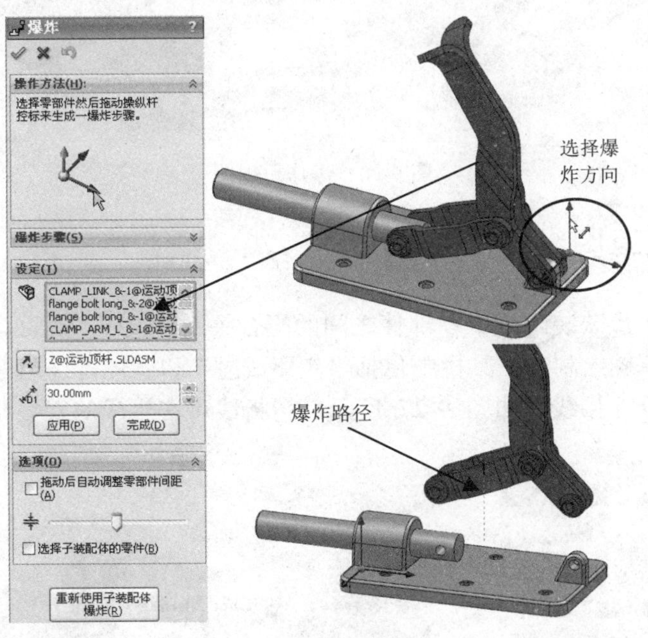

图 9-25　爆炸视图

在“设定”框中，在“爆炸步骤的零部件”中选择图 9-25 所示的零部件，此时在所选择的最后一个零件处会出现坐标系，单击坐标方向选择爆炸的方向，在“爆炸距离”处设置所选零部件要沿该方向移动的距离，单击“应用”按钮可完成操作；若不满意，可单击“撤销”按钮撤销此步操作，完成此步爆炸，单击“完成”按钮即可。

◆ “拖动后自动调整零部件间距”：沿轴心自动均匀地分布零部件组的间距。

◆ “调整零部件链之间的间距”：调整“拖动后自动调整零部件间距”放置的零部件之间的距离。

◆ “选择子装配体的零件”：表示可以选择子装配体的单个零件；取消选中该复选框后只能选择整个子装配体。

◆ “重新使用子装配体爆炸”：使用先前在所选子装配体中定义的爆炸步骤。

在配置管理器中，如图9-26所示，用鼠标右键单击“爆炸视图”，在弹出的快捷菜单中选择“动画解除爆炸”命令，可出现“动画控制器”面板，则会按照爆炸步骤反向解除爆炸；解除爆炸后，同样可以“动画爆炸”。单击鼠标右键并在弹出的快捷菜单中选择“解除爆炸”命令，可解除爆炸视图。

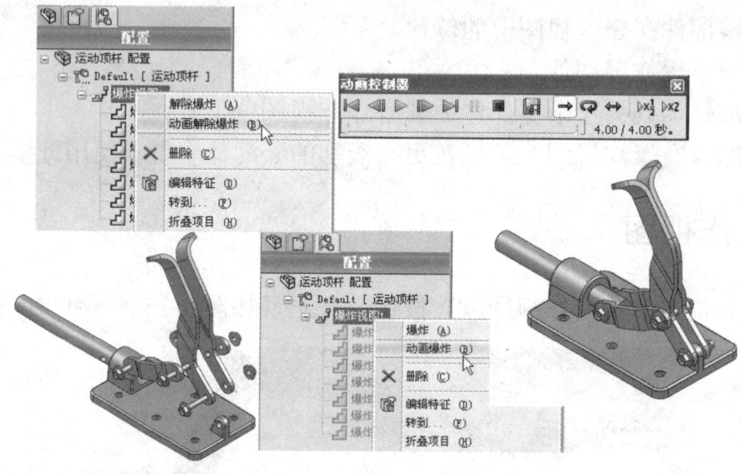

图9-26　爆炸后视图

9.4.2　爆炸直线草图

爆炸直线草图用于反映装配体中零部件之间的配合关系，选择“插入”→“爆炸直线草图”命令，进入爆炸直线草图绘制，工具栏中包括“步路线”和“转折线”按钮，步路数可以在分离的零部件之间建立连接线，如图9-27所示，转折线可在生成的管线中形成转折以避免与其他零件的干涉。

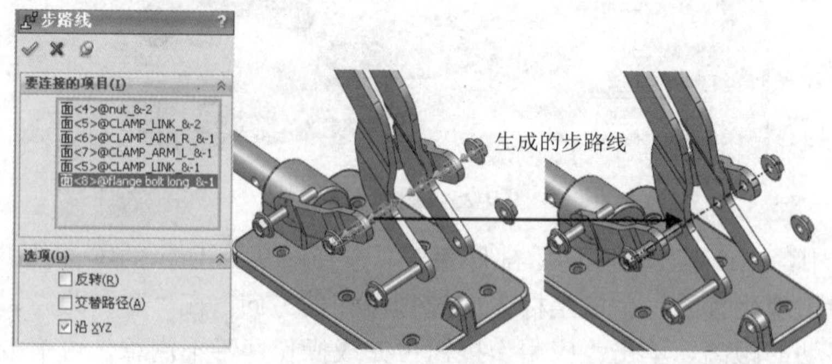

图9-27　步路线

9.5 子 装 配 体

——参见附带光盘中的“SW\Ch9\子装配体”文件。

动画演示——参见附带光盘中的“AVI\Ch9\9-5.avi”文件。

SolidWorks 支持多层次的装配体，即在构成装配体的较低层次中可以由装配体构成，该较低层次的装配体称为子装配体。子装配体在总装配体中相当于总装配体中的一个零部件，很多操作指令均将子装配体当作一个零件来操作，但是也有一些专门针对子装配体的命令，如子装配体的生成、删除、解散、子装配体下的零件的操作等。

9.5.1 生成子装配体

子装配体本身也是一种装配体，一般情况下可以直接按照生成装配体的方式来生成子装配体，同时也可以在总装配体中生成子装配体。

在设计树中，在要生成子装配体的零件处单击鼠标右键，在弹出的快捷菜单中选择“在此生成子装配体”命令，则该零件自动转入到装配体中，选择要生成装配体的零件，在设计树中通过鼠标将其拖动到该子装配体中即可。或者按住 Ctrl 键，选中所要生成子装配体的所有零件，然后单击鼠标右键，在弹出的快捷菜单中选择“在此生成子装配体”命令即可。

单击“保存”按钮，弹出如图 9-28 所示的对话框。

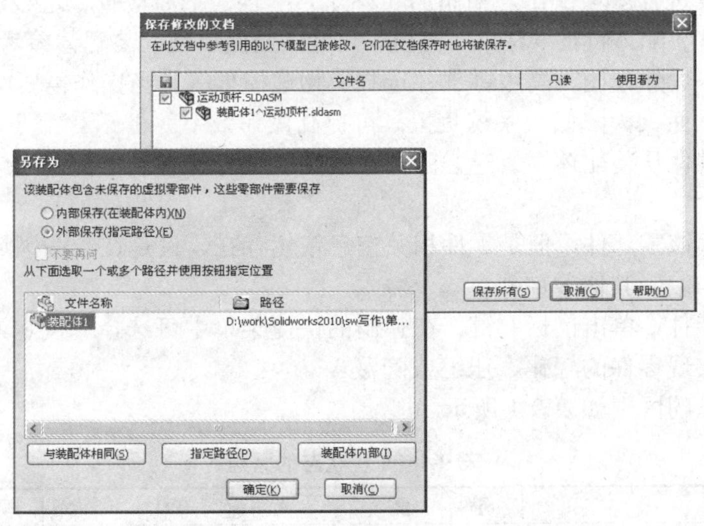

图 9-28 保存子装配体

选中所有文件后，单击“保存所有”按钮，会弹出“另存为”对话框。“内部保存（在装配体内）”不另外生成文件，该子装配体在总装配体内部。“外部保存（指定路径）”，指所生成的子装配体单独保存成一个装配体文件。

另外，在设计树中在前文生成的装配体上单击鼠标右键，在弹出的快捷菜单中选择“保存装配体”命令，即可保存成子装配体。

9.5.2 解散子装配体

在总装配体中插入的子装配体可以解散，解散后的子装配体不存在，子装配体下的零件直接属于总装配体，对于要进行解散的子装配体，在设计树中单击鼠标右键，在弹出的快捷菜单中选择“解散子装配体”命令，则子装配体消失。

9.6 装配体信息

结果文件——参见附带光盘中的“SW\Ch9\大型装配体模式”文件。

动画演示——参见附带光盘中的“AVI\Ch9\9-6.avi”文件。

9.6.1 零部件状态及设定

SolidWorks为了便于用户的操作及尽量占用较少的系统资源，提高用户工作效率，对零件可采用不同状态设置，装配体环境下零件主要有4种状态。

- 还原：将零件的所有信息调入装配体环境，并正常显示，此时可对零部件使用所有功能。
- 轻化：只调入了部分零件信息于装配体中，绘图区域仍会显示该零部件。对轻化的零部件，仍可以进行多项操作，如添加（移除）配合、干涉检查、边线选择、零部件选择、碰撞检查、装配体特征、注解、测量、尺寸、截面属性、装配体参考几何体、质量属性、剖面视图、爆炸视图、高级零部件选择、物理模拟等。当操作需要时再调入零部件的其他信息，从而大大降低了系统负担，可提高操作效率。
- 压缩：将零件从装配体中暂时去除，在绘图区域无法看到零件，当解除压缩时，又重载零件信息。
- 隐藏：隐藏该零部件，但是零件相关信息依然存在，只是在绘图区域看不到，这样可以方便查看与编辑其他零部件。

对于要操作的零件，单击鼠标右键，在弹出的快捷菜单中可选择“设定为轻化”、“压缩”或“隐藏”命令，可实现零件的轻化、压缩或隐藏。

零件的4种状态的区别如表9-1所示。

表9-1　4种状态的区别

	还　原	轻　化	压　缩	隐　藏
是否装配入存	是	部分	否	是
是否可见	是	是	否	否
是否参与装配体信息统计和整体操作	是	是（需要时才调入数据）	否	是
是否可添加配合	是	是	否	否
装入和重建模型速度	正常	较快	较快	正常
显示速度	正常	正常	较快	较快

9.6.2 大型装配体模式

选择“工具”→“大型装配体模式”命令，便可开启大型装配体模式，如图 9-29 所示。选择“工具”→“选项”→“系统选项”→“装配体”命令，在打开的对话框中可设置装配体零件装入系统时的状态、零件数目等。当零件数目超过设定值后，装配体自动由正常模式切换到大型装配体模式，详见装配体设置。对于十分复杂的大型装配体，不仅需要开启大型装配体模式，还要结合应用零部件的隐藏和压缩方法来加快操作速度。

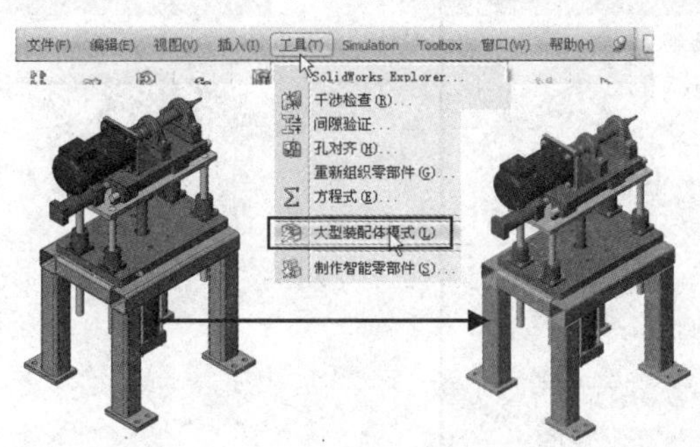

图 9-29 大型装配体模式

9.6.3 装配体统计

装配体统计可统计装配体中的零部件及配合情况，选择“工具”→AssemblyXpert命令，将弹出如图 9-30 所示的对话框，在该对话框中包含了装配体的各类信息。

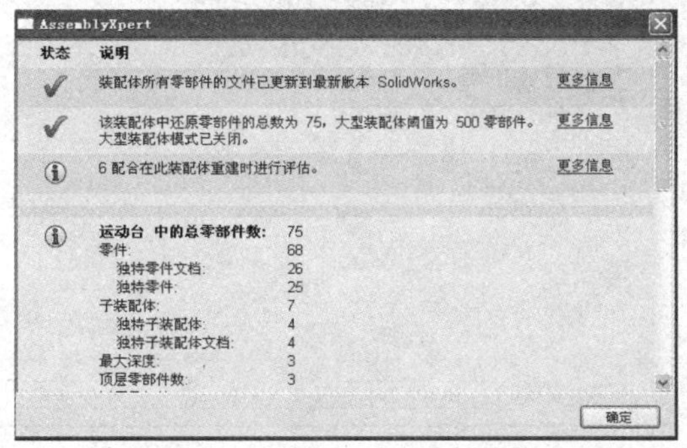

图 9-30 装配体统计

9.7 动 画

结果文件——参见附带光盘中的“SW\Ch9\动画”文件。

动画演示——参见附带光盘中的“AVI\Ch9\9-7.avi”文件。

选择“视图”→“插件”命令，选中 SolidWorks Motion，将动画插件调出。此时在左下角窗口处会添加 motion study（setting?），单击进入动画设置。

9.7.1 旋转动画

为了清楚地表示出装配体各个方向的情况，可以通过装配体旋转动画展示出来。单击动画工具栏上的“动画向导”按钮，出现如图 9-31 所示的对话框。

单击“下一步”按钮，设置旋转轴、旋转次数及旋转方向，如图 9-32 所示。

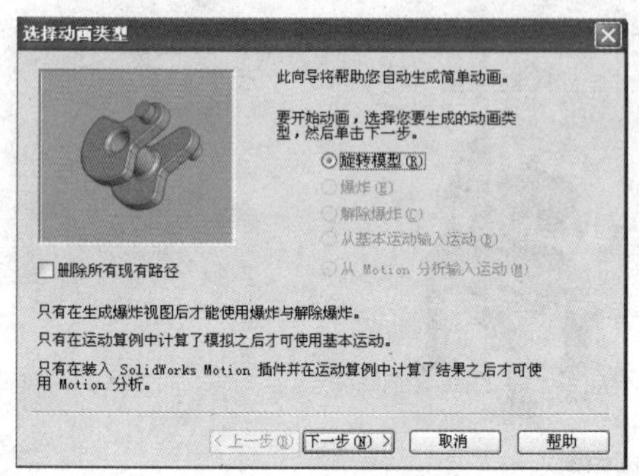

图 9-31　选择动画类型

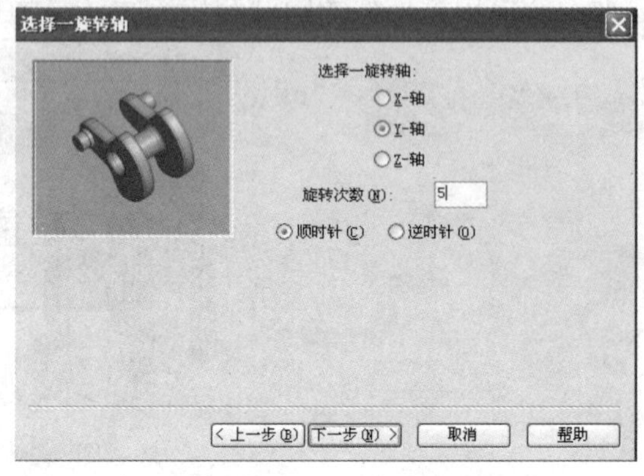

图 9-32　选择旋转轴

单击“下一步”按钮，设置时间长度及开始时间，如图 9-33 所示，单击“完成”按钮即可。

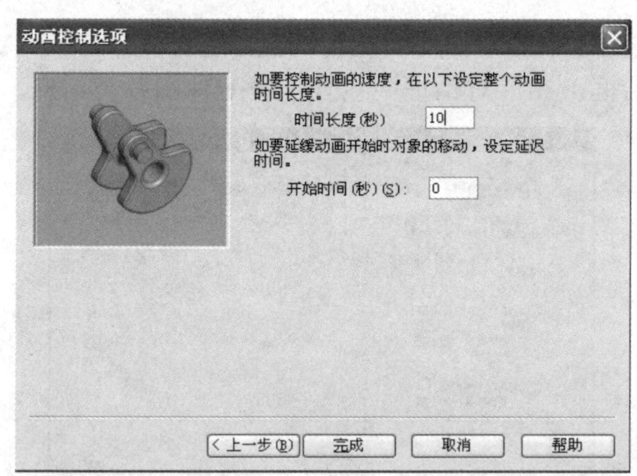

图 9-33　动画控制选项

单击动画工具栏上的“播放”按钮，则所选模型便会旋转。单击“保存动画”按钮，即可输出动画文件。

9.7.2 马达

单击动画工具栏上的“马达”按钮，将出现如图 9-34 所示的对话框。

马达类型有两种，即旋转马达和线性马达（驱动器）。

“零部件/方向”中，选择要作为马达的零部件，设置旋转方向及要相对移动的零部件。在“运动”中，设置转动方向和转速大小，单击“确定”按钮完成。

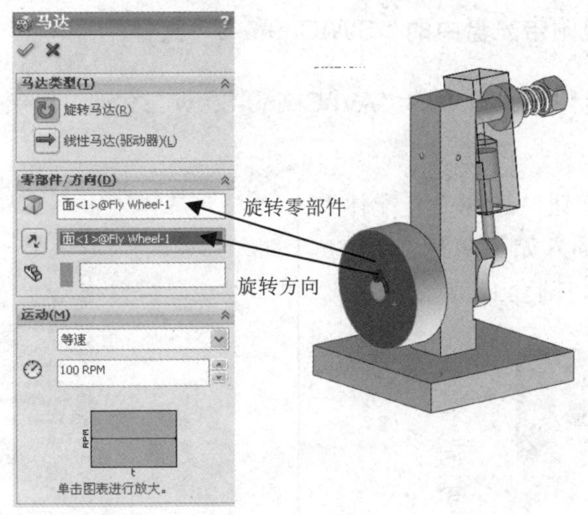

图 9-34　马达

另外还有弹簧、力及接触模拟等，此处不再详述。

9.8　实例・操作——内燃机

内燃机在实际生活中使用很广泛，其装配图如图 9-35 所示。

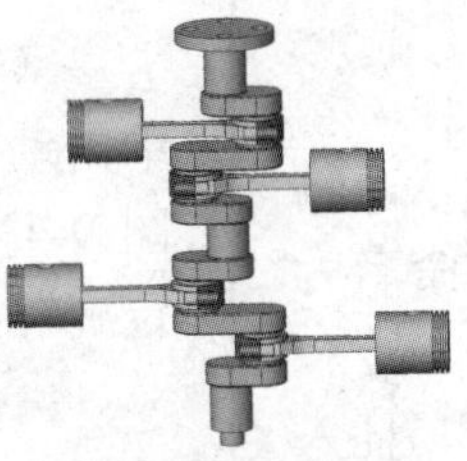

图 9-35　内燃机

【思路分析】

这里主要通过制作子装配体并插入子装配体来完成总装配体，最后通过马达来模拟内燃机的工作过程，同时制作动画输出，其基本装配流程如图 9-36 所示。

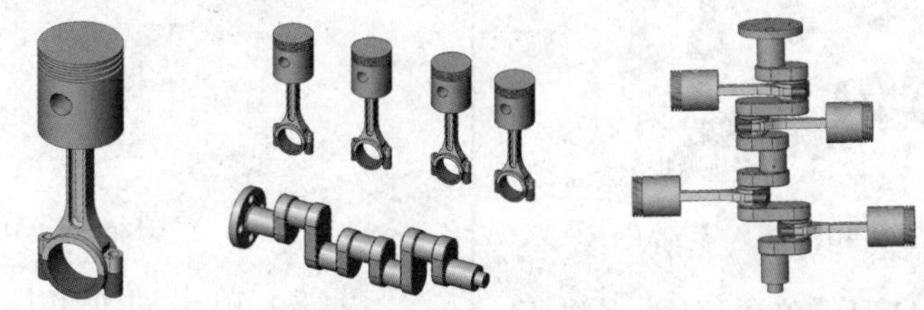

制作子装配体　　插入子装配体　　装配成形并绘制动画

图 9-36　内燃机装配流程

【光盘文件】

——参见附带光盘中的“SW\Ch9\9-8”文件。

——参见附带光盘中的“AVI\Ch9\9-8.avi”文件。

【操作步骤】

（1）单击“新建”按钮，选择“装配体”选项，建立新的装配体，插入如图 9-37 所示的 3 个零件（活塞杆、活塞、轴套）。

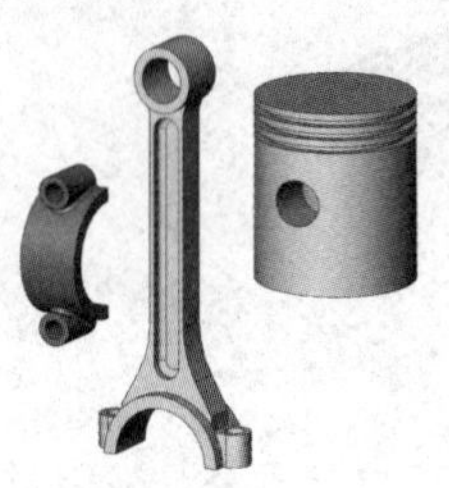

图 9-37　插入新零件

（2）按如图 9-38 所示的配合方式进行配合。

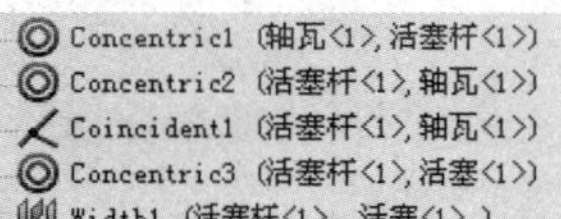

Concentric1 (轴瓦<1>, 活塞杆<1>)
Concentric2 (活塞杆<1>, 轴瓦<1>)
Coincident1 (活塞杆<1>, 轴瓦<1>)
Concentric3 (活塞杆<1>, 活塞<1>)
Width1 (活塞杆<1>, 活塞<1>)

图 9-38　配合

（3）配合后的装配体如图 9-39 所示，输出并保存该装配体为一子装配体，并命名为“活塞连杆”。

（4）新建装配体，名为“内燃机”，插入图中所示的曲轴及 4 个活塞连杆子，如图 9-40 所示。

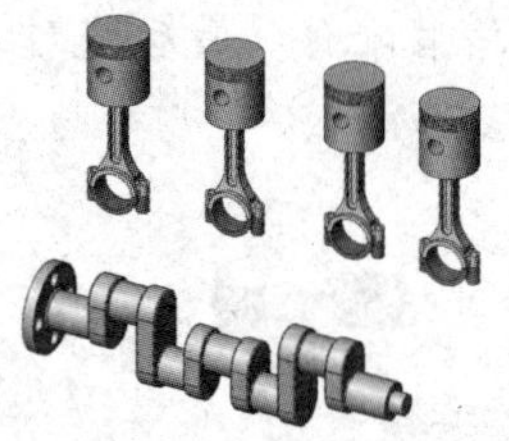

图 9-39　子装配体　　图 9-40　插入零部件

（5）采用如图 9-41 所示的配合关系进行配合。

（6）配合后的装配体如图 9-42 所示。

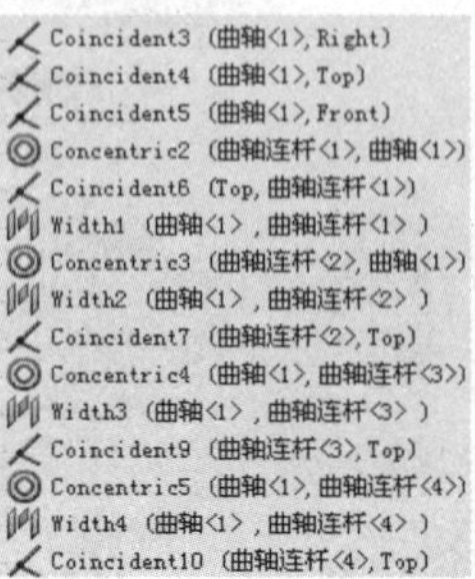

Coincident3 (曲轴<1>, Right)
Coincident4 (曲轴<1>, Top)
Coincident5 (曲轴<1>, Front)
Concentric2 (曲轴连杆<1>, 曲轴<1>)
Coincident6 (Top, 曲轴连杆<1>)
Width1 (曲轴<1>, 曲轴连杆<1>)
Concentric3 (曲轴连杆<2>, 曲轴<1>)
Width2 (曲轴<1>, 曲轴连杆<2>)
Coincident7 (曲轴连杆<2>, Top)
Concentric4 (曲轴<1>, 曲轴连杆<3>)
Width3 (曲轴<1>, 曲轴连杆<3>)
Coincident9 (曲轴连杆<3>, Top)
Concentric5 (曲轴<1>, 曲轴连杆<4>)
Width4 (曲轴<1>, 曲轴连杆<4>)
Coincident10 (曲轴连杆<4>, Top)

图 9-41　配合

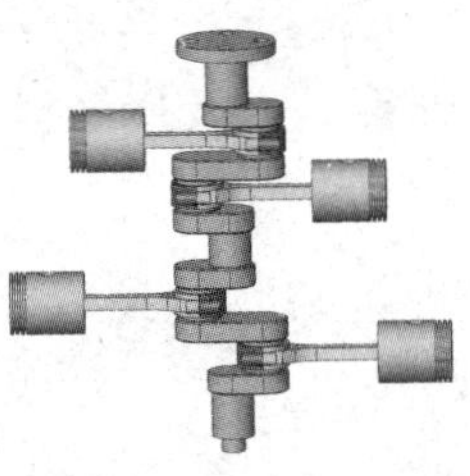

图 9-42　装配体

（7）单击软件界面左下角的 motion study，单击动画工具栏上的“马达”按钮，出现如图 9-43 所示的对话框，选择曲轴顶面，从而确定旋转部位及旋转方向，单击“确定”按钮完成。

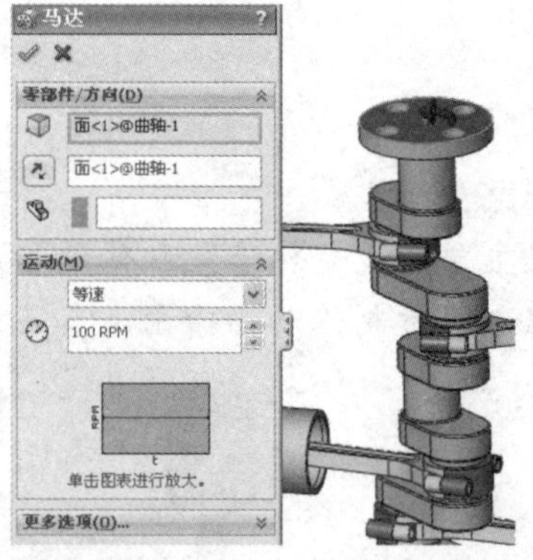

图 9-43　旋转马达

（8）单击动画工具栏上的“播放”按钮可以观察其运动过程，单击“保存动画”按钮，可以将该马达运动过程保存为视频。

9.9 实例 · 练习——泵

泵是最基本的液压件之一，下面将以其装配体为例，对本讲内容进行练习，其装配体结构如图 9-44 所示，爆炸视图如图 9-45 所示。

图 9-44 泵

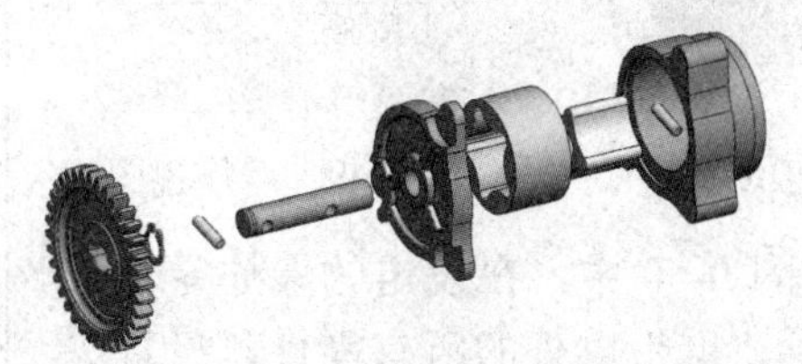

图 9-45 爆炸视图

【思路分析】

利用本节学习的内容，对泵的装配体进行干涉检查、生成爆炸视图并将爆炸过程制作成动画，输出并保存视频文件。

【思路分析】

——参见附带光盘中的“SW\Ch9\9-9”文件。

——参见附带光盘中的“AVI\Ch9\9-9.avi”文件。

【操作步骤】

（1）打开“SW\Ch9\9-3\泵”文件，可看到如图 9-46 所示的装配体。

图 9-46 泵

（2）选择“插入”→“干涉检查”命令，出现如图 9-47 所示的对话框，单击“计算”按钮，检查其中的静态干涉，并做出修正。

（3）对上述干涉检查的结果逐个进行排查。例如，干涉 4 是泵盖与内转子之间有交叉，可改变相应的配合关系；对于干涉 2，是轴与泵体之间配合时有交叉，此处是过盈配合，则可忽略该干涉，如图 9-48 所示。

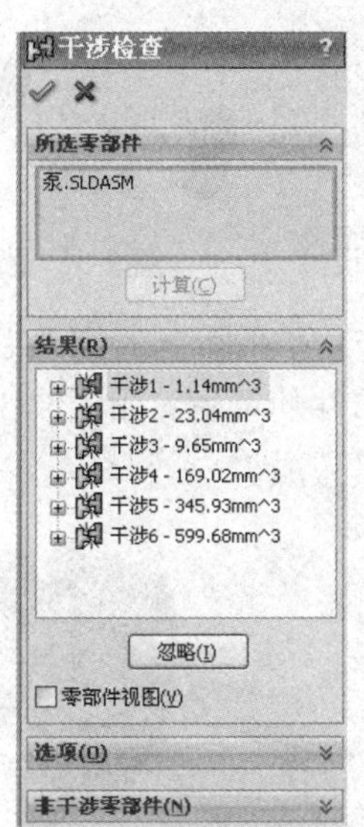

图 9-47 干涉检查

（4）单击装配体工具栏上的“爆炸视图”按钮，出现如图 9-49 所示的对话框。

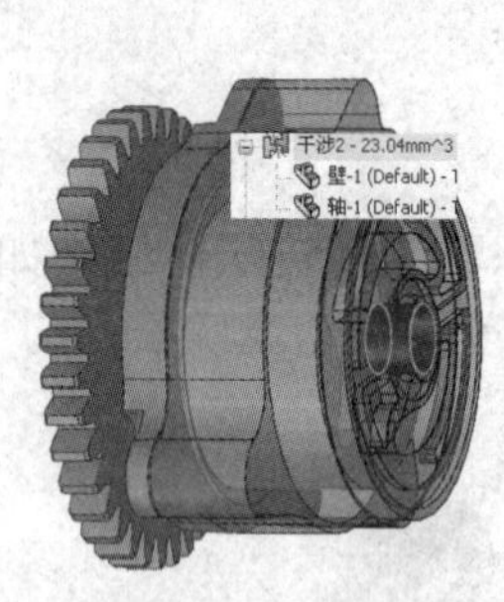

图 9-48　干涉 2　　　图 9-49　爆炸视图

（5）在图 9-50 中，在设定的爆炸零件选择框中选择除“壁”以外的所有零件，设置爆炸方向为 Z 轴方向，在“选项”中，选中“拖动后自动调整零部件间距”复选框，并拖动下面的进度条，调整爆炸后的适当间距，单击“应用”按钮。

（6）所得爆炸视图如图 9-51 所示。

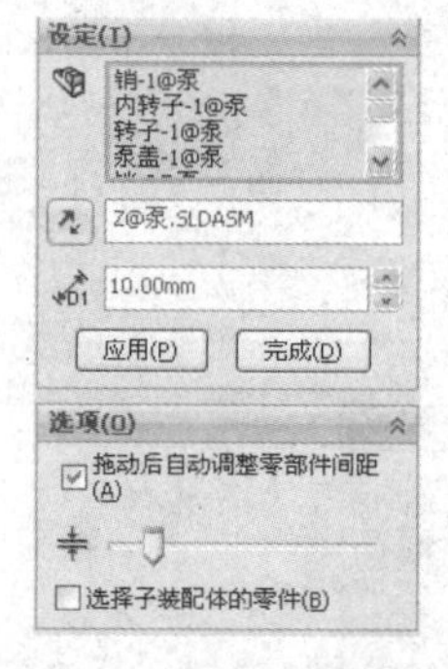

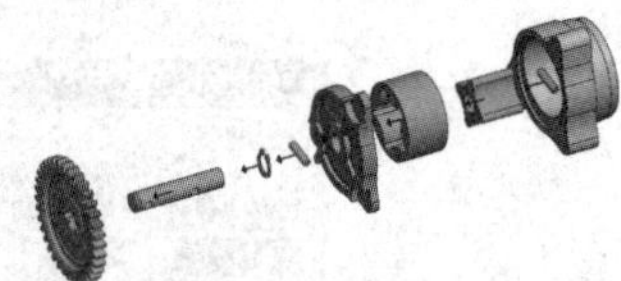

图 9-50　参数设置　　　图 9-51　爆炸视图

（7）拖动零部件上的箭头，移动鼠标，则可调整零部件的位置，如图 9-52 所示，单击“完成”按钮完成。

图 9-52　移动零件位置

（8）最终所得的爆炸视图如图 9-53 所示。

图 9-53　爆炸视图

（9）单击软件左下角的 motion study，单击动画工具栏上的“动画向导”按钮，出现如图 9-54 所示的对话框，选中“爆炸”单选按钮，单击“下一步”按钮。

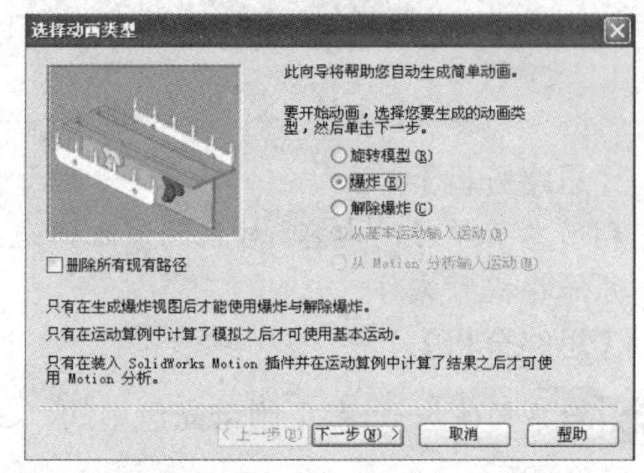

图 9-54　爆炸

（10）出现如图 9-55 所示的“动画控制选项”对话框，设置动画时间长度及动画开始时间，单击“完成”按钮。

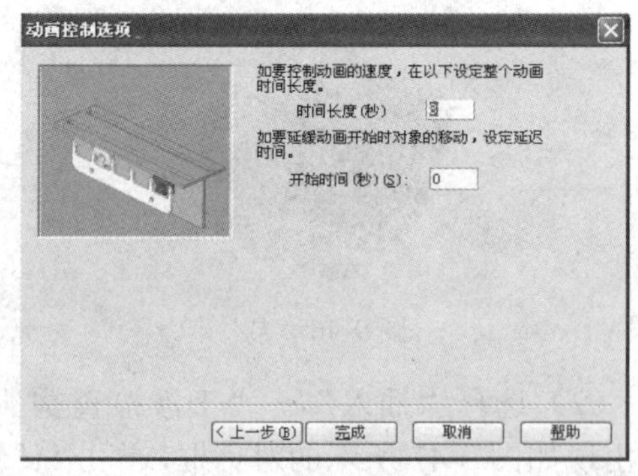

图 9-55　动画向导

（11）单击动画工具栏上的“播放”按钮可以观察该爆炸过程，单击“保存动画”按钮，从而将该爆炸过程保存为视频。

第 10 讲　工程图视图

三维实体建模虽然简单方便，但是现阶段在工厂仍需使用二维工程图纸，工程图的绘制要求符合严格的工业标准，使实体建模要求通过精确、标准的图纸表现出来。本讲主要介绍工程视图，即利用投影、剖视等方式来描述三维实体模型。

本讲内容

- 实例·模仿——轴
- 工程图绘制环境
- 标准三视图
- 派生视图
- 实例·操作——轴承座
- 实例·练习——支架

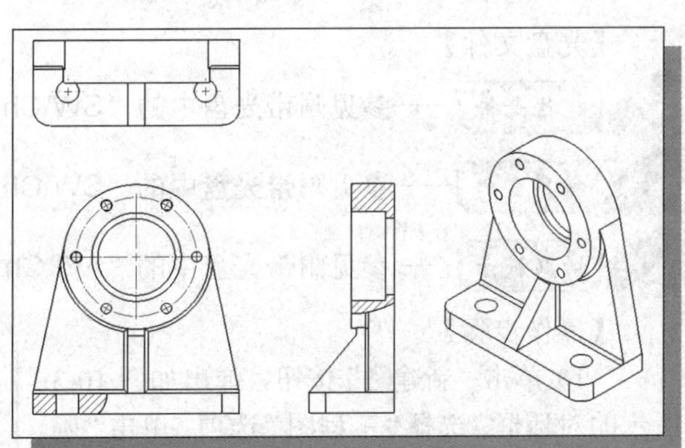

10.1　实例·模仿——轴

这里以机械制图中常见的零件——轴为例对工程图不同视图进行介绍，其结构如图 10-1 所示。

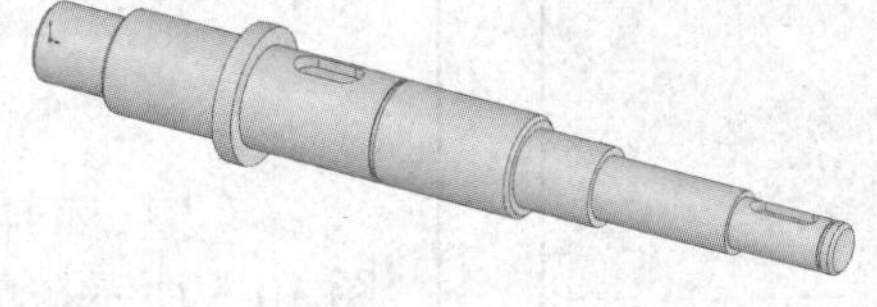

图 10-1　轴

【思路分析】

该轴的工程图主要由主视图组成，还包括如局部视图、剖面图及轴二测视图，所得结果如图 10-2 所示。

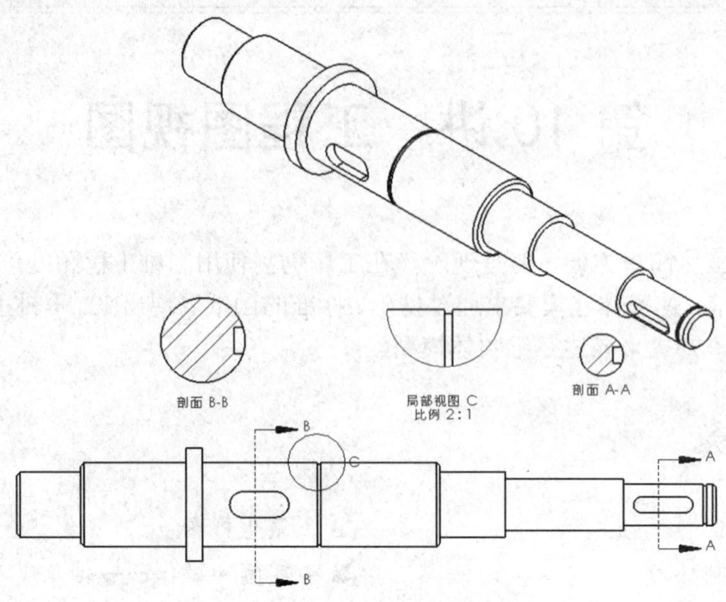

图 10-2 轴工程图视图

【光盘文件】

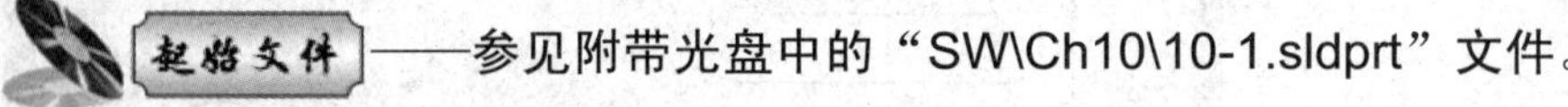

——参见附带光盘中的"SW\Ch10\10-1.sldprt"文件。

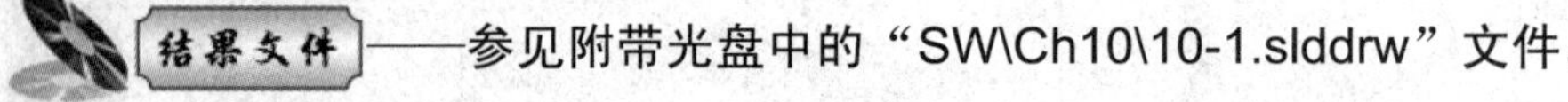

——参见附带光盘中的"SW\Ch10\10-1.slddrw"文件。

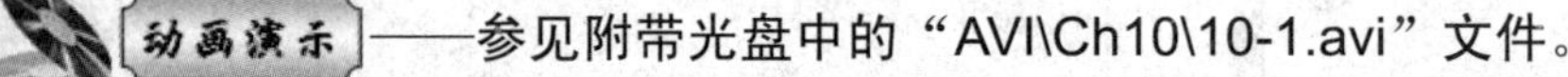

——参见附带光盘中的"AVI\Ch10\10-1.avi"文件。

【操作步骤】

（1）单击"新建"按钮，弹出如图 10-3 所示的对话框，选择"工程图"选项，单击"确定"按钮进入工程图绘制环境。

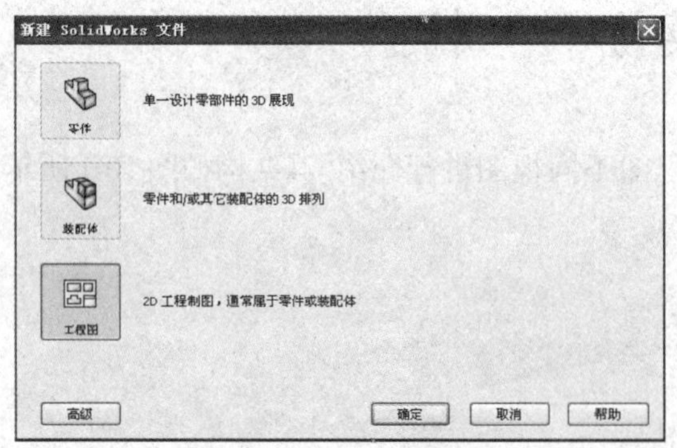

图 10-3 新建工程图

（2）打开"图纸格式/大小"对话框，如图 10-4 所示，选中"标准图纸大小"单选按钮，单击"浏览"按钮。

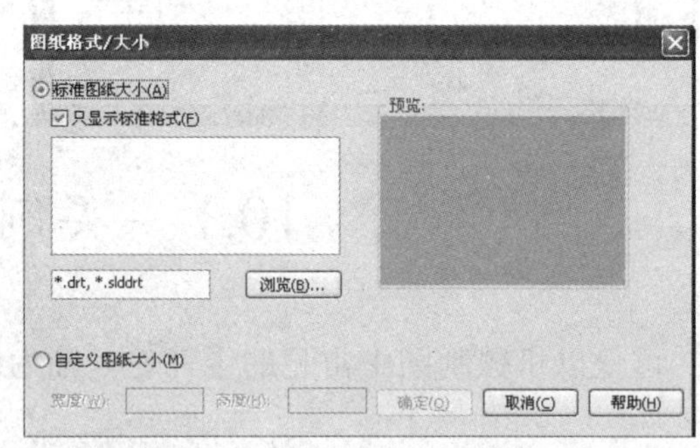

图 10-4 "图纸格式/大小"对话框

（3）选择"SW\Ch10\模板\a2.gb"，如图 10-5 所示，单击"打开"按钮打开文件，回到"图纸格式/大小"对话框，单击"确定"按钮即可加载模板文件。

（4）进入工程图绘制环境后，在软件左侧会出现如图 10-6 所示的对话框，单击"浏览"按钮。

图 10-5　打开模板

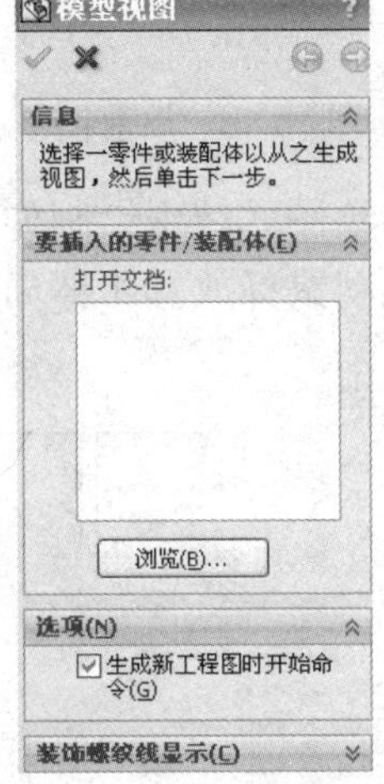
图 10-6　模型视图

（5）选择“SW\Ch10\10-1\轴.sldprt”文件，如图 10-7 所示，单击“打开”按钮。

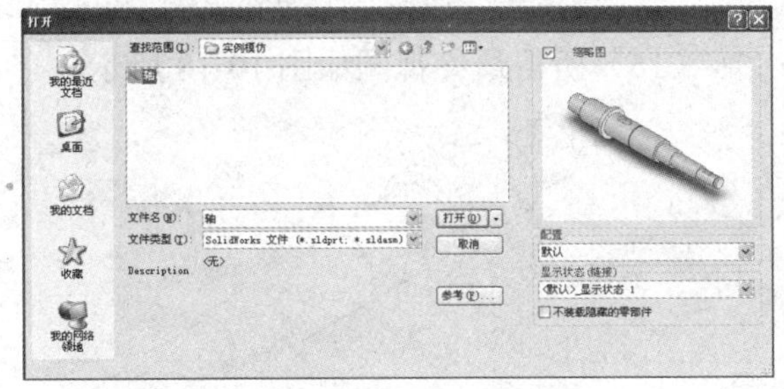
图 10-7　打开文件

（6）出现如图 10-8 所示的“模型视图”对话框，在“方向”框中选择上视图，“比例”栏中选中“使用自定义比例”单选按钮，并设置为 1:1，在绘图区域中选择某处，单击鼠标放置该上视图。

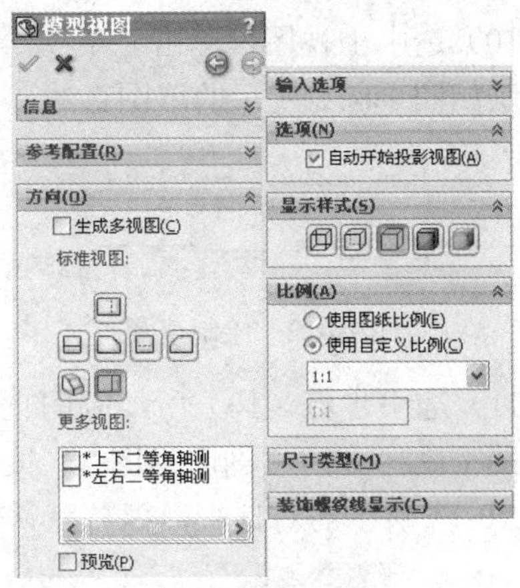
图 10-8　模型视图

（7）所得的视图如图 10-9 所示。

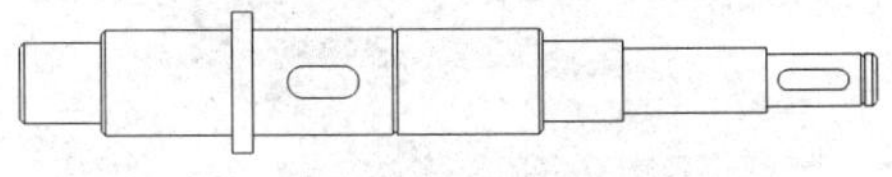
图 10-9　上视图

（8）选中该上视图，单击工程图工具栏上的“投影视图”按钮，出现如图 10-10 所示的对话框，保留默认设置。此时移动鼠标，会在不同位置产生不同的视图，单击鼠标便会放置这些视图，在主视图的右上角出现等轴测视图时单击鼠标。

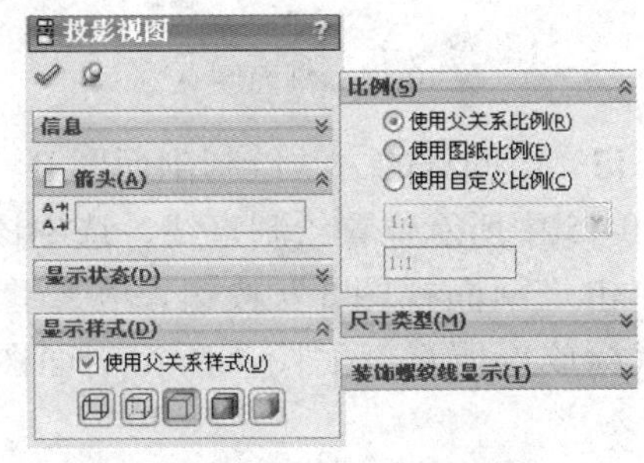
图 10-10　投影视图

（9）所得的等轴测视图如图 10-11 所示。

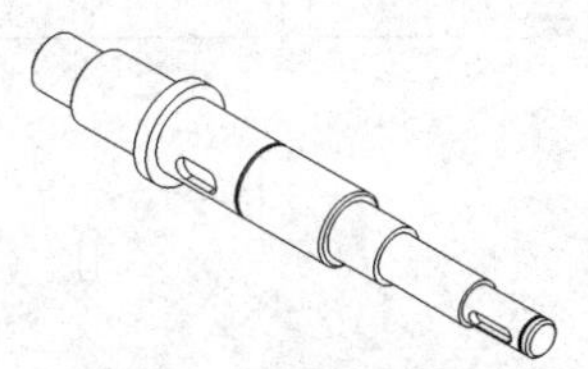
图 10-11　等轴测视图

（10）选中上视图，单击“草图绘制”按钮，绘制如图 10-12 所示的草图直线。

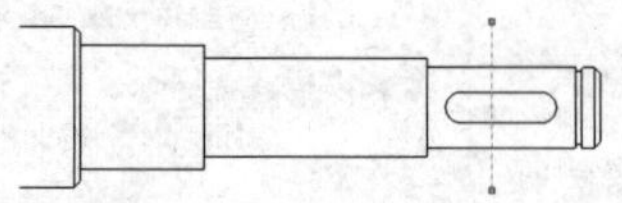

图 10-12　绘制草图

（11）选中步骤（10）所绘制的直线，单击工程图工具栏上的“剖面视图”按钮，出现如图 10-13 所示的对话框，保持默认设置。

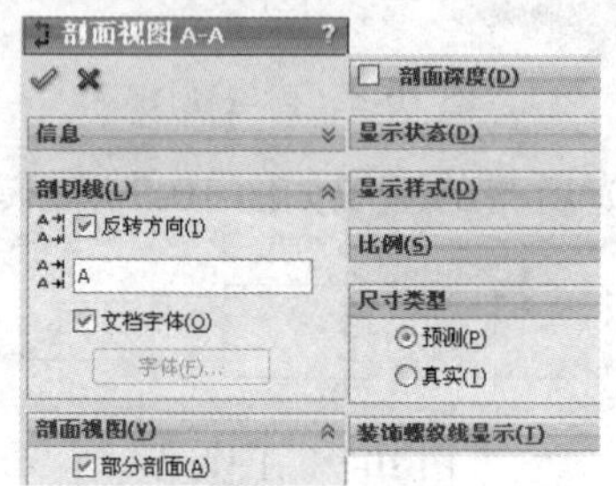

图 10-13　剖面视图

（12）在绘图区域拖动鼠标，放置该剖面图，最终所得结果如图 10-14 所示。

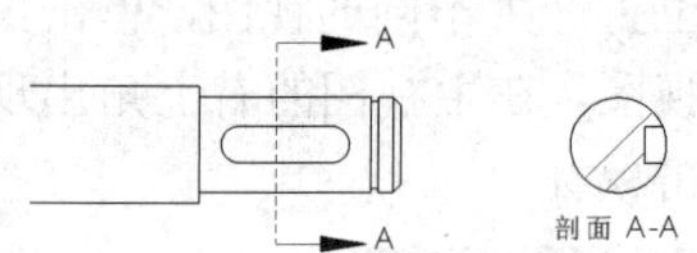

图 10-14　剖面图 A

（13）用同样的方法绘制剖面图 B，首先在图 10-15 中所示位置绘制直线，选中该直线后，单击“剖面视图”按钮，在绘图区域拖动鼠标放置所得剖面图，所得剖面图如图所示。

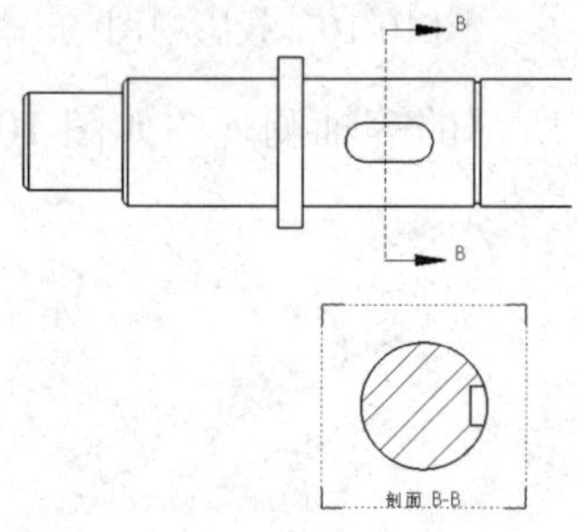

图 10-15　剖面图 B

（14）单击工程图工具栏上的“局部视图”按钮，弹出如图 10-16 所示的对话框，选择“圆”的样式为“无引线”，字母为 C，设置“比例”为“使用自定义比例”，且定义其大小为 2:1。

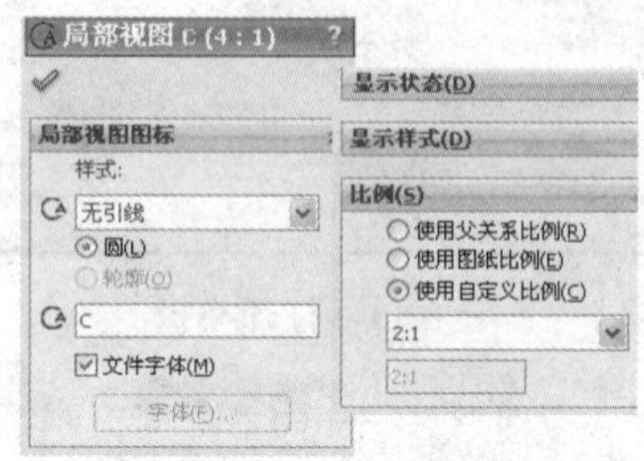

图 10-16　局部视图

（15）在绘图区域中绘制如图 10-17 所示的圆，然后拖动鼠标放置所得局部视图 C，所得视图如图所示。

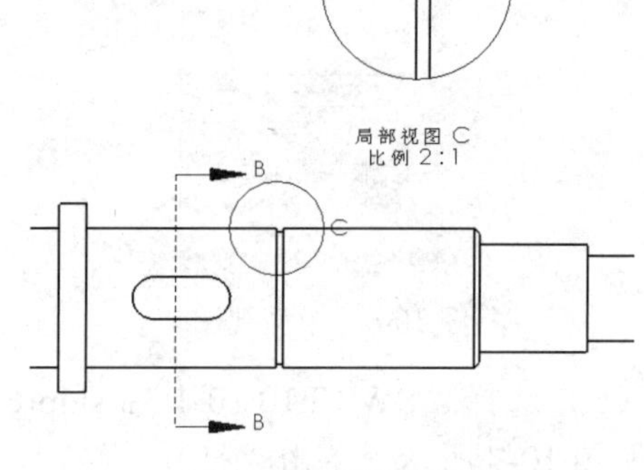

图 10-17　局部视图

（16）所得最终视图如图 10-18 所示。

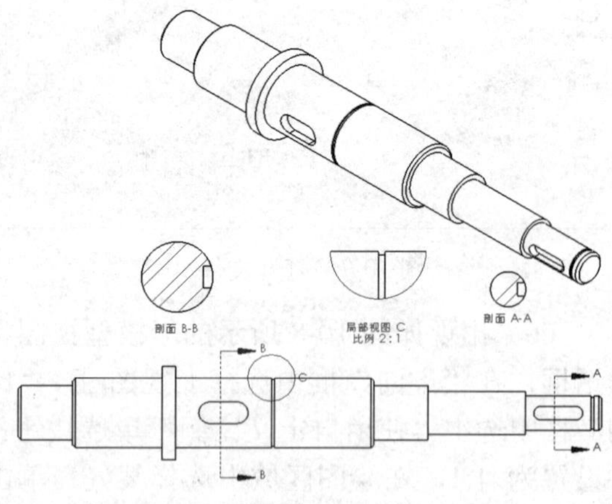

图 10-18　轴

10.2 工程图绘制环境

SolidWorks 的工程图模块具有强大的功能，它主要具有以下特点：

- 能够生成各种工程视图，包括三视图、轴测图、剖视图、辅助视图、投影视图和局部视图等。
- 二维工程图与对应的零件模型或装配体模型具有相关性，即在不同的设计环境中，模型都是相互关联的，可以在三维、二维或其他设计环境中直接修改模型的尺寸和结构，则对应的图纸会自动更新。
- 自动尺寸标注，设计工程图时，可以根据三维模型的尺寸自动生成二维尺寸，并可以灵活调整尺寸的种类和位置。
- 能够全面描述产品的工程属性，包括零件的材料、表面粗糙度、尺寸公差等工程标注，以及一些必要的产品说明。

10.2.1 进入工程图

打开 SolidWorks 后，选择“文件”→“新建”命令，出现如图 10-19 所示的对话框。

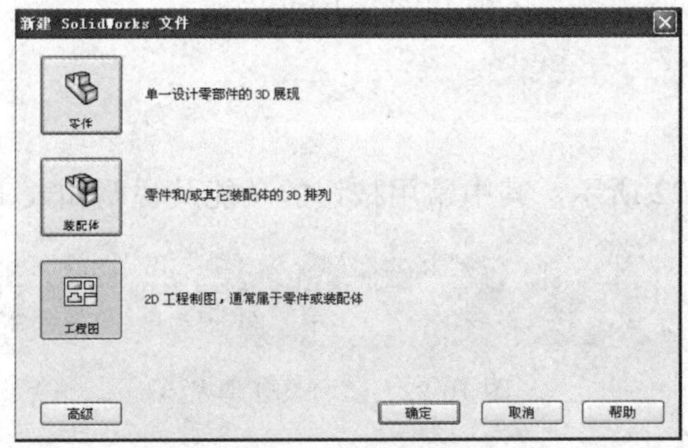

图 10-19 新建文件

选择“工程图”选项后，单击“确定”按钮，将出现“图纸格式/大小”对话框，如图 10-20 所示。

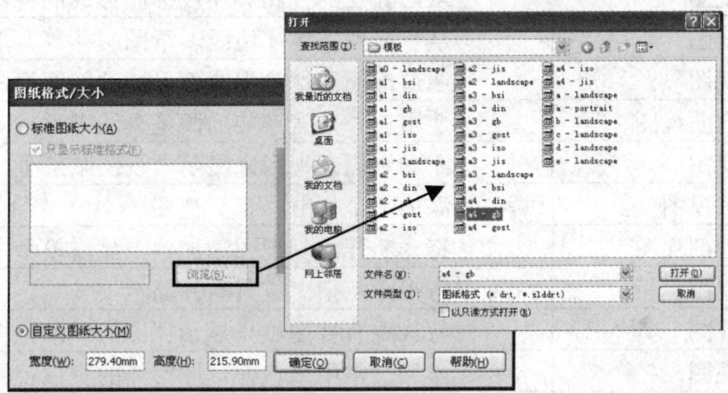

图 10-20 “图纸格式/大小”对话框

用户选中“标准图纸大小”单选按钮后，单击“浏览”按钮，弹出相应对话框，选择图纸格式。或者选中“自定义图纸大小”单选按钮，分别设置“宽度”和“高度”，单击“确定”按钮完成，即可进入工程图绘制环境，如图 10-21 所示。

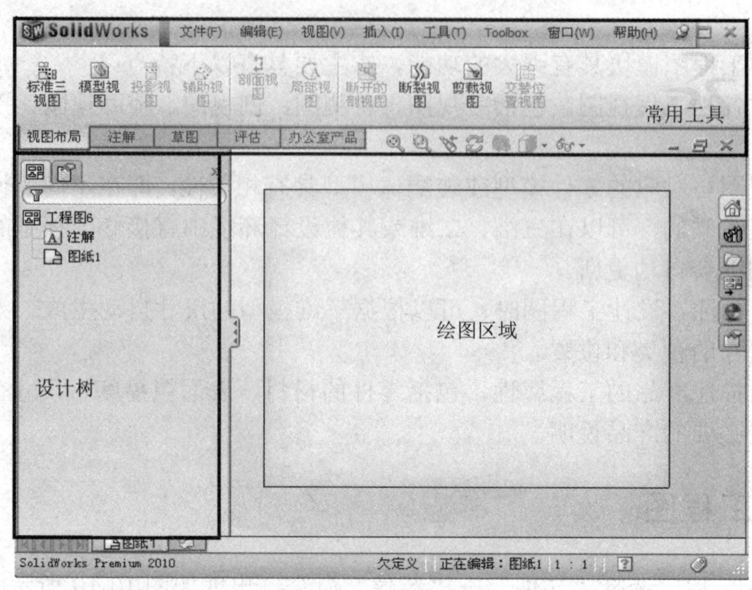

图 10-21　工程图环境

10.2.2　工具栏

工程图工具栏如图 10-22 所示，其中常用按钮的功能及说明如表 10-1 所示。

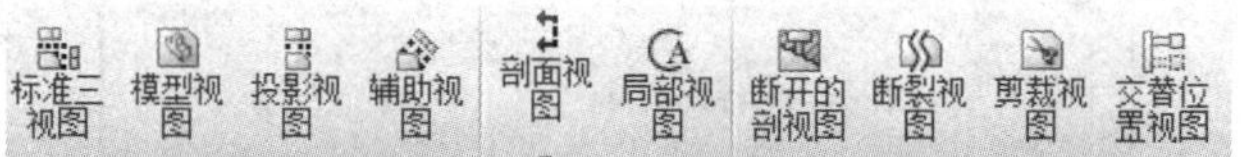

图 10-22　工程图工具栏

表 10-1　工程图工具栏中常用按钮的功能及说明

图　标	名　称	作　用
	模型视图	根据现有零件或装配体添加正交视图
	投影视图	从已存在的视图添加投影而形成的视图
	辅助视图	从一线性实体（边线、草图实体等）形成的一新视图
	剖面视图	通过部面线切割视图而形成的剖面视图
	旋转剖面视图	使用在一角度连接的两条直线来添加对齐的剖面视图
	局部视图	添加一局部视图来显示一视图某部分，通常放大比例
	标准三视图	添加三个标准、正交视图
	断开的剖视图	将一断开的剖视图添加到一显露模型内部细节的视图
	断裂视图	将视图从指定位置断开显示
	剪裁视图	剪裁现有视图以只显示视图的一部分
	空白视图	添加一常用来包含草图实体的空白视图
	预定义视图	添加以后以模型增值的预定义正交、投影或命名视图

10.2.3 工程图设置

（1）基本设置

选择“工具”→“选项”→“系统选项”命令，与工程图相关的设置主要有工程图、显示类型和区域剖面线/填充 3 部分，如图 10-23 所示。

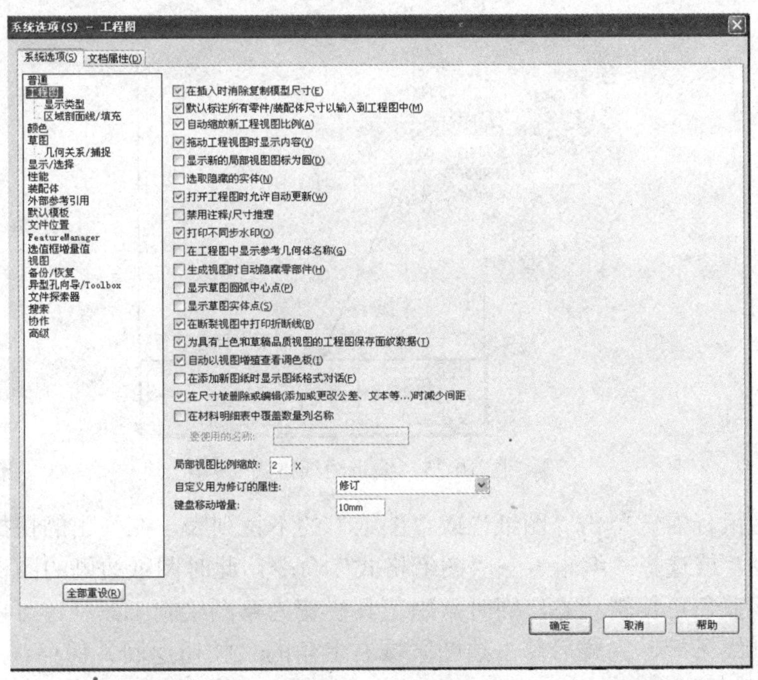

图 10-23 工程图设置

选择“文档属性”选项卡，选择“出详图”选项，可对工程图标注尺寸、注解等进行设置，如图 10-24 所示。

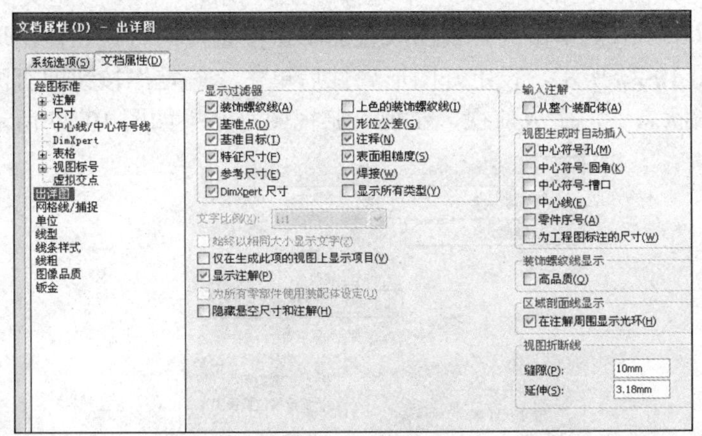

图 10-24 属性设置

“文档属性”设置只对当前文件有效，对于其他工程图无效，若想每次都采用相同设置，最好的办法是对工程图文件模板进行定制。

（2）图框和标题栏

SolidWorks提供了已有标准化工程图模板，在建立新工程图的过程中，在图10-25所示的“图纸格式/大小”对话框中选择所需模板，然后即可进入工程图绘制环境。

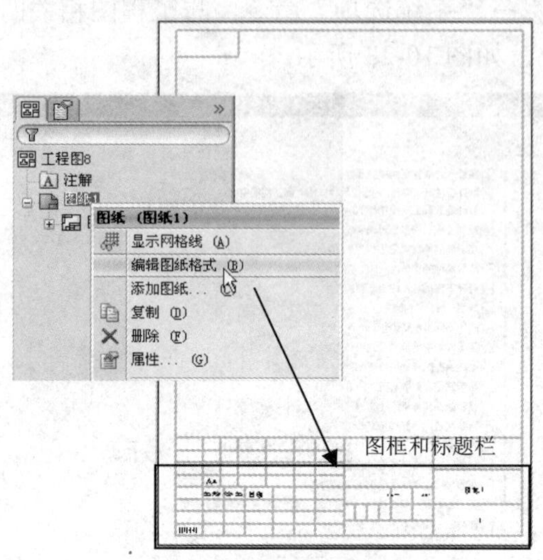

图10-25　编辑图纸格式

在设计树中用鼠标右键单击“图纸”或“图纸”的下拉列表，在弹出的快捷菜单中选择“编辑图纸格式”命令，或选择“编辑”→“图纸格式”命令，此时图纸边侧的图框的标题栏颜色由灰色不可编辑变成蓝色可编辑状态，同时常用工具栏变为草图绘制工具栏，可以更改其图框、标题栏、删除或绘制线条等，完成后单击绘图区域右上角的按钮返回并保存。

（3）设置预定义视图

通过设置预定义视图，在每次由零件或装配体生成工程图时将会自动产生所设置的模型视图。在图纸格式编辑状态下，选择“插入”→“工程视图”→“预定义的视图”命令，或在绘图区域单击鼠标右键并在弹出的快捷菜单中选择“工程视图”→“预定义的视图”命令，如图10-26所示，然后在图纸上单击选择视图放置的默认位置，同时在左侧出现“工程图视图”格式编辑对话框，如图10-27所示，设定好图形属性后单击“确定”按钮即可添加。

在上述图纸编辑状态下，生成前视、左视、俯视图，结果如图10-27所示。

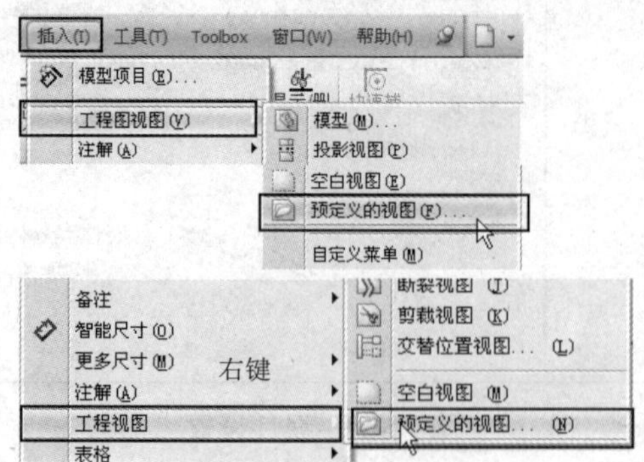

图10-26　预定义的视图

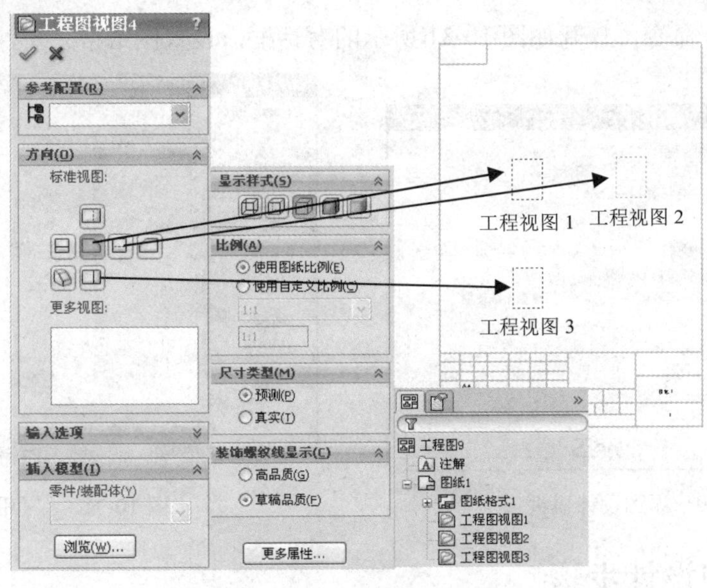

图 10-27　添加预定义视图

（4）保存工程图模板

模板包括用户所定义参数的文件，包括的文件属性有网格间距、延伸线和折断线间距、尺寸等距距离和折断尺寸间隙、注释水平折线长度、零件水平折线长度、箭头大小和剖面箭头大小、文字比例和文字显示大小及材料密度等。

选择“文件”→“另存为”命令，出现如图 10-28 所示的对话框，选择保存文件类型为“工程图模板（*.drwdot）”，命名为“设计模板”，单击“确定”按钮完成。

选择“工具”→“选项”→“系统选项”→“文件位置”命令，在“显示下项的文件夹”下拉列表框中选择“文件模板”选项，单击“添加”按钮，选择刚刚保存的“设计模板”所在文件夹，单击“确定”按钮完成，则将该文件模板添加到模板中，如图 10-29 所示。

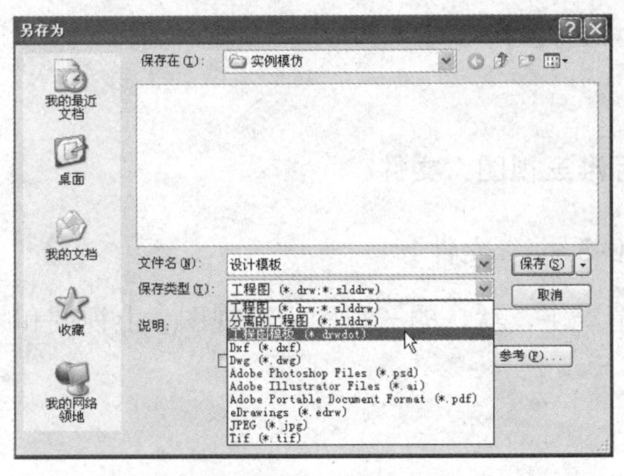

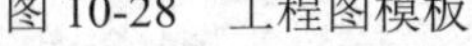
图 10-28　工程图模板

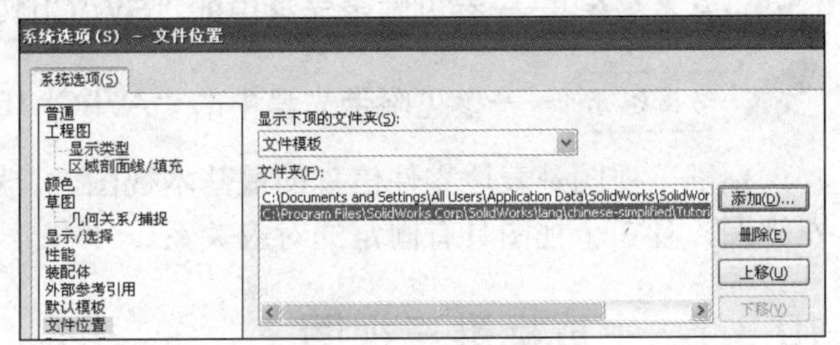

图 10-29　文件位置

当再次单击新建工程图时，在模板列表中会出现刚刚所添加的“设计模板”，如图 10-30 所示。

（5）保存图纸格式

图纸格式主要内容有图纸边框、标题栏、图层设置和标题栏中的注释内容等，选择“文件”

→“保存图纸格式”命令，打开如图 10-31 所示的对话框，设置图纸格式文件扩展名为*.slddrt。

图 10-30　添加设计模板

图 10-31　保存图纸格式

10.2.4　工程图设计步骤

设计工程图的一般步骤如下：

（1）建立工程图文件并采用相应模板。

（2）加载要生成工程图图纸的零件或装配体。

（3）根据需要生成各种视图及派生视图，直至能够完整表达模型特征信息。

（4）添加模型尺寸，并根据需要对这些尺寸进行修改，修改的结果会自动更新到对应的零件或装配体模型，以保证尺寸的一致性。

（5）添加工程图注释，如材料明细表、表面粗糙度及形位公差等。

（6）按照要求进一步完善修改图纸。

10.3　标准三视图

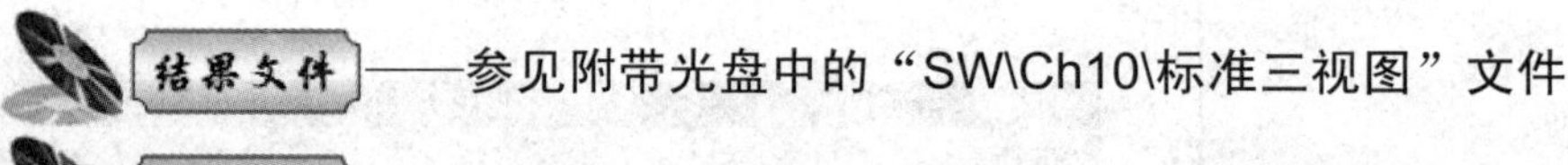

结果文件——参见附带光盘中的“SW\Ch10\标准三视图”文件。

动画演示——参见附带光盘中的“AVI\Ch10\10-3.avi”文件。

标准三视图是表达零件信息的最基本视图，一般情况下，默认的三视图为前视图、上视图和左视图，且 3 个视图具有固定的对应关系。

10.3.1　生成标准三视图

在新建工程图后，单击工程图工具栏上的“标准三视图”按钮，出现如图 10-32 所示的对话框。单击“浏览”按钮，选择“SW\Ch10\标准三视图\盖.sldprt”文件，单击“打开”按钮后，会自动生成三视图，如图 10-32 所示。

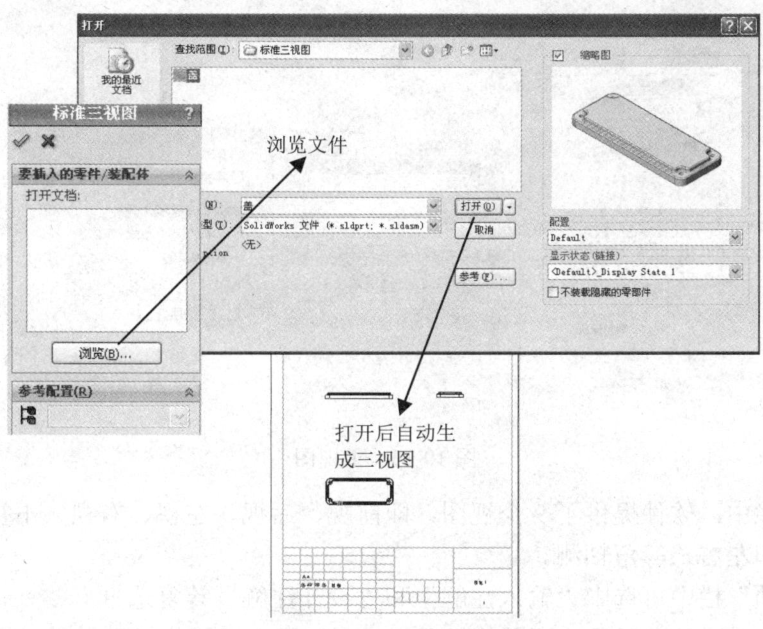

图 10-32　建立标准文件

下面介绍视图文件中的一些基本设置。

10.3.2　修改图纸格式及比例

在设计树中用鼠标右键单击图纸，在弹出的快捷菜单中选择“属性”命令，弹出“图纸属性”对话框，“名称”显示该图纸名称，“比例”为绘图比例，另外还可以对图纸格式加以调整，如图 10-33 所示。

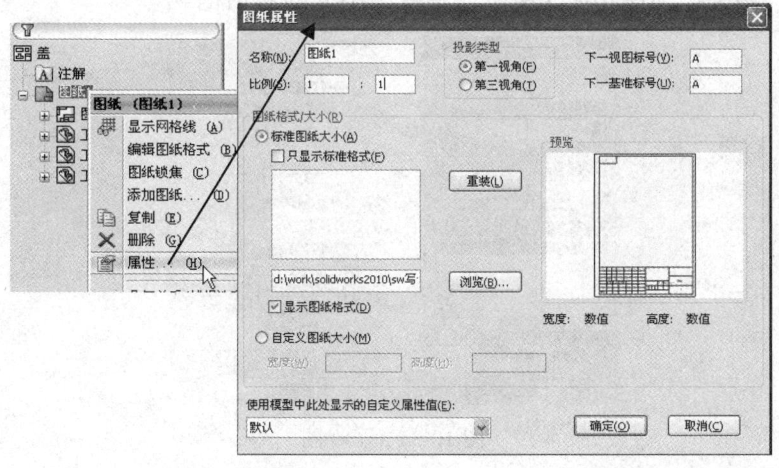

图 10-33　图纸属性

10.3.3　修改视图属性

选中主视图后，将弹出如图 10-34 所示的窗口，在此可以对单个视图的属性进行单独设置。

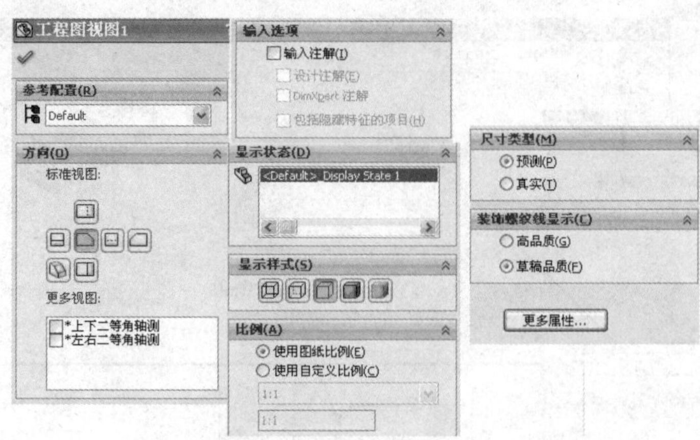

图 10-34　主视图

在“方向”栏中，软件提供了 9 个视图，即前视、后视、左视、右视、下视、上视、轴测、上下二等角轴测和左右二等角轴测。

在“输入选项”栏中可选中“输入注解”和“设计注解”等复选框。

“显示样式”栏用于设置所选视图的显示方式。如果主视图选择显示样式且在从属视图与主视图保持父子关系时，则其他视图也是同样的显示方式。

“比例”栏用于设置所选视图的比例值，同样，若为主视图且从属视图与主视图保持父子关系，则对主视图进行缩放，从属视图也相应的进行缩放。在这里，可以使用图纸所定义的比例关系，也可以单独定义比例值。

“尺寸类型”栏用于设置要生成的尺寸类型，“预测”指模型在当前视图的投影尺寸，“真实”指模型在三维空间中的实际尺寸。对于标准三视图及其他正交视图，软件默认为“预测”尺寸，而上下二等角轴测及左右二等角轴测视图等为“真实”尺寸。

单击子视图，则会出现图 10-35 所示与主视图不同的对话框。

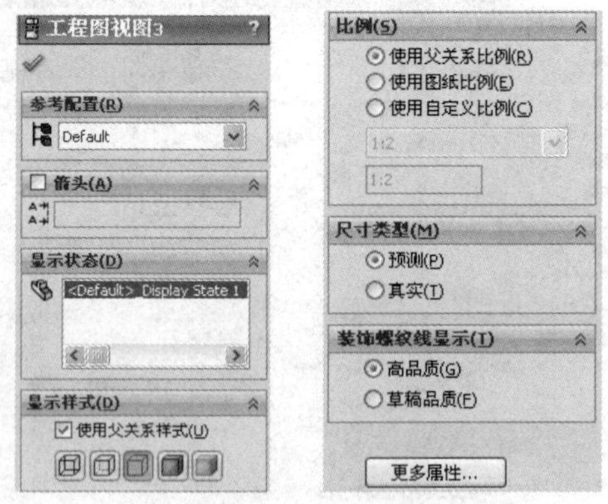

图 10-35　子视图

“箭头”复选框表示该视图的投影方向，选中该复选框后会自动添加投影箭头并注明投影视图名称。

在“显示样式”及“比例”栏中，子视图多了“使用父关系样式”复选框及“使用父关系比例”单选按钮，从而当主视图发生改变时，该子视图也做出相应的改变。

10.3.4 调整视图位置

单击视图时，视图边缘会出现一个方框，鼠标停在边框上时指针会变成✥，此时选中视图便可拖动视图而改变其位置。默认情况下，子视图与主视图具有父子关系，当拖动主视图时，子视图会跟着移动，而当拖动子视图时，主视图也只能沿着一定的对齐关系进行拖动，如图 10-36 所示，只能沿着该虚线拖动。

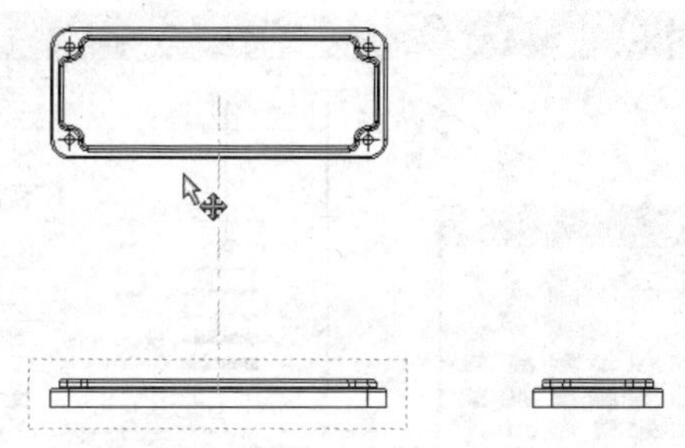

图 10-36 拖动子视图

在所选子视图上单击鼠标右键，在弹出的快捷菜单中选择“视图对齐”→“解除对齐关系”命令，则会解除该子视图与父视图的对齐关系，如图 10-37 所示。此时，该子视图可不受主视图的限制而任意拖动。

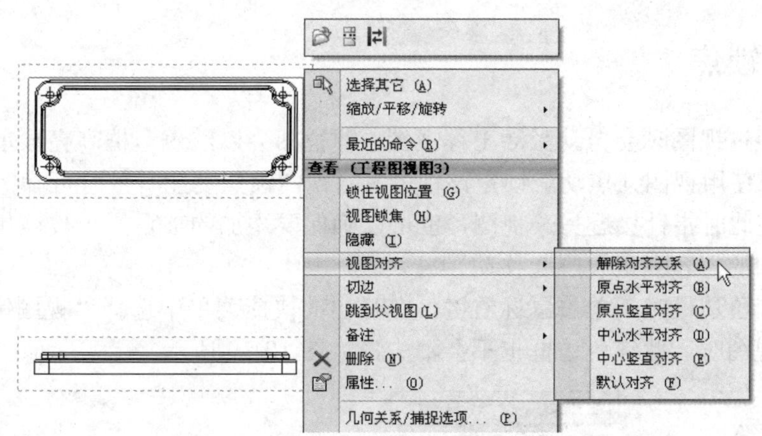

图 10-37 解除对齐关系

对于已解除对齐关系的草图，也可以恢复其对齐关系，或加入原来不存在的对齐关系，主要对齐方式如下。

- ◆ 原点水平对齐：指以主视图坐标原点为参考在水平方向对齐。
- ◆ 原点竖直对齐：指以主视图坐标原点为参考在竖直方向对齐。
- ◆ 中心水平对齐：指以主视图图形中心为参考在水平方向对齐。
- ◆ 中心竖直对齐：指以主视图图形中心为参考在竖直方向对齐。
- ◆ 默认对齐：恢复原来的对齐关系。

10.3.5 图层设置

同 AutoCAD 类似，SolidWorks 工程图中也提供了图层设置，用户可创建及删除图层，并可在每个图层上指定颜色、线型及线粗细。单击工具栏上的“图层”按钮，若工具栏上没有，则选择“视图”→“工具栏”→“图层”命令从而将其添加到工具栏上。

如图 10-38 所示，通过“图层”用户可根据需要设置图层、颜色、样式、厚度及显示/隐藏等。

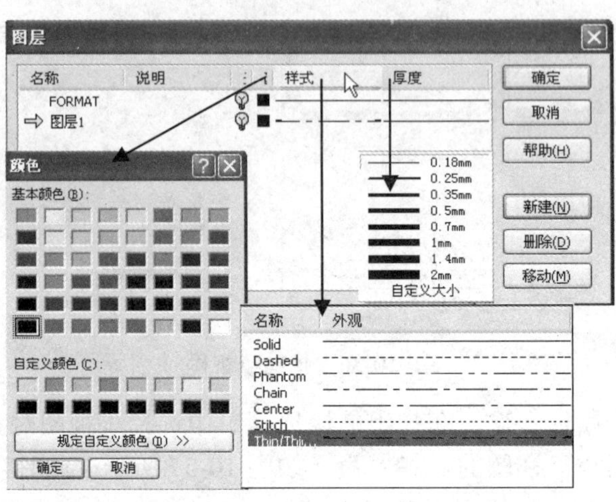

图 10-38 图层

10.3.6 视图锁焦

当鼠标指针经过视图时会自动激活工程视图，即视图会以红色边框高亮显示，如果要暂时停止动态激活，可以使用视图锁焦功能锁定该视图。当视图锁焦功能有效时可确保所添加的内容属于所需视图，即使此时指针接近另一视图，也可以确保要添加的项目属于被锁焦的视图，当该视图移动时，所添加的内容会跟着一起移动。

当视图出现红色边框时，单击鼠标右键，在弹出的快捷菜单中选择“视图锁焦”命令即可，此后当鼠标移开视图时，此红色边框也不会消失，如图 10-39 所示。

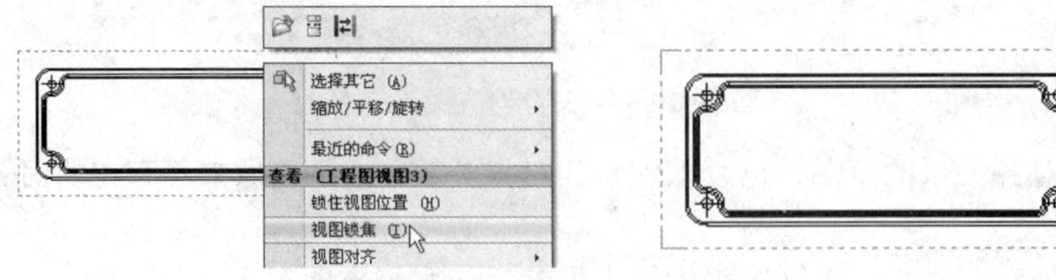

图 10-39 视图锁焦

10.3.7 模型视图

利用标准三视图只能表达一些简单的零件或装配体，而对于复杂的模型还必须采用其他的表达方式。模型视图指的是零件或装配体的工程图视图，它包括 6 个基本视图、等轴测视图、上下二等角轴测视图和左右二角等轴测视图，6 个基本视图为主视图、俯视图、左视图、右视图、后视图和仰视图。

新建工程图后，单击工程图工具栏上的“模型视图”按钮，单击“浏览”按钮选择要生成工程图的零件或装配体，在绘图区域会自动生成主视图，单击放置主视图，之后移动鼠标位置会自动生成该位置处可能生成的投影视图，同样单击鼠标可放置子视图，最后单击“确定”按钮完成子视图的放置。

10.3.8　添加图纸

一个工程图文件可以包含多张图纸，同时一个零件可以通过多个零件来表达出来。在设计树中对图纸单击鼠标右键，在弹出的快捷菜单中选择“添加图纸”命令，则会添加图纸 2，如图 10-40 所示，同样可对其格式进行设置与编辑零件。

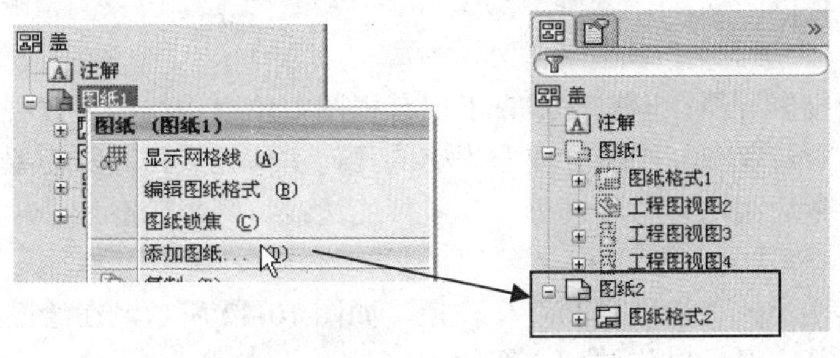

图 10-40　添加图纸

10.4　派生视图

——参见附带光盘中的“SW\Ch10\派生视图”文件。

动画演示——参见附带光盘中的“AVI\Ch10\10-4.avi”文件。

对于复杂的零件，仅有标准视图远不能将零件或装配体内部结构表现出来，还要借助派生视图来表达。SolidWorks 中的派生视图主要包括投影视图、辅助视图、局部视图、剪裁视图、断裂视图及折断视图等。

10.4.1　投影视图

投影视图是通过对已有视图正交投影得到的一种视图，这类视图可以反映基础视图的侧面信息。

单击工程图工具栏上的“投影视图”按钮，打开投影视图属性管理器，如图 10-41 所示。此时，在基础视图上下左右及斜向拖动时都会生成相应的视图。使用投影视图得到的视图自动与主视图对齐并关联。

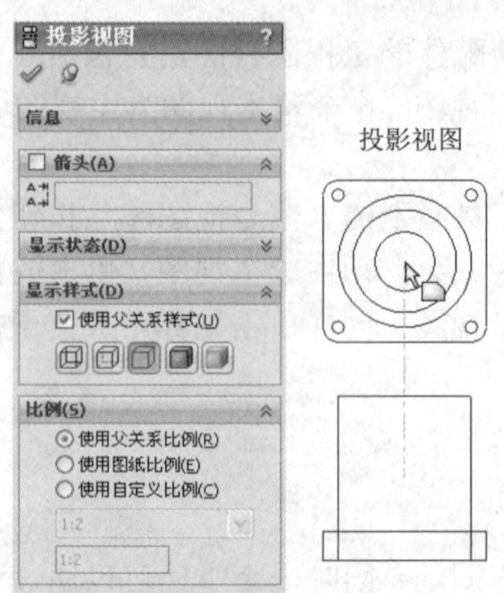

图 10-41　投影视图

10.4.2　辅助视图

辅助视图类似于投影视图，但它是垂直于现有视图中轮廓边线的展开视图。辅助视图实际上就是斜视图，在模型中若存在与视图方向非正交的几何实体元素，通常需要辅助视图。生成辅助视图前，首先选择参考边线，参考边线可以是零件的边线、侧影轮廓线、轴或草图直线，但不能是水平或竖直线。

单击工程图工具栏上的“辅助视图”按钮，如图 10-42 所示，在绘图区域选择参考边线以确定投影方向，然后单击鼠标以旋转到合适的位置。

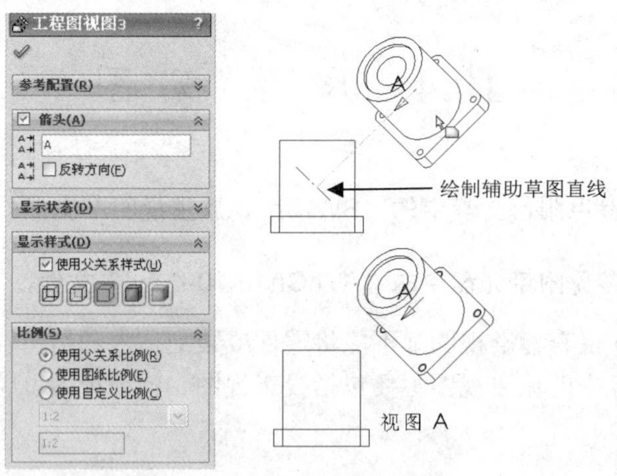

图 10-42　辅助视图

在生成投影视图、剖面视图及辅助视图时，所生成的视图会默认与主视图有对齐关系，若要解除这种对齐关系，在放置草图时按住 Ctrl 键。

10.4.3　剖面视图

剖面视图是通过一条剖切线来切割父视图所生成的，剖面视图可显示模型内部的形状和尺寸，根据需要可采用如下几种不同的剖面视图，如全剖视图、半剖视图、局部剖视图、阶梯剖视图、剖面图及旋转剖视图等。

生成剖面视图的基本步骤如下：

◆ 单击工程图工具栏上的“剖面视图”按钮，进入剖面视图绘制。

◆ 通过草图工具绘制剖切线，剖切线可以是一直线、两相交直线、相互平行的直线或圆弧。

◆ 单击鼠标以放置剖面视图。

（1）全剖视图

全剖视图是利用一个剖切平面将零件或装配体完全剖开所得的剖视图，全剖视图的剖切线完全穿越模型的边界框。

单击工程图工具栏上的“剖面视图”按钮，绘制贯穿整个视图的草图直线，即可弹出如图 10-43 所示的对话框，拖动鼠标放置剖面图位置即可。

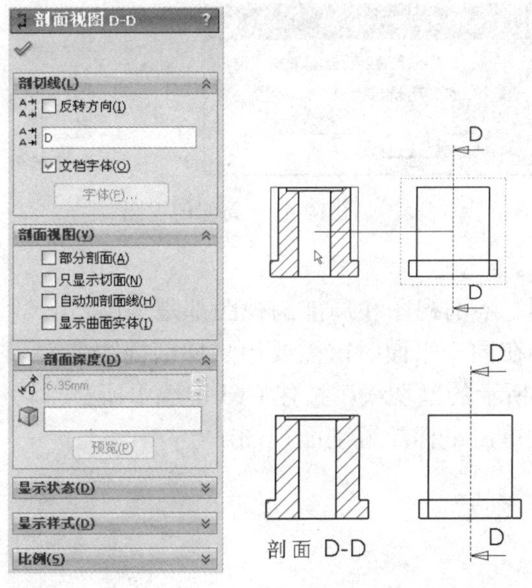

图 10-43　全剖视图

“线设置”用于设置箭头方向，即剖切方向。

“标号”用于设置剖面图序号。

“剖面视图”栏用于设置剖面图显示内容。

在“剖面深度”栏中设置了剖面深度后，剖切面显示的仅为从剖切线到所设置深度距离范围内的剖面视图。

（2）半剖视图

当零件有对称平面，且在垂直于对称平面的投影面上投影时即可使用半剖视图。

以俯视图的圆心为起点绘制水平和竖直直线，选择水平直线，单击“剖面视图”按钮，再单击放置合适的半剖视图，注意箭头方向向外，如图 10-44 所示。

（3）局部剖视图

当绘制的剖切线并未完全贯穿视图时，就会生成局部剖视图。其操作方法和半剖视图类似，只不过剖切线未完全贯穿，如图 10-45 所示。

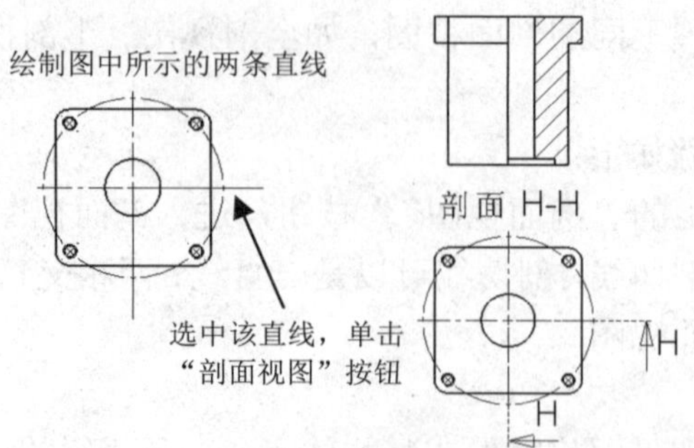

图 10-44　半剖视图

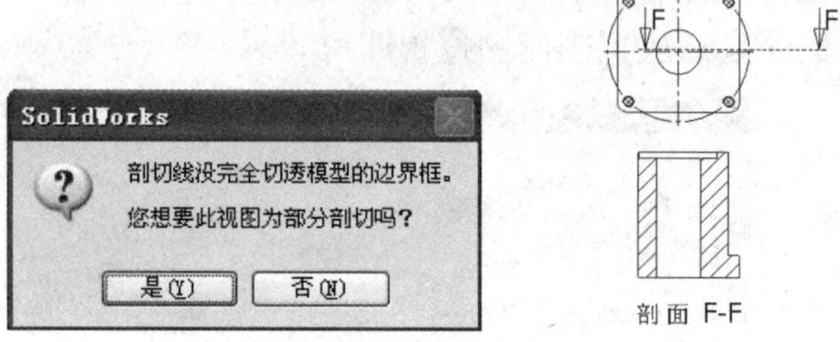

图 10-45　局部剖视图

（4）阶梯剖视图

前面所述的全剖视图、半剖视图和局部剖视图都是采用一个剖切面来剖切面，而当零件上有多个内剖结构且其轴线不在同一平面时，需要用阶梯剖视图来表示其内部结构。

首先绘制如图 10-46 所示的剖切线，按住 Ctrl 键选中所有剖切线，再单击工程图工具栏上的“剖面视图”按钮，最后单击鼠标放置剖面视图。

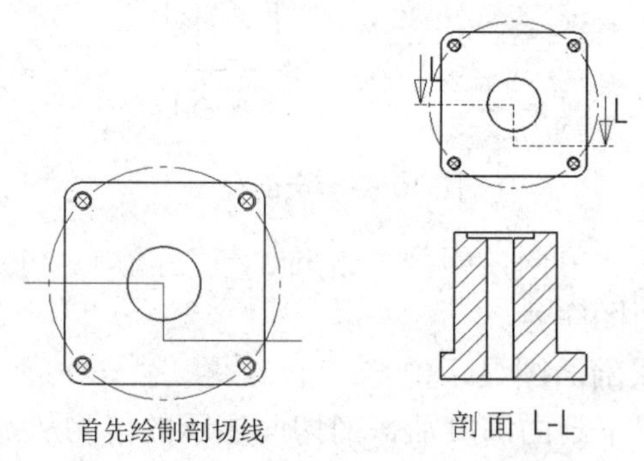

图 10-46　阶梯剖视图

（5）旋转剖视图

通常有些零件内部形状复杂，用一个剖切面不能完全表达，且这些零件在整体上又有回转轴时，通常采用旋转剖视图，通过两个相交剖切面来剖切。首先绘制剖切线并选中，单击工程图工具栏上的“旋转剖视图”按钮，如图 10-47 所示。

（6）剖面图

剖面图是假设将零件在某处切断后所得的剖面视图，一般用来表示零件或装配体中的肋、轮辐、轴上的键槽和孔等，如图 10-48 所示。

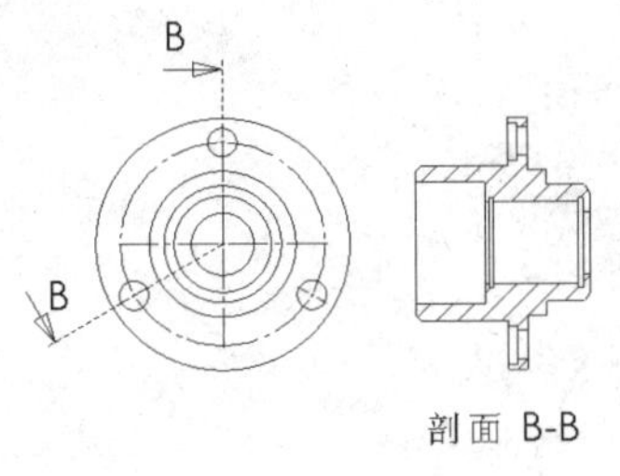

图 10-47　旋转剖视图

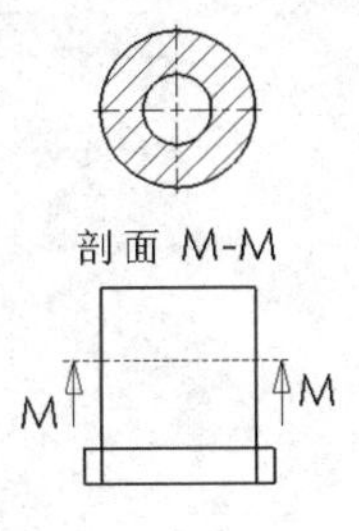

图 10-48　剖面图

10.4.4　断开的剖视图

断开的剖面图，通常称为局部剖视，首先绘制剖切轮廓草图，然后选中该轮廓草图，单击工程图工具栏上的“断开的剖视图”按钮，会出现如图 10-49 所示的“断开的剖视图”对话框，设置剖切深度，此时会在绘图区域显示出剖切位置，最后单击“确定”按钮完成断开的剖视图。

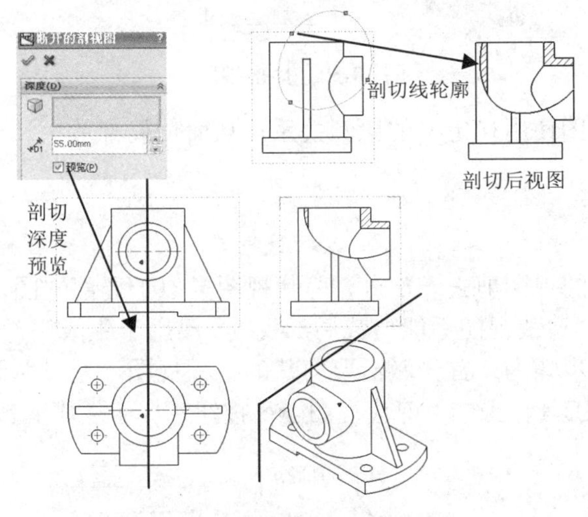

图 10-49　断开的剖视图

10.4.5　局部视图

在工程图中，当按一定比例画出零件或装配体的视图后，常常会有一些细节的结构看不清楚，此时需要将此处结构放大处理，这种把局部结构单独放大表示的视图称为局部视图，局部视图可以是正交视图、等轴测视图、剖面视图、裁剪视图、爆炸装配体视图或另一局部视图。

单击工程图工具栏上的“局部视图”按钮，在需要生成局部视图的位置绘制圆，如图 10-50 所示，再单击选择局部视图放置的位置，同时在左侧弹出“局部视图”对话框。

在“局部视图图标”框中，“样式”主要有以下几种方式：

- “依照标准”指通过绘制圆来确定局部放大位置。
- “断裂圆”指所绘制的圆不闭合。
- “带引线”指圆心与视图序号通过引线联系在一起。
- “相连”指所绘制的圆与生成的局部视图通过引线连在一起。

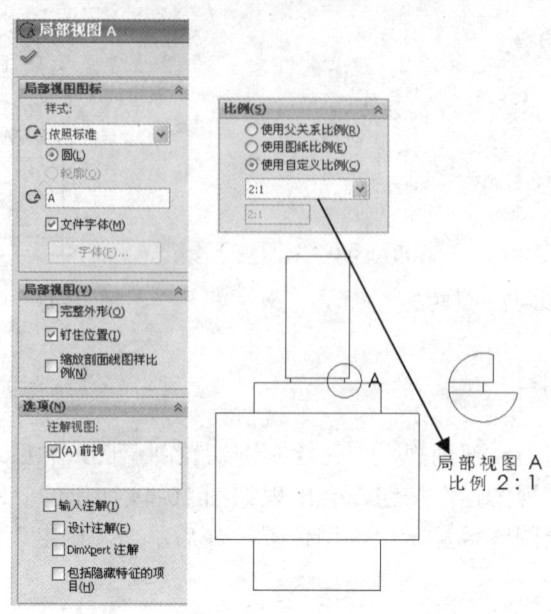

图 10-50　局部视图

一般情况下，局部视图使用自定义的比例关系，从而使局部放大。

10.4.6　剪裁视图

剪裁视图是把派生它的视图剪去一部分，剪裁视图类似于局部视图，但是剪裁视图不建立新的视图，也不放大原视图，剪裁视图不能剪裁局部视图、已用于生成局部视图的视图或爆炸视图。

生成剪裁视图的一般步骤为：首先激活要剪裁的工程视图，通过草图工具绘制一封闭轮廓，选中该轮廓，单击工程图工具栏上的“剪裁视图”按钮，从而生成剪裁视图，如图 10-51 所示。

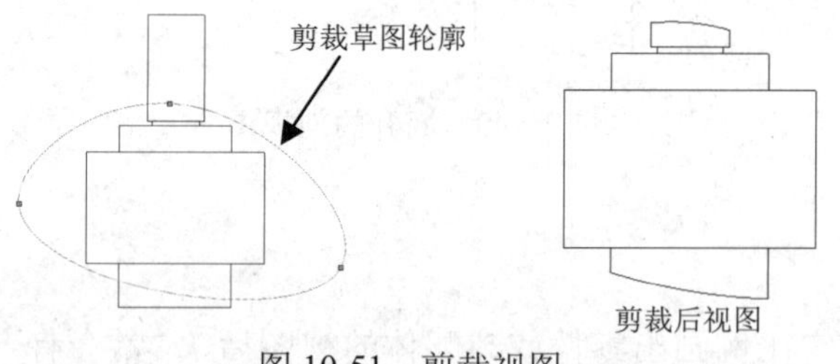

图 10-51　剪裁视图

10.4.7　断裂视图

对于沿某方向形状单一或按一定规律变化的长度较长的零件，可以用断裂视图来表达，这样可以将较大的零件在较小的工程图纸上显示出来。

选中要进行断裂的视图，再选中要生成断裂的视图，单击工程图工具栏上的“断裂视图”按钮，如图 10-52 所示。

断裂视图设置有横向断裂和纵向断裂两种。

折断线样式有直线切断、曲线切断、锯齿线切断和小锯齿线切断。

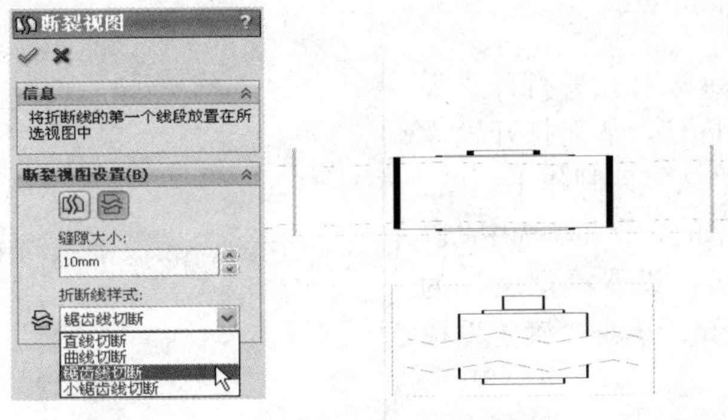

图 10-52　断裂视图

10.5　实例 · 操作——轴承座

轴承座是机械零件中比较常见的零件，其结构如图 10-53 所示。

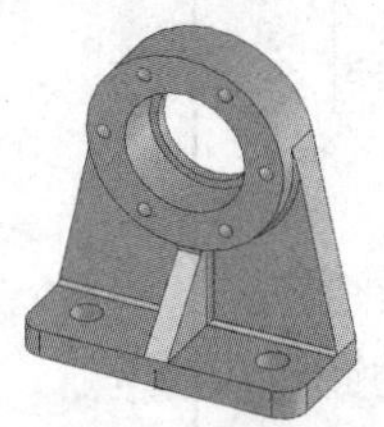

图 10-53　轴承座

【思路分析】

该工程图主要由主视图、俯视图、右视图及等轴测视图组成，对于细节之处采用局部视图来表达，所得最终视图如图 10-54 所示。

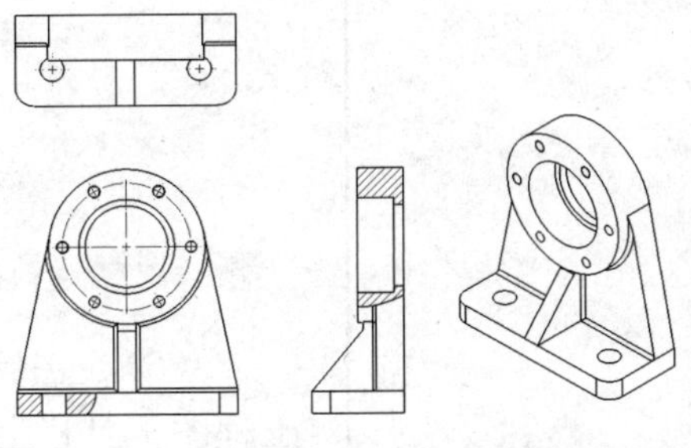

图 10-54　轴承座工程图视图

【光盘文件】

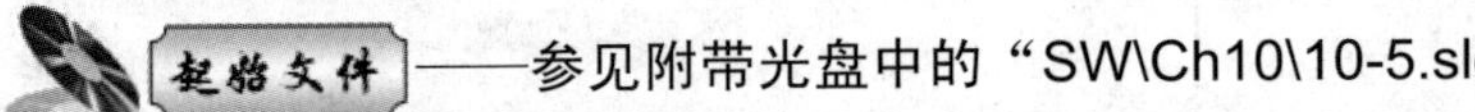

起始文件——参见附带光盘中的“SW\Ch10\10-5.sldprt”文件。

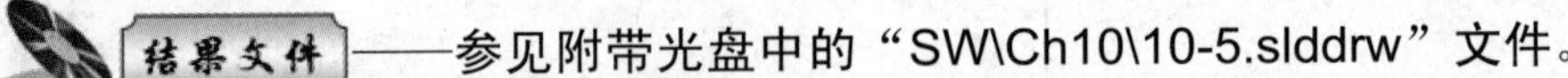

结果文件——参见附带光盘中的“SW\Ch10\10-5.slddrw”文件。

动画演示——参见附带光盘中的“AVI\Ch10\10-5.avi”文件。

【操作步骤】

（1）打开 SolidWorks 软件，并打开“工程图\实例操作\轴承座.sldprt”，从而打开轴承座零件，选择“文件”→“从零件制作工程图”命令，弹出如图 10-55 所示的对话框。选中“自定义图纸大小”单选按钮，设置“宽度”为 594mm，“高度”为 420mm，单击“确定”按钮完成。

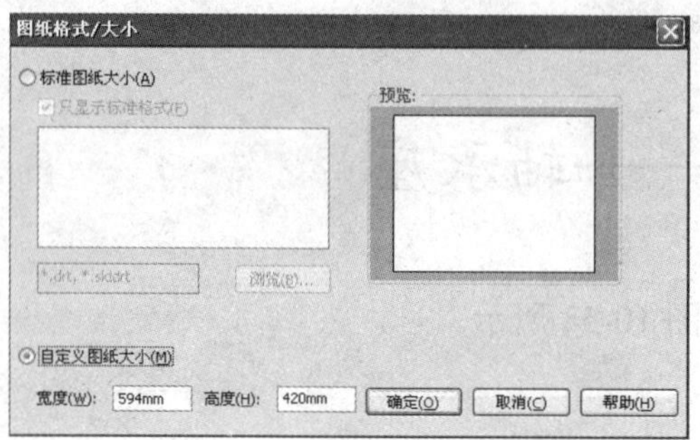

图 10-55　“图纸格式/大小”对话框

（2）在软件右侧出现该零件的不同视图，如图 10-56 所示，选择前视图，将其拖动到绘图区域，单击鼠标便会生成前视图。

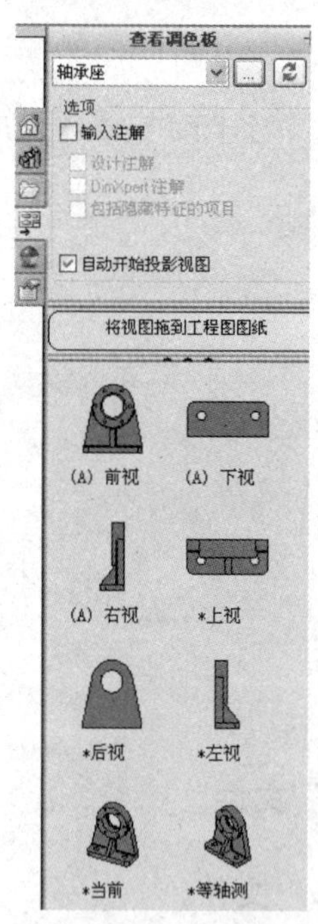

图 10-56　插入视图

（3）所生成的前视图如图 10-57 所示。

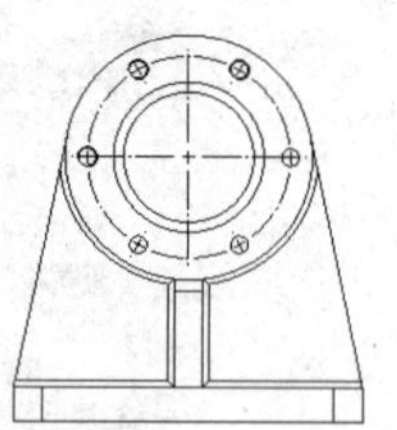

图 10-57　前视图

（4）此时，移动鼠标还会生成其他视图，将鼠标拖动到不同方向，生成上视图、右视图及等轴测视图，如图 10-58 所示，完成后按 Esc 键即可。

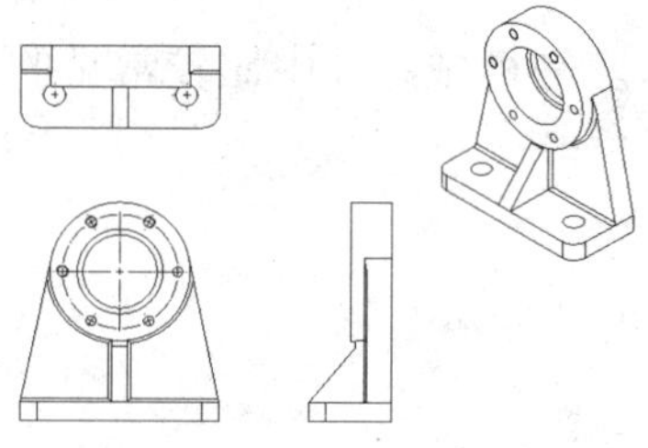

图 10-58　生成其他视图

（5）选中前视图，单击“草图绘制”按钮，绘制如图 10-59 所示的草图。

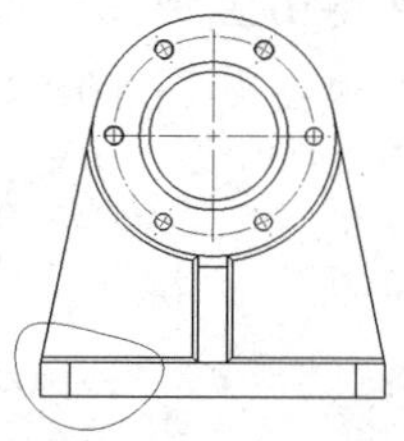

图 10-59　绘制草图

（6）选中步骤（5）所绘制的草图，单击工程图工具栏上的“断开的剖视图”按钮，如图 10-60 所示，设置深度为 20.00mm，单击“确定”按钮完成。

图 10-60　断开的剖视图

（7）所得剖视图如图 10-61 所示。

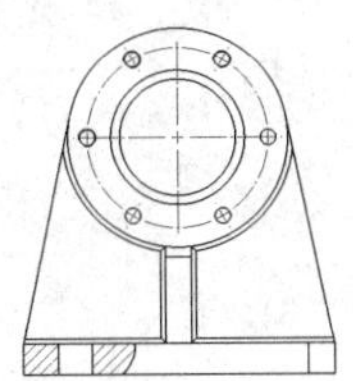

图 10-61　剖视图

（8）选中右视图，单击“草图绘制”按钮，绘制如图 10-62 所示的草图。

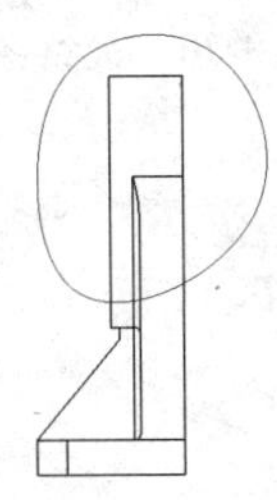

图 10-62　绘制草图

（9）选中步骤（8）所绘制的草图，单击工程图工具栏上的“断开的剖视图”按钮，打开如图 10-63 所示的对话框，设置深度为 60.00mm，单击“确定”按钮完成。

（10）所得剖视图如图 10-64 所示。

图 10-63　断开的剖视图

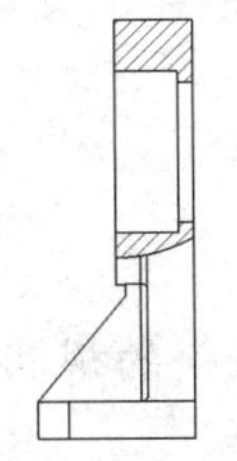

图 10-64　剖视图

（11）最终所得视图如图 10-65 所示。

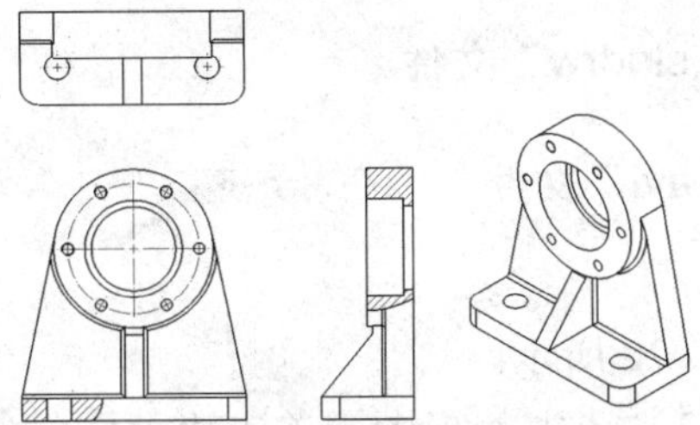

图 10-65　最终视图

（12）在设计树中用鼠标右键单击“图纸”，在弹出的快捷菜单中选择“属性”命令，如图 10-66 所示。

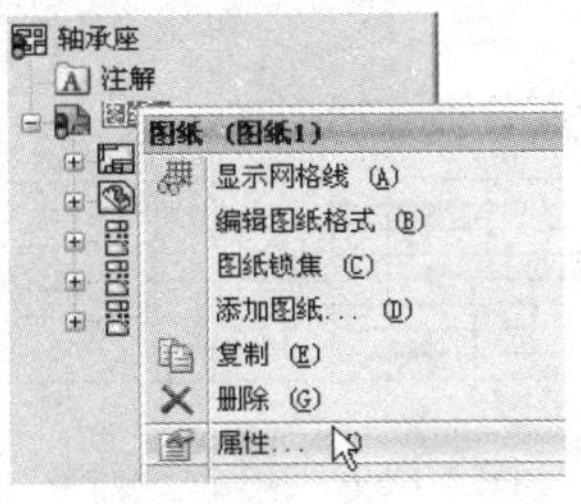

图 10-66　选择“属性”命令

（13）弹出如图 10-67 所示的对话框，设置图纸比例为 1:1，选中“标准图纸大小”单选按钮，单击“浏览”按钮，选择“工程图\模板\a2.gb”，单击“确定”按钮完成，可加载工程图模板。

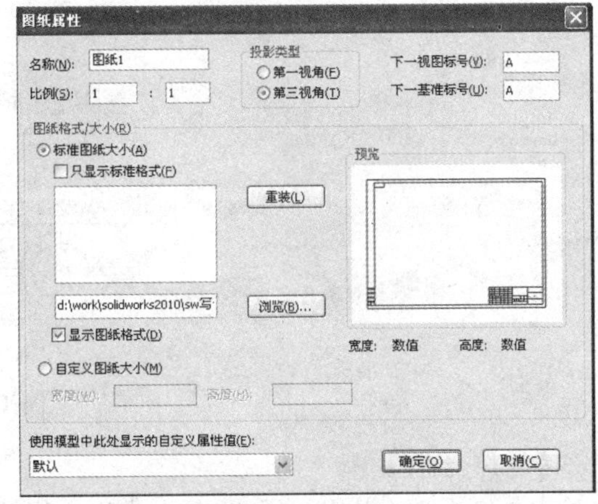

图 10-67　图纸属性

（14）在设计树中，单击鼠标右键，在弹出的快捷菜单中选择“编辑图纸格式”命令，如图 10-68 所示。

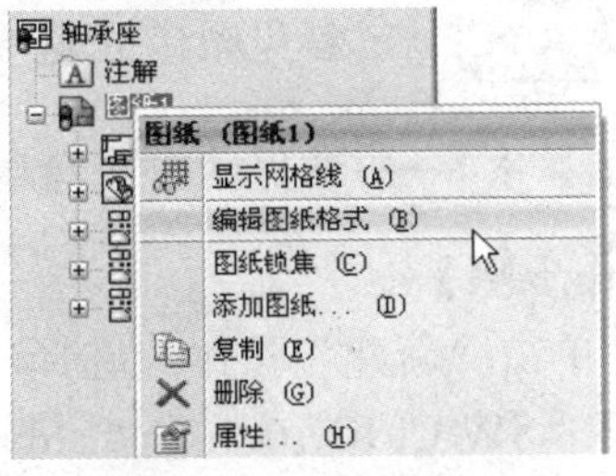

图 10-68　编辑图纸格式

（15）此时图纸的标题栏及图框变成蓝色可编辑状态，如图10-69所示，修改图纸相关信息如下所示，完成后单击按钮返回工程图。

图10-69　编辑标题栏

（16）最终所得图纸如图10-70所示。

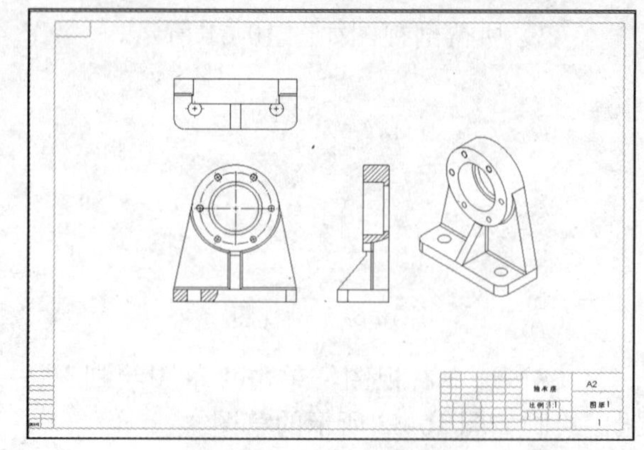

图10-70　最终图纸

10.6　实例·练习——支架

下面绘制一个支架的几个视图，如图10-71所示。

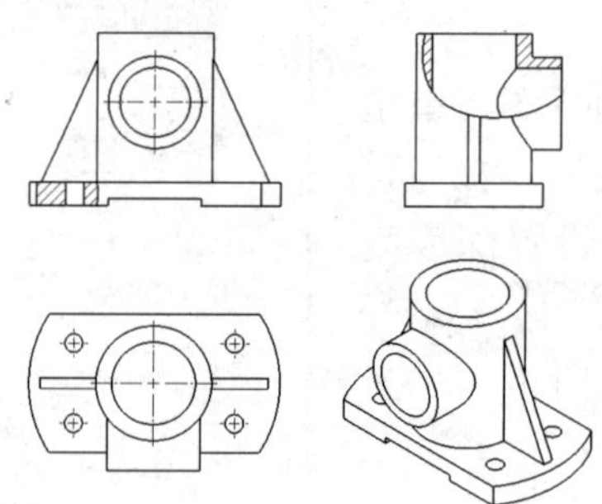

图10-71　支架

【思路分析】

以支架为例，绘制4个能反映其基本结构和尺寸大小的视图，并通过添加剖视图使其内部结构得以表达。

【思路分析】

起始文件——参见附带光盘中的“SW\Ch10\10-6.sldprt”文件。

结果文件——参见附带光盘中的“SW\Ch10\10-6.slddrw”文件。

动画演示——参见附带光盘中的“AVI\Ch10\10-6.avi”文件。

【操作步骤】

（1）单击“新建”按钮，选择“工程图”选项，插入“SW\Ch10\10-6\支架.sldprt”文件，并拖动出现上视、前视、左视及等轴测视图，如图10-72所示。

（2）选中前视图，单击“草图绘制”按钮，绘制如图10-73所示的草图。

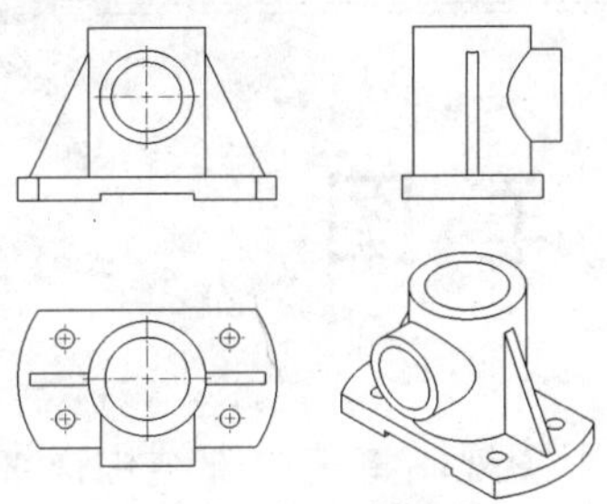

图 10-72　视图

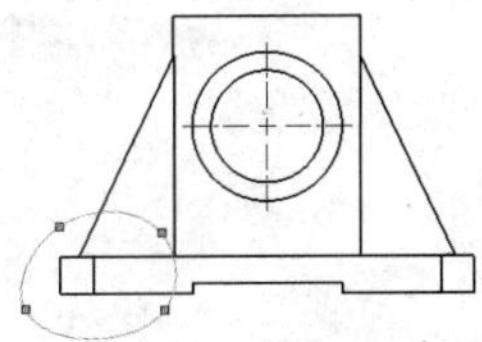

图 10-73　绘制草图

（3）选中步骤（2）所绘制的草图，单击工程图工具栏上的“断开的剖视图”按钮，如图 10-74 所示，设置深度为 20.50mm，单击“确定”按钮完成。

图 10-74　断开的剖视图

（4）所得剖视图如图 10-75 所示。

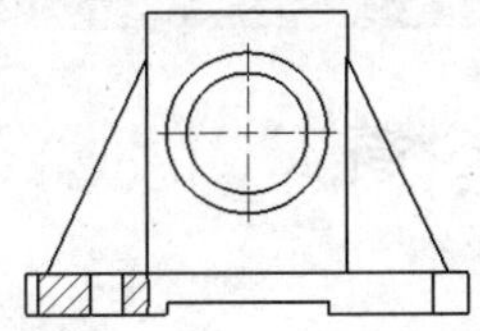

图 10-75　剖视图

（5）选中左视图，单击“草图绘制”按钮，绘制如图 10-76 所示的草图。

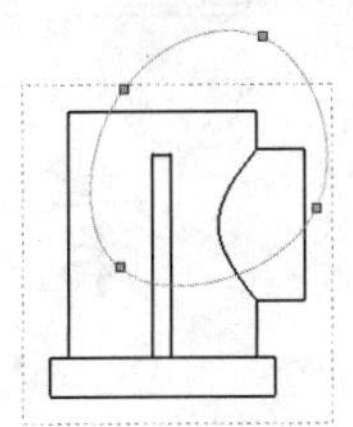

图 10-76　绘制草图

（6）选中步骤（5）所绘制的草图，单击工程图工具栏上的“断开的剖视图”按钮，如图 10-77 所示，设置深度为 55.00mm，单击“确定”按钮完成。

图 10-77　断开的剖视图

（7）所得剖视图如图 10-78 所示。

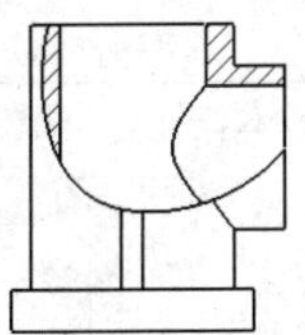

图 10-78　剖视图

（8）最终视图如图 10-79 所示。

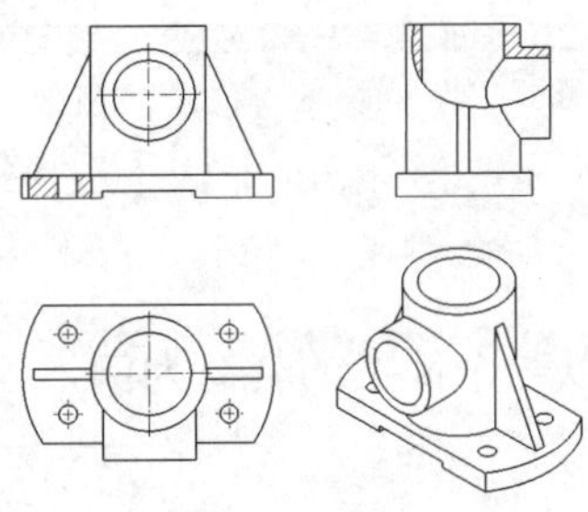

图 10-79　最终视图

第 11 讲 工 程 详 图

工程图主要用于指导现场的生产加工等，故除了通过工程图视图将其内部结构详细明确地表现出来外，还需要通过详细的注解，如尺寸、公差、材料、焊接、螺纹等工程信息，因此需要包含这些信息的工程图纸，即详图。本讲主要介绍注解中各项目如公差、尺寸、表面精糙度、技术要求等工具的功能说明及使用。

本讲内容

- 实例・模仿——套筒
- 工程图模板
- 注解工具栏
- 模型项目
- 标注尺寸
- 注解
- 实例・操作——轴
- 实例・练习——轴承座

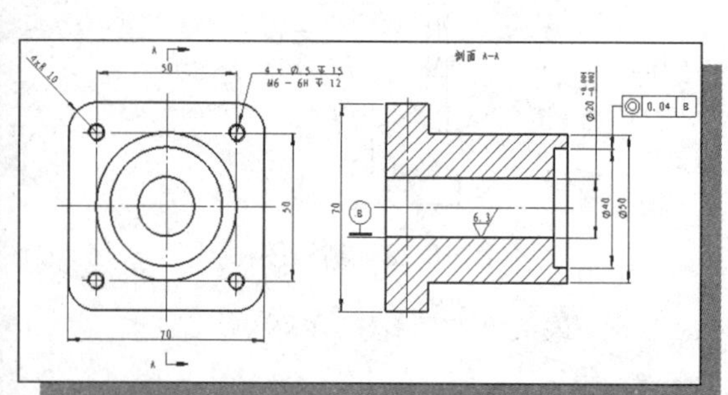

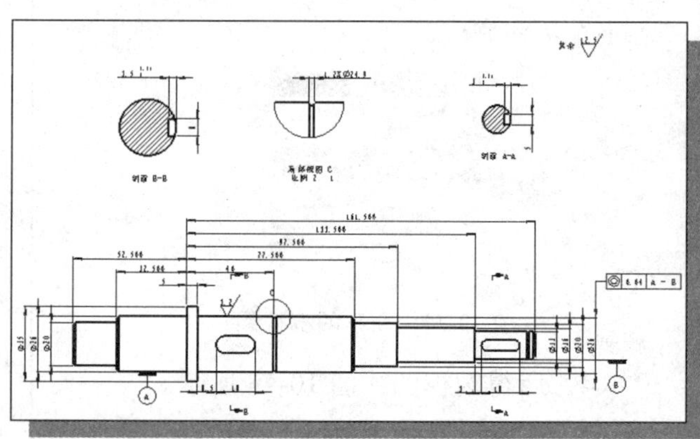

11.1 实例・模仿——套筒

这里以一个简单的套筒为例，为其添加尺寸标注和注解，如图 11-1 所示。

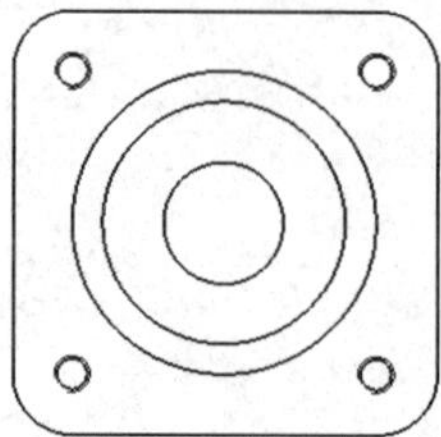

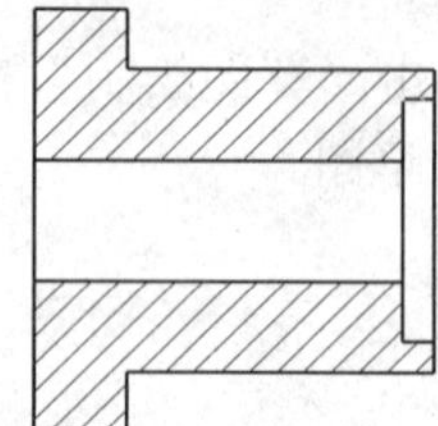

图 11-1 套筒

【思路分析】

该零件图由主视图和剖视图组成，主要通过尺寸标注、孔标注、表面粗糙度、同轴度等工程信息来完成，所得结果如图 11-2 所示。

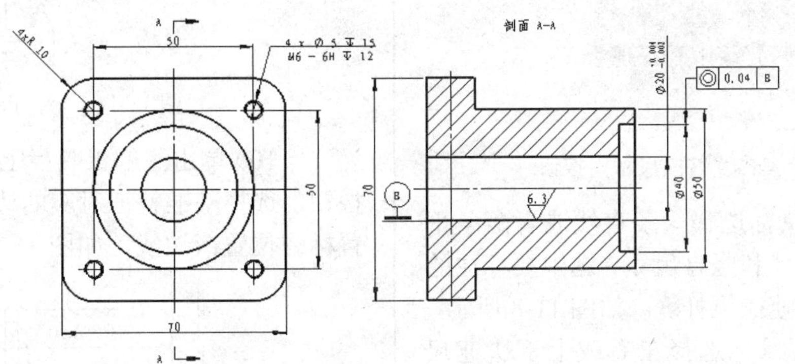

图 11-2　标注好的套筒工程图

【光盘文件】

——参见附带光盘中的“SW\Ch11\11-1.sldprt”文件。

——参见附带光盘中的“SW\Ch11\11-1.slddrw”文件。

——参见附带光盘中的“AVI\Ch11\11-1.avi”文件。

【操作步骤】

（1）单击注解工具栏上的“中心线”按钮，如图 11-3 所示。

图 11-3　单击“中心线”按钮

（2）选择对称的两条边线，如图 11-4 所示，添加中心线，单击“确定✔”按钮完成。

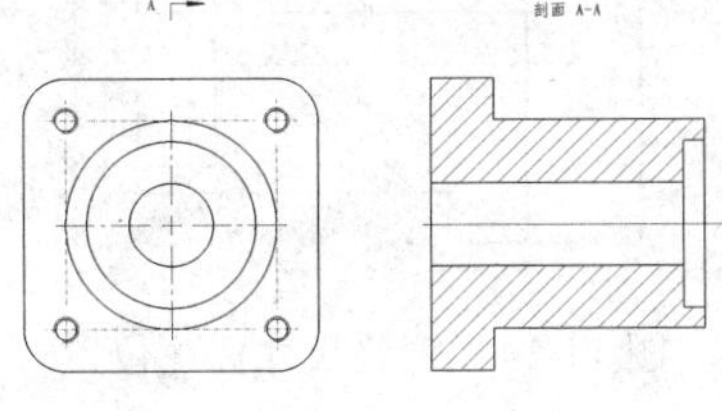

图 11-4　绘制中心线

（3）用鼠标选中中心线时鼠标指针形状变为↖，拖动中心线两边端点调整中心线大小，如图 11-5 所示。

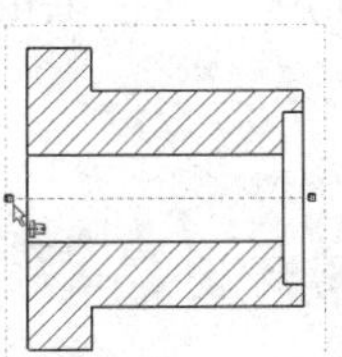

图 11-5　调整中心线大小

（4）单击注解工具栏上的“中心符号线⊕”按钮，出现如图 11-6 所示的对话框，在“中心符号线”对话框的“选项”栏中选择线性中心符号线，用鼠标选中 4 个螺纹孔，单击“确定✔”按钮完成。

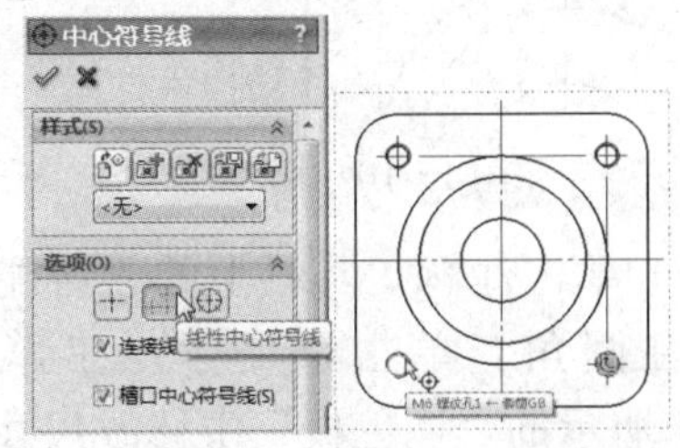

图 11-6　绘制中心符号线

（5）单击注解工具栏上的“智能尺寸”按钮，如图 11-7 所示。

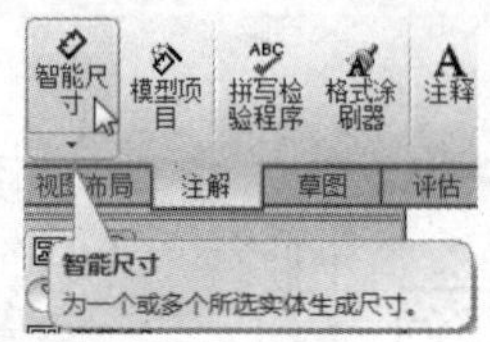

图 11-7 单击“智能尺寸”按钮

（6）移动鼠标选择一条直线或者两条平行线标注水平尺寸和竖直尺寸。选中要标注的边线后会出现快速操纵杆，如图 11-8 所示，使用快速操纵杆鼠标选择左右或上下快速尺寸标注。

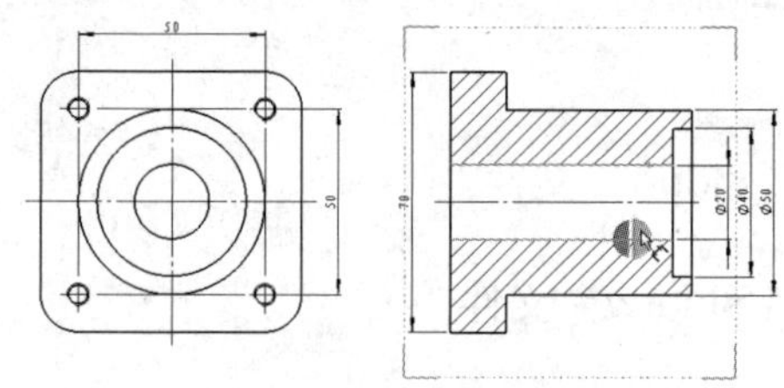

图 11-8 标注水平和竖直尺寸

（7）单击注解工具栏上的“孔标注”按钮，如图 11-9 所示。

图 11-9 单击“孔标注”按钮

（8）单击要标注的 4 个螺纹孔中的任何一个，拖动鼠标在合适的位置放置孔标注，如图 11-10 所示。

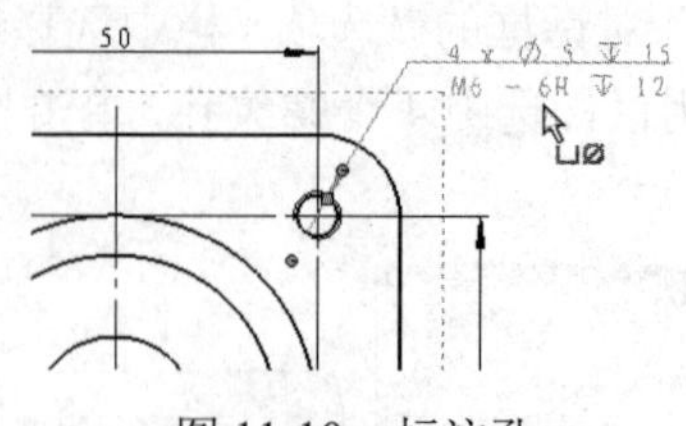

图 11-10 标注孔

（9）单击注解工具栏上的“智能尺寸”按钮标注圆角。单击该尺寸，在弹出的如图 11-11 所示的“调色板”中修改尺寸标注文字，将测量值前的文本文字改为“4xR”。

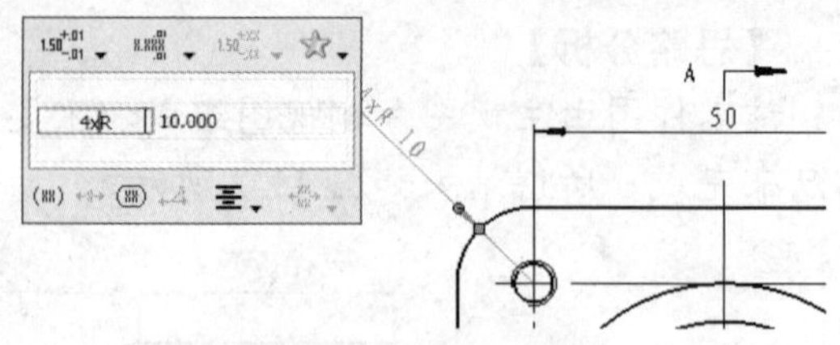

图 11-11 标注圆角

（10）单击注解工具栏上的“基准特征”按钮，选择基准特征对应的边线，再次单击放置标注位置或边线，如图 11-12 所示。

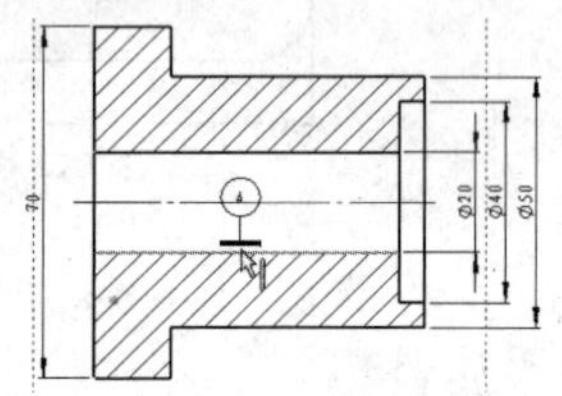

图 11-12 放置基准特征符号

（11）在图 11-13 所示的属性管理器中将基准特征符号的“标号设定”改为 B。

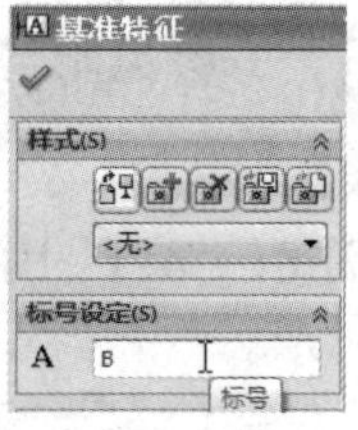

图 11-13 修改基准特征符号字符

（12）调整尺寸标注和基准特征符号的位置，如图 11-14 所示。

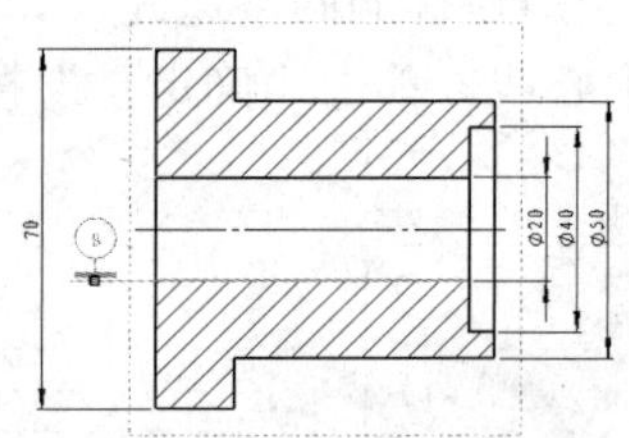

图 11-14 调整尺寸标注位置

（13）单击注解工具栏上的“形位公差”按钮，弹出如图 11-15 所示的对话框，在“符号”下拉列表框中选择同心度符号◎，在“公差 1”文本框中输入“0.04”，在“主要”文本框中输入“B”。

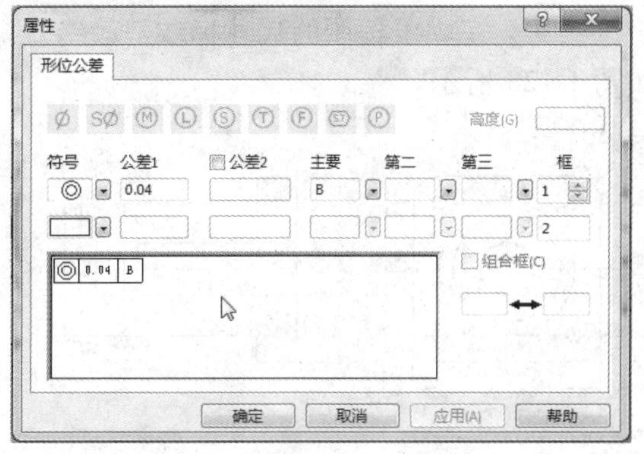

图 11-15　设置形位公差属性

（14）在图 11-16 所示的属性管理器中的“引线”栏中第一行选择直引线，第二行选择垂直引线。

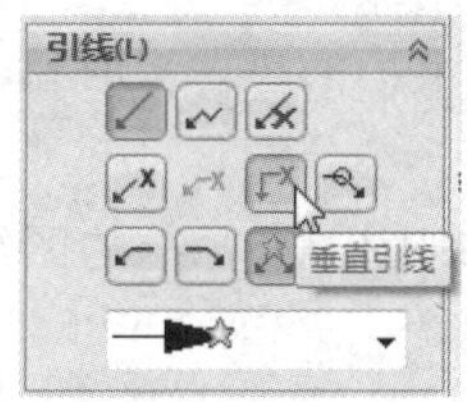

图 11-16　修改形位公差引线方式

（15）选择要标注形位公差的尺寸标注，单击鼠标放置，拖动调整位置，如图 11-17 所示。

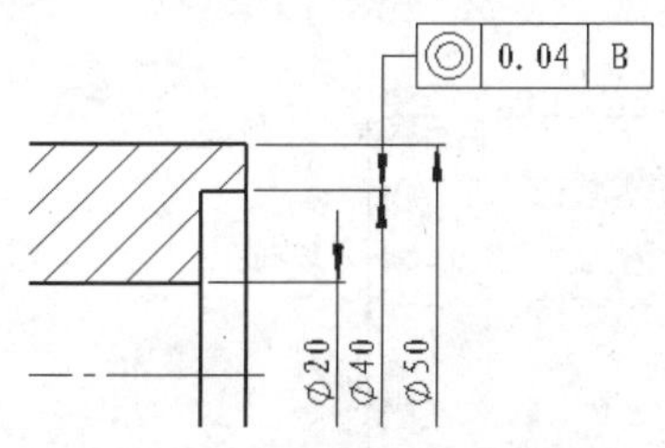

图 11-17　放置形位公差标注

（16）单击“尺寸标注∅20”按钮，出现如图 11-18 所示的对话框，在“公差/精度”栏的下拉列表框中选择“双边”选项，在＋文本框中输入“0.004mm”，在－中输入“0.002mm”。

（17）选择图 11-18 所示对话框中的“其他”选项卡，如图 11-19 所示，在“文本字体”栏中取消选中“使用尺寸字体”复选框，选中“字体比例”单选按钮，在“字体比例”文本框中输入“0.7”，所得结果如图 11-20 所示。

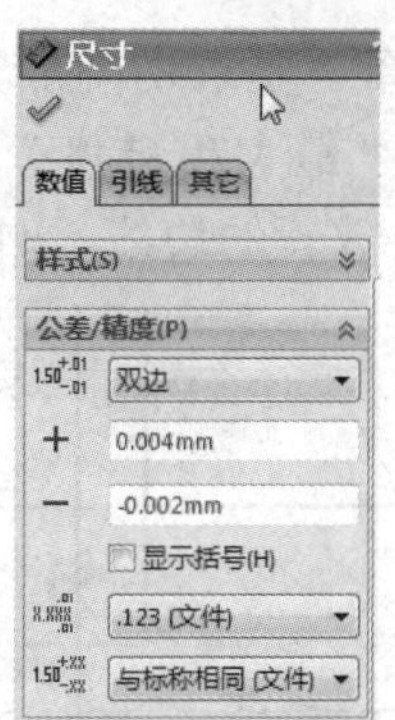

图 11-18　设置尺寸标注公差

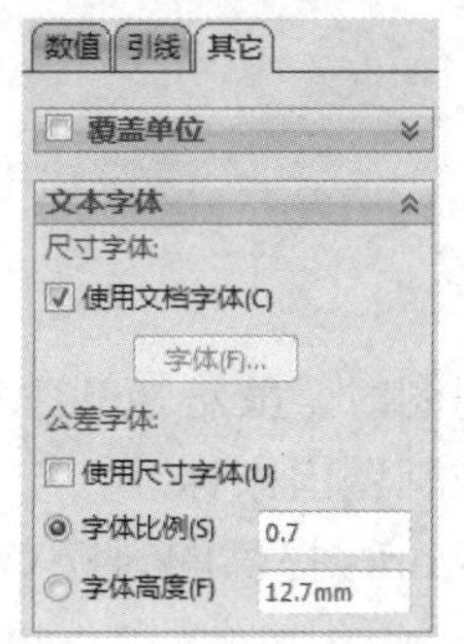

图 11-19　设置公差文字比例

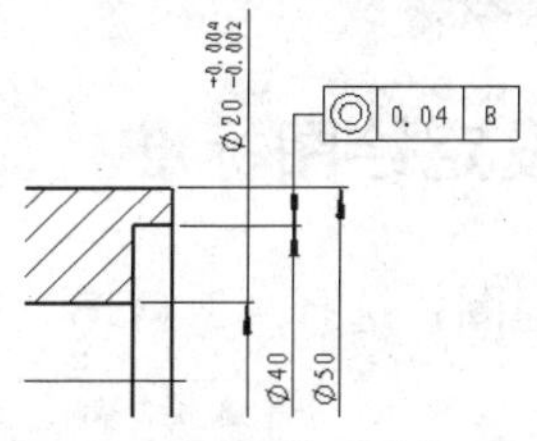

图 11-20　公差标注

（18）单击注解工具栏上的“表面粗糙度符号√”按钮，如图 11-21 所示。

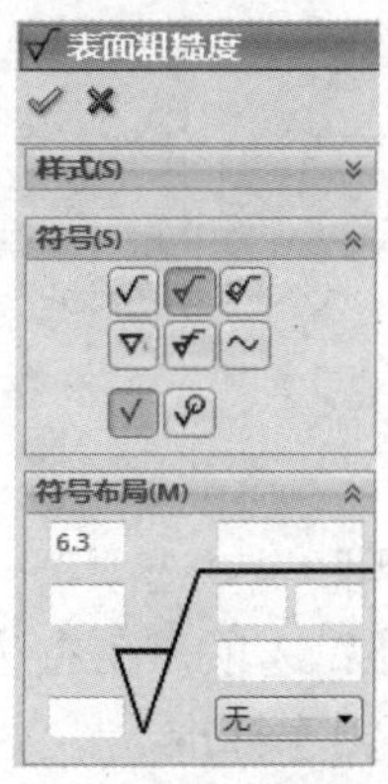

图 11-21　表面粗糙度符号设置

（19）选择“要求切削加工✓”，在“符号布局”中的“最大粗糙度”文本框中输入“6.3”。选择要放置的边线，如图 11-22 所示。

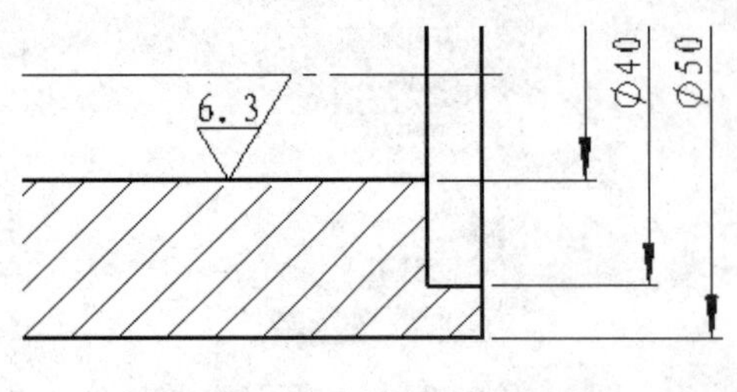

图 11-22　表面粗糙度标注

（20）完成工程图的尺寸标注，最终效果如图 11-23 所示。

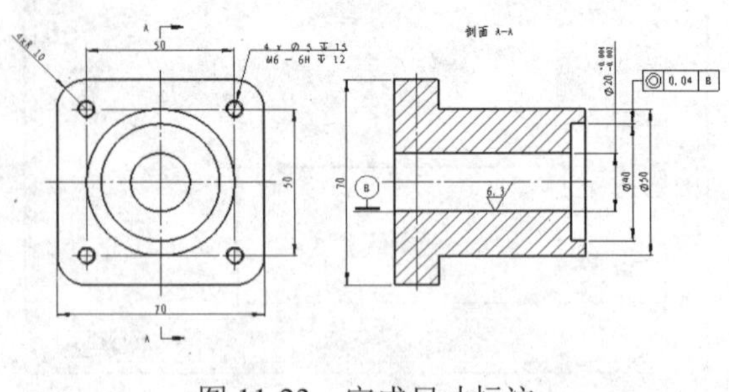

图 11-23　完成尺寸标注

11.2　工程图模板

新建工程图时，虽然 SolidWorks 提供了国标 GB 的 A4～A1 工程图模板，但其中一些设置仍然不符合机械制图国家标准。

以 SolidWorks 提供的国标 GB 的 A3 模板为例创建符合机械制图国家标准的图纸格式和工程图模板。

——参见附带光盘中的“AVI\Ch11\11-2.avi”文件。

11.2.1　设定绘图标准

新建工程图，选择 A3（GB）格式，如图 11-24 所示。

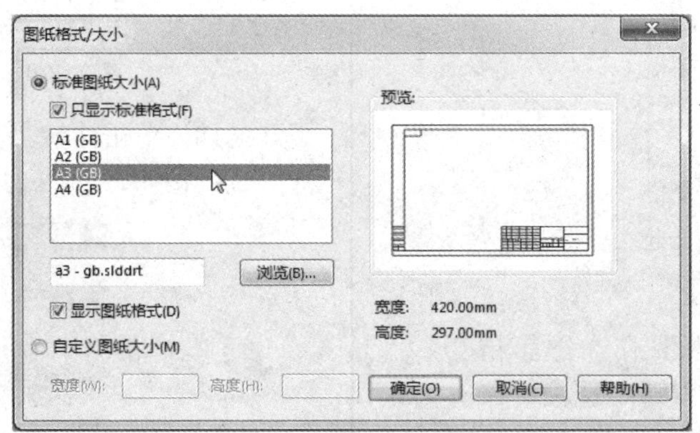

图 11-24　新建工程图

选择“工具”→“选项”→“文档属性”命令，如图 11-25 所示，选择“文档属性”选项卡下的“绘图标准”选项，在右边的“总绘图标准”下拉列表框中选择工程图的绘图标准，这里选择 GB，即中国国家标准。

在中国国家标准 GB 的基础上对文档属性进行修改后，会在“总绘图标准”中自动生成新的绘图标准“GB-修改”，单击“总绘图标准”下拉列表框右侧的“重新命名”按钮可以对修改后的“GB-修改”重命名。

图 11-25　设定工程图总体绘图标准为 GB

选择“注解”选项，修改注解文本字体。在“字体”下拉列表框中选择“仿宋_GB2312”选项，国标中规定汉字的高度不应小于 3.5mm，在“高度”栏中选中“单位”单选按钮，在右边的文本框中输入“3.50mm”，单击“确定”按钮。

修改注解中“边线”和“不依附”的箭头形式，选择实心黑色箭头，如图 11-26 所示。

选择“尺寸”选项，按照“注解”字体修改“尺寸”的文本字体，在右边的“箭头”栏可以修改尺寸标注的箭头大小和箭头样式，如图 11-27 所示。

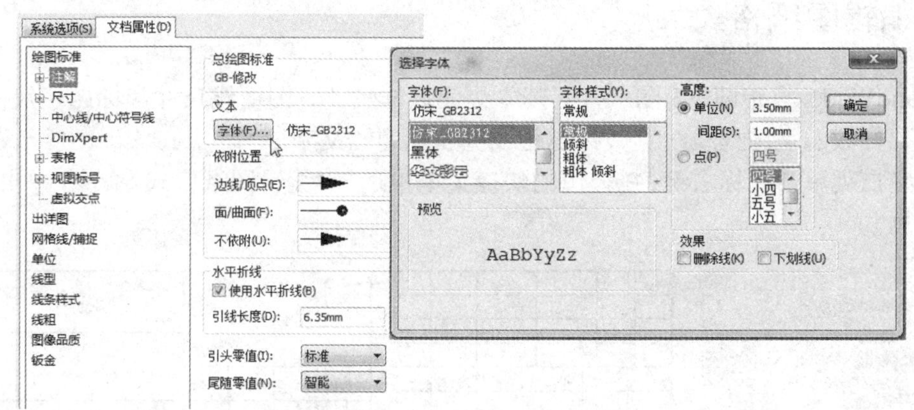

图 11-26　注解属性设置

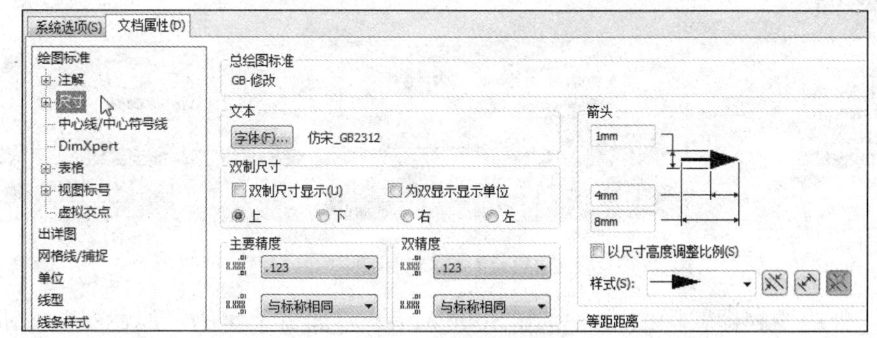

图 11-27　尺寸标注属性设置

选择“视图标号”选项修改视图标号字体。单击“视图标号”前面的+将其展开，单击“剖面视图”按钮，在“剖面/视图大小”栏中可以修改箭头的大小，如图 11-28 所示。

单击“确定”按钮退出“文档属性”的设置。

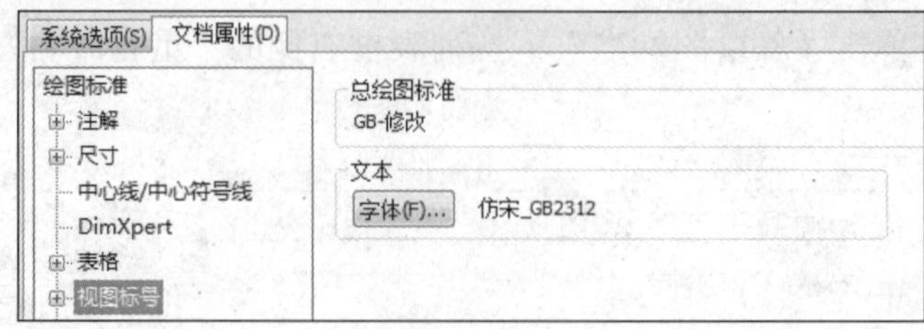

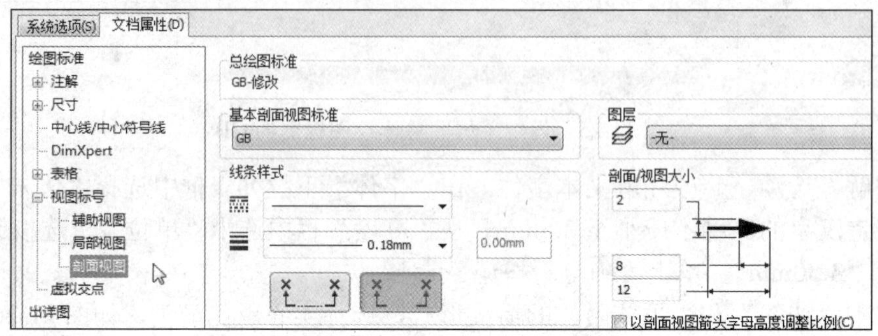

图 11-28　视图标号属性设置

11.2.2　编辑图纸格式

导入 SolidWorks 自带的 A3 图纸，其基本幅面边框尺寸、图框线尺寸和标题栏尺寸均符合国家标准，需要修改的是图框线线宽、标题栏线宽和标题栏文字。

在图纸空白处单击鼠标右键，在弹出的快捷菜单中选择“编辑图纸格式”命令，弹出如图 11-29 所示的对话框。

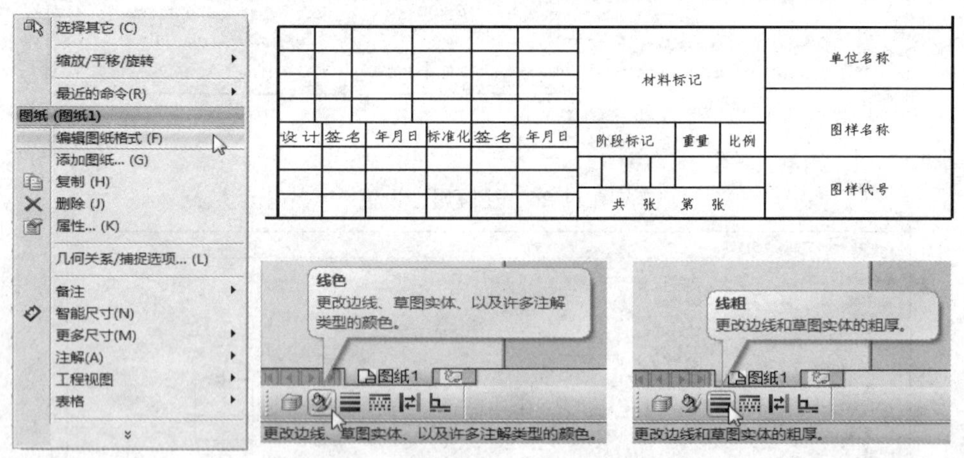

图 11-29　编辑标题栏

选中图框_外边线和标题栏框线，单击 SolidWorks 界面左下角的“线色”按钮修改颜色为黑色，单击“线粗”按钮修改线宽为 0.25mm。选中图框_内边线修改其颜色为黑色，修改其线宽为 0.5mm。

修改标题栏文字。双击要修改的文字，在弹出的“格式化”对话框中设置字体和大小，单击图纸空白处退出“格式化”对话框。单击“注释**A**”按钮向标题栏添加新文字。

单击文字“图样名称”，在属性管理器中可以对文字格式进行进一步设置。为了使在插入零件或装配体时，工程图的标题栏会自动引用在零件或装配体中已经设置好的属性，单击文字格式中的“链接到属性”按钮，如图 11-30 所示，在弹出的对话框中选中“图纸属性中所指定视图中模型”单选按钮，在下边的下拉列表框中选择“SW-文件名称（File Name）”选项。SW-文件名称（File Name）是插入模型的文件名称，插入零件或装配体生成工程图时，文件名称会自动修改为插入零件或装配体的文件名。按照此方法对标题栏中需要连接到属性的文字进行一一修改。

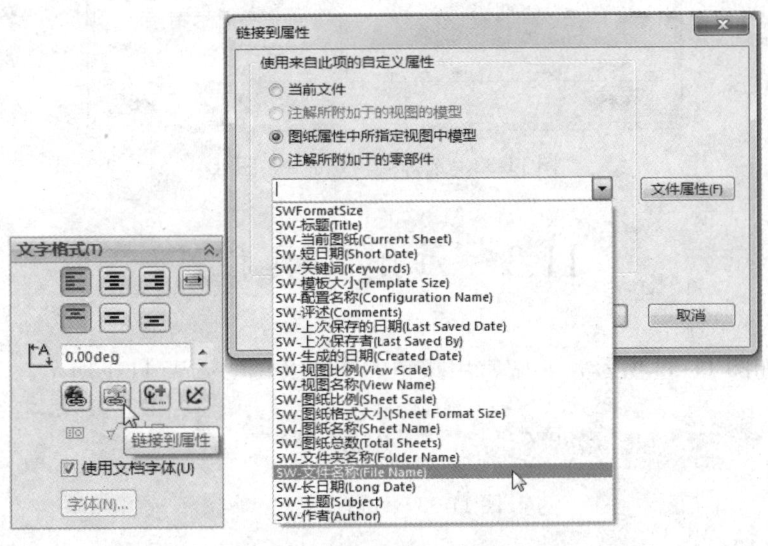

图 11-30　添加链接到属性

设置完毕后，单击绘图区右上角的按钮返回并保存，选择“文件”→“保存图纸格式”命令，选择要保存的文件夹，输入文件名“A3 国标.slddrt”并保存。选择“文件”→“另存为”命令，在“保存类型”中选择“工程图模板”，命名为“A3 国标.drwdot”保存在默认文件夹路径下。

调用保存过的“A3 国标”工程图模板。单击“新建”按钮，弹出如图 11-31 所示的对话框，单击“高级”按钮，在如图 11-32 所示的对话框的“模板”选项卡中可以看到前面保存的“A3 国标”模板。

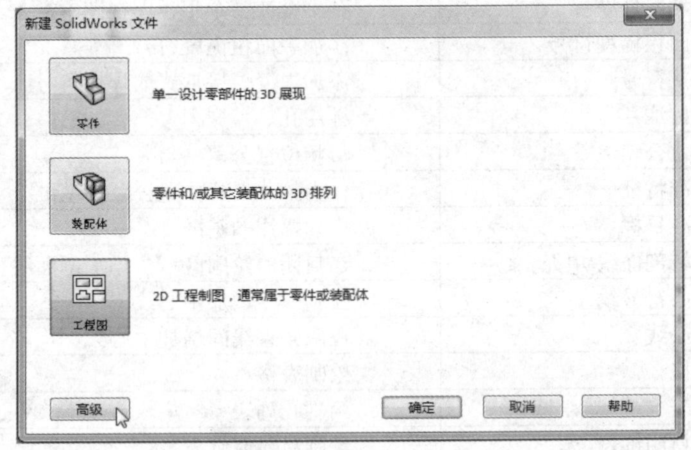

图 11-31　新建工程图

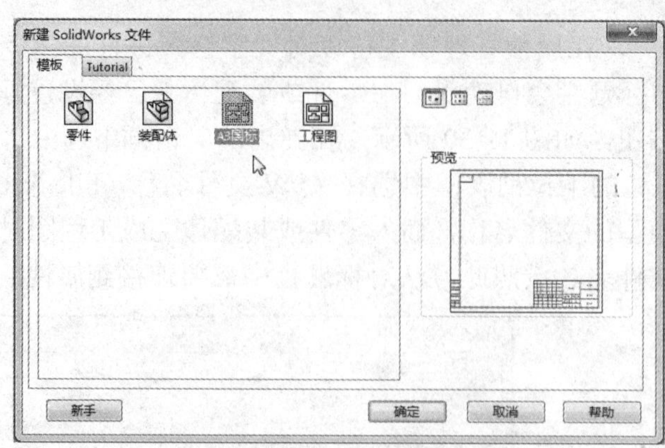

图 11-32　选择编辑好的 A3 图纸

11.3　注解工具栏

注解工具栏如图 11-33 所示，其中常用按钮的功能及说明如表 11-1 所示。

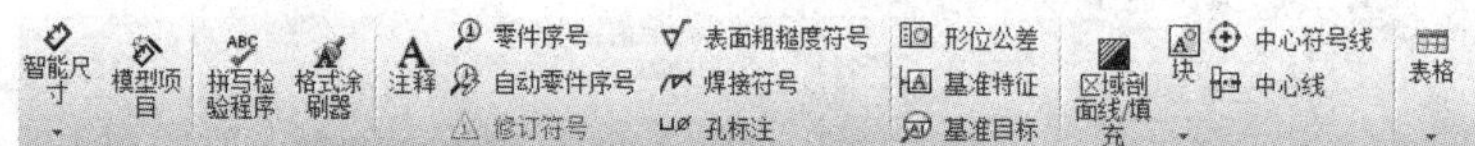

图 11-33　注解工具栏

表 11-1　注解工具栏中常用按钮的功能及说明

图　　标	名　　称	作　　用
	智能尺寸	在工程图中标注尺寸
	模型项目	从零部件文件中导入已经设定好的尺寸和注解
	拼写检验程序	检查注释、带文字的尺寸以及工程图标题块
	格式涂刷器	将视图属性从尺寸和注解复制到其他尺寸和注解
	注释	文字段，用于技术说明类型的标注
	零件序号	将零件序号插入到工程图中
	自动零件序号	在一个或多个工程图视图中插入一组零件序号
	表面粗糙度符号	添加表面粗糙度符号
	焊接符号	添加焊缝焊接形式的焊接符号
	孔标注	标注孔
	形位公差	形状位置公差
	基准特征	作为描述形状位置公差的基准
	基准目标	作为标注的基准
	区域剖面线/填充	在封闭的轮廓区域中添加剖面线
	中心符号线	在圆弧中增加中心线
	中心线	在两条直线间增加中心线
	表格	绘制表格
	孔表	绘制孔列表
	材料明细表	绘制材料明细表
	修订表	在工程图中添加修订表

11.4 模型项目

动画演示——参见附带光盘中的“AVI\Ch11\11-4.avi”文件。

生成工程图后，可以将模型文件（零件或装配体）中的尺寸、注解以及参考几何体插入到工程图中。当插入项目到所有工程图视图时，尺寸和注解会以最适当的视图出现，会优先在局部视图或剖面视图等部分视图中标注尺寸。

单击“模型项目”按钮，出现如图 11-34 所示的对话框，在“来源/目标”栏中“来源”选择“整个模型”，在“尺寸”、“注解”和“参考几何体”栏中选择要插入的项目。

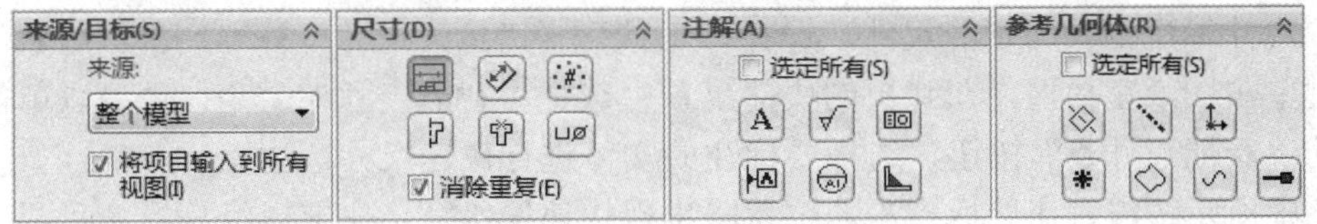

图 11-34　模型项目属性设置

单击“确定”按钮自动生成的尺寸标注如图 11-35 所示。

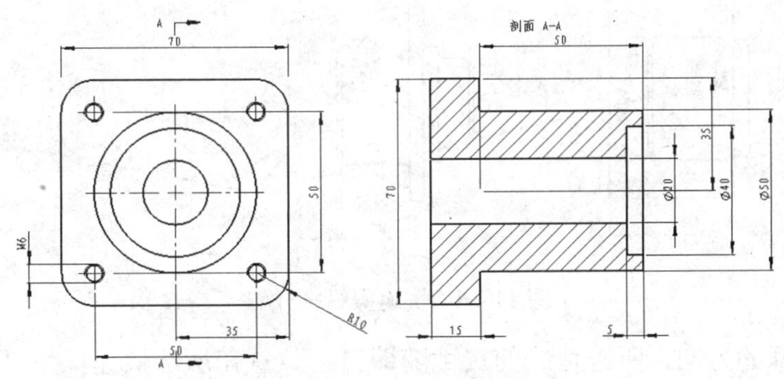

图 11-35　通过模型项目插入的尺寸

11.5 标注尺寸

动画演示——参见附带光盘中的“AVI\Ch11\11-5.avi”文件。

设计人员是通过工程图中的尺寸标注来表达所设计实物的尺寸、精度和其他加工要求等。下面将介绍如何进行尺寸标注和编辑尺寸。

11.5.1 尺寸标注

尺寸标注工具栏中常用按钮的功能及说明如表 11-2 所示。

表 11-2　尺寸标注工具栏中常用按钮的功能及说明

图　标	名　称	作　用
◇	智能尺寸	根据所选实体项目类型自动生成相应尺寸标注
	水平尺寸	两个实体之间的水平尺寸
	竖直尺寸	两个实体之间的竖直尺寸
	基准尺寸	以边线或点为基准进行尺寸标注
	尺寸链	以工程图或草图中的零坐标开始测量的尺寸链组
	水平尺寸链	生成水平尺寸链，从第一个所选项目进行水平测量
	竖直尺寸链	生成竖直尺寸链，从第一个所选项目进行竖直测量
	倒角尺寸	给工程图中倒角标注尺寸

常用的尺寸标注工具为智能尺寸，选择“工具”→“标注尺寸”→“智能尺寸◇”命令，或用鼠标右键单击图纸空白区，在弹出的快捷菜单中选择“智能尺寸”命令，也可以单击尺寸标注工具栏上的“智能尺寸◇”按钮，选择要标注的实体进行快速尺寸标注。

单击图中所示边线，在鼠标点击的位置将出现快速操纵杆，快速操纵杆有两种显示形式，一种是上下或左右两部分，另一种是分成 4 部分，如图 11-36 所示。

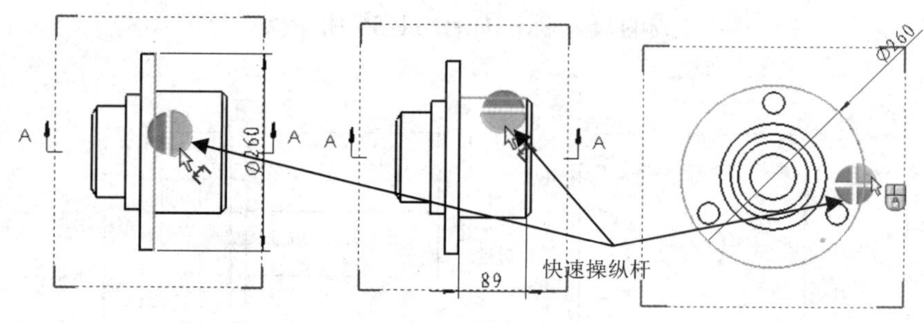

图 11-36　快速操纵杆介绍

单击快速操纵杆的方向，所选边线的尺寸随即自动放置在所选快速操纵杆的方向上。通过快速操纵杆对一系列同方向边线进行尺寸标注，不论先后顺序，所得尺寸标注将自动排列，如图 11-37 所示。

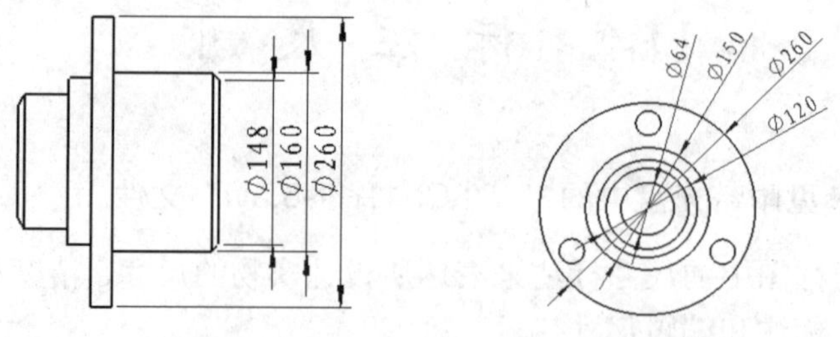

图 11-37　通过快速操纵杆标注的尺寸

当新标注尺寸或者选中某尺寸时，系统会显示尺寸调色板，如图 11-38 所示。通过尺寸调色板可以轻松更改尺寸标注的属性和格式，包括公差类型、单位精度、公差精度、测量值上下左右文本、标注样式和文本排列方式。

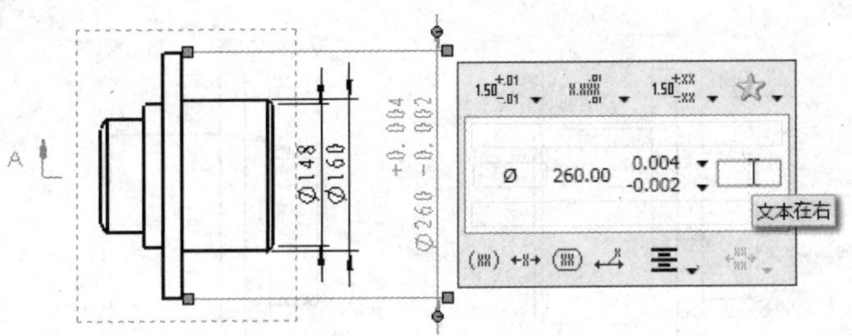

图 11-38 尺寸调色板

通过调色板的样式按钮还可以调出最近使用的尺寸标注格式和保存过的尺寸标注格式，节约尺寸标注的时间。要选择多个尺寸标注，可通过样式按钮进行批量操作，如图 11-39 所示。

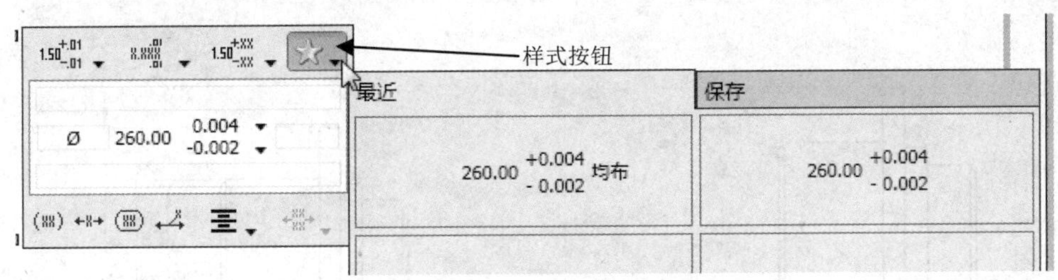

图 11-39 调色板样式

11.5.2 编辑尺寸

1. 移动、复制尺寸

在工程图中标注好尺寸后，可对视图中的尺寸标注进行移动或将之移动到另一视图中。当尺寸从一个位置拖动到另一个位置时，尺寸会重新附加到模型，因此只能将尺寸移动或复制到方位适合的视图中。

（1）在视图中选中要移动的尺寸，按住鼠标左键拖动尺寸到新的位置，拖动过程中尺寸标注的样式会根据位置的不同而改变。

（2）按住 Shift 键拖动尺寸可以将尺寸从一个视图移动到另一个视图。

（3）按住 Ctrl 键拖动尺寸可以将尺寸从一个视图复制到另一个视图。

（4）按住 Ctrl 键选中多个尺寸可以同时对多个尺寸进行移动或复制。

2. 对齐尺寸

通过鼠标左键框住要对齐的多个尺寸，或者通过按住 Ctrl 键选择多个要对齐的尺寸，选择“工具”→“尺寸标注”→“共线/径向对齐”命令，如图 11-40 所示，可以将所选的多个同类型尺寸排列在一条直线上。同时，对齐的尺寸将被组合，在移动其中一个尺寸时其他尺寸也会跟随移动并始终保持直线排列。

选择一组同轴的尺寸，如图 11-41（a）所示。选择“工具”→“尺寸标注”→“平行/同心对齐”命令，可以将所选的多个同类型尺寸等间距排列，如图 11-41（b）所示。同时，对齐的尺寸将被组合，在移动其中一个尺寸位置时其他尺寸位置也会跟随移动并始终保持平行等间距排列。在这种组合中，移动某一尺寸的文字时，其他标注文字不受影响。

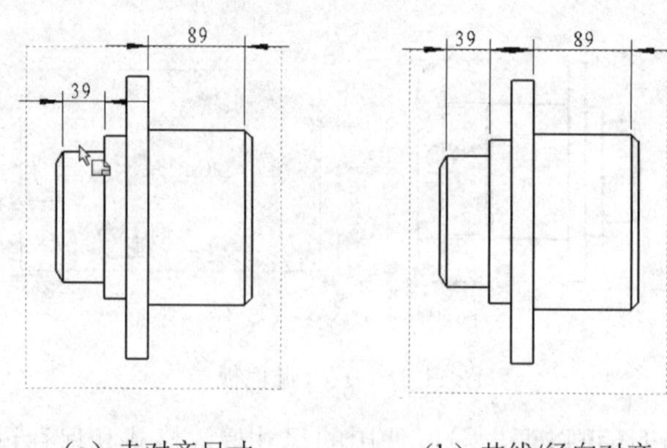

（a）未对齐尺寸　　（b）共线/径向对齐

图 11-40　共线/径向对齐尺寸

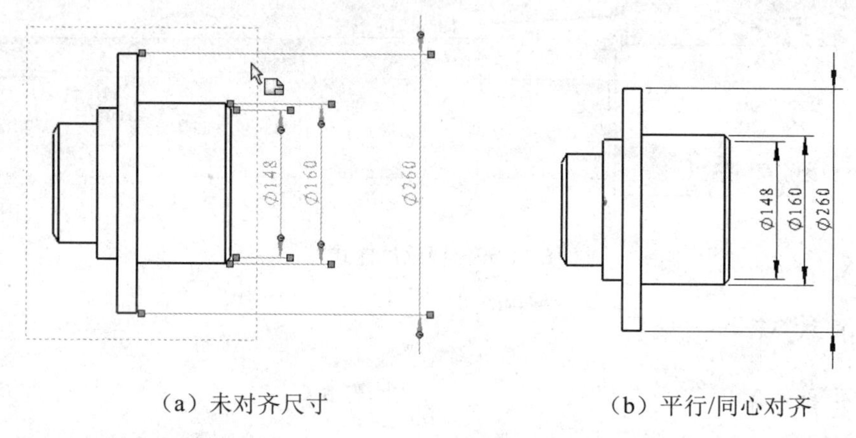

（a）未对齐尺寸　　（b）平行/同心对齐

图 11-41　平行/同心对齐尺寸

3．隐藏/显示尺寸

用鼠标右键单击要隐藏的尺寸，在弹出的快捷菜单中选择“隐藏”命令，尺寸从视图中消失。需要隐藏多个尺寸时，可以通过选择“视图”→“隐藏/显示注解”命令，鼠标将变为，用鼠标左键选择需要隐藏的尺寸，选择完毕后使用鼠标右键单击工程图空白处，在弹出的快捷菜单中选择“选择”命令，则选择的尺寸将从工程图中消失。

要显示被隐藏的尺寸，可以再次选择“视图”→“隐藏/显示注解”命令，此时已经隐藏的尺寸会以灰色显示在工程图上，用鼠标左键选择需要显示的尺寸，右键单击工程图空白处，在弹出的快捷菜单中选择“选择”命令，则选择的尺寸将在工程图中显示。

4．修改尺寸文字

当新标注尺寸或者选中某尺寸时，系统会显示尺寸调色板。通过尺寸调色板可以快速增加或修改测量数值前后左右的文字或者符号。

单击要修改的尺寸，在属性管理器中，可以在主要值区域修改测量值，选中“覆盖数值”复选框，在下面的数值框中输入新数值即可覆盖测量值。

在属性管理器标注尺寸文字区，可以设置修改标注尺寸文字和格式，如图 11-42 所示。

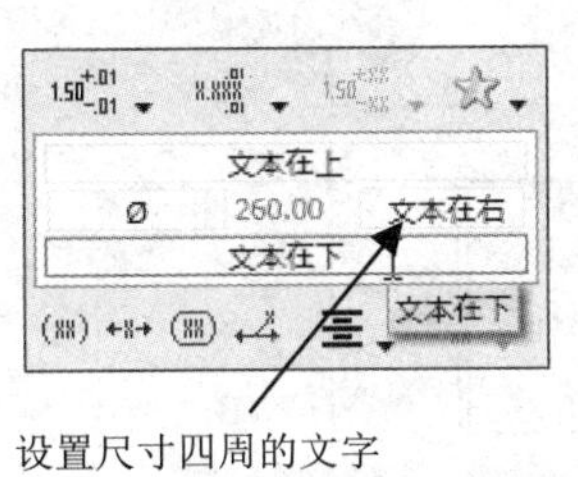

（a）调色板修改文字

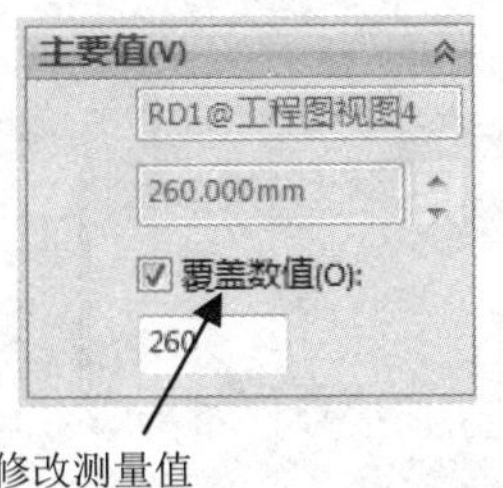

（b）修改测量值

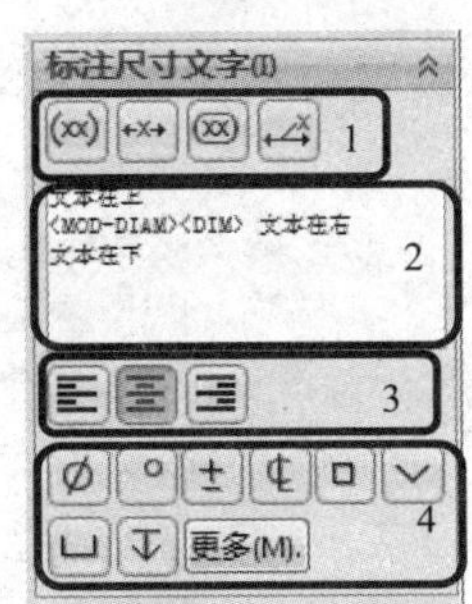

（c）修改标注尺寸文字

图 11-42　修改尺寸文字

（1）标注尺寸文字格式如表 11-3 所示。

表 11-3　标注尺寸文字格式

图　标	名　称	说　明
	添加括号	在整个尺寸外添加括号
	尺寸居中	调整尺寸标注文字使文字相对于尺寸标注居中
	审查尺寸	在中间行尺寸添加审查尺寸外框
	等距文字	尺寸文字置于从尺寸标注中点拉出的引线上

（2）尺寸文字编辑器：尺寸标注文字的添加和修改。

（3）尺寸文字对齐方式：左对齐、中央对齐、右对齐。

（4）特殊符号添加：在尺寸文字编辑器中选择要插入特殊符号的位置，单击要添加的特殊符号。

11.5.3　尺寸公差

单击要添加尺寸公差的尺寸，在尺寸调色板上边栏选择“公差类型”，再选择“单位精度”，然后选择“公差精度”，如图 11-43 所示。

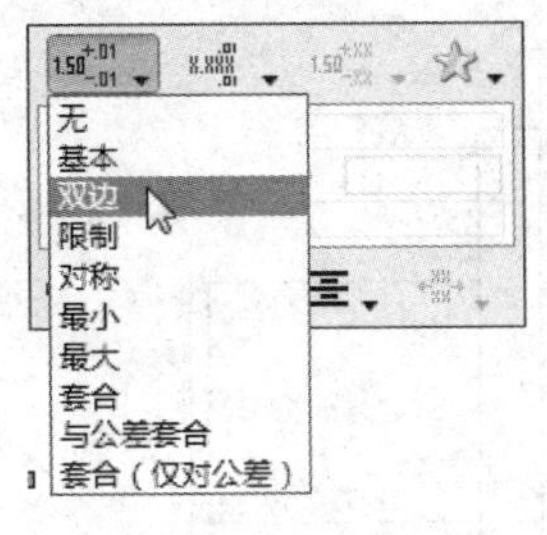

（a）公差类型

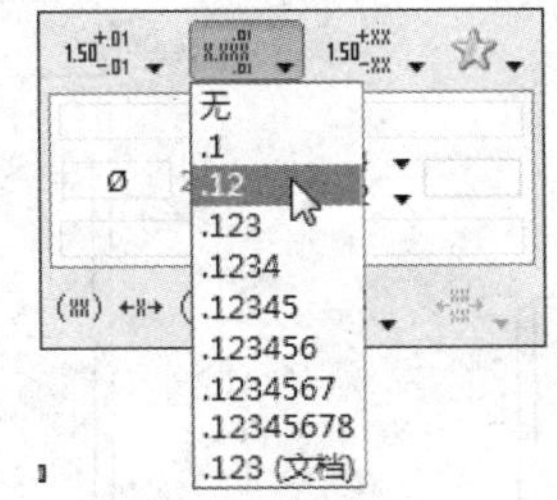

（b）单位精度

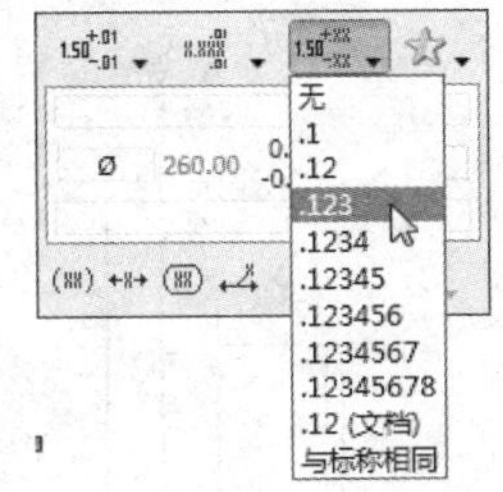

（c）公差精度

图 11-43　调色板设置尺寸公差

同样可以通过“公差/精度”栏设置尺寸公差，结果如图 11-44 所示。

选择“引线”选项卡，如图 11-45 所示，在“尺寸界线/引线显示”栏中可以设置尺寸标注引线和箭头属性。选择“其他”选项卡，在“文本字体”栏的“公差字体”中选中“字体比例”单选按钮，可以设置公差在尺寸标注中的显示比例。

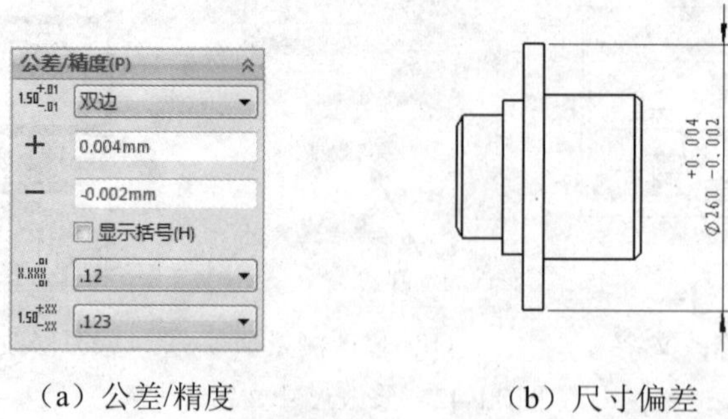

（a）公差/精度　　（b）尺寸偏差

图 11-44　尺寸公差

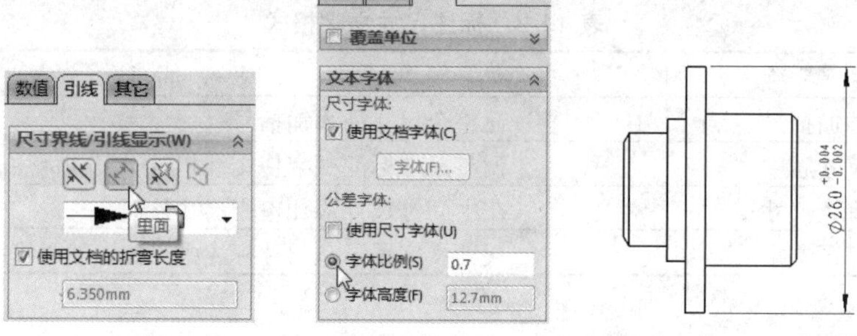

图 11-45　“引线”和“其他”选项卡

11.5.4　尺寸链

尺寸链是在装配或零件加工过程中，由互相连接的尺寸形成的封闭的尺寸组，在 SolidWorks 工程图中尺寸链标注属于参考尺寸，不能更改其数值或者使用其数值来驱动模型。

单击尺寸标注工具栏上的“尺寸链”按钮，单击一条竖直线作为基础尺寸，然后再次单击以将尺寸放置在模型之外。依次单击要生成尺寸链的边线，生成水平尺寸链如图 11-46 所示。按 Esc 键退出尺寸链模式。

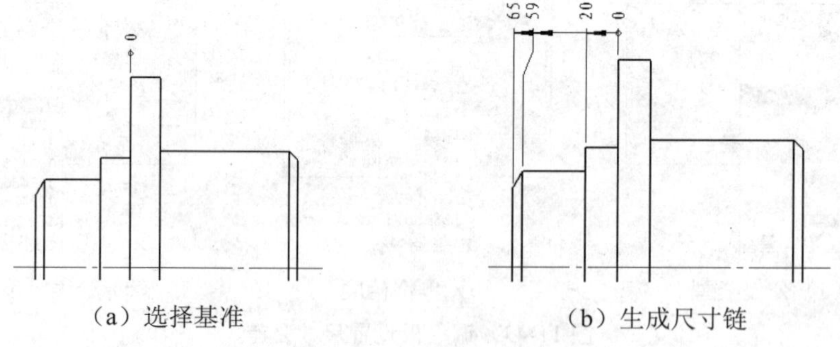

（a）选择基准　　（b）生成尺寸链

图 11-46　水平尺寸链

尺寸链自动成组以保持对齐。拖动该组中任何尺寸时，所有尺寸会一起移动。如要从对齐组中分离出一个尺寸，用鼠标右键单击该尺寸，在弹出的快捷菜单中选择“解除对齐关系”命令。将分离出来的尺寸拖动到新的位置，所有尺寸链将更新以与新的基础位置匹配。

用鼠标右键单击尺寸链，在弹出的快捷菜单中可以选择对尺寸链进行的修改方式。修改方式如表 11-4 所示。

表 11-4　尺寸链的修改方式

修 改 方 式	说　明
对齐坐标轴	将所有尺寸沿着坐标轴与基础尺寸对齐
转折延伸线	使用折弯尺寸的引线
再转折尺寸链	将自动转折算法应用于尺寸链
显示括号	为所选尺寸添加括号
显示为审查	将所选尺寸显示为检查尺寸

使用鼠标右键单击尺寸链，在弹出的快捷菜单中选择“添加到尺寸链”命令，用鼠标左键选择要添加的同类型尺寸，则在原尺寸链的基础上添加新的尺寸，如图 11-47 所示。

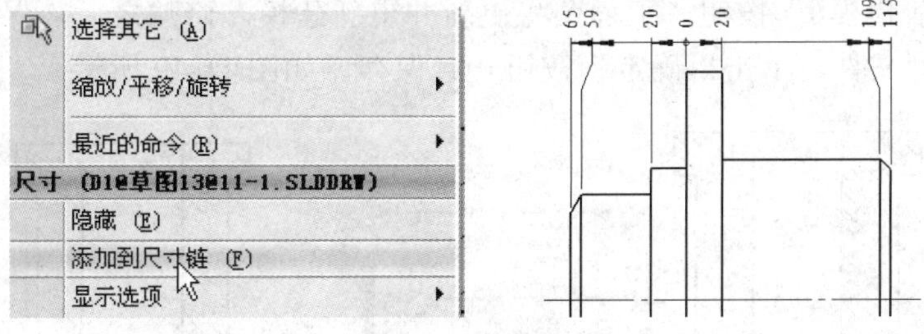

图 11-47　添加尺寸链

11.5.5　自动尺寸标注

自动尺寸标注是 SolidWorks 提供的一种快速标注的方法，单击尺寸标注工具栏上的“智能尺寸”按钮，出现如图 11-48 所示的对话框，选择“自动标注尺寸”选项卡。默认自动标注所有视图中的实体，选中“要标注尺寸的实体”栏中的“所有视图中实体”单选按钮可以选择需要自动标注的实体。

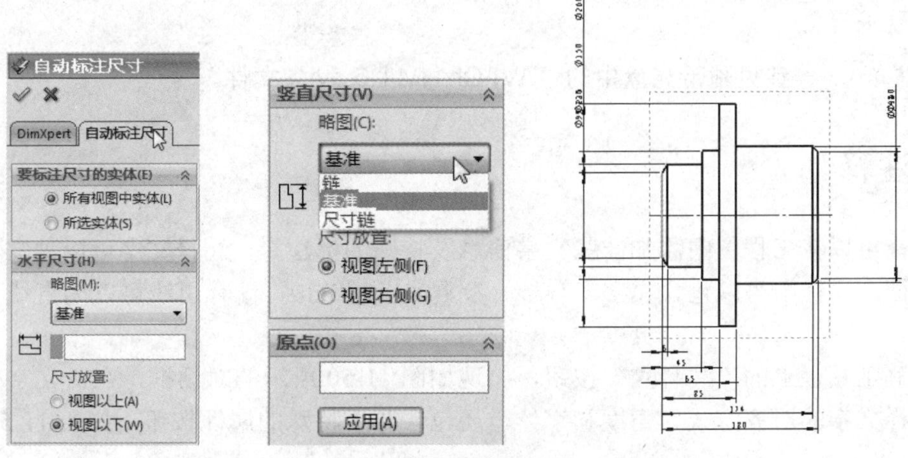

图 11-48　自动标注尺寸

在“水平尺寸”和“竖直尺寸”中可以设置标注的形式和尺寸放置的方向。单击“应用”按钮可以预览自动标注结果，单击“确定✔”按钮完成自动标注。

自动标注的尺寸位置放置比较凌乱，需要手动调整位置，因此需要根据实际情决定是否需要自动标注，并设置“自动标注尺寸”属性。

11.5.6 尺寸驱动模型

在 SolidWorks 工程图中，通过“尺寸标注”方式标注的尺寸的主要值是不可以直接修改的。但通过“模型项目”添加到工程图中的尺寸是将模型文件（零件或装配体）中的尺寸、注解以及参考几何体插入到工程图中，修改这种尺寸标注相当于在模型文件中修改草图尺寸，因此可以修改模型文件。

双击通过“模型项目”添加到工程图中的尺寸标注，此时弹出“修改”对话框，输入要修改的数值，单击“重新建模”按钮，工程图将更新并重新建模。修改之后，保存工程图时会要求同时保存相关的模型文件，单击“确定”按钮一起保存，如图 11-49 所示。

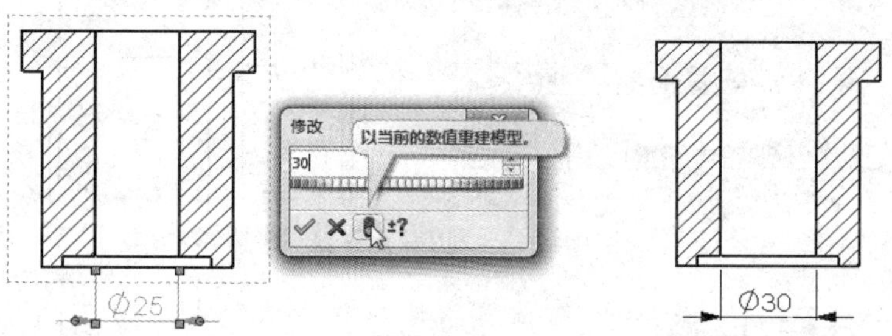

图 11-49　通过尺寸修改模型

11.6　注　　解

完整的工程图纸除了具有尺寸外，还必须包括必要的技术指标，如形位公差、表面粗糙度、材料和技术要求等。

——参见附带光盘中的“AVI\Ch11\11-6.avi”文件。

11.6.1 注释

利用注释可以在工程图中添加一些文字信息及特殊的标注等，注释文字可以独立浮动，也可以指向某特征。注释中可以包含文字、符号、参数或者超链接，注释引线可以为直线、折弯线或多转折引线。

单击注解工具栏上的“注释**A**”按钮，出现如图 11-50 所示的对话框，在“文字格式”栏中可以设定注释文字的对齐方式、角度和字体，还包含 4 个特殊的属性按钮，如表 11-5 所示。

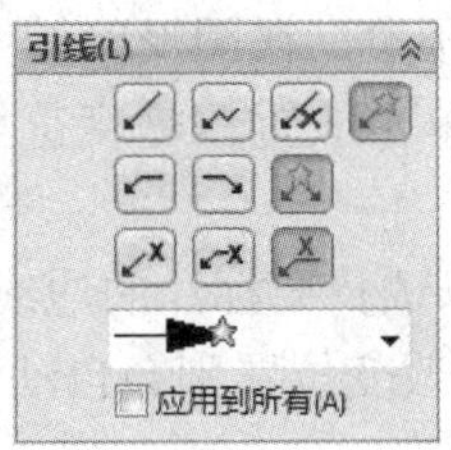

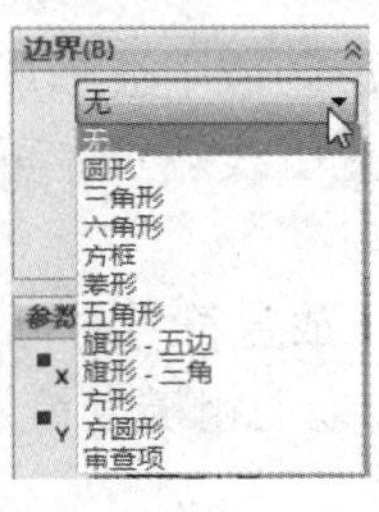

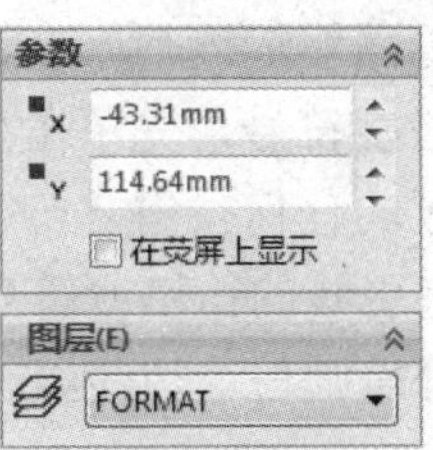

图 11-50　注解

表 11-5　4 个特殊的属性按钮

图　　标	名　　称	说　　明
	插入超文本链接	链接到互联网、本地网络或本机硬盘上的文件
	链接到属性	将文档属性、自定义属性或配置特定属性的值与注释链接
	添加符号	插入特殊符号
	锁定/解除锁定注释	将注释固定到当前位置，锁定后不可移动

“引线”属性分为 3 行属性的组合，第一行选择引线形式，包括直引线、弯折引线和无引线，第二行为引线引出方向，包括引线靠左、引线靠右和自动选择，第三行为文字与引线的组合方式。“边界”的下拉菜单中可以选择注解外边框的形状。“参数”中可以手动输入注解在工程图中的坐标，一旦注解被锁定，坐标将不可修改。

设置好注释属性后，将鼠标移动到工程图绘图区放置，对于有引线的注释，当鼠标移动到实体时会自动显示引线，单击放置引线位置，再次单击放置注解。无论是否有引线的注释，在工程图空白处单击则均无引线。放置注解后会进入注释文本编辑框，并自动弹出“格式化”对话框设置注释文本字体格式。

11.6.2　表面粗糙度

选择“插入”→“注解”→“表面粗糙度符号”命令或者单击注解工具栏上的√按钮。在属性管理器中选择表面粗糙度符号、符号布局、格式、角度和是否有引线及引线形式，如图 11-51 所示。

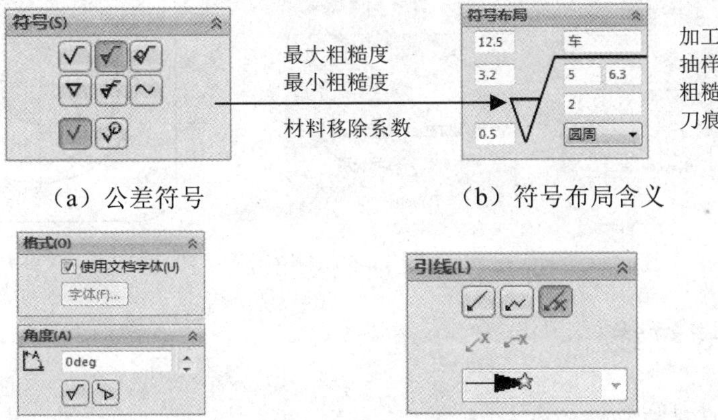

（a）公差符号　（b）符号布局含义

（c）粗糙度符号角度选择　（d）引线形式选择

图 11-51　表面粗糙度设置

设置好表面粗糙度后，在图形区域中会形成预览。在图形区域中放置粗糙度符号，如果是带有引线的粗糙度符号，先单击放置引线端点，再单击放置粗糙度符号，可以拖动有引线的粗糙度符号到图形区的任何位置。

对于没有引线的粗糙度符号，放置符号时可以选择要标注的边线，边线变亮，单击鼠标放置，此时粗糙度符号则与该边线组合，拖动粗糙度符号改变位置则会自动生成延长线，如图11-52所示。

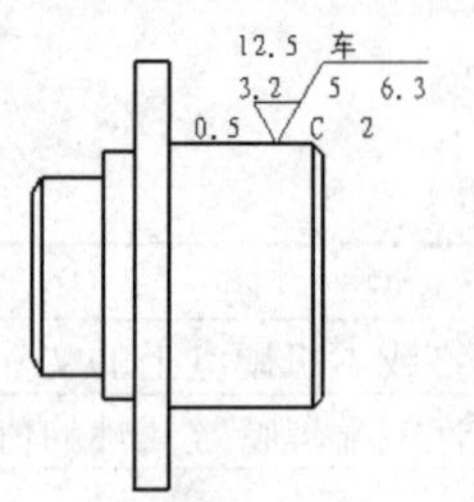

（a）选择边线的无引线表面粗糙度符号

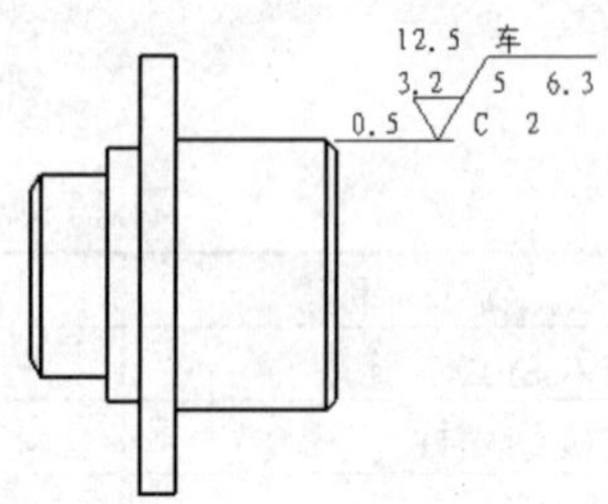

（b）拖动后的表面粗糙度符号

图11-52　无引线表面粗糙度

单击表面粗糙度符号，可以在属性管理器中对其进行修改。

11.6.3　孔标注

孔标注是将在零件图中通过“异型孔向导”生成的孔的信息添加到工程图中的孔的尺寸标注上。使用孔标注的前提是，在工程图中孔的轴必须与工程图正交。

单击注解工具栏上的“孔标注⌴⌀”按钮，单击工程图中要标注的孔，拖动尺寸标注单击鼠标左键放置。

在属性管理器的“数值”选项卡中可以修改“螺纹孔钻头直径”、“螺纹孔钻头深度”、“螺纹说明”和“螺纹深度”的公差。在“引线”选项卡中可以修改尺寸标注的样式，孔标注如图11-53所示。

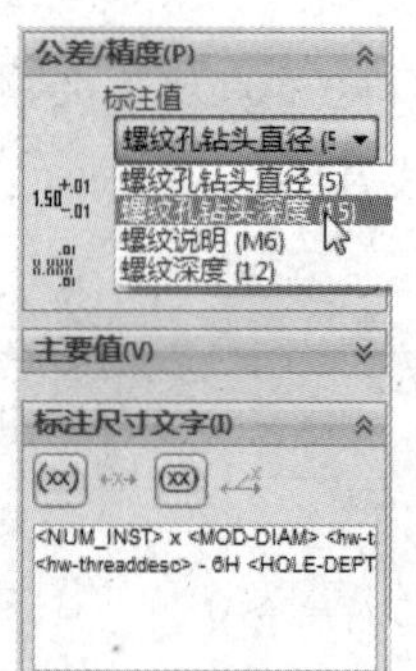

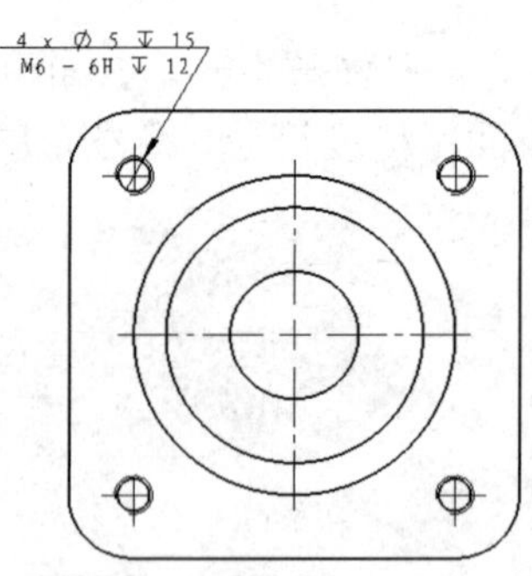

图11-53　孔标注

11.6.4　装饰螺纹线

（1）插入和编辑装饰螺纹线

下面介绍如何为内六角螺钉的圆柱特征添加装饰螺纹线。

在工程图文件中，选择“插入”→“注解”→“装饰螺纹线”命令。在属性管理器中设定装饰螺纹线的标准、类型、大小和形式，各项参数设置如表 11-6 所示。用鼠标左键单击“圆形边线”选择区，如图 11-54（a）所示，然后选择装饰螺纹线的起始圆边，如图 11-54（b）所示，单击“确定✔”按钮，就会对所选的圆柱特征添加装饰螺纹线。

表 11-6　参数设置

圆形边线	在图形区域中选择一圆形边线
标准	为装饰螺纹线设定尺寸标注标准
类型	选取螺纹线类型，即机械螺纹、直管螺纹
大小	根据尺寸标注标准来选取装饰螺纹线的大小
终止条件	装饰螺纹线从以上所选边线延伸到终止条件
螺纹标注	输入在螺纹标注中出现的文字（螺纹标注只出现在工程图中），如果选择了一个标准，螺纹标注将由该标准驱动，因此无法编辑

装饰螺纹线和草图 2 均属于拉伸 2 特征，如图 11-54（c）所示。因此对装饰螺纹线的修改要在所选特征下进行修改。

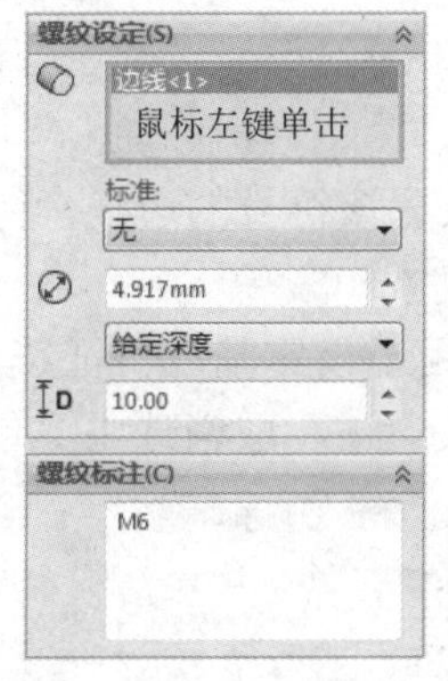

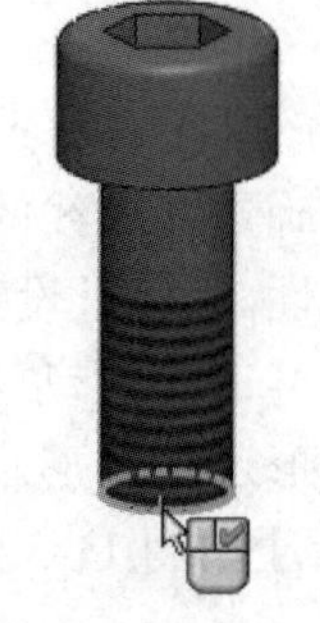

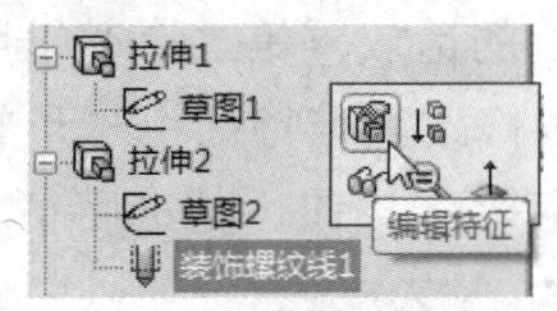

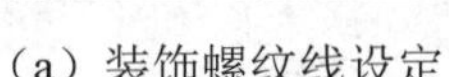

（a）装饰螺纹线设定　　（b）选择螺纹边线　　（c）修改装饰螺纹线

图 11-54　插入装饰螺纹线

（2）在工程图中标注装饰螺纹线

选择“文件”→“新建”→“工程图”命令创建一个新的工程图，创建如图 11-55 所示的工程图视图，在工程图中按照机械标准规定的螺纹画法添加装饰螺纹线。

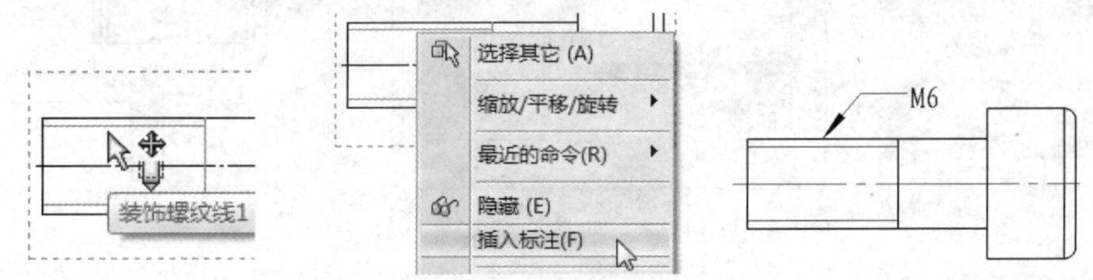

图 11-55　工程图中的装饰螺纹线

当鼠标指针指向装饰螺纹线时，指针形状变为图标，单击鼠标右键，在弹出的快捷菜单中选择“插入标注”命令，装饰螺纹标注即添加到工程图中，如图 11-56 所示。标注的文字 M6 是在设定装饰螺纹线属性时螺纹标注文字区中输入的文字。

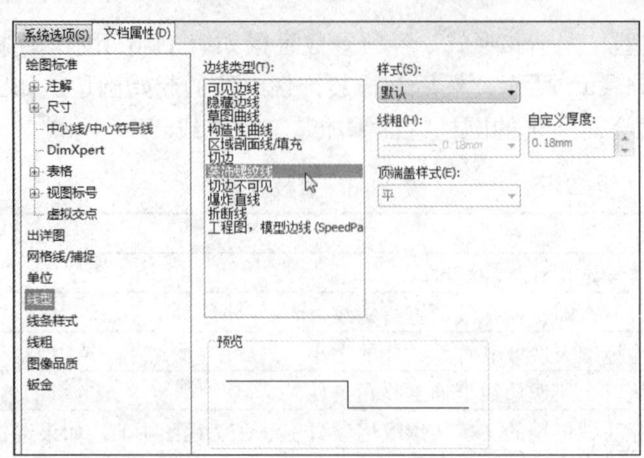

图 11-56　修改装饰螺纹线的线形和粗细

如果在设置装饰螺纹线时选择了一个标准，螺纹标注将由该标准驱动，因此用上述方法无法标注螺纹，需要手动添加标注。

11.6.5　基准特征

单击注解工具栏上的“基准特征”按钮，鼠标移动到要放置该符号的边线，待该边线变亮时单击鼠标放置，然后再次单击“确定”按钮确定其连线的长度。

放置完毕后属性管理器显示该符号的属性。“标号设定”用于设定基准特征符号的起始编号，例如，编辑为E的话放置第二个基准特征符号时将自动递增变为F。取消选中“使用文件样式”复选框后，可以修改基准特征符号形状为方形还是圆形。

单击“确定✔”按钮，基准特征符号标注如图 11-57 所示。

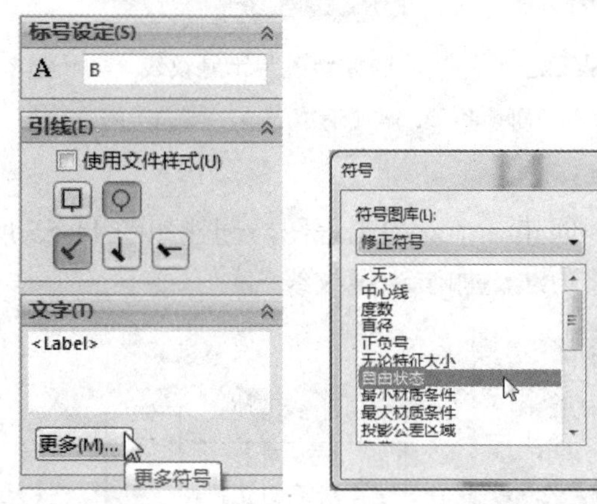

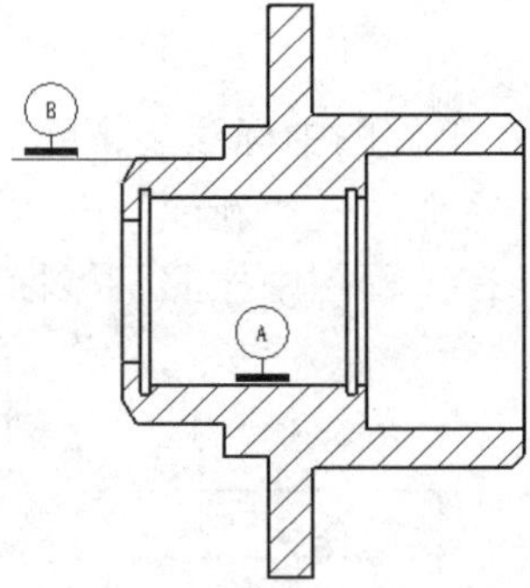

图 11-57　基准特征符号标注

11.6.6　形位公差

单击注解工具栏上的“形位公差▣”按钮，如图 11-58 所示，在弹出的“属性”对话框的“符号”下面的下拉列表框中选择形位公差符号，在“公差 1”下面的数值框输入公差数值，在“主要”下方的文本框输入形位公差对应的基准面。

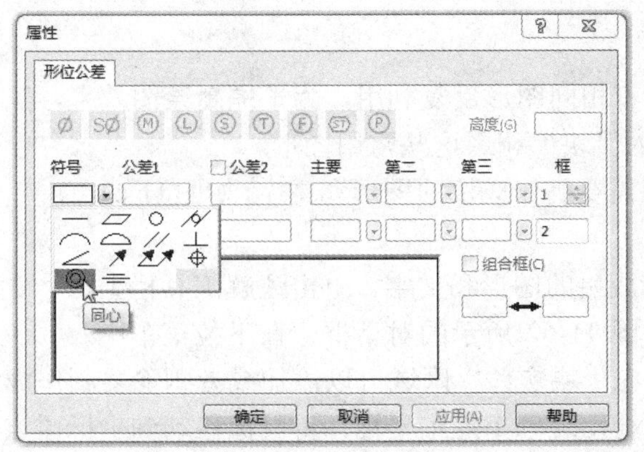

图 11-58　形位公差属性设置

操作结果都会显示在预览区中，如果需要比较复杂的基准面符号，单击“主要”下方文本框右侧的下拉菜单，设置“组合基准”，如图 11-59 所示，在“引线”栏中选择“引线”和“折弯引线”。

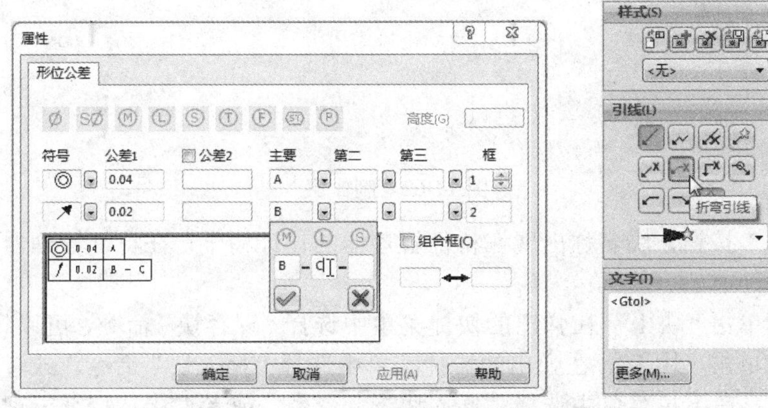

图 11-59　形位公差参照面设置及引线设置

单击“确定”按钮关闭对话框，将鼠标移动到要放置的边线，单击鼠标放置箭头，移动鼠标再次单击放置形位公差，如图 11-60 所示。

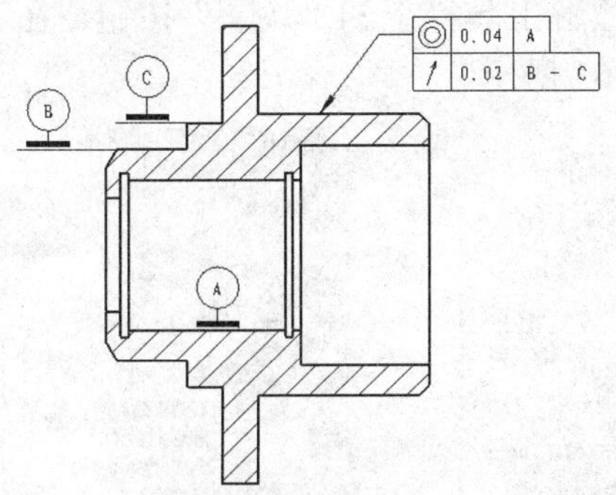

图 11-60　放置形位公差

11.6.7 块

在绘制工程图中，会有相同图形反复利用，为了提高绘图效率，工程图项目中可以将这些图形保存为“块”，通过插入“块”调用这些常用图形。

在工程图文件中绘制需要制作成块的图形和文字，如图11-61所示。

其余 12.5

图11-61 需要制作成块的图形

用鼠标选中需要制作成块的图形和文字，单击注解工具栏上的“块”按钮，出现如图11-62所示的对话框，在下拉菜单中选择“制作块”命令，在“块实体”区域可以添加或者删除要制作成块的图形或文字。鼠标单击插入点时，在工程图上会出现一个三维坐标，将鼠标移动到坐标原点停留一段时间，鼠标右边会出现移动符号，此时移动三维坐标设定块的插入点。

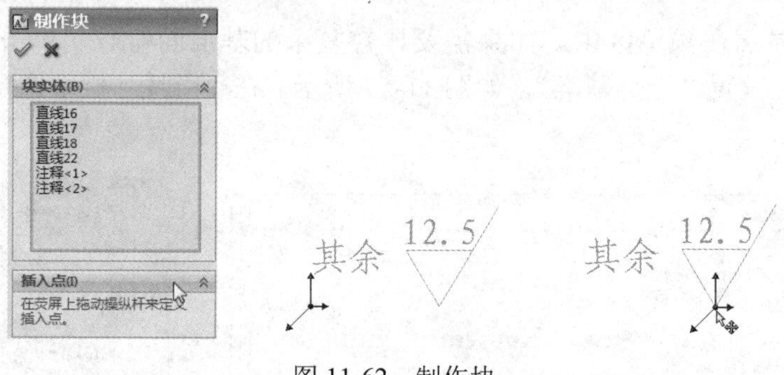

图11-62 制作块

单击“确定”按钮，块名称出现在特征管理器的设计树下，在特征管理器中可以重命名块和编辑块的属性。

使用鼠标右键单击“块1”，在弹出的快捷菜单中选择“保存块”命令，可以将块保存到文件。

使用鼠标右键单击“块1”，在弹出的快捷菜单中选择“插入块”命令，或者单击注解工具栏上的“块”按钮，在下拉菜单中选择“插入块”命令，或者直接从特征管理器的设计树中将块拖入工程图中都可以插入块。

使用鼠标右键单击“块1”，在弹出的快捷菜单中选择“编辑块”命令，则在特征管理器的左侧出现块的工具栏，包括制作块、编辑块、插入块、添加/移除、重新建模、保存块、爆炸块和皮带/链图标按钮。选中块，单击注解工具栏上的“块”按钮，在下拉菜单中会多出编辑块、保存块和爆炸块3个命令，如图11-63所示。

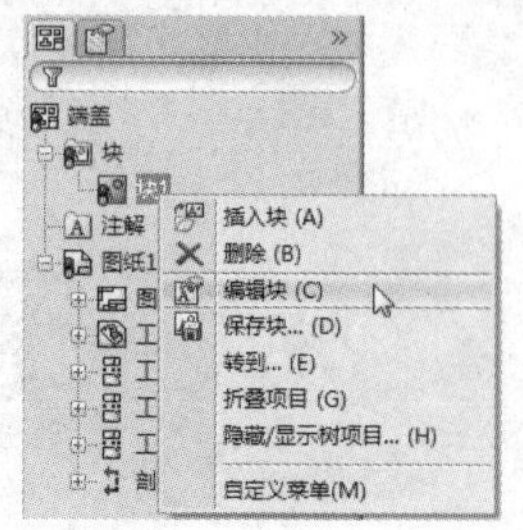

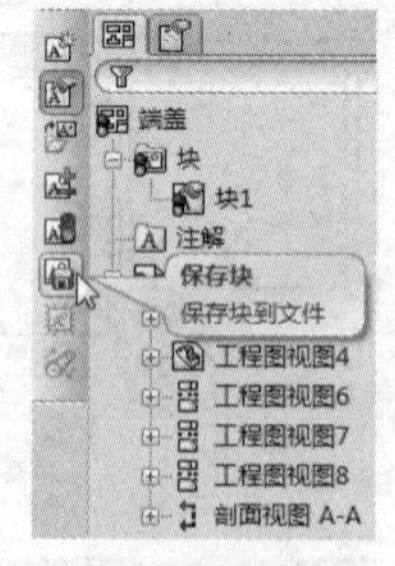

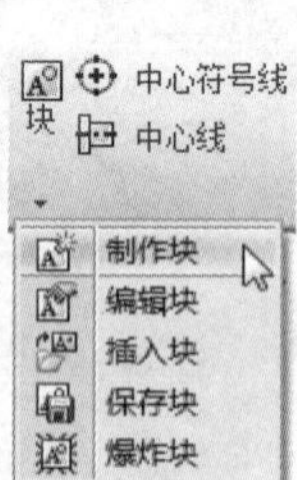

图11-63 块的相关命令

11.6.8 中心符号线

设置从零件图或装配图生成工程图时自动添加中心线符号。选择“工具”→“选项”→“文件属性”→“出详图”命令。在“视图生成时自动插入”栏中选中“中心符号孔”和“中心线”复选框。在生成工程图时将自动插入中心线和孔的中心符号。

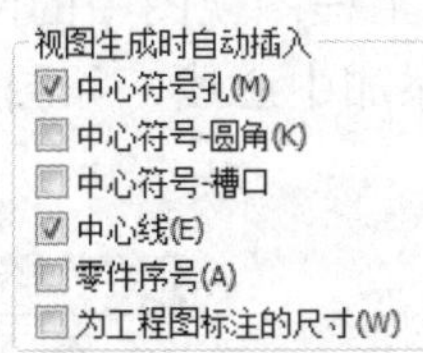

图 11-64 自动插入中心线和孔的中心符号

手动添加中心符号线。单击注解工具栏上的“中心符号线⊕”按钮，如图 11-64 所示，在属性管理器的“选项”栏中选择单一中心符号线，取消选中“显示属性”栏中“使用文档默认值”复选框，在“符号大小”微调框内输入合适的数值调整中心符号线延伸的长短，调整前文档默认值为 2.5mm，调整后为 22.50mm，调整前后如图 11-65 所示。

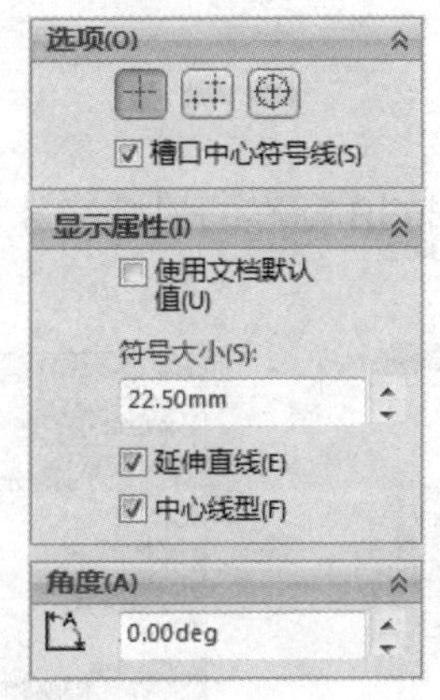

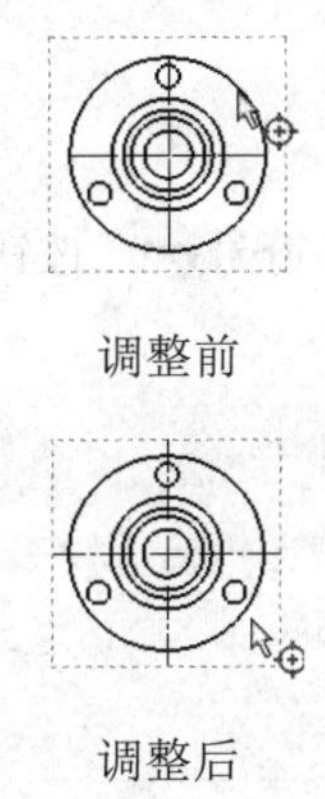

调整前

调整后

图 11-65 插入单独的中心符号及设置

为图中 3 个中心在同一圆周上的 3 个小圆孔添加中心符号线。单击注解工具栏上的“中心符号线⊕”按钮，在“选项”栏中选择圆形中心符号线，用鼠标选择要添加中心符号线的 3 个小圆孔，调整延伸长短，添加中心符号线的效果如图 11-66 所示。

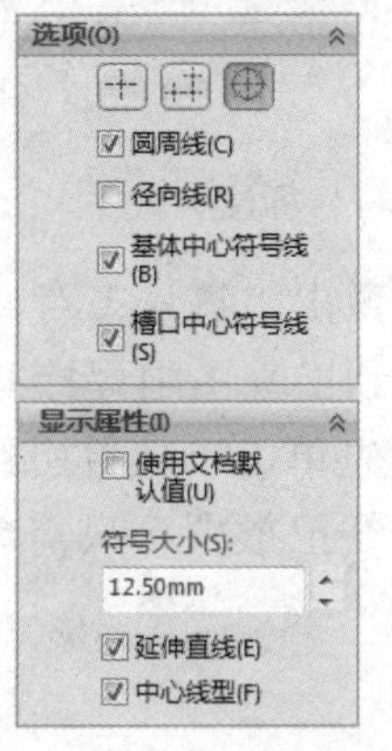

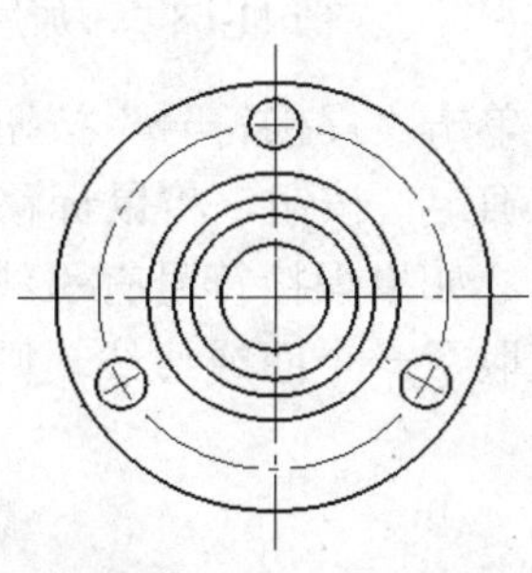

图 11-66 插入圆形的中心符号

11.6.9 中心线

手动添加中心符号线。单击注解工具栏上的“中心线”按钮，可以选择两条边线（平行或非平行）、工程图视图中的两个草图线段（除样条曲线外）或者一个面（圆柱、圆锥、回转或扫描）对其添加中心线，如图11-67所示。

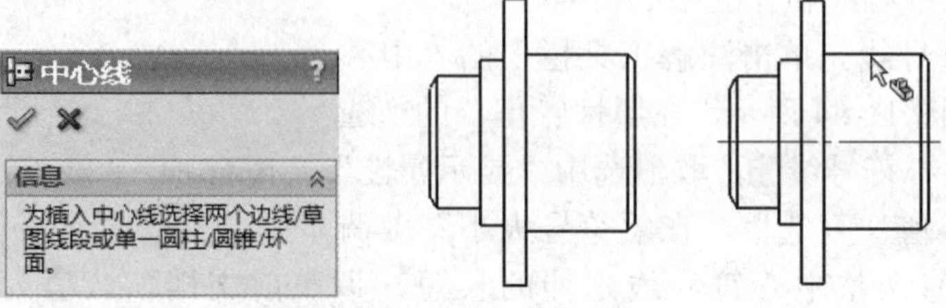

图11-67 手动添加中心线

11.6.10 焊接

单击注解工具栏上的“焊接符号”按钮，弹出GB标准的焊接符号“属性”对话框，如图11-68所示。

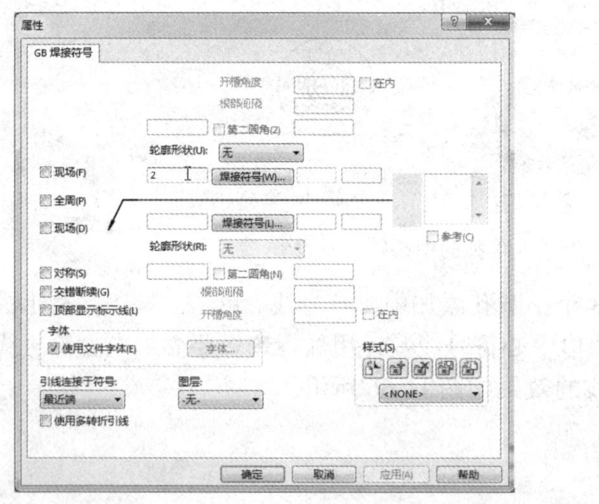

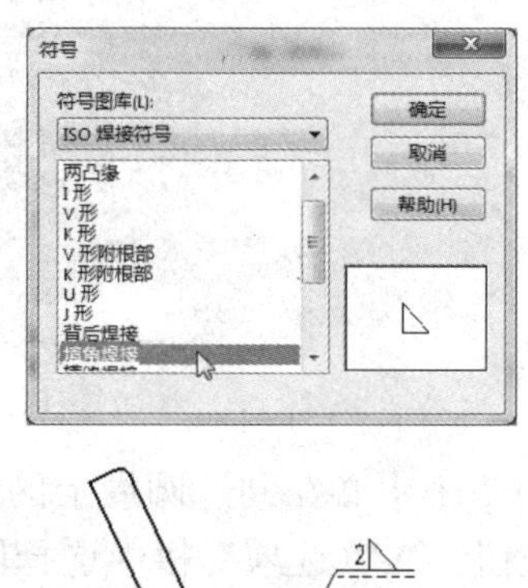

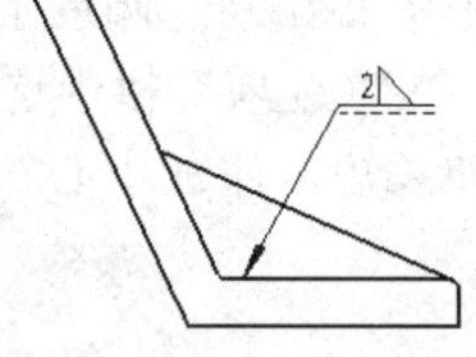

图11-68 添加焊接符号标注

在对话框中输入数值，单击“焊接符号”按钮，弹出“符号”对话框，选择焊接符号。不要单击“属性”对话框中的“确定”按钮，将鼠标移动到工程图中焊接符号随即显示预览。单击需要进行焊接加工的面或边线。如果焊接符号有引线，先单击以放置引线，然后再放置焊接符号。如果在单击焊接符号之前选取了一个面或边线，则引线已放置，只需单击一次放置焊接符号。

11.6.11 端点处理

在工程图中描述焊接的注解有端点处理和毛虫。选择“插入”→“注解”→“端点处理”

命令，在“属性”对话框中设置焊缝支柱长度，选择焊缝连接的两条边线，选中后在工程图中显示预览，单击“确定✓”按钮完成，如图 11-69 所示。

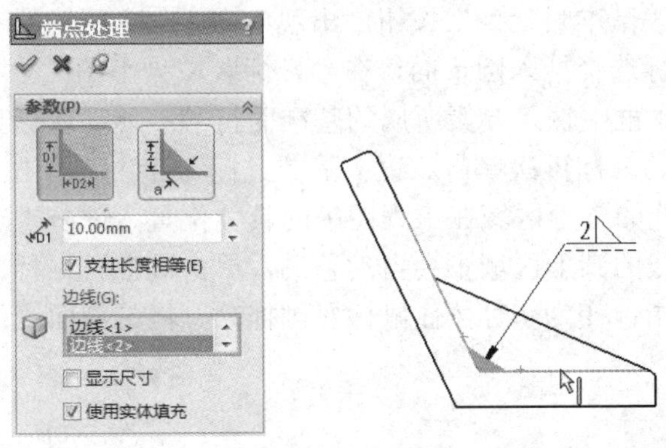

图 11-69　添加端点处理注解

11.6.12　毛虫

选择“插入”→“注解”→“毛虫”命令，弹出如图 11-70 所示的对话框，选择焊缝样式、大小、“毛虫形状”和“毛虫位置”。选择需要添加毛虫焊缝符号的边线，拖动毛虫两边端点调整毛虫长度。一次可以放置多个毛虫符号。

选中放置毛虫边线后，会出现“剪裁边线”选择框，向其中添加两条边线作为剪裁边线去除多余毛虫线，处理效果如图 11-71 所示。

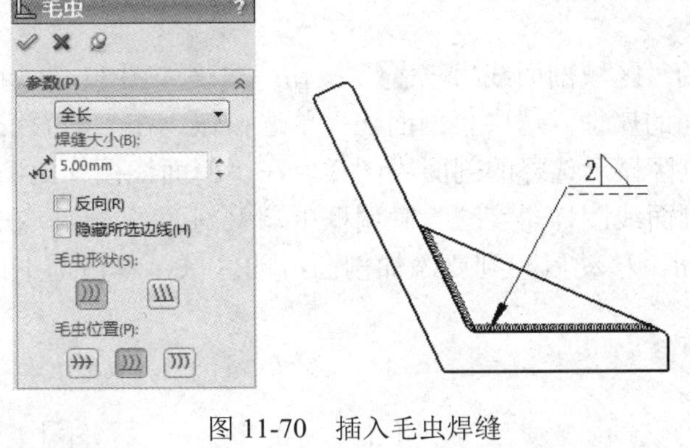

图 11-70　插入毛虫焊缝

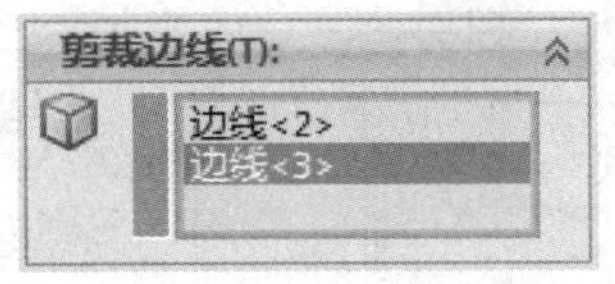

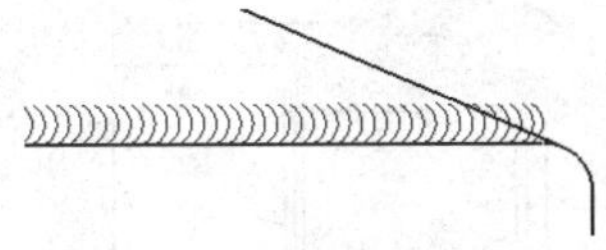
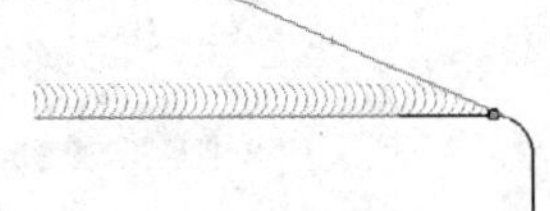

图 11-71　剪裁毛虫

11.6.13　基准目标

对于某些零件，在确定其形位公差的基准时，往往碰到由于这些要素的面很大或存在较大的形状误差等因素，直接使用这些要素作为基准不太合适，为此在这些要素的表面上指定一些点、线和面来确定基准平面，这些点、线或面被称为“基准目标”。

单击注解工具栏上的“基准目标”按钮，出现如图 11-72 所示的对话框，第一行图标选择目标符号样式，第二行图标选择插入圆形面，在“目标区域大小”文本框中输入圆形面直径大小，在“基准参考”文本框中输入要素所属的基准面符号。移动鼠标到工程图，单击一次放置带剖面线的圆形区域，移动鼠标再次单击放置“基准目标”标注。单击注解工具栏上的“智能尺寸”按钮，确定带剖面线的圆形区域在工程图中的具体位置，单击“确定”按钮退出尺寸标注。尺寸标注后，带剖面线的圆形区域不会自动移动，单击基准目标标注，移动鼠标到带剖面线的圆形区域中心，当鼠标指针变为时按住鼠标左键拖动，将带剖面线的圆形区域移动到尺寸标注的点位置。

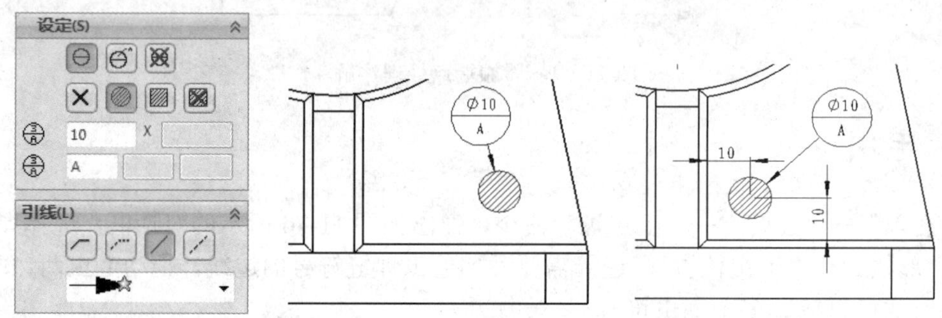

图 11-72　圆形面基准目标

11.6.14　区域剖面线填充

单击注解工具栏上的“区域剖面线/填充”按钮，出现如图 11-73 所示的对话框，在属性管理器中选择要填充的剖面的属性。选中“剖面线”单选按钮，在“剖面线图样”下拉列表框中选择 ANSI31 选项，在预览区显示选择的剖面线图样。在“剖面线图样比例”微调框中可以输入调整剖面线比例，在“剖面线图样角度”微调框中调整剖面线方向。在“加剖面线的区域”栏中选中“区域”单选按钮。移动鼠标到要添加剖面线的区域，单击选中，单击“确定”按钮完成。

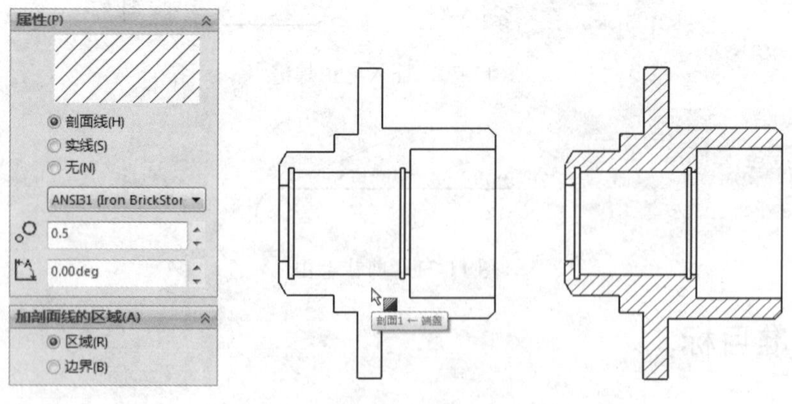

图 11-73　添加区域剖面线

11.6.15 零件序号

单击注解工具栏上的“零件序号”按钮，出现如图 11-74 所示的对话框，设置“样式”为“下划线”，在“大小”下拉列表框中选择“2 个字符”选项，设置“零件序号文字”为“项目数”。选择工程图中的一个零件，单击鼠标左键放置引线端点位置，拖动鼠标调整零件序号位置，再次单击放置零件序号。引线端点的样式与端点位置有关，当端点位置在面上时引线端点样式为点，当端点位置在线上时则端点样式为箭头。

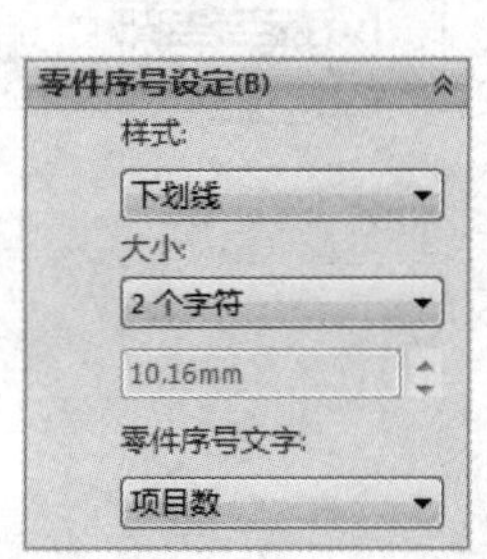

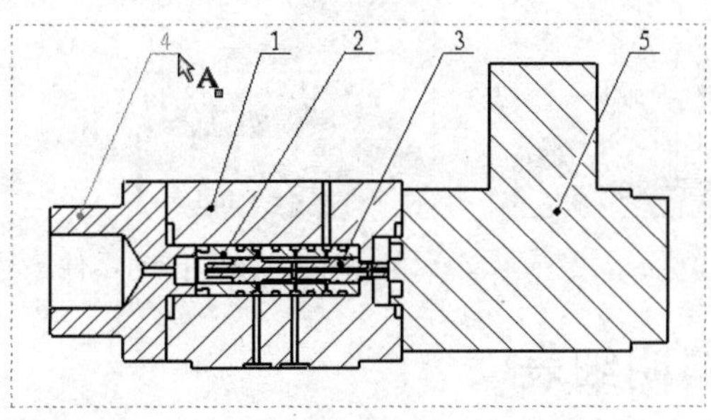

图 11-74 “零件序号设定”对话框

零件序号的编号是由装配体文件中零件的装配顺序决定的，双击零件序号 4，弹出一个对话框，如图 11-75 所示。

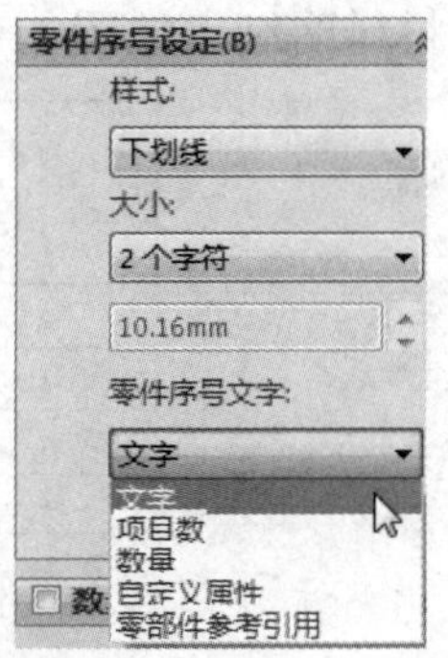

图 11-75 修改零件序号

这是因为将零件序号和成组的零件序号插入到装配体时，零件序号是依照装配体中所选材料明细表的项目编号方式决定的，通过在“零件序号文字”下拉列表框中选择“文字”选项可以手动输入该零件序号的文本。

11.6.16 自动零件序号

对于多视图标注，首先选中要标注的视图，否则自动零件序号会分配到多个视图。单击注解工具栏上的“自动零件序号”按钮，设置“零件序号文字”相对于视图的布局位置，选中“忽略多个实体”复选框，选中“零件序号面”单选按钮的零件序号的引线端点会在零件面上，选中“零件序号边线”单选按钮的零件序号引线端点则在零件边线上。

用自动零件序号标注是在“零件序号设定”的“零件序号文字”内不能手动调整零件序号的，

自动标注后手动选择要修改的零件序号，再在“零件序号文字”下拉列表框中选择“文字”选项，手动输入该零件序号，如图 11-76 所示。

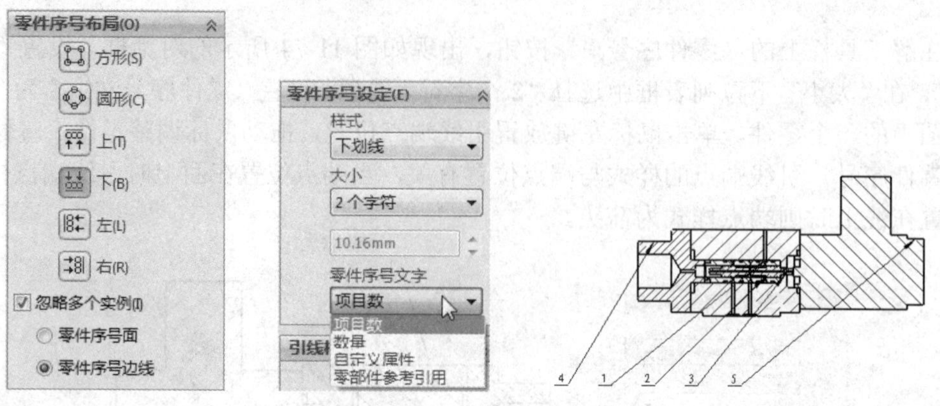

图 11-76　自动零件序号

11.6.17　材料明细表

单击注解工具栏上的“表格”按钮，再单击“材料明细表”按钮，然后单击“表格模板”中的“打开表格模板图标”按钮，选择安装程序路径中 C:\Program Files\SolidWorks Corp\SolidWorks\lang\chinese-simplified 的 bom-material.sldbomtbt 文件。其他值选择默认，单击“确定”按钮完成设置，生成的材料明细表如图 11-77 所示。

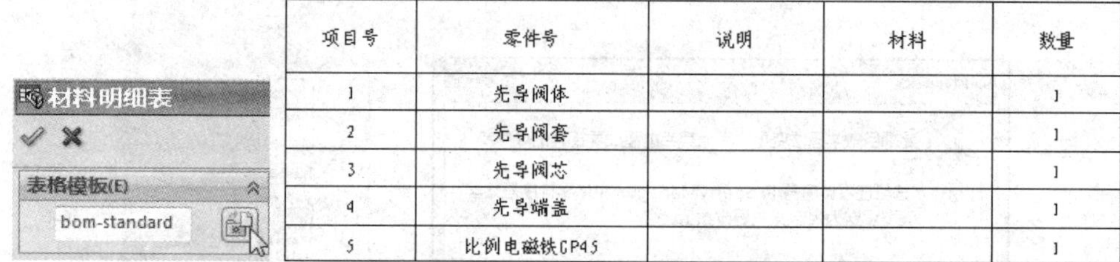

项目号	零件号	说明	材料	数量
1	先导阀体			1
2	先导阀套			1
3	先导阀芯			1
4	先导端盖			1
5	比例电磁铁CP45			1

图 11-77　插入材料明细表模板

用鼠标左键单击明细表，在弹出的菜单中选择“表格标题在上”命令，该图标变为“表格标题在下”，材料明细表的标题移到下边，如图 11-78 所示。

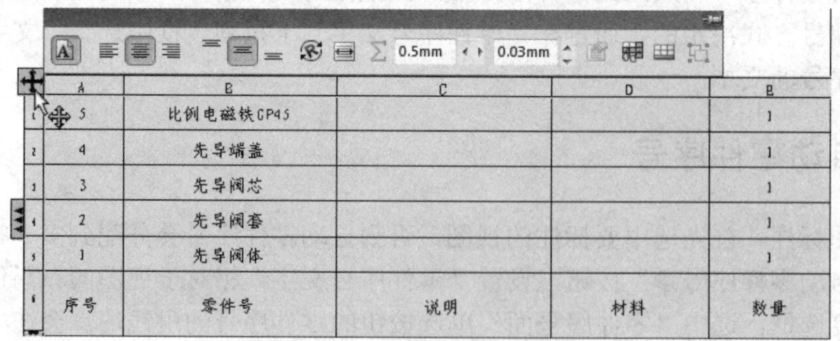

	A	B	C	D	E
1	5	比例电磁铁CP45			1
2	4	先导端盖			1
3	3	先导阀芯			1
4	2	先导阀套			1
5	1	先导阀体			1
6	序号	零件号	说明	材料	数量

图 11-78　设置明细表标题

双击表格标题中“零件号”等文字进行修改。将鼠标左键移动到一列的上方，当鼠标指针变为⬇时，按住鼠标左键拖动整列到想要的位置，如图 11-79 所示。

	A	B	C	D	E
1	5		比例电磁铁GP45	1	
2	4		先导端盖	1	
3	3		先导阀芯	1	
4	2		先导阀套	1	
5	1		先导阀体	1	
6	序号	代号	名称	数量	材料

图 11-79 调整明细表标题

将鼠标左键放置在材料明细表列分割线上，鼠标指针变为✥时可以调整列的宽度；将鼠标左键放置在材料明细表行分割线上，鼠标指针变为⇕时可以调整列的宽度；将鼠标左键放置在材料明细表的左下角，指针变为⤢后拖动表格会改变整个明细表的大小；将鼠标左键移动到明细表左上方的✥上，鼠标指针变为✥时按住鼠标左键拖动可以拖动整个明细表的位置。

使用鼠标右键单击调整好的材料明细表，在弹出的快捷菜单中选择“另存为”命令保存材料明细表模板。

双击材料明细表的一个单元格，如图 11-80 所示，会弹出如图 11-81 所示的对话框，单击“保持连接”或“断开连接”按钮继续编辑对话框文字。

5		比例电磁铁GP45	1	
4		先导端盖	1	45#
3		先导阀芯	1	40Cr
2		先导阀套	1	40Cr
1		先导阀体	1	45#
序号	代号	名称	数量	材料

						材料标记			单位名称
设计	签名	年月日	标准化	签名	年月日	阶段标记	重量	比例	图样名称装配体
						共 张	第 张		图样代号

图 11-80 完成材料明细表

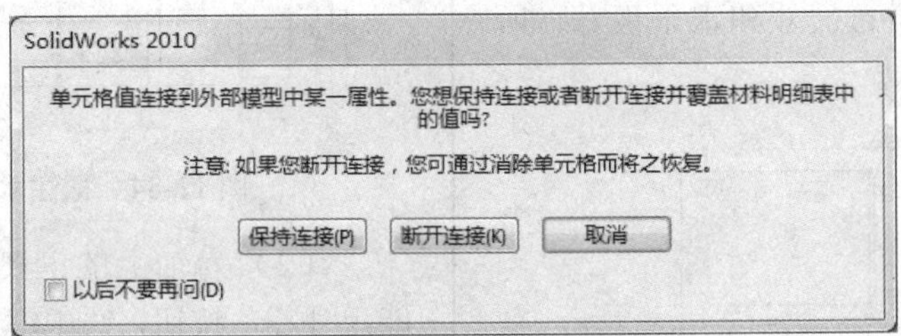

图 11-81 提示对话框

11.7 实例·操作——轴

轴是比较常见的零件，其视图如图 11-82 所示。

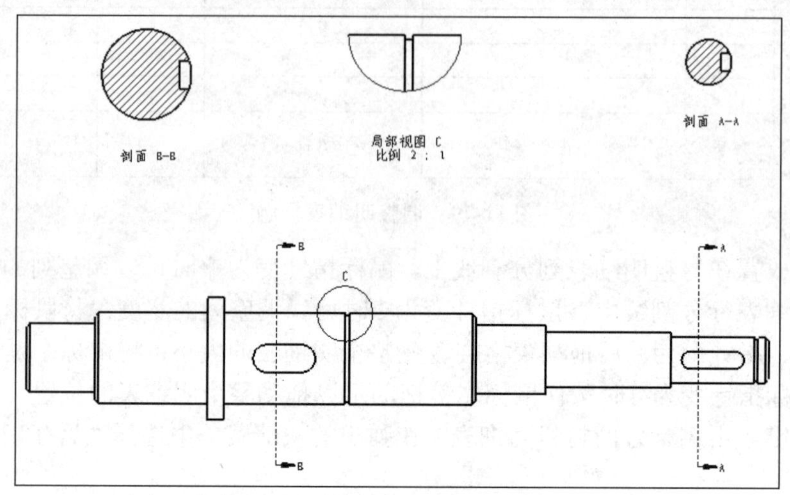

图 11-82 轴

【思路分析】

首先标注轴主视图的水平尺寸和竖直尺寸，在剖视图中标注键槽尺寸，在局部视图中标注沟槽尺寸，调整尺寸位置对齐尺寸，为某些尺寸添加尺寸公差，标注表面粗糙度，添加基准特征和形位公差，添加必要的注释完成标注。

【光盘文件】

起始文件——参见附带光盘中的“SW\Ch11\11-7.sldprt”文件。

结果文件——参见附带光盘中的“SW\Ch11\11-7.slddrw”文件。

动画演示——参见附带光盘中的“AVI\Ch11\11-7.avi”文件。

【操作步骤】

（1）单击“智能尺寸”按钮，移动鼠标选择要标注的边线，如图 11-83 所示，借助快速操纵杆为轴标注竖直尺寸和水平尺寸，所得尺寸如图 11-84 所示。

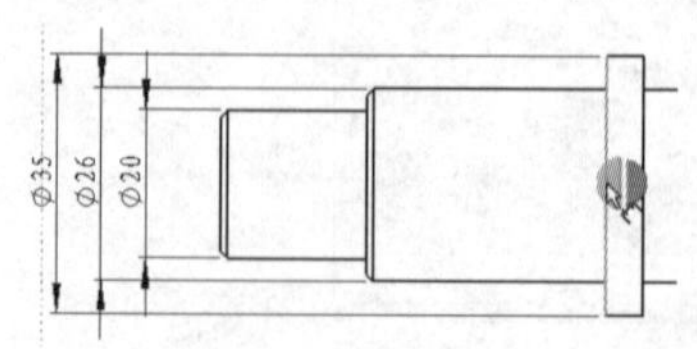

图 11-83 智能尺寸

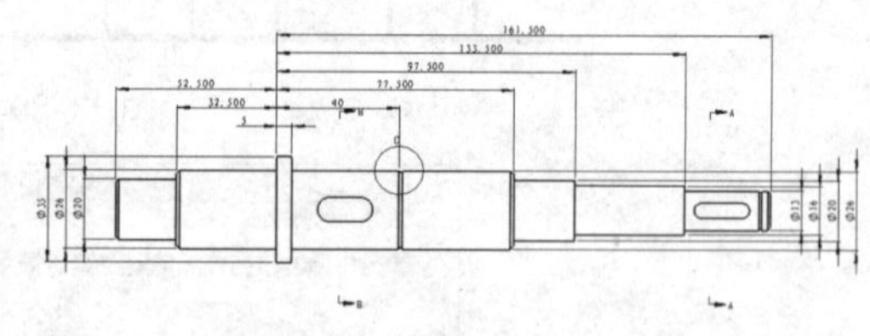

图 11-84 标注水平和竖直尺寸

（2）为轴上的键槽标注尺寸，单击“智能尺寸”按钮，选中键槽的两条圆弧，自动标注的尺寸为两圆弧中心距离，如图 11-85 所示。

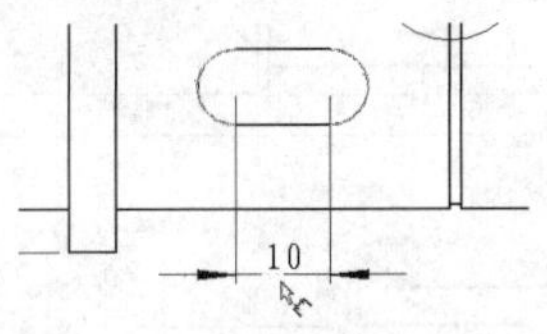

图 11-85　智能尺寸标注的圆弧之间距离

（3）单击尺寸标注，单击尺寸标注引线的端点，移动鼠标到圆弧上，单击放置尺寸标注端点，尺寸标注端点自动放置在圆弧最左边的切点上，如图 11-86 所示。

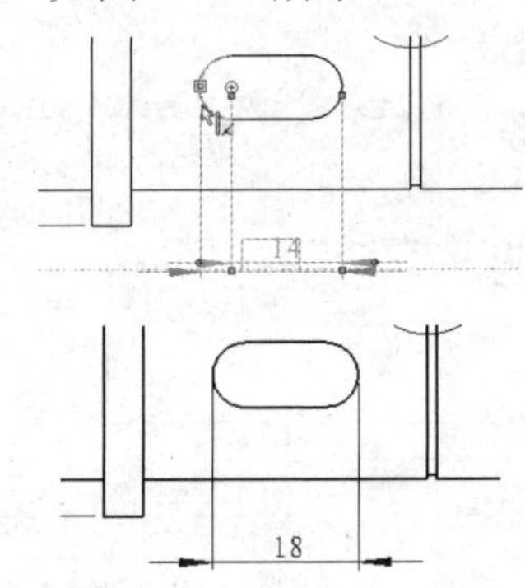

图 11-86　修改尺寸标注端点

（4）按住 Shift 键选中需要对齐的水平尺寸标注，选择“工具”→“尺寸标注”→“共线/径向对齐”命令，如图 11-87 所示。

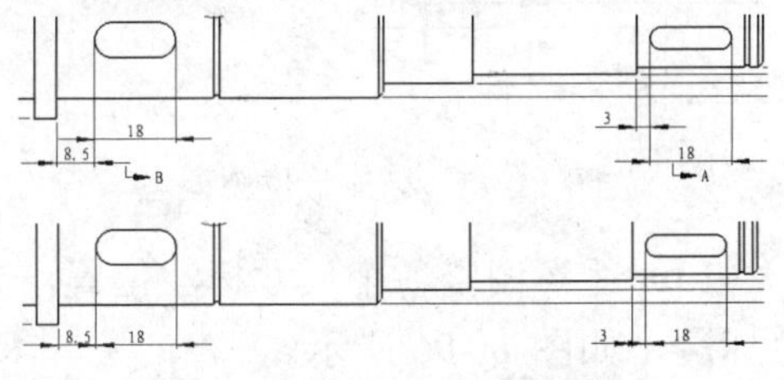

图 11-87　对齐尺寸标注

（5）用上述方法在两个剖面图中为键槽标注尺寸，如图 11-88 所示。

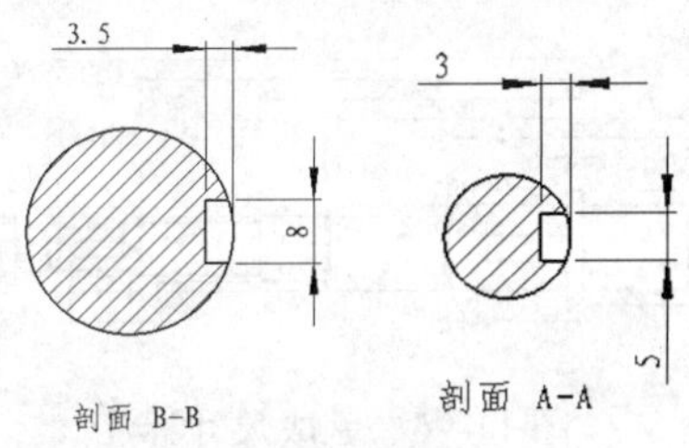

图 11-88　在剖面图中标注键槽尺寸

（6）单击需要添加尺寸公差的尺寸标注，在属性管理器中设置公差形式及公差文字比例大小，如图 11-89 所示。

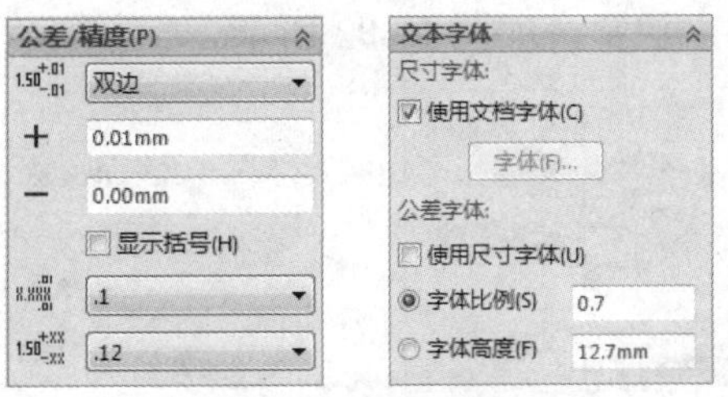

图 11-89　绘制相切圆

（7）单击设置好公差的尺寸标注，单击“格式涂刷器”按钮，选择需标注具有同样公差的尺寸标注，如图 11-90 所示。

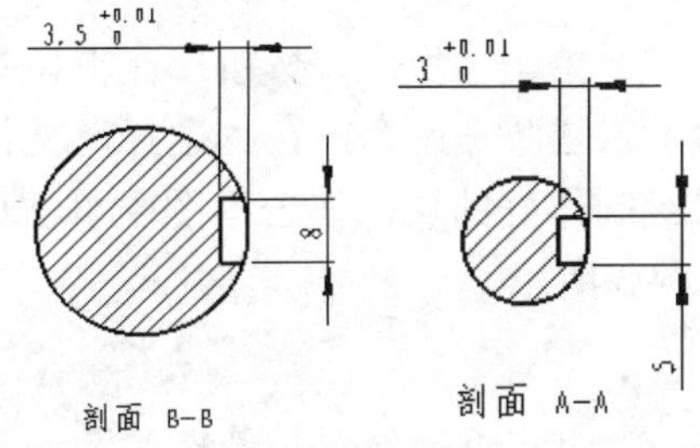

图 11-90　使用格式涂刷器标注公差

（8）在局部视图中标注沟槽尺寸，单击“智能尺寸”按钮标注沟槽宽度，编辑尺寸标注文字，如图 11-91 所示。

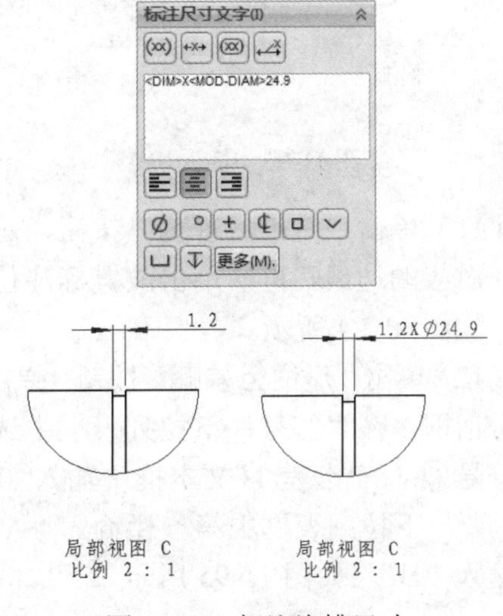

图 11-91　标注沟槽尺寸

（9）单击“表面粗糙度符号✓”按钮，选择“要求切削加工”，在“符号布局”中的“最大粗糙度”文本框中输入“3.2”。选择边线单击放置，如图11-92所示。

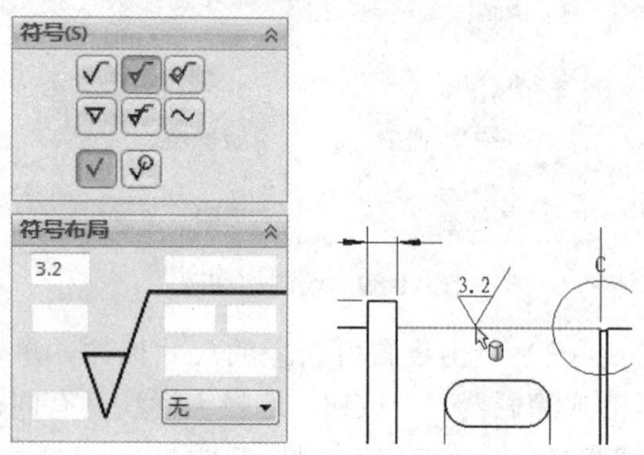

图11-92　添加表面粗糙度

（10）单击“块”按钮，在下拉菜单中选择“插入块”命令，在“选择”文件夹中选择已经制作好的块，在工程图中单击放置，如图11-93所示。

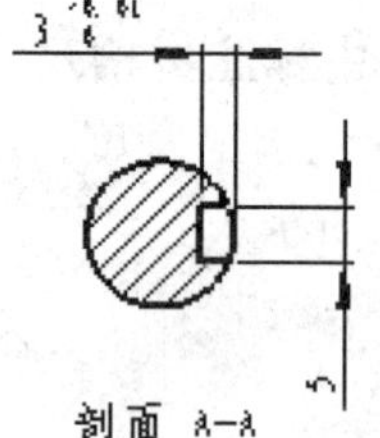

图11-93　插入块

（11）单击“基准特征”按钮，选择基准特征对应的边线，再次单击放置标注位置或边线，如图11-94所示。

（12）单击“形位公差”按钮，弹出“属性”对话框，在“符号”下拉列表框中选择同心度符号◎，在“公差1”文本框中输入“0.04”，在“主要”下拉列表框中第一栏输入“A”、第二栏输入“B”，如图11-95所示。

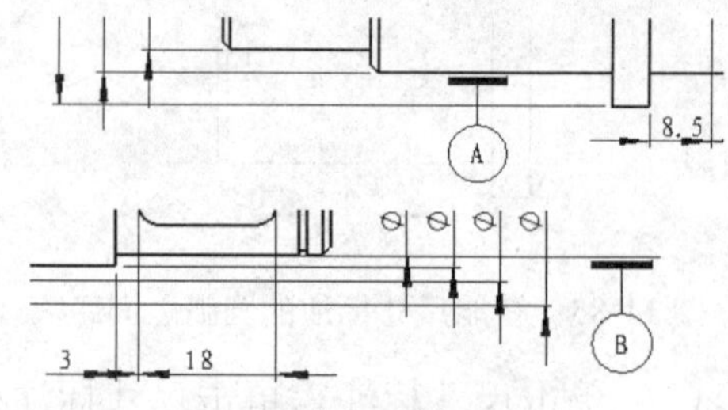

图11-94　基准特征

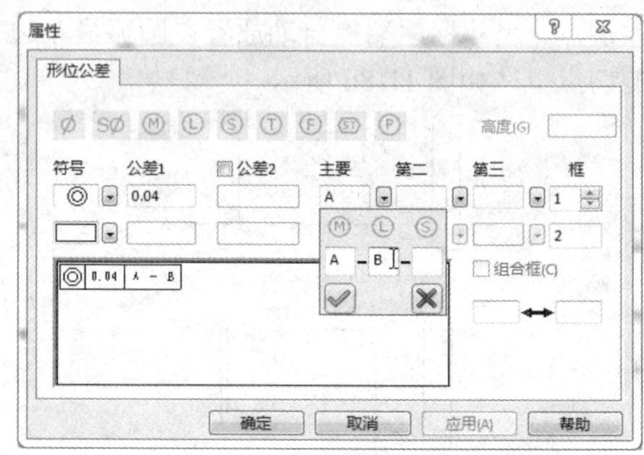

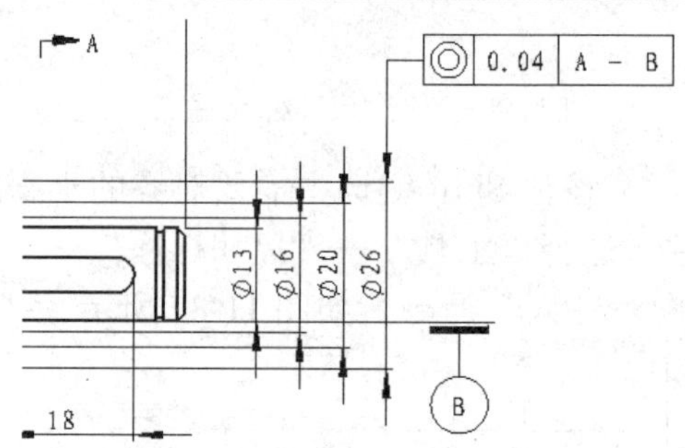

图11-95　标注形位公差

（13）适当调整各个尺寸标注位置，完成尺寸标注，如图11-96所示。

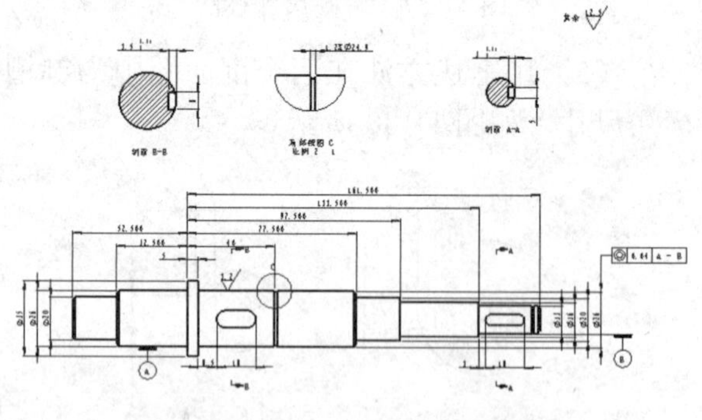

图11-96　完成尺寸标注

11.8 实例·练习——轴承座

轴承座的标注如图 11-97 所示。

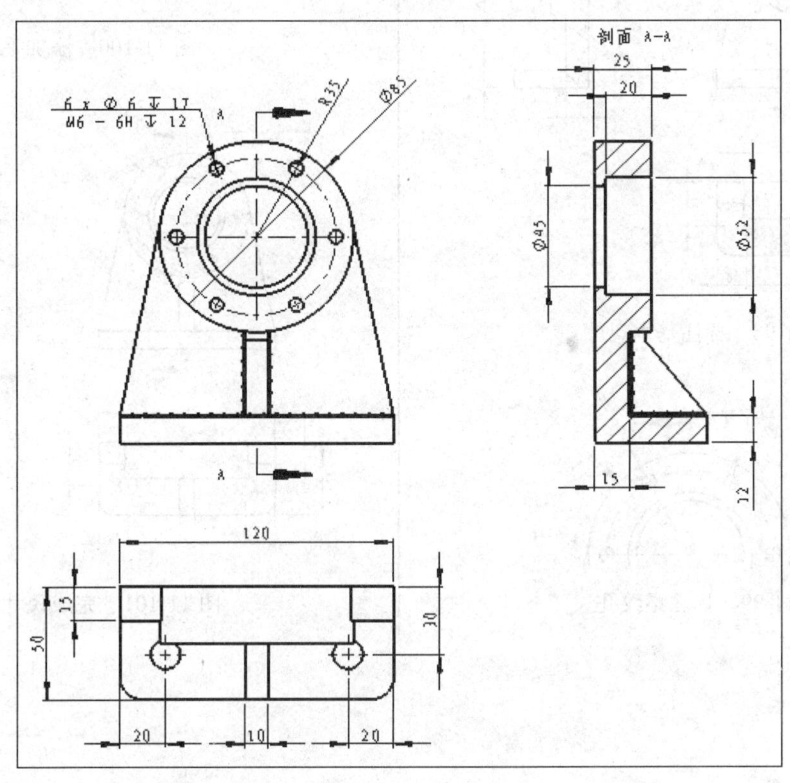

图 11-97 轴承座的尺寸标注

【思路分析】

首先完成轴承座 3 个视图的基本尺寸标注，接着完成主视图中 6 个螺纹孔的尺寸标注及焊接标注毛虫的添加，最后添加必要的注释完成标注。

【光盘文件】

起始文件——参见附带光盘中的“SW\Ch11\11-8.sldprt”文件。

结果文件——参见附带光盘中的“SW\Ch11\11-8.slddrw”文件。

动画演示——参见附带光盘中的“AVI\Ch11\11-8.avi”文件。

【操作步骤】

(1) 单击“智能尺寸”按钮，为轴承座标注基本尺寸，如图 11-98 所示。

(2) 单击“孔标注”按钮，移动鼠标单击要标注的螺纹孔，如图 11-99 所示。

(3) 选择“插入”→“注解”→“毛虫”命令，在焊接处添加毛虫，如图 11-100 所示。

(4) 适当调整各个尺寸标注位置，完成尺寸标注，如图 11-101 所示。

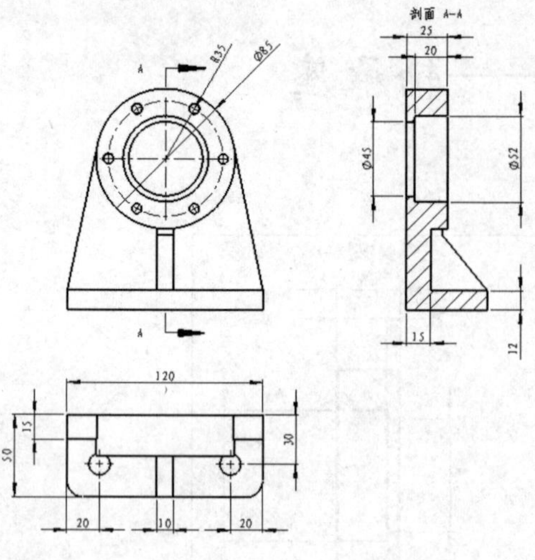

图 11-98　标注基本尺寸

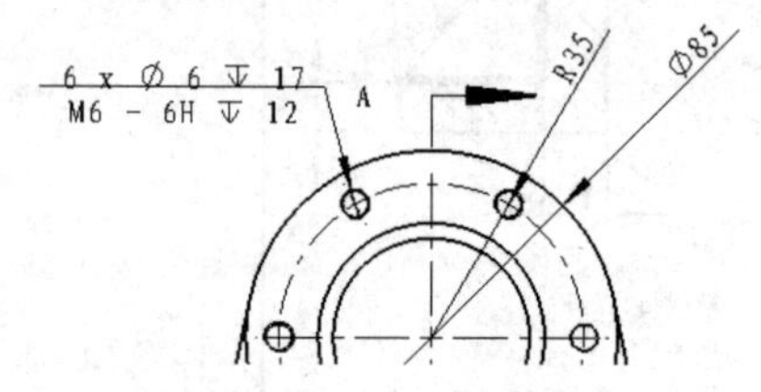

图 11-99　标注螺纹孔

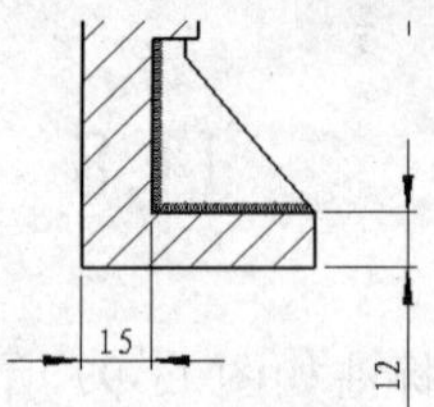

图 11-100　添加毛虫

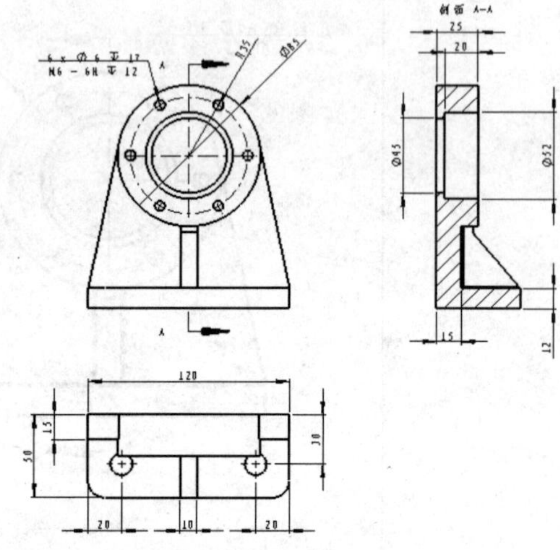

图 11-101　完成尺寸标注

第 12 讲　综 合 实 例

通过前面的学习，已经了解了利用 SolidWorks 软件绘制三维零部件、生成装配体及工程图的基本方法，本讲以阀的装配体为例进行介绍，首先绘制了阀的基本组成部件——阀芯、阀套、阀体、端盖及电磁铁的零件图，然后进入装配体环境，通过各种配合关系进行装配，之后又进入了工程图绘制环境，绘制阀体零件的工程图及阀的总装配体的工程图。通过本讲的学习，相信广大读者可以掌握从零件生成、装配到出工程图纸的基本方法和基本步骤，对该软件有更加系统的认识。

本讲内容

- 零件建模
- 装配体
- 工程图

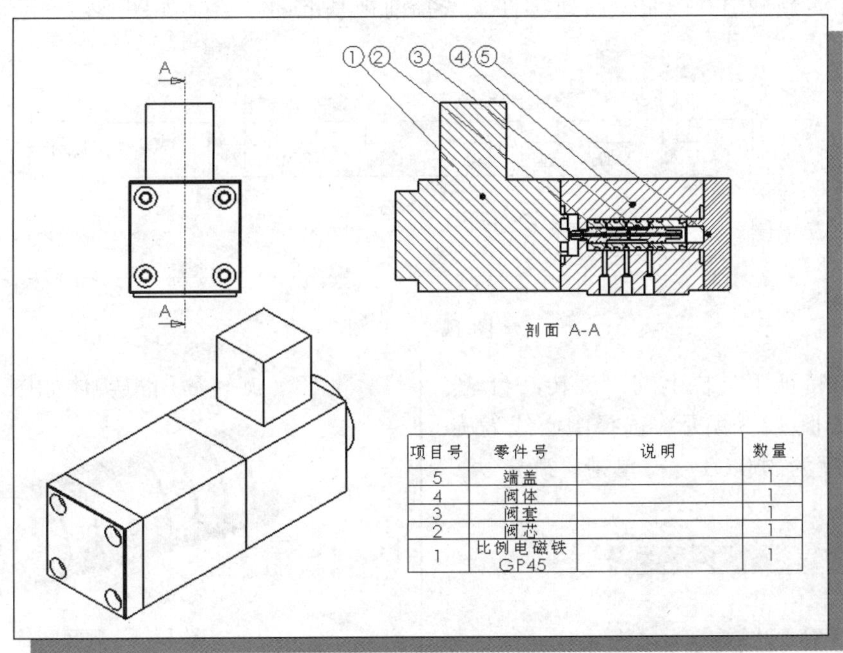

项目号	零件号	说明	数量
5	端盖		1
4	阀体		1
3	阀套		1
2	阀芯		1
1	比例电磁铁 GP45		1

12.1　零 件 建 模

主要介绍阀装配体的基本零部件，即阀套、阀芯、阀体、端盖及电磁铁的零件建模过程。

12.1.1 阀套

首先介绍阀套的绘制，其基本结构如图 12-1 所示。

图 12-1　阀套

【思路分析】

该零件主要为旋转结构，通过旋转凸台/基体可完成大部分实体，再通过拉伸切除、旋转切除、圆角、倒角等完成细节特征。

【光盘文件】

结果文件——参见附带光盘中的"SW\Ch12\阀套.sldprt"文件。

动画演示——参见附带光盘中的"AVI\Ch12\阀套.avi"文件。

【操作步骤】

（1）单击"新建"按钮，新建零件，选择前视基准面，绘制如图 12-2 所示的草图。

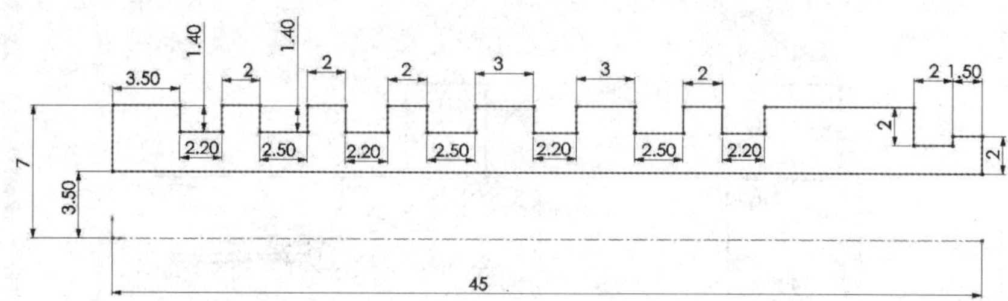

图 12-2　草图

（2）单击特征工具栏上的"旋转凸台/基体"按钮，如图 12-3 所示，选择中心线为旋转轴，旋转角度为 360.00 度，单击"确定"按钮完成。

图 12-3　旋转凸台/基本

（3）旋转后所得实体如图 12-4 所示。

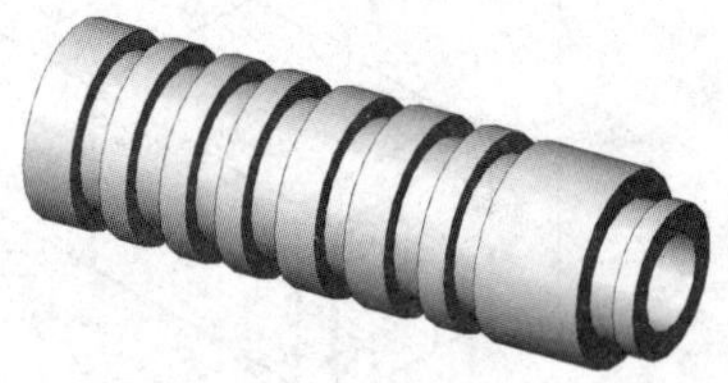

图 12-4　旋转实体

（4）选择上视基准面，绘制如图 12-5 所示的草图。

（5）单击特征工具栏上的"拉伸切除"按钮，如图 12-6 所示，设置两个方向均为"完全贯穿"，单击"确定"按钮完成。

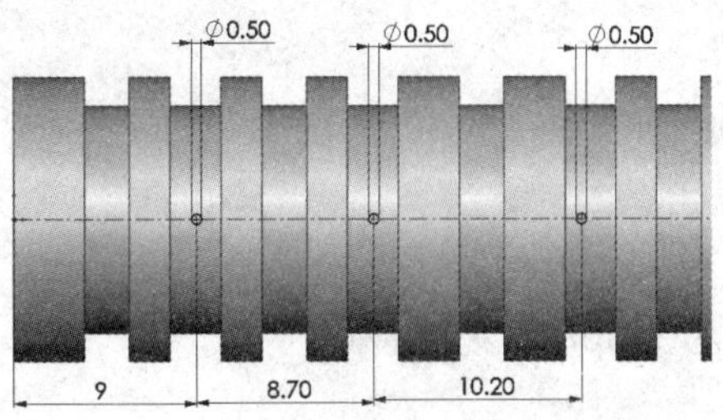

图 12-5 绘制草图

图 12-6 拉伸切除

（6）单击特征工具栏上的“倒角”按钮，如图 12-7 所示，选择图中的倒角边线，设置距离为 0.50mm，角度为 45.00 度，单击“确定”按钮完成。

（7）单击特征工具栏上的“圆角”按钮，选择图 12-8 所示的圆角边线，设置半径为 0.30mm，单击“确定”按钮完成。

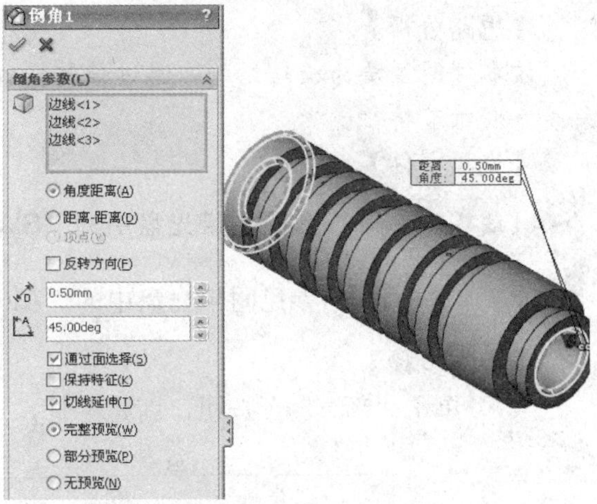

图 12-7 倒角

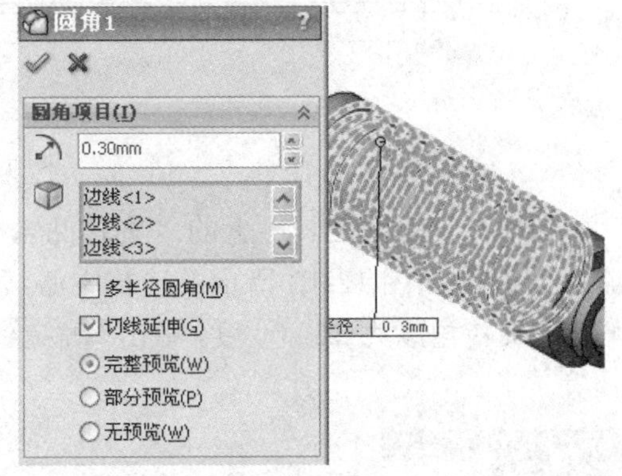

图 12-8 圆角

（8）所得最终实体如图 12-9 所示。

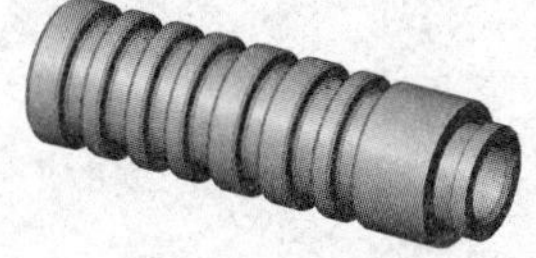

图 12-9 阀套

12.1.2 阀芯

下面介绍阀芯的绘制，其基本结构如图 12-10 所示。

图 12-10 阀芯

【思路分析】

该零件图主要为旋转结构，通过旋转操作即可完成大部分实体，再通过拉伸切除、圆角、倒角等完成细节特征。

【光盘文件】

结果文件——参见附带光盘中的“SW\Ch12\阀芯.sldprt”文件。

动画演示——参见附带光盘中的“AVI\Ch12\阀芯.avi”文件。

【操作步骤】

（1）单击“新建”按钮，新建零件，选择前视基准面，绘制如图12-11所示的草图。

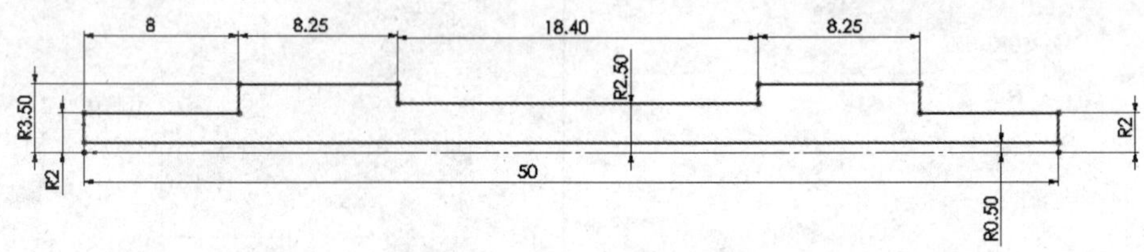

图12-11 绘制草图

（2）单击特征工具栏上的“旋转凸台/基体”按钮，如图12-12所示，选择中心线为旋转轴，旋转角度为360.00度，单击“确定”按钮完成。

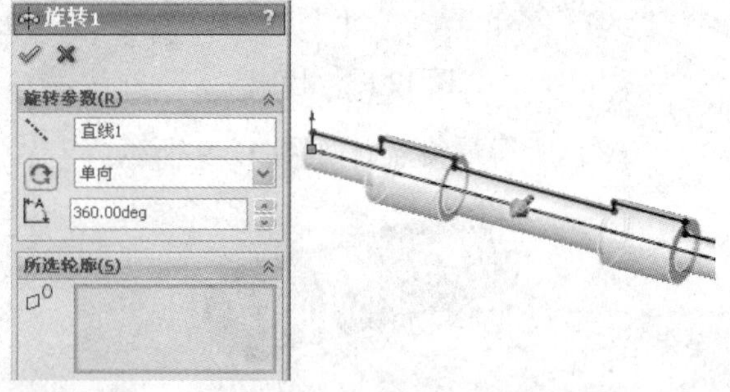

图12-12 旋转凸台/基体

（3）选择上视基准面，绘制如图12-13所示的草图。单击特征工具栏上的“拉伸切除”按钮，设置两个方向均为“完全贯穿”，单击“确定”按钮完成。

（4）单击特征工具栏上的“圆角”按钮，选择图12-14所示的圆角边线，设置半径为0.20mm，单击“确定”按钮完成。

（5）选择前视基准面，绘制如图12-15所示的草图。

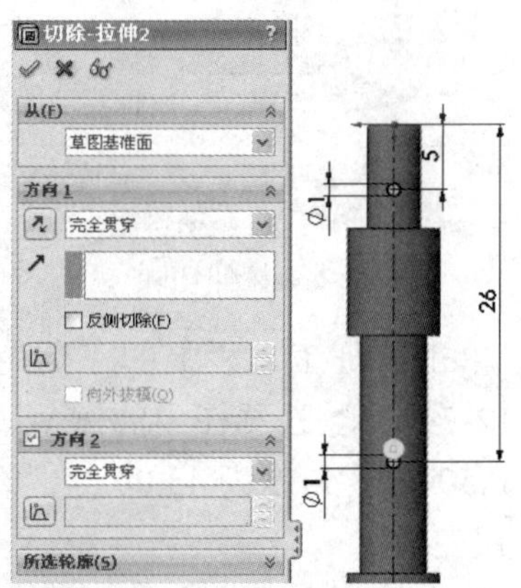

图12-13 拉伸切除

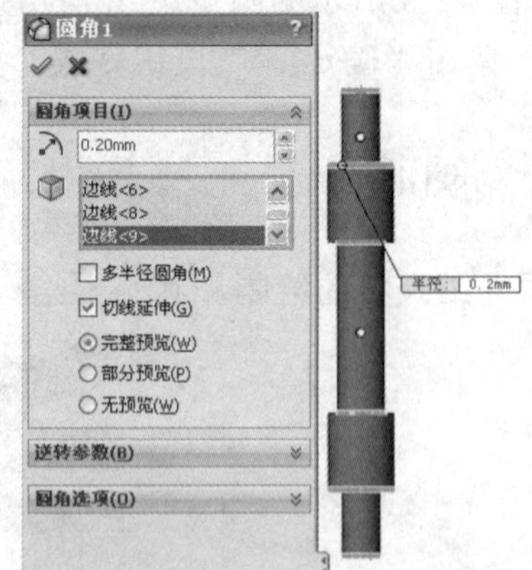

图12-14 圆角

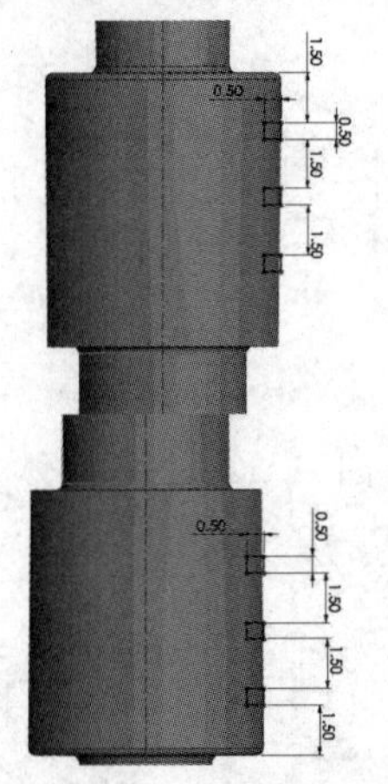

图 12-15　绘制草图

（6）单击特征工具栏上的“旋转切除”按钮，如图 12-16 所示，选择旋转轴为中心线，设置旋转角度为 360.00 度，单击“确定”按钮完成。

图 12-16　旋转切除

（7）所得最终实体如图 12-17 所示。

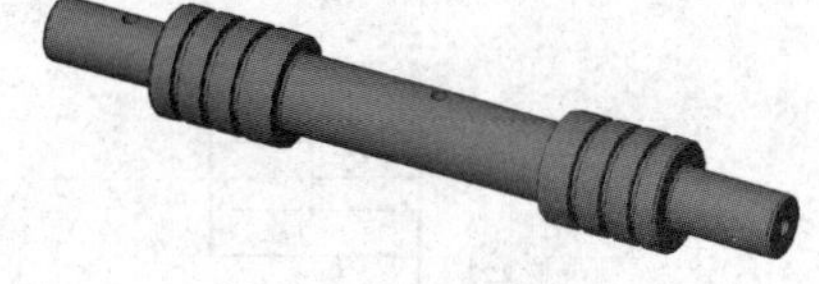

图 12-17　阀芯

12.1.3　阀体

下面介绍阀体的绘制，其基本结构如图 12-18 所示。

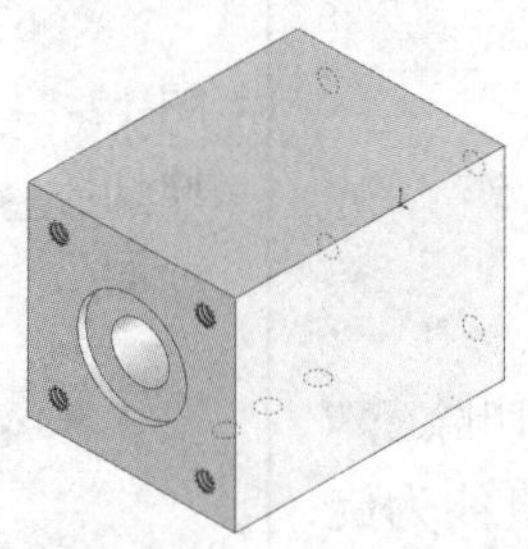

图 12-18　阀体

【思路分析】

该零件图主要通过拉伸凸台/基体所得，然后通过打孔、拉伸切除、旋转切除等特征来完成细节部分操作。

【光盘文件】

——参见附带光盘中的“SW\Ch12\阀体.sldprt”文件。

动画演示——参见附带光盘中的“AVI\Ch12\阀体.avi”文件。

【操作步骤】

（1）单击“新建”按钮，新建零件，选择前视基准面，绘制如图 12-19 所示的草图。单击特征工具栏上的“拉伸凸台/基体”按钮，设定拉伸深度为 65.00mm，单击“确定”按钮完成。

（2）选择上视基准面，绘制如图 12-20 所示的草图。

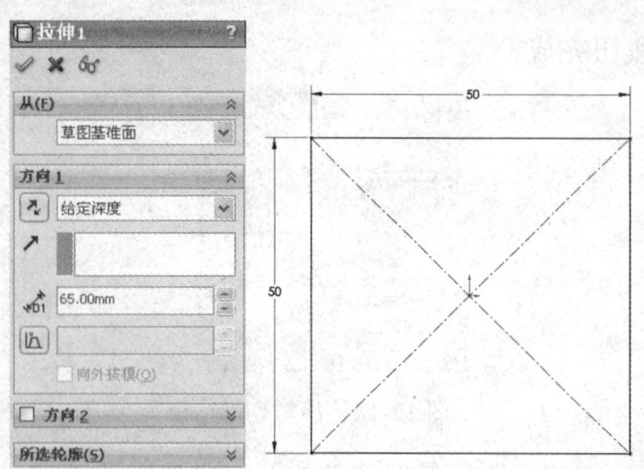
图 12-19　拉伸凸台/基体

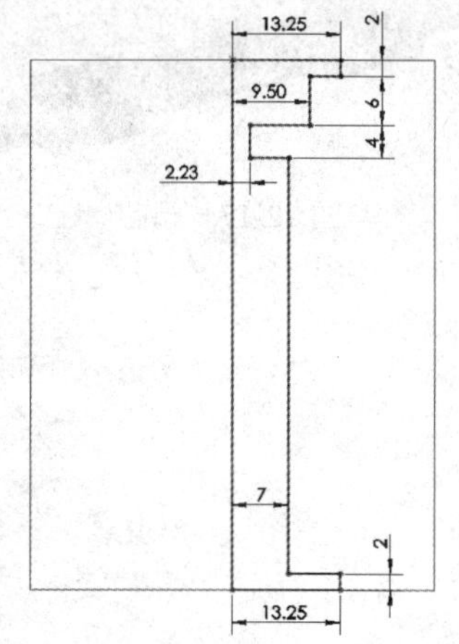
图 12-20　绘制草图

（3）单击特征工具栏上的“旋转切除”按钮，如图 12-21 所示，选择过原点直线为旋转轴，设置旋转角度为 360.00 度，单击“确定”按钮完成。

图 12-21　旋转切除

（4）切除后所得实体如图 12-22 所示。

（5）绘制如图 12-23 所示的草图，单击特征工具栏上的“拉伸凸台/基体”按钮，设定拉伸深度为 2.00mm，单击“确定”按钮完成。

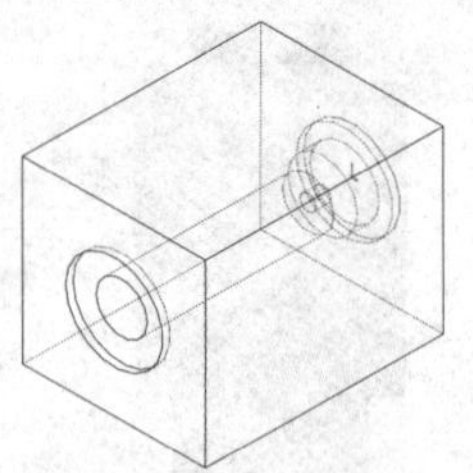
图 12-22　切除实体

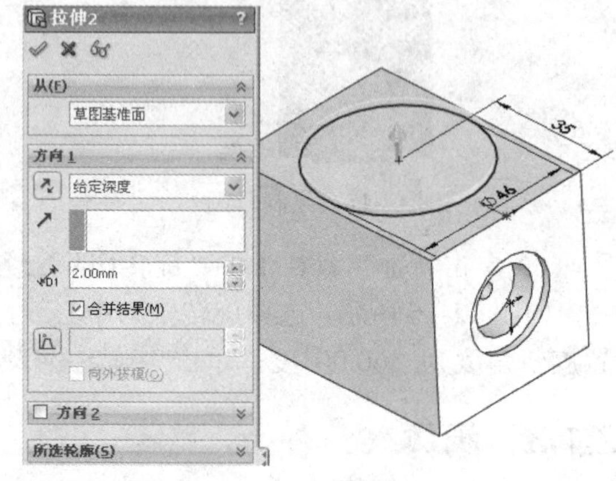
图 12-23　拉伸凸台/基体

（6）在步骤（5）所得的拉伸面上绘制如图 12-24 所示的草图，单击特征工具栏上的“拉伸切除”按钮，设置拉伸方向为“成形到下一面”，单击“确定”按钮完成。

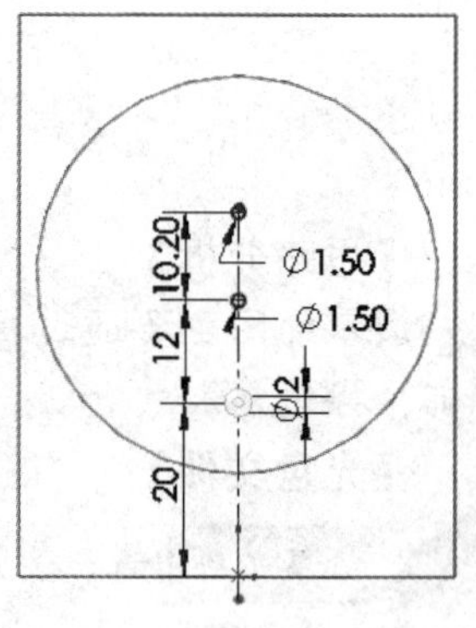
图 12-24　拉伸切除

（7）单击特征工具栏上的“异型孔向导”按钮，绘制如图 12-25 所示的螺纹孔，设置孔规格为 GB，“大小”为 M5，螺纹孔深度为 12.40mm，螺纹深度为 10.00mm，单击“确定”按钮完成。

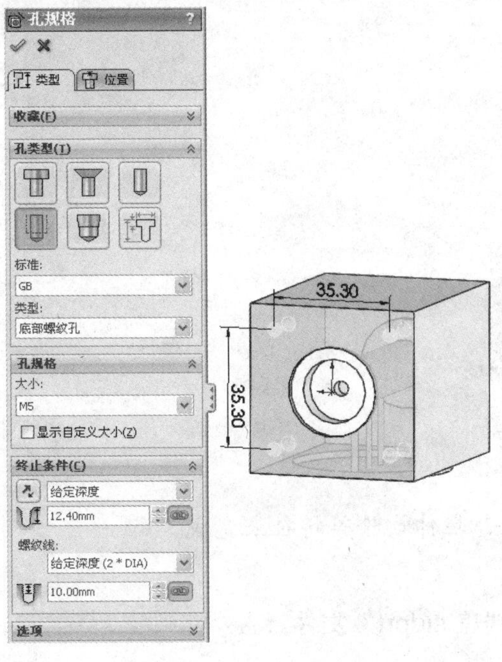

图 12-25　插入异型孔

（8）单击特征工具栏上的“异型孔向导”按钮，绘制如图 12-26 所示的螺纹孔，设置孔规格为 GB，“大小”为 M5，螺纹孔深度为 12.40mm，螺纹深度为 10.00mm，单击“确定”按钮完成。

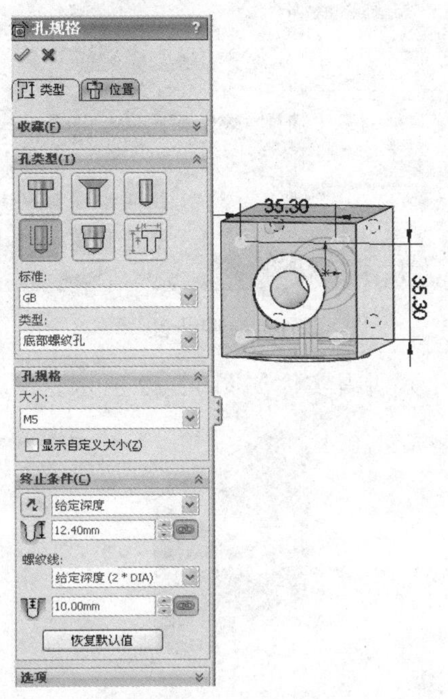

图 12-26　插入异型孔

（9）单击特征工具栏上的“异型孔向导”按钮，绘制如图 12-27 所示的螺纹孔，设置孔规格为 GB，“大小”为 M5，螺纹孔深度为 8.40mm，螺纹深度为 6.00mm，单击“确定”按钮完成。

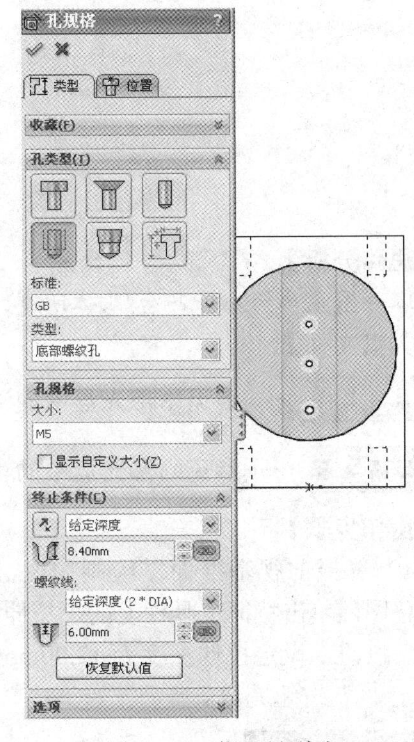

图 12-27　插入异型孔

（10）所得最终实体如图 12-28 所示。

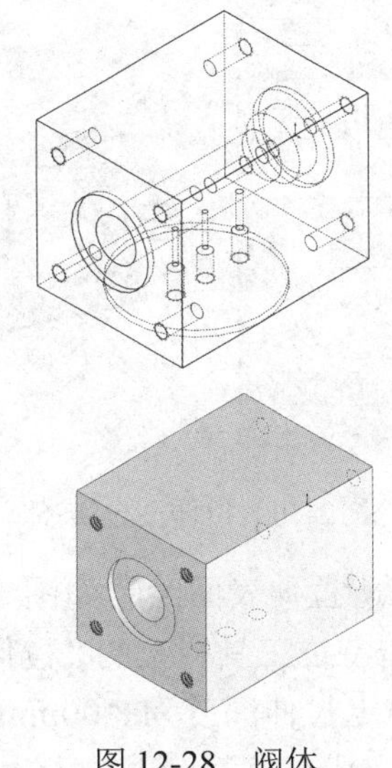

图 12-28　阀体

12.1.4 端盖

下面介绍端盖的绘制，其基本结构如图 12-29 所示。

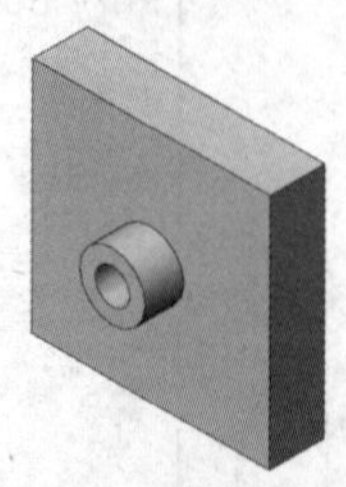

图 12-29 端盖

【思路分析】

该零件图主要为拉伸凸台/基体所得，再通过打孔、拉伸切除等特征来完成。

【光盘文件】

结果文件——参见附带光盘中的“SW\Ch12\端盖.sldprt”文件。

动画演示——参见附带光盘中的“AVI\Ch12\端盖.avi”文件。

【操作步骤】

（1）选择前视基准面，绘制如图 12-30 所示的草图，单击特征工具栏上的“拉伸凸台/基体”按钮，设定拉伸深度为 12.00mm，单击“确定”按钮完成。

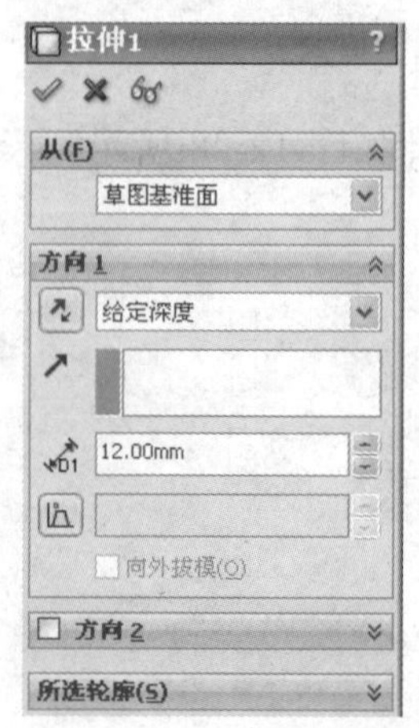

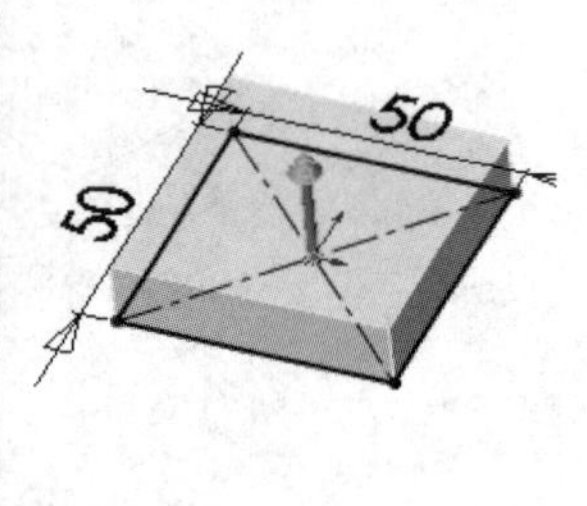

图 12-30 拉伸凸台/基体

（2）在所拉伸表面绘制如图 12-31 所示的草图，单击特征工具栏上的“拉伸凸台/基体”按钮，设定拉伸深度为 8.00mm，单击“确定”按钮完成。

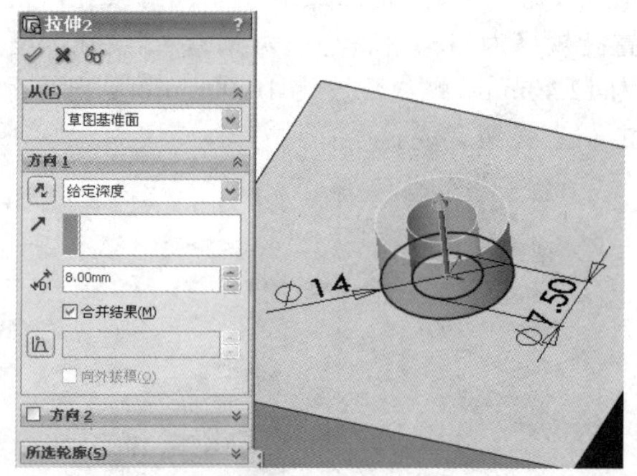

图 12-31 拉伸凸台/基本

（3）所得实体如图 12-32 所示。

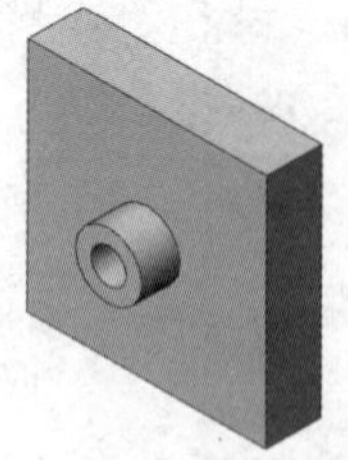

图 12-32 端盖

12.1.5 电磁铁

下面介绍电磁铁的绘制，其基本结构如图 12-33 所示。

图 12-33 电磁铁

【思路分析】

该零件图主要为拉伸实体，通过多次拉伸凸台/基体而生成。

【光盘文件】

结果文件——参见附带光盘中的“SW\Ch12\电磁铁.sldprt”文件。

动画演示——参见附带光盘中的“AVI\Ch12\电磁铁.avi”文件。

【操作步骤】

（1）选择前视基准面，绘制如图 12-34 所示的草图，单击特征工具栏上的“拉伸凸台/基体”按钮，设定拉伸深度为 64.00mm，单击“确定”按钮完成。

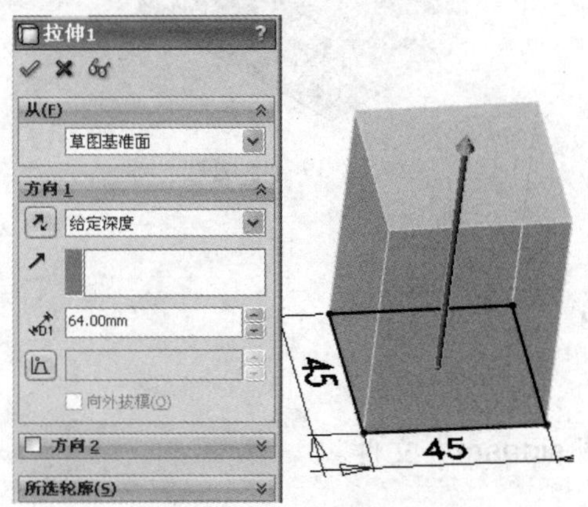

图 12-34 拉伸 1

（2）在所拉伸表面绘制如图 12-35 所示的草图，单击特征工具栏上的“拉伸凸台/基体”按钮，设定拉伸深度为 10.00mm，单击“确定”按钮完成。

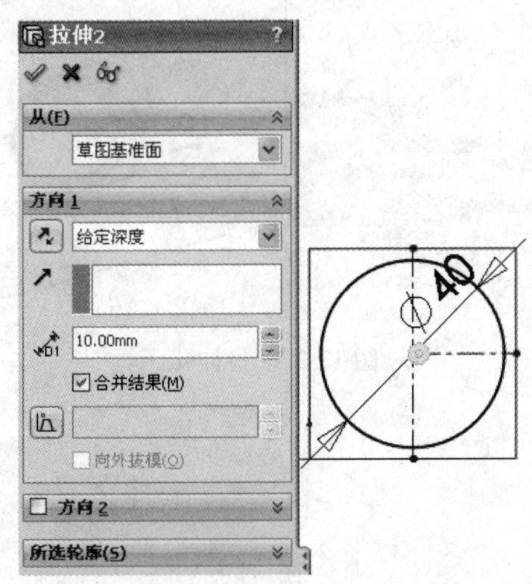

图 12-35 拉伸 2

（3）在如图 12-36 所示的表面绘制草图，单击特征工具栏上的“拉伸凸台/基体”按钮，设定拉伸深度为 35.00mm，单击“确定”按钮完成。

（4）在如图 12-37 所示表面绘制草图，单击特征工具栏上的“拉伸凸台/基体”按钮，设定拉伸深度为 3.50mm，单击“确定”按钮完成。

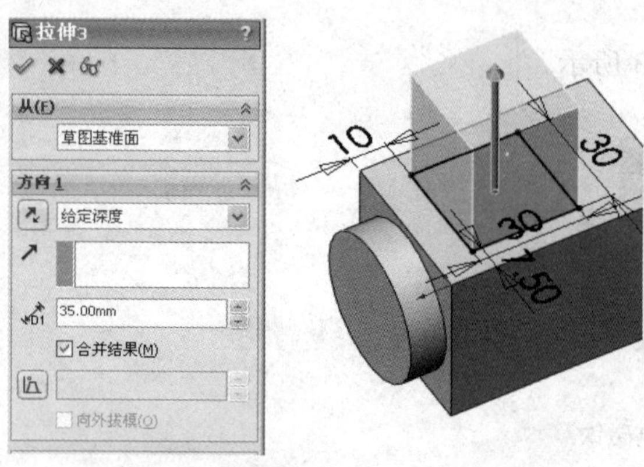

图 12-36　拉伸 3

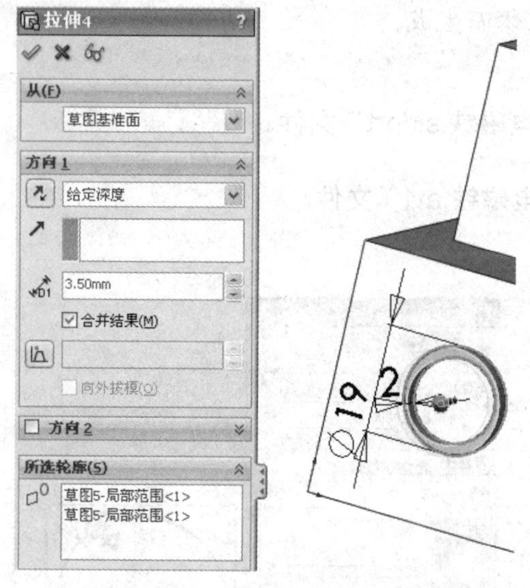

图 12-37　拉伸 4

（5）在如图 12-38 所示的表面绘制草图，单击特征工具栏上的“拉伸凸台/基体”按钮，设定拉伸深度为 4.00mm，单击“确定”按钮完成。

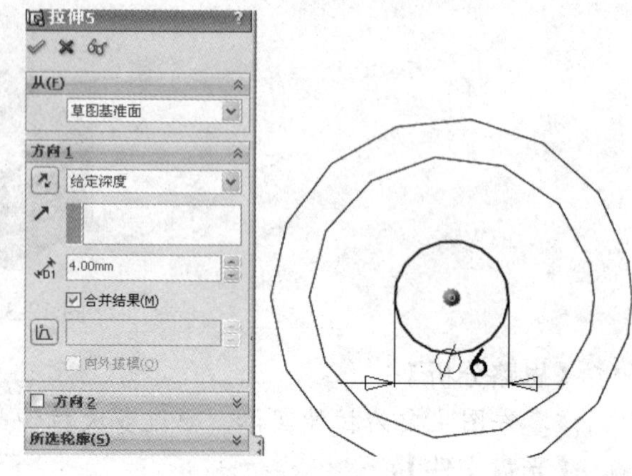

图 12-38　拉伸 5

（6）最终所得实体如图 12-39 所示。

图 12-39　电磁铁

12.2　装　配　体

结果文件——参见附带光盘中的“SW\Ch12\阀.sldasm”文件。

动画演示——参见附带光盘中的“AVI\Ch12\装配体.avi”文件。

单击“新建”按钮，选择“装配体”选项，进入装配体环境，依次插入零件阀体、阀套、阀芯、端盖、电磁铁，如图 12-40 所示，然后单击装配体工具栏上的“配合”按钮进行配合，所设定的配合关系如表 12-1 所示，所得最终装配实体如图 12-41 所示。

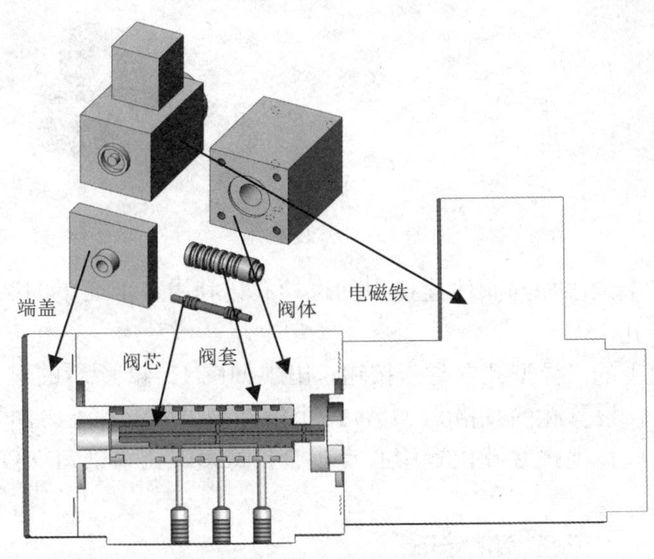

图 12-40　配合

表 12-1　配合关系列表

关　系	图　例
重合2（阀体〈1〉, 比例电磁铁〈	
同心1（阀体〈1〉, 比例电磁铁	
重合3（阀体〈1〉, 端盖〈1〉）	
同心2（阀体〈1〉, 端盖〈1〉）	
同心3（阀套〈1〉, 阀芯〈1〉）	
同心4（阀体〈1〉, 阀套〈1〉）	

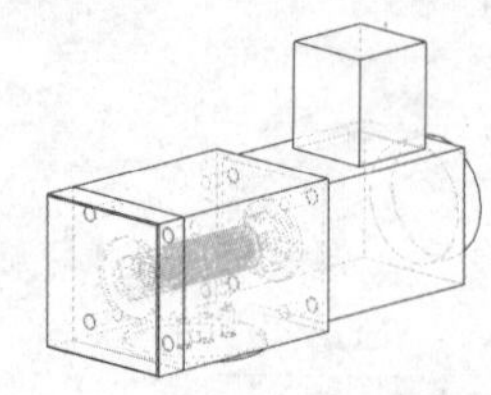
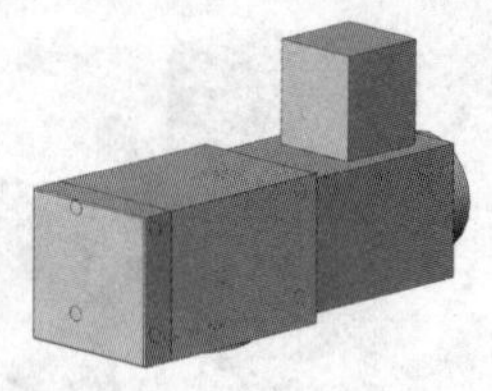

图 12-41　装配体

在电磁铁的左端盖上未添加与阀体连接用的螺栓孔，利用自上而下的装配设计方法，在装配体环境下添加螺栓安装孔。

单击装配体工具栏上的“异型孔向导”按钮，出现如图 12-42 所示的对话框。选择“孔类型”为“内六角圆柱头螺钉，设置孔的规格为 M5，终止条件为“成形到下一面”，选择“位置”选项卡，添加螺纹孔位置与阀体上螺纹孔位置中心点重合，最后单击“确定”按钮完成螺钉安装孔的绘制，如图 12-42 所示。

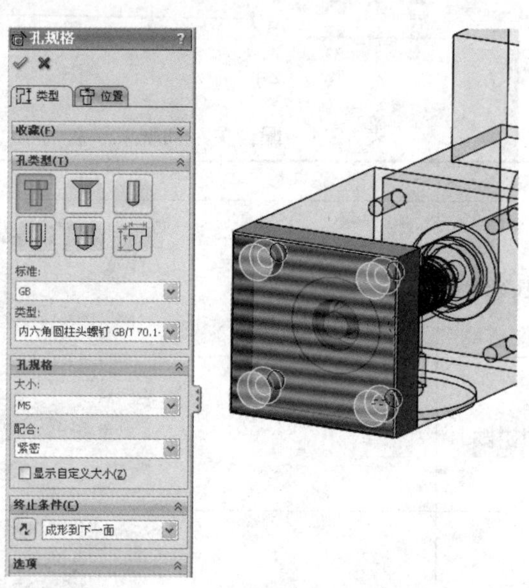

图 12-42　绘制孔

12.3　工　程　图

在装配好实体之后，绘制零件及装配体的工程图。

12.3.1　阀体工程图

结果文件——参见附带光盘中的“SW\Ch12\阀体.sldprt”文件。

动画演示——参见附带光盘中的“AVI\Ch12\阀体工程图.avi”文件。

打开“SW\Ch12\阀体.sldprt”文件，选择“文件”→“从零件图到工程图”命令，在弹出的对话框中单击“确定”按钮，进入工程图环境。

选择“工具”→“选项”→“文档属性”命令，选择“文档属性”选项卡下的“绘图标准”选项，在右边“总绘图标准”下拉菜单中选择工程图的绘图标准，这里选择 GB 即中国国家标准。单击“注解”、“尺寸”等对标注尺寸格式、字体大小等逐一进行设置。

单击工程图工具栏上的“模型视图”按钮，在绘图区域中拖动实体放置前视图、后视图及上视图。单击工程图工具栏上的“剖面视图”按钮，绘制前视图的剖面图，如图 12-43 所示。

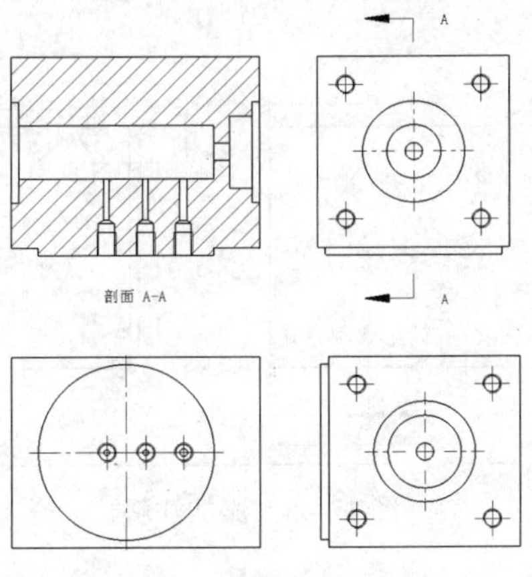

图 12-43　视图

为工程图添加该视图的基本尺寸，所得结果如图 12-44 所示。

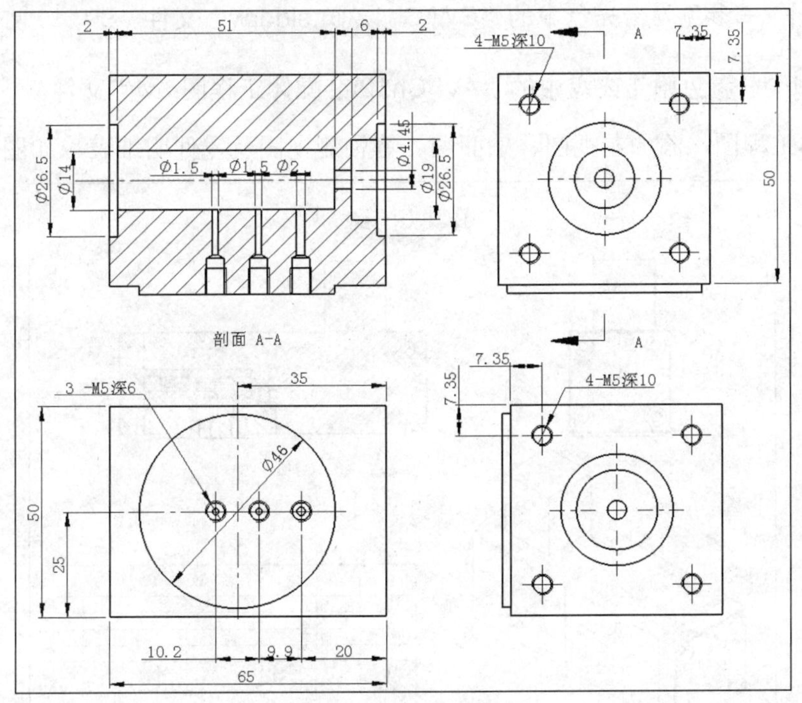

图 12-44　阀体工程图

为工程图添加注解，如图 12-45 所示。

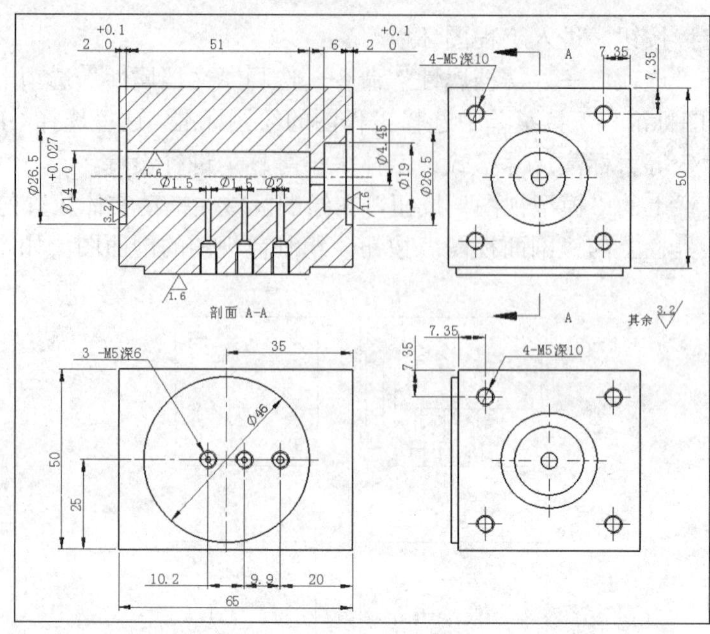

图 12-45　添加注解

12.3.2　装配体工程图

结果文件 ——参见附带光盘中的“SW\Ch12\阀.slddrw”文件。

动画演示 ——参见附带光盘中的“AVI\Ch12\装配体工程图.avi”文件。

添加装配体工程图，添加左视图、剖面图、等轴测视图及零件明细表，如图 12-46 所示。

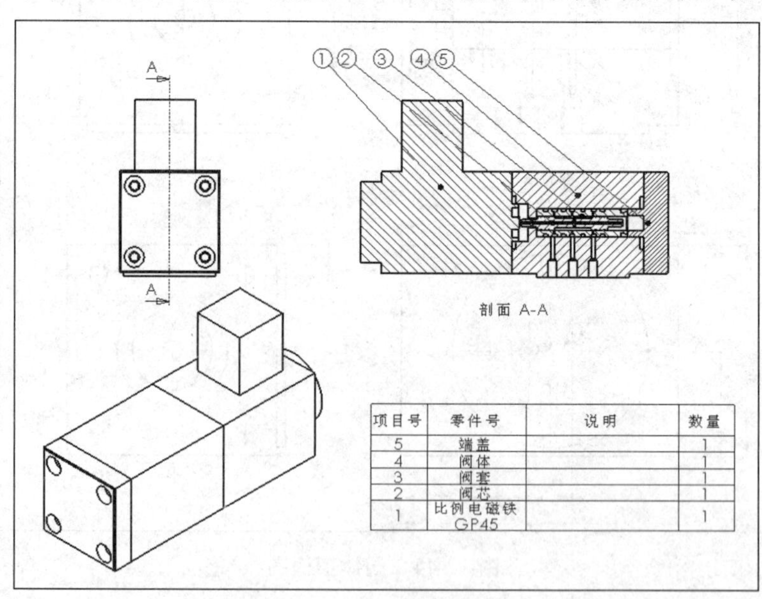

项目号	零件号	说明	数量
5	端盖		1
4	阀体		1
3	阀套		1
2	阀芯		1
1	比例电磁铁GP45		1

图 12-46　装配体工程图